생각이란
무엇인가

생각이란 무엇인가

대니얼 데닛 자서전

마음과 자유의지, 그리고 삶의 의미에 관하여

대니얼 C. 데닛 지음 신광복 옮김

바다출판사

나의 가족에게

일러두기

1. 본서는 국립국어원 한국어 어문 규범을 따랐고 외래어의 경우 외래어 표기법(문화체육관광부 고시 제2017-14호)을 따랐다. 단, 외래어의 경우 이미 익숙한 지명 및 기관 명칭은 관례에 따랐다.
2. 본서에서 단행본과 정기간행물 등은 겹화살괄호(《 》)로 표기했으며 논문, 기사, 노래, 시 등의 제목은 홑화살괄호(〈 〉)로 표기했다.
3. 본서에서 언급되는 해외 저작명은 국내에 출간된 제목을 따랐으며 국내에 번역되지 않은 저작의 제목은 직역하거나 독음을 그대로 적었다.
4. 본문의 각주는 하나를 제외하고 전부 옮긴이가 작성한 것이며 원서의 주는 [원주]로 표시했다.

차례

제1부 · 순조로운 출발

제2부 · 다른 마음들

제3부 · 나의 지적 항해

제4부 · 학문적 전투들

옮긴이의 글

끝없이 천 갈래로 갈라지는 길들이 있는 정원

모든 것이 이토록 덧없는 것은, 모든 것이 미래의 불확실함으로부터 과거의 확고함을 향해 달아나는 중이기 때문이다.

—장하석, 《물은 H_2O인가?》, 전대호 옮김 (김영사, 2021) 중에서

시간이 잠기는 순간들*, 무언가가 미래와 현재라는 가소성을 잃으며 딱딱하고 푸석한 과거로 갑자기 바뀌는 순간들이 있다. 사력을 다해 지키려던 힘든 연애가 정말로 끝나는 순간. 행복했던 모임이 바스라지고 있음을 모두가 알아채는 순간. 숨통까지 옥죄던 구속 도구가 벗겨져 소각로로 던져지는 순간. 그럴 때마다 짤깍, 다시는 풀리지 않을 시간의 걸쇠가 잠기는 소리가 들린다. 《다윈의 위험한 생각》의 색인 작업과 이 책의 번역 작업을 동시에 해 나가던 어느 날이었다. 휴대전화가 울렸다. "데닛 부고 떴던데, 봤어?" 순간 '철컹' 하는 둔중한 소리와 무거운 진동

* 이 기가 막힌 표현은 도예가 넬슨 림Nelson Lim의 《정지된 시간》이라는 작품의 해설문에서 빌렸다.

이 마음을 짓눌렀다. 말도 안 돼, 얼마 전에 인공지능에 관한 인터뷰를 했는데? 그런데 그가 이젠 '대니얼 데닛(1942~2024)'이라 새겨진 울타리 안의 영원한 과거가 되었다고?

대니얼 데닛, 유쾌한 거인

이 책을 펼친 독자라면 거의 다 알고 있듯이 데닛은 20세기 후반에서 21세기 초의 심리과학과 인지과학, 생물철학 판을 떠받친 몇몇 아틀라스 중 한 명이다. 유일한 아틀라스는 아니겠지만 가장 독창적이고 유쾌한 아틀라스임엔 틀림없다. 그는 철학자로 가장 자주 분류되지만 언제나 진화생물학과 인지과학의 최전선에 있었다. 다른 일을 하느라 최전선과 잠깐이라도 멀어질라치면 무슨 수를 써서든 시시각각 변하는 그 첨단의 자리로 재빨리 달려갔다. 이론과 실험, 철학과 과학, 학문과 예술을 자유자재로 넘나들었던 그는 마음, 의식, 자유의지, 밈, 종교, 인공지능 등의 까다롭고 위험한 주제들을 폭넓게, 그리고 매우 독창적으로 다루었다. 이때 그가 사용한 무기는 '(20~21세기 버전) 다윈의 진화론'이었다. 저명한 역사학자 이이화(1937~2020) 선생께서는 "어떤 학문이든 깊이 파고들면 결국 역사를 만나게 된다"라고 즐겨 말씀하셨다. 데닛의 주장들을 응축해도 비슷한 말이 나올 것이다. "생명과 조금이라도 관련된 학문은 깊이 파고들면 결국 진화를 만나게 된다."

그랬기에 그가 내놓은 가설들은 당시로서는 터무니없거나 가히 혁명적이었고 당연한 결과로 그의 주장에는 수많은 논객이 달라붙을 수밖에 없었다. 그는 그들과 기꺼이 논쟁해 왔으며 그 논쟁과 연구의 결과들을 수백 편의 논문과 20여 권의 책으로 쉼 없이 펴내었다. 그의 글들은 (영미권 독자를 제외하면) 쉽게 읽히거나 수월하게 번역되지는 않는다. 그럼에도 독설을 쏟아내거나 자책할 때마저 유머를 잃지 않기에 읽는 재미가 어려움보다 훨씬 크다. 물론 이 책도 예외는 아니다.

이 책의 특별함—신은 밸런스에 있다

사실, '이 책도 예외는 아니다'라는 말로는 이 책의 특성을 다 드러내 보일 수 없다. 이 책은 확연한 '데닛 표' 저서 중 한 권이기에 일반적인 회고록과는 사뭇 다른 책으로 탄생했다. 또한 데닛 표 '학술서'가 아니라 데닛 표 '회고록'이기에 더욱 특별한 책이 되었다.

본문을 열면 쓸데없이 힘든 자세로 뭔가에 골몰하고 있는 꼬마 데닛의 사진이 독자를 맞이한다. 그리고 그가 다섯 살일 때 작고한 부친과의 모험담과 예술에 푹 잠긴 어린 데닛과 젊은 데닛 이야기가 펼쳐진다. 읽고 옮기는 동안엔 그 분량이 꽤 되는 줄 알았다. 그러나 현실 감각을 되찾고 나서 보니 그 시절의 분량은 정말이지 한 줌에 불과했다. 놀라웠다. 손에 잡힐 듯한 묘사와 압밀된 문장들 덕분에 그 적은 지면에서 그토록 긴 시간과 넓은 세계를 체험할 수 있었던 것이다.

이런 밸런스는 책 전체를 관통하며 유지된다. 무려 36개나 되는 챕터 하나하나가 다 제 나름의 탄탄한 균형점 위에 안정적으로 놓여 있다. 그는 케플러의 법칙을 지키듯 초점에서의 거리와 속도를 달리하며 이야기를 굴린다. 사적인 이야기들은 짧고 빨리 지나가되 선명한 장면들을 선사하여 그 안에서 이곳저곳 돌아다니게 만들고, 학문적이고 어려운 이야기들은 차근차근 말하여 금세 이해시킨다. 이처럼 성격이 다른 이야기들의 체감 면적을 동등하게 배분해 놓았기에 그 많은 철학자와 철학적 개념과 주장들을 접하면서도 지루할 틈이 없다. 본문을 모두 읽고 나서 책을 덮을 때쯤엔 그 거대한 이야기 전체도 훌륭하게 균형을 잡고 있음에 놀라게 된다.

데닛 교수님, 컴퓨터는 어떻게 생겼나요?

데닛이 교수 직함을 얻기까지의 과정은 지금의 상황과 너무 다르고 당시 데닛이 유학했던 옥스퍼드대학교의 학제 또한 지금 우리나라와 많이 다르다. 게다가 거기서 괴짜 친구를 만나고 철학계 명사들과 독특한 친분을 쌓게 되므로 그가 교수가 될 때까지의 이야기도 흥미롭게 읽힐 것이다.

교수 데닛은 정말로 바쁘게 많은 것을 시도하고 또 이루어 낸 철학계의 거목으로 성장했다. 앞서도 잠깐 언급했지만 데닛이라는 이름에는 많은 단어가 따라다닌다. 그중엔 요즘의 화두 '인공지능'도 있다. 사람들은 '인공지능의 역사'라는 말에서 앨런 튜링과 존 매카시, 제프리 힌턴 등을 떠올린다. 그러나 사실 데닛은 인공지능의 주요 양육자라고 불릴 자격이 있는 사람이다. 철학적인 면에서는 '대부' 중 한 명이라고 부를 수도 있겠다. 그가 갓 교수에 임명됐을 때는 연구실에 유선 전화만 있었고 터프츠대학교로 이직했을 당시에도 학생들은 강의실과 실험실에서 컴퓨터를 구경도 할 수 없었다. 그런 상황에서 그는 터프츠에 컴퓨터를 갖추고 관련 교육을 실시하고자 엄청나게 노력했다(그의 노력은 성공했을까? 책을 읽어 보시라). 그뿐만 아니라 인공지능이 아주 기초적인 형태로 태동할 때부터 지금까지 진화해 온 과정을 거의 다 몸으로 겪으며 그 안에서 중요한 역할들을 맡아 했다. 이 책은 그가 이 주제와 관련하여 어떤 사람들을 만났고 어떤 아이디어들을 냈고 또 그것들을 어떻게 구체화했는지를 세세하게 들여다볼 수 있는, 데닛이 지은 '인공지능 역사 박물관'이기도 하다.

바람과 물과 예술과 농사—학교 밖에서 철학하기

많은 천재가 그러하듯 데닛 또한 엄청난 지적 업적들을 이뤄 나가면서도 다양한 취미생활을 깊게 향유했다. 그는 미술을 단순 취미 이상으로 즐겼다. 철학이 잘 안된다고 느낄 땐 조각가로의 전향을 진지하게 고민했고 그림도 즐겨 그렸다. 평생 음악을 듣고 악기를 수준급으로 연주하고, 합창단에서 노래했으며, 스쿠버다이빙과 항해와 서핑과 농장 생활을 정말이지 있는 힘껏 사랑했다.

그러는 중에도 그는 끊임없이 철학을 했다. 철학적 문제로 골머리를 앓을 때면 트랙터로 밭을 갈며 생각을 정리했다. 그 모습을 구경하던 더글러스 호프스태터는 '틸로소피'라는 신조어를 만들어 주었다. 그뿐인가, 그는 항해와 인지과학 토론을 병행하는 '인지 항해'도 실행했다. 진짜로 배를 타고 항해를 하며 인지과학과 철학을 토론하는 것이다! 그가 걸어갔던 많은 옆길은 큰길과 만나기도 하면서 결국 인간 대니얼 데닛이라는 총체를 형성했다. 알려지지 않았던 그 길들을 한가로이 거닐어 보는 것도 이 책을 읽는 기쁨 중 하나가 될 것이다.

행운아 댄의 진짜 행운—여러 만남들

현대에서 학문을 하려면 무언가를 누구에게서든 (글로든 말로든) 배워야 하고, 또 그 대가로 자신이 아는 것을 내놓으며 인적 그물 안의 한 매듭이 되어야 한다. 그런 면에서 데닛은 정말 행운아이다. 데닛 자신은 본인이 학문과 예술로 가득 찬 집안에서 태어나 남들보다 일찍 출발한 것을 가리켜 행운이라 했지만 진짜 행운은 그의 방대한 인물망에 촘촘히 묶여 있는 빛나는 매듭들이다.

데닛에 관심이 있다면 그가 미국에서는 콰인에게, 영국에서는 길버트 라일에게 배웠다는 것 정도는 알고 있을 수 있다. 그러나 그들이 쓴 글이나 그들이 인용된 글 바깥에 존재하는 그 '사람'들에 대해서는 좀처럼 알기 어려운데 이 책은 다양한 학계 유명 인사의 개인적 면면을 조금이나마 들여다볼 수 있는 창을 내어 준다. 그리고 이건 옮긴이의 간곡한 부탁인데 완독 후 저자 서문을 꼭 (다시) 읽어 보아 주시라. 장담하되, 서문에 등장하는 이름들에 선명한 표정이 생길 것이며 라일이 언급되면 따뜻하고 아련한 감정이 스며 올라올 것이다.

물론 훈훈한 만남만 있는 것은 아니다. 필요 이상으로 살벌했던 제럴드 에덜먼과의 만남이라든가, 새로운 의견들을 묵살하고 싶어 했던 철학계의 알파메일이자 깡패인 괴롭힘꾼들 이야기라든가, 그 억압을 뚫고 신선한 주장들을 굳세게 견지하는 여성 철학자들의 이야기 등은 우리를 데닛만의 특별한 뒷골목으로 안내한다. 밖에선 보이지 않던 골목길 안에는 철학자뿐 아니라 세계적 부호들이나 많은 연예인과 과학자가 숨어 있다가 독자를 놀라게 한다.

예상됐던 만남들

학자 데닛이 만났을 다른 유명한 학자라고 하면 다들 리처드 도킨스를 떠올릴 것이다. 데닛은 20~21세기 버전 다윈주의 중 도킨스와 가장 가까운 주장을 하고 있으며 도킨스가 창안했으나 끝까지 밀고 나가진 못했던 밈 이론을 뚝심 있게 밀고 나가며 많은 것을 밈으로 설명하고 있기 때문이다. 나조차도 오래전 《다윈의 위험한 생각》 원서 세미나를 할 때 "다윈에게 헉슬리가 있었다면 도킨스에게는 데닛이 있다"라는 말을 할 정도였다. [물론 별명(개의 품종)까진 말하지 않았다.] 그러나 데닛과 도킨스의 만남은 도킨스의 책을 만나게 되는 과정보다는 생각보다 담담히 그려진다.

훨씬 더 흥미로운 부분은 스티븐 굴드와의 우여곡절이다. 읽다 보면 "그랬다고?" "그랬던 시간도 있었다고?" "함께 이런 것도 했다고?" 같은 말이 연속으로 터져 나올 것이다. 물론 뒤로 가면 갈수록 (데닛에 따르면 굴드야말로 괴롭힘꾼, 깡패의 대표자였으므로) "굴드 도대체 왜 그랬대?" "아니, 그렇게까지 한 건 너무 심하잖아?" "연구 윤리는 어디다 내팽개쳤어?"라는 진짜 의문으로 바뀔 테지만.

바다출판사의 〈데닛 3부작〉을 번역하며

마빈 민스키는 데닛을 가리켜 '지구를 대표하는 지성인'이라 했다. 한 시대를, 그리고 지구를 대표하는 이 태산 같은 작가의 책을 한 권 번역하는 것만 해도 행운일진대, 바다출판사 덕분에 그의 책을 세 권이나 옮기는 행복을 누리게 되었다. 게다가 3부작의 세 번째 책은 영면 1년 전에 나온 회고록이라니, 이야말로 장대한 80년짜리 다큐멘터리의 맺음말을 옮기는 것 아닌가. 내가 과연 이 영광스러운 일을 해도 괜찮을까 하는 의구심이 들 수밖에 없었다. 부족한 옮긴이를 믿고 이 3부작을 맡겨 주신 바다출판사에, 그리고 부족한 원고를 윤이 나게 다듬어 주신 편집부에 깊은 감사를 드린다.

늘 말하듯이 그의 글은 재미있다. 유쾌하지만 신랄하고, 유머 속에서도 분노나 공격이 또렷이 떠오른다. 농담과 비유를 정신없이 터뜨려도 실없지 않다. 다 읽고 나면 전체 논증에는 한 치의 빈틈도 없고 그 농담과 비유도 결국엔 논증에 필요했던 일부임이 드러나니까. 아쉬운 것이라곤 그의 독창적이고도 신기한 글쓰기의 매력을 십분 옮기지 못했다는 것뿐이다. 이 책에서 재미없다고 느껴지는 문장들이 나온다면 그건 전적으로 옮긴이 탓이다.

끝없이 천 갈래로 갈라지는 길들이 있는 정원**

그의 부고와 함께 들렸던 무거운 잠김음은 자연이 '자연인 대니얼 클레멘트 데닛'의 시간을 잠그는 슬픔과 애도의 소리였지 그가 일구어

** 보르헤스를 좋아했던 데닛은 그의 아이디어를 차용하곤 했다. 그래서 옮긴이도 과감히 보르헤스의 작품 제목 중 하나를 차용해 보았다. 원래의 제목은 〈끝없이 두 갈래로 갈라지는 길이 있는 정원〉이다.

놓은 지성의 정원이 폐쇄되는 소리는 아니다. 우리는 언제든 그의 정원을 방문할 수 있고 또 원하는 만큼 머물 수 있다. 그의 정원에서 길들은 수없이 갈라지고 만나면서 다양한 형태를 그려낸다. 길들은 과거로도 미래로도 향한다. 과거의 길로 가면 현재의 거목으로 키워졌던 씨앗과 묘목을, 그리고 그것을 함께 심고 가꾸었던 사람들을 만날 수 있다. 다른 이의 정원까지 조망할 수 있는 언덕들에 올라서면 자신도 모르게 미래의 풍경을 그려보게 된다.

이 책은 그 풍성한 정원의 설계도이자 조감도이고 역사서이자 안내서이며 정원 그 자체이기도 하다. 그리고 무엇보다 그를 추억하는 사람들은 물론이고 지금부터 그를 알아가 보고 싶은 사람들 모두에게 데닛이 직접 써 보낸 초대장이기도 하다.《다윈의 위험한 생각》에서 옮긴이의 글을 쓸 때는 그에게 작별 인사를 대신한 감사 인사를 하며 '마침표'를 찍었는데, 아무래도 지금은 정원이 개장 중임을 알리는 '열림표' 같은 것이 필요할 듯하다. 찾는 사람이 있는 한 그의 정원은 언제나 현재진행형일 테니까.

자, 그럼 우리, 데닛의 정원으로 산책 나가 볼까요?

2026년 1월

신광복

프롤로그

행운아 댄

저는 평생 운이 좋았어요. 별자리 운세 같은 걸 믿고 싶을 정도로요.

—톰 스토파드Tom Stoppard, 1986, 어머니에게 보낸 편지에서

나는 내가 운이 좋다고 생각한 적이 전혀 없다. 나는 겁쟁이다.
그래서 도박사로 적합하진 않다. 하지만 나는 아주 열심히 일한다.
열심히 할수록 운도 더 좋아진다!

—알렉스 버드Alex Bird(영국의 '펀터punter', 즉 유명 도박사),
《선데이 옵저버Sunday Observer》(런던), 1983. 4. 24.

2006년 10월 24일 나는 터프츠대학교의 내 연구실에서 구급차에 실려 리헤이클리닉의 응급실로 급히 이송되었다. 나를 맞이한 의사들은 내 대동맥의 내층과 외층이 분리되어—이를 대동맥 박리증이라 한다—심장에서 나온 혈액이 흉강으로 쏟아져 들어가면 언제든 죽을 수 있다고 진단했다. 그 전날 나는 메인주 스완스 아일랜드의 매커렐 코브에서 내 요트 크산티페를 타고 항해를 즐겼다. 그 시즌의 마지막 항해

였고 내 스웨덴인 친구 보 달봄Bo Dahlbom과 그의 아들 프레드릭Fredrik이 함께했다. 무거운 닻줄을 천천히 당기는 중에 가슴에 약간의 통증을 느꼈고 그건 내가 7년 전에 '무증상 심근경색'으로 겪은 통증을 떠올리게 했다. 그것 때문에 나는 삼중 관상동맥 우회 수술을 받았었다. 우리는 강한 역풍을 거스르며 블루힐로 돌아와 배를 정박한 뒤 무거운 돛을 내려 정리하고 작은 고무보트인 딩기를 차 지붕에 올려놓고는 농장으로 돌아갔다. 그리고 황급히 그 지역의 한 병원으로 갔는데 거기서는 내가 그날 심장마비를 겪은 것은 아니지만 하루빨리 나를 담당했던 심장 전문의에게 가야 한다고 말했다. 다음 날 우리는 차를 몰고 터프츠로 갔다. 나는 우리 과 비서에게 타이레놀이 좀 있냐고 물어보았다. 그녀는 현명하게도 타이레놀을 찾는 대신 구급차를 불러 주었다.

개심 수술의 잘 알려지지 않은 부작용 중 하나는 수술 도중 발생하는 작은 조각들이 뇌의 모세혈관을 막으면서 생기는 일과성 뇌허혈 발작이다.[1] 내 심장 전문의는 수술팀에게 단단히 경고해 두었다. 이 사람은 정신이 삶의 모든 것인 사람이니 '펌프 헤드'—심폐 기기 때문에 인지장애가 생긴 사람을 일컫는 심장외과의 사이의 고약한 속어—로 만들어 버리지 않도록 각별히 신경 쓰라고. 수술이 끝난 후 나를 기계에서 꺼내기 전에, 수술팀은 뇌로 가는 혈류의 방향을 역전시켜 혈액이 정맥으로 들어갔다가 동맥으로 빠져나오게 했는데 이는 내 레스 코기탄스res cogitans, 즉 사고하는 존재(그러나 데카르트가 말한 비물질적 실체가 아니라 내 뇌를 말한다)를 마비시킬 수 있는 찌꺼기를 씻어 내는 조

1 '일과성'은 증상이 사라진다는 뜻이고 '허혈'은 혈류 부족을 뜻한다. 뇌로 가는 혈류가 일시적으로 적어지거나 차단되면서 발생한다. 언어장애, 시야장애, 어지럼증, 마비 등의 증상이 나타날 수 있지만 최대 24시간 안에 자연적으로 회복되며 뇌 조직에 영구적 손상을 남기진 않는다. 그러나 뇌졸중의 전조 증상일 수 있으므로 무시하면 안 된다. 실제로 이를 겪은 사람은 몇 달 이내에 뇌졸중이 발생할 위험이 크다고 한다.

치였다. 나는 그야말로 글자 그대로의 '뇌 씻김'을 당한 셈이다.[2] 효과가 있었냐고? 병실 침대에 앉아 있을 수 있게 되자마자 나는 나의 분신 같은 노트북을 꺼내어 짧은 글을 한 편 써 보았다. 내 정신이 온전히 보존되어 있는지 궁금했으니까. 그리고 에지Edge.org에 올라간 다음의 글은 많은 주목을 받았다. 자, 어떻게들 생각하는지?

좋은 것과 선의에 감사합니다! (2006. 11. 2.)

오래된 속담 중에 전장의 참호 안에는 무신론자가 없다는 다소 미심쩍은 이야기가 있다. 그래도 유명한 무신론자가 임사 체험을 하고는 자기 믿음이 바뀌었다고 세상에 선언한 악명 높은 사례들 속에서 이 속담을 뒷받침하는 일화적 증거가 아예 없는 건 아니다. 1989년에 작고한 영국의 철학자 A. J. 에이어Sir Alfred Jules Ayer는 비교적 최근의 사례이다. 그리고 여기, 다른 일화도 하나 있다.

두 주 전에 나는 구급차에 실려 병원으로 긴급 이송되어 CT 검사를 받았고 대동맥 박리가 일어난 것이 확인되었다. 심장에서 혈액을 온몸으로 내보내는 주요 혈관의 내벽이 찢어져 하나이어야 할 혈류 통로가 둘로 나뉜 상태였다. 나의 경우엔 다행스럽게도 7년 전에 관상동맥 우회 수술을 받았다는 사실이 목숨을 구하는 데 결정적 역할을 했다. 그동안 담쟁이덩굴처럼 심장을 뒤덮으며 자라난 흉터 조직이 대동맥을 강화해, 대동맥의 파열 부위에서 혈액이 누출되는 치명적 사태를 막았기 때문이다. 9시간에 걸친 대수술이 끝났다. 수술 중 의료진은 내 심장을 완전히 멈추고 심폐기를 가동했으며 산소 부족으로 뇌가 손상되지 않도록 뇌 온도와 체온을 약 45도까지[3] 낮추었

2 원문은 'brainwashed'이며 '세뇌되다'라는 뜻이 있다.

3 여기서 45도는 화씨온도이다. 지금도 미국 의학계에서는 화씨온도를 많이 사용한다. 화씨 45도는 섭씨 7도 정도에 해당한다.

다. 이제 나는 튼튼한 다크론 직물로 제작된 새 인공 대동맥을 갖게 되었다. 현장에서 외과 의사가 직접 재단해 심장에 봉합한 이 대동맥은 대동맥궁까지 이어져 있으며 심장이 뛸 때마다 나를 안심시키는 듯 작게 딸깍딸깍 소리를 내는 탄소섬유 판막도 함께 이식되었다.

이제 완만한 회복기에 접어들면서 숙고해 보아야 할 것이 많아졌다. 끔찍했던 그 경험 자체에 대해, 무엇보다 내 최근의 위험한 경험에 대한 소식이 퍼진 후 여기저기서 쇄도한 응원의 메시지에 대해. 친구들은 내가 임사 체험을 했는지, 만약 했다면 그것이 내 오랜 공적 무신론에 어떤 영향을 끼쳤는지 알고 싶어 했다. 대니얼 데닛이 뭔가 큰 깨달음을 얻었을까? 데닛은 에이어의 발자취를 따를 작정일까, (임사 체험 며칠 후[4] 에이어는 침착함을 회복하고 이렇게 말했다. "내가 정말로 말했어야 했던 것은 이번 체험이 사후 세계가 없다는 내 믿음을 약화한 것이 아니라 그 믿음에 대한 내 융통성 없는 태도를 약화했다는 것이다.") 아니면 여전히 확고하고 변함없이 무신론을 견지하고 있을까?

그렇다. 나는 큰 깨달음을 얻었다. 나는 그 전의 내 인생에서 내가 "다행이다, 고맙기도 해라Thank goodness!"라고 말했을 때 그것이 단순히 "하느님, 감사합니다Thank God"의 완곡어법이 아니라는 걸 알게 되었다(우리 무신론자는 감사를 전할 신이 존재한다고 믿지 않는다). 나는 정말로 선의 또는 좋은 것이라 직역되는 'goodness'에 감사했다! 이 세상에는 좋은 것이 매우 많고 또 매일 좋은 것이 새로 만들어진다. 그리고 이 환상적이고도 탁월한, 인간이 만든 구조물이야말로 내가 오늘날 살아 있다는 사실에 진정한 핵심적 역할을 하고 있다. 그 구조물들이 바로 오늘날 내가 감사를 느끼는 가치 있는 대상이며 나는 그 사실을 지금 이 자리에서 축하하고 싶다.

---

4 에이어는 1988년에 폐렴으로 인해 심장이 멈추는 경험을 한 적이 있다.

그렇다면 나는 누구에게 내 생명을 빚지고 있고 또 감사를 전해야 할까? 우선 다음의 사람들에게 감사드린다. 많은 해 동안 나를 살아 움직이게 해 주었고 단순한 폐렴일 뿐이라는 원래의 진단을 신속하고 자신 있게 기각한 심장 전문의, 힘든 상황에서도 내 몸의 기능을 유지하게 해 준 외과 의사와 신경과 의사, 마취과 의사, 그리고 관류사[5]에게. 열 명이 넘는 PA 전문가[6]와 간호사, 물리치료사, X선 기술자, 내 피가 뽑혀 나가고 있다는 것도 모를 정도로 능숙하고 민첩하게, 마치 소규모 특공대처럼 움직이던 채혈 전문가에게. 나처럼 뒤처리할 게 많고 복잡한 환자가 만들어 대는 산더미 같은 빨래를 처리하고 병실을 청결하게 관리하며 나를 휠체어에 앉혀 X선 촬영실까지 데려다주었던, 그 외에도 크고 작은 일로 나를 도와준 많은 사람에게. 우간다, 케냐, 라이베리아, 아이티, 필리핀, 크로아티아, 러시아, 중국, 한국, 인도—물론 미국도—출신의 이 많은 사람은 서로 도우며 서로의 일을 확인했는데 나는 일찍이 그보다 더 인상적인 상호 존중의 광경을 본 적이 없다. 그렇지만 또 다른 이들의 기여로 이루어진 엄청난 배경지식들이 없었다면 그 병원의 멋진 의료팀도 팀워크만으로는 자신들의 일을 할 수 없었을 것이다. 나는 고인이 된 내 터프츠 동료인 물리학자 앨런 코맥Allan Cormack을 감사한 마음으로 떠올린다. 그는 CT 스캐너를 발명한 공로로 노벨상을 공동 수상했다. 앨런, 당신은 세상을 떠난 후에도 이 세상의 많은 생명을 헤아릴 수 없을 정도로 많이 살렸답니다. 당신이 한 일 덕분에 세상이 좀 더 나

5 심장 수술 등에서 심폐 기계를 조작하여 환자의 혈액에 산소를 공급하고 혈류를 순환시키는 의료 전문직이다. 심장을 열고 하는 수술에서는 심장을 일시적으로 멈추어야 하는데 이때 관류사가 기계를 통해 혈액을 순환시켜 생명을 유지시킨다.

6 원문은 physician assistant. 미국의 PA는 의사 감독하에 진료, 처방, 수술 보조 등 다양한 의료 행위를 수행할 수 있는 의료 전문직으로 간호사와는 다른 독립적 자격 체계를 따르며 석사 과정을 통해 교육을 받아야 면허를 취득할 수 있다. 2025년 현재 우리나라에서는 아직 PA 제도가 법적으로 제도화되어 있지 않다.

아졌어요. 정말 다행입니다Thank goodness. 과학적 측면과 기술적 측면 모두를 담은 전체 의학 시스템에도 감사한다. 그런 시스템이 없었더라면 아무리 최선을 다한다 해도 개개인의 노력은 거의 쓸모가 없었을 것이다. 그래서 나는 《사이언스Science》, 《네이처Nature》, 《미국의사협회논집Journal of the American Medical Association》, 《랜싯Lancet》의 과거와 현재의 편집위원회와 심사위원에게, 모든 과학과 의학 기관에 감사드린다. 이들은 지속적으로 발전을 도모하며 오류를 탐지하고 바로잡으면서 진보를 이루어 나가고 있다.

나는 현대 의학 숭배자인가? 과학이 나의 종교인가? 결코 아니다. 현대 의학이나 과학이라 해도 가장 엄격한 검증을 면제받을 수 있는 부분은 없으며 여전히 고쳐야 할 심각한 문제가 수없이 많다는 것도 나는 쉽게 지적할 수 있다. 물론 그것은 쉬운 일이다. 과학과 의학의 세계가 이미 인류가 만들어 낸 제도적 구조물 가운데 가장 집요하고 강도 높고 겸허한 자기 평가를 수행하고 있으며 그 자기 점검 결과를 정기적으로 공개하고 있기 때문이다. 무엇보다 이 개방적이고 합리적인 비판은 그 자체로는 불완전하지만 인간이 벌여 온 대담한 활동들이 놀랍도록 성공한 비밀이다. 하루가 멀다하고 측정 가능한 개선이 이루어지고 있다. 만약 10년 전에 이 지긋지긋한 대동맥 파열이 일어났다면 나는 살아날 가능성조차 없었을 것이다. 오늘날에도 흔한 일은 아니지만 당시 내 생존 가능성은 생각보다는 꽤 괜찮은 편이었다(요즘 대동맥 박리 환자는 발병 후 첫 24시간 동안 치료를 못 받으면 33퍼센트가 사망하며 그 이후로는 치료가 늦어질수록 생존 가능성이 급격히 떨어진다).

이제는 내 생존을 좌우하는 의학이라는 세계와 내가 최근 몇 년간 집중적으로 연구해 온 종교 제도를 비교하면서 나는 한 가지 인상적인 차이를 발견했다. 거의 모든 종교에서 공통적으로 발견되는, 다소 온화하고 위로가 되는 주제 중 하나는 바로 진심이 중요하다는 믿음이다. 다시 말해 선한 의도를 지니고 있고 (신이 말씀하신 대로) 올바른 길을 가기 위해 노력하고 있다면 그것만으로도 충분하다는 것이다. 의학에서는 그렇지 않다! 당신이 틀렸다면—특히 당신이 더 잘 알았어야 했던 상황에서 그랬다면—당신의 선한 의도는 거의 무의미하다. 종교에서는 자신의 선택지를 더 깊이 검토해 보지 않고 오로지 믿음 하나로 무작정 뛰어들어 행동하는 것을 종종 미덕으로 찬양하지만 의학에서는 그런 것을 대죄로 간주한다. 대동맥류 치료에 관한 개인적 계시를 독실하게 믿는 의사가 인간 환자에게 검증되지 않은 시도를 한다면 그는 의학계에서 완전히 퇴출되거나 최소한 엄중한 징계를 받게 될 것이다. 물론 예외도 있다. 무모하고 위험을 감수하는 몇몇 선구자가 의료계에서 용인되고 (그들이 옳다고 증명될 경우) 결국 존경받은 사례가 간혹 있다. 그러나 자기 이론을 실행에 옮기기 전에 철저하게 대안 이론을 배제하는 연구를 수행했던 이만이 신중하고 체계적인 연구자의 이상적 모델이라는 희귀한 예외로 존재할 수 있다. 선한 의도와 영감만으로는 충분하지 않은 것이다.

종교는 많은 사람이 자신이 도달할 수 있는 수준의 도덕성에 만족하며 살도록 함으로써 온건한 목적을 수행할 수 있을지 모르지만 그 어떤 종교도 도덕적 책임감의 수준을 과학계와 의학계라는 세속적 세계에서만큼 높이 설정하지 않는다! 게다가 지금 나는 매일의 내 생사를 결정하는 의사와 외과 전문의 같은 소위 '최고 수준'의 인력에 대해서만 말하는 것이 아니다. 나는 실험실 기술자와 식사를 준비하는 사람을 포함해 그들이 따르는 양심적 태도의 기준에 대해서도 말하고 있다. 이 전통은 이성과 경험적 탐구의 무제한적 적용을 신뢰하며 끊임없이 확인하고 재확인하면서 "내가 틀렸으면 어쩌지?"라고 자문하는 습관을 믿음의 기반으로 삼는다. 공동체의 일원이라는 호소나 믿음에 기대는 읍소는 결코 용납되지 않는다. 연구실의 다른 사람들이 자신과 믿음을 공유하지 않는다는 이유만으로 그들이 자신이

낸 결과를 재현할 수 없다고 주장하는 과학자가 어떤 대우를 받을지 생각해 보라! 다시 요점으로 돌아가면 나는 내가 오늘 살아 있는 것에 대해, 이성과 열린 탐구의 전통이 지닌 선의에 감사한다.

하지만 나를 위해 기도했다고 용기 내어 정직하게 말해 준 내 종교인 친구들(그렇다. 나는 종교인 친구가 꽤 있다)에게는 뭐라고 말해야 할까? 사랑하는 사람이 위기에 처했는데 직접 도울 방법이 전혀 없는 것만큼 답답한 상황도 드물기에 나는 그들을 기꺼이, 너그럽게 받아들였다. 후회를 담아 고백하건대 나는 기도가 필요한 순간에 내 친구들과 가족을 위해 (진심으로) 기도하지 못했다. 그래서 나는 기도의 무익함을 명징하게 인식하고 있지만 그 충동은 충분히 이해할 수 있으며 또 그 마음에 감사한다. 나는 내 종교인 친구들의 발언을 브라이트(나와 동료들은 무신론자를 지칭하는 새로운 용어를 대중화하려고 한 바 있다. 브라이트는 그 무신론자를 지칭하는 용어이다. 27장 참조)들이 내게 말해 왔던 이런저런 버전의 말로 쉽게 번역할 수 있다. "나는 당신을 계속 생각해 왔습니다. 그리고 정말이지 내 온 마음을 다해(이것도 아무런 효과는 없지만 어쩔 수 없이 저절로 나오는 말이긴 하다) 당신이 이 일을 잘 이겨내길 바라고 있습니다." 이 소중한 친구들이 나를 이런 방식으로 생각해 왔고 그 마음을 전하려 애써 왔다는 사실은 초자연적 건강보조제 없이도 그 자체로 훌륭한 강장제 역할을 한다. 가족과 세계 곳곳의 친구들이 보내 준 그런 메시지가 글자 그대로 내 심장을 따뜻하게 해 주었고 나의 사기를 (두려울 정도의 높이까지!) 진작했다. 그들에게 감사한다. 그러나 "나를 위해 기도했다"고 말한 친구들을 너그러이 용서해야 했다는 나의 말은 농담이 아니다. 그런 말에 나는 "고마워요. 정말 감사합니다만 염소를 잡아 번제도 지내셨나요?"라고 말하고 싶은 유혹을 꾹 참고 견뎌야만 했다. 그런 말을 들을 때의 내 기분은 이를테면 그들 중 누군가가 "저는 그냥 부두교 의사에게 돈을 주고 당신의 건강을 위한 주문을 걸게 했어요"라고 말하는 걸 들을 때의 느낌과 같다. 훨씬 더 중요한 프로젝트에 사용할 수도 있는 돈을 그렇게 어리숙하게 낭비하다니! 그러니 내가 고마워할 거라 기대하지 말고 심지어 무심하기를 바라지도 마라. 당신에게 그런 행위를 하게 만든 정신적 관대함과 애정에는 분명히 감사하지만 그 표현 방식이 좀 더 합리적이었더라면 더 좋았을 것이다.

혹자는 내가 너무 가혹한 것 아니냐고 물을 것이다. 진심으로 기도하는 사람들이 나를 위해 기도 좀 한다 한들 세상에 무슨 해가 되겠는가? 아니다. 나는 그렇다는 확신이 서지 않는다. 우선 그들이 정말로 유용한 일을 하고 싶다면 기도에 쓸 시간과 에너지를 그들이 참여할 수 있는 실질적으로 도움이 되는 활동에 쏟을 수 있을 것이다. 그리고 또 하나 이제 우리에겐 중보 기도[7]가 효과가 전혀 없다고 믿을 꽤 탄탄한 근거(예를 들어 최근에 발표된 하버드의 벤슨 연구[8])가 있다. 그런 연구 결과를 무시하는 사람은 내가 감사히 여기는 선의 자체에 대한 존중을 은근히 훼손하는 셈이다. 당신이 기도의 효과에 대한 신화를 계속 살려 나가야 한다고 주장한다면 당신에게는 그렇게 생각하지 않는 사람들에게 증거에 입각한 정당화 논변을 제시할 의무가 있다. 그래도 나는 그 정당화가 이루어질 때까지 당신이 전통에 탐닉하는 것을 용인하련다. 전통이라는 것이 얼마나 위로가 될 수 있는지 잘 알고 있으니까. 그렇지만 당신이 하는 일은 아무리 관대하게 보더라도 도덕적으로 문제가 있다는 것을 인식하기를 바란다. 만일 당신을 치료하는 과정에서 잘못을 저지른 의사를 상대로 부당 의료 행위

---

7 자신이 아닌 타인을 위한 기도를 뜻한다.

8 하버드 의과대학 교수였던 허버트 벤슨Herbert Benson은 심리적, 생리적 변화를 유발하는 '이완 반응'을 과학적으로 규명하고 이를 통해 다양한 질병의 치료에 있어 심신의학의 과학적 기반을 제공하려 했다. 그가 이끌었던 프로젝트 중에는 '중보 기도 연구'도 있다. 2006년에 발표된 결과에 의하면 중보 기도는 관상동맥 우회 이식 수술을 받은 환자에게 유익한 효과를 주지 못했다. 그럼에도 벤슨은 중보 기도가 긍정적 효과를 미친다고 믿었다.

소송을 제기하거나 당신에게 해를 끼친 약품을 판매하기 전에 모든 적절한 대조 시험을 실시하지 않은 제약회사를 고소하고자 한다면 당신은 의학계가 자체적으로 설정한 높은 합리적 탐구 기준에 암묵적으로 감사하고 있음을 인정해야 한다. 그럼에도 당신은 합리적 근거가 전혀 알려지지 않은 관행에 몰두하며 사실상 그 관행에 기여하고 있다는 것도 인정해야 한다. (한번 상상해 보라. 당신의 소송에 대해 제약회사가 "하지만 우리는 좋은 약이 생산되길 열심히, 정말로 열심히 기도했습니다! 뭐가 더 필요하단 말씀이십니까?"라고 심드렁하게 말한다면 당신은 얼마나 분노하겠는가.)

'하느님, 감사합니다' 자리에 '선의와 좋은 것에 감사합니다'를 넣어 말할 때 가장 좋은 것은 그 '선의와 좋은 것'에 진 빚을 갚을 방법이 많다는 점이다. 예컨대 미래 세대를 위해 그런 것을 더 많이 창출하려는 노력으로 그 빚을 갚을 수 있다. 선의와 좋은 문물은 의학과 과학뿐 아니라 다양한 형태로 나타난다. 음악, 말하자면 랜디 뉴먼Randy Newman의 존재에, 그의 음악을 있게 한 훌륭한 피아노와 녹음 스튜디오의 존재에 감사한다. 바흐에서 바그너를 거쳐 스콧 조플린Scott Joplin과 비틀스에 이르기까지 모든 위대한 작곡가의 음악적 기여야 말할 필요도 없이 소중하다. 수도꼭지에서 나오는 신선한 식수에, 우리 식탁 위의 음식에 감사한다. 공정한 선거와 진실한 저널리즘의 존재에 감사한다. 이런 '선의와 좋은 것'에 감사를 표현하고 싶다면 나무를 심어도 되고, 고아에게 음식을 제공해도 되며, 이슬람 문화권 여학생에게 책을 사 주어도 된다. 그것도 아니면 현재와 근미래에 이 행성 위의 삶을 뚜렷하게 향상할 수천 가지 다른 방법으로 기여하면 된다.

뭐, 신에게 감사해도 된다. 그렇지만 신께 보답한다는 생각 자체는 터무니없다. 전지하고 전능한 존재(모든 것을 이미 다 가진 존재?)가 당신에게서 받는 그 사소한 보답으로 무엇을 하겠는가? (게다가 기독교 전통에 의하면 하느님은 이미 자신의 아들을 희생시킴으로써 영원의 부채를 상환했다. 그 빚을 갚아 보라!) 그렇다. 나도 안다. 그런 주제는 문자 그대로 이해하면 안 되는 상징적인 것임을. 그 점은 흔쾌히 인정한다. 하지만 그렇다면 하느님께 감사함으로써 당신이 실제적으로 무언가 좋은 일을 한다는 것 역시 상징적인 것에 불과하다. 나는 상징적인 선보다 실제 선을 선호한다.

그래도 나는 나를 위해 기도하는 사람을 너그럽게 받아들인다. 내게 그들은 우아하게 패배를 인정할 시점을 훌쩍 넘겼음에도 자신들이 싫어하는 이론의 증거를 끈질기게 거부하는 과학자처럼 보인다. 당신이 그들의 일원이라면 당신 믿음에 대한 충성심에 박수를 보낸다. 그렇지만 기억하라. 전통에 대한 충성만으로는 충분하지 않다는 것을. 당신은 스스로에게 끊임없이 물어보아야 한다. "내가 틀렸다면 어쩌지?"라고. 장기적으로 볼 때 종교인은 과학과 의학 분야의 세속적 사람들과 동일한 수준의 도덕적 기준을 따라야 한다고 생각한다.

나는 그 수술 이후 일곱 권의 책과 수십 권의 논문을 더 발표했으며 내 주변의 선의가 나에게 선사한 그 보너스 같은 시간 동안 전 세계를 누비며 평생의 모험을 가득 채웠다. 도대체 누가 이렇게 운이 좋을 수 있을까?

나는 한때 시애틀에서 매우 총명한 고등학생을 만나는 주말 모임에 참여한 적이 있었다. 학생들이 대단한 성취를 이룰 수 있게 영감을 주자는 취지로 조직된 행사였다. 출연진은 그야말로 올스타였다. 노벨상 수상자도 몇 있었고, 소설가 에이미 탄Amy Tan, 구글 창업자 세르게이 브린Sergey Brin과 래리 페이지Larry Page, 유리 조각가 데일 치훌리Dale Chihuly, 그 외에도 쟁쟁한 세계적 명사가 포진해 있었다. 무섭게 몰입하는 이 젊은이들에게 우리는 각자 15분씩 강연을 했는데 내용을 종합해 보았더니 대부분이 '운'의 역할에 초점을 맞추고 있었다. 우리는 때마침 적절한 시기에 적절한 장소에 있었고, 적절한 멘토를 만났으며, 앞이 보이지 않을 때에도 몇 번의 운 좋은 시도를 했다고 말이다. 이 겸심한 겸손은 그들의 마음을 편케 하기 위한 것이긴 했으나 의도치 않은 부작용을 초래하진 않았을까? "대단함으로 가는 왕도가 있다고 생각하지 마세요. 그냥 날갯짓해 보세요. 운이 좋다면 우리처럼 될 수 있을 거예요!" 우리 발언은 복권 당첨자가 자기에게 성공의 비결 같은 건 없다고 말하는 그런 관습에 불과했던 것일까?

최근에 위대한 철학자이자 스쿠버 다이버이고 문어 연구자인 피터 고드프리-스미스Peter Godfrey-Smith에게서 다음과 같은 이메일을 받았다.

> 안녕하세요, 댄.
> 저는 요즘 마이크 레빈Mike Levin〔최근에 나와 공동으로 논문을 집필한 터프츠 동료〕의 방대한 저작을 읽고 있습니다.
> 당신은 어쩜 매번 이렇게나 극도로 흥미로운 것을 그토록 빨리 포착할 수 있는지요?[9]
> 수십 년 동안이나 말이에요.
>
> 행복을 빌며,
> 피터

마침 나는 이 회고록을 쓰면서 같은 질문을 한 가지 변형된 버전으로 곱씹던 차였다. 물론 운은 정말로 큰 역할을 한다. 특히 처음에 말이다. 그 운의 일부가 처음의 운을 더 큰 운으로 불리는 좋은 방식을 창출해 낼 때 사람들은 '부익부'라고 말한다. 피터의 질문—내게는 행운이었다—은 내게 하나의 대답을 제시해 주었고 나는 최근에야 그 함의를 완전하게 깨달을 수 있었다. 그는 내가 어떻게 극도로 흥미로운 아이디

9 데닛과 레빈은 '데닛뇌인지과학협력연구소'라는 연구 네트워크에서 함께 활동하며 다양한 학제 간 연구를 진행했다.

어를 **생각했는지**를 묻지 않았다. 내가 어떻게 그렇게 빨리 **포착했는지**를 물었다. 나는 항시 유용한 정보 조각을 찾으려고 두리번거리는 산림쥐[10]이고 또 까치이기도 하다. 나는 생각한다. "이건 언젠간 도움이 될지 몰라." 그러면서 버려진 톱니바퀴나 연결봉 같은 기계 부품을 내 작업실의 잡동사니, 장치, 공구 컬렉션에 하나씩 추가한다. 나의 생각 기계—내 뇌—에도 내 작업실과 마찬가지로 내가 골라 모은 유용한 것이 가득하다. 나는《직관펌프, 생각을 열다Intuition Pumps and Other Tools for Thinking》(2013)에서 내가 가장 좋아하는 77가지 생각도구를 전시했다. 나는 어떤 것이든 도움이 되는 방식으로 문제를 해결하는 걸 좋아하며 지난 수십 년 동안 '마술'이 어떻게 이루어지는지 늘 궁금해했다. 나는 인도 거리 마술에 관한 리 시걸Lee Siegel의 훌륭한 책《마술의 그물-인도의 경이와 속임수Net of Magic: Wonders and Deceptions in India》(1991)의 한 부분을 인용하고자 한다.

> "저는 마술에 대한 책을 쓰고 있습니다." 내가 설명하면 듣는 이는 항상 되묻는다. "진짜 마술 말인가요?" '진짜 마술'이라는 말로 사람들이 뜻하는 것은 기적, 불가사의한 행위, 초자연적 힘이다. "아니에요." 나는 다시 답한다. "진짜 마술이 아니라 속임수를 사용하는 마술이에요." 그러니까, 진짜 마술은 실제로 존재하지 않는 마법을 가리키고 우리가 실제로 행할 수 있는 마술은 진짜 마술이 아니다. (425쪽)

많은 이가 어떤 식으로든 '진짜 마술'을 지키려고 애쓴다. 그중 또

10 쥐 같은 외양의 북미산 작은 동물, 막대기 같은 것을 굴 안에 모아 놓는 습성이 있다. 그래서 산림쥐pack rat는 별로 필요 없는 것들을 잔뜩 모아 놓는 사람을 가리키는 말로도 쓰인다. 바로 뒤에 나오는 까치도 마찬가지다.

많은 사람이 철학이 이런 일에 가장 적합한 분야라고 여긴다. 나는 그것이 한 특정 유형의 철학자에게서 두드러진 특징이라고 말하고 싶다. 그러면 그와 반대되는 이른바 반철학자는 다른 철학자들이 만들어 놓은 이 혼란을 보고 속으로 말한다. "에잇! 내가 혼란을 바로잡아야겠군!" 나의 길잡이와 영웅은 그런 사람들이었다. 속임수가 어떻게 이루어지는지, 환영이 어떻게 생성되는지에 대한 직관을 가진 사람들—과학자와 철학자—말이다. 그들은 단순한 회의론자나 폭로자가 아니다. 건설적인 설명가이며 철학자가 안락의자에 앉아 꺼내 놓은 탁상공론을 검증 가능한 아이디어와 이론적 모형으로 대체하는 사람들이다.

시간을 되짚어 올라가면 1965년에 발표한 박사 논문에서 나는 마음과 의식을 이해하는 가장 좋은—사실, 유일한—방법은 여러 수준에서 자연선택에 의한 진화를 통해 연구하는 것이라 주장했고 그 방법이 어떻게 작동할 수 있을지에 대한 열린 틀을 스케치하기 시작했다. 물밑에선 철학적 난투극이 벌어졌지만 수면 위로 떠오르진 않았다. 나의 접근법은 다양한 분야의 연구자에게 큰 반향을 일으켰다. 그들은 저마다의 방식으로 내 아이디어를 이해했고 내가 그린 그림에 조각 몇 개를 추가하여 자신들의 작업에 존재하는 흠결을 수정할 방법을 알게 되었다. 그들은 나를 초대하여 우호적 대화 상대로 대우했다. 나는 그들을 찾아가 철학자의 모자를 손에 들고 쭈뼛거리며 "제가 훈수 좀 두어도 괜찮을까요?" 하고 청할 필요가 없었다. 그들이 먼저 나를 찾아왔으니까.

나는 어떻게든 지성을 끌어당기는 자석을 만들었다(또는 더 정확히 말하자면 자석의 창발을 이끌었다). 그 지적 자석은 매우 총명한 사람들을 나의 궤도로 성공적으로 계속 끌어들였다. 나는 나보다 훨씬 더 많은 것을 아는 사람들에 둘러싸이는 것에 익숙해졌고 특히 그들과 의견을 달리할 때면 언제나 행복한 마음으로 가르침을 받았다. 내가 가장 좋아하는 논증과 사례는 내가 대체로 반대하는 입장을 지닌 사상가들과 치열하게 논쟁하며 만들어졌다. 처음 그들과 맞섰을 때는 왜 그런 논쟁이 중요한지 잘 몰랐지만 지금은 그 이유를 훨씬 잘 이해한다. 물리학자 볼프강 파울리Wolfgang Pauli는 다른 물리학자들의 아이디어를 "틀리지조차 않았다"며 묵살한 것으로 유명하다. 반면에 나는 특히, 물리학자 로저 펜로즈Roger Penrose, 언어학자 놈 촘스키Noam Chomsky, 신경과학자 크리스토프 코흐Christof Koch, 진화생물학자 스티븐 제이 굴드Stephen Jay Gould와 데이비드 슬로안 윌슨David Sloan Wilson이 내놓은 아이디어에서 일부 잘못된 것들을 틈날 때마다 바로잡으려고 애썼다. 그리고 내 동료 철학자 토머스 네이글Thomas Nagel, 제리 포더Jerry Fodor, 존 설John Searle, 데이비드 차머스David Chalmers와 오랜 논쟁을 이어 왔다. 내 생각도구들에 힘입어 이 모든 '뛰어난 실수들'을 바로잡지 않았다면 나는 지금 어디쯤 있을까? (예를 들어 나는 영향력이 가장 큰 내 논문인 〈실재하는 패턴들Real Patterns〉(1991)에서 존 호턴 콘웨이John Horton Conway의 매혹적인 '생명 게임'을 철학적 도구로 활용했다. 이를 통해 제리 포더의 매력 없고 투박한 '초강력 실재론'과 그에 못지않게 설득력이 떨어지는 폴 처칠랜드Paul Churchland의 '제거주의' 사이에서 중간 지점을 찾아낼 수 있었다.) 모든 중요 세부 사항을 자세히 설명할 여유는 없지만 내가 한 수정 작업을 직접 점검해 보고 판단하려는 독자를 위해 미주에 링크를 밝혀 두었다.

나는 (지금껏) 어린 시절에 지녔던 가장 사치스러운 판타지를 훌쩍 뛰어넘는, 놀랍도록 모험적이고 충만한 삶을 영위해 왔다. 그리고 과거 나는 약동하는 야망에 찬 자신만만한 청년이었다. 이런 일이 어떻게 가능했을까? 순전한 운 덕분이었을까 아니면 내가 속한 '인맥' 덕분이었을까? 어쩌면 지금 내가 이 행복한 상태에 있는 것에 대해 나 자신에게 약간의 공로를 돌려도 될까? 지금 누리고 있는 혜택을 받을 자격이 내게 있을까?

나는 자유의지를 믿는다. 비마법적이고 정말로 중요한 의미에서의 자유의지를 말이다. 나는 이 세상에서 선한 일을 하는 사람들은 칭찬과 보상을 받을 가치가 있고 악한 일을 하는 사람은 처벌받을 정당한 이유가 있다고 생각한다. 단 자기 결정권과 자기 통제력이 있는 성인인 한에서. 나는 또한 이런 유형의 자유의지는 결정론에 의해 위협받지 않는다고 믿는다. 처음 접하면 직관에 반하는 듯 보이는 내 주장을 옹호하기 위해 나는 세 권의 책과 수십 편의 논문을 썼다. 결정론은 "언제든지 정확히 가능한 하나의 미래가 있다"는 주장이지만 이것이 **불가피성**을 의미하는 것은 아니다. 우리는, 그리고 다른 자율적 행위자는 매일 무언가를 회피하며 살아간다. 결정론은 '당신의 손을 결박'하지도 않고 당신이 의사 결정을 재숙고하는 것을 가로막지도 않는다. 실수에서 배워서 새사람이 되는 것을 금지하지도 않는다. 결정론은 당신을 조종하는 인형사가 아니다. 정상적인 성인이라면 당신에게는 이 유혹과 산만함으로 꽉 찬 세상 속에서도 자신의 자율성을 유지할 충분한 자기 통제 능력이 있고 따라서 책임도 있다. 그러나 결정론이 책임이나 자율성에 위협이 되지 않는다는 내 주장이 옳다 해도 그것이 단지 내가 기이할 정도로 운이 좋았고 내게 주어진 행운을 그저 최대한 잘 활용한 사람인지, 아니면 그 이상의 무엇이 있는지 가려 주는 답이 되지는 못한다.

사실 나는 그 운을 최대한 활용하지 못했다. 더 강한 의지를 지닌 사람이었다면 훨씬 더 많은 일을 할 수 있었을 것이다. 나는 게으른 면이 있었고 독서 습관도 불규칙해서 쉽게 산만해진다. 신문 연재 만화, 십자말풀이, 글자 타일로 단어 만들기(군함조 게임도 있다. 타일로 단어 만드는 방식은 똑같은데 보드나 틀이 없어 좀 더 몰입감 있게 진행된다), 스도쿠, 루빅스 큐브 등 시간을 잡아먹는 여러 가지 소일거리를 하고 싶은 욕구가 사라질 줄 몰랐다. 아주 똑똑한 내 어릴 적 친구 하나는 브리지 게임에 중독된 나머지 성적 미달로 대학에서 퇴학당했는데 만약 내가 좋지 않은 타이밍에 좋은 파트너를 만났더라면[11] 나도 그 친구처럼 되었을 것이다. 하버드에 다닐 때 나는 하마터면 늦은 아침의 강의

11 브리지는 두 명이 한 조가 되어 다른 한 조와 대결하는 게임이다.

하나를 등록하지 못할뻔했다. 그 강좌가 아니었다면 내가 그 시간에 헤이스티 푸딩 클럽[12] 에서 당구를 즐기고 있으리라는 것은 불 보듯 뻔했다. 그때 나는 도대체 무슨 생각을 했던 걸까?

내가 파국을 가까스로 면했던 순간들을 되돌아보면 그때마다 아슬아슬하게 나를 구해준 건 바로 이런 성찰적인 성향이었다는 생각이 든다. 그에 더해 도덕적으로 어려운 결정을 앞두고 친구들—그중에서도 60년을 함께한 아내 수전—의 조언을 구하고 **받아들이는** 나의 태도도 큰 몫을 했다.

내가 어떻게 나 자신의 교육을 다루었는지, 어떻게 좋은 사상가가 되었는지(철학자 돈 로스Don Ross는 한때 내게 대해 이렇게 말했다. "댄은 겸손이란 특별한 상황에서나 지킬 가치가 있는 미덕이라고 믿고 있다.")를 들여다보면 그래도 배울 만한 교훈이 있다. 내가 독자에게 유용한 무언가—내 성공의 비결, 나의 좋은 요령과 습관, 내가 사람과 문제를 다루는 방식 등—를 전달할 수 있으리라 생각하지 않았다면 나는 이 책을 쓰지 않았을 것이다. 세상에는 나보다 명민하며 훨씬 훌륭한 철학자가 많다. 그들은 논증을 나보다 빨리 구상하며 철학자가 만들어 놓은 기술적인 수를 나보다 능란하게 사용한다. 그들도 그렇게 말할 것이고 나도 그들에게 동의할 것이다. 하지만 나는 옥스퍼드 시절 내 학위 논문의 지도교수였던 길버트 라일Gilbert Ryle이 60년대에 잘츠부르크에서 맥주를 몇 잔 걸친 뒤 내 동료에게 했던 말을 잊지 못한다. "학생 논문에는 데닛보다 훨씬 영리하게 쓴 챕터가 많아요. 하지만 데닛의 뱃속엔 불타는 야심이 있어요." 나는 그날 그의 말을 반세기가 넘도록 지금까지도 버팀목 삼아 의지하고 있다.

보다시피 나는 겸손하지 않다. 하지만 그렇다고 해서 내가 아는 몇몇 사상가처럼 스스로를 과신하진 않는다. 나를 가장 공격적으로 비판

12 1795년에 창립된 하버드대학교의 사교 클럽.

한 인물 중 하나인 존 설은 사실 나와 성향이 굉장히 비슷하다. 자신감이 넘치고, 철학자들을 트집 잡는 데 열을 올리며, 존경받는 사고방식을 말도 안 되는 것이라고 낙인찍는 일도 서슴지 않는다. 자신이 완전히 이해하기 힘든 주장이나 입장을 접하면 그는 그것을 자신의 관점—즉 자신이 이해하는 관점—으로 다시 표현한다. 나도 바로 그렇게 한다. 그러나 설은 어려운 아이디어를 소화하고 나서 그것이 불합리하다고 생각되면 그 아이디어 자체가 터무니없다고 격렬하게 소리친다. 하지만 나는 그러지 않는다. 나는 판단을 유보한다. 그리고 성찰한다. '이 견해를 옹호하는 사람들이 바보 같아 보이진 않아. 그러니 어쩌면 내가 그들을 오해했을지도 몰라' 하고. 그러고는 그들의 작업을 다시 살펴보며 내가 그들의 견해에 대해 더 나은 버전을 찾을 수 있는지 탐구한다. 아무리 들여다보아도 그런 것을 도저히 찾을 수 없을 때가 간혹 있는데 그럴 때면 나는 설처럼 강경한 비판자가 된다. 하지만 어떨 때는—솔직히 말하자면 대개는—더 나은 버전의 도전적 아이디어를 찾을 수 있고 그 경우에는 무언가를 배운다. 설의 세계는 멍청한 철학자로 가득하다. 반면 나의 세계는 학식 있고 지적이며 성실하게 연구하지만 종종 자신의 최고 아이디어를 문제를 키우는 방식으로 제시하는 철학자로 채워져 있다. 철학자들이 설이 생각하는 것처럼 대부분 멍청하다면 대체 누가 철학자가 되려고 하겠는가? (카를 포퍼 경Sir Karl Popper도 내게 그런 의문을 불러일으키는 또 한 명의 철학자이다. 그는 자신과 의견을 달리하는 철학자들을 낮게 평가했다. 그러면서 자신은 어떻게 철학자로서 살아갈 수 있었을까?)

지금과는 달리 과거에는 내가 연구하고 있는 주제에 대해 늘 자신 있었던 것은 아니다. 사실 나는 내가 철학을 연구할 자격이 있는지를 고민하는 길고도 두려운 시간을 보냈다. 철학을 버리고 조각을 취미 이상의 것으로 밀고 나가 볼까 하는 생각마저 했을 정도였다. 그 우울했던 침체기에 대해서는 나중에 더 이야기할 것이다. 이제 학계에서 내가 발전해 왔던 이야기로 넘어갈 텐데 그전에 철학자에 대한 두 가지 일반화를 제안하고자 한다. 첫째, 철학자가 되어서는 자신이 현명한 삶을 선택한 것인지 진지하게 고민해 보지 않은 사람은 그다지 좋은 철학자가 아니다. 둘째, 철학자로서의 자신의 기량에 대해 고민해 보지 않은 사람도 역시 좋은 철학자라고 보기 어렵다. 그렇다. 세상에는 그런 불안감에 잠겨 본 흔적조차 보이지 않는 '쟁쟁한' 철학자가 수십, 수백 명은 있다. 그러나 나는 그들의 작업이 대체로 피상적이고 허식적이라고—실질적 중요성은 없는 문제에 대한 현란한 발재간일 뿐이라고—생각한다. 나는 그런 것을 '치메스chmess의 고차원적 진리' 산출이라고 부른다. '치메스'는 내가 만든 용어로 킹이 어느 방향으로든 두 칸을 움직일 수 있는 변형 체스를 일컫는다. 그런 게임은 아마도 결코 플레이된 적이 없고 플레이될 가치도 없으며 찾아볼 필요조차 없다. 치메스에 관한 진리를 증명하는 것은 체스에 관한 진리를 증명하는 것만큼이나 어려울 수 있지만 훨씬 덜 중요한 일이다. 아무도 신경 쓰지 않을 테고, 또 신경 쓰지 않아야 한다. 신경심리학자 도널드 헤브Donald Hebb는 이렇게 말한 적이 있다. "할 가치가 없는 일이라면 잘할 가치가 없다." 헤브의 규칙이 철저하게 적용된다면 철학뿐 아니라 학계의 먼지 쌓인 구석구석이 한순간에 인적이 끊길 것이다. 그러나 나는 어떤 지적 탐구가 용인할 가치가 없거나 심지어 연구비를 지원할 가치조차 없다고 판단할 자격이 있는 사람은 아무도 없다는 생각을 강력히 지지한다. 그러므로 우리는 학문이 어느 정도 그 실질적 효용으로는 결코 '본전을 찾지 못할' 수천 가지 프로젝트를 지원하는 매우 사치스러운 제도라는 사실을 인정해야 한다. 우리는 학계가 다가올 미래에 필요할 인력만을 양성하는 직업 훈련장이 되도록 허용해서는 안 된다. 천 송이의 꽃이 피게 하되 그 꽃의 대부분은 시들거나 죽을 것임을 기억하라.

제1부

순조로운 출발

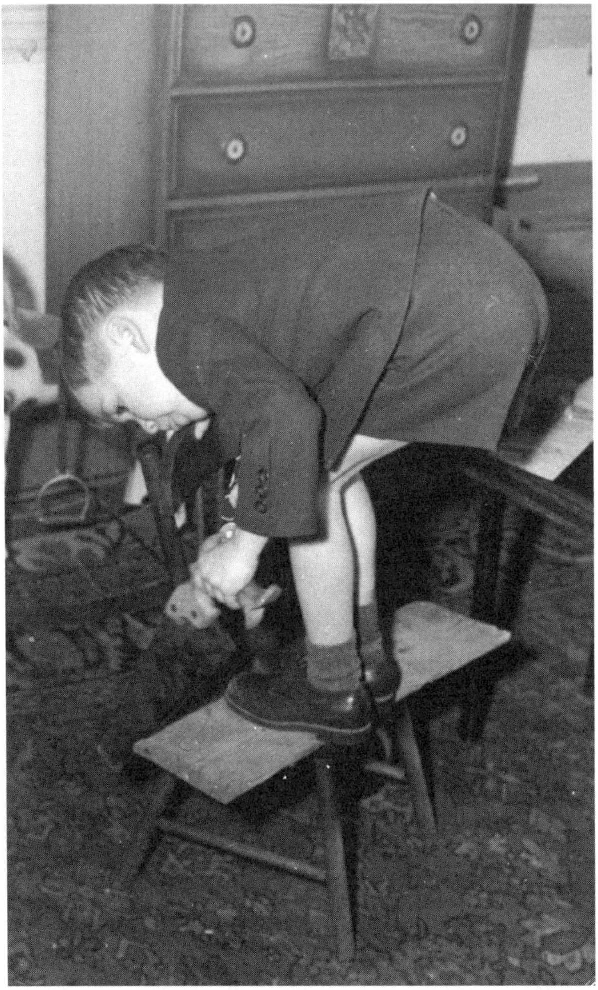

문제를 해결하고 있는 모습.
1946년 베이루트.

1

어린 시절

나는 1942년 보스턴에서 태어났다. 나는 보스턴 교외 윈체스터 지역의 존경받는 의사였던 대니얼 C. 데닛Daniel C. Dennett의 유일한 손자이자 대니얼 C. 데닛 주니어Daniel C. Dennett Jr.의 외아들이다. 그러니 원칙적으로 따지자면 내 이름은 '대니얼 C. 데닛 3세'이지만 나는 '3세'라는 의존 명사를 무척 싫어해서(속물처럼 보이니까) 그냥 '대니얼 C. 데닛'이라는 이름을 썼다. 그 때문에 사서들은 1948년《스페큘룸Speculum》지에 게재된 〈피레네와 무함마드Pirenne and Muhammad〉라는 논문의 저자가 어떻게 내 아들일 수 있냐며 혼란스러워했다. 아버지는 초기 이슬람 역사가였고 미국 전략사무국과 중앙정보단(중앙정보국CIA의 전신)의 고위 스파이였다. 우리가 베이루트에 살고 있던 1947년, 아버지는 임무 중에 비행기 사고로 에티오피아에서 돌아가셨다. 탐사보도 기자이면서 변호사인 여동생 샬럿은 이에 얽힌 복잡한 미스터리의 진상을 끝까지 파헤치고자 했고 그 노력을 담은 책《파이프라인을 따라가다Follow the Pipelines》(2022)를 썼다. 최근에 누이들과 나는 CIA의 연례 추모행사에 초대되었는데 아버지가 임무 중 진사한 최초의 CIA 요원이었다는 사실을 그곳에서 마침내 확인했다. 이제 아버지는 CIA 랭글리 본부 입구의 흰 대리암 '추모의 벽'에 새겨진 별 하나를 소유하게 되셨다. 영어 교사였던 어머니 루스는 더 넓은 세상을 경험하기 위해 미네소타를 떠나 베이루트로 가셨다. 1930년대 초반에는 그곳의 (베이루트아메리칸대학교 부속) 미국인학교에서 영어를 가르쳤고 거기서 아버지를 만났다. 당시 아버지는 이슬람 역사를 연구하는 하버드대학교 박사 과정생이었고 중동 전역을 돌아다니며 연구하고 아랍어를 배우며 친구를 사귀었는데 마침 어머니와 같은 학교에서 학생들을 가르치고 계셨던 것이다.

아버지가 돌아가셨을 때 나는 고작 다섯 살이었기 때문에 아버지에 대한 기억(기억들에 대한 기억들에 대한 기억)은 장밋빛 안개로 온통 가물가물하게 덮여 있지만 나는 아버지를 사랑했고 아버지가 아끼는 지프를 타는 것도 좋아했다. 아버지는 심지어 위험하지 않은 임무에 나를 데려가기도 하셨다. 사실 어린아이를 데리고 다니는 것은 요원의 효과적인 위장술이었다. 아버지의 임무 중 하나는 내게 증표를 남기기도 했는데 내 귀의 작은 흉터 두 개가 바로 그것이다. 그때 아버지와 접선 중인 베두인 사람들이 내 귀를 뚫어야 한다고 했다. 베이루트의 집으로 돌아오자마자 어머니는 귀를 뚫은 끈을 없애 버렸고 구멍은 차차 아물었지만 그 흔적은 여전히 남아 있다. 우리 집안의 오랜 친구분들은 긴 세월 동안 아버지 이야기를 해 주셨는데 그 모험과 업적에 대한 멋진 이야기로 미루어보아 나는 아버지가 카리스마 넘치는 매력적인 사람이며 자연스럽게 관심의 중심에 서는 인물이었다고 생각하게 되었다. 고등학교의 마지막 두 해를 보낸 필립스엑서터아카데미에서 나는 꽤 유명한 몇몇 인사—소설가, 외교관, 과학자, 재벌 등—의 아들을 알게 되었고 그들에게서 나타나는 일종의 증후군도 눈치챘다. (모두는 아니더라도) 그중 일부는 출중한 자기 아버지의 가치 있는 지적 동반자가 되고자 강박적으로 노력하느라 심리적으로 거의 소진되어 가고 있었다. 그들은 남의 기를 죽일 정도로 표현력이 풍부했고 뭐든 다 아는 것처럼 행동하며 그에 걸맞게 박식했고 모든 방면에서 지적으로 우수해 보였다. 그러나 그들은 종종 결승선까지는 못 가는 것처럼 보였다. 기말 논문을 완성하거나 문제를 풀거나 서평을 작성하는 일 등에서 말이다. 나는 종종 궁금했다. 아버지가 살아 계셨다면 내가 살아 온 것과 똑같은 삶을 아버지 슬하에서도, 그러니까 아버지 같은 지적 영웅이자 모험가의 그늘에서도 똑같이 영위할 수 있었을까 하고. 어머니 친구분 사이에서 아버지의 위상은 거의 전설에 가까웠는데 나는 그 기대에 부응하려고 노력하는 것만 해도 충분히 힘에 겨웠다. 어머니 친구분들은 가끔 눈물을 글썽이며 말씀하셨다. 내가 기이할 정도로 아버지를 닮았다고. 이야기하는 방식이나 단어 사용 방식에 이르기까지 꼭 아버지를 복제해 놓은 것 같다고.

베이루트에서 우리는 외교적으로 편안한 생활을 했다. 그때는 미국이 레바논에 대사관 없이 공사관만 두었고 아버지는 그곳의 문화 담당관이었다. 우리의 우아한 집은 베이루트곶 중심부의 블리스가街(당시에는 '루 블리스'라 불렸다)에 있었다. 집에는 넓은 정원과 정원을 둘러싼 높은 철책이 있었고 요리사와 아르메니아인 상주 보모, 나와 누나 신시아의 임시 보모/경호원 역할도 했던 '운전기사'도 있었다. 정원에는 가젤(나는 당연히 '바바르Babar'라는 이름을 붙였다[13])이 있고 책과 음반과 예술 작품으로 가득한 그곳은 지적 모험의 삶을 시작하기에 나쁘지 않은 곳이었다.

오랫동안 나는 아버지가 1930년대에 이룬 뛰어난 성취 중 하나를 어떻게든 능가해 보겠다는 꿈을 꾸었다. 독일어를 (그리고 프랑스어와 아랍어를) 유창하게 구사했던 아버지는 베이루트의 유럽 신문사들과 동

---

13 '바바르'(또는 바부르)는 인도 무굴 제국의 창건자이자 초대 황제의 이름이다. 한편 1933년에 영어 번역본이 나와서 40년대 중반까지 미국과 유럽에서 큰 인기를 끈 아동 도서 《코끼리 바바르》에 나온 아기 코끼리 이름이기도 하다.

행했고 그러다가 페터 그라프 폰 스파우어Peter Graf von Spaur가 잘츠부르크에 있는 언덕 꼭대기의 큰 별장을 연로한 가정부에게 남기고 사망했다는 사실을 알게 되었다. 가정부가 그 별장으로 무엇을 어떻게 해야 할지 고민하는 동안, 아버지는 소식을 들은 즉시 가정부에게 편지를 써서 가구가 딸린 그 별장을 아버지와 친구들에게 여름 동안 대여할 의향이 있는지 물었다. 감사하게도 그녀는 그것이 좋은 계획이 될 것이라고 답신하며 아버지에게 놀랄 만큼 관대한 조건을 제시했다. 계약이 성사되자마자 아버지는 하버드의 친구들과 유럽에서 함께 공부하는 친구들에게 자신이 주최하는 멋진 하우스 파티가 여름 내내 잘츠부르크에서 열릴 것이라고 편지로 알렸다. 그 모두가 초대받았고 집세와 식비를 내는 한 얼마든지 머물 수 있었다. 많은 사람이 별장을 찾아와 침실들이 채워지고 가정부는 끼니를 차리는 등 별장은 전과 똑같이 온전하게 유지되었다. 언덕 아래 도심지의 모차르테움에서는 정기적으로 연주회가 열렸고 연주회가 끝나고 나면 이웃인 리하르트 슈트라우스Richard Strauss[14]는 연주된 곡을 흥얼거리며 언덕을 올랐다. 함께 감상한 사람들과 그날의 연주에 대해 이런저런 이야기를 나누면서 말이다. 그리고 누구나 젊은 하프시코드 연주자 랠프 커크패트릭Ralph Kirkpatrick이 아버지의 별장 베란다에서 즉흥 콘서트를 개최하리라는 것을 충분히 예상할 수 있었다. 그런 날에는 다른 음악가와 예술가, 역사학자 들도 밤을 새워 즐겼다. 어머니도 장기 투숙객 중 한 명이었고 훗날 그 눈부시게 찬란했던 오스트리아에서의 밤을 회상하실 때면 꿈에 담뿍 잠긴 듯한 눈을 하곤 했다.

비행기 사고로 아버지가 돌아가시자 어머니는 우리 가족과 보모

---

14 리하르트 슈트라우스(1864~1949)는 독일의 작곡가이자 지휘자로 후기 낭만주의 시대를 대표하는 인물이다. 교향시 《차라투스트라는 이렇게 말했다》, 오페라 《살로메》, 《장미의 기사》 등을 작곡했다.

를 챙겨 매사추세츠로 갔다. 처음에 우리는 거기서 조부모님과 함께 살았고 나중에는 어머니가 주 정부에서 탄 생명 보험금으로 구입한, 같은 마을의 소박한 집에서 살게 되었다. 어머니는 현명하게도 지역의 양탄자 상인인 모라디안 부인과 부다키안 부인에게 전화를 걸어 좋은 신랑감이 될 만한 아르메니아계 미국인 청년 수십 명에게 우리 보모 메리 베도니안Mary Bedoian을 소개하는 데뷔 파티를 주선하셨다. 그녀는 합법 거주 기한인 1년을 단 이틀 남겨 두고 젊고 훌륭한 자동차 수리공 조니 음키안Johnny Mkjian과 결혼했고 대규모 아르메니아인 공동체가 있는 워터타운 근처에 정착했다. 우리는 그들을 우리의 확장된 가족으로 여겼고 또 그 덕분에 베이루트에서의 기억과 관습을 수십 년 동안 간직할 수 있었다.

어머니는 보스턴의 교재 출판사 진 컴퍼니에서 사회과 편집자로 일하셨다. 그동안 에드나 ('쿠키') 앤더슨Edna ("Cookie") Anderson이라는, 마치 메리 포핀스 같은 분이 우리의 두 번째 엄마 역할을 했다. 그녀는 집안 살림을 꾸려 나갔고 우리의 도시락을 싸 주었으며 우리의 사소한 잘못들을 고쳐 주었다. 쿠키는 사교계 여성이었는데 성공한 인테리어 장식가인 남편과 함께 뉴턴에 살았지만 대공황의 강타로 모든 것을 잃었고 남편은 그녀에게 산더미 같은 빚을 안겼다. 내가 기억하기로, 우리는 그녀가 일했던 세 번째 아니면 네 번째 집이었다. 그녀는 우리와 거의 20년을 함께 하며 가족 구성원이 되었고 우리 모두 그녀를 사랑했다. 평일에 어머니는 보스턴으로 출퇴근을 하셨는데 집에서 기차역까지 걸어갔다가 이른 저녁이 되면 다시 기차역에서 집까지 걸어서 퇴근하셨다. 그 시각이면 쿠키와 우리 남매는 어머니를 기다리고 있었고 어머니가 얼음 위에 부은 버번(버번 온더록스)을 마시고 편지를 읽고 나면 저녁이 준비되었다. 어느 날 저녁, 나는 거실의 카드놀이 테이블에서 어머니가 교재 원고를 편집하는 것을 보았다. 어머니는 수술하듯 신중하게 원고를 수정했는데 원고의 문장에서 잘못되었거나 부자연스럽거나 오해의 소지가 있는 부분에 대해 종종 내게 설명해 주셨다. 그 교훈은 내 마음에 깊은 울림을 주었다. 실로 어머니께서는 내게 명료하고 강렬하게 글을 써야 한다는 단단한 신념을 심어 주신 것이다.

그럼 아버지를 대신했던 분은 누구였을까? 우선 고등학생 때부터 아버지의 절친한 친구인 셔먼 러셀Sherman Russell이 있다. 아버지는 "베이루트에서 자신에게 무슨 일이 생기면 '루스와 아이들'을 돌보겠다"라는 비장한 약속을 그에게서 받아 냈다. 셔먼은 그 약속을 훌륭하게 지켰고 어머니께 거의 청혼할 뻔했다. (그는 평생 결혼하지 않았다. 나는 그를 아주 좋아했고 이루어지진 않았지만 두 분의 결혼에 완전히 찬성했다.) 셔먼과 처음 만난 것은 우리를 실은 배가 뉴욕에 도착했을 때였다. 그는 우리를 뉴욕에 며칠 머물게—브롱크스 동물원도 구경시켜 주면서—한 뒤 윈체스터로 데려갔다. 내가 사랑해 마지않는 이렉터 세트, 그러니까 장난감 건설 세트를 사 준 사람도 바로 셔먼이다. 나는 그걸로 이런저런 모형을 만들었다. 뒷마당 사과나무에 나무집 모형을 짓거나 범선 모형 등을 만들었고 심지어는 많은 스위치와 건물, 교량이 있는 라이오넬 전동열차 테이블 같은 것도 만들었다. 셔먼은 상당한 전문지식을 갖춘 기수騎手이기도 했다. 그는 버밍엄에 있는 몰리 쿠삭 부인의 전설적인 대규모 사유지에서 개최되는 여우 사냥에서 세 명의 '공동 명수' 중 한 명이라는 타이틀을 얻기 위해 매년 아일랜드로 날아갔다.

한번은 쿠키가 집을 비운 주말에 어머니가 회사 동료 몇 분을 집으로 초대해 바닷가재 만찬을 열기로 하신 적이 있었다. 그러나 미국 중서부 사람인 어머니는, 살아 있는 바닷가재 네 마리를 민물이 든 양동이에 넣는 실수를 하고 마셨다. 바닷가재는 다 죽어서 먹을 수 없게 되었고 본인의 실수를 알아차린 어머니는 갓 운전면허를 딴 나를 수산시장으로 보내 네 마리를 다시 사 오게 하셨다. 임무는 완수했다. 하지만 그 난처한 네 마리 녹색 사체는 어찌한단 말인가? 지하에 있는 음식 쓰레기통에 버린다는 건 안 될 말이었다. 쿠키가 월요일 아침에 커피 찌꺼기를 비우러 와서 그걸 본다면 어머니를 몇 년 동안 놀릴 것이기 때문이었다. 그럼 어쩐다? 간단했다. 셔먼에게 전화를 걸었다.

"어머니가 끔찍한 실수를 하셔서…… 숨겨야 할 사체가 있어요."

"몇이나?"

"넷이요."

"어디에 두었니?"

"차 트렁크요."

잠시 침묵이 흐른 후 셔먼이 말했다. "좋아, 대니, 잘 들어. 차 갖고 우리 집으로 와. 난 차고 안에 있다가 네가 오는 걸 보면 바로 문을 열고 네가 들어오자마자 닫을 거야. 그러고 나서 우리 같이 방법을 찾아보자. 조심해서 운전해야 해! 속도 내면 안 돼!" 죽은 바닷가재를 본 그는 화를 내기보다는 재미있어했고 즉시 쓰레기통에 버렸다. 이 에피소드는 셔먼이 아버지와의 약속을 지키기 위해서라면 얼마나 위험한 일까지 무릅쓸 수 있는지를 보여 주는 척도였다.

또 다른 아버지로 일컬을 수 있는 분으로는 보이스카우트 단장 폴 버터워스Paul Butterworth가 있다. (그렇다. 나는 공훈 배지를 21개 이상 모아야만 될 수 있는 최우수 보이스카우트였다.) 그는 상업 미술가로, 내가 회화와 만화를 그리는 기술을 익히도록 격려해 주었다. 내게 더 큰 영향을 준 사람은 뉴햄프셔의 뉴펀드 호숫가에서 열리는 모글리스 캠프의 몇몇 강사였다. 나는 1951년부터 1958년까지 일곱 번의 여름을 그곳에서 보냈다. 처음에는 캠핑자로서, 나중에는 항해와 카누를 가르치는 지도자로서. 항해 강사 에드 링컨Ed Lincoln은 내게 항해를 가르쳐 주었을 뿐 아니라 재즈의 세계도 알려 주었는데 그는 드럼을 쳤고 그의 형제는 트럼펫을 불었다. 다른 강사들도 여러 방식으로 다양한 영향을 주었다. 나에게 모글리스 캠프는 한해 중 최고의 시간을 보내게 해 주는 곳이었다. 어린 시절을 돌이켜보면 초등학교 때와 고등학교의 첫 두 학년 동안의 기억은 생생히 떠올릴 수 있는 게 별로 없다. 그럼에도 매년 7월과 8월에 모글리에서 보냈던 8주간의 기억은 아주 생생하고도 세세하게 떠올릴 수 있다.

윈체스터고등학교 1학년 때(1955~1956) 나는 캐서린 라과디아 Catherine Laguardia와 마이클 그린바움Michael Greenebaum이라는 두 분의 훌륭한 고대사 선생님을 만났다. 하버드대학교 석사 과정에 있던 그 젊은 교생들은 내 마음에 불을 지폈다. 라과디아 선생님은 플라톤으로 기말 보고서를 쓰도록 (나는 완성본 표지에 로댕의 〈생각하는 사람〉을 그렸다) 영감을 주셨다. 그 덕분에 플라톤의 사상을 조금밖에 이해하지 못했던 내가, 나중에 더 공부해 볼 사상가들을 모셔 둔 나의 만신전에 플라톤도 모셔 놓게 되었다. 그린바움 선생님은 나의 영웅이다. 청소년의 상상력을 열어젖히는 그의 방식은 나로 하여금 선생님이 되겠다고 확신하게 만들어 주었다. 그린바움 선생님께 제출한 기말 보고서는 가상의 지중해 문명을 구성해서 그 문명의 역사와 전쟁, 문화에 관해 설명하는 것이었다. 나는 에너지를 쏟아부어 '루크레니아'라는 가상 문명의 역사를 완성했다. 새 종교의 탄생과 몇 번의 전쟁, 약간의 건축학적 발전에 대해 설명했고 지도와 삽화도 보고서에 수록했다.

그런가 하면 가관일 정도로 나빴던 영어 교사도 있었다. 그 선생님은 좋은 평판과 추천서를 받아 안고 다른 곳에서 윈체스터고등학교로 온 거만한 속물이었다. (여기서 그의 이름을 밝히진 않겠지만 나와 같은 반이었던 사람이 이 책을 읽는다면 내가 누구에 대해 쓰고 있는지 잘 알 것이다.) 어느 날 수업 시간에 그는 마치 있는 그대로의 확실한 사실이기라도 한 것처럼 셰익스피어가 지구상에 살았던 인물 중 가장 위대한 사람이라고 선언했다. 나는 그의 허튼소리를 충분히 듣고 나서 손을 들었다. 그가 내게 발언권을 주었고 나는 말했다. 셰익스피어가 역사상 가장 위대한 **작가**일 수 있지만 그 밖의 분야에서 노력한 인물은 어떠하냐고. 알렉산드로스 대왕이나 알베르트 아인슈타인이나 성서의 예수 그리스도는 어떠하냐고. 그의 반박은 내 말을 그냥 무시하는 것이었다. 그러나 그날 이후 나는 그가 어리석은 발언을 할 때마다 손을 들었다. 그는 내게 거의 발언권을 주지 않았고 그럴 때면 나는 조용히 일어나 교과서를 챙겨 교실을 나갔다. 그는 한 번도 나를 제지하지 않았으며 연말에 내가 제출한 과제에는 A 학점을, 태도에는 F 학점을 주었다. 나는 그 평가를 의미 있게 받아들였다.

1957년 나는 엑서터로 학교를 옮겨 그곳에서 고등학교의 마지막 두 해를 보냈다. 이는 (하버드대학교 교수님 같은) 아버지의 학계 친구분들이 거기가 내게 적합한 곳이라고 주장했기 때문이었다. 등록금은 할아버지께서 내주셨다. 친구분들의 말은 과연 옳았다. 훌륭한 선생님과 훌륭한 급우, 훌륭한 프로젝트 들이 거기 있었다. 내 글쓰기 기술은 저명한 조지 베넷George Bennett 덕분에 성장했다. 그의 학생 중 유명한 인물로는 고어 비달Gore Vidal, 피터 벤클리Peter Benchley, 존 어빙John Irving 등이 있다. 나의 조각 기술—처음 눈뜬 것은 모글리스 캠프에서 세이어 갈런드Thayer Garland가 나무 조각법을 가르쳐 준 덕분이었다—은 글렌 크라우스Glen Krause가 준 영감에 힘입어 부품 거푸집을 만들고 금속을 다루는 데까지 이르렀다. 글렌 크라우스는 화가였고 엑서터에 있었던 그의 작업실은 1958~1959년에는 내게 제2의 집이 되었다. 몇 년 후 내가 하버드생이었을 때 보스턴의 뉴버리 스트리트 갤러리에서 '글렌 클라우스의 그림과 대니얼 데닛의 조각'을 함께 전시하는 2인전을 열었다.

어머니께 뉴버리 거리에서 내 작품이 곧 전시될 거라고 말씀드리자 어머니는 진 컴퍼니에서 그곳까지 점심시간에 다녀올 수 있으니 달려가겠다고 말씀하셨다. 나는 갤러리 이름을 알려드리기 전에 어머니에게서 본인이 '예술가의 어머니'임을 밝히지 않겠다는 약속을 받았다. 어머니는 글렌의 작품들이 아직 걸려 있을 때 전시를 보러 가셨는데 작품들에는 작가를 특정할 수 있는 표식이 없었다. 어머니는 내가 작업해 온 것과는 사뭇 다른 스타일과 매질의 새로운 조각품을 보시곤 갤러리 주인에게 조각가가 누구냐고 물어보셨다. "오, 그건 다니엘로 데네티Danielo Dennetti의 작품이에요. 지금 한창 인기 있는 젊은 이탈리아 조각가죠." 이래서 내가 미술을 하지 않는 것이다. 물론 나는 미술가를 사랑한다. 그러나 갤러리 소유주와 미술평론가,—유감스럽게도—원작을 제 돈으로 살 수 있는 많은 사람을 견딜 수가 없다. 그들에게 작품 하나를 파는 것은, 내게는 내 아이 하나를 주는 것과 같은 배반처럼 보였다. 2017년 나는 브루클린의 언더동크갤러리에서 '햅틱 휘틀스'라는 제목으로 개인전을 열었다. 그러나 전시품을 단 하나도 판매하지 않았다. (나는 갤러리 주인을 싫어하지만 니컬러스 쿠에바Nicholas Cueva는 예외이다. 그는 갤러리를 올바르게 운영하고 있다.)

1959년에 엑서터의 졸업반 학생 약 200명 중 40명가량이 하버드대학교로 떠났고 우리 가족은 나 역시 하버드로 갈 것이라 생각했다. 아버지는 나와 신시아가 아직 어린아이일 때 하버드의 기숙사 엘리엇하우스에서 몇 년 동안 강사를 했고 1947년엔 교수 지위를 제안받았으나 그 직후에 비행기 사고로 돌아가셨다. 하버드 교수진 중에는 우리 가족의 좋은 친구들이 있었다. 그러나 나는 좀 독립하고 싶었고 코네티컷주 미들타운에 있는 웨슬리언대학교에 깊은 인상을 받았으므로 그곳에 진학했다.

2

음악—꼭 필요한 옆길

우리 가족은 음악을 사랑했다. 베이루트에서 살 때 우리 집에는 커다란 분당 78회전 레코드판이 있었다. 이 음반들은 재생 시간이 짧아서 몇 분에 한 번씩 뒤집거나 갈아 주어야 했기 때문에 베토벤의 교향곡 하나를 끝까지 듣자면 여간 번거로운 것이 아니었다. 베이루트에는 업라이트 피아노도 있었다. 그러나 1947년 아버지가 돌아가신 후 미국으로 이사할 때 피아노까지 챙겨올 순 없었으므로 할머니는 당신께서 매우 아끼던 오래된 스타인웨이 그랜드피아노를 우리에게 주셨다. 그 피아노는 윈체스터에 있었던 우리 집의 보물이 되었고 지금은 내가 가지고 있다. 피아노를 받은 즉시 신시아와 나는 교습을 받았다. 우리의 선생님은 루이자 파크허스트Louisa Parkhurst였는데 상냥했지만 좀 구식이었고 그녀가 숭앙해 마지않던 피아니스트 마이러 헤스Myra Hess 여사의 제자였다. 파크허스트 선생님은 친절했고 느낌과 '레세티츠키 방식'을 중요시했는데, 그 방식이란 팔뚝과 손의 힘을 빼고 (내 기억에) 건반을 어루만지듯 누르는 주법을 쓰는 것이다. 그래서 나는 엄격한 운지 훈련도 안 하고 하농 연습곡도 거의 치지 않았으며 초견 연습도 최소한으로만 했다. 어머니는 피아노를 아주 잘 치셨고 나는 밤에 위층에서 잠들면서 어머니의 연주를 듣는 것을 좋아했지만 정말이지 유감스럽게도 어머니만큼 초견 연주를 잘하지 못했다. 어머니는 미네소타대학교에서 무성영화의 피아노 반주를 하며 돈을 버셨는데 매주 서로 다른 몇 편의 영화가 상영되었다. 그렇게 많고 다양한 영화의 반주를 하는 것은 분명히 어려운 일이었지만 어머니는 매우 침착하게 그 일을 해내셨다. 나는 좀처럼 악보를 멀리 내다보지 못했고 늘 그 순간 읽고 치는 화음에 온통 눈과 귀를 쏟고 싶어 했다. 마치 한 번에 한 단어씩 읽어 내려가며 책을 읽는 것처럼 말이다. 나는 어머니가 집에서 새로운 곡들을 작업하거나 좋아하시는 두 곡—바흐의 〈예수, 인간 소망의 기쁨Jesu, Joy of Man's Desiring〉, 라흐마니노프의 〈전주곡 내림마 장조Prelude in E-flat Major〉—을 연주하는 것을 들으며 위층에서 종종 잠에 빠져들곤 했는데 그 두 곡을 들을 때마다 언제나 목이 멘다.

어머니는 우리가 피아노에 어떤 악보를 올려놓든 다 연주해 주셨고 우리는 종종 피아노 주위에서 노래를 불렀다. 크리스마스 캐롤, 길버트와 설리번Gilbert and Sullivan의 노래, 영화 〈남태평양South Pacific〉과 〈마이 페어 레이디My Fair Lady〉의 낱장 악보 노래, 그 외의 여러 뮤지컬 곡과 우리가 특히 좋아했던 《모닥불 앞의 포크송Fireside Book of Folk Songs》 책에 있는 캠프송과 포크송을. 몇 년 동안은 그 책과 함께 성장한 친구들의 피아노 위에서 그 사랑스러운 녹색 책을 종종 발견할 수 있었다. 그 책에는 노먼 로이드Norman Lloyd가 만든 아름답고 쉬운 피아노 반주뿐 아니라 은근슬쩍 강조된 좌익 사상도 담겨 있었는데 나는 많은 해가 지난 후에야 그 사실을 인식하게 되었다. 내 생각에 오늘날 대부분의 미국인은 〈언덕 위의 집Home on the Range〉이나 〈나는 철로에서 일하네 I've Been Workin' on the Railroad〉 같은 노래를 부를 수 있겠지만 《모닥불 앞의 포크송》과 함께 자란 우리는 〈조 힐Joe Hill〉이나 〈할렐루야, 나는 거지라네Hallelujah, I'm a Bum〉는 물론, 러시아 민요 〈메도랜드Meadowlands〉도

부를 줄 알았다. 우리는 찬송가도 부를 수 있었다. 어머니는 할머니와 달리 규칙적으로 교회에 나가지는 않으셨지만 우리를 주일학교에 보냈고 우리는 교회에서 수십 곡의 찬송가를 배웠으며 그 노래들을 즐겨 불렀다. 지금도 마찬가지이다.

열세 살쯤 되었을 때 나는 파크허스트 선생님의 방식에 질려 버렸다. 그동안 정중한 박수가 따르는 다양한 발표회와 연주회에서 수많은 클래식 곡을 연주했고 또 그런 음악적 경험도 좋아하긴 했지만 그러면서도 한편으로는 재즈에 열광했다. 신시아와 나는 대부분의 1950년대 아이처럼 좋아하는 라디오 채널에서 틀어 주는 대중음악을 들었고 매주 NBC의 〈당신의 히트 퍼레이드Your Hit Parade〉—유명한 담배 회사 러키 스트라이크의 협찬을 받았고 가수 도로시 콜린스Dorothy Collins, 스누키 랑송Snooky Lanson, 지젤 맥킨지Gisele MacKenzie가 진행했다—를 열심히 들으면서 그때그때 우리가 가장 좋아하는 노래가 7위에서 더 올라갔는지 아니면 10위 밖으로 떨어졌는지 촉각을 곤두세웠다. 그렇지만 그 시대의 대중음악은 로큰롤의 여명기에 있었던 진부하고 신파적인 것이어서 나는 그런 음악을 피아노로 연주하고 싶지는 않았다. 파크허스트 선생님은 나의 열정을 되살리려고 노력하면서 〈새우잡이 배가 들어오네Shrimp Boats Are A-Comin'〉와 리로이 앤더슨Leroy Anderson의 〈당김음 시계Syncopated Clock〉의 악보를 주었지만 허사였다.

어머니는 나를 위해 보스턴에서 재즈 피아노 선생님을 구해 주셨다. 매주 나는 기차로 보스턴으로 간 뒤 지하철을 타고 코플리 광장에서 내려, 빠른 걸음으로 잭의 드럼 가게와 보스턴 최고의 재즈 클럽인 스토리빌을 지나 앨런 스미스Alan Smith의 스튜디오로 갔다. 당시 나는 이를 매우 어른스러운 모험이라고 생각했고 푹 빠져 들었다. 그는 내게 기본적인 화성학을 가르쳤다. 이를테면 코드, 5도권 코드 진행, 12마디 블루스, 재즈 보이싱, 솔로 연주자를 위한 컴핑(반주/반주법), 내림 5도의 탁월함 등을 말이다. 우리는 테디 윌슨Teddy Wilson 같은 스트라이드,[15] 조지 시어링George Shearing의 양손 옥타브 크롤(양손으로 하는 옥타브 이동 연습), 에롤 가너Erroll Garner의 독특한 두드리기 주법의 현란함, 카운트 베이시Count Basie의 미니멀리즘 같은 다양한 스타일을 탐구했다. 나는 근처 음반 가게에 가서 테이블 아래로 신중하게 20달러를 건네고 나의 첫 번째 페이크북('해적판' 악보집)을 샀다. 그것은 즉흥 재즈 댄스를 연습하거나 소규모 재즈 밴드에서 연주하고자 하는 피아니스트라면 누구나 갖춰야 하는 표준 장비였다. 그 해적판 악보집은 당시 재즈와 재즈 댄스 스탠더드 넘버의 등사본을 검은 3공 바인더에 정리해 놓은 것으로 한 면에 두세 곡이 실려 있었는데 멜로디는 표준 키의 악보로 표시되고 코드도 제공되었으며—구매자가 가수일 경우에 대비하여—가사도 적혀 있었다. 이 해적판 책은 익명의 **지하 출판사**에서 나온 불법 도서였고 비싸지만 합법인 튠덱스가 여기서 힌트를 얻어 이를 표절했는데 튠덱스는 구독자에게 3×5인치의 악보 카드를 배송했다. 튠덱스는 이 카드를 발간하기 위해 원작자에게 저작권료를 지불했으나 페이크북은 그러지 않았다. 하지만 그 해적판 악보를 판매하거나 공공연하게 사용했다고 해서 체포된 사람을 본 적은 없다. 나는 그 낱장 악보(또는 '차트')를 읽는 법을 배웠다. 거기에는 즉시 독해할 수 있는 익숙한 멜로디만 실려 있었지만 나는 모든 코드를 만들어 연주할 줄 알았기 때문에 조지 거슈윈George Gershwin, 콜 포터Cole Porter, 어빙 벌린Irving Berlin, 리처드 로저스Richard Rodgers 의 음악을 줄줄이 연주할 수 있었고 약 천 곡에 이르는 그 밖의 음악을 꽤 능숙하게 칠 수 있었다. 심지어 코드만 보고 즉흥적으로 연주하며 새로운 후렴구를 더 만들어 이어 나갈 수도 있었다. 나는 곧 '귀로 연주하는 법'을 배웠고 피아노 앞에 앉아 신청

15 왼손이 베이스 음과 코드를 번갈아 연주하며 넓은 폭으로 성큼성큼 걷는 듯한 리듬을 만드는 것이 특징인 재즈 피아노 스타일의 한 가지. 1920년대에 뉴욕 할렘에서 발전했으며 대표적인 연주자로는 제임스 P. 존슨과 팻츠 월러가 있다. 본문에 언급된 테디 윌슨은 굳이 따지자면 처음에 스트라이드로 시작했다가 스윙의 길을 연 인물이라고 할 수 있다.

곡으로 들어오는 유명한 노래들을 척척 연주할 수 있었을 뿐 아니라 코드 진행을 거의 언제나 예측할 수 있었고 가수의 목소리에 따라 필요할 경우 조바꿈도 자유자재로 할 수 있었다.

파크허스트 선생님의 교습을 받을 적에는 매일 하는 연습을 빼먹을 변명거리를 찾아내려고 애쓰던 내가, 그때는 페이크북에 있는 곡을 연주하거나 내가 들었던 새로운 노래를 그냥 연주하는 데 몇 시간씩을 보내곤 했다. 아아, 재즈여! 윈체스터고등학교에서는 연례적으로 보드빌쇼가 열렸는데 매우 인기 있었던 이 쇼에 출연하기 위해 학생들—팀으로 또는 단독으로—은 열심히 연습하고 오디션을 보았다. 나는 1957년 보드빌쇼에서 무대 밑에서 연주하는 피트 밴드의 피아니스트로 너끈하게 뽑혔다. 노래, 춤, 저글링과 곡예와 콩트, 무반주 남성 4중창, 그리고 반려견 훈련 시범도 무대에 올라왔다. 대개의 공연은 여학생 팀들이 인기곡에 맞추어 춤을 추는 것이었는데 그들은 분당 45회전 레코드로 리허설을 한 후 내게 레코드를 건넸다. 그러면 나는 레코드를 들으면서 피트 밴드가 연주할 수 있도록 편곡에 착수했다. 그 편곡 작업이야말로 정말이지 엄청난 공부가 되는 경험이었다. 왜냐하면 칩 미드Chip Mead(터프츠대학교 교수의 아들이다. 그의 아버지는 나중에 터프츠의 총장이 되었다. 터프츠와 나의 인연은 이렇게 오래전으로 거슬러 올라간다)가 지휘를 맡은 밴드는 알토 색소폰에 트럼펫과 트럼본, 기타, 피아노, 베이스, 드럼으로 구성되어 있었으므로 내가 기타리스트와 베이시스트, 나를 위한 리드 시트, E플랫(E♭) 악기, B플랫(B♭) 악기[16]를 위한 악보까지 작성해야 했기 때문이다.

---

16 E♭ 악기와 B♭ 악기는 '전조 악기transposing instruments'로 악보에 적힌 음과 실제로 나는 소리(실음)가 다르다. 전조 악기가 아닌 것들은 악보의 C를 연주하면(즉 C에 해당하는 운지를 하면) C에 해당하는 음이 나지만 E♭, B♭ 악기는 C로 운지를 해도 각각 E♭와 B♭에 해당하는 음이 나온다. 그러므로 이런 악기들이 섞여 있는 경우, 듣고자 하는 소리가 나게 운지할 수 있도록 악보를 다 별도로 작성해 주어야 한다.

게다가 나는 매년 상연되는 여학생 탭댄스 군무의 리허설과 본공연의 피아노 반주도 해야 했다. 그때 여학생들은 탭댄스 교습을 받았는데 학교는 현명하게도 지역 댄스 강사 중 한 명을 고용하여 모든 참가자에게 '로케츠 스타일'[17]의 탭댄스 군무를 가르치게 했다. 인기 있는 패거리 일원이 아니어도 거기에 참여할 수 있었다. 그해에 선택된 곡은 콜 포터Cole Porter의 〈뭐든지 가능해Anything Goes〉였고 나는 몇 달 동안 방과 후에 일주일에 몇 시간씩 여학생들이 교습을 받는 동안 건반 앞에서 내게 주어진 일을 충실하게 수행했다.

In olden days a glimpse of stocking
(옛날에는 스타킹을 잠깐 곁눈질 하는 것만 해도)
was looked on as something shocking,
(충격적인 일이 아닐 수 없었네)
but now, God knows,
(하지만 지금은, 그 누가 알았으랴)
〔따닥-따닥-딱-딱〕
Anything goes![18]
(뭐든지 가능하단 걸!)
〔따닥-따닥, 따닥-딱……〕

콜 포터는 지금도 나의 영웅이다. 하지만 당시 드레스 리허설(이때

17 '로케츠 스타일의 탭댄스'는 일반적으로 '로케츠Rockettes'라는 매우 유명한 여성 댄스 그룹 특유의 탭댄스 스타일을 가리킨다. 로케츠의 탭댄스는 정교하고 딱딱 맞아떨어지는 발소리와 일련의 복잡한 발동작, 구성원들이 보여 주는 조화 등으로 유명하며 높은 기술적 난도와 화려한 시각적 효과를 중요하게 여긴다.

18 [원주] Cole Porter, Lyrics ©Warner Chappell Music, Inc. Lyrics Licensed and provided by LyricFind.

는 관객도 있었다)을 할 때쯤에는 나는 그 곡에 아주 신물이 나 있었다. 원래의 계획은 커튼 뒤에서 학생들이 줄을 맞추어 제자리를 잡은 후 피트 안으로 작은 불빛이 들어오게 하여 내게 전주를 연주하라고 지시하는 것이었다. 전주는 후렴구 여덟 마디였다. 그 공연을 할 때는 피트 안에 밴드 없이 나만 들어갔다. 탭댄스 구두가 내는 딱 따닥 소리가 관객에게 반드시 들려야 하니까. 어쨌든 커튼이 열리면 반짝거리는 스팽글이 달린 옷을 입고 매력적인 포즈를 취한 미녀들이 모습을 드러내고 전주가 끝나자마자 늘 연습하던 대로 공연을 시작할 것이다. 자, 작은 불빛이 켜졌고 나는 전주를 연주했다. 그런데 고개를 돌려 무대를 보았더니 커튼이 열려 있지 않았다. 어찌한단 말인가? 나는 후렴구 서른두 마디를 전부 연주하기로 결정했다. 그러면 마지막 여덟 마디가 연주되는 동안 커튼이 오르며 정상적으로 일이 진행되리라 계산하고 말이다. 그러나 그 시점이 되어도 **아직** 커튼이 올라가지 않았고 나는 이미 다음 몇 음을 연주하기로 마음을 정하고 시작했기 때문에 또 한 번 전체 곡을 연주하고 멈췄다. 관객은 어리둥절했다. 왜 피아노 독주가 나온 거지? 그건 프로그램에 없었는데? 그래도 그들은 정중하게 박수를 쳐 주었고 나도 일어나서 정중하게 인사했다. 하지만 그 모든 순간이 정말이지 지독하게 싫었다. 나는 기다렸다. 피트에 불이 켜졌지만 이번엔 꿈쩍도 하지 않고 앉아만 있었다. 기다리다 못한 강사가 커튼 사이로 고개를 내밀고 "우리 준비 다 됐어요!" 하고 속삭였다. 그 말을 듣고서야 점점 더 불안감에 짓눌리며 처음 여덟 마디를 연주했다. 과연 그들은 상당히 듣기 좋은 통일된 소리를 내며 춤을 추었다. 아, 그런데 결국! 이번엔 너무 안도한 나머지 내가 하는 일에 충분한 주의를 기울이지 않았고 세 번째인가 네 번째 후렴구에서 잠시 길을 잃고 여덟 마디를 건너뛰어 브리지bridge[19]("이제 세상은 미쳐 돌아가네, 좋았던 건 이제 나쁜 것이고……The world's gone mad today, and good's bad today……")를 연주해 버린 것이다. 나중에 알게 된 일이지만 대략 절반의 소녀(물론 위치는 제각각이었다)가 음악에 맞추어 다음 동작을 할 수 있도록 동작을 바꾸고 있었고 다른 절반은 멜로디에는 집중하지 않고 그저 조용히 박자를 세고 있었다. 엉망진창이었다! 글을 읽는 독자는 혼란, 분노, 당혹, 비난, 눈물 등을 상상할 수 있을 테지만 독자가 무엇을 상상하든 현실은 더 심각했다. 하지만 다행스럽게도 세 편의 탭댄스 군무 본공연은 순탄하게 잘 진행되었고 적어도 몇몇 소녀는 결국 나를 용서했다.

그다음 해에 나는 엑서터로 떠났다. 저녁에는 브리지 게임을 하거나 그렇지 않으면 대부분의 저녁 시간을 필립스 교회의 지하에 숨어 있었다. 거기에는 연습실과 피아노가 있었고 담배를 피울 수도 있었다. 물론 재즈도 연주되었고 나보다 재즈를 훨씬 더 잘 아는 신예 음악가도 있었다. 같은 반의 팀 마퀀드Tim Marquand는 놀라운 능력을 갖고 있었다. 그는 실로 내가 처음으로 만난, **정말로** 귀로 연주할 줄 아는 사람이었다. 그는 처음 듣는 재즈곡이라 해도 그 곡의 코드 진행을 알아내지 않고도(E-flat ma7, Gm, C9 …… 이었던가?) 그 곡을 그의 트럼펫에 들이부어 멋지고 감칠맛 나는 놀라운 즉석 연주를 펼치곤 했다. 여러 해가 지난 후 나는 귀로 연주하는 두 가지 다른 방식이 있다는 것을 깨달았다. 하나는 이론을 아주 재빨리 적용하는 것이고 다른 하나는 들은 것에 대해 열심히 생각하지 않고 그냥 듣고 연주하는 것이다. 그 두 가지는 자폐증이 있는 동물 전문가 템플 그랜딘Temple Grandin이 다른 사람을 이해하는 방식과 자폐증이 없는 사람이 타인을 이해하는 방식의 차이와 비슷하다는 것도 깨달았다. 그랜딘이 말했다시피 그녀는 타인의 표정과 동작의 의미를 읽는 법을 이용했고, 타인이 의도하고 원하고 알고 있는 것이 무엇인지를 계산하는 그녀의 이론에 그 지각 데이터를 이용했다. 그렇다면 나는 자폐증 재즈 피아니스트라고 말해도 크게 틀리지

19 보통 곡의 중간에 등장하는 구조적인 부분으로 곡의 주요한 서로 다른 절을 이어주는 역할을 한다. 일반적으로 브리지는 곡을 더 풍부하게 만든다.

않을 것이다. 이것이 바로 내가 인지과학의 지향적 태도intentional stance에서 그 대중적인 버전인 마음 이론Theory Of Mind, TOM을 늘 싫어해 온 이유다. 그랜딘은 TOM을, 즉 그녀가 만들고 아주 능숙한 기술로 사용하는 **이론**을 지니고 있다. 반면 우리 같은 소위 '정상적인' 사람이 '마음을 읽는' 것은 걷는 일에 더 가깝다. 여러분은 넘어지지 않고 계속 걷기 위한 '걷기 이론'을 가지고 있는가? 우리는 걸어 다니는 백과사전이 아니다. 우리에게 이 표준적 능력을 설명할 덜 지적이면서도 더 나은 방식이 있다고 나는 생각한다. 그렇지만 그런 방식은 아직 자리를 잡지 못하고 있다. 그 방식 중 많은 것이 진전을 보이고 있음에도 말이다.

연기 자욱한 그 지하실의 학생 중에 재즈 밈memes이 솟구치는 또 다른 원천이 있었다. 론 브라운Ron Brown이다. 론은 진정한 재즈학자였고 뛰어난 하드밥[20] 피아니스트였다. 열여섯 살에 그는 유명 재즈 잡지 《다운비트DownBeat》에 음반 논평을 썼고 음악 평론계의 거목 레너드 페더Leonard Feather는 그를 칭찬하는 글을 실었다. 론은 내가 결코 자신처럼 재능 있는 피아니스트가 될 수 없음을 알고 있었음에도 나와 좋은 친구로 지내 주었고 코드 진행 변화와 리프, 그 외의 것을 내게 즐거이 가르쳐 주었다. 몇 년 후 그와 내가 둘 다 하버드에 다니고 있을 때의 어느 여름날, 우리는 파리에서 우연히 만났고 쳇 베이커Chet Baker와 그의 밴드가 연주하고 있는 '르 샤 퀴 페슈'로 갔다. 나는 자정 넘어서까지 머물렀는데 론이 자꾸 연주에 참여하라고 부추겼다. 나는 그러겠다고 했고 그 불멸의 영웅들과 F조 블루스 열 곡 정도를 현기증 날 정도로 신나게 합주한 후 상기된 얼굴로 우리 테이블로 돌아왔다. 그러자 론이 자리에서 일어나 연주하기 시작했고 밴드는 정말로 심혈을 기울인 연주를 들려주었다. 나는 한 시쯤 그곳에서 나왔는데 론은 그때도 무대에

---

20 하드밥 피아노는 1950년대 후반 등장한 재즈 스타일로 비밥의 복잡함에 블루스와 가스펠, R&B의 소울풀한 감성을 더한 것이 특징이다.

있었다. 자고 일어나 아침 10시쯤 레프트뱅크호텔에서 늦은 아침 식사를 하고 있을 때 론이 나타났길래 나는 그에게 일찍 일어났다고 인사했다. 그러자 론은 아침 10시쯤까지, 그러니까 조금 전까지 밴드와 즉흥 연주를 하다 오는 길이라고 말했다. 론은 탁월한 인재였으나 위태로웠고 슬프게도 몇 년 후 자살로 생을 마감했다. 자세한 내막은 모른다.

엑서터에서의 다음 해에는 일주일에 일곱 시간씩 글리 클럽(글리 클럽은 여학교들을 돌며 합동 공연을 하고 춤도 추었기 때문에 여학생을 만날 좋은 방법으로 통했다)과 성가대(찬송가와 성가를 비롯한 종교 음악을 배울 수 있는 좋은 방법이었다), 로킹엄 합창단(오디션을 볼 가치가 있는 훌륭한 지역 합창단이다)에서 노래를 불렀다. 내가 반 학생들에게 편곡을 할 수 있다고 말하자 요청이 끊임없이 쇄도했다. 하이-로 스타일의 사중창단[21]을 꿈꾸는 학생들을 위한 아카펠라 음악을 써야 했고, 그다음엔 위펜푸프스(예일대학교의 아카펠라 그룹)의 노래를 피드콰스(필립스엑서터아카데미 복사중창단), 즉 우리 중창단에 맞게 고쳐 써야 했다. 나는 피드콰스의 바리톤으로 추가되었고 두 명의 테너와 한 명의 베이스가 더 추가되어 우리 중창단은 모두 열두 명이 되었다. 그래서 나는 곧 일주일에 열 시간 이상을 노래하고 레코드(이를테면 프린스턴 타이거톤스가 부른 맛깔난 버전의 〈코트 단추를 잠가요Button Up Your Overcoat〉[22])에서 노래를 (저작권료를 지불하지 않은 채) 따 오고 〈나는 방탕하지 않아요Ain't Misbehavin〉 (〈지금 못된 짓 하지 않기Keepin' Out of Mischief Now〉는 덤으로)와 〈버몬트의 달빛Moonlight in Vermont〉 등의 재즈 편곡 작업을 하느라 밤을 새우기 일쑤였다. 우리는 LP 레코드판을 만들어 연주회 날 판매했는데 그것은 거의 글리 클럽 댄스 음악으로 차 있었다. 지

---

21 '하이-로Hi-Lo' 스타일 사중창단'은 'The Hi-Lo's'라는 미국의 보컬 재즈 그룹을 지칭하는 표현이다. The Hi-Lo's는 1950년대와 1960년대 초기에 활동했으며 다양한 성악 테크닉과 편곡, 정확한 합창을 특징으로 한다.

22 원래는 폴 휘트먼Paul Whiteman의 노래다.

금 그걸 들으라면 견딜 수 없겠지만 어쨌든 당시 대학 준비 여고에서는 잘 팔렸다. 우리는 봄방학 동안 버뮤다의 한 호텔에서 재즈 연주회를 **거의 할 뻔**했는데 일부 학부모가 반대했다. 지금 와 생각해 보니 현명한 처사였던 것 같다. 나는 그해의 일부를, 그간 내가 경험해 왔던 것과는 전혀 다른 낯선 세상에서 보냈다. 욕실 거울에 무도회와 사교 파티 초대장을 빼곡하게 붙힌 집에 사는 급우들과 함께 지냈던 것이다. 그 후 그런 시간은 다신 오지 않았다. 우리 피드콱스는 턱시도를 입었고 여름 공연에서는 흰 야회복 재킷을 입었다. 그리고 우리는 1958년 뉴욕 플라자호텔의 골드 앤 실버 보울에서 개최된, 배우이자 가수 캐롤 채닝Carol Channing 공연의 오프닝을 맡았고 나는 그녀와 함께 난간을 미끄러져 내려온 그 순간을 결코 잊지 못할 것이다.

다음 해 웨슬리언으로 갔을 때 나는 거기서 스탠리 루이스Stanley Lewis라는 또 한 명의 진정한 뮤지션을 만났다. 그는 화가로서의 경력도 쌓고 있던 걸출한 예술가였다. 우리는 사중주단(피아노, 베이스, 드럼, 스탠이 연주하는 알토 색소폰)을 조직하여 그해의 남성 사교 클럽 파티들에서 연주했는데 하루는 다들 훌륭한 연주를 하여 놀라운 재즈를 선보였다. 다음 날 나는 스탠에게 어젯밤의 연주를 녹음했다면 좋았을 거라고 말했더니 그는 펄쩍 뛰며 반대했다. "안 돼! 어젯밤이 너를 더 **낫게** 만들어 주기라도 한 것처럼 그런 것을 **축적**하려고 하지 마. 어젯밤은 그냥 여행이었어. 그런 일이 일어났다는 것에 감사하고 그저 흘러가게 둬." 스탠은 이렇게 순수했고 나는 그의 메시지를 이해했다. 나는 분명히 엑서터에서 거둔 성취에 취해 (아마도 거슬릴 정도로) 뽐내고 있었고 이제 그 모든 걸 그냥 훌훌 털어버리고 다음 모험으로 넘어가야 한다는 뜻이었으리라. 열여덟이 되었을 때 나는 내가 아무리 응용 음악 이론에 능통하다 해도, '귀로 연주할 때' 내 손가락이 제아무리 능숙하게 움직인다 해도 스탠이나 팀처럼 타고난 음악가는 결코 될 수 없다는 것을 깨달았다. 나는 영원한 아마추어이다. 좀 더 긍정적인 의미로 말한다면 애호가, 그것도 정보에 정통하고 즐길 줄 아는 음악 애호가이다. 나는 스탠에게서 인생을 바꿀 또 다른 교훈을 얻었다. 선묘화나 채색화에서도 나는 스탠만큼 뛰어날 수 없다는 것이었다. 나는 어렸을 때부터 나의 예술적 능력에 자부심이 있었고 크레용으로, 연필로, 펜과 잉크로 몇 시간씩 그림을 그리곤 했다. 물론 수채화와 유화도 그렸다. 보이스카우트 분대에서 매주 발행하는 등사된 신문에, 엑서터의 간행물에 만화를 그렸고 피드콱스 레코드의 재킷 커버를 그렸다. 하지만 엑서터의 반 친구 데이브 페이차일드Dave Fairchild가 그린, 무심하고 무계획적이지만 우아한 잉크 만화를 보고 내 한계를 눈치챘고 스탠은 나의 직감을 확신시켜 주었다. 우리는 기숙사 방에서 질 좋은 도화지에 서로의 모습을 연필로 스케치하며 며칠 저녁을 보낸 적이 있다. 내가 신중하게 스케치를 계획하고 중요한 선들을 대충 그리고 그것을 가다듬고 잘못된 것을 지워 내 마음에 드는 그림으로 점점 더 다가가는 동안, 스탠은 앉아서 책을 보곤 했다. 내가 10분 또는 15분 후에 그림을 완성했을 때 내 도화지에는 스탠이 있었다. 그러나 내가 아무리 열심히 노력해도 그와 비교하면 언제나 조금씩 모자랐다. 내가 그림을 거의 완성하면 스탠은 그제서야 스케치북을 꺼내서—휙 휙 지익 지익—약 1분 만에 내 모습을 휘갈겨 그렸다. 그가 그리는 소리는 도화지 위에서 노래하는 것 같았고 그 품위 있는 선들은 내 모습을 아주 유려하게 포착하고 있었다. 나는 그런 게 가능한 사람이 있으리라고는 생각도 하지 못했다! 그 후 나는 화가들의 작품을 보며 그 극적인 솜씨의 흔적을 찾아보았다. 아르누보 시대의 위대한 체코 화가 알폰스 무하Alphonse Mucha도 그런 인물이다. 그의 연필 스케치 중 몇 초 만에 휙휙 그어진 것이 분명한 일부 작품은 숨이 멎을 정도로 우아하고 창의적이다. 살바도르 달리Salvador Dalí는, 나는 그의 대부분의 작품을 그다지 좋아하지 않지만 놀랍도록 절묘한 솜씨로 연필 스케치와 잉크 드로잉들을 그렸다. 위대한 보티첼리Botticelli가 그린 단테의 《신곡》 삽화 역시 맛깔스럽다. 그러나 그 그림을 자세히 들여다보면 보티첼리는 마치 재능을 좀 덜 타고난 우리처럼, 생각만큼 일반화할 수 없는 잘 연습된 (음악으로 치면) 리프를 지니고 있다는 것을 알 수 있다. 그는 손을 아주 정교하게 그렸지만 그 포즈는 열댓 가지 정도로 한정되어 있었고 대부분은 다소 연극적인 제스처였다. 제스처가 아니라 어떤 일을 하는 손을 그려야 할 때면 꽤 서툰 솜씨로 마무리된다. 나도 그릴 수 있고, 그린다 해도 자랑하고 싶진 않은 그런 솜씨로 말이다. 그런가 하면 많은 사람이 예술로는 인정하지 않는, 오래된 만화책이나 오늘날의 그래픽노블 삽화가 가운데에는 이런 정교한 솜씨를 보여 주는 이가 많다. 내가 열두 살 때쯤 읽었던 만화책《로이 로저스Roy Rogers》에서 움직이는 로이의 모습이 몇 개의 간단한 선만으로 많은 각도에서 다양하게 그려졌는데 그 다채로운 모습이 항상 모두 로이였던 것이 기억난다. 그런 모습들은 마치 영화나 TV에서 로이를 보는 것과 같았다. 나도 그 경지에 오르고 싶어서 오랜 시간 노력했다. 속도! 그렇다. 속도가 내가 생각했던 것보다—미술과 음악 모두에서—훨씬 중요하다는 사실을 나는 깨닫게 되었다. 어떤 창작 과정은 많은 사전 구상이나 근사치로 맞춰 가며 수정하는 과정 없이 그냥 과감히 돌진해야 한다. 만약 첫 번째의 과감한 시도에서 성공하지 못한다면 원하는 결과를 이룰 수 없을 것이다. 하지만 조각은 달랐다. 예를 들어 모델링 점토로 작업할 수도 있고, 만족할 때까지 이곳을 깎고 저곳을 다듬으며 서서히 최종 형태에 다가갈 수 있었다.

음악 이야기로 돌아가자. 하버드로 학교를 옮기고 나서 나는〈천사의 눈Angel Eyes〉을 편곡한 악보를 하버드의 아카펠라 그룹 '크로커다일스'로 보냈다. 크로커다일스의 재능 있는 리더 프레드 포드Fred Ford는 관대하면서도 교훈적인 거절의 편지를 보내어 내 편곡의 다양한 약점을 지적했다. 뭐, 괜찮았다. 음악 경력을 이어 나갈 방법은 아주 많으니까. 나는 소규모 재즈 악단 활동(페이크북을 들고 여행을 갈 예정이었다) 희망자를 모집하는 명단에 내 이름을 올려두기도 했다. 그러나 막상 그 연주 여행에는 가지 않았는데 그 시기 나는 시간을 낼 수 있는 주말을 미래의 아내 수전에게 구애하는 데 몽땅 바쳤기 때문이다. 하버드에서의 음악적 경험으로는 글리 클럽에서 노래한 것과 셤 러셀의 소개로 남성 합창단 보스턴 생거페스트 클럽의 일원이 된 것을 들 수 있다. 나의 생거페스트 입단식은 커먼힐스 애비뉴에 있는 하버드 클럽에서 저녁 식사를 하고 술을 마시며 진행되었다. 입단 의례로 나는 노래 한 곡을 소개하고 그것을 합창단원에게 가르쳐 주어야 했다. 나는 남성의 목소리를 위한 달콤하고 단순한 곡인 모차르트의 〈프리메이슨 칸타타 Freimaurer Kantate〉의 마지막 합창곡—〈이 일을 우리 손으로 끝내세, 형제들이여Lasst uns mit geschlungnen Händen, Brüder diese Arbeit enden〉—을 골랐다. 모차르트의 노래는 부르기는 비교적 쉽지만 잘 부르기는 어렵다. 우리는 그 곡을 여러 번 검토해 본 끝에 결국 레퍼토리에서 탈락시켰지만 나는 하버드에 다니는 내내 회원으로 활동했다. 나는 계속 솔로 재즈 피아노를 연주하며 실력을 높이려 했고 한 가지 패턴을 발견했다. 그러니까 나는 내 특별한 연주 기법과 리프를 갈고 닦아 재즈 뮤지션이 아닌 청중을 꽤 자주 만족시켰던 것이다. 하지만 얼마 지나지 않아 내가 짜증 날 정도로 얕은 그루브에 갇혀 있다는 사실을 깨닫곤 했다. 나는 뭔가 좀 (내가 듣기에) 새로운 것을 연주하고 싶었지만 시도해 볼 만한 다른 그 어떤 것도 '들을' 수 없었다. 이는 내 머릿속에 새로운 음악적 **의도들**이 전혀 튀어나오지 않았다는 소리이다. 그러다가 레코드나 라디오에서 변주들을 듣고 마음에 들면 그걸 어떻게 연주하는지, 또 통하지 않을 수도 있으니 쓰면 안 될 때가 언제인지 알아내느라 며칠씩 투자하기도 했다. 내 연주는 새로운 것을 마스터하고 탐색하기 시작할 때는 모험적이고 탐구적이지만 그러고 나면 그것은 이내 가방 안으로 들어가는 그저 또 하나의 일상적 요령이 된다. 물론 이는 내 '스타일'이 발전하는 과정이었다. 나는 에롤 가너나 카운트 베이시Count Basie도 자기 스타일을 답습하는 진부한 연주를 반복하기만 하는 그런 비슷한 침체기를 보낸 적이 있었을지 궁금했다. 어쩌면 그랬을 수도 있었다고 생각한다.

때로는 모든 상황이 나를 위해 딱 맞아떨어져서 몇 분 또는 몇 시간 동안 최고의 음을 찾아내어 내가 연주하고 싶었던 음악을 연주하곤 했고 그럴 때마다 성취감을 느꼈다. 그럼 문득 내가 듣고 또 들었던 그 레코드들은 의심의 여지 없이 많은 버전 가운데서 (훨씬 덜 아름다운 버전을 제치고) 까다롭게 선택된 최고의 음악이라는 생각이 들었다. 마일스 데이비스Miles Davis의 눈부시게 강렬한 〈바이바이 블랙버드Bye Bye Black bird〉나 빌 에번스Bill Evans의 잊을 수 없는 〈그래서 뭐?So What?〉의 피아노가 바로 그 최고의 음악이었다. **그런 음악을 매일 만들 수 있는 사람은 없을 것이다. 그렇지 않은가?** 아마도 스탠 루이스가 틀렸을 것이다. 모든 연주를 녹음하고 최고의 연주를 제외한 나머지 연주를 버리는 것이다. 다행스럽게도 나는 바로 그렇게 할 수 있는 직업을 찾았다. 나는 열 권도 넘는 책을 썼고 수백 편의 논문을 썼지만 그것은 빙산의 일각일 뿐이다. 다중 원고Multiple Drafts는 내 의식 모형의 이름에 불과한 것이 아니라 나의 생각하기와 글쓰기 과정을 묘사하는 말이기도 하다.

옥스퍼드에 있는 동안 나는 악기를 연주하지 않고는 살 수 없다는 것을 깨달았고 그래서 매우 영국적인 짓을 했다. 리코더(녹음에 쓰이는 테이프 리코더가 아니라 목제 피리 말이다)를 사서 눈에 띄지 않는 곳을 찾아가 바로 연주를 시작했다. 때로는 레코드에서 흘러나오는 브란덴부르크 협주곡에 맞추어 불어 보기도 했고, 감미로운 새 멜로디를 만들어 보려고 애쓰기도 했다. 1964년 여름, 나와 수전은 베이루트에서 어머니와 누이들과 합류했는데 그때 나는 샬럿이 기타를 치는 것을 보았고 나도 덩달아 기타를 배워야 했다. 당시를 풍미했던 포크록 레퍼토리, 그러니까 조앤 바에즈Joan Baez의 〈이스트 버지니아East Virginia〉, 〈구리 주전자Copper Kettle〉, 〈스튜볼Stewball〉, 밥 딜런Bob Dylan의 〈바람에 흩날린 대답Blowin' in the Wind〉과 〈너무 고민하지 마, 괜찮아Don't Think Twice, It's All

Right〉 같은 노래를 배우고 연주하는 한편 위대한 프랑스 시인이자 가수인 조르주 브라상Georges Brassens의 노래를 집중적으로 연습했다. 나는 그가 발매한 음반을 모두 소장했고 그의 현명하고 재미있고 가슴 저미게 로맨틱한 노래를 대부분 연주할 수 있게 되었다. 그러는 동안 나의 불어 실력(남부 지역 악센트를 줄이는 것)과 핑거 피킹[23] 기술도 많이 늘었다. 나는 엑서터 시절 하버드 스퀘어의 47 마운트 오번 클럽에서 조앤 바에즈의 노래와 연주를 들었을 때부터 그녀에게 매료되었고 몇 년 후 파리의 보비노에서 조르주 브라상의 마지막 콘서트를 관람할 수 있었다. "Mourir pour des idées, …… D'accord, mais la mort lente." 이념을 위해 죽는다고…… 좋아. 하지만 천천히 죽는 거지.

그땐 내게 아코디언도 있었다. 미네소타에 사는 폴 외삼촌은 내가 재즈 연주를 배우고 있다는 말을 듣자마자 자기 아코디언을 보내 주셨고 나는 곧 그것을 다룰 수 있게 되었다. 나는 장치의 겉판을 들어내고 그 내부를 보는 것을 특히 좋아했기 때문에 그 아코디언의 겉판도 당연히 들어내 보았고 왼손 쪽의 손가락 버튼 이면의 메커니즘을 이해할 수 있었다. 그곳에는 5도권 코드 진행이 있었다. 그것도 아주 기하학적으로 배열되어 각 버튼은 잔가지들이 있는 금속 막대를 움직였고 그 막대의 잔가지는 다른 막대를 움직였다. C 버튼에는 약간 들어간 부분이 있어서 만져만 보아도 언제나 C 버튼을 찾을 수 있었고 G, D, A, E, B 순으로 올라갈 수도 있었으며 F, B플랫, E플랫, A플랫, D플랫, G플랫 으뜸음, 장3도, 장3화음, 단3화음, 딸림7화음 순으로 내려갈 수도 있었다. 버튼을 위아래로 움직이면 다음 키(조성)로 쉽게 전환되었다. 감화음은 없어서(그 아코디언은 호너사의 오래된 모델이었다), 해결해야 할 자잘한 문제가 좀 생겼다. 나는 초보자들의 장기자랑에서 아코디언 솔로로 나오는 사람들의 표준 레퍼토리가 왜 로저스 앤 하트Rodgers and Hart의 〈러

23 손으로 뜯는 연주 기술을 말한다.

버Lover〉인지 곧 납득했다. 코드 변화가 반음계로, 즉 한 번에 반음씩 움직이면 되게끔 짜여 있기 때문이었다. 그 노래는 전통적인 5도권 화음 진행을 따르지 않으며 버튼에서 정확한 도약이 필요했다. 20년 전에 나는 어느 집의 차고 세일에서 호기심에 '온음계' 버튼 아코디언을 구입했다. 그것의 버튼들은 피아노 건반도 아닌 진짜로 그냥 동그란 버튼이었고 각각의 버튼은 하모니카처럼 바람을 불어넣을 때와 뺄 때 서로 다른 음을 냈다. 나는 각 버튼의 모든 음을 개괄할 수 있는 도표를 만들었지만 무언가를 연주하기에 충분할 만큼의 체계를 전혀 찾아낼 수 없었다. 내 감에 의하면 그것은 특정한 장르의 곡—리투아니아 왈츠? 아니면 터키 행진곡?—을 더 쉽게 연주할 수 있게 설계된 것이었다. 원리적으로는 딱 한 곡만 연주할 수 있는 아코디언을 만들 수 있다. 아무 생각 없이 버튼을 하나씩 끝까지 누르기만 하면 곡을 완벽하게 끝까지 연주할 수 있게 되는, 그런 아코디언을 말이다.

나는 캠프 지도자 활동을 할 당시 캠프파이어를 둘러싸고 앉아 노래 부를 때 내 아코디언을 사용했고 하버드 학생이었을 때는 내 친구 마크 드보토Mark DeVoto(나중에 터프츠 음대의 교수가 되었다)에게 내 아코디언을 연주하는 법을 가르쳐 주는 즐거움을 누렸다. 왜냐고? 우리는 같은 독일어 수업을 들었는데 우리를 가르쳤던 베렌트 여사는 우리가 수업 시간에 독일 민요를 부르길 원했다. 나는 망설였지만 마크는 하고 싶어 했고 이미 전문 뮤지션이었던 그는 단 몇 시간 연습한 것만으로도 대단한 연주를 들려 주었다. 훨씬 나중에, 세계에서 가장 훌륭한 아코디언 연주자인 앨런 번Alan Bern—세계 정상의 바이올리니스트인 이츠하크 펄먼Itzhak Perlman이 클레즈머 밴드를[24] 만들 때 펄먼이 번에게 아코디언을 맡아 달라고 부탁할 정도였다—이 터프츠에 심리철학으로(아코디언 연주로가 아니고!) 석사 과정을 하러 와서 나와 함께 연구하며 약

24 동유럽의 유대인 전통 포크 음악을 전문으로 연주하는 밴드.

간의 짧은 곡조들을 연주해 주었고 그에겐 필요 없었던 오래된 아코디언 하나를 내게 주었다. 나는 가끔 그것을 연주했는데 그럴 수 있기까지 내가 어떤 노력을 했는지 주절주절 이야기하며 다른 사람들을 성가시게 하진 않았다.

아무튼 내가 터프츠에서 가르친 학생 중에는 키보드 명인이 셋 있었는데 앨런은 그중 하나였다. 앨런은 인디애나대학교에서 더글러스 호프스태터Douglas Hofstadter와 연구하다가 그쪽 시간이 끝나면 나와 연구하러 터프츠로 왔다. 크리스토퍼 테일러Christopher Taylor는 하버드를 졸업하고 뉴잉글랜드음악원에서 음악으로 박사 과정을 밟는 동안 내 강의를 들으러 왔다. 뉴잉글랜드음악원은 보스턴 미술관 부속 미술학교와 더불어 터프츠와 특별한 관계가 있는 곳이다. 음악원이나 미술학교의 학생들은 학점을 따기 위해 터프츠의 정규 과정 수업을 들으러 오는데 나는 그들이 내 수업에 들어올 때가 정말로 좋다. 그들은 학점에 연연하지 않고 지적인 전율을 추구하며 대부분 대담하고 날카로운 비평가들이었다. 크리스토퍼(앞으로는 '키트Kit'라 칭하겠다)는 자유의지에 대한 나의 세미나를 눈부시게 만들고 나서는 위스콘신대학교로 가서 연주회를 열고 강의를 했다. 그에 관한 이야기는 나중에 더 하겠다. 또 다른 하버드 대학원생 아론 골드버그Aaron Goldberg는 나와 함께 연구하며 철학으로 석사 학위를 받으러 터프츠로 왔다. 그런데 등록하자마자 윈턴 마살리스Wynton Marsalis[25]의 초대를 받아 재즈 빅밴드 '마살리스'의 피아니스트를 맡게 되었고 그 밴드는 곧 재즈 교육 월드 투어를 앞두고 있었다. 그것은 놓칠 수 없는 기회였으므로 우리는 모든 강의를 비디오로 녹화하여 아론이 도쿄에 있든 뭄바이에 있든 이스탄불에 있든 쉬는

25 미국의 트럼펫 연주자이자 작곡가, 지휘자로 재즈와 클래식 두 분야 모두에서 뛰어난 업적을 남겼으며 퓰리처상을 받았고 그래미상도 여러 번 받았다. 음악 교육에도 큰 관심을 지니고 활발한 활동을 펼쳤다.

시간이 생기면 그때그때 강의를 볼 수 있도록 온라인에 올려놓았다. 아론은 뛰어난 기말 보고서를 썼고 철학으로 석사 학위를 받았다. 그러나 그의 인생은 콘서트와 녹음으로 꽉 차 있었으므로 박사 학위에 힘쓸 틈이 전혀 없었다.

1960년대에는 캘리포니아주립대학교(University of Clifornia, 이하 UC로 칭함) 어바인캠퍼스에서 학생들을 가르쳤는데 그때 나는 학교 측에 말해서 학생들이 이용하는 공간에 피아노와 베이스, 드럼을 사 두어 누구나 연주하고 싶을 때 연주하도록 했다. 우리는 조촐한 3중주단을 구성했는데 그때 나는 피아노가 아닌 베이스를 맡았다. 심리학자 존 월리스John Wallace가 나보다 피아노를 잘 쳤기 때문이었다. 그러다 보니 내 손가락은 점점 굳어졌다. 우리는 한두 번의 콘서트를 열었다. 나는 학교 삼중주단에서, 뉴포트 비치 해변의 바에서 가끔 피아노 앞에 앉았는데 그때 내가 연주할 수 있었던 것은 통속적인 재즈 정도였다.

최근 몇 년간 나의 음악 활동은 매년 크리스마스와 포트럭 디너[26]에서 노래를 부르고(이때는 마크 디보토가 반주를 해 주었다.) 뉴잉글랜드 클래식 싱어즈에서 노래하는 것에 국한되어 왔다. 90년대에는 찬탄받아 마땅한 '매리맥 밸리 합창단'이라는 그룹에 합류하여 베이스들과 함께 15년 정도를 즐겁게 노래했는데 여러 시대를 아우르는 훌륭한 합창곡을 많이 배우고 불렀다. 16세기의 윌리엄 버드William Byrd와 조반니 가브리엘리Giovanni Gabrieli에서부터 현대 작곡가에 이르는 사람들의 곡을 불렀고 심지어는 의뢰받은 곡을 초연하기도 했다. 우리는 모테트[27]와 마드리갈[28]을 부르기 위해 8중창단을 구성하기도 했다. 내가 그 중창단에 처음 합류했을 때 한 회원이 집으로 전화를 걸어 나를 찾았고 수전

---

26 각자 자신의 음식을 가지고 와서 하는 저녁 만찬 모임이다.

27 짧은 교회 음악으로 보통 반주 없이 목소리만으로 연주한다.

28 반주 없이 여러 명이 부르도록 만든 노래로 16세기에 유행했다.

이 전화를 받았다. 수전에게는 그녀의 말이 이렇게 들렸을 것이다. "안녕하세요? 저는 **목장**corral의 애인Jill인데요[29], 댄과 통화할 수 있을까요?" 수전은 눈을 가늘게 뜨고 전화기를 건네주며 물었다. "이 여자분이 당신이 그렇게 찾아가고 싶어 했던 서부 시골 가로변 식당의 그 사람이야?" 나중에 우리는 합창단의 이름을 바꾸기로 하고 투표를 했다. 내가 제출한 후보는 '버드 리브스Byrd Lyves'[30](밥bop[31]을 좋아하는 이들의 표를 얻으려고)와 '오케이 합창단The OK Chorale[32]'인데 둘 다 채택되지 않았다.

이런 것을 다 하다 보니 결국 내 여행 및 강의 스케줄이 너무 어수선해져서 어쩔 수 없이 합창단에서 탈퇴해야 했다. 합창단원은 공연 몇 달 전부터 한 번이나 두 번 정도는 결석이 허용되었다. 그러나 나는 여섯 번이나 결석했다. 물론 나는 혼자 연습을 해 가기 때문에 리허설에 나타날 때는 노래를 다른 사람들만큼 잘 부를 수 있었지만 다른 단원과의 형평성에 문제가 있다고 판단하여 그만두기로 결정했고 공연에 가긴 했으나 지휘자 앞쪽에 서지 못하고 지휘자 뒤쪽에 앉아 있었다. 어느 이른 봄날 아침, 나는 연습을 녹음한 테이프를 틀고 노래를 따라 부르며 터프츠를 향해 운전하고 있었다. 그런데 불현듯 우리가 연습했던 두 곡—브람스의 매력적이기 그지없는 〈사랑의 노래 왈츠Liebeslieder Walzer〉에 속한—의 음을 낮추고 아주 느리게 부르면 멋들어진 컨트리 웨스턴 왈츠처럼 들릴 것 같다는 생각이 들었다. 그렇다. 나는 컨트리

---

29 'Jill(질)'은 여자 이름이지만, '애인, 처'라는 뜻도 있다. 그리고 'corral'은 '목장'이라는 뜻이 있다. 물론 전화를 건 사람은 합창단choral의 일원이라고 말한 것이지만 전화 받는 사람은 발음이 비슷한 '목장corral'으로 들을 가능성이 충분히 있다.

30 유명한 재즈 음반 제목인 'Bird Lives!'에서 i를 y로 바꾼 것이다. 이 음반은 전설적인 재즈 뮤지션 찰리 '버드' 파커의 것이다. 데닛은 파커의 별명인 'Bird'의 i도 y로 바꾸었다.

31 재즈의 한 장르인 비밥Bebop을 줄인 말로 많이 쓰인다. 바로 위에 나온 찰리 파커가 비밥의 창시자 중 한 명이며 그의 비밥 연주는 재즈 전체의 판도를 바꾸었다고 평가되고 있다.

32 1967년의 유명한 영화 〈오케이 목장의 결투Gunfight at the O.K. Corral〉의 '오케이 목장'과 영어 발음이 거의 같다.

웨스턴 왈츠 중 최고의 곡들을 사랑한다. 특히 봄과 여름에. 비록 그 장르의 팬층이 훌륭한 음악을 사랑하는 일과 그 장르의 대부분을 차지하는 쓰레기를 지지하는 일을 어떻게 동시에 하고 있는지 이해하진 못하겠지만 말이다. 〈사랑의 노래 왈츠〉 중 내가 들었던 두 곡은, 남성 목소리로만 노래하는 14번 〈보라, 파도가 얼마나 깨끗한지Sieh, wie ist die Welle klar〉와 여성 목소리로만 노래하는 13번 〈새들이 지저귀며 창공을 날아가네Vögelein, durchrauscht die Luft〉였다. 내 구상은 새로운 가사를 더 쓴 다음에 14번을 두 번 부르고 그다음에 13번, 즉 여성들의 '응답'을 브리지로 사용하여 다시 14번으로 돌아감으로써 끝을 맺는 것이었다. 나는 상상 속의 그 곡을 에밀루 해리스Emmylou Harris의 명작 〈마지막 사기꾼의 왈츠The Last Cheater's Waltz〉와 비슷한, 느리고 몽환적인 왈츠라고 생각했다. 나는 악기 도입 순서도 생각해 두었다. 처음에는 베이스와 드럼, 기타만 연주하다가 만돌린과 도브로Dobro 기타[33] 또는 페달을 사용하는 전자 스틸 기타가 들어오며 음악이 구축되고 거기에 마지막으로 플로이드 크래머Floyd Cramer 풍의 홍키통크 피아노를 덧붙이는 것이다. 기본적으로는 브람스의 피아노 반주 라인에서 영감을 얻어 그의 선율을 적용했다.

나는 그 생각을 머릿속에서 지울 수 없었고 나중에 나의 수업 조교이자 숙련된 록 및 포크 기타리스트인 릭 그리핀Rick Griffin을 차에 태우고 가면서 그 테이프를 들려주고 내 아이디어에 대해 물었다. "아니요. 그렇게는 안 들리는데요." 한 번 더 물어 보았지만 그는 요지부동이었다. 그날은 결국 포기했는데 다음 날 릭은 내게 전화를 해서 아직 그 생각에 흥미가 있다면 그의 친구가 운영하는 레코딩 스튜디오 Q디비전

33 금속으로 만든 공명 장치가 기타 몸통 전면에 달려 있는 기타를 '레조네이트 기타'라고 한다. '도브로'라는 기타 회사에서 특히 레조네이트 기타를 잘 만들어서 '도브로 기타'나 '도브로'는 레조네이트 기타의 대명사처럼 불린다.

의 뮤지션 친구들로 밴드를 꾸리고 늦은 밤에 녹음 시간을 마련해 주겠다고 했다. 놀라운 것은 Q디비전을 운영한다는 친구 존 루퍼Jon Lupfer가 내 철학 작업의 팬이었다는 것이다. 나는 노래의 이름을 〈달빛 왈츠Moonlight Waltz〉로 바꾸고 새 가사를 붙인 후(달빛 아래서 나를 안아 줘요. 그리고 춤을 추어요. 나의 팔을 당신에게 두른 채. 당신을 알게 된 날부터 나는 이 순간만을 기다려 왔어요…….), 우리 합창단 단장의 부인이자 클래식 스윙 밴드 가수인, 아름다운 음색의 소프라노 줄리 티어니Julie Tierney에게 여성 파트를 맡아 달라고 부탁했다. 브람스의 곡은 2부 화음으로 되어 있어서 각자의 파트를 따로 부른 후 콘솔(제어 장치)에서 엔지니어가 그 두 목소리를 합쳐야 했다. 우리는 자정쯤에 스튜디오에 도착했고 (그때는 스튜디오가 사우스 보스턴의 다소 볼품없는 곳에 있었다) 녹음을 하며 밤을 새웠다.

그것은 새로운 경험이었다. 옛날, 그러니까 1959년 피드콱스 시절 보스턴의 에이스 레코딩 스튜디오에서 우리 레코드를 만들 때에는 작업이 상당히 단순했다. 우리는 커다란 네 개의 스탠드 마이크 앞에 줄 맞춰 서서 각 노래를 서너 번 연주하고 부르며 녹음했고 그중 최고를 고르면 작업이 다 된 것이었다. 엔지니어는 우리가 고른 버전을 우리가 정한 순서대로 테이프에 담은 후 축음기 바늘이 훑어갈 홈을 파는 기계를 이용하여 그것을 12인치 금속 마스터 레코드에 옮겼다. 그리고 마스터 레코드로 우리가 판매할 플라스틱 LP를 찍어냈다. 그 모든 작업은 오후 한 세션 만에 다 끝났다. 그러나 Q디비전에서 우리는 동시에 여러 개의 방을 사용했다. 드러머는 헤드폰을 착용하고 방 한 칸에 고립되고 베이시스트는 또 다른 방에 들어갔다. 그 밖의 뮤지션은 하나의 방에 같이 들어갔는데 마이크는 모두 따로 사용했다. 우리는 줄리와 내가 노래 부르기 전에 모든 연주를 마쳤다. 에이스 레코딩 스튜디오와 Q디비전에서 한 작업의 차이는 마치 연극을 연출하는 일과 영화를 만드는 일의 차이와 같았다. 후자의 작업에서는 수십 개의 부분을 순서에 관계없이 녹음했고 그것들을 독립적으로 조율한 후에 합쳤다. 뮤지션들은 정말 프로다웠다. 그런데 돌이켜보니 나는 박자와 조합에 대한 내 의견을 제시하는 데 있어 너무 소심했다. 그래서 결과물은 내가 원하던 것이 아니었다. 너무 빨랐고, 내가 원했던 방식으로 로맨틱하거나 몽환적이지도 않았다. 그러나 전반적으로 전문적이긴 했다. 둘째 날 나는 플로이드 크래머 풍의 피아노 비트를 추가하기 위해 다시 스튜디오로 갔고, 존은 조심스럽게 목소리와 악기 음의 균형을 맞추고 조율하여 디지털 오디오 테이프DAT를 내게 건네주었다. 나는 나의 과거를 보존하려고 노력하지 말라는 스탠의 조언을 떠올렸고 그가 옳았는지 다시 생각해 보았다. 그러나 결과물(스튜디오와 뮤지션들에게 표준 요금을 지불했다면 그 음반을 만드는 데 10만 달러가량의 돈이 들었을 거라는 말을 들었다)에 흥분하진 않았음에도 나는 그것을 버리지 않았다. 몇 년 후 학술강연회인 테드TED 모임에서 저녁 식사 때 나는 가수 나오미 저드Naomi Judd 옆에 앉았고 그녀에게 컨트리 웨스턴 레코딩을 하기까지 나의 모험담을 펼쳐 놓았다. 그녀가 그 DAT의 복사본을 하나 보내 달라기에 그렇게 했지만 그에 대한 연락은 전혀 받지 못했다. 그러니 아마도 스탠이 옳았던 것 같다. 어찌 됐든 그것은 근사한 모험이었다.

1980년 수전과 나는 친구들과 크리스마스 캐롤을 부르고 싶어서 12월에 있을 포트럭 파티에 여남은 쌍의 커플을 초대했고 우리와 손님들은 다 함께 앤도버의 피아노 둘레에 모였다. 나는 전 세계 캐롤 중 우리가 가장 좋아하는 것을, 최고로 잘 편곡된 것으로만 엄선하여 두 개의 바인더에 정리했다. 손님들이 자기 파트를 연습하고 싶을 때 그것을 빌려 쓸 수 있게 말이다. 해가 거듭되면서 캐롤 파티는 편한 행사에서 좀 더 크고 격식을 차린 것으로 변모했다. 여성은 모두 성장을 했고 남성은 턱시도를 입었다. 연례 파티는 35회가 넘게 치러진 후 중단되었다. 우리 가족이 메인주로 이사 가서 정착했기 때문이었다. 조슈아 로스먼Joshua Rothman은 《뉴요커The New Yorker》에 나에 대한 소개문을 쓰면서 마지막 캐롤 파티를 묘사했다. 그는 대부분의 저녁에 테이프 리코더를 들고 다녔고 그것으로 녹음한 우리 노래 몇 곡을《뉴요커》의 라디오 프로그램에서 틀 생각을 하고 있었다. 나는 우리의 빈약한 노력의 결과물—이봐, 그때 우리와 우리 목소리는 전성기에서 35년이나 나이를 먹었다고—이 방송되지 않은 것에 감사한다. 그리고 조슈아가 그 테이프를 폐기해 버렸길 바란다.

몇몇 사람은 내가 한 말들을 바탕으로 곡을 썼는데 이 사실은 나를 기쁨으로 가득 채운다. 첫 번째 인물은 예술 사업가이자 작곡가인 브라이언 펠슨Brian Felsen으로, 의식에 대한 나와 니컬러스 험프리Nicholas Humphrey의 저작에서 영감을 얻어 야심적인 교향곡 〈방청석에서 바라본 세상View from the Strangers' Gallery〉을 작곡했다. 두 번째 인물은 작곡가 로버트 그로스Robert Gross인데 아내 캐롤의 죽음으로 슬퍼하는 더그 호프스태터에게 내가 보낸 편지에 곡을 붙여 〈절망적인 종달새Desperate Lark〉를 완성했다. 세 번째이자 가장 야심 찬 작품은 스콧 존슨Scott Johnson의 총기가 번뜩이는 〈물질로 만들어진 마음Mind out of Matter〉이다. 이 작품에서는 나의 말뿐 아니라 녹음된 목소리(인터넷에서 말한 것들)가 사실상 하나의 악기처럼 사용되고 있다. 내 말소리의 가락을 포착하고 그것을 신중하고도 적절하게 반복하여 악기의 역할을 하게 한 것이다. 어떤 비평가는 이를 두고 '무신론적 오라토리오'라 부르기도 했다. 나는 '하느님'에 대해서는 전혀 언급하지 않지만 녹음된 나의 말을 스콧이 창의적으로 배열했기 때문에 내가 표현하고 있는 다윈주의 아이디어의 전체적인 귀결이 의심의 여지 없이 분명해졌다. 뉴욕시의 유명한 아방가르드 앙상블인 '알람 윌 사운드'는 이 곡을 뉴저지에 있는 몽클레어주립대학교의 '피크 퍼포먼스' 시리즈에서 초연했다. 그 후 이 곡은 뉴욕의 메트로폴리탄박물관과 터프츠대학교, 위스콘신의 로렌스대학교에서도 공연되었다. 스콧은 내 말소리의 음조 값을 계산하다 보니 내가 어떤 점을 강조하고 싶을 때 종종 목소리를 3온음 올리거나 소위 '악마의 음정'이라 불리는 감5도[34]로 올린다는 사실을 발견했다. 나는 이런 사실을 결코 생각조차 하지 못했으므로 알게 되었을 때 매우 기뻤다.

34 클래식을 기반으로 하는 전통 화성학에서는 '감5도로 올리는 음 진행은 피하라'는 말이 있다. 이는 앞 음에서 감5도로 음을 올리면 선율이 갑자기 청각적으로 불안하게 들리며 조가 바뀌는 것처럼 느껴지기까지 하기 때문이다. 그래서 중세나 바로크 시대에는 '디아볼루스 인 무지카(음악 속의 악마)'라고 불리기도 했다. 그러나 현대음악, 재즈, 영화음악, 드뷔시 이후의 인상주의 음악 등에서는 감5도 진행을 적극적으로 사용하기도 한다.

3

웨슬리언, 그리고 하버드로 (1959~1963)

본질이 그 지칭 대상에서 분리되어 단어와 결합할 때 의미가 되는 것이다.

—W. V. O. 콰인W. V. O. Quine, 《논리적 관점에서From a Logical Point of View》, 22쪽

웨슬리언대학교는 단 한 학년만 다녔지만 그 1년은 아주 중요한 해였고 내가 장차 철학자가 되리라는 것도 그때 알게 되었다. 입학 전 선이수제 과목으로 수학을 들어 놓았던 터라 나를 맡았던 신입생 담당 교수는 내가 수학 신동이라고 확신하고는 고급 수학 과목을 들으라고 강력하게 설득했다. 나는 그 수학 기량이 뛰어난 가르침 덕분이지 내 타고난 재능 때문이 아니라는 사실을 알고 있었으나 주저하다가 결국 '현대 수학의 주제들' 같은 과목에 수강 신청을 했다. 담당 교수는 프린스턴에서 철학을 전공한 젊은 논리학자 헨리 키버그Henry Kyburg였다. 그 과목에 등록한 사람은 나, 교사 교육 전공의 석사 과정 대학원생 론 북Ron Book 둘 뿐이었는데 그는 UC 산타바바라캠퍼스에서 수학으로 독보적인 경력을 쌓고 있었다. 헨리는 수강생이 어차피 우리 둘뿐이니 강의

계획서를 따르지 않아도 된다고 했다. 우리가 무얼 공부하고 싶어 했을까? 론이 말했다. "저, 교수님은 일단 논리학자이시니까 수리논리를 해 보는 것이 어떨까요?" 나는 그게 무엇인지 몰랐지만 어쨌든 기꺼이 동조했다. 의심할 바 없이 그것은 대학 신입생이 지금까지 들었던 논리학 입문 과목 중 가장 낯선 것이었다. 헨리는 내가 신동이라는 말을 들은 바가 있었고 론은 실제로 천재였으니 우리는 수영장으로 치자면 수심 깊은 곳에서부터 시작한 셈이다. 입문 교재는 내게 너무 벅차서 기가 죽을 정도였다. 그건 W. V. O. 콰인이 1951년에 출판한 단행본 형태의 논문《수리논리Mathematical Logic》(개정판)였다. 그나마 숨 쉴 틈을 주는 콰인의 논리학 입문서인《논리학의 방법Methods of Logic》이 **아니라!** 그가 서문에서 말했듯 "일반적으로 명확성을 위해 엄격함을 희생하지는 않았다." 나는 증명들과 힘든 씨름을 했고 대학 생활이 내가 기대한 것보다 힘들다고 심각하게 생각했다. 콰인의 책을 겨우겨우 헤쳐 나간 후 우리는 스티브 클레이니Stephen Kleene의《수학 개론Introduction to Metamathematics》과 프랭크 램지Frank Ramsey의 논문집《수학의 기초The Foundations of Mathematics》, 이 책들의 논리를 지지하는 많은 논문을 공부했다. 나는 여전히 수영장 물속에 잠겨 있었지만 마음은 수리논리에 매료되었다.

어느 날 밤, 수학과 도서관에서 그런 논문들과 씨름하던 중에 나는 선반 위에 있던 콰인의 또 다른 책《논리적 관점에서》(1953)를 발견했다. 그 논문집은 영어 문장으로, 즉 **내가 읽고 이해할 수 있는 말**로 저술되어 있었다! 논리식들은 그가 강조하고자 하는 요점을 명확히 하려고 설명할 때만 조금 들어가 있었다. 나는 그 책을 읽기 시작했고 거의 다 읽었을 땐 새벽이 밝았다. 나는 콰인이 이 책에서 자신이 하고자 했던 것을 하고 있음을 깨달았고 그가 했던 방식을 알아낼 수 있다면 나도 그렇게 해 보고 싶었다. 여러 해 뒤, 나는 콰인의 무엇이 내게 그토록 영감을 불어넣었는지를 마침내 알아냈다고 생각했다. 그는 철학적 문제들이 탐구되는 방식에서 **깨져 버린 것을 수리하고** 싶었던 것이었다. 그는 '진짜 마술'의 존재를 믿지 않았고 대부분의 철학자가 당연하게 여겼던 중대한 잘못이 무엇인지를 진단할 수 있다고 생각했다. 그가 생각한 중대한 잘못이란 다음과 같다.

> **분석적**analytic 진리, 즉 사실의 문제와는 독립적으로 의미에 기반하는 진리와 **종합적**synthetic 진리, 즉 사실에 근거하는 진리 사이에는 어떤 근본적인 차이가 있다는 믿음

'2+2=4'와 같은 참인 문장은 선험적, 필연적으로 참이며 그것의 참임은 그 문장의 의미를 **분석**함으로써 결정할 수 있다. 안락의자에서 일어나 경험적 조사를 할 필요 없이 말이다. 다른 참인 문장, 이를테면 '접시 위에 치즈가 있다'는 후험적이거나 **종합적**인 문장이라서 문장이 참임을 알려면 세계를 살펴보아야 한다. 콰인은 이것이 어떤 목적에는 간단하고 쓸 만한 구별이지만 철학자와 논리학자가 생각하는 것만큼 날카롭지는 않다고 주장한다. 이 점이 내게는 놀라울 만큼 전복적인 아이디어였고 한 대 맞은 느낌까지 들었지만 나는 그가 아이디어를 표현하는 방식 중 일부가 **틀렸다**고 생각했다. 그래서 나는 대학 신입생이 할 수 있는 유일한 일을 하기로 마음먹었다. 하버드로 가서 이 사람과 맞상대를 하면서 그의 오류를 내가 바로잡아야 한다! 나는 곧 하버드로의 편입 지원서를 작성했고 하버드는 나를 받아 주었다. 나는 신입생으로서 남은 시간을 콰인과 비트겐슈타인, 프로이트를 읽으며 보냈다.

웨슬리언의 모두가 '노비Nobby'라고 불렀던 노먼 O. 브라운Norman O. Brown은 고전주의자이자 문학 이론가였는데 그해 그의 책 《죽음에 맞선 삶-역사의 정신분석적 의미Life against Death: the Psychoanalytical Meaning of History》가 출판되었고 노먼 포드호레츠Norman Podhoretz와 라이오넬 트릴링Lionel Trilling이 입에 침이 마르도록 칭찬한 데 힘입어 열렬한 추종자를 양산하며 인문학계에 상당한 파문을 일으켰다. 그 책은 섹스와 불

안을 덤으로 섞은 심오한 책이었다. 나는 니체도 읽었다. 철학 강의를 들으며 《차라투스트라는 이렇게 말했다Thus Spake Zarathustra》와 《도덕의 계보Genealogy of Morals》를 배웠고 데카르트의 《성찰Meditations》과 《방법서설Discourse on Method》, 흄의 《자연종교에 관한 대화Dialogues Concerning Natural Religion》 등을 비롯한 많은 고전을 읽었다. 철학 과목은 루이스 밍크Louis Mink가 훌륭하게 가르쳐 주셨는데 그는 내가 수업 시간에 데카르트의 이원론은 가망 없이 틀렸다고 열정적으로 주장하자 내게 철학자가 되라고 설득했다. 나는 왜 그래야 하는지 금방 깨달았다. 60년이 지난 지금도 여전히 나는 정말로 틀린 옛 인물인 가련한 데카르트를 집요하게 공격하는 중이니까. 데카르트가 한 몇몇 주장은 매우 기발하고 꽤 오래 수용되었지만 그런 주장들은 나중에 다윈이 무심코 한 말에 의해 해체되었다.

나는 하버드 여름학기에 등록하는 것이 좋겠다고 생각했다. 그럼 9월에 학기가 시작되었을 때 강의실을 비롯해서 내가 자주 드나들어야 하는 곳을 더 잘 숙지할 수 있으니까. 나는 매일 아침 9시에 있는 '교향곡의 역사' 수업 하나만 등록했다. 나는 윈체스터에서 차를 몰고 가서 음대 건물인 페인 홀 바로 앞자리에 주차하고 전날의 노트를 복습하곤 했다. 운이 좋으면 스미스대학교의 예술 전공 2학년생인 아름다운 수전 벨Susan Bell을 볼 수도 있었다. 그녀는 웰즐리에 있는 그녀 집에서 케임브리지[35]까지 운전해서 같은 강의를 들으러 왔다. 나는 그녀에게 첫눈에 반했다. 그때 나는 생각에 잠긴 젊은 여성을 나무로 조각하고 있었는데 어깨 부분이 생각만큼 잘 되지 않았다. 나는 그녀에게 대담하게 물었다. 완벽한 어깨를 가진 당신이 모델을 좀 해 줄 수 없겠느냐고. 그녀는 말

---

35 여기서의 케임브리지는 영국의 케임브리지대학교를 말하는 것이 아니라 미국 매사추세츠주에 있는 케임브리지를 말한다. 보스턴과 강 하나를 사이에 두고 가까이 붙어 있어 보스턴의 위성도시 역할을 한다.

도 안 된다고 대꾸했지만 나를 내치거나 하지는 않았다. 곧 수전과 나는 내 차나 그녀의 차에 함께 앉아 이야기하려고 점점 더 일찍 등교했다. 수업을 마치면 페인 홀의 음악도서관으로 가서 다음 날 수업을 위해 우리에게 배정된 레코드를 확인한 후 사서에게 허락을 받고 방음 장치가 된 감상실에서 음악을 들으며 숙제를 하곤 했다. 레코드판을 확인하는 사서는 얼마 안 가 나와 수전이 그날의 레코드판을 받아서 음악을 들으러 방음실로 들어갈 때 나를 못마땅한 표정으로 쳐다보기 시작했다. 하루는 청취실에서 조용히 빠져나와 사서의 책상으로 달려가서 "빨리!"라고 말했다. "라벨의 〈볼레로Bolero〉!"[36] 그는 벌떡 일어섰지만 내가 농담하고 있다는 것을 알자 붉어진 얼굴로 돌아섰고 그 후로는 우리를 정중하게 대했다.

9월에 나는 아버지의 오랜 친구 중 한 분인 고전주의자 존 핀리John Finley가 사감으로 있는 엘리엇 하우스에서 기숙사 생활을 하게 되었다. 나는 6인 스위트[37]의 여섯 번째 방에 배정받았다. 우리 구성원이 될 뻔했던 한 명은 여름에 자퇴했다. 다섯 명의 복학생은 물론 서로를 잘 알았지만 나의 침입을 너그럽게 받아들였고 곧 모두 평생의 지기가 되었다. 수전과 나의 여름 로맨스는 계속되었을 뿐만 아니라 더욱 격렬해졌기 때문에 수전은 우리 스위트의 익숙한 손님이 되었다. (호기심을 끌지만 중요하지 않은 사실이 있는데 나중에 테러범 유나바머Unabomber가 된 테드 카진스키Ted Kaczynski가 우리와 불과 몇 피트 떨어진 곳, 즉 같은 층의 바로 옆 출입문 안에서 생활했다. 나는 그와 개인적으로 교류한 적이 전혀 없다.)

---

36 모리스 라벨Maurice Ravel의 〈볼레로〉는 처음에는 조용하지만 점점 강렬해지며 긴장감이 쌓여 가다가 클라이맥스에서 폭발적으로 터지는 곡이어서 성적 은유로 자주 해석된다.

37 일단 출입문을 열고 들어가면 중간에 거실과 같은 공동 공간이 나오고 그 공간에서 다시 문을 열고 들어가야 개인 공간이 나오는 구조의 기숙사 거주 공간을 말한다. 2인 스위트, 4인 스위트, 6인 스위트 등이 있다.

핀리 사감 교수는 위대한 사람이었고 추천장을 써 주는 데 있어 전설적인 인물이었다. 그가 사감으로 있는 동안 엘리엇 하우스는 예일과 프린스턴을 합한 것보다 더 많은 로즈 장학생을 배출하여 옥스퍼드로 보냈다. 그는 또한 은유들을 자유자재로 휘둘렀고 출판된 인터뷰에서 우리 하우스 메이트 중 한 명을 "라인홀트 니부어Reinhold Niebuhr[38]와 독수리 사이에서 태어난 존재"라고 묘사했다. 그는 우리에게 이런 실없는 농담을 던지기도 했다. "나는 최근의 역사를 세 시대로 나눌 수 있다고 생각한다. 월터 스콧 경Sir Walter Scott의 시대, F. 스콧 피츠제럴드F. Scott Fitzgerald의 시대, 그리고 스콧 티슈Scott tissues[39]의 시대." 우리는 가끔 '핀리'라 부른 게임을 하곤 했는데 돌아가면서 사감 교수님 역할을 하는 게임이었다. "말씀해 주세요, 핀리 사감님, 쉐보레 자동차와 스핑크스를 교배하면 무엇이 태어납니까?" "왜 사감님은 베이컨과 달걀을 보면 소포클레스Sophocles를 연상하십니까?"

내가 처음으로 등록한 과목은 콰인의 언어철학이었고 그가 새로 출판한 책《말과 대상Word and Object》이 주교재였다. 나는 제때 편입한 것이다. 나는 콰인과 함께 이 주요한 작업을 철저히 파헤쳐 보기를 열망했다. 수업은 인상 깊었다. 거기에서 두 명의 스타 대학원생, 토머스 네이글과 데이비드 루이스David Lewis가 배출되었다. 또한 나중에 데이비드의 아내가 된 스테파니Stephanie와 길버트 하만Gilbert Harman, 마거릿 윌슨Margaret Wilson과 그녀의 남편 에밋Emmett, 마이클 슬로트Michael Slote를 비롯한 유명인도 다수 나왔다. 솔 크립키Saul Kripke는 그 수업을 듣지 않았지만 캠퍼스에 있었고 도서관에서 매우 눈에 띄는 존재였다. 책을

---

38 미국의 문명비평가이자 신정통주의 신학의 지도자이다. "바꿀 수 없는 것은 받아들일 수 있는 평온을, 바꿔야 하는 일은 바꿀 수 있는 용기를, 그리고 그 둘을 구별할 수 있는 지혜를 주소서"라는 기도로 유명하다. 대표적 저서에《문명은 종교를 필요로 하는가》등이 있다.

39 1879년 어빈 스콧과 클래런스 스콧 형제가 설립한 스콧 페이퍼 컴퍼니에서 생산한 화장지를 가리키며 스콧 페이퍼 컴퍼니는 롤 형태의 화장지를 최초로 판매한 회사로 알려졌다.

읽을 때 유대인이 기도하듯 몸을 앞뒤로 흔들었기 때문이다. 학생들은 그에게 '매드 바버(꺼떡거리는 미친 사람)'라는 무례한 별명을 붙였다. 그가 공인된 신동이자 논리학의 천재로, 이미 십대에 양상논리에 대한 콰인의 유보적 견해를 강타했다고 알려진 인물인 줄도 모르고 말이다. 솔과 나의 동선은 겹치곤 했지만 나는 솔을 알아본 적이 정말로 결코 없다. 그와 나는 정반대 방향에서 콰인에게 접근하고 있었고 나는 콰인에 대한 그의 반대 의견에 흥미가 있었지만 그가 나 이상으로 내 반대 의견에 관심을 가지고 있을 줄은 전혀 몰랐다.

콰인의 수업에서 난 별로 좋은 성적을 받지 못했다. 꽤 인상적인 기말 보고서를 쓰긴 했지만 기말고사를 너무 격하게 쳐서 점수를 많이 잃었기 때문이었다. 그의 책을 너무 열심히 탐독한 나머지 짧은 서술형 문제에 대해 너무 많은 말을 써 버려서 나는 세 개의 서술형 문제 중 하나에만 아주 긴 답을 쓴 채 시험을 마쳐야 했다. 콰인 밑에서 공부하며 학부생에게 학점을 주었던 다그핀 펠레스달Dagfinn Føllesdal은 나를 불쌍히 여겨 그 수업에 B- 학점을 주었다. 나는 좌절하지 않았다. 나는 내가 서술 시험을 잘 못 본다는 것을 알고 있었다. 내 지도교수인 마셜 코헨Marshall Cohen은 내가 그의 수업에서 콰인의 수업에서처럼 긴 답안을 써냈을 때 이렇게 말했다. "댄, 출판 가능한 독창적 논문을 쓰려하지 말고 빌어먹을 문제에 대한 답을 쓰란 말이에요!"

시험에 관한 여담

시험에 관한 내 약점은 나중에 내 학생들에게는 많은 도움이 되었다. 학생들의 뜨거운 열기로 가득한 노력에서 나와 같은 약점을 인식했기 때문이었다. 나는 기말고사 전에 서술형 문제 여섯 개를 미리 공개한 후 시험에는 내가 선택한 세 문제를 내고 학생들은 그중 두 문제를 반드시 풀도록 했다. 시험은 '클로즈 북'이었다. 오픈 북 시험과 달리 시험장에 노트를 갖고 들어오지 못하므로 학생들은 이미 작성한 답안을 베껴 쓸 수 없었지만 각 문제에 대해 연습 답안을 써 볼 수 있었고 그렇게 하도록 권장했다. 그럼 미리 글 전개상의 문제점을 발견하고 이를 해결할 수 있다. 물론 학생들은 자신들이 보기에 가장 어렵다고 생각되는 문제를 무시하고 다른 다섯 문제에 집중할 수 있다. 운이 아주 나쁘면 그들이 무시했던 문제가 시험에 출제될 수도 있지만 그렇다 해도 세 문제 중 그 문제를 제쳐두고 다른 두 문제를 풀면 되었다. 내 생각에는 예비 철학자들이 양질의 에세이를 즉흥적으로 쓰도록 강제할 이유가 없다. 그것은 자연스럽지 않은 일이다. 학생들에게 질문을 미리 알려줌으로써 시험 범위보다 더 많은 자료를 복습하는 데 집중할 수 있게 했고, 그리하여 나는 더 신중하고 상상력이 풍부하며 잘 짜인 답안을 받아 읽게 되었다. 이는 내가 더 높은 기준에서 학점을 줄 수 있고 정신없고 요점도 없는 답안을 읽느라 고통받지 않아도 됨을 뜻한다. 학생들은 답안에 써야 할 것에 대해 여전히 친구들에게서 많은 도움을 받을 수 있다. 그러나 그들이 기계적 암기의 달인이 아닌 이상 시험장에서는 반드시 자신의 언어로 답을 구성해야 했다.

최근 몇 년간은 대학원생이 듣는 고급 세미나만을 가르쳐 왔기 때문에 보통 기말고사는 치르지 않았다. 성적은 기말 소논문 한편과 매주 부과되는 읽을거리에 대한 논평을 토대로 매겼다. 내가 채택한 또 다른 정책은 절대로 '과제형' 시험을 보지 않는다는 것이었다. 80년대에 나는 UC 어바인캠퍼스에 재직했는데 대학원생들이 자격 시험을 오후에 문제를 받아 다음 날 아침까지 제출하게 해 달라고 요청했다. 나는 그에 대해 최근의 사례, 즉 우리 박사 과정을 무사히 통과했지만 대부분의 동료 교수에게서 재능이 별로 없다는 평가를 받은 한 대학원생의 예를 들며 그들의 의견에 반대했다. "만일 대학원생 X가 과제형 시험에서 상당히 인상적인 답안을 써냈다고 합시다. 그럼 여러분 중 몇 명이나 X가 친구의 대필 도움을 받았다고 의심할지, 한번 손들어 볼까요?" 대부분의 학생이 손을 들었다. 우리는 계속 원래의 시험 체제를 유지했다.

내가 시험해 본 또 다른 혁신은 객관식 시험이었다. 90년대의 어느 날 나는 밴쿠버에서 열린 학회에 참석하여 심리학자 대니얼 카너먼Daniel Kahneman, 아모스 트버스키Amos Tversky와 함께 아름다운 거실에서 항구를 내다보며 여가 시간을 보냈다. 나는 바깥의 아름다운 경치를 보지 않으려고 이를 악물었다. 학생들이 휘갈겨 쓴 에세이가 잔뜩 쌓인 '답안지 더미'를 읽어야 했기 때문이었다. "왜 그런 끔찍한 일을 하며 자신을 고문해요?" 아모스가 물었다. "객관식으로 시험을 치르세요. 그러면 1~2분 안에 점수를 매길 수 있고 학생들의 학업 성취도도 더 잘 파악할 수 있어요!" "철학에서는 그렇지 않아요." 나는 대답했다. "학생들이 논증과 쟁점을 얼마나 잘 이해하고 있는지를 보려면 에세이를 쓰게 해야 해요." 아모스는 동의하지 않았다. "객관식 선택지를 만들 때, 의미가 아주 비슷해서 모두 다 학생들을 솔깃하게 유혹하지만 단 하나만 답이 되게 만들면 학생들의 이해도를 엄격하게 시험하고 순위를 객관적으로 매길 수 있어요." 나는 그의 요점을 파악했고 한 철학 강좌의 중간고사에서 이를 시도해 보기로 했다. 나는 사악할 정도로 까다로운 객관식 문제를 만들었고 학생들의 수행 결과는 여러분이 바라는 대로였다. 가장 잘한 학생은 솔깃한 틀린 선택지를 잘 피해 갔고 가장 못한 학생은 그런 선택지에 걸려 넘어졌다. 성공이었다. 어느 정도는 말이다. 그러나 나는 그 과정이 학생들의 사기에 미치는 영향이 싫었다. 학생들은 **거의 참인 것처럼** 보이지만 거짓인 것으로 자신을 낚으려는 나의 노력에 분개했고 학기의 나머지 시간 동안 열정 없이 경계하는 태도를 보였다. 객관식 시험을 좀 더 낫게 사용한 때도 있었다. 진화론의 철학을 다룬 강의에서 나는 학생들이 이 과목을 들을 때 선취 요구 사항인, 진화생물학에 대한 자신의 기초 지식을 과대평가하고 있다는 것을 알게 되었다. 그래서 나는 첫 수업에서 까다로운 객관식 퀴즈를 냈고 수업 시간에 그것을 함께 채점했다. 그 결과 절반의 학생이 다음 수업 전에 기본 개념을 다시 공부해야 했다. 그 문제 중 하나를 여기 소개한다.

〔문제〕 유기체의 적합도fitness는 원칙적으로 다음 중 무엇과 연관되는가?

a. 짝짓기 기회를 확보하는 데 성공함

b. 손주가 생길 확률

c. 잠재적인 생존 자손의 수

d. 동종의 다른 개체보다 더 오래 생존할 확률

어바인에서 처음 철학 교수로 일할 때 내가 어떤 문화적으로 중요한 인물을 언급하면 학생들이 멍한 표정을 짓는 것에 불안해졌다. 그래서 내 해맑은 학생들에게 내가 당연히 상식일 것이라 여겼던 것이 얼마나 결핍되어 있는지를 점검하려 마음먹고 '문화 퀴즈'를 고안했다. 유명인 50명의 이름을 문제로 내고 거기에 설명을 쓰게 한 것이다. '미켈란젤로'라는 이름에 '예술가'라고만 쓰면 1점, '이탈리아 르네상스 예술가'라고만 쓰면 2점을 받는 것이었다. 철학 개론을 듣는 백 명가량의 신입생이 얻은 평균 점수는 40점 정도였다. 내가 받아 본 답 중에는 얕은 지식이 얼마나 위험한 것이 될 수 있는지 보여 주는 주옥같은 사례들도 있었다. **코페르니쿠스** = 카이사르의 아내, **세르반테스** = 반인반마, **헨리 제임스** = 헨리 제임스 판 성경의 저자.

다시 하버드 시절

콰인을 '반박'하겠다는 나의 목표는 그의 과목에서 이렇다 할 성과를 내지 못했음에도 사라지지 않았다. 오히려 더 심해졌다. 나는 콰인에게 그의 견해에 가장 흥미로운 대안을 제시한 사상가가 누구인지 물었고 그는 놈 촘스키와 UC 버클리의 논리학자 로트피 자데Lotfi Zadeh를 추천해 주었다. 자데의 '퍼지 집합론'은 콰인 자신의 집합론에 도전한 것이라는 설명을 덧붙이면서. 콰인은 또한 자신을 지지하는 입장에 있는 그의 친구 B. F. 스키너B. F. Skinner의 저작도 추천해 주었다. 나는 그 당시에 나왔던 스키너의 《언어 행동Verbal Behavior》에 대한 촘스키의 유명한 비평을 읽었다. 그러나—대부분의 신진 인지과학자와 달리—나는 스키너의 책도 읽었기에 촘스키의 논평이 격렬한 논쟁을 유도하는 뛰어난 오독이라고 판단했다. 나는 그것으로 학계에서 일어나는 의도적이고 과장된 공격을 처음 접했고 그런 것에 눈떴다. 하버드에서 3년을 보내는 동안 나는 내 공부 시간의 대부분을 이런저런 비평가의 글을 읽고 그에 대해 숙고하는 데 할애했고, 가능한 한 많은 철학 수업을 들었고, 다른 인문학 강좌들도 적당히 들으며 풍부한 경험을 쌓았다.

나는 여러 가지 이유로 과학 강좌를 듣지 못했다! 웨슬리언에서 들은 키버그의 수리논리 과목이 철학과의 논리 과목 이수 요건을 완전히 만족시킨 데다가 과학 과목으로도 간주되었기 때문이었다. 여러 학문 분야를 수강하도록 한 '배분' 이수 학점을 채우려고 비주류 과학 과목을 듣긴 했는데 무슨 과목을 수강했는지 기억나지도 않는다. 생물학도, 화학이나 물리학도, 실험도, 생리학도 신청하지 않았다. 심지어는 스키너의 수업을 수강할 수 있었는데도 하지 않았다. 하지만 거기에는 이유가 있었다. 나는 고등학교 시절의 한 에피소드 때문에 심리학에서 멀어졌다. 내 누나 신시아는 마운트홀리오크대학교에 진학했고 누나가 신입생 때(내가 막 엑서터에 정착하고 있을 때) 맞은 추수감사절에 누나를 태워 오려고 어머니와 함께 사우스 해들리까지 차를 몰고 왕복했다. 그 때의 기억은 정말이지 생생하다. 집으로 오는 길에 나는 누나가 배우는 모든 과목에 대해 열심히 캐물었다. 누나는 심리학 개론 수업을 듣고 있었는데 그것이 내 구미를 당겼다. **마음! 의식!** 나는 누나가 배운 내용을 듣고 싶어 안달이 났다. 누나는 내게 윌리엄 셸던William Sheldon의 배엽론—내배엽, 외배엽, 중배엽—이론에 대해 말해 주었다. **윽!** 40년대부터 70년대까지 셸던의 별난 이론을 초점으로 하여 활발한 연구가 이루어졌다. 그는 아이비리그와 세븐시스터즈(미국 동부에 있는 명문 여대 일곱 곳)에 다니는 학생들의 나체를 찍은 '자세 사진' 수천 장을 가지고 연구를 했는데 몸의 차이점을 분석함으로써 성격 유형을 알아낼 수 있다고 생각했다. 사실 나도 그해 엑서터에서 석 장의 자세 사진(정면, 측면, 후면)을 찍었지만 그러면서도 그 기본 전제를 의심했다. 체격이 운명을 결정짓나? 심리학자들이 이런 것을 심각하게 받아들이고 있다면(사실 많은 이가 그러고 있다. 교재에도 실려 있다) 나는 심리학과 아무 관련도 맺고 싶지 않았다. 16세 때의 그 성급한 판단 때문에 나는 심리학을, 좋은 것이든 나쁜 것이든 모두 무시하고 말았다. 대학원생이 되기 전까지 말이다.

수십 년 동안 심리학은 최고의 학생들을 끌어들이는 데 어려움을 겪었다. 80년대의 어느 날, 프린스턴의 철학자 해리 프랭크퍼트Harry Frankfurt가 내게 농담을 했던 것이 기억난다.

"댄, 심리학자들이 왜 그리 멍청한지 압니까?"

"아니요." 나는 대답했다. "왜 그런지 종종 궁금하긴 했습니다만."

"큰 주립대에서는 대개 천 명 정도의 학생을 대상으로 심리학 개론을 가르칩니다. 추수감사절 즈음이 되면 교수는 잔뜩 힘을 실어 말하죠. '우리가 심리학에서 배운 것 중 하나는 보상을 받는 행동은 반복되는 경향이 있고 처벌을 받는 행동은 그렇지 않다는 것입니다.' 그럼 995명의 학생이 투덜거려요. '당연한 말 아냐?' 나머지 다섯 명이 '정말 흥미로워'라고 생각하죠. 바로 그 다섯 명이 심리학자가 되는 겁니다."

그나마 그때쯤에는 예전보다 심리학에 대해 더 잘 알고 있었지만 심리학이 일부 미심쩍은 발견들(그리고 그런 발견들을 희화화한 것)로 얻은 평판을 떨치는 데는 반세기가 걸렸다. 내 생각에 거기에는 이유가 있다. 통속심리학Folk psychology, 즉 우리 모두가 서로를 이해하기 위해 사용하는 도식(나는 이것을 '마음 이론'이 아닌, **지향적 태도**라 부른다)은 모든 사람이 대략 합리적이라고 가정한다. '피실험자는 날카로운 막대기로 눈을 찌르는 것보다는 5달러를 받는 것을 선호한다'는 연구 결과(당연한 말 아닌가?)는 주목하고 받아들일 가치가 없다. 따라서 심리학자는 종종 정상적인 피험자에게서 병리적 측면을 유도하는 방법을 찾아내려고 노력한다. 피험자가 잘못 말하게 만들도록, 그래서 피험자가 자신이 하도록 요청받은 과제를 수행할 때 의식적으로든 아니든, 자신이 사용하는 메커니즘이나 전략에 관한 무언가를 드러내 보이도록 피험자의 역량에 부담을 주는 것이다. 지각심리학자는 거의 모든 사람이 굴복하는 유명한 착시(착각)들을 고안해 냈다. 인지심리학자는 피험자가 추론에서 오류 패턴을 보이도록 유도하거나 자신이 실제로는 일으키지 않은 어떤 효과를 자신이 발생시켰다고 생각하게 한다. 신경심리학자는 (예를 들어) 경두개 자기 자극법을 사용해 피험자가 이런저런 잘못된 판단을 하도록 한다. 사람들이 실수를 하도록 유도하지 못하면 그들의 마음이 작동하는 과정이 마치 마법처럼 사물의 이치를 기적적으로 깨닫는 것처럼 보인다. 따라서 심리학자는 이따금 대중에게 사람이란 우리가 생각하는 것만큼 똑똑하지 않다고 말하는 것처럼 보인다. 하지만 모든 과학자가 그러하듯 심리학자도 가끔 자신들의 연구를 부풀려 말하기 때문에 그들의 자랑스러운 결과가 때때로 흔적도 없이 사라져 버릴 때에는 별로 동정을 얻지 못한다.

학부 시절 나를 심리학에서 멀어지게 한 또 다른 약한 장벽으로는 하버드에서 학제 간 연구(하버드의 표현으로는 '전공'), 즉 사회관계학social relations 또는 줄여서 소크렐socrel[40]이라 부르는 분야가 심리학 전공을 거의 흡수했고 그것은 심리학, 사회학, 인류학이 섞인 (내게는) 입맛이 당기지 않는 혼합물이었다. 그래서 나는 그곳에 인지연구센터를 꾸리기 시작한(이를 두고 인지과학의 탄생이라고 부를 수도 있을 것이다) 제롬 브루너Jerome Bruner나 조지 밀러George Miller의 강의를 듣지 않았고 당시 환각성 약물에 대한 연구의 선구자로 하버드에서 떠오르던—사실 세계 어디서나 부상 중이었다—티모시 리어리Timothy Leary의 강의도 전혀 듣지 않았다. 내 친구 중에는 리어리와 앨퍼트의 공동체에서 LSD와 실로사이빈을 비롯한 혼합 제재를 이용한 실험을 하는 학생들도 있었지만 세상을 바꾸러 온 구원자라도 된 듯한 리어리의 열변도 나를 사로잡지는 못했다.

로마 여행에 대한 여담

나는 1961년의 여름을, 수천 명의 미국 대학생이 그러듯이 유럽에서 보냈다. 우리의 여행 바이블은 《하루 5달러로 유럽 여행하기Europe on Five Dollars》였다. 그런 식으로 여행할 수도 있었지만 와인을 좀 마시고 훌륭한 식사를 하고 싶다면 경비가 두 배로 들었다. 또한 책자에 실린 호스텔과 저렴한 식당 등은 모두 미국인 손님으로 호황을 누리고 있

40 그렇지만 소크렐은 종교사회학sociology of religion의 약어로도 쓰인다. 종교사회학은 종교 제도, 신앙, 의례, 사회적 영향 등을 사회학적 관점에서 분석하는 학문이다. 그러므로 어떤 맥락에서 '소크렐'이라는 단어가 쓰였는지 잘 파악해야 한다.

었기 때문에 여행 온 미국 대학생을 현지 주민보다 더 많이 만나리라는 것도 염두에 두어야 했다. 고향 사람이나 친구들과 소통할 방법은 각 주요 도시마다 있는 아메리칸 익스프레스 사무실을 오가는 편지를 통하는 것뿐이었다. 기차가 뮌헨이나 파리에 정차하면 가장 먼저 해야 할 일은 아메리칸 익스프레스 사무실을 찾아가는 것이었다. 거기서 자기 앞으로 도착한 편지가 있는지 확인하고 또 어떨 때는 여행자 수표를 현금으로 바꾸기도 했다. 우편물이 와 있는지 확인하려고 줄을 서 있는 동안 안면이 있는 누군가, 즉 대학 동창(내 경우엔 엑서터 동창)을 만날 수도 있었다. 내 목적지는 로마였는데 나는 엑서터 교수의 아내인 니나 피시Nina Fish 덕분에 당시 베니스 비엔날레에서 수상한 피에트로 콘사르가Pietro Consagra의 조소 작업실에서 일하는 일정을 잡을 수 있었다. 콘사르가의 부인은 니나와 자매간이었다. (니나는 나중 장에서 다른 역할을 또 하게 된다.) 내 여름 일정은 런던, 토트넘 코드 로드의 YMCA에서 시작되었다. 프로펠러 비행기를 타고 밤새 열두 시간을 날아 런던에 도착하여 YMCA로 가는 지하철역으로 갔는데 정오까지는 탑승 수속을 할 수 없다는 말을 듣고 더없이 실망한 나머지, 여행 가방을 거기 두고 비척거리며 근처에 있는 대영박물관으로 갔다. 고대 로마 시대 영국을 관람하는 가이드 딸린 관광객들이 중앙 전시실을 막 떠나려던 참이었기에 나는 작은 접이의자 하나를 가지고 십여 명쯤 되는 관람객과 행동을 같이하며 로마 시대 도자기와 유리를 비롯한 유물을 열심히 구경했다. 가장 먼저 멈춘 곳이 로마 시대의 거리 표지 기둥이었고 나는 가이드가 말하는 동안 작은 의자에서 깊은 잠에 빠져들었다. 일어나 보니 세 시간이 훌쩍 지나 있었고 나는 그때까지도 전시실 한가운데서 의자에 앉아 있는 채였다. 줄잡아 백 명도 넘는 사람이 내 옆을 지나갔으련만 아무도 나를 깨우지 않은 것이다. 어쩌면 그중 몇몇은 나를 아직 분류표가 나오지 않은 신기한 전시품이라고 생각했을지도 모르겠다.

나는 관광객 신분으로 옥스퍼드에 잠시 들렀다가 로마로 떠났고 중앙역인 테르미니역 근처에서 저렴한 하숙집을 찾았다. 그 집은 더러운 건물의 꼭대기 층에 있었는데 엘리베이터를 타려면 10리라 동전을 넣어야 했다. 나는 곧 콘사르가의 작업실까지 매일 버스로 통근했다. 당시 그는 모래 거푸집을 이용하여 〈콘베르사치오네Conversazione〉(대화)라는 청동 작품 시리즈를 만들고 있었고 내게는 실톱으로 얇은 합판을 잘라 모양을 만들어 내는 일을 시켰다. 나는 그의 작품들이 잘 주조되고 있는지 감독하려고 주조 공장에 갔고 그 과정을 배우기 위해 '폰데리아 니치'라는 납형 공장에도 갔다. 나는 혼자서 청동으로 모래 거푸집 몇 개를 만들었고 주조 작업을 도와주면서 이탈리아어도 주워 들어 배웠으며 작업자들이 진행 중인 작은 부수적인 일에도 참여했다. 주조 작업이 끝난 커다란 도가니 안에는 거의 언제나 여분의 녹은 청동이 좀 있었고 작업자들은 그것을 사용할 수 있는 여분의 틀을 늘 몇 개씩 가지고 있었다. 그들은 여분의 청동으로 꽤 그럴듯한 고대 로마 동전과 반지와 램프, 성기가 놀랄 만큼 강조된 사티로스[41]를 만들었다. 우리는 그것들을 모래에서 꺼내 표면을 갈아 반짝임을 없애고 이리저리 흠을 낸 뒤 주조 공장 뒤편의 잿더미에 묻었다. 그곳은 모두가 소변을 보는 곳이었다. 묻고 나서 몇 주가 지나면 벼룩시장에 내다 팔 준비가 끝난다. (최근에도 '고대 로마 청동'을 검색하면 우리가 만든 모조품으로 보이는 것의 사진을 볼 수 있다. 그것들은 여전히 상당히 저렴하다.)

그해 여름의 내 사회생활은 평범하지 않았다. 하숙집에서 돈을 내고 지내는 진짜 하숙생은 내가 유일했다. 그 하숙집의 방들은 대부분 1년 내내 이탈리아 각지에서 온 집주인의 친척들이 차지하고 있었다. 친척 중에는 활력 넘치는 카푸친 수도사 카시아노 다 비사퀴노Cassiano

41 그리스 신화 속 술의 신 디오니소스의 시종이다. 상체는 사람, 하체는 염소의 모습을 하고 있으며 장난이 심하고 성욕이 강하다고 한다. 고대에는 성적 흥분을 강조하는 의미에서 대부분 성기가 발기된 모습을 강조하여 사티로스 상을 만들었지만 오늘날에는 그렇지 않다.

da Bisacquino도 있었다. 그는 볼로냐 근처의 수도원에서 파견되었는데 그의 임무는 바티칸에서 자금을 좀 얻어내는 것이었다. 그러나 정작 그는 수도원에서 먼 곳에 머무는 그 짧은 시간 동안 대도시를 구경하는 데—특히 대도시의 여성을 만나는 데, 그리고 그들과 육체적으로 접촉하는 데—주된 관심이 있었다. 비사퀴노는 즉시 나와 친구가 되어 로마 여행을 유쾌하게 안내해 주었고 그러면서 버스에서나 인도에서나 가까이 지나가는 모든 여성의 엉덩이를 꼬집었다. 그들이 화가 나서 돌아보면 그는 나를 범인으로 지목하며 더없이 순진하고 수도사다운 모습을 보이곤 했는데 그는 그것이 대단한 장난이라고 생각했다. 그는 키가 작고 몸통에 살이 꽤 많았으며, 나는 키 크고 마른 미국인이었다. 우리는 기묘한 한 쌍의 여행자였고 그는 교황의 정부情婦 같은 비밀 이야기를 하며 나를 웃게 했고 그럴 때면 자신이 채찍질하는 사람이라도 되는 양 수도복 허리에 감은 끈의 끝부분을 열쇠고리 돌리듯 빙빙 돌렸다.

사회적 스펙트럼의 다른 쪽 끝에서 나는 이국적인 세계에 이끌렸다. 피에트로 콘사그라Pietro Consagra는 그 예술 세계에서 관심의 중심이었고, 나는 그의 작업실에서 많은 조각가와 화가를 만났는데 그중에는 아르날도 포모도로Arnaldo Pomodoro, 아프로 바살델라Afro Basaldella와 미르코 바살델라Mirko Basaldella, 노령의 미래파 화가 지노 세베리니Gino Severini도 있었다.

당시는 또한 스파게티 웨스턴 영화와 펠리니의 대작을 배출해 낸 영화 공동체 치네치타의 전성기이기도 했다. 나는 비아 베네토의 한 레스토랑에서 페데리코 펠리니Federico Fellini[42]를 소개받았는데 그때는 그가 누군지 전혀 몰라서 그에게 무엇을 하는 사람이냐고 물어보았다. 그

42 이탈리아의 영화감독으로 현실과 환상을 넘나드는 독창적인 연출로 유명하다. 아카데미 외국어영화상을 네 번이나 받았고 평생공로상도 수상하는 등 세계 영화사에 큰 영향을 끼쳤다.

는 내 질문에 대답해 주었다. 세상에, 그날 밤 나의 식사 자리에는 배우 디디 페레고Didi Perego가 있었다. 우리가 저녁을 먹는 동안 디디를 아는 커플이 우리 자리로 왔다. 그들 모두는 아주 빠른 이탈리아어로 말한 후 즐겁게 웃었다. 나는 그들이 말하는 속도를 도저히 따라갈 수가 없었기에 디디에게 영어로 물었다. "뭐가 그렇게 재밌어요?" 디디가 급조한 영어로 대답했다. "아, 저 친구들 마늘이 엄청 들어간 음식을 먹을까 하다가 그러지 않기로 했어요. 이따가 키스하기로 했다고."

그 여름, 수전도 스미스대학교 친구와 유럽 여행을 하고 있었는데, 그 친구의 이름도 (스펠링은 다르지만) 디디Deedee였다. 나는 베니스에서 그들과 '마주치기' 위해 갖은 애를 썼다. 일단 그들이 베니스에서 여정을 보내는 날에 맞춰 도착할 수 있도록 베니스로 기차를 타고 갔다. 내가 산마르코 성당에 막 도착하자마자 그들은 성당에서 나와 그 앞에 있었다. 수전과 친구는 차를 한 대 빌렸기 때문에 우리 셋은 그 차를 타고 로마로 갔다. 그들은 나의 벼룩투성이 하숙집(말 그대로 둘 다 한 방에서 하루를 보내곤 벼룩에게 물렸다)에 머물렀고 내 여행 가방은 차를 길가에 주차해 놓았던 그 잠깐 새에 도둑맞았다. 나는 셔츠와 평소 내가 입는 것보다 몇 인치나 짧은 바지 한 벌을 샀고 그다음 날에는 몸에 잘 맞지 않는 은색 재킷을 샀는데, 그때 입고 있었던 옷과 그때 산 옷이 내가 그 여름의 나머지 나날 동안 입을 수 있는 단 두 벌의 옷이었다. 나는 또한 수전과 디디가 파리를 떠나기 바로 직전에 로맨틱한 하루와 저녁을 즐기기 위해 파리에 다녀올 수 있었다. 그다음 날 나는 재즈 피아니스트 론 브라운Ron Brown과—물론 아메리칸 익스프레스에서—우연히 마주쳤다. 두고두고 기억날 여름이었다.

다시, 하버드의 나날

4학년이 되어 콰인과 일상언어에 대한 졸업 논문을 발표해야 했을 때 나는 콰인을 내 지도교수로 삼지 않기로 했다. 그가 첫 심사 모임에서 내가 틀렸음을 보여 주거나 중요하지 않은 논증만 인정할 것 같았고 그래서 내가 논문으로 쓸 만한 논지가 전혀 남지 않을까 봐 걱정되었기 때문이다. 그래서 나는 콰인 밑에서 박사 논문을 쓴 다그핀 펠레스달에게 내 지도교수 역할을 해 달라고 요청했는데 그것은 내 인생에서 잘한 일 중 하나였다. 그는 내 요청을 받아 주었다. 그는 콰인을 속속들이 알고 있었으므로 내가 콰인의 글을 절대 오독하지 않도록 때때로 길잡이가 되어 주곤 했을 뿐 아니라, 내가 전력을 다해 돌진하도록 도와주는 것이 최선임을 알고 있었고—고마워요, 다그핀!—계속 나를 조금씩 밀어주고 경고해 주고 흐트러진 것을 수습해 주었다. 펠레스달은 내가 정말 좋아하는 과목인 현상학 강의도 하고 있었으므로 나는 볼차노, 브렌타노, 마이농, 특히 후설의 작업에 깊이 입문할 수 있었다. 나의 후기 사상은 후설에게서 많은 영향을 받았다. 다그핀은 노르웨이 사람이었고 어린 시절의 그에게 영어와 독일어는 똑같은 외국어였다. 때때로 그는 후설의 《이념Ideen》 독일어 원서를 수업에 들고 와 우리를 위해 몇 문장을 영어로 번역해 주었다. 어느 날은 학생 모두가 사용하는 영어 번역본을 펴 놓고 즉석에서 독일어로 번역했다. 우리가 손을 들고 소리 지를 때까지 말이다. 그의 발음은 좀 아리송해서 후설이 말한 '진정한 지식ghenuvin canovlidge'의 표준에 대해 다그핀이 내놓은 몇 가지 분류를 듣는 몇 분 동안 이해하기 힘들어서 당황했던 기억이 난다.

나의 학부 졸업 논문 〈콰인과 일상언어Quine and Ordinary Language〉는 '콰인주의'라는 함선을 새로운 방향으로 항해하게 하려는 나의 첫 시도였다. 콰인은 절친한 친구 스키너에게서 행동주의를, 스승인 논리학자

루돌프 카르납Rudolf Carnap에게서 엄격한 체계화를 받아들였다. 나는 콰인주의를 그러한 영향에서 멀어지게 하는 한편, 분석-종합 구별이라는 무풍지대와 콰인이 '의미의 박물관 신화'라고 불렀던 개념을 피해 나아가고자 했다. 의미의 박물관 신화란 우리 마음 깊은 곳 어딘가에 단어의 의미에 관한 견고한 사실들이 있고 그것을 일단 발견하기만 한다면 우리가 일상언어의 의미론을, 수리논리에서 그랬듯 아름다울 정도로 엄격하고 정확하게 고정할 수 있으리라는 아이디어다. 대부분의 철학자가 콰인에게서 등을 돌리게 만든 교조는《말과 대상》에서 주장한 '원초적 번역 불확정성'이었다. 이는 하나의 외국어를 통역하는 두 번역가가 있고 그들을 도와줄 이중언어 통역사가 없다면 (또는 그들의 편견 때문에 혼란이 생긴다면) 원칙적으로 그들이 크게 다른 번역 매뉴얼(사전과 문법)을 만들 것이며 둘 중 어느 것이 '올바른' 번역인지를 결정지어 줄 사실은 없을 것이라는 놀라운 주장이다. 그 두 매뉴얼은 공동 1등을 할 것이고 둘 중 어느 번역이 원어민 화자가 '실제로' 의미하려던 것인지 입증해 줄 일은 화자의 뇌에서도, 그 세계의 사물과의 상호 작용에서도 결코 발생하지 않을 것이다. 나는 이에 대해서 콰인이 옳았다고 생각했지만—그리고 지금도 그렇게 생각하지만—그렇게 여기는 지지자는 콰인의 초기 제자였던 도널드 데이비슨Donald Davidson을 제외하고는 거의 없었다.

내 인생에서 그때가 엄청나게 강렬한 시기였고 나는 콰인과 그의 논증에 대한 내 주장이 옳든 그르든 이것이 바로 내가 살고 싶어 하는 삶이며 결과가 어떻게 나오든 이 과업에서 그토록 많은 생각을 하며 노력을 쏟은 것을 후회하지 않겠노라고 나 자신에게 여러 번 다짐했다. 그 강렬함에 더해진 것이 하나 있으니 그건 바로 내가 1962년 6월 8일에, 즉 수전이 스미스를 갓 졸업하고 내가 하버드 4학년생이 되기 직전에 수전과 결혼하여 유부남이 되었다는 사실이었다. 나는 우리 패거리를 엘리엇 하우스에 남겨 두고 수전과 함께 던스터 하우스 종탑이 보이는 그린 스트리트의 엘리베이터 없는 건물 4층으로 이사했다. 훌륭한 한 해였다. 수전은 유니버시티 프린츠라는 작은 회사에서 일했는데 그곳은 유명한 회화, 조각, 건축물 사진을 엽서 크기로 제작하는 곳이었다. 그 사진 엽서들은 예술사를 공부하는 학생들이 섞어 놓고 암기하는 데 사용되었다. 한편 나는 열심히 논문을 쓰고 있었다. (핀리 사감 교수는 내가 3년의 거주 기간을 채우지 않고 엘리엇 하우스와 그곳의 멋진 환경에서 떠나는 것을 승인하지 않았고 엘리엇의 뜰에서 있었던 졸업식 오찬 행사에서 그 말을 다소 거만하게 했다. 그는 그 말 때문에 수전의 반감을 샀다.)

내 졸업 논문의 심사위원으로는 물론 콰인이 있었고 콰인을 지도교수로 하여 2년 전에 박사 학위를 받은 젊은 전임강사 찰스 파슨스Charles Parsons('소크렐'의 탤컷 파슨스Talcott Parsons의 아들)도 있었다. 찰스 파슨스는 콰인이 하버드에서 퇴임한 후 그의 자리를 물려받았다. 콰인은 내 논문을 읽고 정리하여 빽빽하게 타이핑한 석 장짜리 노트를 들고 구두 심사장에 나타났는데 나는 그가 그 노트를 검토하기도 전에 전율을 느꼈다. 그는 나를 무척 진지하게 받아들이고 있던 것이다. 어쩌면 내가 정말로 철학자가 될 수 있을지도 몰라! 활발한 토론이 이루어지는 가운데 한 주제에 대해 파슨스가 그의 옛 지도교수에 반대하며 내 편을 들었고 그것은 나의 자신감을 고양하는 또 하나의 좋은 원동력이 되었다. 최선을 다해 노력한 끝에 패배한다고 해도 만족하리라 다짐하긴 했지만 그건 어디까지나 완전한 승리를 거두지 못했을 때를 대비한 변명이었다. 나는 집으로 날 듯이 뛰어 들어가 사랑을 담뿍 담은 수전의 품에 안겨 미소를 띠며 일상언어철학이 지배하는 옥스퍼드대학교로 가야겠다고 결심했다. 나는 논문에서 일상언어를 '계통화'하려는 콰인의 시도가 일상언어의 특성을 심각하게 왜곡했다고 주장했으므로 옥스퍼드로 가면 당시 유행한 예리하지만 비형식적인 분석 방법에 대한 훈련을 받을 수 있을 것이라 기대했다.

4

옥스퍼드, 1963~1965

내가 옥스퍼드에 갈 당시에는 지원자가 각 개별 칼리지에 지원서를 넣어야만 했다. 옥스퍼드 전체를 관할하는 중앙 입학 체제가 없었기 때문이었다. 나는 로즈 장학생이 가장 많이 찾는 세 칼리지, 즉 뉴칼리지(A. J. 에이어가 있었다), 유니버시티칼리지, 모들린칼리지(길버트 라일이 있었다)에 지원하는 실수를 저질렀다. 세 곳 모두 미국인에게 할당된 수보다 더 많은 미국인을 이미 받아들였다며 나를 떨어뜨렸다. 나는 실망하여 UC 버클리로 갈 계획을 세웠는데 난데없이 나를 옥스퍼드의 허트퍼드칼리지에 합격시키겠다는 항공 우편이 날아들었다. 그때 나는 허트퍼드에 대해서는 들어 본 적도 없고 지원한 적도 없었기 때문에 누군가의 비열한 장난일 수도 있다고 생각했다. 그러나 직접 찾아본 결과 그곳은 정말로 옥스퍼드대학교에 속한 곳이었고 나는 철학 연구 석사 과정BPhil[43]을 밟으라는 그 초대를 기쁜 마음으로 받아들였다.

1963년 초여름, 수전과 나는 MS 베를린호를 타고 9일 동안 영국을 향해 항해했다. 그때는 MS 베를린이 노스 저먼 로이드 해운 소속의 배였고 제2차 세계대전 후 처음으로 독일로 돌아가는 수백 명의 독일인이라는 수요가 있어서 운임이 인상된 상태였다. MS 베를린은 아르누보 및 아르데코 양식의 가구와 팜코트(유리천장 라운지)가 있는 아름다운 배였다. 소규모 오케스트라는 왈츠와 폴카와 옛 독일 민요를 연주했다. 베를린호의 원래 이름은 그립스홀름이었고 스웨덴-아메리칸 해운을 위해 1924년에 건조된 (증기가 아니라) 최초의 디젤 해상 정기선이었다. 항해 도중에 내가 전에도 이 배를 타 본 적이 있다는 사실이 기억났다. 베이루트에서 혼자 자리 잡고 계셨던 아버지에게 갈 때 어머니와 누나, 내가 그립스홀름을 탔던 것이다. 내가 아이였을 때 그립스홀름에서 '경마'와 셔플보드를 했던 것이 기억난다. 물론 그때의 경마에 살아 있는 말은 나오지 않았다. 휴게실에 놓은 종이 트랙에서 주사위를 던져 모형 말을 움직이는 놀이라는 걸 알고 깊이 실망했었다.

옥스퍼드에 도착한 수전과 나는 집을 구하러 다녔고 옥스퍼드의 중심인 버몬트가 33a 번지에 있는, 차 두 대가 들어가는 차고 위의 멋진 아파트식 신축 집을 발견했다. 집주인인 말콤 그레이엄Malcol Graham은 치과의사였다. 우리 집은 세인트 존 거리에 있었지만 치과 병원과 그레이엄 가족의 집은 버몬트 거리 모퉁이에, 즉 애시몰리언 박물관에서 세인트 존 거리를 가로질러 바로 있었다. 우리는 이 기막힌 위치와 그레이엄 씨가 우리 집에 설치해 둔 (그의 자부심이자 기쁨인) 편의시설에 대한 약간의 추가 비용을 지불했다. 그레이엄은 전기 제품을 아주 좋아했고 좁은 공간에 최신 히터와 믹서, 심지어 세탁기까지 갖춰 놓고 있었다. 우리는 계단 위의 조그만 욕실에 전기 수건걸이를 넣고, 계단 아래 공간에는 옷을 말릴 전기 건조함을 들여놓았다. 그곳엔 내 책상으로 쓸 작은 카드 테이블도 넣었다. 그레이엄은 와인을 '실온' 상태로 만

---

43 옥스퍼드의 '연구 중심 철학 석사 과정'을 말한다. 석사 과정이긴 하지만 옥스퍼드에서는 일반적인 석사 과정보다 훨씬 더 심도 있는 과정으로 간주되며 실질적으로 박사 학위를 대체하기도 한다.

들기 위한 레드와인 온장고도 사려고 했지만 내가 방을 실온 상태로 덥히는 게 더 낫겠다고 제안하자 사지 않기로 했다. 위층은 아늑했다. 하지만 계단 밑 나의 작은 서재는 전기 건조함이 있었음에도 습하고 추웠다. 겨울에 공부하러 내려갈 때면 따뜻한 차를 끓이고 수건을 내려 나의 올리베티 레테라 타자기에 맺힌 이슬을 닦는 것이 글쓰기 시작 전의 루틴이 되었다.

그레이엄 부부에게는 우리 나이 또래의 아들이 둘 있었는데 둘 다 옥스퍼드 학생이었고 그레이엄 가족은 이내 우리의 영국인 가족이 되었다. 그때 의대생이었던 존 그레이엄John Graham은 나와 함께 전기 히터 앞 바닥에 앉아 내게 뉴런이 무엇이며 뉴런들이 어떻게 연결되어 네트워크를 만드는지 처음으로 보여 주었다. 뉴런은 여러 개의 입력 지점인 수상돌기를 가지고 있으며 이 입력은 흥분성일 수도 있고 억제성일 수도 있다. 출력 지점은 하나인데 가지처럼 뻗는 축삭을 통해 이루어진다. 뉴런은 흥분성 신호에서 억제성 신호를 뺀 값이 일정한 기준값(가변적인 역치)을 넘으면 축삭을 따라 신호를 발화한다. 그의 설명을 들으면서 나는 그러한 신경 네트워크가 뇌 속에서 일어나는 일종의 진화적 과정을 통해 학습할 수 있을 것이라는 가설을 곧바로 생각해 냈다. 여기서 임계값은 다른 뉴런과의 상호 작용에 따라 시냅스라고 알려진 접합부에서 조율될 것이다. 이 가설은 내 삶에 큰 영향을 준 통찰 중 하나이다(물론 이것은 나만의 독창적인 생각은 아니다. 그러나 나보다 앞서 이 가설을 발견한 사람들을 찾는 데는 몇 년이 소요되었다).

우리의 집을 마련한 뒤 한번은 겨울옷을 죄다 집에 두고 독일로 향한 적이 있다. 그리고 독일에서 볼프스부르크 공장에서 나온 1963년 최신형 폭스바겐 비틀을 구매했다. 돈은 어디서 났을까? 그 전 해에 돌아가신 할아버지께서 우리 어머니와 세 손주에게 재산을 똑같이 4분의 1씩 나눠주신 것이다. 신중한 사람이라면 어머니의 변호사가 조언한 것처럼 상속 원금을 건드리지 않고 소득만으로 생활할 수 있을 터였다.

우리는 확실히 부유하지 않았다. 수전과 나는 일해서 1년에 약 4000달러를 벌었고 내가 1965년 UC 어바인에서 적절한 보수를 받는 일을 구할 때까지 어찌어찌 두 사람이 먹고살 만큼 되었다. 그 여름, 우리는 이탈리아로 곧장 차를 몰았다. 로마는 그냥 지나쳤다. (당시 나는 로마를 굉장히 부도덕한 장소라고 여겼다. 영화 〈달콤한 인생La Dolce Vita〉에 출연한 배우와 그들이 연기한 캐릭터 때문에 말이다.) 우리는 이탈리아의 브린디시에서 그리스의 피레아스로 가는 허름한 카 페리를 탔다. 배는 코르푸를 비롯한 그리스 서부 해안의 작은 섬에 정박했는데 한번은 다른 배에 탄 두 남자가 부르자 배가 멈췄고 그중 한 명이 커다란 그루퍼[44]를 들고 우리 배에 올랐다. 그는 피레아스로 가는 뱃삯을 마련하기 위해 즉석에서 그루퍼를 걸고 복권을 팔았다. 우리도 복권을 샀다. 당연히, 당첨되지 않길 바라면서.

우리는 차를 몰고 아테네로 가서 리카베투스에 있는 아파트를 한 채 빌렸다. 리카베투스는 꼭대기에 수도원이 있는 뾰족하고 높은 언덕이다. 그때 그 언덕으로 난 가장 높은 길인 '스트라티오티쿠 신데스무'에는 새 아파트를 짓기 위해 낡은 아파트 한 채를 허물어 놓은 것이 그대로 있었다. 그 근처의 아파트 건물 1층은 출입문 바로 밖에서 공압 드릴과 불도저가 작업하고 있어서 아무도 살 수 없을 것처럼 보였다. 우리는 바로 그 1층을, 그러니까 바퀴벌레를 포함한 그 집의 모든 것을 빌렸고 앉을 수 있는 자그마한 안뜰도 발견했다. 우리 맞은편에는 아래로 길게 이어지는 계단이 펼쳐져 있었는데 그 덕분에 시야가 트여 아크로폴리스 꼭대기에 있는 파르테논 신전이 한눈에 들어왔다. 그 작은 안뜰은 며칠 되지 않아 나의 조각 작업장이 되었다. 우리는 아테네에서 북쪽으로 약간 떨어진 펜텔릭 대리암 채석장으로 차를 몰고 가서 차 뒷좌석에 실을 수 있는 가장 큰 순백의 대리암 덩어리를 사 왔다. 그리

44 농엇과의 식용어류다.

고 피레아스에서 돌 끌을 만드는 대장장이를 찾아가 톱니가 있는 끌과 매끈한 끌, 망치까지 갖춘 작은 도구 세트 하나를 구입했다. 집으로 돌아와 수전이 근처를 탐험하는 동안 나는 대리암을 깎을 때 해야 할 것과 하면 안 되는 것을 탐구했다. 우리는 '파라디소스'라는 야외 식당을 발견했는데 식사를 할 수 있는 안뜰은 지그재그 길의 헤어핀 구간, 즉 360도 커브 구간의 동그란 안쪽을 채우고 있었고 주방은 길 건너편의 절벽 측면을 깊이 판 곳에 있었다. 그 식당은 여름 내내 우리의 식사 장소가 되었다. 웨이터 토마스 바트술리스Thomas Batsoulis는 우리에게 모든 음식의 그리스어 이름을 가르쳐 주었고 우리는 그에게 영어 이름을 가르쳐 주었다. 스타필리아는 포도였다. (포도상구균의 학명이 '스타필로코커스*Staphylococcus*'인 것을 떠올려 보라. 그것은 정말로 포도송이처럼 생겼다.) 그렇지만 토마스는 영어 단어를 잘 배우지 못했다. 그는 "크렘프스, 크렘프스"라고 말하곤 했다. 그때 이후로 수전과 나는 크렘프스를 즐기고 있다.[45] 관리인의 여덟 살 정도 된 딸은 내가 대리암 자르는 걸 보며 좋아했고 나는 그 아이가 내게 그리스어 단어를 좀 가르쳐 줄 수 있지 않을까 생각했다. 나는 끌을 들고 아이에게 퀴즈 내는 것처럼 보여 주었다. "κατσαβίδι(카차비디)". 아이가 말했다. 그래서 나는 대장간을 다시 방문해 끌을 좀 갈아 달라고 말할 때 그 단어를 사용했다. 그 단어가 '스크루 드라이버'를 뜻한다는 것은 나중에야 알았다. 현대 그리스어와 고대 그리스어를 비교하면 '그림의 법칙Grimm's law'의 놀라운 예가 쏟아진다. 예를 들어 그림의 법칙에서는 b 음소는 v로, d와 t는 종종 부드러운 th로 변한다. 독일어와 영어 사이에서도 그런 예가 존재한다. geben-give, haben-have, Bruder-brother, Mutter-mother 등등. 나는 철학 수업에서 고대 그리스어를 수박 겉핥기식으로 약간 배운 적

45 원래의 영단어는 슈림프shrimps, 즉 새우였을 확률이 높다. 그리스어에는 'sh'발음이 없어서 'sh'를 'k'로 발음하는 바람에 'Kremps'로 말했을 가능성이 있다.

이 있어서 현대 그리스어 단어의 발음은 정확하게 할 수 있었다. 예를 들면 'Βουλιαγμένη'는 교외 해안인 '불리아그메니'라고 읽을 수 있었다. D와 d 또는 Δ와 δ('델타'의 대문자와 소문자)는 th로 발음되기 때문에 NT(뉴 타우)를 단어에 사용하면 그것은 d 발음이 난다. 따라서 내 이름 '댄DAN'을 현대 그리스어 문자로 쓰면 'NTAN'이 된다. 나는 거리 광고판에서 본 단어들을 꼭 발음해 보는 버릇이 생겼는데 'NTOPIΣ NTEI'를 보고 그것이 '도리스 데이Doris Day'라는 것을 느리게나마 짜 맞췄다. 하지만 'D-I-S-N-E-Y'와 'E-L-E-C-T-R-O-L-U-X'는 '도리스 데이'의 경우와는 또 달라서, 한 글자 한 글자 소리 내서 힘겹게 읽어야만 했다.

그 여름, 스케치하고 조각하고 델피에서 코린토스, 피드라에 이르기까지 그리스의 많은 보물 같은 장소를 발견하는 동안 나는 철학 생각을 거의 하지 않았다. 우리는 작은 만에 있는 수니언곶에서 사람 없는 자갈 해변을 찾았다. 만에는 유일한 요트인 크레올호가 있었고, 스타브로스 니아르코스의 돛 세 개짜리 아름다운 범선이 해변에서 수백 야드 떨어진 계류장에 놓여 있었다. 그렇다. 바로 이런 모험을 위해 독일에서 에어 매트리스를 사 오지 않았던가. 우리는 매트리스 두 개를 부풀리고는 팔로 물을 저어 요트 바깥쪽까지 접근해서 그 주위를 빙빙 돌았다. 흰 제복을 입은 승무원이 우리를 경계하듯 바라보았다. 수전이 매력적인 비키니를 입고 있었음에도 그들은 우리를 배 위로 초대하지 않았다. 9월에 우리는 거의 다 완성된 조각상(바닥에 앉아 책을 읽고 있는 남성의 모습)을 우리 차 안에 싣고 체인과 자물쇠로 잠갔다. 옥스퍼드로 돌아오는 길에 묵을 숙박업소 주차장에 차를 주차해 놓았다가 하룻밤 만에 도난당할까 두려워서였다. 나는 책 읽는 남자 조각상을 옥스퍼드에서 완성했고 내 친구에게 선물했다. 그는 지금도 뉴욕시의 그의 아파트에 조각상을 두고 있다.

우리의 작은 폭스바겐은 곧 다른 조각품도 나르게 되었다. 그것은

내가 아테네에서 만든 대리암 조각품 〈책 읽는 사람The Reader〉, 1963

헨리 무어Henry Moore[46]의 작은 작품 두 점이었는데 옥스퍼드의 펨브로크칼리지 학생들이 조직한 전시회에 무어가 빌려준 것이었다. 조직위원 중 한 학생이 내가 조각에 흥미가 있다는 사실을 알고는 내게 맡기는 것이 무어에게 작품을 돌려줄 가장 안전한 방법이라고 판단했기 때문에 벌어진 일이었다. 우리는 무어의 전화번호를 받았고 미리 전화하여 작품을 배달할 날짜를 잡았다. 무어는 옥스퍼드에서 차로 두세 시간 걸리는 머치 해드햄의 아름답고 오래된 초가집에서 살고 있었다. 무어 부부는 함께 차를 마시자며 우리를 초대했고 우리가 도착하자 무어는 자신의 집과 작업실과 정원을 오래 구경시켜 주었다. 당시에 그는 링컨센터에 전시될 장엄한 석고 작품을 만드는 중이었는데 그 작품은 너무 커

46 영국의 대표적인 조각가로 조각계의 지평을 바꾸며 20세기 현대 조각을 이끌어간 거장이다.

서 어떤 작업실 안에도 놓을 수 없었다. 그래서 그는 잔디밭에 넓은 금속 발판을 깔고 투명한 비닐 천장도 덮어서 거대한 야외 작업실을 만들었다. 그리고 그 안에 그 커다란 작품을 놓고 날이 좋으나 궂으나 석고 작업을 했다. 그는 작품 측면에 석고로 임시 계단을 덧붙여 신선한 석고를 담은 커다란 그릇을 들고 작품 위로 올라가 그 위를 이리저리 기어 다니며 어떤 곳에는 석고를 추가하고 또 어떤 곳에서는 일부를 긁어냈다. 잘 정비된 아름다운 정원에는 그것보다 작은 많은 작품이 놓여 있었다. 그곳을 함께 산책하다가 어느 한 지점에서 그가 소리쳤다. "아, 저것 좀 보세요!" 그리고 그는 화단의 흙 속으로 손을 뻗어 아주 작은 그의 작품처럼 생긴 물건을 꺼내 집어 들었다. 그의 손에서 아름다운 자태를 뽐내는 그것은 하얗게 탈색된 어떤 동물의 뼈였다. 그 일은 진짜라기에는 너무 멋있었다. 고백하건대 나는 그가 사람들에게 그런 발견의 순간을 보여 주려고 일부러 뼈를 심어 둔 것은 아닐까 의심했다.

아테네에서 수전과 함께, 1963

어쨌든 그 일은 우리를 매료시켰고 차를 마신 후에 보낸 퀴즈 시간 역시 마찬가지였다. 그는 전 세계에서 가져온 그의 미니어처 수집품을 우리에게 보여 주며 문제를 냈다. 나는 그중 아무것도 맞히지 못했다. "에스키모인가요?" "아니요. 신석기 유고슬라비아인입니다." "아즈텍입니까?" "아니요. 중국입니다." 수전과 나는 옥스퍼드로 돌아오는 내내 벌개진 얼굴로 한숨을 쉬었다.

내가 등록한 BPhil은 철학에서 비교적 새로운 학위로 주로 미국과 캐나다, 오스트레일리아, 뉴질랜드에서 온 학생들을 대상으로 만들어진 것이다. 박사 학위를 대체할 만한 과정으로 간주되었기에 2년간 아주 빽빽한 프로그램을 이수하고 논문을 제출한 뒤 세 번의 힘든 필기시험을 치르는 악몽 같은 두 주로 끝난다. 그 과제 중 하나라도 실패한다면 그냥 탈락하고 끝나는 것이다. 두 번째 기회나 재수는 없다. (내가 다닐 때에는 BPhil의 3분의 1이 낙제하여 아무런 수료증조차 얻지 못한 채 떠나갔다. 그 후 학위 제도가 수정되어 시험을 논문 제출로 대체할 수 있게 바뀌었다.) 그 당시 영국, 특히 옥스퍼드에서는 석사 학위가 없어도 학교에서 자리를 얻을 수 있었다. 학사 학위에서 '1등(미국의 숨마 쿰 라우데에 해당한다)'을 한다면 특별한 의무나 시험 없이 1년을 더 학교에서 시간을 보내면서 석사 학위를 딸 수 있었다. 옥스퍼드 문학 석사 MA Oxon[47]는 대부분의 옥스퍼드 교수가 자신의 이름 뒤에 공식적으로 붙일 수 있는 유일한 '고급 학위'였다. (그때 옥스퍼드에는 80명의 철학 교수—칼리지 튜터—[48]가 있었지만 그중 3명만이 정교수였다. 당시 옥스퍼드에는 그라이스, 스트로슨, 위긴스, 퀸턴, 앤스콤, 풋, 머독, 제프리 워녹과 메리 워녹

47 MA는 'Master of arts', 즉 석사 학위를 뜻하고 Oxon은 '옥스퍼드에서 받은 학위'를 의미한다.

48 학생들을 직접 지도하고 가르치는 교수진이지만 공식적인 정교수는 아니다. 한국 대학의 '강사'보다는 대학 내에서 상당한 권한을 지니는 직책으로 굳이 한국의 시스템과 비교하자면 조교수나 부교수에 조금 더 가까운 신분이다.

등 쟁쟁한 인물이 포진해 있었는데 이들 모두 정교수가 아니었다.)

모든 BPhil 학생은 세 명의 철학 정교수 중 한 명을 지도교수로 두어야 했고 내게는 길버트 라일이 배정되었다. 필기시험에 약하다는 것을 알기 때문에 걱정이 되었다. 소논문(3만 단어 이상 써야 했다)은 쉽게 쓸 수 있을 테지만 필기시험 셋 중 하나는 떨어질 것이 거의 확실했다. 그럼에도 나는 그 프로그램을 시작했다. 라일과 작업하는 것이 나의 1지망이었기 때문이었다. 내 사고방식으로 볼 때 라일이 1949년에 낸 책《마음의 개념The Concept of Mind》은 일상언어철학의 최고의 사례였다. 그의 글은 활기차고 심지어는 칼싸움이라도 벌이는 것처럼 '기계 속의 유령the ghost in the machine'(데카르트의 커다란 오류—지금까지도 내가 드러내고자 애쓰는 것—를 지적하는, 라일이 만든 경멸조의 용어)을 공격하고 있었다. 몇 달 동안 매주 라일과 토의를 한 끝에 나는 필기시험 하나에 떨어질 것이 확실하다고 고백하고 논문만 쓰면 되는 석사 학위BLitt로 바꿀 수 없느냐고 물어보았다. BLitt는 한때 옥스퍼드의 학생이었음을 증명하는, 일종의 위안의 징표였고 나는 그것을 받은 후 박사 학위를 위해 버클리대학교로 갈 생각이었다. "BLitt에 만족해야 할 수도 있겠지만 철학 박사DPhil를 시도해 보는 건 어때요?" 라일이 물었다. 철학 박사 학위는 최소한 2년을 학생으로 있으면서 논문을 쓰면 되지만 교수에게서 추천서를 반드시 받아야 했다. 라일은 내가 그 과정에 들어갈 수 있도록 힘써 보겠다고 말했다! (나중에 알게 되었는데 당시 라일은 옥스퍼드에서 굉장한 영향력을 행사하는 인물이었다. 그리고 몇 년 더 지나서 라일이 BPhil의 주요 설계자 중 한 명이었다는 것도 알게 되었다. 그런 사람에게 BPhil에 대해 너무 솔직하게 말한 내 행동은 수용하기 힘들 정도로 무자비한 짓이었다. 나는 또한 모들린칼리지—라일이 재직했던 곳—가 나를 거절하자 나의 지원서를 허트퍼드칼리지에 보낸 사람도 라일이었다는 사실을 다른 사람에게서 듣게 되었다. 그가 그렇게 이례적인 조치를 할 수 있었던 것은 콰인의 강력한 추천서 덕분이었다. 난 운이 좋았다.)

수전은 보들리언 도서관에서 중세 필사본에 있는 삽화들을 목록화하는 것을 돕는 시간제 근무를 하게 되었다. 얼마나 멋진 일인가! 가죽으로 묶인 그 훌륭한 양피지 책들은 테이블 위에 조심스럽게 놓여 있었고 수전의 일은 그 책에 그려져 있는 사물들을 식별하는 것이었다. 동물, 꽃, 나무, 농부와 그들의 농기구, 성인聖人, 건물, 음식 등등. 수전은 곧 수백 가지 고대 사물을 구별하는 법을 익혔다. 만약 오늘날 당신이 물고기나 개, 유니콘, 또는 12세기의 대공이나 필경사가 어떻게 묘사되었는지 알고 싶다면 그것들을 쉽게 찾아볼 수 있을 것이고 이는 부분적으로 수전의 작업 덕분이다. 그녀의 상사는 고전적인 영국인 사서였고 깊은 학식을 지녔으되 과시하지 않고 그저 가볍게 드러내는 성품도 겸비했으며 자신의 프로젝트에 헌신하는 사람이었다. 그는 중세부터 20세기 중반까지 영국의 생활에 관한 많은 것을 수전에게 가르쳤고 디캔터에 들어 있는 셰리주를 수프에 약간만 넣는 관행 같은 것을 우리에게 알려 주기도 했다.

옥스퍼드에는 일반적인 의미의 '강의 수강'이라는 개념이 없었다. 강좌와 세미나가 있지만 강의를 진행하는 교수는 출석 체크를 하지 않았고 대개 학생들의 이름도 알지 못했으며 시험을 보지도 않았고 기말 보고서를 쓰라고 하지도 않았다. 나는 이런 강의와 세미나 중 많은 것을 잠깐 맛보다가 대부분 계속 들었다. 그중 특별히 기억나는 교수는 칸트를 강의한 스트로슨Sir Peter Strawson과 의미를 강의한 그라이스Paul Grice였다. 그라이스의 세미나에서는 정말로 큰 어려움을 겪었다. 그의 말은 매우 느렸고 '음'이라는 단어를 반복했다. "이 요인은, 음, 음, 음…… 음, 음, 음,…… 종종 오해를, 음, 받아왔는데, 음, 음, 그것은……." 나는 가끔 마음이 방황하며 나 자신의 고삐 풀린 생각에 정신을 뺏기곤 했는데 그러다가 그라이스가 방금 매우 흥미로운 무언가에 대한 말을 마쳤다는 사실을 알아차리면 급격히 정신이 돌아왔다. 그런데 그가 한 말이 무엇이었던가? 한번은 몇 분 동안 그가 '음'과 '음'이 아닌 단어를 몇 번이나 말하는지 기록해 본 적이 있는데 '음'이 근소한 차이로 이겼다. 에이어의 우아한 인식론 강의도 있었다. 물론 모든 미국 출신의 BPhil 학생이 출석했고 우리는 대부분 조용하고 얌전하게 있으려고 노력했다. 피터 엉거Peter Unger는 예외였다. 그는 자리에서 일어나 뉴욕 억양으로 우렁차게 말했다. "아, 에이어 교수님, 저는 교수님이 그 주제에 대해 완전히 **틀렸다**고 생각합니다! 교수님은 상당히 명백한 **오류**를 저지르고 계시는데……." 그동안 우리 나머지 미국 학생들은 매우 민망해했다. 그러나 에이어는 가끔은 아주 별난 엉거의 도전을 즐겼고 때때로 그것은 긴장감 있는 오락거리가 되기도 했다.

옥스퍼드에 있는 동안 나는 너무 자신이 없어서 내가 철학자가 될 정도로 총명하지 않다는 생각에 쉽사리 빠져들곤 했다. 토론할 때면 몇몇 똑똑한 녀석의 덫에 빠지고 그런 녀석들은 반증을 내세우면서 나를 죽을 만큼 곤혹스럽게 만들었다. 내 말에 있는 모호성과 내가 피하려 했던 구멍을 나도 모르는 사이에 아주 영리하게 찾아내곤 했기 때문이다. 수년이 지난 후 하버드에서 초빙교수로 있으면서 내가 지금껏 마주친 사람 중 가장 똑똑하고 머리 회전이 빠른 사람인 로버트 노직Robert Nozick과 마음을 터놓고 이야기하며 나는 그 불안을 스스로 치유했다. 로버트는 철학자로서 자신의 가장 큰 문제는 그저 빨리 공부하는 것이 아니라 **너무** 빨리 공부하는 것이라고 털어놓았다. 그에게 자유논리의 재귀함수 이론이나 확률 이론 같은 새로운 논쟁, 즉 완전히 새로운 연구 영역을 보여 주면 그는 거의 즉시 그것들을 **이해**하고 **자기 것으로** 만든다. "하지만 그런 걸 이해하려고 고군분투하는 사람들, 그러니까 실수를 범하지 않으려고 느릿느릿 나아가는 사람들이야말로 내가 눈치채지 못하고 지나쳐 버리는 문제들을 발견하는 사람들입니다."

DPhil에 합격함으로써 나는 많은 것에서 해방되었지만 내 지도교수는 여전히 라일이었다. 라일의 《마음의 개념》은 비트겐슈타인의 《철학적 탐구Philosophical Investigations》와 함께 많은 대학원생의 바이블이었다. 일상언어철학은 영미권 철학계를 통틀어 당시의 유행이었고 옥스퍼드는 일상언어철학자의 메카였다. 옥스퍼드에 도착한 대학원생 순례자들은 독실했지만 (대학원생이 으레 그렇듯이) 약간 시대에 뒤떨어져 있었다. 옥스퍼드의 오스틴J. L. Austin이 1960년에 작고한 이후 일상언어철학의 전성기는 끝났다. 그라이스와 스트로슨은 매우 흥미로운 연구를 하고 있었으나 그들의 작업은 일상언어철학의 쇠퇴와 소란 속에서 거의 가려지고 말았다. 그리고 일상언어철학이 남긴 것은 산더미처럼 쌓인 이류의 호들갑뿐인 듯했다. 격식을 차린 겸손의 시기였다. 아무리 사소한 질문이라도, 예를 들어 **무언가를 잊었을 때**, **꿈을 이야기할 때**, **누군가를 무시했을 때** 우리가 '뭐라고 말할까'를 묻는 질문조차 자유롭고 느슨하게 탐구할 가치가 있는 것으로 여겨졌다. 이는 모두 오스틴이 만들어 낸 예리한 몇몇 사례에서 영감을 받은 것이다. 오스틴은 이렇게 썼다. "의도적으로intentionally 행동하는 것과 일부러deliberately 또는 어떤 목적을 가지고on purpose 행동하는 것을 구별하자. 언어가 우리에게 가르쳐 줄 수 있는 것에 주의를 기울임으로써 할 수 있는 한도까지 말이다." 한 대학원생은 '병'이라는 단어의 일상적 의미에 대한 논문을 썼다. 무언가를 담는 용기는 얼마나 큰 것부터 병이라고 간주해야 하는가? 잉크통은 병인가? 병은 플라스틱으로도, 가죽으로도 만들 수 있다. 금속으로도 만들 수 있는가? 그때는 성 루트비히 비트겐슈타인을 숭배하는 시간도 있었다. 대학원생들이 모인 당시의 어느 술자리가 기억난다. 참석자 모두 비트겐슈타인의《철학적 탐구》를 가지고 있었는데 누군가가 자기가 가진 책이 얼마나 너덜너덜해졌는지 언급했고 곧 누가 책을 가장 많이 반복해 보았는지 경쟁이 뒤따랐다. 우승자가 결정되었는데 2등으로 뽑힌 사람이 사실 자기 책은 두 번째로 산 것이라고 말함으로써 모두를 앞섰다. 먼저 산 책은 너무 많이 본 나머지 완전히 너덜너덜해져서 거기에 써 둔 여백의 주석을 몽땅 다시 옮겨 적어야 했다고. 거의 종교적인 그 분위기가 비트겐슈타인에 대한 나의 감상을 지우지는 못했다. 오히려 그의 저작을 좀 더 우상 파괴적으로 해석하게 만들었다.

대니 대니얼스Danny Daniels(찰스 B. 대니얼스Charles B. Daniels, 1935~2012)는 말솜씨로 DPhil 과정에 들어간 또 다른 미국인이었다. 사실 DPhil 과정에 있는 미국인은 나를 포함해 적어도 네 명은 있었다. 데니스 스탬프Dennis Stampe와 피터 엉거가 그 나머지 둘이었다. 대니는 사람들을 즐겁게 하는 특이한 사람이었고 반항아였으며 연예인 같았다. 그는 사기꾼이었을까? 가끔은 궁금했다. 대니는 과거에 자기가 미국에 있을 때 아주 냉철하고 대단한 인물이었다고—학부 시절에 대한 설명은 없이—말했다. 그리고 그는 사실 DPhil 과정을 밟을 준비가 덜 된 것처럼 보였는데 태평스럽게도 거기에 대해서는 거의 신경 쓰지 않는 것 같았다. 그가 어떻게 DPhil 과정에 들어올 수 있었는지는 미스터리였다. 그는 철학 공부에 많은 시간을 쏟지 않았다. 나는 술집에 자주 다니지는 않았지만 그가 있으리라 예상되는 선술집 '터프'에 들르면 자신이 겪은 많은 모험을 장황하고도 재미나게 늘어놓는 그를 볼 수 있었다. 대니의 말에 따르면 공주 같은 동유럽의 쌍둥이 자매가 대니의 손을 잡고 결혼하기 위해 서로 경쟁했다. 그는 또 스페인에서 기타를 만들고 연주하는 법을 배웠다고도 했다. (나는 그의 연주를 한 번도 들어 본 적이 없다.) 스페인에 있는 동안 그는 징병위원회에게서 그를 1-A 등급으로 재조정한다는 공지를 받았다. 그러나 대니는 엄지발가락이 없으면 의학적 징병 유예를 받을 수 있다는 말을 듣고 좀 수상한 스페인 의사에게 엄지발가락 하나를 절단해 달라고 했다. 그 의사는 절단 수술을 엉망으로 해 놓았고 대니는 발가락을 살리기 위해 비행기를 타고 미국으로 돌아와야 했다. 그 사건은 고통스러운 신경종을 남겼고 설상가상으로 미국에서는 엄지발가락이 없어도 면제가 되지 않는다는 사실을 그때에야 알았다고 한다. 하지만 잘리고 남은 부분이 고통스럽다는 것이 분명했기에, 즉 신경종이 있었기에 그는 베트남으로 징병 가는 것을 면할 수 있었다. 나는 그에게 그런 일이 진짜냐고 물어보고 신을 벗어 달라고 부탁해야지 마음먹었다. 대니는 상냥하게 그에 응했고 발에는 확실히 엄지발가락이 없었다.

대니는 옥스퍼드에서 서쪽으로 몇 마일 거리의 브리즈 노턴에 있는 미국 전략항공사령부 기지에서 항공병에게 경제학을 가르치는 일을 구했다. 그 일은 메릴랜드대학교에서 운영하는 평생 교육 프로그램이었다. 학부에서 경제학을 전공했느냐고 물었더니 대니는 아니라고 대답했다. 그는 경제학 과목을 배운 적도 없지만 교재를 공부해서 학생들보다 일주일씩 앞서 나갔다. 그 강의를 하는 동안 대니는 PX(미국 군인과 그 가족이 이용하는, 면세 '영내 매점')에 출입할 수 있었는데 그는 거기서 매주 술을 몇 갤런씩 샀고 여러 갑의 담배와 미국인이 좋아하는 것, 이를테면 땅콩버터 같은 것을 샀다. 그리고 그것들을 옥스퍼드에 있는 미국인 및 기타 국적의 사람들에게 되팔았다. 하루는 대니가 우리 집 문을 두드리며 잔뜩 흥분한 목소리로 도움이 필요하다고 했다. 크라이스트처치대학교에서 영국 경험주의자에 대한 강의를 하게 되었다는 것이다. 무엇이 문제였을까? 대니가 물었다. "영국 경험주의자들이 누구누군데?" 크라이스트처치는 존 로크John Locke가 18세기에 의학을 공부했던 곳이다. 크라이스트처치의 식당에는 영국 경험주의자 중 가장 유명한 사람인 로크와 흄, 버클리의 초상화가 대문짝만하게 걸려 있다. 나는 대니에게 30분간 영국 경험주의를 요약해서 설명해 주었고 읽어야 할 책을 적은 짧은 목록도 건네주었다. 그는 행복하게 학생들을 가르치러 갔다.

모든 학생은 강의 시간과 개별 지도 시간, 식사 시간에 가운을 입어야 했다. 학부생은 짧은 검은색의 '자비생自費生, commoner' 가운이나 긴 술이 달린 짧은 조끼 또는 길게 흘러내리는 '장학생' 가운—대략 기본적인 검은 합창단 가운과 비슷하다—을 입었고 대학원생은 '자비생' 가운의 더 긴 버전을 입었다. 또한 시험과 같은 특별한 의식이 있을 때면 '옥스퍼드 예복(어두운 색 바지와 재킷, 흰 셔츠, 흰 나비넥타이)'이라는 것을 입어야 했다. 지금은 특별한 의식이 있을 때만 가운을 입는다. 나는 결혼을 했기 때문에 허트퍼드칼리지 안에 살지 않았고 거기서 개별 지도를 받지도 않았다. 라일이 모들린칼리지에 있었으므로 나는 개별 지도를 다 모들린에서 받았다. 나는 허트퍼드칼리지의 만찬이나 점심 식사에는 그저 얼굴만 비추고 가끔 오는 우편물을 찾으러 우편함에 들르기 위해 몇 번 참석했을 뿐이다. 당시 허트퍼드칼리지는 졸부 아들(그때까지도 여학생은 받지 않았다)—부모의 연줄, 그리고 아마도 기부금으로 옥스퍼드에 입학할 수 있었을—의 천국으로 알려져 있었다. 그런 관행은 학문적 지위 면에서는 좋을 것이 없었지만 (기부자들이 식사했던) 주빈석은 그곳의 와인 저장고만큼이나 좋은 평가를 받았다. 학부생 중 스포츠를 좋아하는 몇몇은 나와 금세 친구가 되었다. 내가 프리스비를 가지고 있었고 그들은 그것을 본 적조차 없었기 때문이다. 우리는 점심 식사 후에 종종 허트퍼드칼리지 뜰이나 하이드 파크에서 프리스비를 던지며 놀았다. 다들 프리스비를 가지고 싶어 해서 나는 어머니께 프리스비 한 상자를 보내 달라고 부탁했다. 곧 주문 요청이 쏟아졌다. 대니 대니얼스와 나는 미국의 장난감 회사 왬-오와 함께 유통사를 설립하려고 했지만 왬-오 쪽으로부터 아무런 응답도 받지 못했다. 대니는 하나당 단돈 2실링(당시 미국 돈으로는 28센트쯤 되었다) 정도에 프리스비를 불법 복제해 주겠다는 버크셔의 한 플라스틱 공장을 찾았다. 우리는 수익성 좋은 산업 범죄에 종사하는 것이 전망 좋을지 곰곰이 생각해 봤지만 역시 그 아이디어를 포기하길 잘했다고 지금도 행복하게 말할 수 있다. 오, 가지 않은 길이여!

그때까지도 옥스퍼드에는 고풍스러운 전통과 정책이 가득했다. 대학 안에 사는 학생들—심지어 대학원생마저도—은 밤 11시 전에는 학교 안에 들어와야 했다. 그 시각이면 학교의 모든 문과 정문이 잠겼다. 다음 날 아침, 학생들을 담당하는 사환(차 설거짓거리와 컵을 수거해서 바꿔 주며 기숙사 방을 치우고 침대를 정리하고 심지어는 구두까지 닦아

주는 사람)이 학생이 없는 것을 알게 되면 그는 이를 관리사무소의 소장에게 알려야 한다. 그는 학과장에게 알리고, 학과장은…… 하지만 대학마다 폐문 몇 시간 후에 어디로 올라가야 무사히 교내로 들어갈 수 있는지를 알려 주는 공공연한 비밀이 있었다. 예를 들어 모들린칼리지에는 롱월 거리의 학교 담장 바로 옆에 가로등이 있었는데 그 가로등에는 뾰족이 솟은 못이 아래로 향하도록 달린 공격적인 모양의 링이 부착돼 있었다. 그 링은 땅에서 약 7피트 높이에 있었다. 보기에는 흉칙해도 그것을 붙잡고 (키가 아주 작다면 공범이 필요할 수도 있다) 몸을 가로등을 따라 위쪽으로 충분히 끌어올리면 처음에는 팔을, 그리고 다리를, 마침내 몸을 완전히 담장 위로, 정확히는 담장 맨 위 벽돌 돌기들의 틈새를 통과하는 모양새로 올려놓을 수 있다. 담장을 넘으면 자전거 보관소의 주름진 금속 지붕 위에 착지할 수 있고 거기서 땅까지의 거리는 담장 위에서 지붕까지의 거리보다 조금 더 짧았다.

화폐는 여전히 파운드, 실링, 펜스였지만 2년 동안 집 밖에서 유통되는 걸 내가 실제로 본 실링 동전은 단 한 개뿐이었다. 1페니와 2페니, 3페니 비트, ('플로린'이라고도 하는) 2볼스와 하프크라운은 있었지만 실링 동전은 보이지 않았다. 왜였을까? 사실 실링이 유통되긴 했지만 아주 특별한 경우에만 쓰였고 그래서 집에 보유해 놓기만 하는 경우가 많았다. 많은 사람—특히 자취하는 학생들—이 실링만 들어가는 동전식 가스 히터를 사용했기 때문이다. 그들은 히터를 위해 실링을 집에 모아 두었고 가스 수금원이 동전함을 비우러 올 때면 준비해 두었던 파운드 등의 돈을 내고 그가 꺼낸 실링과 맞바꾸곤 했다. 버몬트 거리의 보물 같은 집을 찾기 전에 우리가 보았던 아파트 가운데 하나는 북옥스퍼드의 파크타운에 있었는데 주방이 아주 작고 냉장고도 없었다. 거대한 미스 마플[49]처럼 생긴 집주인은 북향의 주방 창 바깥으로 뻗어 나와 있는, 철사로 된 새장 같은 것을 보여 주며 그곳에 우유와 버터, 치즈 등을 넣으면 시원하게 보관할 수 있다고 말했다. 그리고 그녀는 깊고도 우렁찬 목소리로 이렇게 덧붙였다. "큰 고깃덩이[50]는 제 북향 음식 저장고에 보관하셔도 돼요." (물론 그녀는 구이용 고기를 말한 것이지 마리화나를 말했던 것은 아니다.)

옥스퍼드에는 영화관이 세 곳 있었다. ABC 영화관은 할리우드 영화와 영국 영화사의 유명 영화들을 상영했다. 월튼대로의 라 스칼라는 외국어 예술 영화 전문 상영관이었고 헤딩턴에 있는 물랑루즈는 선물 꾸러미처럼 여러 종류의 영화를 틀어 주었다. 수전과 나는 종종 영화를 보러 갔고 그럭저럭 괜찮은 영화를 보거나 그게 아니면 못 만든 영화를 3실링 6펜스(50센트 정도) 할인된 가격으로 보곤 했다. 어느 날 저녁 나는 라 스칼라에 전화를 걸어 지금 무슨 영화를 상영하는지 물었다. 전화를 받은 젊은 여성은 모르겠다고 대답했다. "저기, 나가셔서 입구 차양에 있는 영화 제목을 좀 봐주시면 안 될까요?" 내가 말했다. 잠시 후 그녀는 나가 보긴 했는데 외국어여서 읽을 수가 없다고 말했다. "읽을 수 있을 거예요. 한 번만 다시 봐주세요." 그녀는 내 재촉에 응했고 잠시 후에 돌아와서 말했다. "다시 갔는데요, 선생님! 선생님 말씀대로였어요. 읽을 수 있더라고요. 프랑스 영화 〈수플레에 관하여〉입니다!" [그때 상영된 영화는 장 뤽 고다르Jean-Luc Godard의 명작 〈네 멋대로 해라〉(불어 제목이 아 부 드 수플À bout de souffle)였다.]

그해 내가 구입한 책 중에는 폴 제닝스Paul Jennings가 《옵저버The Observer》에 매주 기고한, 유쾌하고 '기묘한' 칼럼을 모은 《젠긴 페닝스Jenguin Pennings》가 있었다. 거기서 내게 가장 영감을 많이 준 글은 〈웨어, 와이, 왓포드Ware, Wye, Watford〉였다. 글에서 제닝스는 마을과 도시의 이름을 명사, 동사, 형용사로 바꿔 놓았다. ("오늘 기분이 좀 웸블리

49 미스 마플은 추리소설가 애거서 크리스티가 만든 탐정으로 고전적인 영국식 노부인 캐릭터이다.

50 '큰 고깃덩이'의 원문은 'joint'이며 여기에는 '마리화나 담배'라는 뜻도 있다.

wembley한데.[51]" "만약 그게 던스터블dunstable하다면 [52]저 친구가 할 겁니다, 각하." "그는 유언장에서 나에게 고작 케닐워스Kenilworth 하나만 남겨 두었어요!"[53]) 그 글은 확실히 이후 내가 썼던《철학 어휘 목록Philosophical Lexicon》의 방아쇠를 당겼다. 나는 블랙웰 서점에서 많은 시간을 보냈다. 그곳에는 지금도 의심할 바 없이 세계에서 가장 많은 철학 책이 진열되어 있다. 하루는 나와 같은 선반을 유심히 살펴보는 나보다 나이 많은 미국인과 대화를 나눴다. 그는 자신이 예일대학교에서 온 철학 교수라고 말했지만 나는 그의 태도에서 무언가 수상쩍은 것을 느꼈다. 그가 사실은 내 눈을 속이면서 심심풀이하려는 미국인 관광객이라는 생각이 든 것이다. "지금 어디에 머물고 계십니까?" 내가 물었고 그는 잠시 뜸을 들인 후 "오, 발리올에 있어요."라고 말했다. 발리올은 길 건너편에 있는 옥스퍼드의 칼리지였다. 나는 그가 즉석에서 대답을 지어냈을 거라고 확신했다. 나는 그와 철학적 대화를 나눴고 그가 말한 모든 것은 그가 사기꾼임을 내게 확신시켜 주었다. 나는 재미있는 얘깃거리를 얻어 집에서 저녁을 먹으면서 내가 그 관광객을 좌지우지하며 데리고 놀았지만 진실을 알고 있다는 것을 전혀 들키지 않았다고 수전에게 말했다. 몇 주 후 우리는 BBC에서 유럽의 유대인들(아인슈타인, 프로이트, 비트겐슈타인 등)이 20세기 사상에 얼마나 지대한 영향을 주었는지 논하는 다소 가식적인 TV 프로그램을 보고 있었는데 세상에, **거기 그가 있었다.** 예일의 폴 호머Paul Holmer 교수가 열변을 토하고 있는 것이었다! 그는 분명히 철학자였다. 단지 나와 같은 유형의 철학자가 아니었을 뿐.

---

51 Wembley는 런던의 지역명인데 발음이 wobbly(흔들거리는, 불안정한)와 비슷해서 '불안정한 기분'을 농담으로 표현한 것이다.

52 Dunstable은 영국 지명인데 done stable(완전히 안정적이다)로 들리는 발음 유희로 사용하여 '그게 확실하다면'이라는 뜻을 장난스럽게 전달하고 있다.

53 Kenilworth 역시 영국 지명인데 can't 'elp worth(도움이 안 될 만큼 가치 없는)로 들리므로 이 말은 '쓸모없는 것만 남겼다'는 의미가 된다.

5

자연주의의 발견
—철학자가 되는 다른 방식?

옥스퍼드에서 첫해를 보내던 어느 날, 나는 철학 전공 대학원생들과 함께 팔이 '잠에 빠진다'는 이상한 현상에 관해 긴 토론을 한 적이 있다. '팔이 잠에 빠진다'는 것은 팔이 몇 분 동안 무감각해지고 통제 불가능한 상태가 되어 어깨에 그저 매달려 있는 것처럼 느껴지는 현상을 일컬었다. 도대체 왜 그런 것일까? 우리는 각자의 경험을 비교해 보았다. 실로 놀랍게도 우리 모두 그런 경험을 한 적이 있었고 나는 무엇이 그 현상을 유발했는지 궁금한 것을 떠들었다. 혈관에 가해진 압력이 신경을 마비시킨 것일까? 아니면 (외부적 요인에 의해) 신경에 가해진 직접적인 압박이 일시적으로 신경을 눌러 버린 것일까? 다른 학생들은 제정신 아닌 사람을 보듯 나를 쳐다보았다. 그런 현상과 해부학, 신경생리학이 도대체 무슨 상관이 있느냐는 표정으로 말이다. 그들에게 그것은 해부학 지식이 아니라 **분석**을 필요로 하는 **철학적** 퍼즐이었고 나는 학생들이 물리적 현상에 그토록 관심이 없다는 사실에 깜짝 놀라 토론이 끝난 후 도서관으로 가서 내가 무엇을 배울 수 있을지 찾아보았다. 그것이 내 과학 공부의 시작이었다. 나는 결국 보들리언 도서관보다는 래드클리프 과학도서관에서 더 많은 시간을 보냈으며 백과사전에서 책으로, 그러고 나서 논문으로 앎의 가닥을 따라다녔다. 나는 신경계에 대해 아무것도 몰랐지만 내가 마음의 개념에 관심이 있다면, 물론 나는 관심이 있었기에 뇌에 관해 배워야 했다.

라일 교수는 과학, 특히 신경심리학과 신경해부학에 대해 아는 것이 거의 없었지만 내 이런 확신에 관대했다. (당시는 '신경과학'이라는 용어조차 아직 인기를 끌지 못했을 시기였다.) 그는 나를 자신이 아는 신경해부학 교수에게로 보내면서 실험심리학을 연구하는 사람들을 살펴볼 것을 권했다. 거기서 나는 브라이언 A. 패럴Brian A. Farrell을 만났다. 그때 그는 옥스퍼드에서 정신철학의 와일드 교수좌 부교수를 맡고 있었다. 그 직책은 실험심리학과에 소속되어 있긴 하지만 실험을 하는 것은 명시적으로 금지당한 철학자에게 주어지는 멋진 자리였다. (그 직책을 만든 사람들은 자신들이 무슨 짓을 하는지 알고 있었다. 심리학자들은 그 자리에 동료 심리학자를 앉혀 놓고 그 사람을 철학자라 부르고 싶어 했을 테지만 그것은 실험 금지 덕에 실질적으로 불가능했다.) 브라이언은 나를 데리고 다니며 J. J. 깁슨J. J. Gibson의 연구를 소개해 주는 등 심리학을 정말로 많이 가르쳐 주었다. 그는 〈경험Experience〉(1950)이라는 훌륭한 논문을 써서 라일이 편집위원으로 있던 학술지 《마인드Mind》에 발표했다. 그 논문은 나중에 프렌티스 홀 출판사에서 간행된 《심리철학The Philosophy of Mind》(1962)이라는 단순한 제목의 논문 선집 안에 실렸고 그 책은 심리철학 수업에서 널리 사용하는 교재가 되었다. 패럴의 논문은 토머스 네이글이 출판한 그 유명한 논문이 나오기 4반세기 전에 이미 '박쥐가 된다는 건 어떠한 것인가'에 대한 명시적인 논의를 담고 있었다. 나는 몇 년 뒤에 이를 한 각주에서 지적한 적이 있는데 그러자 토머스가 당황한 듯한 편지를 보냈다. 그는 사람들이 자신에게 어떻게 그 논문을 쓰게 되었는지 자주 물어 박쥐가 번성한 롱 아일랜드 집에서 보낸 휴가를 이야기하며 그 때문에 관심이 끌렸다고 대답해 왔다고 한다.

그런데 토머스가 자신이 갖고 있던 《심리철학》 책을 꺼내자 패럴의 문구에 밑줄을 긋고 박쥐 관련 문단 옆 여백에 표시를 해 놓은 것이 그의 눈에 또렷하게 보였다.

나는 철학에서 우선권 논쟁을 강조해 본 적이 결코 없다. 우리 철학자는 모두 동일한 문헌과 그 문헌에서 야기되는 유행 및 경향에 동시에 접근하며 최근에 출판된 것 중 특별히 인상적인 글에 대해 거의 동시에 같은 반응을 보이는 경우가 많다. 더그 호프스태터와 나는 "당신이 할 수 있는 모든 것을 나는 메타적으로 할 수 있다Anything you can do I can do meta"라는 경구를 누가 먼저 생각해 냈는지를 두고 의견이 갈린 적이 있다. 나는 그가 생각해 냈다고 말했고, 그는 내가 한 것이라 주장했다. 이 경구는 기억할 만한 말이다. 철학자들이 흔히 일하는 방식—무엇이든 그 위에 메타를 얹는 방식—을 이렇게 간결하게 요약한 말도 드물다. 사실 나의 아이디어들(음, 그러니까 처음에 내 아이디어였다고 내가 **생각하는** 것들)도 지난 반세기 동안 아무런 감사의 글 없이 많은 철학자가 재발견하고 재창조해 왔는데 나는 그것들을 보고 불쾌감이 아닌 기쁨을 느꼈다. 나는 너무 술술 흘러가게 글을 쓰기 때문에 내 책이나 논문을 읽는 철학자들이 자신들이 무엇을 흡수하고 있는지 깨닫지 못하는 경우가 있다. 그것은 중요하지 않다. 중요한 것은 아이디어를 올바르게 얻어가는 것이다.

그렇지만 표절은 모두가 알다시피 학술적 죄악이다. 지금껏 강의를 하면서 표절한 기말 보고서를 받은 적이 몇 번 있다. 처음으로 그런 일을 겪고 나서 나는 학기 초에 강의를 시작할 때마다 수강생에게 모든 표절에는 아무런 변명도 통하지 않을 것이며 표절한 학생을 발견하면 그 학생에게는 F 학점을 주고 퇴학시키기 위해 내가 할 수 있는 일을 할 것이라고 경고해 두었다. "표절을 하느니 차라리 이 과목에서 그냥 F를 받으세요. 아니면 이 과목의 수강을 취소하거나 내게 보고서 마감 연장을 요청하세요. 제발 표절만은 하지 마세요!" 이 말에 모두가 주목했다. 떠올려 보면 처음 받은 표절 보고서는 어바인 학생의 것이었는데 그 학생은 너무 순진해서 1960년대의 그 어떤 젊은 여성도 벤저민 조웨트Benjamin Jowett, 즉 옥스퍼드의 저명한 플라톤 번역가와 똑같은, 빅토리아풍 운율로 글을 쓰려고 하지 않을 것이고 할 수도 없음을 깨닫지 못한 것 같았다. 그녀는 플라톤의 대화편 중 하나에 대한 조웨트의 소개문 반절을 그대로 베끼고 그것이 그 주제에 대해 자신이 숙고한 결과인 것처럼 보고서를 제출했다. 그녀는 징계와 경고만 받고 넘어갔다. 가장 기억에 남는 건 터프츠의 철학 석사 과정에 있던 한 여학생의 사례이다. 그녀는 불덩어리 같았다. 수업 시간에 거의 가만히 있지 못했고 온갖 아이디어와 반대 의견이 가득했으며 강의 계획서에 나온 책보다 훨씬 많은 책을 읽었다. 우리는 그녀가 훌륭하다고 생각했다. 그녀는 MIT에서 박사 과정을 밟기를 원했고 나는 그녀를 위해 매우 열정적인 추천서를 써 주었다. 행동주의에 대한 스키너의 여러 입장을 다룬, 그녀가 내게 제출한 논문의 몇 페이지를 찍은 사진도 첨부했다. MIT 입학위원회에 그녀의 학문과 정신의 날카로움을 보여 주기 위해서였다. 며칠 후 나는 당시 MIT에 있었던 네드 블록Ned Block의 전화를 받았다. 그는 스키너에 관한 그녀의 연구가 자신이 외부 심사위원으로 하버드에 있을 때 본 박사 학위 논문을 베낀 것임을 발견했다고 말했다. 나는 위드너도서관으로 가서 확인했다. 네드의 말이 맞았다. 그녀는 그 미출판 학위 논문을 그대로 베꼈던 것이다. 그때 철학과 학과장이었던 나는 회의를 소집하여 사건에 대해 우리가 취할 조치를 논의했다. 그녀의 학점은 전부 A였고 심지어 우리에게서 받은 A+ 학점도 있었다. 그러나 그 사건 이후엔 우리에게서 얻은 그녀의 모든 성적이 의심스러워졌다. 그 시기(인터넷이 없던 때)에 진상을 캐는 것은 많은 노동이 필요한 일이었지만 우리 모두는 당분간 탐정이 되어야 했다. 나는 한 가지 제안을 마련했다. 일단 그녀를 내 사무실로 불러 먼저 고백할 기회를 준 다음, 하버드 학위 논문의 해당 부분 사진을 증거로 내밀고 그녀에게 두 가지

중 하나를 고르라고 하는 것이다. (1) 당신은 완강하게 버틸 수 있다. 그 경우엔 철학과 교수들은 당신의 학점을 전부 보류하고 당신이 베낀 것의 원본을 찾아 대학이 표절 사건을 다루기 위해 제도화해 놓은 징계 절차를 진행할 것이다. (그리고 우리는 이미 한 건의 혐의에 대해서는 증거를 확보했다.) (2) 당신은 비밀에 부친 '일신상의 이유'로 터프츠를 즉각 자퇴하는 데 동의하고 내가 준비한 서류에 서명한다. 그 서류는 그녀의 기록에 첨부되어 터프츠가 그녀에 관한 어떤 정보도, 성적표는 물론이고 그녀가 그곳에 다녔다는 사실조차도 영원히 공개하지 못하도록 하는 내용이었다.

나는 그녀를 불러서 고백할 기회를 주었다. 아무 말도 없었다. 그래서 나는 증거를 보여 주고 선택지를 말해 주었다. 그녀는 당연하게도 (2)를 선택했다. 일은 거기서 끝나지 않았다. 나는 그녀에게 그녀가 마음이 작동하는 방식에 대해 아주 깊이, 열정적으로 관심을 갖고 있다는 걸 알고 있다고 말했다. 그녀를 이 사건에서 구제할 수는 없지만 논문을 베낄 때 어떤 기분이었는지 나와 함께 탐구할 수 있다고 했다. 그녀의 머릿속에 어떤 생각이 스쳐 지나갔을까? 자기 행동을 정당화하거나 설명하기 위해 그녀는 스스로에게 어떤 이유를 댈까? 그토록 총명한 여성이 어떻게 그런 짓을 했을까? 나는 진정으로 궁금했고 그 문제에 대해 몇 시간이라도 기꺼이 논의할 준비가 되어 있었다. 하지만 그녀는 내내 입을 다물었다. 유감스럽게도 그래서 나는 그녀가 왜 그랬는지 전혀 알 수 없었다. 나는 우리가 올바른 방식으로 그 문제를 처리했다고 생각했다. 그러나 채 1년이 지나지 않아 하버드 교육대학원의 철학자 이스라엘 ('이지') 셰플러Israel ("Izzy") Scheffler가 저녁에 집으로 전화를 걸어서 문제가 있다고 했다. 터프츠에 있다가 온 학생이 있는데—그 학생이 내 이름을 언급한 적이 있어서 그렇게 생각했다고 한다—그녀에 대해 터프츠에 문의했더니 터프츠는 그녀에 관한 모든 사항을 부인했다고 그는 말했다. "그래서 문제가 뭡니까?" 나는 내가 그녀를 안다는 사실을 숨긴 채 물었다. 이지는 그녀가 기말 보고서에서 남의 글을 표절한 부분을 보았다고 말했고 자신이 어떻게 대처해야 할지 내 생각을 물었다. "음, 이지, 이건 그냥 내 조언일 뿐인데요, 당신이 하면 **안 되는** 일이 있어요. 그녀에게 비밀을 지켜 주겠다고 말하면서 계속 연구하게 하면 안 돼요." 나는 이지가 그 일을 어떻게 처리했는지 모른다. 그리고 그녀에 대해서도, 그녀에게서도 다시 소식을 들은 적이 없다. 나는 그녀가 보람 있는—그리고 정직한—삶으로 가는 길을 찾았길 빈다.

나는 부주의 때문에 (고의가 아닌) 표절을 범하기가 얼마나 쉬운지 알고 있다. 몇 년 전에 나는 로버트 케인Robert Kane에게서 《옥스퍼드 자유의지 편람The Oxford Handbook of Free Will》에 실을 글을 한 편 써 달라는 부탁을 받았다. 나는 흔쾌히 원고를 작성했는데 케인에게 보내기 전에 다시 읽어 보다가 문득 불안한 생각이 들었다. 이 논문의 주요 아이디어는 나의 옛 제자인 피아니스트 키트 테일러가 몇 년 전 내 세미나의 기말 보고서에서 개진한 것이 아니었나? 다행히도 나는 테일러의 보고서를 한 부 저장해 놓았고 비교해 보니 내 글은 테일러의 주장을 내 언어로 재창조해 놓은 것이 확실했다. 나는 하마터면 끔찍한 짓을 저지를 뻔했던 것이다! 나는 테일러에게 연락해서 케인의 선집에 들어갈 자유의지에 관한 논문을 공동 집필하고 제1저자가 되지 않겠느냐고 물었다. 그는 그때 세계 순회 연주회 중이었지만 내 제안을 반겼고 테일러와 나는 함께 그 논문을 쓰는 일에 많은 시간을 투자했으며 나중에 수정하여 제2판을 쓰기도 했다. 글 기고자들에 대한 케인의 주석에 테일러가 쓴 철학 출판물은 나열되지 않았다. 당연하다. 그것이 첫 출판 논문이었으니까. 하지만 그 대신 연주 음반 목록이 소개되어 있다!

그렇게 나는 거의 표절을 저지를 뻔했다. 나는 유일한 역逆표절이라고 말해도 될 법한 일을 겪기도 했다. 나는 자유의지를 논의한 내 두 번째 책 《자유는 진화한다Freedom Evolves》를 2003년에 출판했고 그 후 한 학회에 참석했다. 거기서 철학자 알프레드 멜Alfred Mele이, 내가 '기본 책임 원칙Default Responsibility Principle'이라는 것을 고안해 놓고 자신에게 고안의 공을 돌렸다고 지적했다. 기본 책임 원칙이란 대략 이런 것이다. 당신이 잘못된 행동에 인과적으로 연루되어 있고 다른 그 누구도 그 일에 책임(최면, 강요, 불법 신경 수술 등을 당신에게 한다든가)이 없다면 당신에게 책임이 있다. 멜은 자신이 그런 원칙을 공식화한 적이 결코 없다고 주장했으나 멜의 책을 읽고 썼던 내 오래된 노트에는 그 단어가 등장하는 페이지까지 적혀 있었다. 그래서 나는 그 부분을 확인하려고 내가 가진 책을 펼쳐 보았다. 내 기억이 정확하다고 확신하면서. 확인 결과, 책에는 그런 단어가 없었고 **내가** 여백에 '기본 책임 원칙'이라고 적어 놓은 것을 발견했다. 내 아이디어였던 것이다. 하지만 그 원칙은 멜이 쓴 글에 자극을 받은 (뭐랄까, 영감을 얻은) 것이었다. 다행히도 나는《자유는 진화한다》에서 기본 책임 원칙을 좋게 평가해 놓은 상태였다. 만약 그걸 내가—멜에게서 자극을 받아—고안해 놓고 나중에 스스로 그 생각을 깎아내렸다면 그건 또 완전히 다른 이야기가 되었을 것이다! 나는 아슬아슬하게 한 고비를 넘긴 셈이다.

내가 뇌에 대해 가졌던 첫 번째 '독창적인' 아이디어 중 하나는 앞에서 이미 말했던 것이다. 뉴런과 신경 네트워크에 대해 배웠을 때 나는 자연선택처럼 어떤 한 과정이 **무마음적으로**mindlessly 뇌를 재구성하여 배워야 할 것은 무엇이든 배우게 한다는 것을 마음속에 그려 보았다. 그것은 인간 의식에 대한—인간의 의식과 비인간 동물의 의식을 날카롭게 구별하는—설명과 함께 내 학위 논문의 중추가 되었다. 내 논문의 또 다른 핵심 아이디어 중 하나는 힐러리 퍼트넘Hilary Putnam이 〈마음과 기계Minds and Machines〉(1960)를 쓴 이후에 출판한 일련의 논문에서 영감을 얻은 것이다. 당시 퍼트넘이 (MIT에서) 인간과 기계라는 논제에 관해 강의하고 있다는 소식을 접한 내 친구는 로봇에 대한 퍼트넘의 최신 논문을 내게 가져다 주었다. 그 새 논문을 읽고 나서 한동안은 좌절감이 나를 가득 채웠다. 그 논문을 받기 전 몇 달 동안 나는 퍼트넘의 1960년 논문을 읽고 열심히 숙고했고 그 논문이 견지하는 수준과 거의 비슷한 입장에 도달했다. 그런데 최신 논문을 읽어 보니 그는 거기서 한걸음 더 나아갔다. 퍼트넘의 그다음 논문, 즉 세 번째 논문은 나의 이해를 뛰어넘어 있었다. 친구에게 넋두리했던 것이 생각난다. 퍼트넘이 이 경로에서 한동안 벗어나 뭔가 다른 문제에 좀 몰두하면 좋겠다고, 그래서 내가 충분히 따라갈 시간을 좀 벌 수 있다면 좋겠다고. 아아, 그런데 내 소원은 곧 슬픈 방향으로 이루어졌다. 베트남 전쟁이 발발한 것이다. 퍼트넘은 몇 년 동안 반전 운동에 몸담았고 그동안 그는 정신을 놓을 뻔했다. (나중에 우리가 친구이자 동료가 되었을 때 그는 그때를 가리켜 그의 일생에 있어 정신적으로 완전히 무너졌던 시기였다고 고백했고 나는 그 말이 정확한 표현이라고 생각한다. 힐러리에 대해서는 더 많은 이야기가 또 나올 것이다.)

또 다른 영감의 주요 원천은 물리학자(이자 철학자!) 도널드 M. 맥케이Donald M. MacKay였다. 그는 영국의 뛰어난 사상가이며 컴퓨터과학을 탄생시킨 '사이버네틱스cybernetics'를 초기에 연구한 사람이다. 그는 라티오 클럽Ratio Club[54]의 일원이었다. 라티오 클럽은 자체 조직된 비공식적 집단으로, 사이버네틱스 논제들을 논의하며 함께 저녁 식사를 하곤 했다. 그 멤버로는 앨런 튜링Alan Turing, W. 로스 애시비W. Ross Ashby, W. 그레이 월터W. Grey Walter, 호레이스 발로Horace Barlow, I. J. 굿I. J. Good, 그 외 몇 명이 더 있었다. 맥케이의 얇은 논문집《정보, 메커니즘, 의미Information, Mechanism and Meaning》(1970)는 제목에 쓴 그 세 가지 화제에 대해 현명한 관찰을 담은 금광이며 맥케이는 또한 그 어떤 철학자도 무시할 수 없는 자유의지에 대한 논문도 썼다. 맥케이는 정보를 '차이를

---

54 Ratio Club을 '비율 클럽'이라고 번역한 곳도 있으나 이 클럽이 만들어질 때 구성원들이 사용했던 'ratio'는 '계산, 계획' 등을 나타내는 라틴어 어근이었으므로 라틴어 발음을 그대로 사용하여 '라티오 클럽'이라 번역했다.

만드는 차이'로 정의한 창시자이며 그 정의는 자주 인용되었으나 잘못 인용된 경우가 많았다. 또한 맥케이는 철학에 대해 긍정적이고 생산적인 태도를 취한 내가 만난 첫 번째 과학자였다. 내가 옥스퍼드에 있었을 때는 그와 직접 만나지 못했다. 그래도 우리는 간단한 연락을 주고받았고 내 DPhil 논문이 완성됐을 때는 (그가 보내 달라고 한 적은 없지만) 사본을 그에게 부쳤다. 그는 사려 깊고 귀중한 답장을 써 주었다. 나중에 내가 미국으로 가고 그가 미국을 방문했을 때에야 우리는 몇 번 만났다. 터프츠에서 강의해 주십사 내가 그를 초청한 적도 있다. 우리가 건설적으로 논의한 주제 하나는 그의 독실한 기독교 신앙이었지만 당연히 나는 그 신앙을 공유하지 않았다. 그는 단 한 번도 내게 교회에 다녀 보라고 권하지 않았고 신앙 때문에 마음이 장애를 입지 않은, 총명한 과학자의 훌륭한 모범을 보여 주었다. 내 경험에 비추어볼 때 그런 사람은 흔하지 않다. (27장을 보라.) 나는 또한 젊은 수학자이자 신경과학자인 마이클 아르비브Michael Arbib의 책《뇌, 기계, 수학Brains, Machines, and Mathematics》(1964)과 최초의 초기 인공지능artificial intelligence, AI 연구 논문집 중 하나인, 피츠버그의 논리학자 앨런 로스 앤더슨Alan Ross Anderson이 편집한《마음과 기계Minds and Machines》(1964)에서 뇌 속에서의 정보—인지과학에서 아직도 수수께끼로 남아 있는—에 대해 생각하는 법을 배웠다.

전해지는 이야기에 따르면 (아마도 이 이야기는 사실일 것이다) 옥스퍼드 볼테르학회는 한 학부생이 런던의 한 취업 면접 자리에서 자신이 '볼테르학회'라는 철학 토론 단체를 만들었고 버트런드 러셀Bertrand Russell이 후원자라고 거짓말한 것을 계기로 설립되었다. 그 학부생은 옥스퍼드로 돌아오자마자 당장 학회를 조직했고 버트런드 러셀을 후원자로 초빙했으며 러셀은 이를 수락했다. 회장은 학기마다 바뀌었는데 회장의 임무는 다음 학기에 발표할 세 명의 강연자와 논평자를 초청하고 학회의 활동에 대해 러셀에게 편지를 쓰는 것이었다. 러셀은 늘 하는 식으로 답장을 해 주었다. 내가 회장 차례가 되었을 때 나는 강연자 중 한 명으로 앨런 앤더슨Alan Anderson을 초대했다. 그해 그는 맨체스터대학교에 초빙교수로 와 있었다. 나는 그에게 (그의 전공인 연관논리 대신) 인공지능에 관해 말해 달라고 청했는데 그는 기꺼이 응했다. (볼테르학회 이야기는 잠시 후에 더 나온다.)

내가 학위 논문을 준비하며 읽었던 AI와 뇌에 대한 모든 논문과 책이 일일이 기억나지는 않지만 나는 관련 논문을 찾기 위해 철학 학술지도 샅샅이 뒤졌다. 마음을 과학적으로 연구하는 것에 관해 글을 쓴 철학자는 거의 없었으나 오스트레일리아의 주요 심리철학자 J. J. C. 스마트J. J. C. Smart와 데이비드 암스트롱David Armstrong은 유물론과 소위 마음에 대한 동일론을 제안하고 옹호하는 훌륭한 논문과 책을 쓰고 있었다. 동일론이 말하는 바는 단순하다. 마음과 뇌는 동일하며 모든 종류의 정신적 사건은 (당신이 옳게 생각했다면) 뇌에서 일어나는 것이라는 주장이다. 그 덕분에 수많은 철학 논문이 쏟아져 나왔는데 대부분은 동일성이라는 것을 어떻게 규정할 수 있느냐는 세밀한 문제에 집중했다. 뇌의 과정과 동일한 것은 정신적 이미지인가 아니면 **정신적 이미지를 가지는 경험**인가? (아니면 우리는 '뇌의 상태들' 또는 '신경 사건들' 등을 거론해야 할 것인가?) 언어학자 제임스 매콜리James McAuley는 철학자와 언어학자를 구별하는 법에 대한 농담을 한 적이 있다. 그는 철학자란 사형 제도에 관한 학회에서 사형 집행인의 역설에 관한 논문을 읽는 사람이라고 말했다. 그리고 어떤 철학자가—키르케고르였던가?—말했다고 하는데 철학자는 화살표를 보고는 화살표가 가리키는 방향을 보는 것이 아니라 화살표 자체에 초점을 맞추는 사람이라는 것이다. 내 학위 논문에서 그 오스트레일리아인들의 동일성 이론과 직면하는 것은 필수적인 일이었고 나는 그에 대해 매우 콰인스럽기도 하고 라일스럽기도 한 챕터를 하나 썼다. 딴에는 그 문제를 빨리 해치워 버리려고 했기 때문이다.

콰인과 라일이라는 두 가지 영향에 대해 써 보자면 다음과 같다. 옥스퍼드에 막 도착했을 때만 해도 나는 내가 아주 엄청난 반콰인주의자라고 생각했지만 다른 대학원생과 철학 교수 들에 비추어 보고는 즉시, 그리고 올바로 나 자신이 콰인 마을의 거주자임을 확인하게 되었다. 나는 콰인의 관점을 다른 사람들보다 훨씬 많이 수용했다. 나는 또한 라일이 내게 그다지 영향을 주지 못했다고 생각했다. 난관에 부딪쳐 공부를 그만둘까 하는 생각을 이따금 하면서 그를 만나러 갈 때마다 그가 나를 훌륭하게 한 단계 들어 올려 주었음에도 말이다. 그러나 완성한 학위 논문과 버리지 않고 두었던 초고를 비교해 보고는 나는 논문에 온통 라일의 영향이 스며 있음을 발견했다. 그동안 나는 라일에 대해 물은 사람들에게 그가 좋은 응원자이긴 하지만 나는 그로부터 배운 것이 없다고 떠들고 다녔는데 논문을 보니 그렇게 말했다는 사실이 더없이 부끄러웠다. 그는 독자의 게으른 상상력을 뒤흔들기 위해 사례와 비유를 풍부하게 사용하는 것의 위력을 알고 있었고 검토되지 않은 전제의 냄새를 날카롭게 포착하는 예리한 후각을 지니고 있었다. 라일에게서 영감을 받아 내가 작성한 사례를 한번 보자. 목소리가 무엇인지 생각해 보라. 그것은 긴장하는 물리적 기관인가? 녹음되고 인식될 수 있는 소리인가? 아니면 사건인가, 과정인가? 목소리는 후두와 동일한가?

> '목소리'라는 단어가 그 맥락의 고유한 환경에서 발견될 때 이는 동일성 이론가를 불편하게 하는 물리적-비물리적 이분법에 깔끔하게 들어맞지 않는다. 하지만 그런 이유가 이 단어를 모호하거나 애매하거나 불만족스럽게 만들지는 않는다. 이 상황이 누군가를 목소리에 관한 데카르트적 이원론자로 만들게 두어서는 안 된다. 심신 문제에 덧붙여, 목소리-목구멍 문제까지 새로 만들어 내지 않도록 하자.

(누군가가 내 책 중 한 권을 논평하며 말했듯이) 라일과 함께 콰인을

가로질러 가면 만나게 되는 것이 데닛이라는 주장에 동의하게 되어 나는 기쁘다.

라일에 관하여, 조금 더

1961년에 베드 메타Ved Mehta는《뉴요커》에 영국에서 라일이 일으킨 소동에 대한 글을 한 편 실었다. 라일이 당시 그가 편집위원으로 있던《마인드》에 어니스트 겔너Ernest Gellner의 책《말과 사물Words and Things》(1959)에 대한 서평 게재 요청을 공식적으로 거절했던 것이다. 《마인드》는 영어권의 뛰어난 철학 학술지 중 하나이다. 겔너의 책은 일상언어철학에 대한 통렬한 비판이었고 라일은 그 책이 무례하고 경멸적이라고, 특히 그때 죽어가고 있던 그의 친구 J. L. 오스틴을 공격한다고 생각했다.《런던 타임스Times》의 독자 투고란은 이에 대한 논쟁으로 가득했고 라일은 내가 옥스퍼드에 도착했을 때에도 그 후폭풍을 감당하고 있어야 했다. 라일은 겔너 책의 서문을 쓴 버트런드 러셀이 그 책을 검토하지 않겠다는 결정이 얼마나 어리석은 일인지 알리는 편지까지 보냈다고 내게 말해 주었다. 러셀은 이렇게 썼다. "이런 경우 당신이 해야 할 일은 1년가량 기다렸다가 저자의 이름에 오탈자를 낸 채 아주 짧은 비판 서평을 발표하는 것입니다." 라일과 러셀은 결코 친한 사이가 아니었다. 한번은 라일이 이런 얘기를 해 준 적이 있다. 몇 해 전, 스코틀랜드 어딘가로 상당히 긴 기차 여행을 갈 때 라일이 러셀과 같은 칸에 탔다. 그때 라일은 적절한 대화 주제를 찾기 위해 머리를 짜낸 끝에 이런 말로 대화를 시도했다고 했다. "존 로크는 흄이나 버클리만큼 훌륭한 작가도 사상가도 아닌데 왜 그렇게 영향력이 크다고 생각하십니까?" 러셀은 잠시 생각한 후 "존 로크는 상식을 발명했고 그 이래 오로지 영국인만이 그걸 가지게 되었으니까요"라고 대답했다.

라일이 내 지도교수였을 시절, 그는 대부분의 시간을《마인드》편집에 할애했다. 라일은 미국식의 '출판 아니면 소멸' 패턴을 몹시 싫어했기에 그것을 뒤집기 위해 할 수 있는 모든 일을 했다. 그는 미국에 종신재직권이 없는, 그러나《마인드》에 논문을 실으면 미래가 보장될 수도 있는 철학 교수가 수십 명 있다는 사실을 알고 있었고 미국의 조교수들이 보낸 원고에 특별한 주의를 기울였다. 논문이 완벽하지 않아도 출판하기에 꽤 괜찮은 수준까지만 되면 라일은 그들의 논문을 실어 주었을 뿐 아니라—더 이상 동료 심사를 위해 원고를 돌리는 일 없이—저명한 필자들이 쓴, 이미 수락된 논문을 뒤로하고 순서를 건너뛰게도 해 주었다. 세계 각국의 저명 철학자의 논문이 '근간'이라는 불확실한 상태로 머무는 동안 라일은 젊은 미국 학자들의 정직하지만 미숙성된 논문으로《마인드》의 페이지를 채워 나갔다. 나는《마인드》에 기고하지 않는 것을 하나의 명예로운 원칙으로 삼았다. 그러다 제리 포더의《생각의 언어The Language of Thought》(1975)를 읽고 라일이 요청하지도 않은 긴 서평, 그러니까 '비판적 서평'을 보냈다. 그 무렵 나는 정교수로 임용된 지 이미 6년이 지난 상태였다.

대부분의 철학자가 그러하듯 라일도 옷을 신경 써서 입는 유형은 아니었다. 어느 겨울날, 바클레이 은행에서 수표를 현금으로 바꾸려고 줄을 서서 기다리고 있는데 마침 라일이 바로 내 앞에 있었다. 라일은 돌아서서 내게 인사했는데 그의 내복이 조끼 위로 반쯤 당겨져 올라와 있는 것이 보였다. 보기 민망했다. 나는 그 사실을 그에게 알려 주는 것이 친절하거나 예의 바른 일인지 고민하다가 결국 그러지 않았다. 아마도 옳은 결정이었을 것이다. 모들린칼리지에서 라일과 같은 층을 썼던 그의 이웃으로는 짐 퀴츠런드Jim Quitslund가 있었는데 그는 하버드 시절 내 룸메이트로, 로즈 장학생이었고 훌륭한 피아니스트였다. 물론 짐은 자신의 그 저명한 이웃이 누구인지 내게서 들어 익히 알고 있었다. 그는 라일에게 자신을 소개하고 낮 시간에 레코드를 틀어도 괜찮을지 여쭤보기로 했다. 만약 된다고 하면 그가 좋아하거나 싫어하는 음악도 알려 달라고 할 작정이었다. 라일은 짐에게 말했다. "학생이 좋아하는 걸로 트세요. 어차피 내게는 다 똑같아서. 모든 음악은 다 양철 지붕 위에 우박 떨어지는 것처럼 들리거든. 내가 알아들을 수 있는 건 딱 두 곡, 영국 국가(〈신이여, 우리 여왕을 보호하소서God Save the Queen〉)와 〈지배하라, 브리타니아여!Rule, Britannia!〉 뿐이에요. 게다가 나는 그 두 곡을 구별할 수가 없어서 둘 중 하나가 나오면 무조건 일어서지요!"

그 당시 옥스퍼드의 식당들은 대체로 형편없었지만 단 한 곳의 예외가 있었으니 크라이스트 처치 건너편의 세인트 알데이츠 거리에 있는 유명한 '엘리자베스 식당'이었다. 수전과 나는 그곳을 순례하고 싶었다. 그 식당이 와인 저장고로 유명했기 때문인데 그냥 유명한 정도가 아니라 잉글랜드에서, 어쩌면 전 유럽에서 가장 훌륭한 와인 저장고를 보유한 식당이었다. 우리는 (옥스퍼드를 떠나기 전까지 다른 축하할 일이 없을지도 모른다고 생각했기 때문에) 돈을 모아서 학위 논문 제출을 기념하기로 했고 라일을 손님으로 초대했다. 식당은 상당히 격식을 차린 곳이었고 우리는 주문할 식사에 대해 조용한 어조로 논의했다. 와인은? "두 사람이 원하는 와인을 먼저 주문하세요. 그다음에 내가 내 걸 주문하지요." 라일이 말했다. 그래서 우리는 전채와 함께 샤블리 반병, 가격이 적당한 뉘생조르주 반병과 우리의 주요리를 주문했다. 웨이터가 라일 쪽으로 돌아서서 무엇을 마실 것인지 물어보았고 라일이 대답했다. "비터 1파인트."[55] 웨이터의 얼굴이 어두워졌다. 이 와인의 성지에서 비터(에일) 1파인트를 주문한 손님은 아마도 개업 이래 아무도 없었을 것이다. 웨이터는 말까지 더듬으며 주문한 음식에 상당히 진한 와인 소스

55 '비터'는 쓴맛이 강한 맥주를 말하고 1파인트는 약 0.6리터다.

가 들어가 있으므로 (그놈의 지긋지긋한) 비터 1파인트는 추천할 수 없다고 말했다. "조언 고맙습니다." 라일은 웃으며 대답했다. "하지만 그게 제가 마시고 싶은 것입니다." 웨이터는 실례했다고 말하고 돌아가더니 식당 주인 M. 로페즈M. Lopez와 함께 금세 돌아왔다. M. 로페즈는 흰 보타이에 연미복을 차려입고 우아하게 등장했다.

"선생님, 문제가 있으십니까?"

"없습니다." 라일이 대답했다. M. 로페즈는 웨이터가 조금 전에 했던 조언을 정중하게 다시 한번 말했지만 라일은 요지부동이었다. 마침내 깊은 슬픔에 잠긴 표정으로 (또는 절망한 표정으로?) M. 로페즈는 자세를 가다듬고 단호하게 말했다. "죄송합니다, 선생님. 그러나 유감스럽게도 엘리자베스 식당은 이 요리에 비터 1파인트를 함께 제공할 수는 없을 것 같습니다."

"잘 알겠습니다." 라일이 말했다. "그럼 비터 1파인트와 어울리는 요리는 무엇이 있습니까?" 결국 그는 차가운 치킨과 샐러드를 요리로 받았고 웨이터는 곧 비터 1파인트를 들고 나타났다. 거리로 나가 술집 한 군데서 사 왔음이 틀림없었다.

지금이 볼테르학회의 회장으로서 내가 겪은 모험을 풀어놓을 적기인 것 같다. 논리학자 피터 기치Peter Geach와 그의 아내 엘리자베스 ('미스') 앤스콤Elizabeth ("Miss") Anscombe은 우리 아파트에서 세인트 존 거리로 50야드만 내려가면 되는 곳에 살았다. 우리는 피터가 기차역까지 걸어가는 모습을 종종 보기도 했다. 기치는 리즈대학교에서 강의하고 있었지만 그의 아내와 함께 옥스퍼드에 있는 모습이 훨씬 더 많이 눈에 띄었다. 아내 앤스콤은 철학계에 어마어마한 영향력을 행사했다. 그녀는 비트겐슈타인의 제자이며 비트겐슈타인의 유고 관리인 중 한 명이었다. 나는 토론을 하다가 그녀와 언쟁을 한 적이 몇 번 있었기 때문에 그녀를 알고 있었다. 그러나 나는 그녀가 아닌 기치에게 볼테르학회에서 할 강연을 요청해 봐야겠다고 생각했다. 나는 그들 집에 들렀고 기치는 나의 초빙에 기꺼이 응했다. 나는 좋은 논평자로 누가 있을지도 물어보았다. 기치는 그 어떤 이름도 빨리 내놓지 않았다. 그러자 미스 앤스콤이 말했다. "여보, 제프리 워녹은 어때요? 같은 사안에 대해 당신에게 반대하지 않았었나요?" "오, 당신 말이 맞는 것 같아요." 기치는 멍하게 대답했고 나는 제프리 워녹을 초빙하려고 그들의 집을 떠났다. 순진하게도 기치-앤스콤 부부와 워녹 부부는 거의 말을 섞지 않는다는 것을 모른 채 말이다. 워녹도 초청을 흔쾌히 수락했고 나는 기치의 논문 〈파울린의 위험The Perils of Pauline〉을 미리 보내 그가 논평문을 쓸 수 있도록 준비했다.

저녁 모임에 앞서 강연자와 논평자가 볼테르학회 운영진과 함께 저녁 식사를 하는 것이 관례였기 때문에 운영진은 초빙된 명사들을 위해 돈을 걷었다. 나는 앤스콤도 물론 초대했고(그러나 메리 워녹은 초대하지 않았다), 내 회장 임기의 마지막 식사였기 때문에 라일에게도 대접을 하고 싶어 라일도 초대했다. 우리가 이용해 왔던 교내의 별도 식사 공간은 모두 예약이 끝나 있어서 나는 모두가 제대로 먹을 수 있는 합리적 가격의 식당을 서둘러 찾아야 했다. 마침내 나는 하이 거리에서 태클리 호텔 주인인 데닛 씨(가까운 친척을 제외하면 같은 성의 사람을 만난 것은 이때가 처음이었다)와 거래를 맺었다. 우리는 셰리주와 땅콩을 전채로 먼저 내고 '송아지고기' 커틀렛(송아지고기처럼 보이지만 사실은 그럴싸하게 변장한 돼지고기였다. 데닛 부인이 그 사실을 폭로하는 바람에 데닛 씨는 못마땅해했다)과 감자, 채소, 와인을 곁들이고, '푸딩' 역할을 하는 끄렘 카라멜까지를 1인에 1기니라는 저렴한 가격에 제공하기로 합의했다. 1기니는 1파운드 1실링이었고 우리는 13명이었으므로 나는 태클리 호텔에 약속 시각에 도착하기 전에 봉투에 13파운드 13실링을 조심스럽게 넣어 두었다. 저녁 식사는 좋은 철학적 대화를 많이 나누며 차질 없이 진행되었지만 웨이터가 가져온 계산서에는 15파운드가 넘는 금액이 적혀 있었다.

소란을 피우고 싶지 않아 나는 손님들께 양해를 구하고 뒷방으로 들어갔다. 데닛 씨가 책상 앞에 앉아 있었다 "우리는 인당 1기니만 받을 순 없어요." 희미하게 웃으며 그가 말했다. 나는 봉투를 건네며 그가 저녁 식사에서 돈을 덜 받게 된 것은 유감이지만 우리가 미리 합의를 하지 않았느냐고 따졌다. 내가 테이블로 돌아오고 우리 모두가 자리를 뜨려고 일어났을 때 데닛 씨는 웨이터들을 우리 테이블에 보내 소리치며 우리에게 빨리 나가라고 독촉하게 했다. 우리는 모두 계단을 급히 내려와 거리로 나왔다. 도대체 이게 다 뭐란 말인가? 기치와 앤스콤, 워녹, 라일은 이유를 궁금해했고 나는 그들에게 자초지종을 설명했다. 그러는 동안에도 웨이터들은 호텔 문 앞에 서서 우리에게 소리를 지르며 무례한 몸짓을 해댔다. 우리가 학회를 위해 우스터대학교로 걸어가기 시작했을 때 라일은 돌아서서 그들에게 주먹을 휘두르며 "멕시칸 반디티!(이 멕시코 도둑놈아!)"라고 소리쳤다. 그들이 정말로 멕시코 사람이었는지는 잘 모르겠지만 어쨌든 영국 사람은 아니었다. 라일이 그런 보수적인 발언을 하는 걸 들은 것은 그때가 유일했는데 어쨌든 그 발언은 정당한 분노의 표현이었고 일행 모두 불만이 없었다.

그 정도면 하룻저녁의 모험으로는 충분했으련만 아직도 벌어질 일이 더 남아 있었다. 우리는 우스터에 도착하여 학회장으로 쓰는 방으로 들어가 자리를 잡았다. 나는 진행자이므로 길고 낮은 소파의 한가운데에 앉았고 내 오른쪽에는 기치가, 왼쪽에는 워녹이 앉았다. 청중과 손님은 그 앞에 놓인 의자에 앉았다. 기치는 자리에 앉아 자기 논문을 읽었고 (그때는 그게 관습이었다) 나는 곧 그 논문이 얇은 베일에 가려진 고故 J. L. 오스틴에 대한 공격이라는 것을 깨달았다. 워녹은 오스틴을 깊이 존경하고 있어서 아무도 워녹 앞에서 오스틴에게 실례가 되는 말을 하지 않을 정도였다. 나는 워녹의 논평을 빨리 듣고 싶었고 곧 그때가 왔다. 워녹 또한 앉아서 자신의 논평문을 참으로 침착하고 초연한 옥스퍼드 말투로 읽어 갔지만 사실상 그의 논평은 기치를 향해 단검을 던지고 있었다. 모두가 조마조마하고 있었는데 갑자기 내 오른쪽에서 '철썩' 소리가 커다랗게 들렸다. 그쪽으로 고개를 돌렸더니 기치가 양손을 모으고 격렬하게 떨고 있었다. 나는 그가 뇌전증 발작을 일으키는 것이 아닌가 생각했다. 그는 곧 떠는 것을 멈추고 노란 줄이 그어진 그의 메모장에 무언가를 분노에 차서 쓰기 시작했다. 그가 무얼 쓰고 있는지 궁금해서 대충 훑어보았으나 읽을 수가 없었다. 영어가 아닌 것 같았다. (기치가 폴란드 논리학자들과 함께 학문적 훈련을 받았고 신기하게도 사실상 폴란드어로 사고했으며 생각을 폴란드어로 써야 혼란을 줄일 수 있는 사람임을 나는 나중에야 알았다.) 워녹은 자신의 원고를 침착하게 읽어 나가면서 몇 개의 단검을 우아하게 더 던졌고 기치는 갑자기 자리에서 벌떡 일어나 워녹 앞에 서서 몸을 부들부들 떨며 흔들거렸다.

난 어찌해야 했을까? 나는 무력함을 느끼면서 바닥에서 몇 인치 떨어진 곳에 속절없이 앉아만 있었다. 그런데 다행스럽게도 맨 앞줄에 앉아 있던 미스 앤스콤이 "잠깐만요"라고 말한 후 손가락으로 기치를 불렀다. 기치는 그녀의 의자 앞에 무릎을 꿇고 큰 소리로 속삭였다. "이건 몰염치한 짓이에요! 가만두지 않겠어!" 그러자 그녀는 그에게 귓속말을 했다. 바로 뒤에 앉아 있었던 내 친구가 그녀가 뭐라고 했는지 나중에 말해 주었다. "자, 피터, 착하지요? 이제 자리에 앉아서 토론을 기다리세요!" 그는 충실하게 그 말에 따랐다. 워녹이 그의 지성적인 검술을 마친 후 커피를 마시고 휴식을 취하며 회비를 걷는 시간이 왔다. 10분 후 우리가 다시 모였을 때 라일은 자신을 지목하라는 비밀 신호를 보냈고 나는 정말 기쁜 마음으로 그에 따랐다. 그러자 곧 그는 느긋하고도 온화하게 자신을 풍자했고 예시를 하나둘 덧붙여가며 전쟁의 기운으로 가득했던 안개를 부드럽게 흩어 날려 버렸다. 그 후로는 워녹이나 기치 중 그 어느 쪽도 주먹다짐을 할 방도가 없게 되었다.

몇 년 후 옛날에 내가 다녔던 칼리지인 허트퍼드의 학장이 된 워녹과 식사를 하면서 내가 그에게 말했다. 1964년 볼테르학회에서 나는,

그와 기치 사이에 낀 아직 깃털도 다 나지 않은 풋내기 새(당시 나는 수염이 없었다) 같은 미국인이었다고. 그리고 나는 정말 궁금했다. 기치가 워녹 앞으로 와서 몸을 흔들 때 그는 무슨 일이 벌어질 거라고 생각했던 걸까? 워녹은 그가 자기 정강이를 세게 걷어찰 거라고 생각했지만 그랬다고 해도 논평문을 쉬지 않고 끝까지 읽었을 것이라고 말했다. 이런 냉철한 평정을 옥스퍼드의 교수보다 더 잘 보여 줄 수 있는 사람이 있을까?

많은 철학자가 아직도 학회나 세미나에서 파워포인트라는 첨단 기술을 무시한 채 자신의 논문을 그냥 읽는다. 마치 그들이 그 전에 오버헤드 프로젝터의 위력을 무시했던 것처럼 말이다. 1980년대에 인지과학이 잘 되어가자 철학자들의 발표를 본 심리학자, 신경과학자, 인공지능 연구자 들은 당황하며 내게 자주 물었다. 왜 철학자는 슬라이드를 띄워 설명하지 않고 자기 논문을 읽기만 하냐고. 내게는 답이 있었다. 학회에서 과학자가 이야기할 때 그는 자신의 일에 **대해** 말한다. 철학자가 학회에서 말할 때는 그 자체가 그의 일**이다**. 그리고 과학자가 실험실에서 하는 일을 혼란의 여지나 변명의 여지가 없도록 정확하고 바르게 제시하기 위해 세심하게 주의를 기울이는 것은, 철학자가 자신의 분석과 논증을 제시할 때 주의를 기울이는 것과 같다. 나는 이 답이 철학자들의 관례를 옹호하는 논변이라 생각한다. 하지만 철학자 중 많은 이가 종종 밀도 높고 난해한 논문을 단조로운 어조로 읽기만 함으로써 청중에게 지적 불편을 초래하면서도 그에 신경 쓰기는커녕 완전히 무시하는 것처럼 보인다는 것도 인정해야 한다. 아마도 이는 철학자가 마초가 되는 방식일 것이다. "내 논문을 딱 한 번만 듣고 이해해 보시지. 내 논문은 당신 같은 경량급이 이해하기엔 너무도 미묘할걸!"

지난 세월 동안 패널이 되어 의무적으로 무대에 나가 앉아 있어야 할 때가 많았는데 서너 편의 이야기를 듣고 있노라면 가끔 금방이라도 잠에 빠질 것처럼 눈꺼풀이 무거워지며 집중력이 휘발하는 것을 느끼곤 했다. 그런 상황에서 잠이 든다는 것은 무례함을 넘어서 나쁜 일임이 틀림없지만 그 졸음을 도대체 어떻게 물리친단 말인가? 내게는 졸음 방지 시스템이 있고 오래전부터 친구들에게 이 방법을 전수하고 있다. 그건 내가 어렸을 때《리더스 다이제스트Reader's Digest》에서 배운 것으로, 아이크[56]가 대통령이었을 때 영부인 메이미 아이젠하워Mamie Eisenhower가 사용했던 방법이다. 메이미는 아이크가 선거 연설을 할 때 어떻게 그렇게 잘 집중할 수 있느냐는 질문을 기자들에게 자주 받았고 결국 비밀을 털어놓았다. 그녀는 단어들을 알파벳 순서대로 주의 깊게 들었다. 이를테면 아이크가 "My fellow **A**mericans, I want to talk a**b**out the a**c**tions and **d**eeds of……(친애하는 미국인 여러분, 저는 여러분의 행동과 업적에 관해 이야기하고 싶습니다……)" 라고 이야기를 시작하면 메이미는 우선 그가 말한 단어 중 a가 나오는 것을 찾고 그다음으로는 b가 나오는 단어를 언제 말하는지 신경 써서 듣고 …… 이런 식으로 해서 z가 나오는 단어까지 찾아 듣는다. 물론 z까지 들었으면 다시 a로 돌아간다. 나도 그 방법을 시도해 본 결과 매우 잘 작동한다는 것을 알게 되었다. 그러나 나는 그 방법에 약간의 개선 사항을 덧붙였다. 시작하기 전에 남몰래 시계를 보고 시각을 적어 넣은 뒤, 나 자신을 속이지 않기 위해 내게 필요한 단어가 나올 때마다 한 단어씩 받아 적었다. 드디어 z까지 가게 되면 시각을 적고 다시 시작한다. 그렇게 하면 20분쯤 지난 시점에서 내 메모장에 다음과 같은 내용이 있다.

10:15 that but focus and the if knowledge has with adjustment like all imagining imagining (m과 n이 똑같은 단어에서 나왔으므로

56 미국의 34대 대통령 드와이트 아이젠하워Dwight David Eisenhower의 애칭이다. "아이크가 좋아I Like IKE"라는 구호로 선거 운동을 하기도 했고 1952년 선거 운동 기간에 당대 최고의 작사가이자 작곡가 어빙 벌린이 만든 노래 〈아이크가 좋아〉가 큰 인기를 누리기도 하는 등 아이젠하워는 본명보다 애칭으로 더 많이 불린 거의 유일한 미국 대통령이다.

두 번 쓴다) out appeared question raised raised to pursuing even which extra way analyzed 10:36

가끔은 한 번의 발표에서 알파벳 전체를 세 번이나 돌 때도 있었지만 때로는 j, 또는 q, 또는 z가 들어간 단어를 전혀 말하지 않는 발표자를 만나기도 했다. 철학자는 그 세 글자를 잘 사용하지 않는 경향이 있다. (철학자는 x를 많이 사용한다. 예를 들면 'explain' 'extension' 'exist' 'complex') 나는 누군가가 휴식 시간에 다가와서 "댄, 무슨 철인이라도 돼요? 그거 어떻게 하는 겁니까? 저는 깜빡 졸았는데 자다가 당신을 보니 **메모**를 하고 있더라고요!"라고 말할 때 기뻤다. 이 방법이 주는 멋진 보너스는 메이미식 리스트를 작성하다 문득 j나 k가 들어간 단어를 더 이상 기다리지 않음을 깨닫게 된다는 것인데 이는 내가 알파벳이 아니라 논문의 내용에 집중하게 되었기 때문이다. 메이미식 듣기 같은 방법 없이는 불가능한 일이었다. 그 덕에 나는 몇 차례 알파벳 놀이로 시작했더라도 발표가 끝나면 적절하고 건설적인 질문을 할 수 있었다. 한번은 멕시코에서 나와 함께 엄청나게 졸린 모임에 참여한 몇몇 친구에게 이 방법을 설명해 주었다. 한 명은 프레드 드레츠키Fred Dretske, 또 다른 한 명은 내 기억에 스티븐 스티치Stephen Stich였던 것 같다. 점심 식사가 끝나고 우리는 다음 발표를 듣기 위해 자리에 앉았다. 그리고 나는 보았다. 그 둘 다 매우 집중하고 있다가 발표자가 'inquiry'라는 단어를 말하자 둘이 똑같이 조심스럽게 그러나 의기양양하게 허공에 손을 작게 휘젓는 것을. 오랜 시간을 보낸 끝에 그들은 마침내 기다리던 q를 얻은 것이다.

이사야 벌린Isaiah Berlin은 1930년대 후반의 어느 토요일 아침, 옥스퍼드에서 비공식적으로 만난 철학자 모임에 대해 말한 적이 있다. 그 모임의 구성원은 오스틴, 라일, A. J. ('프레디') 에이어, 벌린, 테오도어('테디') 아도르노Theodore ("Teddy") Adorno였다. 아도르노는 라일과 함께 후설을 연구하고 있었다. 이 조직은 그때 막 형성되기 시작한 '분석철학' 방식으로 논점을 다듬기 위해 모이곤 했는데 이사야에 따르면 아도르노가 이따금 대화에 끼어들어 무겁고 난해한 소리를 했다고 한다. 이를테면 다음과 같이 말이다. "부르주아 문화 산업이 대중을 포섭하면서 생기는 허위의식 속에서 형식들이 변증법적으로 재통합된다는 것은 미학적 비동일성의 미완의 종합을 예고하는 신호인 셈이지요." 그러면 라일은 말했다. "테디, 당신의 말에 아주 많은 통찰이 있기를 기대하네. 자, 프레디, 당신이 분석적 참에 대해 말할 때…… ." 이사야가 그 이야기를 내게 해 준 이후로 나는 이 일화를 항상 꺼낼 준비가 된 상태로 내 강의 장비에 넣어 놓았다. 그것은 강의실이나 학회장의 모든 사람에게 짜증을 유발하며 '질문'이라는 형식으로 불평을 늘어놓는 사람에게 주는 완벽한 답변이기 때문이다. 그런 일이 벌어지면 발언자가 숨이 찰 때까지 참을성 있게 기다렸다가 침착하고 정중하게 말한다. "당신이 말씀하신 데에 아주 많은 통찰이 있으리라 기대합니다. 자, 다음 질문 있습니까?" 이럴 때 '기대하다'라는 동사는, 당연히, 완벽하다.

한편 나는 훗날 인지과학이라고 불리는 분야를 독학하며 어려움을 겪고 있었다. 초보자로서 나는 마음을 어떻게 연구할 것인지에 대해 과학자 간에 명백한 합의가 없다는 사실—어쩌면 그것이 과학이 수행되는 방식일 수도 있다—에는 신경을 쓰지 않았다. 그러나 돌이켜보면 그때가 정말로 휴경기였음을 알 수 있다. 스키너의 행동주의가 여전히 심리학을 지배하고 있었고 마음에 대한 전체 이론을 구성하는 그 어떤 대담한 시도도 발견할 수 없었다. 브라이언 패럴을 위시해서 나와 이야기를 나누었던 몇몇 심리학자는 내게 필독해야 할 문헌 정보들을 주었다. 하지만 나는 주로 내가 유용하다고 판단한 책과 학술지를 거슬러 올라가며 읽었고 그 과정에서 때때로 보석을 발견했다. 주목받지 못한, 추측에 근거한 과학 논문도 많이 읽었다. 대담하게도 의식을 언급하거나 마음까지 언급한 과학자는 주로 명예교수들이었는데 그들 역시 라티오 클럽의 회원들처럼 오랜 세월 직감을 갈고 닦아 온 사람이었다. 나는 때때로 철학을 공부하는 내 동료 대학원생들에게 내가 하는 것이 무엇인지 설명하려고 노력했지만 대부분은 받아들이지 못했다. 내가 하고 있는 것은 그것이 무엇이든 그들이 이해하고 있는 철학은 아니었다. 나는 그들이 옳을 수도 있다고 생각했고 나를 난처하게 만드는 문제들과 마주칠 때마다—대개 한 달에 한 번 정도—사뭇 필사적으로 우산을 움켜쥐고(옥스퍼드에서는 언제 폭우가 내릴지 모른다) 모들린 다리와 이지스강으로 흘러 내려가는 처웰강을 따라 유니버시티 파크스를 걸으며 생각에 푹 잠긴 긴 산책을 했다. 여름이면 파크스에는 잔디밭 위에 테니스장과 크리켓 경기장이 만들어졌지만 추운 계절에는 시야에 몇몇 유아차만 담은 채 산책로를 호젓하게 걸을 수 있었다. 나는 여기저기를 떠돌았는데 대개는 메소포타미아로 가는 인도교를 건너곤 했다. 메소포타미아는 처웰강의 위쪽 지류와 아래쪽 지류를 나누는 긴 손가락 모양의 땅이다. 나는 종종 큰 소리로 혼잣말을 하다가 그것이 매우 유용한 습관임을 곧 알게 되었다. [오랜 세월 동안 나는 학생들에게 기말 보고서를 제출하기 전에 그 보고서를 (청자가 자기 자신뿐일지라도) 반드시 **소리 내어** 읽어 보라고 말한다. 그렇게 하면 속으로 읽거나 생각만 할 때는 주의를 끌지 못하던 문제를 짚어낼 수 있다.] 문제를 해결하기 위한 긴 산책을 할 때마다 끝내는 돌파구를 얻었는데 어떨 때는 그런 깨달음을 얻기까지 세 시간이 걸리기도 했다. 그러다가 산책을 나가면서 시계를 쳐다보는 위험한 지경에 이르기도 했다. 왜 아직도 영감이 안 떠오르지? 이번에는 내 철학적 방법이 실패를 안겨 주려나? 그런 종류의 자의식적 반성은 진지한 사고에 치명적일 수 있다. 나는 그런 생각을 억제하려고 애썼다.

내가 풀고자 했던, 서로 관련된 철학적 문제 두 가지는—적어도 개략적으로는—아주 단순하게 정리할 수 있다. 첫 번째, 분자라는 다소 복잡한 덩어리가 의미나 내용이 있는, **무언가에 대한** 상태나 사건을 가진다고 적절히 설명될 수 있는 일이 어떻게 가능한가? 두 번째, 어떻게 그 복잡한 덩어리 중 적어도 일부가 의식이 있을 수 있을까—다시 말해 자신이 어떤 것에 대한 상태나 사건을 가지고 있음을 자각할 수 있을까? 여러분과 나는 사고와 아이디어, 희망, 두려움을 안고 있고 **우리가 그러고 있음을 알고 있으며 다른 사람에게 그것에 대해 말할 수 있다**. 그런데 그것은 어떻게 가능할까? 브렌타노Brentano는 이 '~에 대함', 즉 '겨냥성aboutness'을 지향성intentionality이라 불렀고 이를 데카르트 이원론의 최고 지점이라 할 수 있는, **환원 불가능한 정신적 현상**이라는 상태로 그 지위를 상승시켰다. 확실히 이런 상태를 보여 주는 빈약한 모방품이 있다. 해바라기는 한나절 내내 태양을 바라보도록 이동할 수 있다. 이는 매우 부자연스러운(억지로 확장된) 의미에서 무언가—태양—에 대한 재능이다. 누군가가 접근하면 열리는, 전자 눈을 지닌 자동문도 이와 유사하게 [매우 부자연스러운(억지로 확장된) 의미에서] 사물에 대한 것이라는 상태를 부여받는다. 우리는 가장 기본적인, 부자연스러운 **겨냥성**에 대한 설명에서 인간의 의식에까지 이르는 길을 구축할 수 있을까? 그것은 마음에 대한 물리주의적 또는 유물론적 이론이 수행해야 할 과제이다. 기적은 허용되지 않는다.

기적이 허용되지 않는다는 원칙 때문에 오히려 나는 개별 두뇌에서도 자연선택과 유사한 과정이 작용할 수 있다는 가설에 더욱 흥미를 느꼈다. 왜냐하면 자연선택은 (재)설계이며 기적 없이 일어나는 무마음적 과정이기 때문이다. 사실 자연선택은 우리가 명확하게 이해하는 그런 과정의 유일한 사례이기도 하다. 그런 연유로 나의 DPhil 논문을 더 정교하게 다듬어 출판한 내 첫 책에 《내용과 의식Content and Consciousness》(1969)이라는 제목을 붙였고 그 이래로 내가 한 작업의 모든 것을 형성한 모태가 되었다. 수심에 잠겨 거닐었던 유니버시티 파크스에서의 긴 산책은 내게 후한 보상을 해 주었다. 나는 지금껏 일종의 '설명 기계'의 손잡이를 돌리며 행복하게 그 기계를 작동시키고 있는데 그 구동 핸들의 개요를 그려 나갈 수 있던 것은 전적으로 산책 덕분이다. 물론 내가 틀렸고 그 핸들을 돌려 쏟아낸 **명백한** 통찰이 모두 허구일 수도 있다. 그러나 그중 많은 통찰이 그토록 비슷하게 생산되고 또 서로 그토록 순조롭게 맞아 들어가며 반세기 넘게 더 이상의 비판을 겪지 않은 것을 보면 그런 불확실성도 결국은 제거되었다. 간단히 말해 나는 내가 옳고 나를 비판하는 이들이 틀렸다고 생각한다. 그러나 그것을 여기서 증명하려고 하진 않을 것이다. 그 작업은 이미 내 다른 책과 논문을 통해 계속 시도해 왔던 것이니까.

수전과 나는 1964년 여름의 대부분을 로마에서 보냈고 나는 그곳에서 학위 논문 작업을 했다. 우리는 로마 중심가의 거리 중 아마도 유일하게 철학자의 이름을 딴 곳인 '로렌초 빌라' 거리의 몬테베르데 베키오 지역에 있는 가구 딸린 아파트에서 살았다. 그 여름에 동네 아이들과 만났던 건 내가 좋아하는 철학적 사례 중 하나다. 우리는 우리 아파트 위쪽 언덕에 있는 공원을 거닐고 있었다. 마침 〈펀치와 주디Punch and Judy〉 인형극이 공연되고 있었고 십여 명의 아이가 거기에 넋을 잃고 있었다. 그중에는 막 걷기 시작한 아기도 몇 있었다. 주디가 계속 상자 안에 있다고 잘못 생각한 펀치가 상자를 절벽 밑으로 밀어내려고 하는 장면에 이르자 아이들은 기뻐하며 어쩔 줄 몰라 했다. 아이들이 기뻐했다는 사실은, 아이들이 펀치가 **거짓 믿음**을 지니고 있음을 이해한다는 사실을 분명하게 보여 주었다. 이는 내가 1978년 《행동과학과 뇌과학Behavioral and Brain Sciences》(이하 BBS)에 〈믿음에 대한 믿음Beliefs about Beliefs〉이라는 제목의 논평에서 제시한 후 수백 편의 실험과 논문의 기초가 된 '거짓 믿음' 테스트 또는 '샐리-앤' 테스트가 되었다.

1964년 가을, 우리는 옥스퍼드로 돌아왔다. 그리고 우리가 이전에 진행하던 일을 이어 갔고 내 논문은 점차 구체화되었다. 그 학기가 끝날 때쯤이 논문을 제출할 가장 빠른 시기였는데 나는 그렇게 빨리 제출할 생각은 하지 못하고 있었다. 그러다가 결국 좋은 소식이든 나쁜 소식이든 다음 해 봄에 얼른 듣는 것이 낫겠다고 판단했다. 네 가지 가능성이 있었고 내 생각에 각 사건이 일어날 확률은 거의 같았다. (a) 거의 발생하지 않을 일이지만 첫 제출로 바로 학위를 받는다. (b) 봄부터 한 해 동안 논문을 개선하여 다시 제출할 기회가 주어진다. (c) 앞의 두 경우가 모두 거부되고 BLitt라는 위로장만 받는다. (d) 모든 것에 완전히 떨어지고 그냥 짐을 꾸린다. 미국 대학교들의 관행과는 달리 옥스퍼드에서는 학위 논문 지도교수가 제출자의 구술시험에 참석할 수 없었고 시험이 어떻게 평가되는지에 대해서 정말로 결정권이 없었다. 내 논문은 너무 별났기 때문에 논문 심사위원 두 명 중 한 명은 신경과학자여야 했고 그 자리에 지정된 인물은 런던의 J. Z. 영J. Z. Young이었다. 그는 나폴리에서 수행한 오징어의 거대 축삭돌기 연구로 유명했으며 또 다른 심사위원인 A. J. 에이어의 친구였다. 하지만 나는 그의 논문을 몇 편 읽은 것이 다였고 그를 만난 적도 없었으며 그가 내 연구를 어떻게 생각할지에 대해서도 전혀 알 수 없었다.

한편 대니 대니얼스 역시 자신의 개인적 정체성에 관한 학위 논문을 제출했는데 그의 논문을 읽고 나니 온갖 불편한 생각이 머릿속을 가득 채웠다. 나는 그 논문을 제출 직전에 읽었다. 거기에는 참고 문헌도 각주도 없었다. 그 논문은 누군가(그를 '대니'라 부르자)가 전화를 잘못 걸었다가 제임스 P. 인트릴리게이터James P. Intriligator(나는 이 이름을 절대 잊지 않을 것이다)라는 사람과 즐겁게 대화하게 되는 과학 소설 이야기였다. 이 이야기에서 인트릴리게이터는 대니에게 동네 술집에서 만나 술을 마시자고 제안한다. 대니는 술집에 가지만 그곳에서는 인트릴리게이터의 흔적조차 찾을 수 없다. 그래서 대니는 그 '잘못 건' 번호로 다시 전화해 인트릴리게이터와 통화를 하는데 뜻밖에도 그는 오히려 대니에게 묻는다. "어디 계셨어요? 한 시간이나 기다렸습니다." 이 길고 터무니없는 농담을 짧게 축약하자면 그들은 서로 다른 시공간 차원에 있었다는 것이고 문제는 다음과 같다. 대니는 통화할 때마다 동일한 사람과 말하고 있다는 것을 규명할 수 있는가? 만약 그럴 수 있다면 어떻게 가능한가? (터프츠에 있는 내 동료 중에 '제임스 인트릴리게이터James Intriligator'라는 사람이 있다. 처음 만난 자리에서 그가 내게 자신을 소개했을 때 나는 거의 펄쩍 뛰어오를 뻔했다. '인트릴리게이터'는 '제본업자'를 뜻하는 라틴어에서 비롯된 진짜 성姓이었던 것이다. 대니의 논문에서와는 달리 내 동료 인트릴리게이터는 나와 같은 시공간 차원에 존재하는 훌륭한 공학 교수다.) 그것이 그의 학위 논문에서 유일하게 제기된 철학적 질문이었고 논문에서 결국 대니 대니얼스가 만족할 만큼의 답을 제시했다. 하지만 내가 보기에 그 논문은 학위를 얻을 만한 수준이 아닌 것 같았다. 고백하건대 우리(나와 대니 대니얼스)가 모두 DPhil 학위를 취득하게 되거나 둘 다 떨어진다면 정말로 아무렇지도 않았을 것이지만 대니 대니얼스의 논문만 합격하고 내 논문은 떨어진다면 나는 거대한 무언가를, 그러니까 셸도니언 극장 같은 것을 폭파하고 싶어졌을 것이다.

논문 구두시험 날이 왔다. 수전은 옥스퍼드 예복을 입은 나를 시험이 치러지는 학교까지 걸어서 바래다주었고 시험장 밖에서 나를 기다렸다. 라일은 내게 구두시험이 보통 한 시간 정도면 끝난다고 말했는데 두 시간이 지나도 내가 나오지 않자 수전은 두려움을 가득 안고 집으로 돌아갔다. 나의 구두시험은 세 시간이 넘게 걸렸다. 내가 보기에 그때 영은 내 논문을 이해하지 못했고 에이어는 논문을 읽지 않은 것처럼 보였다. 어떤 질문과 답변이 오갔는지 하나도 기억나지 않을 정도로 대단히 어색하게 심사가 진행되었다. 그리고 끔찍했던 어느 순간, 영이 특히 부적절한 (철학자의 눈으로 보았을 때 부적절한) 질문을 던졌는데 나는 재미 삼아 내가 그 질문에 답해야 하는지 에이어에게 물어볼까 하고 잠깐 생각했으나 다행스럽게도 그 생각을 꾹 억누르고 최선을 다해 답변했다. 시련이 끝난 후 **일주일**을 기다려서야 시험관들이 내게 학위를 주도록 추천했다는 라일의 엽서를 허트퍼드칼리지의 우편함에서 발견할 수 있었다. 사실 엽서를 받기 전에 일이 그렇게 되리라는 걸 눈치채게 해 준 사건이 딱 하나 있긴 했다. 내 친구 한 명이 에이어가 술집에서 누군가와 대화하는 것을 우연히 들었는데 그가 '방금 논문심사가 있었다. 불쌍한 미국인 남학생이 내 오랜 친구의 질문을 받고 매우 힘들어했지만 나는 개입할 수 없다고 느꼈다. 몹시 괴로운 시간이었다'는 내용의 말을 했다고 내게 말해 준 것이었다.

대니 대니얼스는 자신의 심사위원들이 자신을 통과시키지 않았다고 말했다. 구두시험에서 그들은 참고 문헌이 없다는 점에 불만을 표했고 대니는 투덜거리며 대꾸했다. "학위 논문에 반드시 참고 문헌을 넣어야 한다는 법령이 있다면 제발 보여 주십시오. 저는 참고 문헌을 수백 개도 넣을 수 있었지만 그게 필수적이라고 생각하지 않았습니다." 그의 심사위원들은 법령 대신 '제출한 논문에 대한 피시험자의 구술 능력이 심사위원들을 만족시키지 못할 경우 특별히 필기시험을 치를 수 있다'고 언급된 규정집의 해당 부분을 보여 주며 그 규정에 의거하여 필기시험을 실시하기로 했다. 시험은 몇 주 후였고 시간은 3시간이었으며 에세이 문제 세 개가 출제되었다. 그중 두 문제는 대니가 알려 줘서 기억이 난다. 하나는 "당신은 어느 철학자가 개인의 정체성에 대한 우리의 이해에 가장 큰 영향을 미쳤다고 생각하며 그 이유는 무엇인가?"였다. 그의 대답은 이것이 전부였다. "버틀러 주교이다. '모든 것은 있는 그대로이지 다른 것은 아니다'라고 말했기 때문이다." 다른 문제는 "개인의 정체성 개념에서 기억은 어떤 역할을 하는가?"였는데 이에 대한 대니의 대답은 더욱 짧았다. "난 잊어버린다." 그의 답변이 정말로 답변이 되었을까? 나는 그렇다고 본다. 나는 그가 거짓말하는 걸 본 적이 없는 데다가 두 번째 답은 어찌 생각하면 심오하기까지 하다. 어쨌든 심사위원들은 그에게 논문을 (이번에는 참고 문헌과 수정 사항을 포함하여) 다시 제출할 기회를 주었고 그는 어찌어찌 일이 잘되어서 예일대학교의 강사 자리를 얻었으며 거기서 학부생들에게 큰 인기를 얻었다. 그리고 그해 배우 엘리자베스 하트만Elizabeth Hartman이 그를 만나 사랑에 빠졌다. 그녀는 그에게 발목까지 내려오는 밍크코트를 선물했다. 그는 겨울 내내 뉴헤이븐에서 그 코트를 입었고 뉴헤이븐 엘리스섬의 지역 영웅이 되었다. (마침내 대니는 DPhil 학위를 취득했고 밴쿠버의 빅토리아 대학교에서 발군의 경력을 쌓았다.)

대니가 아무 문제 없이 예일에 취업했다는 사실은 그 당시 철학계에서 옥스퍼드의 위상이 얼마나 대단했는지 잘 보여 준다. 실제로 라일은 내게 잉글랜드의 붉은 벽돌 대학교[57]들에서 뛰어난 일자리 몇을 제안했고 그의 추천서는 미국의—내가 아직 가 보지 못한—신생 대학교 두 곳의 일자리를 획득할 수 있게 해 주었다. 그 두 곳은 뉴욕주립대학교 스토니브룩캠퍼스와 UC 어바인이었다. (이는 스푸트니크 충격 이후의 고등교육 붐에 따른 것이었다. 여러 주가 앞다투어 새로운 전문대학과 종합대학을 만들면서 교수진을 많이 필요로 했다.) 나는 첫 번째 논문 제출에서 학위를 딸 확률이 희박하다고 생각했기 때문에 서로 다른 두 가지 미래를 준비했었다. 첫째, DPhil 학위를 단번에 따거나 다시 제출할 기회가 주어진다면 나는 정말로 바로 다음 해에 어딘가에서 강의 자리를 찾는다. 둘째, 옥스퍼드에서 학위를 따는 데 완전히 실패한다면 새로운 프로젝트에 뛰어들어 완전히 다시 시작할 수 있도록 미국에서 박사과정에 입학한다. 그래서 나는 UC 버클리에 지원하여 다시 한번 1년차 대학원생으로 입학했고 약간의 수입을 확보하기 위해 수업 조교 업무도 하기로 했었다. 그런데 바로 그 주에 UC 어바인캠퍼스의 조교수로 임용되었다는 사실을 알았다. 나는 내 구두시험 결과가 어떻게 되어 가는지를 초조하게 기다렸다. 그리고 통과되었다는 소식을 접하고는 바로 버클리에 편지를 보냈다. 내가 다른 계획을 세웠고 그래서 수업 조교를

57 영국에서는 비교적 최근, 즉 19세기 말에서 20세기 초에 건립된 대학교를 '붉은 벽돌 대학교red-brick university'라 부른다. 버밍엄, 리버풀, 맨체스터, 리즈, 셰필드, 브리스톨대학교가 대표적이다. 옥스퍼드나 케임브리지처럼 오래된 명문 대학은 고대 대학교라 부른다.

할 수 없게 되었다고. 나는 감히 버클리 사람들에게 내가 어바인에 있는 버클리의 자매 캠퍼스에서 종신교수가 될 것이라고 말할 수 없었다. 그들이 당황하고 난처해할까 봐 또 그 기묘한 사건에 대한 조사에 나설까 봐 걱정되었으니까. 요즘의 철학과 대학원생들에게 이 이야기를 하면 부러움을 한 몸에 받는다. 수십 년 동안 철학자를 필요로 하는 구매시장이 있었고 캠퍼스를 방문하거나 면접을 보지 않고도 일자리를 제안받는다는 개념은 너무 비현실적인 이야기이기 때문이다.

처음 어바인으로 갔던 1965년에 나는 스물세 살이었고 새로운 대학의 철학과 종신교수직을 얻을 수 있는 신분이었다. 하지만 자격시험을 치른 적도 없고 학점이 매겨지는 대학원 세미나를 수강한 적도 없고 지금과 같이 매우 체계화된 (그리고 훨씬, 훨씬 더 공정한) 지원 및 평가가 주는 시련으로 고통받은 적도 없었다. 라일이 추천서를 하나 (그것이 내가 교수 임용 건으로 받은 유일한 추천서다) 써 주었고 에이브 I. 멜던Abe I. Melden은 캘리포니아에서 내게 전화를 걸어 일자리를 제안했다. 어바인의 철학과 초대 학과장이었던 에이브 멜던은 옥스퍼드 철학의 열렬한 애호가였다. 그는 옥스퍼드의 학생이었던 적이 없지만 일상언어철학자의 작업을 열심히 따랐고 그래서 나를 채용하면서 완벽한 혈통의 적임자를 고용한다고 생각했다. 어떤 의미에서는 그렇다고 할 수도 있지만 나는 점점 그가 기대했던 모습과는 전혀 다른 본색을 드러내게 되었다. (옥스퍼드에서 나와 같은 시기에 공부한 다른 북미 출신 학생들—열정적인 일상언어 애호가가 아닌—도 임용 시장에서 좋은 일자리를 쉽게 구했고 훌륭한 경력을 쌓았다. 다른 몇몇은 일상언어철학의 유행이 사라지자 곧 자신들에게 아무런 전문성도 없고 가르칠 만한 것도 없다는 사실을 깨달았다. 그 문제를 그들이나 동료들이 알아차리기 전에 그들이 정년을 확보했는지는 알고 싶지 않다.)

제2부

다른 마음들

6

UC 어바인, 1965~1971

1965년에 캘리포니아주립대학교는 새로운 캠퍼스 두 곳을 설립했다. 한 곳이 남쪽의 어바인이고 다른 한 곳이 북쪽의 산타크루즈다. 어바인캠퍼스는 어바인 가족이 기증한 1500에이커 부지에 세워졌는데 그들의 거대한 목장은 산에서 바다까지 뻗어 있었고 1965년 개교했을 때는 캠퍼스에 풀 한 포기 보기도 어려웠다. 허드슨강 서쪽으로는 거의 가 본 적이 없었던 수전과 나는 무엇을 보게 될지 알지 못한 채 차를 몰고 미국을 횡단했다. 도착해서 새로 건설된 캠퍼스 진입로를 따라 학교 안으로 들어갔을 때 우리는 수백 마리의 소 떼를 모는 말 탄 카우보이 둘과 맞닥뜨렸고 그들이 길을 건널 수 있게 멈춰서 기다려야 했다. 원래는 산기슭에 '어바인'이라는 이름의 마을이 있었다. 그러나 어바인 가족은 그 마을의 이름을 '이스트 어바인'으로 바꿈으로써 학교 이름을 UC 뉴포트비치 또는 UC 코로나델마르(목장 부지의 해안가에 있는 마을 이름)가 아닌, 'UC 어바인'으로 부를 수 있게 했다. 폴 외삼촌과 그의 아내 러번은 미네소타에서 퇴직하여 캘리포니아의 팜 데저트로 왔고, 어머니에게서 자신의 훌륭한 아들 대니가 UC 어바인에서 일자리를 구했다는 편지를 받자 그 학교를 정찰하기 위해 지도를 꺼내 들고 어바인으로 향했다. 그들은 '어바인에 오신 것을 환영합니다'라는 오래된 이정표를 발견했고 오렌지나무와 호두나무 숲과 외딴 주유소를 지나 몇 마일을 달리고 나서 '안녕히 가세요 – 어바인'이라는 이정표를 보았다. 그들은 길을 놓쳤나 생각하고 유턴하여 되돌아가 보았다. 역시 아무것도 없었다. 어머니는 아주 우스운 편지를 받았다. 당신의 훌륭한 아들이 장난에 속은 것 같다고, 어바인에는 대학교가 없다고! 하지만 대학교는 있었다. 우리가 도착했을 때는 원형으로 배치된 1차 건물들이 완성되어 있었고 장차 공원이 될 그 '중심'에는 수백 그루의 나무가 식재되는 중이었다. 스프링클러의 물을 맞고 있는 그 어린 나무들의 줄기는 엄지와 검지로 만든 원 안에 쏙 들어올 정도로 가늘었다. 지금 그 나무 중 어떤 것은 줄기 지름이 1미터도 넘는다.

1963년부터 1964년까지는 새로 임명된 학장들이 채용되었고 그들은 학과장들을 임명했다. 학과장들은 임시 사무실인 트레일러 안에서 일하며 다음 해에 학생들을 가르칠 첫 번째 교수진을 고용하고 1차로 완공되는 건물에 실험실을 꾸리고 있었다. 1965년 10월 UC 어바인이 정식 개교했을 때 교수진은 백여 명이었고 학생들은 천육백여 명이었다. 나는 거기서 오전 8시 30분에 최초의 강의를 시작했다. 과목 이름은 '철학 개론'이었으며 그날의 주제는 데카르트의 《성찰》이었다. 수업에는 백여 명의 학생이 들어왔고 수업 조교는 두 명으로, 에이브 멜던이 시애틀에 있는 워싱턴대학교에서 데려온 대학원생들이었다. 그 둘 다 나보다 나이가 많았기 때문에 상황이 좀 미묘하긴 했지만 우리는 잘 지냈고 그들에게서 배운 것도 많다. 사실상 나는 대학원 교육 과정을 거꾸로 밟았던 셈이다. 학위 논문을 먼저 마치고 그 후 몇 년 동안 많은 과정에서 열심히 공부했으니까. 공부하는 동안 내가 학생들을 가르쳤다는 것만 빼면 말이다. 멜던은 대학평의원회 창립을 도우면서도 자신의 대학원생들을 지도하느라 바빴으므로 나는 학부 과정을 거의 혼자 가르쳤다. 내 교육 과정에는 입문 과정 외에도 탈레스와 소크라테스 이전 철학자들에서 시작하여 중세 철학을 거쳐 현대 철학으로 이어져 카르납과 비트겐슈타인으로 마무리되는, 물론 인식론과 형이상학도 다루는, 1년을 꽉 채우는 철학사가 담겨 있었다. 당시 클레어몬트대학원에 재직 중이던 훌륭한 영국인 논리학자 E. J. (잭) 레먼E. J. (Jack) Lemmon은 초빙 교수 자격으로 논리학 입문 과정을 가르쳤고 1966년 가을 학기에 정식으로 어바인에 합류할 예정이었다. 그러나 7월에 그는 자신의 대학원생과 발디산을 오르다가 심장마비로 사망하고 말았다. 이는 멜던에게 엄청난 타격이었다. 레먼은 명석하고 유쾌한 사람인데다가 멜던은 그를 중심으로 학과를 세우기를 고대하고 있었으니까 말이다.

개교 첫해의 철학과 교수는 멜던과 레먼, 나였는데 나는 그 분위기를 무척 좋아했다. 나는 내 철학사 강의가 (내가 아는 한) 녹음되지 않아서 기쁘다. 나도 대니 대니얼스처럼 학생들보다 고작 며칠 앞서 나갔을 뿐이었기 때문이다. 특히 중세 철학은 그 전에 공부해 본 적이 없었기 때문에 나는 틀림없이 중세 철학자와 그 시대, 그 철학자들의 주장에 대해 충격적일 정도로 순진하고 과문한 견해를 드러냈을 것이다. 그렇지만 여기에 대해서도 할 말은 많다. 아직 잘 모르는 내용을 가르치는 과정에서는, 그런 새로움에 관한 교수의 흥분을 전달하여 학생들에게 활기를 불어넣는 편이 표준적 해석과 그 반론, 옹호 논변 등의 정보를 전달하는 것보다 더 도움이 많이 되는 경우가 있기 때문이다.

옥스퍼드를 떠나기 직전에 길버트 라일은 1966년에 케임브리지대학교 출판부에서 출판될 예정인 역사 추리물《플라톤의 여정Plato's Progress》원고를 송고 전에 읽어 달라고 부탁했다. 읽어 보았으나 나는 개선하거나 고칠 점을 거의 찾지 못했다. 그는 그것을 플라톤에 대한 '못된 장난 같은 책'이라고 불렀다. 책에 외설스러운 농담 같은 게 있어서가 아니라 플라톤이 대화편을 쓴 연대에 관한 기존의 견해와 다른 주장을 한다는 점에서였다. 라일은 플라톤의 대화편이 올림피아 제전에서 공연된 연극의 형태로 최초로 '출판'되었다고 주장했다. 플라톤이 소크라테스 역을 맡았는데 나중의 대화편에서 소크라테스 역할이 없어진 것은 플라톤이 나이가 들고 무대에 오를 수 없는 병(아마도 치통?)을 앓았기 때문이라는 것이다. 하물며 그 책에는 우상 파괴적인 진상 조사도 담겨 있다. 플라톤의 글 중 일부가 위조되었다는 자신감 넘치는 선언과 기타 많은 생생한 가설이 숨이 턱 막힐 정도로 산더미 같은 증거로 지지되고 있었다. 라일의 특이한 점 중 하나는 글에서 각주를 아예 쓰지 않는다는 것이다. (아마도 대니 대니얼스는 라일에게서 영감을 얻었을 것이다.) 《마음의 개념》이나 《딜레마들Dilemmas》(1954)에는 각주가 하나도 없다. 라일의 그런 습관은 그의 비형식적이지만 정확한 일상언어철학에서는 잘 작동했지만 《플라톤의 여정》에서는 책 읽기를 힘들게 만들었다. 그 책은 훌륭한 학문적 작업의 산물이며 따라서 그가 본문에 툭 던져 놓은 삽입 어구의 모든 출처가 명시되어야 했기 때문이다. 나는 플라톤 학자가 아니었기에 라일이 제시한 증거를 평가하는 수준에는 이를 수 없었지만 라일은 결코 지루한 문장을 쓰지 않았으며 그 책은 나로 하여금 어바인에서 플라톤과 그의 형상 이론 강의를 하도록 영감을 주었다. 심지어 나는 형상 이론과 유관해 보이는 플라톤의 모든 구절(필요하다면 서로 경쟁하는 번역도 모두 함께)과 그 해석 방법을 다루는 논쟁적인 논문을 담은 교재를 설계하기도 했다. 학생들에게 부여되는 과제는 플라톤 사유의 발전 과정에 대한 이론을 라일처럼 구성해 보고 옹호하는 것이었다. 나는 이 프로젝트를 내가 맡아 주길 바라는 일류 교재 출판사를 찾았으나 그 작업을 제대로 하려면 내가 고전학자가 되어야 한다는 것을 금세 깨달았다. 나는 고대 그리스어 수업을 들었고 재미도 있었지만 플라톤과 아리스토텔레스 전문가인 철학자는 보통 대학 진학 전에 고등학교나 학원에서 라틴어와 그리스어를 몇 년씩 공부한다. 나는 고등학교에서 라틴어를 좀 배웠지만 그 실력으로는 결코 그들을 따라잡을 수 없다는 것을 알게 되었다. 슬프게도 라일의 그 못된 장난 같은 책에 관심을 보이는 고대철학 교수는 단 한 명도 만나지 못했다. 어쩌면 내가 어떤 젊은 학자에게 그것을 날카롭게 톺아볼 동기를 줄 수도 있을 것이다. 신나게 반박해 보는 것은 경력을 쌓는 데 좋은 출발점이 될 수 있다.

신설 대학교의 좋은 면 중 하나는 해야 할 긴급한 업무가 너무 많아서 연공 서열이 중요하지 않다는 것이다. 나는 주요 교수위원회에 참여했고 그런 활동을 통해 화학자, 물리학자, 생물학자, 수학자, 역사학자, 영문학자, 공연예술학자, 심리학자, 컴퓨터과학자와 친구가 되었다. 우리 모두는 서로를 꽤 잘 알게 되었고 나는 그들에게서 많은 것을 배웠다. 학과장들은 다른 곳에서 왕성하게 경력을 쌓다가 올바른 일을 하는 새 대학을 건립하겠다는 약속에 혹해 어바인으로 온, 참신하고도 이상적인 사람들이었지만 한편으로는 권력(그들이 채울 수 있는 교수직)과 예산을 확보하기 위해 싸우는 거침없는 학내 정치인이기도 했다. 6년 후 터프츠로 자리를 옮겼을 때 충격을 받은 첫 번째 특징은 터프츠 교수진이 관리자들에게 너무도 쉽게 휘둘린다는 것이었다. 수완가는, 운동가는, 선동가는 다 어디에 있지?

어바인에 있었던 가장 능수능란한 수완가는 제임스 G. 마치James G. March였다. 그는 허버트 사이먼Herbert Simon과 함께 《조직론Organizations》(1958)을 쓴 저자이며 사회과학대학의 초대 학장이었다. 한번은 그가 나의 친한 친구이자 심리생물학과 창립자인 제임스 맥거프James McGaugh에게 채용하려는 특정 후보에 대해 의견을 물었고 맥거프는 찬성의 뜻으로 "그 사람은 견실한 시민이에요"라고 대답했다. 그러자 마치가 말했다. "음, 그건 결점이지!" 마치의 설명은 이러했다. 마치에게는 세계적 명성의 사회과학대학을 만들 6년 정도의 시간과 최대 100명의 교수를 채용할 권한이 있었다. 그 기간 동안 마치는 다른 주요 대학과 치열하게 경쟁하며 각 분야에서 차근차근 경력을 쌓는 '견실한 시민'을 채용할 수도 있었지만 **그게 아니라면** 그가 만났던 뱀 조련사, 구루, 자칭 천재들을 뽑고 그중에서 한두 명만 대박을 터뜨리면 대학은 유명해질 것이라 봤다. 이는 물론 과장이 섞인 말이지만 마치는 처음 몇 년 동안 의심스러운 사람들을 실제로 채용했고 그들은 결국 몇 가지 심각한 문제를 일으켰다. 그중에는 '원시적 절규 요법'을 연구하는 심리학자도 있었다. 그 심리학자는 처음에 학생들을 학대한 뒤 학대당한 그 학생들을 (유료로) 치료하는 비윤리적인 짓을 했다. 한번은 내가 (이 이야기는 결코 내가 지어낸 것이 아니다) '응용 오르곤학'에 관한 박사 학위 논문의 외부 심사자가 된 적이 있다. 논문 작성자는 심리학자 빌헬름 라이히Wilhelm Reich의 '오르곤 집적기'—나무와 금속을 맞댄 소재로 제작한 상자인데 오르가슴 에너지를 모아 준다고 한다—를 만들었고 그것이 7월과 8월에 남부 캘리포니아에 비를 몰고 올 것이라고 장담했다.[58] 다행히도 나는 그 학위 논문의 통과 여부를 판단해야 하기 전에 어바인을 떠났다.

사회과학대학에서 일어난 많은 방탕한 사건은 교내의 공공연한 비밀이었고 다른 단과대학의 여러 교수는 사회과학대학에서 벌어지는 일에 경악했다. 하루는 내 학부생 중 한 명이 공화당 상원의원 S. I. 하야카와S. I. Hayakawa(대중적 심리언어학자에서 정치인으로 전향한 인물)가 사회과학대학에서 벌어지는 여러 장난질을 캐내기 위해 학생 스파이를 심어 두었다는 사실을 막 알아냈다고 내게 말했다. 나는 즉시 어바인의 총장 대니얼 앨드리치Daniel Aldrich를 찾아갔다. 그는 언제든 터질 수 있는 비난의 불기둥에 맞서 학교를 지켜야 하는 사람이니까. 그는 내 말을 진지하게 들었고 감사하다고만 했다.

---

58 빌헬름 라이히(1897~1957)는 생체와 우주 전역에 미지의 유기적 에너지인 '오르곤 에너지'가 보편적으로 존재하며 성적 흥분 상태에서도 그 오르곤 에너지가 집중된다고 믿었다. 1942년에는 의료용 오르곤 집적기라는 상자를 만들었는데 그 안에 들어가 휴식을 취하면 병이 치료된다고 주장했다. 게다가 오르곤은 특히 물과 친화력이 높아서 오르곤 집적기가 날씨에도 관여할 수 있다고 믿었다.

며칠 뒤, 나는 학교 신문에서 하야카와 상원의원이 사회과학대학의 언어학 강연자로 초대되었고 이를 수락했다는 소식을 읽었다. 그는 어바인에 와서 강연을 마친 뒤—내가 아는 몇몇 교수의 말에 따르면—라구나 해변이 내려다보이는 한 교수의 집으로 가서 파티를 즐겼다. 그곳에서 그는 소파에 앉아 좋아하는 음료를 대접받고 미니스커트 차림의 활기찬 대학원생과 어울렸다. 그녀는 은근한 추파를 던졌고 결국 그를 유혹했다. 한 시간쯤 지나 그녀는 미소를 지으며 소파 아래에서 돌아가고 있던 녹음기를 꺼내 들더니 "좋은 하루 보내세요"라고 말하고 자리를 떴다. UC 어바인 사회과학대학에서 벌어진 이 일에 대한 '하야카와 보고서'가 곧 작성될 것 같은 분위기였지만 결국 그런 보고서는 세상에 모습을 드러내지 않았다.

어바인의 선구자였던 교수들은 대부분 더할 나위 없이 훌륭해서 그곳에서 보낸 나날은 내겐 훌륭한 학제 간 축제 같았다. 통상적으로 젊은 조교수는 가끔 위원회에 나가는 것이 아니면 다른 과 교수를 잘 알지 못하지만 어바인에서는 모두 함께 일하고 함께 놀고 함께 파티를 열었다. 우리 농구팀에는 행동주의에 대한 자신의 비판과 어느 정도 동일한 비판을 내놓은 철학자를 만났다며 기뻐했던 짐 맥거프 외에도, 자신의 모든 세미나에서 나를 반겨 주었고 나중에 클로로플루오르카본(프레온 가스)이 오존층에 미치는 영향에 대해 경고함으로써 노벨상을 거머쥔 화학자 F. 셔우드 ('셰리') 롤런드F. Sherwood ("Sherry") Rowland도 있었다. 그는 농구팀의 중심 인물이었다. 자유논리의 창시자인 조셉 K. 램버트Joseph K. Lambert는 한때 시카고 베어스의 쿼터백 자리에 지원한 적도 있는, 우리 철학과 터치 풋볼팀의 쿼터백이었다. 에드워드 O. 소프Edward O. Thorp는 블랙잭에서 이기는 시스템을 고안하여 거액을 벌고 《딜러를 이겨라Beat the Dealer》(1962)라는 책을 써서 또 큰돈을 벌어들인 수학자인데 나는 그와 같은 배를 타고 요트 경주에 나간 적이 몇 번 있다. 나와 가장 많이 동행한 항해 친구는 비교문학 교수 도널드 하이니

Donald Heiney로 대중에게는 소설가 맥도널드 해리스MacDonald Harris로 알려져 있다. 우리는 그의 배를 타고 항해했고 단동선과 최초의 대형 대양 횡단용 쌍동선을 타고 경주하기도 했다.

로망스어 학과의 내 친구 리처드 바루티아Richard Barrutia도 빼놓을 수 없다. 그는 바스크 이민자의 아들이었는데 아코디언 연주자이자 기타리스트였으며 카드 마술사였다. 딕(리처드)은 라스베이거스에서 '기술자'로 일하면서 학비 일부를 조달했다. 기술자란 부정직한 딜러를 말한다. 딕은 카지노 뒷방에 앉아 책을 읽으며 경영진의 호출을 기다리곤 했다. 호출은 블랙잭이나 포커 테이블에서 누군가가, 그러니까 사기를 쳐야 할 때 이루어졌다. 그는 내게 '기술자'의 기본 기술과 카드 마술을 가르쳐 주었고 마술책으로 가득한 그의 멋진 서재에서 책을 빌려주었다. 때로는 공식 무대에서는 절대로 보여 주지 않는 기술을 내게 선보였다. 한번은 관객이 적어도 대여섯 번 연속으로 클로버 잭을 뽑게 하는 기술을 보여 준 적이 있다. 그는 카드 한 벌(덱 하나, 52매)을 내 앞에 부채꼴 모양으로 펼쳐 놓고는 "카드를 하나 골라 보세요. 아무거나요"라고 말했다. 나는 할 수 있는 것을 다 시도해 보았다. 가장 끝에 있는 카드를 고르기도 했고 그가 가장 단단히 잡고 있던 카드를 세게 당겨 보기도 했고 카드 한 장을 뽑았다가 재빨리 다른 카드로 바꿔 보기도 했다. 그렇지만 매번 내가 뽑은 카드를 뒤집어 보면 여지없이 클로버 잭이었다. 그가 사용한 카드는 52장의 클로버 잭으로만 구성된 것이었을까? 그렇진 않았다. 그랬다면 적어도 그는 내가 못 보는 틈을 타 카드 덱을 바꿔치기하거나 내가 자기 손의 카드를 살펴보지 못하게 했을 것이다. 랠프 헐Ralph Hull이 개발한 위대한 속임수인 '그 튠드 덱the Tuned Deck(소리 나는 카드)'을 소개해 준 사람도 딕이었는데 나는 이를 데이비드 차머스가 의식에 관한 '그 어려운 문제the Hard Problem'라는 것을 제시한 저명한 개론서(1995)의 중요한 결점을 폭로하는 데 사용했다. 전문 마술사조차 이 마술의 **이름**에 속아 넘어갔고 특히 '그the'라는 단어에 속았다! 사람들은 사실 이미 아는 여러 기술을 보면서도 자신들이 새로운 마술 기술을 본다고 착각했다. ("남자들이란 모두 지나치게 열심히 무언가를 찾게 되어 있어요!" 헐은 이 속임수에 대해 즐겁게 설명하며 말했다.) 마찬가지로 전문 과학자마저도 차머스의 '그 어려운 문제'라는 말에 속아 의식에는 설명해야 할 하나의 거대하고 수수께끼 같은 사실이 존재한다고 생각한다. 사실은 과학 혁명 없이도 풀 수 있는 수백 가지의 더 작은 문제가 있을 뿐이고 그 모두를 풀면 소위 '어려운 문제'는 증발해 버릴 텐데도 말이다.

우리가 어바인에 정착한 후에는 나도 당연히 논문 출판을 해야 했다. 나는 내 학위 논문의 일부를 발췌하고 수정하여 철학 학술지에 제출했는데 모두 거절당했다. 그것도 수십 번이나. 내 논문들은 철학자들의 관심을 유물론을 논리적으로 완벽하게 진술한다는 근시안적 강박에서 벗어나게 하여 실제 마음에 관한 도전적인 사실로 돌리려는 시도였다. 그러나 그것은 동료 심사를 맡은 심사위원들에게는 너무 체제 전복적인 것이었다. 한때는 내가 대어를 낚았다고 생각한 적도 있었다. 《철학연구Philosophical Studies》의 편집위원 윌프리드 셀러스Wilfrid Sellars가 내 논문이 좋긴 한데 불명확한 점이 한 가지 있으니 수정해 달라는 짧은 편지를 보낸 것이다. 나는 즉시 수정해서 다시 제출했고 곧 그의 편지를 받았다. 내가 말하고자 하는 바를 훨씬 더 명확하게 알게 되었고 그래서 나의 논문은 출판할 가치가 없다고 판단했다는 내용이었다. 나는 낙심했지만 셀러스가 원칙을 확고하게 잡고 있다는 점에는 감탄했다. 그는 자신의 철학적 판단을 방해하는 골칫거리를 그냥 내버려 두지 않을 심산이었다.

나는 한 가지 사소한 성공도 거두었다. 하루는 AI의 선구자이자 최초의 AI 논문집 《컴퓨터와 생각Computers and Thought》(1963)의 공동 편집자 중 한 명인 줄리언 펠드먼Julian Feldman이 (다른 한 명의 공동 편집자는 에드워드 파이겐바움Edward Feigenbaum이다) 내 연구실로 뛰어 들어와

랜드연구소RAND Corporation 인장이 찍힌 종이에 등사된, 무겁고 두꺼운 뭉치를 책상 위에 쿵 하고 내려놓았다. MIT의 철학자 휴버트 드레이퍼스Hubert Dreyfus의 〈연금술과 인공지능Alchemy and Artificial Intelligence〉이었다. 그 글의 요지는 인공지능이라는 아이디어 전부를 반박하는 것으로 보였다. 줄리언이 물었다. "댄, 이 사람의 주장이 옳다고 생각해요?" 나는 그날 밤 드레이퍼스의 논문을 읽었고 바로 다음 날 줄리언에게 드레이퍼스가 몇 가지 점에서 큰 실수를 범했다고 말했다. 그러자 줄리언이 힘 주어 말했다. "그게 뭔지를 말하세요! 그걸 글로 써 보라고요!" 나는 그의 말대로 했고 그렇게 해서 내 최초의 출판 논문인 〈기계 추적과 프로토콜 진술Machine Traces and Protocol Statements〉(1968)이 학술지 《행동과학Behavioral Science》에 실렸다. 드레이퍼스는 컴퓨터 프로그램들은 **직관**을 발휘할 수 없다고 주장했고 내 반박 노선은 어떤 문제—정말로 그 어떤 문제든 상관없이—를 해결한 컴퓨터를 상상해 보고 어떻게 그렇게 했는지를 묻는 것이다. 답변은 다음과 같다.

> "그냥 떠올랐습니다. 그게 다입니다." 어쨌든 직관은 연역이나 귀납의 한 종류가 아니다. 직관에 대해 말한다는 것은 자신이 어떻게 그 답에 도달했는지 안다는 것을 부정하는 것이며 이 부정의 진실은, '무의식적인' 무차별 대입 계산brute force computing을 포함해 어떤 방법을 통해서든 답에 도달했다는 것과 양립한다. (159쪽)

돌이켜보면 논문 출판보다 중요했던 것은 내가 곧 AI의 많은 신생 분야에서 AI에 관한 한 신뢰할 수 있는 철학자로 여겨졌다는 사실이다. 이와 대조적으로 드레이퍼스는 AI를 증오하는 사람이었다. 그의 첫 책 《컴퓨터는 할 수 없는 것What Computers Can't Do》(1972)은 컴퓨터가 체스에서 인간을 결코 이길 수 없다는 주장을 담고 있다. 체스를 두는 데는 '직관'이 필요한데 직관은 컴퓨터의 능력을 넘어서기 때문이라는 것이 그 이유이다. 그러나 컴퓨터는 곧 드레이퍼스를 체스에서 이겼고 그때 AI 분야에는 성공의 기쁨이 넘쳐흘렀으나 그 사건이 드레이퍼스의 마음을 바꾸지는 못했다. 시간이 흐르면서 나는 드레이퍼스를 꽤 잘 알게 되었고 우리는 그 논제를 놓고 종종 전투를 벌였음에도 전투는 우호적이었고 둘 다 상대방이 연구하는 것의 진가를 알아보았다. 내가 AI 실험실에서 말할 때 자주 사용한 슬라이드가 기억난다. "버트 드레이퍼스가 그렇게 말했다고 해서 그것이 틀렸다는 뜻은 아닙니다!" 다른 많은 철학자처럼 드레이퍼스도 자신의 주장을 과장하지 않고는 못 배겼다. 그가 만약 AI는 불가능한 것이 아니라 그에 열광하는 사람들이 생각하는 것보다 훨씬 더 까다로운 기술이라고 말했다면 그는 옳았을 것이고 처음부터 드레이퍼스는 그렇게 믿을 만한 가장 좋은 근거 중 일부를 분명하게 표현했었다.

나는《행동과학》이 아닌 철학 학술지에 글을 실을 필요가 있었다. 그리고 또 한편으로는 내 학위 논문이 너무 야심 넘치고 또 파격적이어서 학술지용 짧은 논문 안에 다 욱여넣기는 어렵다는 점도 깨닫게 되었다. 그 내용을 만족스럽게 넣으려면 책 한 권을 통째로 써야 했다. 물론 위험한 일이지만 내가 달리 뭘 할 수 있었겠는가? 모임에 가면 철학자들은 내게 무슨 연구를 하느냐고 묻곤 하는데 그들을 구석에 몰아넣고 50분가량 개요를 들려주지 않으면 내가 하는 일을 도저히 설명할 수 없었다. ("잠깐만요, 당신은 철학자잖아요? 그런데 뇌의 진화와 뉴런, 시각 신호가 안구를 떠난 후 어떻게 작동하는지가 다 무슨 소용인지요?") 나는 외로웠다. 그래서 나는 내 학위 논문을 한 권의 책으로 다시 써서 1967년 봄, 내가 가장 좋아하는 철학 및 과학의 방법에 대한 〈루틀리지와 키건 폴 시리즈Routledge & Kegan Paul series〉를 내는 출판사에 보냈다. 그 출판사에서 책을 낸 사람으로는 J. J. C. 스마트J. J. C. Smart, 데이비드 암스트롱David Armstrong 등이 있고, 그렇다. 비트겐슈타인도 있었다. 나는 차라리 홈런을 노리는 편이 낫다고 생각했던 것이다. 그 시리즈의 원래 편집자는 에이어였는데 그는 내가 송고할 때쯤 자신의 제자인 테드 혼더리치 Ted Honderich에게 그 자리를 넘겼다. 나는 기다렸다. 기다리고 또 기다렸다. 하지만 1년이 다 가도록 혼더리치에게서 아무 소식이 없었다. 나는 점점 절박해졌고 결국 그에게 편지를 보내 내 책 원고에 무슨 일이 생겼는지 문의했다. 그는 원고를 까맣게 잊고 있었고 검토를 위해 옥스퍼드의 누군가(나는 그가 누군지 모른다)에게 원고를 보냈는데 그 사람 역시 잊었다고 했다. 혼더리치는 옥스퍼드로 가서 그 사람 서재의 책과 논문 더미를 뒤져 내 원고를 찾았고 자신이 직접 심사하기로 했다. 1968년 8월, 나는 그에게서 내 책의 출판을 열렬히 환영한다는 소식과 함께 사소한 개선을 제안하는 몇 쪽의 편지를 받았다. 그야말로 천국에 있는 기분이었다. 캘리포니아주립대학교의 너그러운 안식년 제도 덕분에 나는 어바인에서 3년간 가르친 후 석 달의 안식학기를 받을 조건을 갖추었으며 그 가을을 수전과 함께 옥스퍼드에서 보내기로 했기 때문이었다. 그런데 베트남 전쟁이 격심해졌고 선생으로서 내가 받을 수 있었던 유예기간도 취소되려고 했다. 우리는 옥스퍼드에 있는 동안 소집 통지서를 받으면 그냥 잉글랜드에 머물며 할 수 있는 최선을 다하기로 결정했다. 1967년 6월, LBJ[59]가 센추리 플라자 호텔에서 연설을 하면서 그 악명 높은 '경찰 폭동'이 일어나고(이때 많은 사람이 다쳤다. 그러나 우리는 무사했는데 그 싸움에 그렇게 가까이 다가가진 못했기 때문이었다) 로스앤젤레스에서 반전 행진이 이루어진 것을 시작점으로 해서 수전과 나는 둘 다 열심히 반전 운동을 했다. 수전은 우리 동네의 스쿨버스에서 고등학생들에게 징병에 대한 양심적 병역 거부 및 다른 대안에 관해 조언하는 전단지를 나누어 주었다. 그것은 여성 국제평화자유연맹의 프로젝트 중 하나였다. 우리 이웃 중에는 베트남전에 참전했던 해군이 있었는데 그는 지역사회단체 회의에서 우리의 활동을 보고서로 작성하여

59 미국의 36대 대통령 린든 베인스 존슨Lyndon Baines Johnson의 별명이다.

해군 정보국에 보내겠다고 발표했다. 나는 큰 목소리로 말했다. "오, 수전. 당신의 해군 경력은 여기서 끝나겠군요!"

옥스퍼드로 가는 길에 우리는 여름의 한 자락을 가족들과 보내기 위해 매사추세츠에 들렀다. 나는 어찌어찌하여 터프츠에서 여름학기 강의를 얻는 데 성공했고 철학과의 신임 학과장 휴고 베다우Hugo Bedau와 평생의 우정을 맺었다. 옥스퍼드의 성 미카엘학기(가을학기)는 기쁨 그 자체였다. 수전은 임신 중이었고 나는 내 책의 원고를 수정해서 출판사에 보냈으며 내 옛 학교 허트퍼드에서 논리학을 가르쳤다. 그리고 데렉 파핏Derek Parfit을 비롯한 젊은 교수와 매주 만나 그들의 아이디어를 놓고 강도 높은 토론을 했다. 데렉은 시간이라는 논제에 골몰하고 있어서 빅뱅 **전에** 무슨 일이 있었는지 묻는 게 의미가 있는지 질문했고 나는 행동에 대한 프로이트의 설명이 입증이나 논박에서 체계적으로 제외된다고 주장했다. 크리스마스를 앞두고 매사추세츠로 돌아가던 중 우리에게 재앙이 닥쳤다. 수전이 장폐색으로 유산했고 거의 목숨을 잃을 뻔했다. 차후의 임신에 대한 우리의 희망도 사라졌다. 나는 1월에는 어바인으로 돌아가야 했다. 거기서 해야 할 강의들이 있으니까. 그동안 수전은 보스턴의 병원에 남았고 거기에는 의사인 장인어른과 전직 간호사인 장모님이 계셔서 수전이 회복하는 몇 달 동안 매일 수전의 소식을 들을 수 있었다. 그 몇 달은 내 인생에서 가장 슬프고 외롭고 두려웠던 시간이었다. 마침내 수전은 회복했고 나는 그녀를 데려오려 동부로 날아가서 함께 어바인으로 돌아왔다. 우리가 떠나 있었던 몇 달 동안 무언가가 변해 있었다. 반전 운동의 강도가 높아졌을 뿐만 아니라 우리 교수 친구 중 많은 이가 마약, 개방 결혼(부부가 서로의 성적 독립을 승인하는 결혼 형태), 그 밖의 다른 활동으로 눈을 돌리고 있었다. 그들의 행위는 우스워 보일 때도 있었고 우리를 괴롭게 할 때도 있었다. 나는 대마초 또는 LSD에 의해 유발된 우리 친구들의 과장된 가짜 심오함을 꿰뚫어 볼 수 있다고 생각했으며 친한 친구의 집에서 해 봤던, 짧지만 무서웠던 딱 한 번의 해시시 과다 복용을 제외하면 동료들과 많은 학생이 아무리 부추겨도 절대 합세하지 않았다. 나는 그저 고지식한 사람이었다.

그동안 철학과가 성장함에 따라 우리는 훌륭한 철학자 및 논리학자와 함께 흥미로운 세미나를 꾸준히 했고 곧 UCLA와 UC 샌디에이고에서도 철학자들이 차를 몰고 와서 세미나에 참여했다. 어느 저녁, 이야기가 끝난 후 나는 데이비드 루이스와 수학자이자 논리학자인 리처드 몬터규Richard Montague와 함께 주차장으로 걸어 나갔다. 그 둘은 UCLA에서 함께 차를 타고 왔다. 걷다 보니 가로등 아래 주차된 금색 벤틀리가 보였다. 나는 몹시 들떠서 "세상에!" 하고 소리쳤다. "도대체 누가 금색 벤틀리를 탈까요! 게다가 이 차가 여기 어바인의 주차장에 있다니 이게 무슨 일이람!" 나는 차로 뛰어가서 맘껏 보고 즐겼으며 심지어 창문에 얼굴을 누르며 내부를 좀 더 잘 보려고 애썼다. 데이비드와 리처드는 아무 말도 하지 않았다. 나는 신나고 들떠서 한바탕 웃었다. 내 웃음이 잦아들고 나자 리처드가 자동차 키를 꺼냈고 그들은 함께 차를 타고 가 버렸다. 나는 얼굴이 벌개진 채로 서 있었다. 리처드 몬터규는 부유했으며 커밍아웃한 게이었다. 그는 선셋 대로를 따라 금색 벤틀리를 몰며 거친 성향의 남성 파트너를 찾아다니곤 했다. 그런 행동은 결국 베벌리 힐스 언덕 꼭대기에 있는 그의 아름다운 집에서 그가 피살되며 끝을 맺었다. 그 사건은 아직 미제로 남아 있다.

우리는 재미 삼아 영국을 과장스럽게 모방해 놓은 '파이브 크라운스'라는 영국식 펍에 영국 철학자 브라이언 맥기네스Brian McGuinness를 데려간 적도 있다. 그곳에는 놋쇠 장식과 우편함이 있었고 벽에는 여우 사냥 프린트가 붙어 있었다. 그리고 젊은 여성들이 발랄한 흰 모자를 쓰고 서빙을 했다. 지배인은 그날 저녁의 손님이 진짜 영국인이라는 사실을 대번에 알아차렸고 식사가 끝나갈 때쯤 우리 테이블에 와서 영국의 펍을 흉내 낸 자신들의 복제품에 결점이 있는지 그에게 물어보았다. "있어요." 맥기네스가 대답하자 지배인의 얼굴에 그늘이 드리워졌다. 맥기네스가 덧붙였다. "화장실에서 코를 찌르는 냄새가 안 납니다."

UCLA에서 온 손님 중에는 위대한 논리학자 알론조 처치Alonzo Church도 있었다. 그는 컴퓨터과학의 기초 개념인 '처치의 논제'와 '처치의 정리'로 유명하다. 처치는 어바인에서 칠판을 공식으로 꼼꼼하게 채우며 여러 차례 강연을 했다. 그는 어떤 용어나 문장이 의미하는 바를 첨자 지정 없이는 절대로 말하지 말아야 한다고 주장했다. 그에 따르면 'snow영어'는 눈을 뜻한다. 동일한 철자 기호가 다른 언어에서는 다른 사물을 의미할 수 있기 때문에 그 단어가 어느 언어에 속하는 것인지를 첨자로 지정해 주어야 한다. 예를 조금 더 들자면 'chair프랑스어'는 의자가 아닌 '살(영어의 flesh)'을 의미하며 'Gift독일어'는 선물이 아닌 '독(영어의 poison)'을 의미한다. 나는 이를 '처치의 가능성'이라 부르기로 하고 그 자리의 모든 사람에게 두 언어 모두에서 문법에 맞지만 뜻은 매우 다른 하나의 문장을 만드는 게임을 하자고 제안했다. 문장이 길수록, 자연스러울수록 높은 점수를 받도록 했다. 도널드 데이비슨은 문장 "Empedocles leaped(엠페도클레스는 도약했다)"를 내놓았다. 이는 "Empedocles liebt"와 발음이 같고 'liebt'는 독일어로 '사랑한다'는 뜻이다. 전설에 따르면 소크라테스 이전 시대의 철학자 엠페도클레스는 에트나 화산에 뛰어들어 자살했다. 나의 항해 친구 돈 하이니는 "Grand legs? Seize ours!(멋진 다리? 우리 것을 빼앗아!)"를 생각해 냈다. 이 문장은 프랑스어에선 "큰 유산? 16마리의 곰!"을 뜻한다. 나는 내가 가장 좋아하는 소설가이자 여러 언어를 자유자재로 구사하는 신조어 창조의 달인 블라디미르 나보코프Vladimir Nabokov에게 편지를 썼다. 그의 아내 베라는 남편에게 물어보았으나 나보코프가 그런 게임은 생각해 보지 않았고 아무 문장도 내놓지 못해서 미안해한다고 하는, 정중한 답장을 보냈다. 그렇지만 도전은 계속되었다. 나는 돈 하이니의 재치 넘치는 간결한 문장보다 더 좋은 문장을 만들어 보려고 오랜 시간 노력했지만 허사였다. 그의 문장보다 더 길고 더 나은 예가 있다면 알려 달라. 그것이 무엇이

든 감사히 생각하고 좋은 후보에 대해서는 적절한 때에 수상작을 발표할 예정이다.

어바인의 전통은 학과가 강연자를 좋은 레스토랑으로 모셔 저녁 식사를 대접하되 교수진은 자기가 먹은 것은 자신이 직접 값을 치르는 것이었다. 처치가 처음으로 어바인에 강연하러 왔을 때 우리는 그와 함께 바닷가에 있는 '루벤스'라는 스테이크 하우스에 갔다. 거기엔 커다란 나무 노에 메뉴가 적혀 있었고 곁들임 음식도 많이 나열되어 있었다. 처치는 유명한 미식가였는데 걸어갈 때 거대한 배가 앞뒤로 흔들리는 것만 보아도 그가 미식가임을 알 수 있었다. 우리 일행은 여섯 명쯤 되었다. 우리는 식탁에 둘러앉아 처치의 강연을 두고 밀도 높은 토론을 이어갔고 그동안 종업원은 처치 옆을 맴돌며 그의 주문을 받았다. 처치는 한 박자도 놓치지 않고 메뉴에서 가장 큰 스테이크와 구운 감자를 주문하고 토론에 다시 참여했다. 그런데 종업원이 가지 않고 버텼다. "버섯 스튜도 좋아하실까요?" "네." "양파링도 좀?" "네." "팝오버는요?" "그것도." "마늘빵도요?" "네." "손으로 자른 감자튀김은요?" "주세요." 우리는 그가 좋은 사람이라고 생각했다. 그는 비용 지출 규칙을 알고 있으니 모든 메뉴를 하나씩 주문해서 학과 비용으로 나눠 먹게 해 주는 거라고. 우리 가난한 교수들은 자신의 것은 최소한으로 주문했다. 예를 들어 작은 등심 스테이크 하나나 샐러드를 곁들인 햄버거 하나. 음식이 도착하고 처치는 자신이 주문한 모든 메뉴를 혼자 다 먹어 치웠다. 우리가 각자의 앞에 놓인, 금세 비운 접시 앞에 앉아 꼬르륵거리고 있는 동안에 말이다. 기쁘게도 나는 다음 날 처치를 UCLA까지 태워다 주었고 그는 기억에 남는 몇 가지 이야기를 해 주었다. 한번은 처치가 버클리에서 강연을 했는데 토론 시간에 열정적인 젊은 교수 한 명이 처치의 논제가 처치가 방금 말한 내용을 어떻게 무너뜨리는지 공격적으로 말했다고 한다. 그 교수는 말을 한참 계속하다가 갑자기 자기가 지금 누구를 가르치려 드는지 깨달았다. 곧 그는 입을 닫고 자리에 앉았다. 처치는 또한 자신이 학술지 《기호논리논집Journal of Symbolic Logic》논평 섹션의 편집위원일 때 쿠르트 괴델Kurt Gödel의 글을 싣고자 애쓴 이야기도 들려주었다. 그는 괴델이 최근 프린스턴에서 했던 강의의 사본을 싣길 원했고 사본을 주지 않으면 그 강연에 참석한 한 청자의 뒤죽박죽 노트를 출판해 버리겠다고 괴델을 협박했으나 그 협박은 효과가 없었다고 한다.

1969년, 내 첫 책《내용과 의식》두 권이 우편함에 도착해서 나는 매우 기뻤다. 철학과에서는 투표를 통해 내게 다소 때 이른 종신재직권을 주었고 (그때는 그야말로 공급은 적고 수요는 많아 판매자에게 유리한 시장이 형성되어 있었다.) 그 책을 읽고 종신재직권위원회가 검토할 보고서를 써 줄 사람을 추천하라고 했다. 내가 추천한 사람의 이름은 당연히 콰인이었다. 그리고 곧 그의 기밀 서한이 도착했다. 내게는 그 편지를 뜯어볼 권한이 없었지만 안심해도 된다는 이야기를 들었다. 콰인은 몇 가지 사소한 사실 오류를 지적했을 뿐이었다. 결국 위원회는 내게 종신재직권을 허락했고 나는 그제야 내가 철학이라는 학문에 적합한지에 대한 걱정을 내려놓았다. 나는 혹시나 하는 마음에 아마추어 조각을 계속해 왔지만 그때부터는 책에서 내가 옹호한 주장들을 정교화하는 (그리고 때로는 수정하는) 쪽으로 방향을 틀었다. 그 무렵부터 내가 하는 작업이 무엇인지 주목하기 시작한 동료들의 도움을 받았다. 우리는 인식논리에 대한 야코 힌티카Jaakko Hintikka의 선구적인 저작《지식과 믿음Knowledge and Belief》(1962)과 제리 포더의《심리적 설명Psychological Explanation》(1968)을 샅샅이 공부했고 우리 토론에 참여한 몇몇 대학원생을 공포에 떨게 했다. 우리가 말을 아끼지 않고 논박과 반박에 상당히 열을 올렸기 때문이다. 전투원들은 다음과 같다. 조 램버트Joe Lambert, 잭 비커스Jack Vickers, 고든 브리탄Gordon Brittan, 피터 우드러프Peter Woodruff, 그리고 나. 그들은 나를 수많은 막다른 골목에서 꺼내 주었고 결국엔 그 모두가 건설적인 조력자가 되어 주었다. 철학자들이 항상 그렇기만 하다면 얼마나 좋을까! 마침내 그 용광로에서 탄생한 것이 바로 나의 1971년 논문 〈지향계Intentional Systems〉이다. 이 논문은 모든 믿음의 속성에서 합리성을 가정하는 것의 역할을 분명히 적시하고 내가 해온 많은 작업의 기반을 마련해 주었다. 핵심 아이디어는 단순하다. 우리는 사람들(그리고 비인간 동물, 로봇 등등……)의 행위를 이해하고 예측하기 위해 그들에게 믿음과 욕구를 귀속한다. 그러나 이런 작업은 우리가 그들에게 귀속한 믿음과 욕구를 고려할 때 그들이 합리적으로 행동할 것이라고 가정할 때만 작동한다. 그들을 **지향계**—자신이 어디에 있고 무엇을 필요로 하는지 아는 합리적 행위자—로 취급함으로써 우리는 효과적으로 그들과 상호 작용할 수 있다. 그리고 우리가 그들을 돕고 싶든, 협력하고 싶든, 어떤 경쟁에서 그들을 물리치고 싶든, 그냥 내버려두고 싶든, 우리 최선의 희망은 이 같은 위험한 전략이나 입장을 채택하고서 그들이 우리의 기대대로 행동하지 않을 때 우리가 귀속한 믿음과 욕망을 수정하는 것이다. 우리는 그들의 뇌가 어떻게 작동하는지 숙고하지 않고 이런 일을 한다. 우리는 그저 그들의 뇌가 **잘** 작동하리라고 가정할 뿐이다.

《철학 어휘 목록》

어느 날 저녁, 다음 날의 강의 개요를 준비하면서 나는 주제어로 '지향성을 콰인하다quining intentions'라는 말을 썼다. 나는 내가 즉흥적으로 끄적거린 그 말이 무얼 뜻하는지 알았다. '콰인한다'는 것은 어떤 것의 존재—예를 들면 지향성—를 부정하는 것이다. 이는 (콰인이 말했듯이 존재가 넘치는 우주보다) '황량한 풍경', 다시 말해 자신이 존재한다고 가정하는 목록에서 최소주의적 **존재론**을 선호하기 때문이다. 콰인은 "존재한다는 것은 속박변항의 값이 된다는 것이다"라는 격언으로 유명하다. 이것의 의미를 거칠게 말하자면 당신의 이론이 당신에게 '모든 x는 F이다' 또는 'F인 x가 하나 있다'라고 주장하게 한다면 당신의 이론은 F인 x가 존재함을 인정하는 것이다. 그러나 이론의 진술을 바꿔 표현한다면 그 값에 속박될 필요가 없다. 자신의 존재론을 최소화하려는 콰인의 노력은 영향력이 컸지만 공세에 시달리기도 했다. 누군가 콰인에게 "하늘과 땅에는 그대가 그대의 철학 안에서 꿈꾸는 것보다 더 많은 존재가 있다네, 호레이쇼"라는 셰익스피어의 대사를 인용하며 공격했을 때 콰인은 이렇게 대응했다고 한다. "그럴 수도 있겠지. 그러나 내 관심사는 내 철학 안에 있는 것들이 하늘과 땅에 있는 것보다 더 많지 않게 하는 것이라오."

그것이 '콰인하다'라는 동사가 의미하는 것이라면 '힌티카하다hintikka'나 '카르납하다carnap'는? '라일하다ryle'는? 또 형용사 '윌프리드한bewilfrid(윌프리드는 셀러스의 이름이다)'의 의미는? 자기 전에 나는 그런 항목을 십여 개 모아 타이핑했고 다음 날 연구실에서 내 동료들의 우편함에 넣을 복사본을 만들었다. 곧 많은 동료가 게임에 참여하길 원했고 철학자들의 이름을 '보이콧하다', '샌드위치', '카디건'처럼 소문자로 바꾸었다. 조 램버트는 즉시 첫 번째 목록을 미국 전역의 철학과에 있는 친구들에게, 사실상 전 세계의 철학과 친구들에게 보냈다. **철학 어휘 목록**의 새 항목들이 곧바로 여러 곳에서 쏟아져 들어왔고 품질 관리 문제가 대두되었다. 새 항목 중 일부는 설득력 없는 그저 그런 것이었지만 내 원래 항목을 재편집한 버전을 받을 때면 나는 그에 자극받곤 했다. 내가 가장 좋아하는 사례 중 하나는 아무래도 잘못 개선된 것이었다. 버트런드 러셀은 고틀로프 프레게Gottlob Frege의 선구적인 책《산수의 기초Grundgesetze der Arithmetik》가 일관적이지 않다고 비판했다. 그러나 프레게는 그에 굴하지 않고 두 권짜리 학술서를 완성했고 비일관성을 견지하려고 노력했다. 내가 가장 좋아하는 정의는 이것이다.

> **프레게**frege: 명사. ('선결 프레게 요구의 오류to beg the frege'[60]라는 관용구에서만 씀) 자기 입장의 비일관성을 충분히 알고 있으면서도 어떻게 해서든 그것을 고수함.

그런데 누군가가 이 관용구를 '선결 문제를 프레게하다to frege the question'로 대체했다. 으아악! 문제를 뜻하는 독일어 단어는 '프라게Frage'로 '프레게'와 매우 유사한데 따라서 내 원래 버전은 이중언어 말장난이 핵심이었다. 나는 편집자임을 자처하며 빨간 색연필을 꺼내 들어 철학 어휘 목록의 '제2판'을 준비했고 매년 항목을 추가하며 판을 늘려 가기 위해 목록을 모두 복사해 편집자의 승인을 받은 기고자들에게 우편으로 보냈다. 터프츠로 이사한 후 나는 이제 복사본을 인쇄본으로 출판하여 더 널리 이용하게 해야겠다고 생각했다. (나는 어휘 목록이 아마도 내 인생에서 가장 오래 존속할 철학적 유산이 되리라 확신했기 때문에 저작권이 있는 책으로 제대로 출판해야겠다고 판단했다.) 정의 중 일부는 불공평하고 심지어 잔인하기까지 했으므로 나는 인쇄 직전의 원고를 회신용 엽서까지 넣어서 피정의항이 된, 주소를 파악할 수 있는 모든 생존 철학자에게 보냈다. 회신용 엽서에는 세 가지 가능한 선택지를 적었다. "내 이름을 그렇게 정의되도록 책에 넣어 주십시오." "내 이름의 정의를 삭제해 주십시오." "이 책을 출판하지 말길 강력히 권고합니다!" 책에서 자신의 이름에 관한 항목을 삭제해 달라고 요청한 철학자는 여섯 명도 되지 않았다. 나의 몇몇 동료는 그렇게 말한 철학자의 항목에 별표를 쳐서 그대로 실으라고 제안하기도 했지만 나는 삭제를 요청한

---

60 '선결 문제 요구의 오류'를 뜻하는 'to beg the question'에서 '문제' 대신 '프레게'를 넣은 것이다.

이들의 의견을 존중하여 요구를 받아들였다.

몇몇 거부자는 나중에 마음을 바꿔 자신들의 항목을 다음 판에 다시 실어 달라는 편지를 보냈다. 자기 이름이 실리길 원하는 철학자의 편지도 많이 받았다. 심지어 어떤 철학자는 본인의 이름을 무례한 방식으로 정의해서 실어 달라는 편지를 보내기도 했는데 우리는 처음부터 자기 자신을 정의하는 것은 금칙으로 못박았다. 대부분의 학자와 마찬가지로 철학자도 동료들의 관심에 목말라 있다. 하지만 **요청하는 것은 좋은데 제발 내 이름의 철자는 정확히 써 달라!** 내 교수 경력의 첫 10년은, 당시 가장 입에 많이 오르내린 철학자 대니얼 C. 베넷Daniel C. Bennett이 도널드 데이비슨의 가장 뛰어난 제자라는 사실이 퍼지면서 매우 복잡해졌다. 베넷은 스탠퍼드, 브라운, 브랜다이스, 매사추세츠주립대, 스워스모어에서 강의한 훌륭한 사람이었으며 나보다 열 살이나 많았다. 미국철학협회APA 회의에 참가했을 때 사람들은 나의 명찰을 보고 "당신이 **그** 대니얼 베넷입니까?"라고 묻곤 했다. 그러면 나는 "저는 **그 어떤** 대니얼 베넷도 아닙니다"하고 대답했다. 베넷은 1971년에 전국적인 명성을 얻었다. (베넷의 유명세는 15분보다는 오래 지속됐지만[61] 그리 길게 가진 않았다.) 활동가들이 펜실베이니아주 미디어에 있는 FBI 사무실에 침입해 반전 운동가를 감시한 J. 에드거 후버의 파일을 훔친 사건 덕분이었다.[62] 그 파일에는 스워스모어대학교 교수들에 대한 내용도 포함돼 있었고 그 가운데 가장 눈에 띄는 인물이 바로 베넷이었다.

나는 동료들의 이름을 팔아서 내 주머니를 불리면 안 된다고 생각했다. 그래서 《철학 어휘 목록》의 초판은 몇 년 동안 APA에서 판매했

---

61 앤디 워홀은 "미래에는 누구나 15분 동안은 세계적으로 유명해질 것이다"라는 말을 한 적이 있다.

62 당시 FBI가 반전 운동가들을 감시하고 그 기록을 비밀리에 수집하고 있었다는 사실은 바로 이 '1971년 미디어 사무실 침입 사건'으로 처음 폭로되었는데 이는 '코인텔프로COINTELPRO' 같은 FBI 비밀 공작의 존재까지 드러나게 만든 중요한 사건이기도 하다.

으며 아마 협회의 소소한 돈벌이가 되었으리라고 생각한다. 어휘 목록은 몇 년 동안 새 판본이 나오지 않은 채 방치되었는데 오르후스대학교의 덴마크 철학자 아스뵈른 스테글리히-페테르센Asbjørn Steglich-Petersen이 그 책을 인계받을 수 있냐고 물었다. 나는 책상 서랍 안에 쌓여 있던 미분류 상태의 항목 수백 개를 그에게 보냈다. 제8판(1987)은 온라인으로 제작되었으며 무료이다. 지금 정독해 보면 그사이에 나에 관한 새로운 항목이 그리 많이 생기지 않았음을 알 수 있는데 그것은 내가 최근에 철학계의 비공식적 정보망에서 얼마나 멀리 벗어나 있었는지를 보여 주는 좋은 척도이다. 그런데 애초에 모든 항목을 재미있어 하는 사람은 철학책을 읽고 철학자들에 관한 한담을 하는 짓에 너무 많은 시간을 허비하는 사람이라는 것도 사실이다.

7

동부로 돌아가다

1969년 12월의 어느 휴일, 수전과 나는 매사추세츠에 있는 우리 가족의 집을 방문했는데 이때 나는 내 인생에 가장 큰 영향을 준 최고의 논증을 형식화했다.

(1) 우리는 언젠가는 메인주에[63] 자리 잡기를 원한다.

(2) 우리가 앞으로 아무리 빨리 부유해진다 해도 메인주의 부동산 가격 상승 속도를 따라잡지는 못할 것이다.

따라서 우리가 현재 남부 캘리포니아에 살면서 일을 하고는 있지만 지금 당장 메인의 부동산을 구입하려고 노력해야 한다.

수전도 이에 동의했고 우리는 탐색을 시작했다. 한번은 부동산을 찾다 막 그만두려는 순간, 메인의 엘스워스에 있는 한 부동산 중개사

63 메인주는 미국 북동부의 거의 끝부분에 위치한다. (터프츠가 있는) 매사추세츠주는 메인주의 남쪽 끝과 가까이 있다.

블루힐의 갓랜드, 1972

건물의 창에서 작은 흑백 폴라로이드 사진을 봤다. 그 사진에 있는 부동산은 블루힐의 '건물이 있는 약 200에이커의 땅'으로 2만 5000달러에 등록되어 있었다. 몇 시간 후 우리는 그것을 부르는 값대로 샀다. 우리가 흥정 없이 산 건 잘한 일이었다. 크리스마스가 지났을 때 땅 주인은 그 매물을 시장에서 회수하고 좀 더 고급의 부동산 회사와 손잡고 더 높은 가격에 팔고자 했으나 당시 메인주의 법은 판매자가 부른 호가에 응한 사람에게는 반드시 매물을 팔아야 한다고 규정하고 있었다. 이는 차별을 방지하는 현명한 조치였다. 변호사 그룹 헤일 앤드 햄린에 소속된 우리 측의 뛰어난 변호사 찰스 헐리Charles Hurley는 땅 주인이 우리 측의 제안을 받아들여야 한다고 성공적으로 주장했다. 그리하여 갓랜드 농장에서의 삶이 시작되었고 우리는 이후 40년 동안 매년 여름을 거기서 보냈다. [18세기 성직자이자 블루힐에 거주했던 학자 파슨 조너선 피셔Parson Jonathan Fisher는 당시의 모든 집과 길을 보여 주는 그 지역의 지도—지금은 블루힐의 조너선 피셔 하우스 박물관에 전시되어 있다—를 만들었는데 그 당시 우리의 그 200에이커 자리는 건물이 하나도 없었으므로 **'아직 그 누구의 땅도 아닌 곳'**이라는 의미의 '갓랜드(신의 땅Godland)'라고 표시되어 있다. 우리는 그 이름이 우리 농장은 물론, 우리가 거기서 만드는 사과 와인에 딱 알맞은 좋은 이름이라 생각했다. 그 이름은 우리에게 종교와는 아무 상관없었다.] 우리는 아이가 없는 마지막 여름인 1970년 여름에 동부로 향했고 우리가 구매한 농가와 마주했다. "우린 제정신이 아니야!" 내가 수전에게 외쳤던 것이 똑똑하게 기억난다. 우리가 그 집을 처음 방문한 그때, 문간에는 폐차된 차와 트럭이 어지럽게 널려 있었고 주방 싱크대의 니켈 도금 수동 펌프는 뒷마당 우물과 연결되어 있었다. 화장실은 구멍 3개짜리 옥외 화장실[64]이 유일했으며 집안 전체를 다 뒤져도 전기 콘센트는 단 3개밖에 없었다. 곳곳에 쓰레기가 잔뜩 쌓여 있었다. 처음에 보험 회사는 우리가 그저 그 농가를 불태우고 무언가 다른 것을 지으리라 생각하고 보험 가입을 거부했지만 우리 대리인은 우리가 그 땅의 원래의 영광을 복원할 계획을 진짜로 세운, 캘리포니아에서 온 꿈 많은 미치광이 커플이라는 것을 보험사에 확신시켰다. 해군에서 막 제대한 수전의 남동생 조지가 복구 작업을 도왔다. 우리는 블루힐의 이웃들을 사랑했는데 그들은 모두 메인주 토박이였으며 우리에게 꾸준히 조언과 정보를 건네주었다. 이윽고 우리는 매년 여름마다 서쪽 끝의 어바인에서 차를 몰고 미국을 동서로 완전히 횡단해서 블루힐까지 가는 건 말도 안 되는 짓이라고 생각하게 되었다.

뉴잉글랜드로 다시 이사할 시기였다. 다행히도 내 책이 매우 좋은 평가를 받았기 때문에 학교를 비교적 쉽게 옮길 수 있었다. 나는 곧 메

---

64 하나의 부스 안에 긴 벤치가 놓여 있고 그 벤치에 용변을 볼 수 있는 구멍이 3개 뚫려 있는 좌식 화장실이라는 뜻이다. 과거 미국의 농가나 시골집에서 흔히 볼 수 있었다. 한 번에 여러 사람이 쓸 수 있으므로 당시에는 효율적인 것으로 여겨졌다.

인주립대학교, 보스턴에 새로 생긴 매사추세츠주립대학교, 터프츠대학교에서 제의를 받았다. 메인에서만 사시사철을 보내는 것도 매력적인 일이긴 하지만 메인주립대학교 학장이 한 말이 마음에 걸렸다. 그는 아주 명확하게 내가 와서 몇 학기에 걸쳐 종신재직권이 없는 다섯 교수의 계약을 종료하고 학과를 새롭게 정비하길 원한다고 말했다. 그 계획은 학과 모두에게 알려져 있었고 따라서 나의 캠퍼스 방문은 불안감 조성의 수준을 넘어선 일이었다. 하지만 내가 보기에 기존 교수진은 충분히 존경스러웠고 특히 자리가 위태로워진 교수들이 해고 집행자가 될 가능성이 있는 사람을 마주하는 태도에서 보인 정직성과 품위에도 깊은 인상을 받았다. 그렇지만 그들의 아내들—그렇다, 그 당시 교수는 모두 남자였다—은 두려움에 떨고 있었다. 나는 '수전이 그들을 알게 되면 참 다사다난한 시간이 펼쳐지겠군'하고 생각했다.

애머스트에 있는 명성 높은 매사추세츠주립대학교에서도 또 한 번의 불편한 경험이 나를 기다리고 있었다. 나는 거기서 일자리를 얻기 위해 이름을 올렸으나 최종 선발 인원에는 들지 못했다. 그렇지만 그곳에 있는 내 친구 로버트 애커먼Robert Ackermann이 크리스마스 때 내가 동부에 있게 되면 한번 방문하라고 나를 초대했고 나는 내심 오후에 그와 함께 래그타임 피아노[65]를 치며 즐길 것을 기대하며 그의 말에 따랐다. 내가 그의 집에 도착했을 때 그는 그날 오후에 있는 세미나에 참석하는 것이 어떻겠냐고 물었다. 내가 동의하자 그는 동료들에게 전화해서 그들도 세미나에 초대했다. 그는 내게 강연을 시켜 나를 최종 후보로 다시 밀어넣으려 한 것이다. 그의 동료들이 나타났는데 그들은 내가 만났던 이들 중 가장 적대적인 청중이었다. 차를 몰고 보스턴으로 돌아오는 동안 동부 해안에서 고급 철학이 그런 것이라면 나는 거기에 관여하

65 1890~1910년대에 유행한 미국의 피아노 음악으로 왼손은 규칙적인 리듬을, 오른손은 엇박(싱코페이션) 멜로디를 연주하는 것이 특징이다. 재즈의 전신으로도 평가되기도 한다.

고 싶지 않다는 생각이 들었다. 다행스럽게도 그 몇 주 후 매사추세츠주립대학교에서 했던 것과 거의 같은 강연('지향계')을 프린스턴에서 했는데 그때는 활기차고 건설적인 토론을 즐길 수 있었기에 나는 철학이라는 분야와 거기에서의 내 위치에 대한 낙관주의를 곧 회복할 수 있었다. 나는 휴고 베다우가 제안한 터프츠의 종신직을 받아들였다. 그리고 터프츠는 지금까지 내가 갔던 곳 중 그야말로 내게 딱 맞는 곳이었다.

어바인으로 돌아온 나와 수전은 아기를 입양하기로 하고 서류에 서명했다. 입양 절차가 오래 걸리면 일이 꼬일 수도 있었지만 어바인은 절차가 끝나고 아이가 집에 오기까지 내가 거기서 재직할 수 있도록 체류 기간을 연장해 주기로 했고 터프츠도 그때까지 내 도착 시기를 미루어 주었다. 1971년, 우리는 예정보다 일찍 아기 안드레아를 집으로 맞이했고 비로소 홀가분하게 동부로 갈 수 있었다. 그래도 나는 캘리포니아를 자주 드나들었다. 프린스턴의 철학자 도널드 데이비슨과 길버트 하만이 조직한 대대적인 언어철학 여름 워크숍이 어바인에서 열렸고 나는 거기에 비공식적으로 참석할 수 있었기 때문이다.

나는 정말 놀랐다. 내가 아는 한 아무도 그 워크숍에서 이루어진 논의에 대해 논문이나 책을 낸 사람이 없었던 것이다. 내 생각이긴 하지만 그 워크숍이 해당 분야에 큰 영향을 미쳤음에도 말이다. 그 행사는 아마도, 핵심 학과가 아닌 곳에 임명된 젊은 언어철학자에게 세계 최고의 분석철학자 및 언어학자—데이비슨과 하만 외에도 콰인, 스트로슨, 그라이스, 솔 크립키, 데이비드 카플란David Kaplan, 언어학자 바바라 파티Barbara Partee, 하즈 로스Haj Ross, 조지 레이코프George Lakoff가 참석했다—와 밀도 높은 8주를 보내게 함으로써 자신보다 나은 위치에 있는 동료들을 따라잡을 좋은 기회가 되었을 것이다. 하만과 레이코프는 규칙을 깨고 이 나라 최고의 젊은 철학자들을 연구 프로그램의 참가자 자격으로 초대했고 프로그램의 원래 취지상 포함되어야 할 '시골 유지들(비밀스럽게 사용되던 경멸적 표현)'도 함께 초대했다.

데이비슨과 하만은 이 워크숍에 자금을 댄 철학연구위원회로부터 당연히 질책받았다. 그러나 좋건 나쁘건 어바인에서 서로를 잘 알게 된 젊은 철학자들로 이루어진 이 엘리트 집단은 수십 년간 분석철학을 지배하게 되었다. 철학자라면 여기 적은 그들의 이름을 알아볼 것이다. 헬렌 카트라이트Helen Cartwright, 오즈와우두 샤테아우브리안드Oswaldo Chateaubriand, 개러스 에번스Gareth Evans, 칼 지넷Carl Ginet과 샐리 지넷Sally Ginet, 딕 그랜디Dick Grandy, 빌 라이컨Bill Lycan, 밥 스탈네이커Bob Stalnaker, 데니 스탬프, 스티븐 스티치, 리치 토머슨Rich Thomason, 피터 엉거. 나는 그 워크숍의 공식 참가자는 아니었지만 어바인 토박이 멤버라는 이유로 참석이 허용되었다. 그러니 그 치열한 8주를 통해 학술 네트워크에서 최고의 접점을 얻을 수 있었던 철학자에 나도 포함해야 한다. 줄잡아 20명 정도로 구성된 이 철학자 패거리는 이른 오후에는 쉬면서 휴양을 했다. 해변을 즐기거나 테니스를 치거나 어바인의 수영장에서 수영을 했다. 우리는 하계 훈련을 하는 샌디에이고 차저스 풋볼팀과 운동 시설을 공유했고 라커룸에서도 철학적인 논의를 이어 나갔다. 그러나 차저스 선수들이 라커룸으로 뛰어 들어와 소리 지르고 웃고 박수치고 서로에게 헬멧을 던지며 놀면 우리의 논의는 중단되었다. 나의 가장 행복한 시각적 기억 중 하나는 날씬한 피터 스트로슨 경이 기골 장대한

화목 난로의 달인이 되어 가는 수전. 1972

풋볼 선수(그중에서도 최전방 선수들) 두 명과 샤워실에서 이야기를 나누는 모습이었다.

어머니는 캘리포니아로 오셔서 갓난 손녀를 만나 보신 직후 뇌졸중으로 돌아가셨다. 우리는 매사추세츠로 이사하여 어머니의 집에서 몇 달을 살았다. 앤도버(터프츠에서 북쪽으로 30분 거리에 있어 메인주의 농장과는 30분 더 가까운 곳)에 있는 오래된 빅토리아풍의 집을 발견할 때까지 말이다. 2년 후 우리는 아기 피터를 둘째로 입양했고 우리 네 사람은 20년 동안 앤도버와 농장을 왔다갔다하며 살았다. 농장은 중앙난방이 되진 않았지만 식당에는 훌륭한 프랭클린 스토브[66]가, 주방에는 요리용 화목 난로가 있었다. 그 난로들을 이용하면 잠들기 전까진 집안을 어느 정도 쾌적하게 만들 수 있을 것 같았다. 그 생각에서 용기를 얻어 우리는 한겨울의 어느 금요일, 농장으로 호기롭게 차를 몰고 올라갔다. 아침에 일어나자 콧수염에 고드름이 맺혀 있던 것이 선명하게 기억난다. 농장은 140년 이상 중앙난방 없이 사람이 거주하던 곳이었기 때문에 우리는 그 지역 사람들이 평생 살던 대로 그저 따라 할 뿐이었다. 그리고 많은 일을 겪으면서 더 잘살게 되었다.

터프츠에서 내가 가르친 학부 과정 수업 중 하나는 '철학 개론'이었다. 20명 이하의 1, 2학년 학생을 대상으로 하며 몇 편의 소논문을 의무적으로 쓰고 나의 피드백을 받은 후 다시 써야 하는 '집중 글쓰기' 과목이었다. 그 과목을 위해 나는 많은 일을 해야 했다. 내가 여백에 쓴 지적에 따라 학생들은 소논문을 다시 내야 했으며 또 몇 번이든 다시 낼 수 있게 했기 때문이다. 나는 오직 최종 제출된 것만을 따져 학점을 주었으므로 최종 학점에 포함되지 않는 초고들은 엄격하게 평가했다. 그래서 학생들은 초기 소논문 과제에서는 인생에서 그때껏 받아 본 적이 없는 D나 F를 받기도 했다. 소논문을 다섯 개씩 쓰게 한다는 것은, (다

66 벤저민 프랭클린이 1740년에 발명한 난로이다.

섯 개 모두 한 번 이상은 피드백을 받아 다시 써야 하므로) 실로 내게는 한 학기에 수백 시간의 황금 같은 시간을 쏟아야 하는 주요 업무가 되었다는 것을 의미했다. (다른 사람들은 어떨지 몰라도 나는 졸릴 때는 학생들의 보고서를 읽을 수가 없다. 그것은 정말로 오락가락하는 생각 및 잠에 대항하는 가망 없는 싸움이다.) 학생들은 각 시기에 똑같은 교재—플라톤의 《메논Menon》 또는 데카르트의 《성찰》 등—에 관한 작문 과제를 제출하기 때문에 모두가 거의 글자 그대로 같은 페이지에 있게 된다(이해하는 내용이 같다). 따라서 결과적으로 대형 회진을 돌면서 병든 문장을 진단하는 일이 가능했다. 학생들의 과제를 다 읽으면 나는 어색하고 지루한 문장들에 강조 표시를 하고 수업 시간에 사용할 복사본을 만들었다. 문장은 있는 그대로 복사하되 작성자는 특정되지 않게 했다.

우리는 그 문장들을 한 번에 하나씩 칠판에 쓰고 훑어보았다. "이 문장에선 무엇을 고쳐야 할까요?" 내가 물으면 학생들은 당황했다. 그 문장에는 철자 오류도 없었고, 사실에 대한 오류도 없었고, 오자도 없었고, 동사 일치가 잘못된 부분이나 부정사가 분리된 부분도 없고……. 그들이 보기에 문장에는 전혀 문제가 없었다. 그러면 나는 이렇게 물었다. "이 문장에서 생동감이 느껴지나요?" "다음 문장을 읽고 싶게 만들어 줍니까?" "무언가를 생생하게, 기억할 수 있게, 솜씨 좋게 말하고 있습니까? 아니면 제대로 걷지도 못하면서 어설프고 엉성하게 겨우 자기 역할을 하고 있나요?" 그러면 학생들은 곧 요점을 파악하고 좀 더 활기차고 좀 더 우아한, 누군가가 인용하고 싶어 할 만큼 힘차고 명쾌한 부분이 들어간 문장을 경쟁적으로 생각해 냈다. 학생들이 자기들끼리 어떻게 수정하는 것이 가장 적합한지 논쟁하는 동안 나는 칠판을 지우고 다른 문장을 적느라 바빴다. 그들은 나쁜 글쓰기를 통해 좋은 글쓰기를 알게 되었다. 학생들은 내가 수업에서 실제 사례를 통해 보여 주기 전에는 좋은 글쓰기를 열망하도록 격려받은 적이 없었고 자신들의 글쓰기 기준을 높이는 방법도 몰랐다. 글을 쓰고, 다시 쓰고, 또다시 쓰는 것이 내가 내 학생들에게 가르친 것이며 나는 그들의 글쓰기 열망에 불을 붙이려 노력했던 그 시간이 터프츠의 내 학부 강의에서 가장 잘 활용한 시간이라고 생각한다.

어바인에서 일했던 6년 동안은 서부 해안에서 초청 강연을 한 적이 전혀 없었다. 첫 번째 초청 강연은 1970년 12월 프린스턴에서[67] 이루어졌고 그때는 길버트 하만과 리처드 로티Richard Rorty가 나의 책《내용과 의식》을 알게 된 후였다. 당시 프린스턴의 철학과는 미국 최고의 철학과로 여겨졌으므로 나는 최고의 자리에서 초청 강연을 한 셈이다. 청중석에 워낙 기라성 같은 인물들이 앉아 있었던 터라 하버드 시절 친구와 지인(데이비드 루이스와 스테피 루이스Steffi Lewis, 톰 네이글, 길 하만, 마거릿 윌슨Margaret Wilson)이 몇 있었음에도 나는 잔뜩 긴장했다. 내 논문 〈지향계〉를 읽었는데 청중 가운데 한 여성이 유독 눈에 띄었다. 그녀는 발표에 **집중했고** 미소를 지으며 고개를 끄덕였고 또 다음 말을 기대하는 눈빛을 보냈다. 그래서 나는 **그녀를 보며** 강연하는 데 몰두했다. 그러다 보니 강연은 순조롭게 흘러갔고 질의응답 시간이 오자 그녀의 손도 올라갔다. 나는 당연히 그녀를 지목했는데 그녀는 내 논문을 전혀 이해하지 못했음을 드러내는 질문을 했다! 그때 나는 거기서 기절할 것 같았지만 곧 회복했고 이내 내가 어떻게든 다른 이들과 의사소통하는 데 성공했다는 사실을 알게 되었다. 그 후부터 나는 때때로 극도로 긴장하는 강연자의 발표를 들으며 약간 과하게 즐거운 얼굴로 고개를 끄덕이는 나 자신을 발견했다. 그런 행동은 놀라운 발휘한다.

터프츠에 도착한 지 몇 주 되지 않았을 때 첫 번째 중요한 초대장이 도착했다. 그것은 1971년 11월에 열리는 정신과 뇌에 관한 신시내티 학회였다. 주최 측은 내게 내 논문(〈뇌 쓰기와 마음 읽기Brain Writing

67 어바인은 서부 해안 끝쪽에 있고 프린스턴은 비슷한 위도상에서 동부 해안 끝쪽에 있다. 차로는 약 40시간, 비행기로 약 6시간 걸리는 거리이다.

and Mind Reading〉를 말한다. 이 논문은 콰인의 원초적 번역 불확정성에 대한 내 최초의 옹호 논변이었다)을 발표하고 또 내 책에 대한 로티의 강연에 응답해 달라고 요청했다. 그때껏 만나지 못했던 힐러리 퍼트넘이 바로 거기 있었다. 퍼트넘은 태프트 강연을 했고[68] 윌프리드 셀러스도 강연을 했다. 정신병적으로 반전 운동을 하는 중이었던 힐러리를 본 것은 그때가 유일했는데 나는 좀 충격을 받았다. 예를 들어 그는 중국에서 사람들(그들의 언어 관습에 의하면 '인민')이 설계도나 해군 건축가의 도움 없이도 항공모함을 만들고 있다고 강력하게 주장했다. 그때 그의 강연을 이해하기 위해 읽어야 할, 하버드 쿠퍼 서점에서 살 수 있는 유일한 책은 마오쩌둥의 작은 빨간 책[69]뿐이었다. 그럼에도, 정말로 그럼에도 그는 여전히 자신의 작업에 대한 철학적 비판에 현명하게 대처할 수 있었다. 빌 라이컨은 기능주의functionalism에 대한 퍼트넘의 발표에 응답하는 다소 난감한 임무를 맡았다. 퍼트넘은 그 발표 직전 즈음에 기능주의를 포기한 상태였으며 라이컨은 방금 들은 그 입장에 반박하면서 과거의 퍼트넘 입장을 옹호하겠다고 밝혔다. 잘했어요, 빌!

윌프리드 셀러스는 어바인을 몇 번 방문한 적이 있었기 때문에 (그리고 그가 출판하지 않기로 한 내 논문을 두고 나와 서신 왕래가 있었기 때문에!) 나를 알고 있었는데 그날 저녁 신시내티의 고급 프랑스 식당(그렇다. 한 군데 있었고 그는 그 식당을 잘 알고 있었다)에서 함께 식사하자고 나를 초대했다. 호텔 로비에서 셀러스를 만났을 때 나는 토할 것 같은 느낌에 시달리고 있었고 그에게 당신을 이렇게 바람맞히긴 정말 싫

---

68 찰스 태프트Charles P. Taft 기념재단은 해마다 신시내티대학교에 대중 강연을 위한 기금을 전달한다. 태프트 강연은 전도유망한 인문학자들이 그들의 영역에서 거둔 최근의 성과를 일반적인 대중을 대상으로 발표하는 것이 보통이다.

69 1964년 중화인민공화국에서 출판된 책으로 정식 이름은 《마오 주석 어록》이며 마오쩌둥이 했던 중요한 말들을 모아 놓은 책이다. 서양에서는 주로 '작은 빨간 책Little Red Book'이라고 부른다.

지만 지금 메스꺼움으로 너무 힘든데다가 점점 더 아파질 것 같아서 같이 식사하지 못할 것 같다고 조심스럽게 말했다. 그는 나를 유심히 살펴보더니 "마티니를 좋아합니까?"라고 물었다.

"네. 평소에는 매우 좋아합니다. 하지만-"

"하지만이라는 말은 하지 말고요, 나랑 같이 갑시다. 가서 마티니 한두 잔 마십시다."

나는 마지못해 그와 택시를 탔고 고급 프랑스 식당에 들어가 수 분 내로 그를 향해 속을 모두 게워 낸다면 얼마나 끔찍할지 상상했다. 그러나 그런 일은 일어나지 않았다. 그가 옳았다. 나의 메스꺼움은 온종일 너무 긴장해 있어서 생긴 증상이었고 마티니 첫 모금을 마실 때만 해도 공포에 질려 있었지만 일단 마시고 나니 긴장이 눈 녹듯 사라졌다. 우리는 기억에 남을 만한 식사를 했고 그보다 더 기억에 남을 만한 대화를 나누었다. 우리 사이에 남은 불일치에 관해, 특히 그의 **감각질**qualia 개념이 철학자들이 포기해야 할 실수인지에 관해 토론한 것이다. 프랑스 버건디 지역 특산 와인인 샹베르탱 한 병을 비워 갈 때쯤 그가 말했다. "댄, 감각질이야말로 삶을 가치 있게 만드는 거예요!" 나는 그의 말에 동의하지 않았고 후에 감각질에 대한 셀러스의 관점에서 무엇이 옳고 무엇이 그른지를 낱낱이 소개할 때 그의 그때 그 말을 인용했다.

1973년에 나는 또 다른 주목할 만한 학회, 그러니까 코네티컷대학교에서 열리는 '언어, 지향성, 번역 이론'에 대한 학회에서 발표를 해 달라는 초청을 받았다. 그 학회는 아마도 콰인의 원초적 번역 불확정성을 놓고 다투는 철학적 전쟁에서 최고의 교전이었을 것이다. 그리고 결국에는 콰인이 정당했음을 입증받았다(내 견해로는 아마도 이런 판단에 모든 참가자가 동의한 것은 아니었을 것이다). 퍼트넘과 나는 셀러스 논문의 논평을 맡았고 콰인과 데이비드 루이스는 데이비슨의 논문을 논평했다. 길 하만과 찰스 파슨스는 마이클 더밋Michael Dummett에 대한 논평을, 데이비드 카플란David Kaplan과 바바라 파티는 솔 크립키의 강연에 대한 논평을 했다. 모두 문제적인 사람들이었으나 나는 그때 훨씬 편안함을 느낄 수 있었다. 학회 직전, 나는 힐러리 퍼트넘을 차에 태우고 코네티컷으로 갔으며 그동안 서로를 알아갈 시간을 가질 수 있었다. 셀러스가 사전에 논문을 보내지 않은 탓에 우리가 어떻게 논의해야 할지를 토론했고 다른 하버드 교수들(철학자는 아니었다)이 (힐러리의 성姓은 전형적인 와스프Wasp 성이었지만 사실 그것은 그의 가족이 수십 년 전에 '선택'한 것이었다[70]는 사실을 알지 못하고) 그의 면전에서 반유대주의 발언을 했다는 말을 듣고 큰 충격을 받기도 했다. (그의 아버지 새뮤얼은 매우 존경받는 번역가였으며 모던 라이브러리 판《돈키호테Don Quixote》를 번역했다. 그 책은 지금도 출판되며 많은 독자가 최고의 영문 번역판으로 평가하고 있다.) 나는 하버드의 교수진이나 학생 사이에서 반유대주의를 마주친 적이 전혀 없지만 힐러리의 말을 믿고 있고 지금도 조심하려고 계속 노력하고 있다.

코네티컷대학교에서의 모임은 치열했지만 유쾌했고 나의 이야기도 잘 풀렸다. 이야기가 유머러스했다는 것도 그 이유 중 일부였다. 휴식 시간에 콰인이 미소를 띠며 내게 다가와 워크숍에서 나를 만나 매우 기쁘다고 말했다. 그러고는 "나는 유머에 대한 채워지지 않는 식욕을 가지고 있지요"라고 덧붙였다. 나는 나의 발표가 그저 유머러스하다는 데 그치진 않았으면 좋겠다고 약간 쌀쌀맞게 대답했고 그는 우아하게 물러섰다. 또 한때는 그가 일부러 나의 조각품들(내가 하버드에서 전시한 것을 그가 보았다고 했다)을 칭찬하며 나서기도 했다. 나는 혹시 그가 내게 철학 대신 조각을 계속하는 것이 낫겠다는 암시를 주고 있는 것은 아닐까 궁금했다. 교수는 그런 일상적인 말이 학생에게 어떤 반향을 일으킬 수 있는지 과소평가하기 쉽다. 나는 의도치 않게 날카로운 말을 받아 본 경험이 충분히 있어서 이제는 학계의 깡패에게만 가시 돋친 말

70 힐러리 퍼트넘의 어머니는 유대인이다.

을 아껴 쓰는 데 신중을 기했다고 생각한다.

피츠버그대학교는 그 학교만의 특이한 여름학기 동안 심리철학 세미나를 해 달라고 내게 부탁해 왔다. 나는 14주의 세미나를 7주로 압축하여 터프츠에서 수업이 끝난 후 피츠버그 수업을 시작할 수 있게 만들었다. 나는 7주 동안 매주 화요일 아침에 비행기를 타고 피츠버그로 가서 오후 세미나를 하고 캠퍼스 바로 옆의 호텔에서 하룻밤을 묵은 뒤 수요일 아침에 또 한 번 세미나를 한 후 비행기를 타고 집으로 돌아갔다. 나는 피츠버그 철학과를 사랑했다. 거기는 대학원생들에게 공부를 더 많이 시킨다는 평판을 얻고 있었고 또 윌프리드 셀러스를 위시하여 존 하우글랜드John Haugeland 같은 훌륭한 철학자가 있었다. 하우글랜드 이야기는 나중에 더 하겠다. 화요일 저녁에는 대부분 윌프리드의 단골 클럽이나 고급 레스토랑에서 그와 저녁을 먹고 밤까지 (술을 마시며) 이야기를 나누곤 했다.

1970년대가 지나가는 동안 수십 명의 철학자 청중의 도움으로 갈고 닦은 마음과 심리에 대한 내 논문이 꽤 축적되었다. 나는 그 논문을 책으로 묶어 내면 그 청중들이 내게 준 영향이 더 널리 퍼질 수 있으리라 생각했다. 그러나 나는 책을 양장본으로 내고 높은 가격을 매기자는 출판사의 요청에 반대했고 뭔가 다른 것을 시도해 보고 싶었다. 머릿속의 이 발상이 떠오르자마자 터프츠의 내 연구실로 두 명의 손님이 방문했다. 해리 스탠턴Harry Stanton과 베티 스탠턴Betty Stanton은 그때 버몬트 북부에 있는 스키 오두막을 사무실로 쓰고 있었으며 '브래드포드 북스' 라는 새로운 출판사를 설립하고 스키 오두막에서 벗어날 계획을 세우고 있었다. 해리는 보스턴의 숙련된 출판인으로 애디슨-웨슬리 출판사에서 일하다가 일찍 은퇴했다. 해리는 프리랜서 교열자와 북디자이너의 이름과 전화번호가 적힌 자신의 '작고 까만 책'[71]을 이용하면 큰 사무실 건물과 직원 고용에서 오는 부담 없이도 고품질의 책을 만들 수 있다는 사실을 깨달았다. 그래서 해리는 하버드와 MIT를 돌아다니며 그가 꾀어낼 수 있는 예비 작가를 찾아 나섰다. 놈 촘스키가 해리에게 내게 연락해 보라고 제안했고 그는 그 말에 따랐다. 해리와 베티는 우아하고 매력적이었으며 둘 다 장난꾸러기 같은 유머 감각을 소유하고 있었다. 나는 그들에게 내가 그러모은 논문 묶음을 건넸고 통상적이지 않은 특이한 거래를 제안했다. 나의 논문집을 양장본과 페이퍼백으로 동시에 출판하고 양장본의 가격은 그들에게 맡기되 페이퍼백의 가격에 대해서는 내가 거부권을 쥐고 개입할 수 있게 하는 것이었다. 나는 이렇게 하는 것이 올바른 일이라고 확신했기 때문에 이 특권을 갖기 위해 초판 3000부에 대한 모든 인세를 기꺼이 포기했다. 나는 비슷한 책들의 가격을 조사해서 내가 결정할 페이퍼백 가격이 합리적인지를 알아보겠다고 약속했고 해리와 베티는 원고를 읽고 숙고하기 위해 그들의 스키 오두막으로 향했다.

그들은 버몬트대학교의 젊은 철학자 부부 필립 키처Philip Kitcher와 퍼트리샤 키처Patricia Kitcher에게 편집상의 조언을 구했는데 그들은 신속하게 그 프로젝트를 진행해도 되겠다는 축복의 말을 보냈다. 따라서 《브레인스톰Brainstorms》(1978)의 계약은 보스턴의 세인트 보톨프 클럽('해리의 클럽'이라고도 한다. 해리는 나비넥타이를 하고 파이프 담배를 피우며 보스턴의 유서 깊은 부유층 지역인 비컨힐에 사는 보스턴 신사다)에서 열린 호화로운 만찬 자리에서 이루어졌다. 해리는 그의 친구 에드워드 고리Edward Gorey[72]에게 전단지 광고에 쓸 내 책의 표지 그림을 비롯한 몇 점의 그림을 그려 달라고 청했다. 내 책은 브래드포드 북스라는 출판사의 데뷔작(촘스키와 에드워드 워커Edward Walker가 정리한 《언어와

---

71 서양에서 '작은 까만 책little black book'은 여자친구들(또는 좋아하는 사람들)의 전화번호 및 주소가 적힌 일종의 개인 주소록을 말한다.

72 미국의 작가이자 일러스트레이터다. 하버드에서 불문학을 전공했고 유명 작가들의 책에 그림을 그렸으며 연극 무대 미술과 의상으로 토니상을 받기도 했다. '부조리'를 기본 정서로 한 본인의 그림책도 여러 권 발간했으며 미국의 영화감독 팀 버튼에게 지대한 영향을 주었다.

생물학 세미나 모음집》이라는 작은 책은 제외하고)이 될 예정이었고 해리는 큰 반향을 불러일으키고 싶어 했다. 그런데 좌절스러운 문제가 터졌다. 고리의 표지 그림이 우편으로 오다가 분실된 것이다. 해리는 멋진 표지를 위해 몇 달 동안 그 우편물이 오기를 기다리다가 결국 포기하고 에드워드 리어Edward Lear의 《반짝이는 코를 가진 동The Dong with the Luminous Nose》을 위해 고리가 그린 그림을 내 책의 표지로 넣었다. 몇 년이 지난 후 고리는 원래 그림을 다시 그렸고 그 그림은 1985년부터 페이퍼백의 표지로 쓰였다. 턱수염을 기르고 목도리를 두른 네 명의 수수께끼 같은 사람과 네 마리의 양이 황량한 풍경에 서 있는 그림이다.[73] 나는 그 그림이 어떤 깊은 의미를 지니는 것인지 아니면 그저 고리의 특징을 잘 보여 주는, 기묘한 빅토리아풍의 조소 섞인 음산한 그림 중 하나인지 결코 알아내지 못했다.

그 책—그리고 브래드포드 북스—의 홍보 활동은 엄청난 성공을 거두었다. 곧 해리와 베티에겐 브래드포드에서 책을 출판하려는 철학자와 인지과학자의 원고가 쇄도했다. 그러나 브래드포드 북스를 상장하고 월 스트리트를 강타하려는 계획을 세운 바로 그때 해리가 인후암에 걸렸다. 인후암에 걸린 사람의 1인 출판사에 투자할 사람은 아무도 없을 것이므로 해리와 베티는 계획을 바꾸어 버몬트의 작은 마을 몽고메리에 있는 브래드포드 북스를 인수할 보스턴 소재 출판사를 찾았다. 다행히도 MIT 출판부의 이사인 프랭크 우르바노프스키Frank Urbanowski가 높은 안목을 가지고 브래드포드를 인수했고 해리와 베티를 편집자로 고용했다. 몇 년 안에 브래드포드 북스는 MIT 출판부의 잘나가는 임프린트(큰 출판사 밑의 계열출판사)가 되었다. (나는 내 책과 촘스키/워커의 책이 몽고메리에서 출판된 브래드포드 북스의 유이한 책이라고 생각한다.

73 이 책은 앞표지와 뒤표지의 그림이 연결되어 있다. 앞표지에는 사람 세 명과 양 한 마리가, 뒤표지에는 사람 한 명과 양 세 마리가 배치되어 있다.

그 두 책이 출판될 무렵 관계자들은 스키 오두막에서 일했지만 비바람이 들이치지는 않아 모든 우편과 청구 업무까지 무사히 처리할 수 있었고 또 그 덕분에 멋진 눈 내리는 마을 프로젝트에 참여하는 듯한 기분이 들었다. 스탠턴 부부가 다시 남의 고용인이 되는 모습을 보는 것은 유감이었지만 그들은 그 상태에서도 훌륭한 일들을 해냈다.) 몇 년 동안 나는 저자와 제목에 대해 조언하는 비공식적 역할을 했으며 당연히 거기서 그들과 함께 다른 책도 출판했다. 적어도 10년 동안 MIT 출판부는 인지과학 분야의 대표 출판사였다. 하버드와 예일, 옥스퍼드, 케임브리지대학교 출판부의 편집자 모두 내게 열심히 조언을 구했다. MIT 출판부가 어떻게 그 분야에 진출할 수 있었는지에 대해 말이다. 나는 그 모두에게 조언을 해 주었지만 내가 계속 함께한 곳은 브래드포드 북스였다.

8

하버드에서의 1년, 제리 포더를 만나다

터프츠의 위치를 알고 싶다면 지도 위에서 하버드와 MIT를 두 끝점으로 하는 선분을 긋고 그것을 밑변으로 하여 정삼각형을 그리면 된다. 그 삼각형 꼭짓점 근처에 터프츠가 있으니 터프츠는 하버드로부터도 MIT로부터도 같은 거리에 있는 셈이다(물론 하버드와 MIT도 그와 같은 거리에 있다). 날이 좋으면 그 학교들을 잇는 길은 멋진 산책로가 된다. 터프츠는 언제나 하버드와 애증의 관계에 있었는데 70년대에는 지금보다 훨씬 심했다. 가끔 내가 보기엔 터프츠의 교수진 모두가 하버드 출신이거나 거기서 박사 학위를 받았거나 하버드 교수의 배우자이거나 하버드 여름학기나 공개강좌에서 강의했거나 하버드에서 강의하고 싶어 하거나 하버드에서 강의를 하다가 하버드 밖으로 보내진 것 같았다. 그래서 터프츠에서 불과 2년을 보낸 후 하버드에서 방문교수직 제안을 받았을 때 내 동료 교수들은 거기에 촉각을 곤두세울 수밖에 없었다. 그것은 아마도 하버드 종신교수직을 놓고 시험하는 일종의 오디션이었던 것 같았다. 그래서였는지 그다음 해 하버드에서 교수직 제의를 받지 않고 터프츠로 돌아왔을 때 나는 동료들의 얼굴에서 엇갈린 감정을 읽을 수 있었다. 일부는 내가 돌아온 것을 고결하지 않은 이유로 기뻐했다. (아마도 내가 겁을 집어먹어 꼬리를 말고 돌아왔음이 틀림없다고 생각했을 것이다.) 이런저런 소문이 난무했다. 이제라도 이야기를 바로잡으려 한다. 하버드에서는 종신교수직에 대한 그 어떤 제안도 하지 않았고 제안에 대한 논의도 전혀 없었다. 돌이켜보면 다행한 일이었다. 그때 하버드에서 종신교수직을 제안했다면 나는 십중팔구 받아들였을 것이고 그랬다면 내 철학자로서의 경력도 서서히 중단되었을 것이기 때문이다.

왜냐고? 주된 이유는 하버드가 교수를 엄청나게 압박한다는 것이다. 나는 아직도 내가 하버드 학부생이었을 때 교수님을 찾아 상담하기가 너무 힘들어서 화가 났던 기억이 생생하다. 그들은 숨는 데 능숙해 보였다. 이제 그 호기심을 받는 입장이 되고 나서는, 나 자신도 곧 숨는 방식을 이리저리 찾고 있었다. 당시 하버드 학생들은 세계적인 교수진이 매일, 언제나 최고의 컨디션으로 학생들의 정직한 호기심을 함께 다루기 위해 무한한 추가 시간을 자신들에게 할애해야 하고 자신들은 그런 대우를 받을 자격이 있다고 생각했다. 나는 지금의 하버드 학생도 다르지 않으리라고 생각한다. 하버드는 후배 교수들에게 종신재직권을 주지 않는 것으로 유명했고, 그래서 그들의 자리는 '접이식 의자'라는 비공식 별명으로 불리기도 할 정도여서 그들은 언제나 종신재직권을 얻으려고 하버드 밖으로 나갔다. 짐작건대 이런 현상의 의도치 않은 부작용 중 하나는 하버드가 다른 곳에서 이미 명성을 떨친 대담한 선구자를 종종 영입했지만 그들이 일단 하버드의 종신재직권을 얻고 나면 몸을 사리고 조용해지는 것을 지켜볼 수밖에 없었다는 것이다. 하버드에서 방문교수로 지냈던 1년은 내 인생의 전환점이 되었다. 그때 얻은 가장 큰 깨달음은 내가 그 언제 터질지 모르는 압력솥 안의 일원에 어울리는 사람이 아니라는 것이었다.

그해 하버드에서 나는 가벼운 일을 맡아 했다. 가을학기에는 심리

철학 강의를 하고 대학원 세미나를 진행했다. 봄학기에는 산타야나 펠로 신분이어서 가르치는 일을 하지 않고도 하버드의 모든 시설을 이용하며 자유롭게 연구할 수 있었다. (나는 봄학기의 많은 시간을 대학 안에 있는 카운트웨이 의학도서관에서 마취 이론을 연구하며 보냈다. 통증에 관한 논문을 쓰기 위해서였다.) 내 첫 책을 기반으로 한 강의 과정은 큰 성공을 거두었다. 책에 대한 많은 비평과 대안이 쏟아져 들어왔으며 40명 정도의 똑똑하고 공격적인 학생이 강의 시간에 신랄한 비판의 질문을 던졌다. 멋진 일이었다. 그렇지만 어떤 질문은 덩치가 너무 커서 그런 질문들을 수업 시간에 다 다루다 보면 일정을 지키기 힘들어지고 또 강의계획서에 명시된 내용을 다 소화하기 어려웠다. 그래서 나는 정기적인 수업 시간 외에 내 연구실에서 그런 질문에 대해 함께 토론하는, '제약 없는' 특별한 질문 시간을 운영하기로 했다. 그 시간은 120분이 넘는 토론 모임으로 변했고 결국 수업이 없는 날에 두 시간을 더 할애해야 했기 때문에 따지고 보면 수업 시간이 두 배 이상 늘어난 꼴이 되었다. 그 모임은 정말로 흥미진진했고 학생들의 호기심은 내 이해의 폭을 넓히고 내 논증을 구체화하는 데 도움을 주었다. 그러나 나는 거의 익사 직전이었으므로 내 연구실에 숨어서 읽고 쓸 수 있는 다음 학기를 간절히 기다리게 되었다. [그건 그렇고, 그때 나는 콰인의 연구실을 사용했다. 그는 휴가로 자리를 비우며 내게 쓰라고 권했다. 그 연구실은 하버드 야드(하버드의 중앙광장 같은 곳)에서 가장 좋은 위치에 있었고 에머슨 홀에 있는 사무실 중 와이드너 도서관과 가장 가까운 곳이었다. 연구실 책장에는 책이 위협적으로 쌓여 있었다. 다른 논리학자의 논리학 교재들은 한쪽 구석에 7피트 높이의 탑을 이루고 있었고 콰인이 쓴 책들은 내가 그의 책상 의자에 앉았을 때 내 팔꿈치까지 오는 책꽂이에 놓여 있었다.]

그리고 대학원생 세미나가 있었다. 나는 하버드 대학원생들에게 어렵고 이해할 수 없으면서 감질나게 하는 책을 어떻게 다루어야 하는지 가르치기로 마음먹었다. 학생 한 명당 한 챕터를 배정해서 매주 세미나를 하기 전에 같이 작업해 보고 그들이 논의에 뛰어들 수 있도록 일종의 설명적 비평 텍스트를 만들게 하는 것이다. 그 텍스트는 그 주의 토론을 위한 기초가 될 것이었다. 나는 일부러 나까지도 혼란하게 만드는 매우 당혹스러운 새 책 두 권을 골랐다. 하나는 길버트 하만의《사고Thought》(1973)였고, 다른 하나는 제노 벤들러Zeno Vendler의《레스 코기탄스Res Cogitans》(1972)였다. (두 권 모두 아직도 나를 어리둥절케 하고 있고 내가 아는 한 철학자들은 아무도 이 책에 관심을 보이지 않고 있다. 정말로 머리가 좋은 철학자는 유혹적이면서 수수께끼 같은 책을 쓸 수 있다.) 나는 대학원생들의 도움을 얻어 그 책을 이해해 나갈 수 있을 것이라 예상했다. 그런데 문제가 생겼다. 수강 신청을 한 대학원생이 단 한 명이었던 것이다. 그가 바로 엘리엇 소버Elliott Sober였고 그의 학위 논문은 이미 승인되었지만 학위를 따려면 한 과목의 학점이 더 필요했기에 학점을 얻으려고 내 수업에 등록했던 것이다. 소버 한 사람에게 책임을 지우며 매주 '설명적 비평 텍스트'를 쓰게 할 수는 없다는 사실이 너무도 명백해서 나는 처음의 발상을 버려야 했다. 그러고 나서 깨달았다. 대학원 세미나는 내가 가진 전문 지식을 방문자에게 전시하는 쇼케이스로서 더 큰 의미를 지닌다는 것을. 나는 그걸 까맣게 모른 채 나조차도 잘 이해하지 못한 주제를 선택했다는 것을. 그건 정말로 좋은 인상을 줄 방법이 아니었다. 세미나 시작까지 한 시간이 채 남지 않은 상황에서 도대체 무엇을 말해야 할지 고민하며 하버드 야드를 초조하게 거닐던 기억이 생생하게 떠오른다. 나는 가끔 공황 상태 직전까지 가기도 했다. 학과의 교수들을 포함하여 청강생들이 매주 꽤 많이 참석했는데 그들은 혼란에 빠져 머리를 긁적이는 나를 냉담하게 바라보기만 할 뿐 그 어떤 조언도 해 주지 않았다. 청강생 중 내게 도움을 준 사람은 빌 우즈Bill Woods와 마이클 무어Michael Moore였다. 빌 우즈는 하버드의 컴퓨터과학과를 방문한 초기 AI의 선구자이고 마이클 무어는 우연히 강의 목록을 보고 들어온 젊은 법철학자였다. 그도 방문연구원 신분이었다.

한번은 우즈에게 이렇게 물었던 기억이 난다. 당신은 뚜렷한 이유 없이 나타나 내가 고생하는 것을 계속 지켜보던데 왜 그런 짓을 하냐고. 그는 내 고난을 지켜보는 것을 즐겼을까? 우즈는 말했다. "음, 댄, 당신은 답은 모를지언정 멋진 질문을 하고 있더군요." 그 대답은 빌 우즈가 모든 면에서 철학자라는 것을 보여 주었고 그 한 마디 덕분에 나는 그 학기의 고난을 헤쳐 나갈 수 있었다.

그해 하버드를 방문한 또 다른 인물로는 조셉 와이젠바움Joseph Weizenbaum이 있다. 그는 코앞에 있는 MIT에서 온 컴퓨터과학자로 자신이 만든 프로그램 예레미야드jeremiad를 가지고 연구하고 있었고 《컴퓨터의 능력과 인간의 이성 - 판단에서 계산까지Computer Power and Human Reason: From Judgment to Calculation》(1976)라는 책을 썼다. 힐러리 퍼트넘이 우리 둘을 서로 소개해 주었고 우리는 대번에 죽이 잘 맞았다. 조는 버트 드레이퍼스처럼 AI에 비판적—심지어 적대적—이었지만 컴퓨터 분야에서 주된 발전 몇 가지를 이룩함으로써 AI를 가능케 한, 그 분야의 내부자였다. 거대한 메인프레임에서 시분할을 설계한 사람 중 한 명인 조는, 처음에는 농담 삼아 최초의 대화형 봇—이 용어는 수십 년 후에 생겼지만—엘리자ELIZA 프로그램을 만들었다. 엘리자는 칼 로저스Carl Rogers의 정신 치료 요법 스타일을 패러디한 것으로 의도적으로 얄팍하게 만들어져서 "당신은 당신의 어머니에 대해 언급했습니다. 어머니에 대해 좀 더 말해 주세요"라는, 뻔한 대응밖에 하지 못했다. 조는 낮 동안 이루어진 상호 작용을 다운로드하여 엘리자를 개선할 심산으로 엘리자를 공용 터미널(MIT 초기 시분할 시스템의 일부)에서 실행되도록 해 놓았다. 그런데 학생들이 그것을 온라인 정신 치료에 사용하며 하드디스크(아마도 그 시절에는 테이프 드라이브였을 수도 있다)에 자신들의 내밀한 이야기를 털어놓는 것을 보고 충격을 받았다. 학생들은 또한 자신들의 의료 기밀이 와이젠바움에 의해 침해되고 있다고 항의하기까지 했다! 하루는 조의 비서가 점심시간에 엘리자를 좀 만져 봐도 되겠느냐고 물었다. 조는 비서가 무엇을 타이핑하는지 보려고 그녀의 어깨 너머를 기웃거렸는데 그녀가 야단을 쳤다. "이건 사적인 대화입니다!" 조는 사이버네틱스의 창시자 노버트 위너Norbert Wiener의 발자취를 따르고 있었다. 위너는 AI가 세계에 미칠 수 있는 부정적 영향에 대해 경종을 울린 최초의 내부자였다. 조에게 가장 큰 문제는 자신의 책에서 (드레이퍼스가 그랬던 것처럼) AI가 불가능하다고 주장할지 아니면 (위너가 그랬던 것처럼) 가능은 하지만 위험하다고 주장해야 할지 마음을 정할 수가 없었다는 것이다. 우리는 이 문제에 대해 해결되지 않는 논의를 오랫동안 해 왔다. 조는 책의 서문에서 나에게 깊은 감사를 표했지만 나는 결코 그가 그 선택에 정면으로 직접 맞서게 만들 수가 없었다. 확실히 그해 나는 조를 통해 컴퓨터에 관한 많은 것을 배웠다. 특히 대중이 컴퓨터를 어떻게 받아들이는지, 컴퓨터를 어떻게 (잘못) 이해하는지에 관해 배웠다. 하루는(1974년 봄) 하버드의 연구실에서 조가 내게 내기를 걸었다. (다음의 내용은 내 기억에서 뽑아낸 것으로 정확하지 않다.)

> 오늘 밤 NBC(다른 매체였을 수도 있다)에서 AI에 관한 한 시간짜리 다큐멘터리가 방송돼요. 제작팀은 거의 1년 전부터 그 방송을 준비했는데 그때 나와 인터뷰를 했어요. 몇 주전에는 모든 여행과 촬영을 마치고 돌아와 다시 나하고 후속 인터뷰를 했지요. 그들이 조명과 카메라를 설치하는 동안 나는 물어봤어요. 1년간의 조사에서 무엇을 배웠느냐고. 그들은 모두 웃으며 대답했어요. "AI 프로그램이 작동하지 않는다는 걸 배웠습니다!" 그들은 MIT와 스탠퍼드 등지에서 온 열성적인 연구원들이 데모를 실행하려고 노력하는 모습을 지켜보았고 대부분이 예외 없이 AI 프로그램이 실제 광고된 대로 고작 몇 분 동안 작동하게 만들기 위해 몇 시간 동안 애썼다고 했어요. 오늘 밤 방송에 그 몇 시간의 노력이 언급되지 **않는다**는 것에 제가 10달러 걸겠습니다.

그는 내기에서 이겼다. 그 당시의 AI(존 호지랜드는 고전 인공지능, 고파이Good-Old Fashioned Artificial Intelligence, GOFAI라고 불렀다)를 둘러싼 과도한 흥분은 부분적으로는 교수나 엔지니어가 아닌 미디어가 만든 것이다. 미디어는 좋은 이야기를, 미디어가 말하지 않고는 배길 수 없는 과학소설 같은 놀라운 이야기를 만들었다. 그러나 AI 창조자들도 매스컴의 그런 홍보에 저항할 수 없었고 그리하여 실질적으로 거의 모든 관계자가 대중에게 제품을 과잉 판매하게 되었다. 그런 일은 AI의 역사와 함께 계속 반복해 발생했다. 현재의 대중은 GPT-3을 위시한 거대한 생성 언어 시스템에 열광하고 있다. 그것은 더 많은 사람이 깊이 오도되기 전에 우리가 터뜨려야 할 최신 거품이다. (24장을 보라.)

그런데 와이젠바움은 마술사의 영혼을 가지고 있었다. 조는 벨몬트에 있는 집에 컴퓨터 터미널을 설치하고 짧은 프로그램을 써넣은 후 딸들에게 이 컴퓨터는 모든 예/아니오 질문에 정확하게 답할 수 있다고 말했다. 그 컴퓨터는 정말로 그런 것 같았다. 한번은 MIT의 컴퓨터과학과 동료들이 조의 집에서 저녁을 먹은 적이 있는데 딸들이 손님들에게 '아빠의 놀라운 문답 장치' 이야기를 했다. 당연히 동료들도 그것이 작동하는 모습을 보고 싶어 했다. 결국 모두가 조의 서재로 갔고 조는 터미널(과 300보드baud[74]의 속도로 안정적으로 작동하는 음향 모뎀) 앞에 앉았다. 동료들은 조에게 여러 질문을 하며 타이핑을 하게 했다. 컴퓨터는 모두 정확하게 대답했다. 동료들은 조가 타이핑을 하며 뭔가 추가적으로 신호를 보낸다고 추측해서 자신들이 질문을 직접 타이핑해도 되겠냐고 물었다. 조는 기꺼이 허락했고 그렇게 했음에도 컴퓨터는 여전히 옳은 대답을 내놓았다. 조는 도트 매트릭스로 인쇄된 긴 종이 두루마리

---

74 1보드는 초당 1비트를 전송하는 속도를 말한다. 당시에는 지금의 bps(초당 전송 비트수)와 같은 의미로 쓰였다.

를 프린터에서 잡아채 동료들에게 건넸다. "시간이 나면 한번 들여다보세요. 그래도 프로그램이 어떻게 작동하는지는 알 수 없을 겁니다." 그들은 노력했지만 그 어떤 단서도 찾지 못했다. 조는 내게 비밀을 말해주었다. 조의 프로그램은 단 한 줄짜리 코드였다.

IF backspace, print "NO"; ELSE print "YES"
(백스페이스키가 눌리면 '아니오'를 프린트하고 그 외의 경우엔 '예'를 프린트하라)

프린터는 언제나 '캐리지 리턴carriage-return(활자 헤드를 맨 앞으로 이동하라는 명령)'을 실행하고 있어서 헤드가 항상 맨 왼쪽 여백 끝에 위치하고 있으므로 백스페이스(왼쪽으로 한 칸 진행하며 써진 글씨를 하나 지워라) 명령은 실행할 수가 없었다. 그래서 조가 몰래 백스페이스 키를 눌렀을 때 '아니오'를 인쇄하는 것 외에는 아무 일도 일어나지 않았다. 조는 신호를 보내고 있었던 것이다. 보이지 않는, 아주 조용한 신호를. 그런데 동료들이 키보드를 탈취했을 때는 시스템이 어떻게 작동했을까? "간단해요." 조가 말했다. 그들은 질문을 바꿔 써 보고 자판의 키가 눌리는 것을 자세히 보는데 너무 몰두한 나머지 조가 그들에게 모두 '예'라고 대답되는 질문만을 주고 있다는 것을 눈치채지 못했다.

나의 쓸쓸한 대학원 세미나가 반쯤 끝나갈 무렵 청강생 중 한 명인 대학원생 조르주 레이Georges Rey는 제리 포더의 새로운 논문 〈명제 태도를 위한 만세 삼창Three Cheers for Propositional Attitudes〉의 원고 한 부를 내게 가져다주었다. 그 둘은 MIT에서 같은 세미나를 듣는 사이였다. 포더의 논문은 부분적으로 나의 〈지향계〉 논문에 대한 반박이었다. 나는 믿음과 욕구가 사람의 뇌 상태를 우리에게 **간접적으로만** 알려 주는 '극적인 관용구'라는 콰인의 사례를 확장했던 반면 포더는 그런 이야기가 '사고언어language of thought' 안에서 합성되는, 머릿속 실제 문장(예컨대 믿음 상자 또는 욕구 상자 안에 있는)을 가리키는 것으로 취급해야 한다고 주장했다. 조르주는 두 논문을 함께 논의하는 모임을 갖자고 제안했다. 나는 포더를 만나본 적은 없지만 옥스퍼드 시절부터 그의 (제롤드 카츠Jerrold Katz와 공동 집필한) 논문을 읽었는데 그 글들은 당시 대학원생 사이에서 화제였다. 알고 보니 포더는 《사고언어The Language of Thought》(1975)라는 책의 집필을 마쳐 놓고 있었다. 조르주가 그 원고의 사본을 주었을 때 나는 그것이 나의 세미나에 완벽하게 어울리는 논제가 될 것임을 알았다. 원고는 명확하고 생생하고 설득력도 갖추었으며—내 생각에—내가 기꺼이 논박할 수 있는 방식으로 틀려 있었다. 그러기에는 너무 늦었지만 우리는 우호적인 결전을 생각하며 일을 추진했다. 터프츠의 몇몇 젊은 철학자와 데이비드 이스라엘David Israel, 마이클 립턴Michael Lipton을 불렀고 MIT에서는 네드 블록을 데려왔다. 다른 사람들도 몇 명 불렀다.

그리하여 내가 개인적으로 '지독한 모임'[75]이라고 불렀던 토론팀이 탄생했다. 우리는 그 세미나에서 무슨 일이 있었는지 거의 다른 사람들에게 말하지 않았기 때문에 우리끼리는 '비밀 세미나'라고 부르기도 했다. 거기에는 충분한 이유가 있었다. 우리가 모임을 하고 있다는 것이 알려진다면 수십 명의 철학자와 심리학자, AI 연구자, 보스턴 지역의 그 밖의 사람들까지 구름처럼 몰려들었을 것이다. 그래서 우리는 모임을 작은 단체 형식으로 유지할 필요가 있었다. 세미나는 주로 MIT에서 열었고 10년 이상 계속되었다. 그렇게 해서 나와 제리 포더의 우정은 철학적 불일치로 시작하여 곧 함께 항해하는 것으로 옮겨갔다. 제리는 MIT에서 항해 과정을 이수했고 MIT 교수와 학생 들이 찰스강 유역에서 이용할 수 있는 작고 믿을 만한 항해 교육용 보트 '테크 딩기'를

75 원문은 'Vicious Circle'이므로 '악순환'이라는 불만스러운 의미도 지닐 수 있다. (뒤쪽에 나온다.)

타면서 열정적인 항해자가 되었다. 그러다가 제리는 좀 더 모험적인 시도를 해 보고 싶어서 '브리스톨 30'을 구매했다. 브리스톨 30은 테크 딩기보다 더 사양이 좋은 것으로, 보조 디젤 엔진이 달린 30피트(약 9미터) 길이의 슬루프(돛대가 하나인 작은 범선)였고 조리실과 화장실과 너덧 명의 다른 항해자를 위한 침상도 있다. 물론 침상 배정은 서로 얼마나 친한지에 의해 결정되었다. 제리는 배의 이름을 '인솔번트[파산했음(Insolvent)]'라고 불렀다. 일차적으로는 그의 통장 잔고가 고갈되었기 때문이었고 또 '인트레피드Intrepid'나 '인도미탭Indomitab' 같은 군함의 이름을 패러디하기 위함이었지만 결국 따지고 보면 다국어 말장난이었다. 'Insolvent'는 'in'과 'solvent(용매)'로 분해할 수 있고, 'in solvent'라고 하면 '용매 안에 있는', 즉 '물 안에 있는'으로 해석할 수 있다. 또한 이 단어를 'in+sol+vent'로도 분해할 수 있는데 이때 'sol'은 태양을 뜻하고, 'vent'는 바람을 뜻한다. 이렇게 보면 배 이름은 '태양과 바람 속에'라는 뜻이 된다.

제리는 인솔번트를 코네티컷주 에식스에 있는 집(그의 아내 재닛 포더Janet fodor는 코네티컷대학교의 교수였다. 제리는 MIT에 장거리 운전으로 출퇴근했다) 근처의 소속항에 정박해 놓고 항구를 잠시 떠났다 돌아오는 여정을 소화하는 것으로 항해를 시작했다. 나는 거기서 멀지 않은 매사추세츠의 마사스 빈야드와 낸터킷[76]을 비롯한 근처 섬을 둘러보는 항해를 할 수 있겠냐고 물어보았고 제리는 나를 1등 항해사 삼아 배를 타고 나가자며 선뜻 동의했다. 아마도 내가 선원으로 그리고 항해사로도 큰 배를 탄 경험이 있었기 때문이었을 것이다. [지금은 쓸모없는 한물간 기술로는 육분의, 정밀 시계, 《항해연감》 등을 이용한 천문항법이

76 마사스 빈야드Martha's Vineyard는 케이프코드 연안의 섬으로 부유한 사람들이 많이 찾는 유명한 피서지이다. 낸터킷Nantucket 역시 휴양지로 유명한 섬이다. 코네티컷주와 매사추세츠주는 남북으로 붙어 있다.

있지만 롱아일랜드와 낸터킷 사운드에서는 추정항법과 거리 측정만 필요하고 만약 안개가 낀다면 현지 라디오 방송국 타워를 측정의 원천으로 사용하는 RDF(무선방향측정, radio direction finding)을 쓰면 된다.] 그런 주말 유람 항해를 몇 번 해 본 후 나는 제리에게 메인주까지의 항해를 해 보자고 제안했다. 메인주의 바람은 항해에 훨씬 좋고 수백 개의 섬과 정박지와 어촌을 돌아볼 수도 있기 때문이었다. 나는 북쪽으로 향하는 동안 항로를 잡고 메인의 섬에 도착하면 내가 직접 조종할 생각이었다. 제리는 이 아이디어를 아주 마음에 들어 했고 나는 메인주 블루힐 항구의 작은 요트 클럽에 인솔번트를 위한 계류장을 신청했다. 여러 해 동안 그 배는 블루힐의 계류장에서 겨울을 났고 우리는 매년 봄에 배를 진수할 준비를 하기 위해 함께 일했다. 나는 제리가 차를 몰고 오면 언제든 승선해서 항해할 준비가 되었다고 확신할 수 있도록 여름 내내 블루힐에서 인솔번트를 관리했다. 우리는 함께 연안을 유람했고 나는 요트 경주용 큰 돛과 돛대를 사서 인솔번트로 경주를 해 보자고 말하기에 이르렀다. 그런데 그때 제리가 MIT에서 메릴 개럿Merrill Garrett과 함께 심리언어학 연구실을 열게 되어 여름 휴가를 다 쓸 수 없어진 바람에 나는 그가 항해한 것 이상으로 인솔번트를 탔고 나 혼자서 그 배로 경주에 나가기까지 했다. 그러나 제리가 항해하고 싶어 할 때 차질이 빚어지지 않도록 언제나 배를 정비해서 깨끗하게 유지해 놓고 연료와 물과 얼음을 준비하는 것도 잊지 않았다. 때로는 내가 제리와 함께 탔고 때로는 제리가 다른 이들과 함께 항해하기도 했다. 우리 가족이 프랑스로 갔던 어느 여름, 제리와 재닛, 아들 토니는 우리 농장에서 살았고 그 동안 그들은 메인과 인솔번트에 대해 더 잘 알게 되었다. 몇 년 후 제리는 메인이 MIT에서 너무 멀다는 생각에 선원 한 명과 함께 매사추세츠로 항해해서 글로스터항에 있는 계류장을 물색했다. 그런데 일이 잘 풀리지 않았다. 제리가 항해하러 글로스터로 운전해 올 때마다 배에 수리할 곳이 생기거나 얼음과 연료와 깨끗한 물을 얻기 위해 빈둥거리며 기다려야 했기 때문이다. 그래서 제리는 남는 시간의 대부분을 배를 유지 보수하는 데 썼다. 만약 제리가 블루힐에서 내가 여름 내내 그의 배를 유지 보수해 주기로 한 나와의 거래에 대해 일말의 의구심을 가졌었다 해도 그 여름 그가 글로스터에서 항해를 못 하게 되는 날이 거듭되면서 그 의구심은 깨끗이 지워졌을 것이다. 그는 곧 MIT를 떠나 럿거스대학교로 학교를 옮겼고 인솔번트를 팔고 뉴욕시로 이사 갔다. 그리고 유지 보수가 쉬운 순항 범선인 논서치 캣보트를 사서 이스트강에 있는 정박지에 두었다.

제리는 가슴 속에 낭만이 가득했고 항해를 좋아했지만 손재주가 없어서 순항 중인 보트에 문제를 만들곤 했다. 한번은 같이 항해한 동승자 한 명이 내게 이렇게 말해 준 적이 있다. 제리가 무언가를 수리하려고 선실 안에 들어간 지 한두 시간이 지났는데 그동안 선실 안에서는 이런 소리가 들렸다고 한다. "토독-톡…… 톡-톡…… 톡-톡-따악, 이런 젠장!" 제리가 벌인 실수 중에 기억에 남는 것은 그가 선박 조리실의 알코올 난로(지저분하고 냄새도 심했다)를 프로판 난로로 바꾸기로 했던 일이다. 새 난로는 조리대에 뚫린 구멍에 딱 맞춰 넣어야 했고 그 구멍 주위에는 스테인리스 스틸로 된 깔끔한 프레임(일종의 에이프런)이 설치되어 있었다. 제리는 그 프레임을 조리대 위에 단단히 고정한 뒤 연필로 프레임의 둘레를 따라 선을 그렸다. 그러고는 내 전동 실톱을 사용해 그 선을 따라 잘라 냈다. 그런데 선을 표시할 때 프레임의 안쪽이 아니라 바깥쪽 가장자리를 기준으로 그렸기 때문에 프레임이 구멍 아래로 쏙 빠져 버렸다. 나는 조리대의 사라진 프레임을 대신할 튼튼한 목재 조각을 몇 개 만들어 나사와 접착제로 고정한 뒤 그 위에 난로를 장착했다. 어느 날은 우리가 마셜 아일랜드의 샌드 코브에 정박해 있었는데 제리가 10야드(약 9미터) 떨어진 곳에서 우리를 살펴보는 물개 한 마리를 발견했다. 제리는 우리가 그날 잡았던 고등어 한 마리를 물개에게 던져 주려고 힘찬 언더스로 투구 동작에 들어갔다. 그러나 그는 갓 잡은 고등어가 얼마나 미끄러운지 생각하지 않았고 고등어는 손에서 벗어나 공중으로 튀어 올랐다가 죽었는데도 제리의 맨발에 떨어지며 발가락을 깨물었다.

어느 여름, 제리는 워싱턴주립대학교에서 열린 심리철학과 심리학의 철학 연구자들을 위한 워크숍을 운영했고 우리는 워크숍이 끝나면 워싱턴의 산후안제도를 일주일간 항해하려고 배 한 척을 전세 냈다. 풍광은 정말로 웅장했다. 메인과 비슷하긴 했지만 수직 스케일은 대략 두 배로 높았다. 산꼭대기는 눈으로 덮여 있었고 절벽은 가팔랐고 정박지는 깊었다. 범고래와 대머리독수리도 많았다. 우리는 배를 타고 무사히 전세 항구까지 돌아왔지만 그 전세 회사 전체가 파산한 뒤였고 따라서 우리는 거액의 안전 보증금을 잃었다. 이런저런 사고는 항해의 조미료이다. 비상 상황을 한 번도 겪지 않고 안개 속에서 길을 잃지 않으며 의도치 않게 좌초되는 일도 없고 충돌을 간신히 피하는 아슬아슬한 일도 없는 항해는 그저 물 위에 떠 있는 것에 불과한, 금세 잊힐 일이 될 것이다. 하지만 그런 항해라 할지라도 그저 해안에 머무는 것보다는 훨씬 낫다. 제리 이야기는 앞으로 더 나올 테지만 그 모든 것이 다 우리의 항해 모험만큼 유쾌하지는 않다.

9

터프츠에서의 학내 정치

내가 터프츠에 왔을 때만 해도 터프츠는 특별히 두각을 나타내지 못했지만 이류 대학교로서는 그 나름대로 탄탄한 입지를 갖추고 있었고 명성에 걸맞은 겸손함도 지니고 있었다. 그런데 1976년 프랑스 태생의 하버드 공중보건대학 교수 장 메이어Jean Mayer가 터프츠의 총장으로 오면서 이 모든 것이 바뀌었다. 그는 제2차 세계대전 때 드골의 자유 프랑스군에서 크게 활약한 전쟁 영웅이었고 대단한 야심가인데다 때에 따라 거칠게 나올 줄도 아는 사람이었다. 그는 터프츠를 최상위 학교로 끌어올리기 위해 이사진, 교수진, 자선재단, 미국 의회 등을 강압적으로 밀어붙였다. 평범한 대학교를 훌륭한 대학교로 바꿀 쉽고 간단한 방법은 없다. 일류는 일류 인력을 고용하고 이류는 삼류 인력을 고용한다는 격언이 있다. 터프츠에는 이류 교수도 있었고 삼류 교수도 있었다. 그러나 그들은 전반적으로 선량하고 정직한 사람들—연구자가 아닌, 선생님—이었던지라 메이어가 약속한 학내의 고속 승진 줄을 잡고 지대한 압박을 받는 삶을 절대 감내하지 않았다. 그런 사람들이 승진의 동아줄을 잡고서 종신재직권을 얻지 못한 동료에게 “나 때는 당신 같은 성과 없이도 종신재직권을 받았는데 요즘은 기준이 높아져서 그 정도 성과로는 부족한가 봅니다?"라고 대놓고 말하는 모습을 어떻게 상상할 수 있단 말인가.

휴고 베다우는 그해 철학과 학과장직을 내게 넘겼고 나 역시 철학과에 박사 과정이 개설되어 있지 않았음에도 인문과학대학원 학과장 자문위원회의 일원이 되었다. 우리는 모든 대학원 과정을 검토해 달라는 요청을 받고 우리를 도와줄 외부 전문가들을 초빙했다. 그리고 나는 곧바로 깨달았다. 내가 선제 조치를 하지 않으면 철학과 석사 과정 프로그램 중 개설되어 있으나 진행은 되지 않는 많은 과정이 일괄적 대청소에 의해 폐지되고 말리라는 것을. 나는 우리가 시간을 내어 잘 가르칠 가치가 있는 정말로 비범한 학생을 만나지 않는 한 대학원 과정을 영원히 보류하자는 단서를 달고 우리의 대학원 과정을 무기한 중단함으로써 위원회의 시간과 에너지를 아끼자고 제안했다. 학장과 위원회는 이 합의를 감사히 받아들였고 우리는 자발적으로 우리 과의 대학원 과정을 포기했다. 그러나 중단은 일시적인 것에 그쳤다. 2년 후 운 좋게도 18세기 영문학을 공부한 졸업반 학생이 나의 가을학기 서양철학사 과목에 수강 신청을 했다. 그녀는 후회로 가득 차서 학기말에 나를 찾아와 말했다. 자기는 철학을 전공했어야 했는데 지금은 너무 늦어 버렸다고! 그녀는 학부에서 철학 과목을 두 개(내 과목과 논리학) 수강했다. 그러니 그 어떤 좋은 대학원 과정도 그녀를 데려가려 하지 않을 것이었다. 그녀는 분명히 뛰어난 철학자로 성장할 수 있었기에 나는 그녀에게 우리와 함께 석사 과정을 밟으라고 권유하며 오직 그녀를 위해 대학원 과정을 다시 열 것이고 석사 과정을 이수하는 동안 그녀가 더 큰 기회를 얻을 수 있도록 학문적 자격을 갖추게 할 것이라고 제안했다. 그래서 1978년 앨리슨 매킨타이어Alison McIntyre(후에 프린스턴에서 박사 학위를 받고 하버드에서 '접이식 의자' 직에 있다가 1988년부터 웨슬리대학교에서 명예교수로 재직하고 있다)가 우리 석사 과정에서 공부했다. 그녀 덕분에 시작된 석사 과정은 지금 세계 최고 수준이 되었다. 우리는 이런저런 이유로 철학에서 최고 수준의 박사 과정에 들어가는 데 필요한 자격은 갖추지 못했지만 전도유망하다고 평가된 학생을 받아들인다. 우리는 그들의 교육 공백을 메우고 그들이 다른 곳에서 고된 박사 과정을 밟을 수 있게 준비시킨 후 동료 한 사람이 내게 말한 것처럼 '그들이 재미를 느낄 때' 박사 과정을 수행할 학교로 보낸다. 우리 석사 과정 학생들은 흥미롭고 가르치는 보람도 매우 크다. 그들 중에는 다른 분야에서 박사 과정을 거의 마칠 무렵에 철학이라는 불확실하고 위험한 학문의 길로 과감히 뛰어들 결심을 한 사람도 있다. 어떤 사람들은 학계 바깥의 경력으로는 만족감을 느끼지 못해 우리 과정에 들어오기도 하고 또 어떤 사람들은 상대적으로 잘 알려지지 않은 대학에서 아주 우수한 성적을 거두고 매우 강력한 추천장을 받아 오기도 한다. 몇 년 동안 우리는 입학과 관련하여 많은 위험을 감수했지만 학생들이 감수하는 어려움에 비할 바는 아니었다. 나는 대학원생들에게 자신이 다른 일을 해야 인생에서 손해를 덜 볼 것 같다는 생각이 든다면 하루라도 빨리 알려 달라고 항상 이야기했다. 우리에게서 석사 학위를 받은 학생들은 모든 일류 대학에서 박사 학위를 받았으며 국가를 불문하고 주요 전문대학과 종합대학에서 좋은 경력을 쌓는 승리자가 되었다. 하지만 자퇴하는 학생도 어떤 의미에서는 승리자이다. 철학자의 삶이 자신과 맞지 않는다는 것을 비교적 일찍 깨달아 자신의 소중한 1년 또는 2년을 아꼈으니까. 박사 학위 논문 지도는 어땠냐고? 어바인을 떠나기 전 나는 한 학생의 박사 학위 논문을 지도했고 그 후 그런 일을 꽤 많이 하긴 했는데 그건 오직 학위 논문의 외부 조언자로서 내가 즐겁게 일할 수 있을 때만이었다. 미시건, 브라운, 하버드, 펜실베이니아, 노스캐롤라이나주립대학교 채플힐캠퍼스, 암스테르담대학교, 독일의 보훔루르대학교 등에서 그런 경험을 했다. 비록 이 세상이 아주 좋은 세계이긴 하지만 팡글로스 박사가 주장한 세계, 즉 모든 가능한 세계 중 최고의 세계는 아니다. 그리고 철학 영역의 **모든** 대학원생이 훌륭한 학위 논문을 쓰게 해줄 정도로 아주 뛰어난 철학과가 존재한 적도 없다. 문제가 있는 대학원생을 결승선까지 이끌다 보면 교수 인생의 몇 년이 그냥 날아갈 수도 있다. 그러므로 나는 만약 내가 그런 학생이 속한 학과에 있었다면 당연히 떠맡았을 요구를 거절할 수 있었던 것은 드문 특권이었다고 생각한다.

메이어 총장은 몇몇 교수진을 자신의 비공식 조언자로 간주하고 터프츠를 위대한 학교로 변모시키는 과정에서 자신이 짊어진 부담을 좀 덜어 달라고 도움을 청했다. 모든 단과대학에서 행정적 실수들이 벌어지고 있었고 외교 능력과 대담함을 겸비해야 하는 자리에 전혀 그렇지 못한 인물이 배정된 경우도 있었다. 그래서 터프츠는 불만 사항을 처리해 달라는 교수들이 줄을 잇고 변호사가 몰려들고 기자가 그 뒤를 열심히 쫓아다니는, 그런 곳이 되었다. 나는 대학교 전체에 적용될 고충처리 절차를 구성하여 각 단과대학과 학장, 법무팀의 심의를 거쳐 최종 승인을 받도록 조율하는 역할을 맡았다. 내가 구상한 모델에는 폭발하는 갈등을 신중하게 해결하는 공식 고충처리위원회와 필요할 때 배심원을 구성할 수 있는, 선출된 교수진으로 이루어진 고충처리심판관이 포함되었다. 수백 시간에 걸친 회의와 수정 끝에 전체 프로그램이 완성되어 승인받았고 몇 가지 사례를 아슬아슬하게 시간에 맞추어 처리할 수 있었다.

내 프로젝트가 모두 다 성공적으로 끝난 것은 아니었다. 터프츠는 실험실과 강의실에 컴퓨터를 구비하는 경쟁에서 다른 대학교에 뒤처져 있었고 나는 한 학기를 통째로 쉬면서 뉴잉글랜드의 컴퓨터 회사들—디지털 이큅먼트 코퍼레이션, 데이터 제너럴, 왕 등—이 터프츠의 컴퓨터 시대 진입을 도와줄 수 있을지 알아보겠다고 자청했다. 그러나 터프츠 행정부의 많은 이가 보기에 컴퓨터는 그저 '데이터 처리(예를 들면 급여 처리, 도서 구입, 학생 성적 처리 등)'만을 위한 것이었으므로 꼭 필요한 도움을 받기가 너무도 힘들었다. 어떤 경우에는 조금씩 진전이 이루어지고 있는 것처럼 보이다가도, 기부금 및 기금 관리 사무실 직원들의 무능함 때문에 아주 허무하게 제자리로 돌아가기도 했다. 나는 그 전체 프로젝트—구걸하는 한편 자랑도 함께 해야 하는—가 너무 싫었고 건강상으로도 소화기 계통에 문제가 생겨 프로젝트에 힘쓰기가 한층 어려워졌다. 약도 도움이 되지 않는 것 같았고 의사는 임상심리학자와 상담해 볼 것을 권유했다. 그때 나는 임상심리학에 좋은 인상을 갖고 있지 않았지만 의무적으로 상담을 한 회 예약했다. 상담에 들어온 임상심리학자는 현명한 젊은이였고 내게 내가 맡은 임무에 실패하면 어떤 일이 일어나냐고 냉정하게 물었다. 나는 그 질문에 "오, 난 실패하지 않았어요"라고 대답하는 내 목소리를 내 귀로 들었고 그 말이 입 밖으로 나오자마자 나는 그가 뭔가 핵심을 짚어 주었다는 것을 깨달았다. 나는 실패할 **수도 있었다.** 하지만 그렇다 해도 지구가 나를 집어삼키진 않을 것이며 내 친구들도 계속 내 친구들일 것이며 나는 투명한 양심을 지킨 채로 내가 좋아하는 일로 돌아갈 수 있을 터였다. 실제로 나는 실패했다. 그리고 건강 문제가 사라졌다. 훗날 터프츠는 결국 적절한 컴퓨터 시스템을 갖추게 되었지만 (19장 큰 조지와 우리의 컴퓨터과학 개론 과정 이야기를 보라.) 거기에는 내가 기여한 바가 거의 없다.

나는 메이어의 요구에 따라 몇 가지 다른 프로젝트를 수행했다. 그는 자신감으로 가득했고 터프츠의 위상을 구축하기 위해 자기가 어떤 묘책을 쓰고 있는지 내게 말하는 일을 즐기는 것 같았다. 그는 나를 범죄의 공범으로 만들 수 있는 말은 단 한마디도 하지 않았지만 확실히 강경한 태도로 뜻하는 바를 얻어낼 줄 아는 사람이었다. 그 예로 위원회의 몇몇 위원은 메이어가 특히 애착을 보였던 사업인 수의대와 영양연구소에 찬성표를 던지기도 했다. 메이어의 제안이 옳다고 인정해서라기보다는 반대했다가 나쁜 평판을 얻을까 걱정돼서였다. 기금을 얻기 위한 메이어의 공격적인 활동이 나를 정말로 곤혹스럽게 만들었던 적이 딱 한 번 있다. 당시 메이어는 세계보건기구WHO의 자문관이었고 이멜다 마르코스Imelda Marcos, 그러니까 필리핀의 독재자 페르디난드 마르코스Ferdinand Marcos의 아내와 함께 일했다. 그때 그녀는 메이어에게서 너무 깊게 감명받은 나머지 터프츠의 동아시아및태평양연구소에 '마르코스가족재단'을 만들고 그를 의장(석좌교수)직에 올리기로 결정했다. 메이어는 터프츠가 그 선물을 받아들일 것이라고 발표했고 심지어 마르코스에게 명예학위를 줄 준비까지 했다. 이에 교수진과 학생들은 격분했고 즉각 시위대가 조직되었다. 휴고 베다우와 나는 그의 집무실로 쳐들어가 명예학위 수여와 기부금 수령을 모두 취소하라고 강력하게 요구했다. 그는 자신이 맡은 그 의장직에는 "아무 조건도 붙어 있지 않다"라고 주장했다. 우리는 그렇다면 의장직에 아주 완벽한 적임자가 한 명 있다고 말했다. 우리가 거론한 사람은 베니그노 아키노 2세Benigno Aquino Jr였는데 그는 마르코스를 가장 강력하게 비판한 정적이며 이미 매사추세츠에 거주하고 있었고 투옥 후 심장 수술을 받으러 미국으로 다시 입국할 수 있었다. 그러자 메이어는 의장직에 조건이 붙어 있다는 것을 인정했다. 휴고와 나는 (메이어를 공격하는) 원칙을 공식화했는데 그 원칙이 메이어에게는 그럭저럭 합리적으로 보였던 듯했다. 우리가 제시한 원칙은 이랬다. 부당한 수단으로 부를 축적했으나 그것에 대해 지금은 속죄하며 죗값을 치르고 있는 이(록펠러재단, 카네기재단 등을 생각하면 된다)의 기증은 수락하되, 현재의 평판을 끌어올릴 목적으로 호의를 베풀어 착취를 계속하고자 하는 독재자 같은 이로부터는 아무것도 받지 않을 것. 늘 그렇듯이 메이어는 탈출구를 찾았다. 그는 이미 석좌교수직에 대한 첫 번째 계약금을 받았지만 마르코스 가문과의 사이가 틀어지도록 내버려 두었기 때문에 나머지 기부금은 터프츠로 전달되지 않았고 터프츠도 마르코스 가문에 돈을 돌려주지 않았다. 몇 년 후 베니그노 아키노는 필리핀으로 돌아가는 길에 암살당했고 이 일을 시발점으로 하여 많은 사건이 벌어졌으며 결국 마르코스 정권이 끝남과 동시에 베니그노의 아내 코라손 아키노Corazon Aquino가 집권하게 되었다.

한편 메이어가 성취한 것도 있었다. 그중 하나는 프랑스 알프스의 안시 호숫가 마을 탈루아르에 있는 고대 수도원을 기증받은 것이다. 그곳은 '탈루아르터프츠유럽센터'가 되었다. 나는 초창기에 그와 함께 그곳을 여러 번 다녀왔고 한번은 다른 워크숍 참가자들과 함께 호수를 내려다보고 있는 여러 산봉우리 중 한 곳의 꼭대기로 차를 몰았다. 그곳은 행글라이더 출발 지점이었다. 메이어는 망설임 없이 교관과 함께 타는 2인승 행글라이더에 등록했고 몇 분 후에 침착하게 이륙했다. 그는 30분 동안 한껏 즐겼고—터프츠의 신탁 관리자는 그가 그런 행동을 했다는 것을 탐탁지 않아 했다—그 시간이 지난 뒤 그런 위험한 짓을 하면 아내 엘리자베스가 불안해하지 않냐고 물어봤더니 그는 이렇게 대답했다. "아뇨. 우리 애들은 다 컸어요. 난 이제 집에서는 전혀 쓸모가 없으니 원하는 것을 할 수 있습니다."

그때부터 나도 그 원칙을 따랐다. 나도 집에서는 전혀 쓸모가 없기 때문에 탈루아르에서 행글라이딩을 했다. 나는 승객 몸무게 제한—100킬로그램—을 아주 약간 초과했는데 다행히도 바람이 잘 불어서 조종사가 기꺼이 나와 함께 비행해 주기로 했다. 보아하니 조종사도 아내와 아이들이 있어서 당장 자살할 것 같지는 않았기에 나도 안심하고 뛰어내렸다. 그는 이륙할 때 내게 분명히 못박아 두었다. 나를 가파른 나무 경사로를 따라 절벽 가장자리로 데려갈 수 없다고. 나는 그의 옆에서 같이 경사로를 **달려** 내려가야만 이륙할 만한 속도를 낼 수 있었다. 다른 행글라이더들은 몇 분에 한 대씩 이륙했고 다들 서너 번의 빠른 걸음으로 경사로를 반쯤 내려간 후 하늘로 날아오르곤 했다. 우리 차례가 되었을 때 우리는 그야말로 '뛰어서' 경사로를 내려갔다. 중간에서 이륙하지 못하고 끝까지 달려 내려갔기에 절벽 위에 모여 있는 사람들에게는 보이지 않게 되어 다들 헉 하는 소리를 냈다. 그때 수전도 함께 여행 중이었는데 우리의 이륙 사진을 열심히 찍으려다 나의 헐떡거리는 소리를 듣고 충격을 받았다. 다행스럽게도 우리는 곧 상승 기류를 타고 떠올라 사람들의 시야에 다시 나타났다. 이륙 지점에서 천 미터 아래에 있는 호숫가에 착륙했을 땐 나 역시 황홀감에 젖어 있었다.

메이어 총장 시대(1976~1993)와 성과가 정해진 정체기의 시기가 끝나고 로런스 바카우Lawrence Bacow(훗날 하버드의 총장이 되었다)가 그 뒤를 이었다. 나는 몇 가지 특별한 역할을 해 달라는 부탁을 또 한 번 받았다. 내가 가장 잘했다고 생각하는 건 '터프츠 하이테이블'을 만든 일이었다. 하이테이블은 매달 모든 학과와 모든 직급, 모든 분야에서 모인 20여 명의 교수가 함께 둘러앉아 음료와 술이 무료로 제공되는 저녁 식사를 하면서 **관리자 없이, 안건도 없이** 이야기를 나눌 수 있는 모임이다. 래리(로런스)는 교수들의 사기를 진작하기 위해 터프츠에서 자신이 무엇을 할 수 있는지 물었고 나는 사실상 우리 대부분이 다른 학과의 터프츠 동료들—이들은 우리가 수행해야 할 여러 대학 사업을 논의하는, 시간 압박을 받는 위원회 모임에서나 볼 수 있었다—보다 같은 학과의 이웃 대학 동료들과 더 친하다고 지적했다. 나의 아이디어는 각 회원이 연속으로 하이테이블 만찬을 하는 것이었다. 한 번 할 때마다 여섯 명의 새로운 손님들(일명 신입생)과 규칙을 잘 아는 노련한 사람들(일명 2학년, 3학년, 4학년)이 초대되었고 나는 개최자로서 매달 (신입생이 아닌) 교수 한 명을 뽑아 모든 참가자가 그의 연구에 수월하게 접근할 수 있도록 **짧은**(20분 정도) 발표를 하게 했다. 물론 래리는 저녁 식사 비용만 지원하고 식사 자리에는 참석할 수 없었다. 교수들은 하이테이블 발표를 매우 열심히 했고 발표 수준도 전반적으로 훌륭했다. 유럽 사학자**와** 시인**과** 분자생물학자의 관심을 사로잡는 수학자는 대단한 존재임이 틀림없다.

우리는 머지않아 '**타파스 토크**'라는 색다른 요소를 하나 집어넣었다. 칵테일을 마실 때 손님 세 명이 즉석에서 **5분간** 아주 짧게 발표하는 것이었다. 이 발표자들도 내가 선정했고 각 연사가 말한 후 5~10분 간 질문을 받도록 일부러 스톱워치를 과장되게 들고 시간을 엄격하게 관리했다. 그런 뒤에 우리는 저녁 식사와 본 발표를 위해 자리에 앉았다. 잡담은 없었다. 우리가 서로의 재능과 관심사를 발견함에 따라 학제 간 우정이, 그리고 협동까지 자연스레 싹트기 시작했다. 교수들은 이 모임을 정말로 좋아했고 하이테이블 동문들은 학년말에 래리 바카우와 아델 바카우Adele Bacow에 대한 감사 인사회를 (우리가 비용을 내서) 여는 전통을 만들었다. 그러나 슬프게도 래리가 떠나면서 그 전통도 끝났다.

10

나는 어디에 있는가?

1976년 봄에 나는 오즈와우두 샤테아우브리안드의 초대로 뉴욕주에 있는 바사르대학교 철학과에서 강연을 하게 되었다. 그 덕분에 터프츠에서 바사르까지 장거리 운전을 했는데 매사추세츠를 횡단하는 기나긴 매스 파이크 도로를 지나는 동안 사고 실험 하나가 떠올랐다. 만약 어떻게 해서든 내 뇌가 모든 연결을 그대로 유지한 상태로 위치만 내 흉강으로 옮겨진다면 어떻게 될까? 그래도 나는 여전히 내 마음이 내 눈 뒤쪽에, 양 귀 사이에 존재한다고 생각할까? 이 의문은 더 정교한 사고 실험으로 바뀌었다. 뇌를 아예 내 몸에서 꺼내어 통 속에 넣고 계속 살아 있게 하면서 내 몸과 무선으로 연결한다면? 뉴욕주의 포킵시에 도착했을 때는 나는 이미 꽤 많은 이야기를 만든 상태였다. 나의 강연(통 속의 뇌 이야기는 아니었다. 무슨 주제였는지는 기억나지 않는다)이 끝난 후 오즈와우두는 나와 바사르의 학생들을 집으로 초대하여 와인과 치즈를 대접했다. 나는 그곳에서 통 속의 뇌 이야기를 해 보기로 마음먹었다. 학생들은 완전히 몰입했고 수많은 질문이 넘쳐났으며 저녁이 되기 전에 더 많은 세부 사항이 제자리를 잡았다. 그때 나는 10월에 노스

캐롤라이나대학교UNC에서 열리는 유명한 채플힐 컬로퀴엄의 만찬 후 연사로서 어떤 강연을 해야 할지 깨달았다. 이 연례 모임은 유익한 철학적 행사로 오랫동안 기억에 남아 있다. 1971년 나는 출판을 앞둔 토머스 네이글의 논문 〈박쥐가 된다는 것은 어떤 것인가?What Is It Like to Be a Bat?〉의 비평을 맡고 있었다. 내 비평문의 제목은 〈어떤 것이 된다는 것은 어떤 것인가?What Is It Like for There to Be Something It Is Like to Be Something?〉였다. UNC 채플힐캠퍼스의 제이 로젠버그Jay Rosenberg가 화려한 망토를 두르고 강한 트란실바니아 억양으로[77] (항상은 아니고) **일부 시간 동안** 박쥐가 되는 것이 어떠한지를 말함으로써 토론의 장을 열었다.

1976년 10월의 만찬 후 강연은 전통에 따라 가벼운 성격을 띠었지만 디저트와 함께 즐길 수 있는 철학적 함의가 들어 있어야 했다. 〈나는 어디에 있는가?Where Am I?〉는 내가 채플힐 컬로퀴엄 프로그램에서 UNC 사람들에게 나눠준 유인물의 제목이었다. 한 철학자는 내게 칵테일 파티에서 그 제목이 무슨 뜻인지 물었다. "글자 그대로 저의 위치입니다." 나는 진지한 표정으로 농담을 했고 그는 내 강연의 주제를 그제야 분명히 이해했다는 듯 점잖게 고개를 끄덕였다. 나의 소위 자서전적인 이야기에는 소품이 필요했다. 강연의 마지막 즈음에 토글 스위치를 켜 내 몸에 대한 통제를 내 뇌에서 '내 뇌의 컴퓨터 복제품'으로 옮기듯이 만들어야 했기 때문이었다. 그래서 나는 작은 금속 상자를 사서 망원 무선 안테나와 토글 스위치를 부착했다. 강연 끝부분에 종이 봉투에서 그 장치를 꺼내 스위치를 켜고 강연의 나머지 강연은 즉흥적으로 진행했다. 갑자기 복제된 뇌의 통제를 받기라도 하는 것처럼 말이다. 어쩌면 내 강연 전체가 복제된 뇌의 통제하에 있었던 걸까? 예상치 못한 효과가 드라마를 고조시켰다. 나는 그 순간까지도 당시 철학자들이 항상

---

77 화려한 망토와 강한 트란실바니아 억양은 모두 드라큘라를 연상시키는 것들이다. 제이 로젠버그는 매우 연극적으로 회의의 시작을 장식했던 것이다.

그랬던 것처럼 내 논문을 낭독하고 있었지만 스위치를 켠 후에는 단순하게, 극적으로 말하는 것이 이야기 전개상 중요했다. 내가 즉흥적으로 말하는 목소리와 논문을 낭독하는 목소리 간의 작은 차이는 많은 청중에게 그들이 정말로 다른 사람, 즉 논문을 읽던 데닛이 아니라 복제인간 데닛의 목소리를 듣고 있다는 기묘한 감각을 이끌었다. 강연장은 흥분으로 가득했다.

그날 강연에 대한 이야기는 금세 퍼져 나갔고 강연을 다시 해달라는 요청이 쇄도했지만 나는 MIT에서 온 것 딱 하나만 수락했다. 그렇게 했음에도 강연 후 생긴 파급력은 몇 가지 근본적인 방식으로 내 삶을 변화시켰다. BBC의 로빈 브라이트웰Robin Brightwell은 마음과 뇌에 대한 다큐멘터리를 만들고 있었고 존 에클스 경Sir John Eccles이 인터뷰에서 했던 헛소리 중 일부를 내가 좀 덜어내길 원했다(에클스 이야기는 나중에 더 나온다). 나는 (내가 참여함으로써 프로그램에 약간의 과학적 광택을 입히기 위해) 이분 청취 실험dichotic-listening experiment에[78] 참여했고 내 이야기의 핵심 장면을 연기했다. 그 장면에서 나는, 생명 유지 장치 안에 든 나의 뇌를 바라보며 "나는 여기 있고 나 자신의 뇌를 보고 있구나"라고 생각하지, 왜 "나는 여기 있고 생명 유지 장치 안에 떠 있으면서 내 눈에 의해 바라보여지고 있구나"라고 생각하진 않는지 궁금해했다. BBC는 아주 멋진 통 속의 뇌brain-in-the-vat 세트를 만들었다. 배경에는 윙윙거리는 테이프 드라이브와 깜빡이는 메인프레임 불빛이 있었다(그 당시에는 컴퓨터가 그런 것과 닮아 있었다). 그러나 로빈은 그것이 실제 실험이 아닌 드라마화 된 사고 실험이라는 사실이 잘 드러나도록 무언가를 해야 한다고 생각했다. 방송 다음 날 아침, 50만 명의 영국 시청자가 '살아 있는 미국 철학자가 자기 뇌를 몸에서 끄집어냈다'고 생각

---

78 피험자의 왼쪽 귀와 오른쪽 귀에 각각 다른 소리를 동시에 들려주고 한쪽의 소리에만 집중하게 하는 실험이다.

'통 속의 뇌' BBC 버전.

한다면 곤란해질 테니까!

영화기술사를 전공한 로빈은 '더블 패스' 숏이라는 기술을 사용했는데 이는 카메라 렌즈의 절반을 검은 막으로 가린 채 촬영하여 필름의 한쪽(이를테면 왼쪽)만 먼저 노출되게 한 다음, 수동으로 카메라에서 필름을 되감은 뒤 이번에는 오른쪽을 노출하되 이미 노출된 왼쪽 부분은 막으로 가려 보호한다. 그렇게 같은 필름으로 두 번 촬영하면 화면 좌측과 우측에 동일한 사람이 동시에 나타난다. 이 기술에는 고정된 카메라와 잘 만든 차광막 한 쌍, 규칙을 잘 따르는 배우, 즉 내가 필요했다. 이 기법을 성공적으로 사용하면 시청자는 오른쪽 배경에서는 통(생명 유지 장치) 속의 내 뇌와 마주하고는 의아한 표정으로 머리를 긁적이는 내 모습을, 왼쪽 전경에서는 같은 옷을 입고 등받이와 팔걸이가 없는 의자에 앉아 내 뒤쪽에서 무슨 일이 일어나고 있는지 설명하는 내 모습을 동시에 볼 수 있다. 그 일에서는 타이밍이 전부였다. 우리는 온종일

〈나는 어디에 있는가?〉에 나오는 그림자 인형.

다양한 장면을 찍었다. 이튿날 아침 '러시'[79]를 보니 그 촬영이 효과적이었음이 확실해서 마음이 든든해졌다. 로빈은 또한 오손 웰스Orson Welles 감독의 영화 〈시민 케인Citizen Kane〉에 나오는 그 유명한 트래킹 숏(이동 촬영) 즉 카메라가 네온사인을 통과해 날아가고 천장의 채광창을 통해 내려와 술집 안으로 들어가는 바로 그 장면의 단순화된 버전도—역방향으로—재현했다. 그 장면은 이렇게 진행되었다. 일단 나와 통을 클로즈업한 숏을 찍고 그다음에는 카메라가 재빨리 뒤로 물러나며 내가 내 뇌를 바라보는 그 실험실이 사실은 스튜디오의 세트장임을 보여 준다. 뒤편의 모래주머니로 벽체를 지탱하고 감독 의자까지 갖춘 촬영 현장임을 적나라하게 보여 준 것이다.

어바인에서 나의 항해 친구인 소설가 맥도널드 해리스는 영화 판

79 촬영은 완료되었으나 편집은 되기 전의 영화 프린트를 가리킨다.

권으로 팔겠다는 목적으로 〈나는 어디에 있는가?〉를 (섹스와 폭력을 좀 집어넣어) 다시 써서 잡지에 발표하고 싶어 했으나 그 염원을 끝내 성취하지 못했다. 나는 그것을 《브레인스톰》에 넣어 출판했고 거기서 영감을 얻은 더글러스 호프스태터는 새로운 시각을 갖게 해 주는 이야기들의 모음집 《이런, 이게 나야!The Mind's I》(1981)를 함께 편집하자고 요청했다. 1982년에 네덜란드의 다큐멘터리 제작자 핏 훈데르도스Piet Hoenderdos는 더그 호프스태터에 대한 다큐멘터리를 기획하던 차에 《이런, 이게 나야!》를 읽고 다큐멘터리의 방향을 틀어 장편 영화로 만들기로 결정했다. 〈뇌의 포로Victim of the Brain〉라는 그 영화에는 〈나는 어디에 있는가?〉 이야기를 각색한 것도 포함되었고 나는 거기서 한 번 더 나 자신을 연기했다. 나는 그렇게 네덜란드에서 아주 기분 좋은 일주일을 보내며 다른 영화 한 편을 더 찍었다. 우리는 원래 MIT의 AI연구소장 마빈 민스키Marvin Minsky를 영화 속 수석 과학자로 캐스팅할 생각이었지만 나는 조바심 많은 마빈이 촬영에 수반되는 그 모든 지연 상황을 잘 견딜 수 있을지 염려했다. 영화의 몇몇 장면은 그의 연구실에서 이루어졌고 극중의 과학자도 '마빈 민스키'라 불렸지만 진짜 마빈이 연기한 것은 아니었다. 미국에서는 하버드의 카펜터시각예술센터(건축계의 거장 르 코르뷔지에Le Corbusier의 그 유명한 콘크리트로 된 달팽이)에서 영화 시사회가 열렸고 마빈은 그 영화에서 자신이 어떻게 묘사되었는지 보고 마음에 들어 했다.

1984년 당시 하버드 4학년생이던 린 제프리스Lynn Jeffries는 연출가 피터 셀러스Peter Sellars와 함께 하버드의 뢰브 실험 극장에서 〈나는 어디에 있는가?〉의 인도네시아 자바섬 그림자 인형극을 장편으로 제작했다. 해리 스탠턴은 그곳이 (자유의지를 다루는) 브래드포드에서 낸 나의 새 책 《행동의 여지Elbow Room》 출간 기념회를 열 멋진 장소라고 생각했다. 우리는 철학자 및 과학자로 구성된 멋진 패거리를 인형극에 초대했고 이어서 하버드 램푼성城에서 축하 파티를 열었다. 그 전설적인 성에 입장이 허용된 것은 회원뿐이지만 해리는 하버드에 있을 때 램푼의 회원이었기 때문에 파티를 열도록 허락받을 수 있었다. 나는 콰인을 초대했고 다른 하버드 교수 넬슨 굿맨Nelson Goodman도 초대했다. 그들은 하버드에 재직하던 내내 그 파티가 있기 전에는 그 성에 발을 들여놓은 적이 한 번도 없었다고 말했다. 물론 나도 마찬가지였다. 린 제프리스는 서부 해안 지역 인형극의 중요한 혁신가가 되었다.

〈나는 어디에 있는가?〉는 전 세계 수백 곳의 철학과 수업 강의 계획서에 올라갔다. 〈매트릭스The Matrix〉를 비롯한 여러 SF 영화 제작자는 그것이 자기들 영화 아이디어의 주요 원천임을 인정했다. 여러 해 동안 나는 그 이야기가 정말인지 묻는 편지와 이메일을 받았고 어떤 독자는 내 뒤통수를 조심스럽게 훑어보며 안테나가 있는지 찾아보기도 했다! 아니에요, 버지니아.[80] 나는 뇌를 꺼내어 통에 담지는 않았답니다. 하지만 철학자가 즐겨 말하는 것처럼 그런 일이 원칙적으로 가능하긴 해요. 그 글은 내가 쓴 철학 글 중 가장 많이 읽혔지만 내 생각에 사람들은 여전히 내 이론과 경쟁하는 의식 이론들이 그 글로써 받는 도전의 깊이를 크게 과소평가하는 것 같다. 그 이야기에서 극화된 핵심 사실은, **사람은 자신의 사고의 원인에 관한 '특권적인' 무언가를 전혀 모른다**는 것이다. 이를테면 도대체 어떤 사건이 당신에게 붉음이나 녹색임을 떠올리게 하는지, B 버튼이 아니라 A 버튼을 누르게 하는지 '당신의 내부로부터는' 알 수 없다는 것이다. 간단히 말해 당신이 "나는 어디에 있는가"라는 질문에 답하고 싶다면 당신은 당신 자신 밖으로 빠져나와 과학의 '3인칭 시점'을 채택할 필요가 있다.

---

80 원문은 "No, Virginia"다. 1897년 8세 소녀 버지니아가 《뉴욕 선New York Sun》 신문에 산타클로스가 있느냐는 편지를 보냈고 편집자는 "Yes, Virginia, there is a Santa Claus(그래요, 버지니아. 산타클로스는 있어요.)"라고 답장했다. "No, Virginia"는 여기서 'yes'를 'no'로 바꾼 것으로 사람들의 순진한 호기심에 대해 그 생각이 틀렸음을 강조하며 상냥하고 유머러스하게 말할 때 사용된다.

이 3인칭 방식은 수 세기 동안 많은 명석한 사상가로 하여금 자신의 내면에 주의를 집중해서 마음을 연구하게 한 철학적 사고와 정면으로 맞선다. 과거의 철학적 사고는 다른 사람의 마음(철학자뿐 아니라 과학자의 마음)의 도움을 받아 마음을 연구한다는 전망을 무시했다. 대학원 재학 시절, '타자의 마음 문제'—나 자신 말고 타인의 마음이 존재하는가? 존재한다면 그 다른 마음은 어떤 면에서 내 마음과 같아야 하는가? 그것을 내가 어떻게 알 수 있는가?—가 주요 논쟁거리로 대두되긴 했지만 그 논의는 과학적으로 빈약한 환경에서 수행되었다. 그동안 우리 각각은 우리 자신의 마음을 '내부로부터', 과학이 발견할 수 있는 것보다도 더 권위 있게 알 수 있다고 단순하게 **가정했다**. 나의 행보와 통찰은 그 질문을 뒤집는 것이었다. 나 자신의 마음을 혼자서 성찰하는 방식으로는 확실하게 알 수 있는 것이 거의 없다(이는 데카르트의 "생각한다, 고로 나는 존재한다"를 **거스르는** 발언이다). 한데 다른 사람의 마음을 과학적으로 연구하면 나 자신의 마음에 대해 무엇을 알 수 있을까? 나를 비판하는 많은 이가 이런 이유로 나를 '행동주의자'라고 여겼다. 행동주의자라는 용어는 B. F. 스키너를 악평한 놈 촘스키 덕분에 경멸스러운 표현으로 바뀌었다. 그렇지만 과학은 일종의 **행동주의이다**. 어떤 현상이든 거기서 일어나는 **모든** 행위—내면적이든 외면적이든, 거시적이든 미시적이든—에 대한 과학적 설명을 얻으면 그것으로 끝이다. 왜 일부 사람이 당신의 설명을 불편해하는지 설명하는 일을 제외하면 말이다! 1982년, 나는 3인칭 연구 방법을 일컫는 '타자현상학heterophenomenology(**다른** 마음에 대한 현상학)'이라는 용어를 만들었다. 그렇다고 인지과학에서 수행 가능한 어떤 표준적 연구 방법을 발명한 것은 아니다. 나는 그저 자신의 의식에 대한 피험자의 **믿음**을, 정신적 실재에 대한 참인 설명으로가 아니라 설명해야 할 데이터로 다루는 방법이 중요하다는 사실에 주의를 돌리고 있을 뿐이다. 오늘날 심리철학에서 잘못된 길을 가는 특히 주요한 사람으로는 존 설, 톰 네이글, 데이비드 차머스, 갈렌 스트로슨Galen Strawson, 필립 고프Philip Goff 등이 있다. 그들은 자신들이 더 잘 안다고 주장한다. 하지만 그렇지 않다. 내 반대자, 일종의 '의식에 관한 1인칭 과학'을 끝까지 놓지 않는 이들은 타자현상학으로는 얻을 수 없는, 신뢰할 만한 실험이나 결과를 하나도 기술하지 못하고 있다. 신비주의자들은 우리에게 의식을 설명하는 과업을 포기하라고 권한다. 나는 정중히 사양한다. 우리는 많은 발전을 이루고 있다.

11

한편, 농장에서는

1970년부터 2013년까지 43년 동안 블루힐의 우리 농장은 단순한 여름 휴가지가 아니라 많은 면에서 우리 삶의 중심이었다. 우리는 흙으로 돌아가 유기농 농부가 되겠다는 꿈을 안고 농장을 샀다. 그러나 그해에 메인으로 모여든 다른 많은 초보 농부와는 달리 우리는 퇴로를 끊고 거기에서만 산 것이 아니라 주말과 학교가 쉬는 날만 농장에서 보냈다. 그래도 꼬박꼬박 농장으로 갔던 덕택에 그곳의 사계절을 모두 알게 되었다. 가을의 낙엽, 거대한 눈더미, 진흙탕의 시기, 밭에 채소를 심고 여름을 준비해야 한다는 것을 알리는 악명 높은 흑파리의 시기를 모두 다. 우리에게는 뒷좌석을 접었다 폈다 할 수 있는 스테이션 왜건이 있었기에 안전벨트법이 시행되기 전에는 금요일 이른 저녁을 먹고 우리 부부가 앤도버에서 농장까지 운전하는 동안 아이들은 침낭 안에 들어가 있을 수 있었다. 안드레아와 피터가 우리 뒤에서 잠자는 동안 수전과 나는 4시간 넘게 조용히 대화하며 화합의 시간을 가졌다. 그리고 일요일 오후 앤도버로 돌아오는 차 안은 가족의 대화와 차 안에서 벌어지는 게임—양쪽 차창 밖의 미국 국기 찾기, 동물 찾기, 픽업트럭 찾기 등—으로 시끌벅적했다. 물론 뒷좌석에서 티격태격하는 약간의 소리도 빼놓으면 섭섭할 것이다.

우리에게 농장은 농사를 짓고 건물을 짓고 고치고 탐험하고 집에 비치할 골동품을 찾는 등 우리만의 프로젝트를 위한 무궁무진한 놀이터였고 아이들을 키우기에도 훌륭한 장소였다. 숲과 들이 있는 200에이커의 농장은 블루힐 언덕(음, 관계가 좀 복잡한데 마을 이름은 언덕 이름을 따서 '블루힐'이라 지었기에 언덕을 일컬으려면 '블루힐산Blue Hill Mountain'이라고 해야 한다) 옆 자락을 따라 나 있는 울퉁불퉁한 자갈길(마을 끝에 소총 사격장이 생긴 것을 기념하여, 나중에 '사격장길Range Road'로 이름이 바뀌었다)에 있었고 집을 옮기지 않고 몇 세대를 계속 살아 온 주민들, 즉 놀라울 만큼 박식하고 수단 좋고 정말로 부지런한 이웃 사람을 곁에 두고 있었다. 그들에게 나는 그저, 오래된 레이턴 농장을 사고 과수원에서 키운 사과로 사과주 샴페인을 만드는 댄 데닛일 뿐이었다.

북쪽에 사는 이웃으로는 베이질 터너Basil Turner와 버서 터너Bertha Turner가 있었는데 그들은 우리보다 서른 살 더 많았다. 그들의 아들 베이질 주니어는 우리가 농장을 사기 1년 전에 바닷가재잡이 배 사고로 익사했다. 수전의 남동생 조지는 메인주립대학교 산림대학 입학에 필요한 메인주 거주권을 얻기 위해 농장에 머물면서 터너 부부에게 아들 같은 존재가 되었다. 조지는 농장 구입 후 첫 번째 겨울을 농장에서 지냈다. 그동안 조지는 터너 부부와 자주 저녁 식사를 했고 도장공으로, 또 잡역부로 베이질과 함께 일했다. 그들은 일과가 끝나면 맥주와 땅콩을 사서 베이질의 픽업트럭을 타고 우리 마당에 주차한 뒤, 맥주를 마시고 땅콩을 까 먹으며 이야기를 나누고 또 나누었다. 마치 각자의 집으로 돌아가기 아쉬워하는 사랑스러운 십대 커플처럼. 베이질과 버서는 메인에서의 우리 부모님이었다. 사실상 나는 내가 평생 만난 그 누구보다 베이질에게서 더 많은 것을 배웠다고 생각한다(학문으로서의 철학은

베이질 터너.

버서 터너.

제외하고). 메인주에서 사는 법, 화목 난로를 밤새 꺼뜨리지 않는 법, 지붕에 삼나무 기와를 얹는 법, 말이 들어오지 않게 전기 울타리를 만드는 법, 야생 꿀벌을 추적하여 벌집을 찾는 법, 민물 송어 잡는 법, 바지락 캐는 방법과 위치, 고등어 잡는 법, 나무를 안전하게 쓰러트리는 법, 건초를 베고 덤프레이크[81]로 건초 이랑을 만드는 법, 블루베리 수확법, 옛날식 창문에 유리를 다는 법, 굴뚝 청소법, 알 낳는 닭과 오리, 돼지를 키우는 법, 그리고 여기 쓴 것보다 훨씬 더 많은 것을 그에게서 배웠다.

베이질과 버서는 평생을 블루힐에서 살았다. 베이질은 사냥개 경진대회에 참가하러 뉴햄프셔에 가는 것과 따분할 때 서쪽으로 드라이브 나가는 것을 제외하면 메인주를 거의 떠나지 않았다. 하루는 버서가 매

81 덤프레이크Dump rake는 두 바퀴 사이에 같은 간격으로 갈퀴를 배치하여 목초를 긁어모으는 농기구를 말한다.

우 행복한 얼굴로 조카 손녀 한 명이 이제 막 약혼했다고 말했다. 신랑될 사람도 블루힐 사람이냐고 물었더니 그녀는 이렇게 대답했다. "오, 아니에요. 신랑은 세지윅 사람이라오." 세지윅은 블루힐 해변에서 겨우 5마일 떨어진 곳이다. 버서는 호저[82] 요리법을 알고 있었다. 내가 우리 헛간에 큰 피해를 주는 호저 몇 마리를 죽였을 때 버서가 요리법을 알려 주겠다고 했지만 나는 사양했다. 호저는 농장에 빈번하게 나타나는 손님이다. 사용한 지 얼마 안 된 나무 손잡이가 달린 삽이나 갈퀴, 괭이를 보면 거기 말라붙은 땀에서 나오는 소금을 섭취하려고 호저가 손잡이를 갉아 먹은 흔적을 발견하곤 했다. 별들이 반짝이던 어느 여름밤, 수전과 나는 뒷마당 땅 위에 있는 금방이라도 부서질 것 같은 수영장에서 알몸으로 수영하고 있었는데 정원에서 뭔가가 잽싸게 움직이는 소리가 들렸다. 호저 두 마리가 우리의 완두콩과 토마토를 심하게 망가뜨리려던 찰나였으므로 나는 수영장에서 뛰쳐나와 헛간에서 오래된 골프채를 꺼내 들고 벌거벗은 채 정원에서 호저를 쫓아갔다. 영리하게도 호저들은 완두콩 울타리 뒤로 몸을 피했고 나는 울타리를 망가뜨리고 싶지 않았기 때문에 골프채로 한 마리를 때리고(이것은 놀랄 만큼 효과적인 호저 퇴치법이다) 다른 한 마리도 마저 때릴 때까지 10분 정도 정신없는 추격전을 벌였다. 수전은 너무 웃어서 수영장 물에 빠질 뻔했다. 그나저나 오래된 골프채는 목초지에 말똥을 퍼뜨리는 훌륭한 도구이기도 하다. 말똥 더미가 골프 티 위에 놓인 골프공이라 생각하고 있는 힘껏 골프채를 휘둘러 보라. 그러면 말똥은 수십 조각으로 부서지며 거세게 흩날렸다가 땅에 떨어져 훌륭한 비료가 될 것이다.

---

82 고슴도치와 비슷하게 몸에 빳빳한 가시털이 덮여 있는 동물이다. '산미치광이'라고도 불린다. 하지만 호저는 고슴도치보다 체구가 훨씬 크며 육식동물인 고슴도치와는 달리 초식동물이다. 가시도 고슴도치는 방어용이어서 몸에서 잘 빠지지 않지만 호저의 가시는 공격용으로 다른 동물이 건드리면 몸에서 쉽게 빠져나와 그 동물의 몸에 박힌다. 다른 동물에 박힌 가시는 잘 빠지지 않아 파상풍 등을 유발한다.

스텟슨—스텟—그린들Stetson Grindle은 남쪽에 사는 이웃으로 머리가 반백인 허풍선이였고 한때 블루힐 보안관으로 임명되기도 했는데 보안관이 되면 어떤 문제든 휘말리지 않을 것이라 생각했다. 늘 그렇지는 않았지만 그는 호감이 가는 친절한 사람이었고 베이질의 손이 미치지 못한 많은 잡일을 잘 해결해 주었다. 그의 형제 뉴턴 그린들Newton Grindle은 해안에 살았고 **춤추는 돌고래**라는 배를 가지고 있었다. 뉴턴과 뉴턴의 아내 레일라Leila는 여름에 농사일이 끝나면 그 배를 타고 꽤 자주 항해를 나가곤 했다. 누군가가 돼지 한 마리를 잡으면 햄과 베이컨 조각을 훈제해 주는 사람이 바로 뉴턴이었다. 뉴턴은 나더러 '고지대 항해자'라 부르며 놀렸는데 그건 뉴턴에게는 배가 있었고 내게는 없었기 때문이었다. (제리 포더의 배는 빼고. 포더의 배는 두어 해만 거기 있었다.) 우리는 아들 피터에게 머큐리—블루힐 아이들이 타고 경주했던, 돛대가 하나인 작은 요트—를 하나 사 주었다. 하루는 가볍지만 변덕스럽게 부는 바람을 맞으며 그 보트를 타고 나갔다가 마침 항구로 되돌아오는 뉴턴과 레일라의 배를 만나 그 배를 앞질러 갔다. 그런데 가까이 지나가면서야 내가 뉴턴을 '이긴' 이유를 깨달았다. 뉴턴과 레일라는 고등어 낚시를 하느라 아주 천천히 가고 있었던 것이다. 뉴턴은 그걸 매우 좋아했다. 한번은 스텟이 곰을 쏘아 잡은 적이 있었다. 그가 냉동고에 고기를 보관 중이니 조만간 내게 곰 고기를 주겠다고 약속했기에 나는 그걸 요리할 시간을 손꼽아 고대했다. 스텟의 아들 제임스가 "제가 아저씨라면 그걸 집에서 굽진 않을 거예요"라고 말하기 전까지. 정말로 스텟의 주방에서는 화목 난로 연기와 구운 콩 냄새에다 뭔지 모를 향이 섞인 묘한 냄새가 강하게 나서 나는 제임스의 조언을 진지하게 받아들였다. 하지만 끝끝내 곰 스테이크를 요리할 기회는 오지 않았다. 심한 폭풍우로 우리 도로의 전기가 끊기고 스텟의 냉동고에 있던 고기가 모두 상해 버렸기 때문이었다. 스텟은 우리가 수십 년 동안 애정을 기울이며 진행해 온 사과주 제조 공정, 즉 사과를 노르망디 시드르 부셰라는 천연 샴페인으로 만드는 과정에 큰 관심을 보였다. 언젠가 친구이자 와인 제조 파트너인 웰즐리대학교 불문과 교수 배리 리드게이트Barry Lydgate를 농장에 데려와 스텟의 집으로 함께 가서 우리의 최신 사과주를 조금 나누어 마셨다. 리드게이트는 와인 산업에 깊이 관여하고 있는 인물이었다. (배리는 부르고뉴 지역의 와인 애호가 단체 '듀 타스뱅 기사단'의 기사였고 국제미식가협회 '라 콘프레리 드 라 셰느 데 로티쇠르'의 회원이었다.) 스텟은 우리가 건넨 잔을 음미한 후 자기 아버지 로이가 몇 년 전에 만든 도수 높은 사과주와 거의 비슷하게 좋다고 평했다. "정말이지, 훌륭해요! 반 잔에도 얼굴 전체에 감각이 없어져요!" 배리는 그 말을 잘 새겨 두었다가 고급 빈티지 와인을 한 모금 마시고 거들먹거리는 사람으로 가득한 와인 시음회에서 써먹겠다고 맹세했다. 그는 여러 번 써먹었다고 한다.

농장에 갔던 첫해쯤의 어느 날, 수전과 나는 우리가 뒤뜰에 파 놓았던 우물 중 하나에 들어가 목욕을 하고 있었는데 (그때 우리는 아직 욕실을 짓지 않았다) 트랙터를 타고 지나가던 스텟이 우리를 발견하고 물

스텟슨 그린들.

었다. "이봐요, 우물 물을 마시고 있는 건 아니죠? 그렇죠?" 우리는 실제로 그 물을 마시지 않았기 때문에 마시지 않는다고 대답했다. 하지만 물이 아주 맑아서 마셔도 될 것 같긴 했다.

"내가 댁이라면 그 물 안 마실 거요."

"왜요?"

"음…… 오래전에 거기 헛간이 있었는데 거름이 거기로 많이 흘러 들어갔어요."

"그랬군요. 그래도 그건 30년도 더 지난 일이고 지금은 흔적도 없는걸요."

"아…… 그래도 안 마시는 게 좋을 텐데."

"왜 안 됩니까?"

"어…… 그게, 그러니까 1년 전인가? 어떤 놈들이 이 집 뒤쪽 들판에서 사슴을 한 마리 밀렵하고 내장을 그 우물에 던져 넣었다오!"

우리는 스텟에게 어떻게 그런 일을 알고 있는지 묻지 않은 채 수질 검사를 했다. 결과는 좋았다.

우리는 여름 내내 농장에 있었고 그동안 나는 학계에서 이메일이 오지 않으면 학계 쪽 일을 거의 하지 않았다. 나는 터프츠의 내 사무실에서 일주일에 한 번씩 오는 누렇고 커다란 마닐라 종이로 된 봉투를 받아서 잡무를 처리하고 여름이 다 가도록 책 한두 권만 읽었을 뿐 타자기 (나중에는 노트북) 앞에서 몇 시간씩 보내지는 않았다. 나는 너무 바빴다. 농장 프로젝트, 카누, 윈드서핑, 다양한 요트 타기, 메인주 탐험하기 등 할 일이 많았다. 9월쯤 되니 내가 배웠던 모든 철학을 잊어버린 것 같은 느낌이 들었지만 머릿속은 강의에서 학생들을 어떻게 가르칠 것인가에 대한 아이디어로 가득해서 의욕이 넘쳤다. 그런 아이디어는 건초를 깎거나 헛간 문에 페인트칠을 하거나 어느 정도 일상적인 일을 하면서도 계속 떠올랐다. 어느 여름, 더그 호프스태터가 농장을 방문했는데 누군가 내가 어디 있는지를 묻자 호프스태터는 이렇게 대답했다. "그는 밖에서 트랙터를 타고 틸로소피tillosophy[83]를 하고 있어요." 나는 정말로 틸로소피를 하고 있었다. 티모시 건초를 다시 심기 위해 밭을 일구는 것은 어려운 일이 아닐뿐더러 밭을 가로질러 왔다갔다 하는 리듬감도 즐겁다. 그런 일들이 일종의 목적의식 있는 공상을 부추기며 그런 공상은 진보를 이루기 충분할 정도로 사람의 생각을 재구성하곤 한다. 나는 책상 앞에 앉아 20분 이상 골머리를 앓아도 풀리지 않는 철학 문제가 있으면 종종 밖으로 나가 트랙터에 올라타 일을 하다가 점심이나 저녁을 먹으러 돌아오기 직전에 돌파구를 찾곤 했다.

블루힐의 우리 농장에는 농가 외에도 부속 창고와 세 칸짜리 개방형 차고, 길 건너편의 커다란 헛간이 있었고 마당에는 낡아 빠진 별채가 있었다. 그 별채는 1920년대에 블루힐의 약수터 근처에 와인을 병에 옮겨 담는 건물로 처음 지어졌고 30년대에 월터 레이턴Walter Leighton이 그 건물을 사서 약수터에서 1.5마일(약 2.4킬로미터) 떨어진 곳, 즉 지금의 위치로 옮겼다. 배관 기술자였던 레이턴은 그 건물을 배관 작업장으로 사용했다. 그는 그 건물[가로, 세로는 24피트(약 7.3미터)와 8피트(약 2.4미터)였고, 높이는 16피트(약 2.9미터)였다]을 통째로 옮겼다. 큰 통나무를 굴림대로 쓰고 여러 마리의 소로 건물을 끌어서 땅바닥에 무거운 수평 목재 위에 그냥 얹어 놓았다. 바닥 목재와 들보, 마루널 들은 벽체의 아랫부분과 마찬가지로 썩어서 땅속으로 좀 들어갔고 천장에는 커다란 구멍들이 뚫려 있었다. 헐어 마땅했지만 나는 그 건물을 보수해서 도자기 작업장으로 만들고 싶었다. (수전과 나는 캘리포니아에서 도예 수업을 들었고 메인에서 계속 도자기를 빚고자 했다.) 우리는 그 버려진 집을 '스프링 하우스'라고 불렀고 그 건물을 구제하는 일은 완벽한 학습 프로젝트가 되었다. 그 건물은 공식적으로 보험 적용이 안 되었고 거주용이 아니었기 때문에 미려한 마감이 필요하지 않은 거친 목공 실험들

83 흙, 토양을 뜻하는 접두사 'til-'과 철학philosopy을 합해서 호프스태터가 만든 신조어이다.

을 할 수 있었다. 나는 철물점에서 유압 잭을 사서 건물의 네 모서리에 무거운 것을 들어 올릴 수 있는 받침 기둥을 만들었다. (2×6피트의 기둥 두 개씩을 한 쌍으로 묶어 네 모서리에 설치했다. 원래의 모서리 기둥은 아래쪽이 몇 피트씩 썩어 있었기 때문이다.) 나는 내 작은 유압 잭과 충분한 양의 받침용 목재를 사용하여 한 기둥에서 다른 기둥으로 이동하면서 건물을 점점 들어 올렸고 드디어 건물 전체가 진흙 위로 2피트가량(약 0.6미터) 올라와 '플레이트(벽 상단을 가로지르는 수평 들보로 서까래를 받치는 역할을 한다)에 매달린' 상태가 되었다. 우리는 문턱과 바닥 들보의 썩은 부분을 삽으로 파내고 매달려 있는 벽의 안쪽을 돌며 썩은 부분 위쪽에 수평으로 초크 선을 긋고 전기 사슬톱에 낡은 사슬을 끼워 선을 따라 잘라 냈다. 그렇게 함으로써 네 모서리에 콘크리트 기둥을 만들 공간이 생겼다. 긴 측면에는 기둥을 두 개 추가로 설치하기로 했다. 우리는 그 자리에 소노튜브[84]를 사용해 콘크리트 기둥을 만들어 세웠다. 그 위에 새로운 토대를 설치한 후 건물 전체를 천천히 내려서 새 토대 위에 사뿐히 안착시켰다. 우리는 새 바닥 들보와 새 마루, 새 기와를 얹은 지붕, 화목 난로를 위한 금속 굴뚝, 전기, 곳간의 우물 등 도예 작업장에 필요한 모든 것을 설치했다. 수전과 함께 스미스대학교에 입학했던 캐롤라인 메이허Caroline Mayher는 블루힐 동쪽에 살았으며 여름에 도예 활동을 했다. 그녀는 도예 키트로 발 물레를 만들고 싶어했다. 그래서 우리는 키트 두 개를 사서 그 둘을 합치고 차축이 내장된 콘크리트 바퀴를 주조하여 발 물레를 만들고 도예가가 앉을 수 있는 적당한 벤치가 될 나무 구조물도 만들었다. 또 다른 친구는 우리에게 자기가 쓰던 전기 물레를 팔았다. 우리는 전기 가마를 샀고 커다란 도예 테

84 종이나 판지로 만들어진 원통형 형틀을 만드는 회사의 상표명이다. 이 튜브들은 주로 콘크리트 기둥을 현장에서 주조할 때 사용한다. 한마디로 콘크리트 기둥을 만들 때 쓰는 원형 거푸집이라고 생각하면 된다.

이블과 도자기를 말릴 스툴과 이동식 선반을 만들었다. 그렇게 하여 우리는 점토 작업을 시작할 준비를 마쳤다. 본채와 헛간에도 스프링 하우스 못지않은 대공사가 있었다. 농장에서의 두 번째 여름, 나는 어바인에서 고등학교에 재학 중이던 마이크 헤이워스Mike Hayworth를 조수로 초대하여 그의 도움을 받아 잔일을 마무리했다. (그는 스프링 하우스 재건축에서 큰 영감을 얻어 서부 해안으로 돌아갔고 밴쿠버만의 산후안제도 중 한 곳에서 주택 건설업자가 되었다.) 스프링 하우스는 몇 년에 걸쳐 재건축했고 계속 다른 용도로 사용하다가 결국에는 우리 딸 안드레아가 그녀의 어린 아들 브랜던과 함께 사는 집이 되었다. 그들은 거기서 살다가 포틀랜드 지역으로 '올라갔다.' (메인주에서는, 남쪽으로 이동할 때도 바람 방향이나 항로에 따라 전통적인 해운 용어를 써서 올라간다고 표현하는 경우가 있다. 사실 포틀랜드는 블루힐보다 남쪽에 있다.) 도자기 공방은 헛간 중 한 곳에 지은 다락방으로 옮겼다.

우리는 건초와 목재, 블루베리도 수확했지만 가장 야심 찬 농장 프로젝트는 뭐니 뭐니 해도 사과주 만들기였다. 우리가 배운 사과주 제조 방법은 판매용이 아니었지만 다양한 사람이 우리 사과주를 사고 싶어 했다. 매년 우리는 55갤런(약 209리터)짜리 오크통 한두 개 분량의 사과주를 만들었다. 알코올 도수를 10퍼센트까지 높이기 위해 가당 작업(사탕수수 설탕을 첨가했다)을 하고 효모는 사과에 있는 야생 효모만 썼는데 그 방식이 우리가 실험해 본 그 어떤 시판 와인 효모보다도 더 나은 결과를 보여 주었다. 매년 10월 콜럼버스의 날 연휴가 되면 교수진 및 기타 친구들을 블루힐로 초대해 모두 함께 특별한 날을 보냈다. 우리는 사과를 따서 압착하고 5갤런(약 19리터)짜리 내산성 유리병 열몇 개에 사과즙을 가득 채운 후 공기가 빠져나가고 이산화탄소도 배출되도록 발효전醱酵栓[85]으로 위를 덮었다. 사과즙을 다 짜고 나면 우리는 헛

---

85 와인이 발효될 때 생성되는 가스를 빼내기 위한 밸브를 말한다.

사과 압착하기.

간에서 현악 밴드에 맞추어 콘트라 댄스[86]를 추었다. 때로는 사과를 키우는 이웃이 자기들의 사과를 수십 갤런씩 가져와 압착해 가기도 했다. 버서 터너는 언제나 집에서 만든 도넛 한 판을 가지고 나타났다. 도넛은 포트에서 나온 지 얼마 안 되어 따뜻했다.

사과 따는 날은 설령 비가 오고 춥다 해도 정신없이 즐거웠다. 우리는 스테이션 왜건 뒤 트레일러 안에 사과주가 든 내산성 병을 싣고 앤도버까지 달렸고 사과주는 우리 집 지하 저장고에서 겨울을 나면서 1차 발효와 2차 발효 과정을 거치며 주기적으로 '괴롭힘'을 당했다. 그러고 나서 1월에는 내용물을 지난해에 사용한 오크 버번 통에 옮겨 담고 '와인 병에 담는 날(병입일)'을 기다렸다. 병입일은 5월, 터프츠의 기말고

86 17세기 중반부터 미국에서 인기를 끌기 시작한 민속춤이다. 참여자들은 두 줄로 늘어서 서로 마주 보며 춤을 시작하고 파트너를 계속 바꿔 가며 활기찬 분위기에서 전통 음악에 맞추어 춤을 춘다.

사가 끝나고 졸업식이 있기 전으로 잡았다. 그날은 앤도버의 우리 집에서 온종일 파티가 열리는 날이었다. 파티 참가자들은 와인 병을 씻고, 아황산 처리를 하여 소독하고, 헹구고, 새로 완성된 사과주를 병에 넣고, 코르크 마개를 끼우고, 와이어링[87]을 하고 라벨을 붙이고 사과주 수백 병을 포장했다. 많은 사람에게 즐거운 일이 되도록, 지루한 노동이 되지 않도록, 모든 사람이 업무를 계속 바꾸어 가며 일했다. 그리고 모두가 사과주를 많이 마시며 소풍 도시락을 먹었고 일하는 사람은 대부분 물 호스와 코르크 끼우는 기계 때문에 흠뻑 젖곤 했다. 코르크를 완전히 밀어넣으면 기계는 언제나 그 부피만큼의 사과주를 밖으로 뿜어내기 때문이었다.

매해 수확한 사과가 다 빼어나게 좋은 것은 아니었고 품질이 떨어지는 사과가 수확되는 해도 있었지만 우리는 그런 사과에도 좋은 운명을 찾아 주었다. 내 양아버지 노릇을 해 주신 셔먼 러셀(1장 참조)은 금주법이 실행되던 시절의 증류기를 내게 주셨다. 그 증류기는 그의 아버지가 진이나 위스키를 밀조할 때 사용하던 것이었다. 나는 그 증류기를 사용해서 우리가 만든 사과 와인을 칼바도스, 즉 사과 브랜디로 만드는 기술을 익히기 시작했다. 우리는 그 브랜디를 퓨어퀼Pure Quill(극상품)이라고 불렀는데 그 이름은 '뛰어남'을 뜻하는 지역 용어로 집에서 증류할 때 증류주가 흘러나오는 출구 역할을 했던 거위 깃goose quill에서 따온 말이다. 내 증류기에 사과 와인 일곱 병을 부은 후 응축기(콘덴서)를 날개 너트로 단단히 고정한다. 증류기는 냉각수가 흐르는 작은 호스와 함께 코닝사의 초전기 열판 위에 놓인 상태이다. (찬물이 코일 주위를 계속 흘러가기 때문에 불꽃이 생기지 않고 스파크도 튀지 않으므로 응축되지 않은 알코올 증기가 점화될 염려도 없다.) 두 시간 정도 지나면 집기

87 와인 병에 코르크 마개를 끼운 후 밀봉용 와이어를 사용하여 코르크가 병에서 튀어나오지 않도록 고정하는 작업을 말한다.

우리 가족과 보 달봄.

병이 보드카처럼 맑은 퓨어퀼로 채워진다. 나는 내부를 새까맣게 그을린 오크통을 사용하지 않고도 그것을 숙성하는 방법을 개발했다. [시중에서 파는 오크통은 30갤런(약 114리터)짜리가 가장 작은 것이었는데 우리는 그 통을 가득 채울 시간도 그만한 양의 브랜디도 없었다.] 나는 와인 잡화점에 가서 흰 오크 칩을 사 와 그것들을 쿠키 시트 위에 4분의 1컵 정도 늘어놓고 브로일러 밑에 두었다. 칩이 아주 어두운 갈색으로 변하되 완전히 까맣게 되지는 않을 때까지 말이다. 이 칩을 투명한 유리 와인병—예를 들면 소테른병[88]—에 넣고 병을 도수 90퍼센트의 퓨어퀼을 부어 코르크 마개로 닫은 후 주방 선반 위에 얹어 놓았다. (나는 보통 세 병을 만들었는데 그것만 해도 거의 꼬박 하루가 걸린다.) 하루나 이틀

88 프랑스 보르도 지방의 '소테른Sauternes' 지역에서 주로 생산되는 단맛의 화이트 와인을 담는 병을 뜻한다. 병목이 길고 병의 몸체는 비교적 가늘고 긴 원기둥 모양이며 굴곡이 없다.

쯤 지나면 오크 칩들이 부력을 잃고 가라앉기 때문에 나는 그 앞을 지나갈 때마다 병을 흔들어 브랜디를 머금고 무거워진 칩이 바닥에서 튀어 오르게 했다. 한 달쯤 지나면 퓨어컬은 아름다운 호박색으로 변하면서 계피 같은 향이 코를 스치고 불쾌한 맛은 사라진다. 자칭 칼바도스[89] 감정사인 폴 처칠랜드Paul Churchland는 메뉴에 몇 가지 칼바도스가 포함된 보스턴의 고급 레스토랑에서 블라인드 테스트를 해 보자는 내 제안에 동의했고 테스트 결과 내 것이 최고로 뽑혔다. 우리는 블루베리 와인도 만들어 보았지만 아무리 해도 사과 와인만큼 잘 되진 않았다. 그래도 증류기를 통과시키면 마실 수 있는 정도의 블루베리 보드카나 아쿠아비트[90]가 만들어졌다. 그 술에서는 오븐에서 갓 구운 블루베리 파이 향이 아주 약하게 났다. 우리는 그것을 사크르 블뢰Sacre Bleu[91]라고 불렀다! 사크르 블뢰는 아직도 여섯 병이나 남아 있다. 아주아주 특별한 경우에 마시려고 아껴 둔 퓨어컬 반병과 함께.

~

안드레아와 피터는 유아 때부터 농장에서 자랐다. 그들은 닭장에서 달걀을 꺼내 헛간의 돼지에게 먹였다. 몇 년 동안 안드레아는 에이프릴 스타라는 이름의 암말을 타며 돌보았다. 에이프릴 스타는 때때로 목장에서의 외로움을 견디지 못했는지 내가 설치해 둔 전기 울타리를 뛰어넘어 목장 밖으로 나가곤 했지만 번번이 이웃에게 붙잡혀 자갈길을 걸어 돌아왔다. 이 문제는 투시 벨이라는 이름의 작은 셰틀랜드 조랑말을 한 마리 빌려 매사추세츠의 마구간에서 에이프릴 스타와 함께 겨울을

89 프랑스 노르망디 지방의 칼바도스 지역에서 생산되는 사과나 배로 만든 브랜디이다.

90 스칸디나비아식의 맑고 독한 브랜디를 말한다.

91 프랑스어로 'Sacre'는 '대관식, 축제'라는 뜻이 있고 'Bleu'는 '푸른색'을 뜻하는데 그 둘을 하나로 붙여 'Sacrebleu'라고 하면 '제기랄, 젠장맞을'이라는 뜻이 된다.

지내게 함으로써 해결되었다. 우리는 말 운반용 트레일러를 포함하여 온갖 종류의 마구를 완비하고 있었다. 우리는 또한 암탉이 앤도버 집의 볕 잘 드는 좋은 마차 창고 안에서 겨울을 나게 하려고 암탉들을 지붕 선반이 있고 바람이 잘 통하는 상자 안에 넣어 앤도버로 옮겼다. 주유소에 들러 주유하는 동안 내가 암탉들에게 부드럽게 말하는 모습을 듣고 직원이 깜짝 놀랐던 것이 기억난다. 그는 내가 상자 안에 사람을 가두어 놓았다고 생각했던 것 같다. 돼지는 딱 한 마리만 키웠다. 나는 돼지에게 폭 찹(돼지 갈빗살 요리)이나 그와 비슷한 이름을 붙이고 싶었는데 피터는 자기가 읽은 책에서 제일 좋아하는 캐릭터인 '큐리어스 조'의 이름을 따서 큐리어스라고 부르자고 강력히 주장했고 그리하여 우리가 키우는 돼지는 식용 동물 중 가장 난해한 이름을 갖게 되었다. 도살장으로 간 큐리어스가 수십 개의 종이 포장 덩어리로 나뉘어 돌아왔던 날 나는 그것을 어떻게 처리해야 할지 고민에 빠졌다. 우리는 꾸러미를 차에서 내려 냉동고에 넣었고 바닥의 마지막 상자를 옮기기 직전까지 모든 일이 차분하게 진행되었다. 밑에서 두 번째로 놓여 있었던 것은 뉴턴 그린들의 훈연 작업장으로 보낼 얇은 베이컨이 포장된 꾸러미였다. 문제의 맨 아래 상자에는 도살업자가 띠톱으로 깔끔하게 좌우 절반으로 쪼개 놓은 큐리어스의 머리가 포장도 안 된 채 적나라하게 들어 있었다. 피터는 화들짝 놀랐지만 곧 호기심이 놀람을 이겼고 그다음에는 기나긴 해부학 수업이 이어졌다. 피터는 우리가 매사추세츠로 돌아갈 때 그 머리의 절반을 학교로 가져가서 '물건 가져와서 발표하기' 과제에 쓰고 싶어 했지만 우리는 그것이 반 친구인 초등학교 1학년생들이 보기에는 지나치게 충격적일 것 같다고 생각했다. 안드레아는 큐리어스의 그 어떤 부위도 먹지 않겠노라 신께 약속드렸다고 엄숙하게 말했지만 어느새 자기가 했던 맹세를 잊고 말았다. 우리는 거기에 대해 함구했고 시간이 지나면서 그 일은 희미해졌다.

나는 두 살 무렵의 안드레아와 함께 헛간 계단에 앉아 있었던 순간을 기억한다. 나는 차우더(조개 수프)를 만들 조개를 갈퀴로 캐 와서 껍질을 까고 있었고 안드레아는 그 모습을 지켜보면서 냄비 안의 조개를 가지고 놀았다. 그러다 마침내 그 향기로운 조갯살을 두 손 가득 퍼 올려 자신의 머리 위에 둘러서 작은 생조개 왕관을 만들어 썼다. 나는 그 행동을, 그녀가 스스로를 '메인주 소녀'로 등극시킨 즉흥적 대관식이라 생각했다. 오늘날까지도 그녀는 변함없이 메인주 소녀이다. 피터와 나는 안 쓰는 잔디깎이의 엔진을 동력원으로 하는 경주용 자동차, 피터모빌을 만든 적이 있다. 클러치와 페달을 밟으면 뒷바퀴에 강한 압력을 주는 나무 브레이크도 직접 만들었다. 우리 집의 울퉁불퉁한 잔디 위에서 감행된 피터의 첫 주행은 한마디로 눈앞으로 닥치는 사고 그 자체였다. 나는 거대한 느릅나무에 충돌하기 직전에 간신히 피터모빌을 멈출 수 있었다. 그래서 좀 더 안전한 속도 내에서 차를 움직이게 할 기어를 찾아 넣었다. 우리는 또한 숲속에 요새를 지었고 늑대소나무 가지 위에 지면에서 약 20피트 높이의 나무집도 지었다. (늑대소나무는 하나의 품종을 가리키는 말이 아니다. 스트로부스소나무의 일종으로 생장 초창기에 소나무바구미의 침입을 받아 어린 가지나 말단 가지가 손상되어 크고 웅장하고 목재로서도 쓸모가 있는 몸통으로 자라지 못하고 여러 개의 굵은 줄기가 거대한 촛대 모양으로 자란 것을 일컫는다.) 늑대소나무는 목재로서는 전혀 쓸모가 없지만 다음 세대가 될 씨를 뿌릴 솔방울을 엄청나게 많이 만들기 때문에 숲속에서 종종 볼 수 있다. 피터의 나무집 발판에는 닳아서 해진 동양식 카페트가 깔려 있었고 어른이 올라가려고 하면 부서지도록 설계된 미끼 사다리가 있었다. 물론 비밀 밧줄 사다리도 갖추고 있었다.

내가 했던 중요한 산림 작업에는 장작과 제지용 전나무를 자르는 것 외에도 제재용으로 쓸 성숙한 가문비나무, 소나무, 삼나무를 자르는 일도 있었다. 요즘의 벌목꾼은 최신 컴퓨터로 제어되는 벌목 기계를 사용한다. 그러면 1분도 되지 않아 커다란 가문비나무를 베어 쓰러트리고 가지치기도 할 수 있다. 사슬톱으로 나무를 자르고 말을 동원하여 나무를 운반하고 정리했던 우리의 옛날 벌목 행위를 생각해 보면 정말이지 아득하게 격세지감이 든다. 농장에서 행복했던 기억 중 몇 가지는 우리 친구 폴 버드샐Paul Birdsall이 방문한 것이다. 그는 겨울 벌목을 하러 덩치 큰 벨기에산 노동 말과 함께 우리 숲에 왔고 우리는 그 온순한 거한들을 헛간에서 지내게 했다. 나는 신선한 건초 냄새와 말 거름 냄새를 기억한다. 그리고 1.5코드용 썰매[92]로 제지용 통나무를 운반하고 마구간으로 돌아와 0도의 날씨에 김을 내뿜던 그 텁수룩한 말들도 기억한다. 그 1.5코드용 썰매는 우리의 펄프 후크를 달아서 사용했는데 후크 자체는 아주 단순한 도구이지만 평범한 사람을 '인크레더블 헐크'로 변신시켜 4피트(약 1.2미터) 길이의 통나무를 쉽게 들어 올리고 원하는 곳에 내려놓을 수 있게 해 주었다. 나는 폴이 지름 3피트(약 0.9미터), 길이 16피트쯤(약 4.9미터)으로 잘린 거대한 가문비나무를 타는 사진을 갖고 있다. 그 사진에서 통나무의 앞쪽 끝은 (우리의 갈고리 장대로) 들어 올려져 펑pung(짧고 튼튼한 썰매)에 사슬로 묶여 있고 폴의 벨기에 말들이 눈을 헤치며 썰매를 끌고 있다. 가장 빠른 통나무 벌목법은 아니나 영원히 음미할 수 있는 경험으로 남았다.

안드레아와 피터는 안드레아와 동갑인 딜런 맥티그Dylan McTighe와 친하게 지냈다. 딜런은 그의 할머니 펀 맥티그Fern McTighe와 함께 길 위쪽에 살았는데 펀은 블루힐 공공도서관 사서였다. [그리고 브루클린의 우리 이웃 E. B. 화이트E. B. White가 쓴 명작 《샬롯의 거미줄Charlotte's Web》에 등장하는 주인공 소녀의 이름(펀)의 출처이기도 하다.] 딜런은 안드레아에게 방금 잡은 살아 있는 가터뱀을 선물하며 우정을 표현했다. 그

92 '코드'는 우리나라에서는 쓰지 않는, 나무의 부피를 나타내는 단위이다. 1코드는 약 128세제곱피트(약 3.6세제곱미터)의 나무를 의미한다. 따라서 1.5코드용 썰매는 약 5.4세제곱미터의 나무를 운반할 수 있는 대형 썰매를 뜻한다.

가터뱀은 뱀 사육장의 첫 거주자가 되었고 뱀 사육장은 곧 목도리뱀과 초록뱀, 붉은배뱀으로 북적거리게 되었다. 블루베리밭 가장자리에는 오래된 검은색 픽업트럭의 후드가 놓여 있었는데 어느 날 나는 그것을 들어 보고 깜짝 놀랐다. 열 마리 남짓한 서로 다른 종의 뱀이 햇빛으로 달궈진 후드 돔 아래서 몸을 덥히고 있었던 것이다. 이 후드가 우리의 뱀 덫이 되었다. 화창한 날이면 거의 아무 때나 후드 아래에서 쉬는 뱀을 몇 마리씩 볼 수 있었고 우리는 그 아래로 손을 뻗어 손쉽게 뱀을 잡곤 했다. 나는 그때 아이들이 부모의 성격을 크게 강화할 수 있다는 점을 배웠다. 그 어떤 아빠나 엄마도 아이들에게 겁쟁이나 유약한 사람으로 비치는 것을 원치 않기 때문이다. 나는 마음을 단단히 먹고 침착하게 뱀을 잡아 올리는 법을 익혔다. 어느 날 우리는 목재 쓰레기와 덤불을 (물 펌프를 등에 멘 성인들의 적절한 감시하에) 멋진 모닥불처럼 태웠다. 그런데 다 태우고 나서, 타긴 했지만 잿더미가 되지는 않은 썩은 그루터기 안에서 반쯤 익은 것으로 보이는 뱀 알을 발견했다. 나는 가죽 촉감의 그 하얀 알들을 조심스럽게 꺼내어 생물학을 좀 가르쳐 보려고 아이들을 불렀다. 면도날처럼 날카로운 내 잭나이프와 핀을 이용하여 알을 가르고 그 안에 말려 있던 작디작은 뱀을 해부판에 풀어놓았다. 뱀은 지렁이보다도 훨씬 작았다. 그런데 정말이지 놀랍게도 뱀 중 몇 마리가 움직였다. 우리는 움직이는 녀석들을 즉시 뱀 사육장에 넣었고 새끼들은 거기서 잘 살아남았다. 알을 가르기 전에 뜨거운 열을 그렇게 오래 받았음에도 말이다.

우리 아이들도 부모처럼 두 세계에서 최고의 경험을 누렸다. 우리의 첫 번째 친분은 메인에서 계속 거주 중인 현지 주민들과 형성되었지만 우리는 결국 '여름족', 즉 몇 세대에 걸쳐 해마다 여름에만 메인을 찾아와 거주하는 사람들의 세계에 진입했다. 항해자로서 나는 '콜레저위드과크 요트 클럽(메인주 블루힐의 요트 클럽)'에 가입했다. 클럽은 화려하지 않았다. 술집도 식당도 없었다. 그저 부엌과 욕실이 있는 본관, 선

창에 배를 대는 청년들과 매니저를 위한 작은 집, 항해 교관과 그들의 옷이나 기구를 보관하는 또 다른 건물, 부두와 부표가 있었고 방문 항해자를 위해 연료와 물, 얼음이 준비되어 있었다. 딩기(작은 보트)를 위한 부두에는 딩기가 많았고 계류장도 많았다. 수전과 나는 아름답고 작은 나인홀 컨트리 클럽에서 골프를 배웠지만 좀처럼 능숙해지지 못했다. 우리는 파도 보기도 그야말로 가물에 콩 나듯 쳤고 나중에 점수를 합산할 때면 우리가 '플로그'[93]라 불렀던 점수를 받곤 했다. 그렇지만 아주 가끔(여름 내내 치면 한 번쯤)은 버디를 잡기도 했다. 아이들을 위해 이 두 세계는 다양한 우여곡절을 거쳐 일종의 협정에 이르렀다. 일부 여름족은 마을 사람들에게 가증스러운 속물로 여겨졌고 다음 해에는 마을 사람들이 여름족에게 무시당하면서도 두 부류가 둘도 없는 친구가 되었으며 그다음 해에는 그 주종 관계 같은 것이 또 바뀌었지만 두 집단 간에는 꽤 큰 교집합이 생겼다. 어른과 아이 모두에게서.

93 여기서는 '열심히 쳤지만 헛수고했다' 정도의 의미로 쓰였다.

12

크산티페를 찾아서, 농장을 떠나며

콰인은 한때 슬루프[94]를 원하는 어떤 사람에 관한 글을 썼다. 그냥 아무 슬루프가 아니라 '슬루프 없음에서 벗어나기'에 관해서였다. 그리고 나는 몇 년 동안 슬루프 없음의 상태에서 벗어나기를 갈망했다. 나는 슬루프 경주에 많이 참여했고 친구들에게서 이런저런 슬루프를 많이 빌렸고 제리 포더의 슬루프에서 그와 함께 시간을 보냈지만 나는 나 자신의 슬루프를 원했다. 세월이 흘러 더 많은 사람이 경주에 참여하고 더 많은 사람이 배를 전세로 얻었지만 그때까지도 내겐 슬루프가 없었다. 세기가 바뀌었을 때 나는 슬루프를 살 준비가 되었다. 그러나 마음에 쏙 드는 슬루프를 탐색하는 작업은 내가 삼중 관상동맥 우회 시술을 받는 바람에 연기되었다. 다행히 시술은 성공적이었고 그 덕분에 나는 슬루프 사냥에 더 진취적으로 나설 수 있게 되었다.

2004년 10월, 나는 드디어 나의 슬루프를 찾았다. 로드아일랜드의 뉴포트에서였다. 내 슬루프는 1983년에 제조된 '베네토 퍼스트 42' 모

---

94 돛대가 하나인 작은 범선을 말한다. 8장의 제리 포더 부분에서 등장한 적이 있다.

델이었는데 그때까지도 상태가 좋았다. 나는 그것을 샀고 때 이른 눈이 지붕에 0.5인치(약 1.3센티미터)가 쌓인 어느 날 아침, 나는 우리 항해팀과 함께 그 배를 타고 블루힐로 출발했다. 도착하기까지는 며칠 밤을 보내야 했다. 나는 경주뿐 아니라 순항도 할 수 있는 배를 원했기 때문에 내 배는 빨라야 했다. 경주용이라기보다는 항해용인데도 말이다. 느리고 편안한 순항용 배는 속력이 5노트나 6노트만 되어도 흔들릴 수 있지만 빠른 배는 7노트[95] 이상에서도 크게 흔들리지 않고 안정적으로 순항할 수 있다. 항해자에게 5노트와 7노트의 차이는 엄청난 것이다. 컴퍼스(북쪽을 찾는 나침반이 아닌 분할 컴퍼스)를 가져다 모항이 표시된 항해도를 펴고 5마일이 될 때까지 컴퍼스 다리를 넓혀 보라. 5노트로 두 시간, 여섯 시간, 여덟 시간이면 얼마나 멀리 갈 수 있을까? 반면에 속력이 7노트라면 어디까지 갈 수 있을까? 하루 동안 순항할 수 있는 영역은 속력이 클수록 빠르게 증가한다. 메인주의 해안은 반도, 섬, 작은 만, 아주 좁은 만 등이 많아 엄청나게 복잡한 해안선을 이루고 있다. 그곳을 모두 탐험하고 싶다면 상당히 빠른 배를 타는 것이 좋다. 베네토는 말하자면 순항 범선 계의 쉐보레라고 할 수 있다. 주로 전세 거래를 염두에 둔, 믿을 수 있고 비교적 저렴한 배를 만들기 때문이다. 그러나 쉐보레가 자기네도 빠른 차를 만들 수 있다는 걸 보여 주기 위해 가끔 콜벳 같은 스포츠카를 내놓는 것처럼 베네토도 특별한 배를 출시하려고 했다. 1980년 베네토는 아르헨티나의 젊고 뛰어난 선박 건축가 게르만 프레르스Germán Frers에게 특별한 배를 설계해 달라고 의뢰했고 1981년 최초의 퍼스트 42 선체가 진수되었다.

나는 크산티페Xanthippe라는 좋은 이름을 생각해 냈다. 크산티페는 소크라테스의 아내였고 성질이 고약한 여자라고 알려져 있지만 소크라

95 1노트는 배가 한 시간에 1해리(1.852킬로미터)를 가는 속도를 말하며 미터법으로 환산하면 초속 3.6미터가 된다.

테스는 크산티페가 혈기 왕성하고 기개 있는 사람이라고 말했다. 그녀를 감당할 수 있는 사람이라면 세상 어떤 사람이라도 감당해 낼 수 있으리라고. 수전은 그 이름을 좋아하지 않았다. 수전에게 크산티페가 철학적 문제로 자살하는 것보다 가족을 돌보는 것이 더 중요하다고 소크라테스를 공개적으로 꾸짖었기에 크산티페는 잔소리꾼이 아닌 현명한 사람이라 보아야 한다는 어떤 철학자의 글을 보여 주자 마음이 바뀌었다. 수전은 결국 그 이름을 허용했다.

그 배는 이름 그대로 혈기 왕성했다. 크산티페의 특이점과 장점을 다루는 법을 알아 나가는 일은 그 후 몇 년간 나의 즐거운 탐구 주제 중 하나가 되었다. 그간 나는 한 손으로, 그리고 수전의 도움을 받아 양손으로 통제할 수 있는 크고 빠른 슬루프를 찾아 헤맸는데 마침내 찾아낸 것이다. 그러나 경주에 참여하려면 여섯 명으로 구성된 항해팀이 필요했다. 블루힐 지역의 항해자와는 대부분 알고 지냈지만 다른 배의 팀원을 유인하는 것은 나쁜 행태로 여겨졌으며 또 최고의 항해자는 모두 자신의 팀에 헌신적이었다. 그럼 나는 누구와 함께 팀을 짤 수 있을까? 갑자기 기막힌 생각이 번뜩 들었다. 내 학생과 박사 후 과정 연구생은 모두 젊고 건강하고 민첩하며 또 빨리 배우는 사람들이었지 않은가! 그래서 나는 그들에게 빅보트 경주를 소개하고 한두 주 동안 그들을 훈련시켰다. 나는 2005년 다운이스트 레이스 위크 시리즈에 크산티페를 타고 출전했고 우리의 첫 경주는 훌륭한 시작이 되었다. 우리 팀에서 범선 경주에 참여해 본 사람은 내가 유일했고 다른 팀원들은 단 며칠 훈련을 받은 상태였다. 나중에 바람 방향이 바뀌어서 우리는 스피나커를 펴야 했다. (스피나커는 바람 방향으로 순항하게 해 주는 커다란 삼각돛이며 우리는 맨 마지막 순간에 그 돛을 올렸다.) 빠른 속력을 유지하며 다른 배들과 비슷하게 달리기가 정말로 힘들었지만 그래도 우리는 간신히 결승선을 통과할 수 있었다. 다친 사람도 없었고 배 밖으로 떨어진 장비도 없었다. 우리 나름의 승리였다. 여러 번 경주해서 점수를 합산하

결승선을 통과하는 크산티페.

여 우승자를 가리는 '시리즈 경주'에서는 완주하지 못하면(이를 DNF라 하는데 '완주 못함Did Not Finish'의 약자이다) 점수가 깎인다. 경주에 불참하면(이는 DNS라 부른다. '불참Did Not Start'의 약자이다) 더 많은 점수가 깎인다. 우리는 이런 면에서는 점수를 잃지 않았고 우리 위치에 만족했다. 우리 위치란 우리 경쟁자 중 한 명이 말했듯이 '빌어먹을 꼴찌(DFL, dead fucking last[96]의 약자이다)'였지만 말이다. 그 경험은 우리에게 개선을 위한 좋은 기준점이 되었고 그 후 우리는 우승은 결코 하지 못했지만 가까운 경쟁자들을 따돌릴 수 있게 되었으며 꼴찌도 하지 않았다. 우리가 따돌린 배 중 한 척에 탔던 사람은 우리 팀원들에게 '크산트락

96 앞의 DNS와 DNF는 요트 경기에서 쓰는 공식적인 표현이나 DFL은 비공식적이고 속어적인 표현으로 마지막으로 들어왔음을 유머러스하게 말할 때 사용된다.

스'[97]라는 별명을 붙여 주었다.

경주를 해 보기 전에는 자기 범선의 한계를 정말이지 알 수 없다. 그저 순항만 하면 편안한 기쁨과 함께 모든 위험을 우회하며 모든 것이 정돈된 상태로 항해한다는 자부심도 느낄 수 있다. 그러나 경주는 몇 시간 또는 며칠 동안, 경주가 끝날 때까지 자기 배와 지식을 시험하는 어려운 도전이다. 경주 중에는 위험한 일이 벌어질 수 있다. 다른 보트와 충돌할 수도 있고 스피나커 돛대가 떨어져 나갈 수도 있고 브로치 현상이 나타날 수도 있다. 브로치 현상은 스피나커를 펴고 바람 방향으로 항해할 때 갑자기 조타기를 제압할 만큼 강한 바람이 불어오고 항해자가 바람이 불어오는 쪽으로 거칠게 방향을 틀 때 주로 발생한다. 선체가 거의 눕는 상태가 되어 스피나커가 물속으로 들어가 스피나커에 물이 고일 수 있으며 이 상태가 지속되면 스피나커의 장대나 헤드스테이[98]가 (돛대도!) 부러지고 조종석까지 물이 들어오는 상황이 발생할 수 있다. 첫 번째 경주를 마친 후 뒤편에서 부는 강한 바람을 타고 블루힐로 향하고 있을 때 우리에게 브로치가 찾아왔다. 첫 경주를 한 신출내기 팀원들에게 브로치가 발생하면 어떻게 해야 하는지를 미처 다 설명하기도 전에 엄청난 돌풍이 우리를 덮친 것이다. 우리는 그래도 내가 설명한 데까지는 대처했다. 모든 팀원이 각자의 자리로 뛰어올라 신속하게 상황을 수습했다. 우리는 한 시간 뒤 블루힐의 선착장에 도착했고 포치에서 쌍안경으로 우리를 지켜본 한 동호회 회원이 부두로 내려와 우리를 축하해 주었다. 우리 팀원들은 그때 초보 딱지를 떼었다.

범선 경주를 하고 친구나 가족과 함께 항해를 즐기는 것에 더해 나는 당시의 내 대학원생과 인지연구센터의 박사 후 연구원과의 연례 '인

---

97 그리스어에서 '~rax'('-ραξ' 또는 '-ρηξ')는 파괴자, 분쇄자, 나쁜 것을 유발하는 자, 중요한 일을 수행하는 자 등의 의미를 더할 때 주로 사용되는 접미사다.

98 돛대와 선박 앞부분을 연결하는 밧줄이나 와이어를 말한다.

크산티페의 조타실에서.

지 항해'를 개설하기로 마음먹었다. 그들은 자신들의 연구에 관해 함께 긴 토론을 하고 싶은 손님을 선택할 수 있었다. 특별한 스케줄도, 딱딱한 공식 대화도 없었다. 그저 며칠 동안 항해를 하며 아름다운 작은 만이 나오면 정박하기도 하고 무인도도 탐험하며 이야기를 나누고 또 나누었다. 나는 아이디어를 건설적으로 공유하는 그보다 더 좋은 방식을 알지 못한다. 로사 카오Rosa Cao, 펠리페 드 브리가드Felipe de Brigard, 브라이스 휴브너Bryce Huebner, 저스틴 정제Justin Jungé, 엠버 로스Amber Ross로 구성된, 이른바 '크산티페 패거리'는 항해 면에서나 철학 연구 면에서나 아주 긴밀한 팀원이었다. 손님의 면면은 다음과 같다. 니컬러스 험프리, 인지과학자 터컴서 피치Tecumseh Fitch와 브라이언 캔트웰 스미스Brian Cantwell Smith, 철학자 앤디 클라크Andy Clark와 그의 파트너 알렉사Alexa, 신경과학자 부부 스타니슬라스 드엔Stanislas Dehaene와 기슬랭 드엔

Ghislaine Dehaene. 앤디가 손님으로 왔을 때 우리는 허리케인 때문에 해안에 머물러야 했고 스탠을 초대했을 때는 돛대가 두 개 이상인 범선, 스쿠너를 전세 내어 탔다. 우리가 크산티페를 매각한 후였기 때문이다. 크산티페의 유리섬유 '늑판(용골의 토크를 선체 부분에 분배하는 늑재)'을 대대적으로 수리해야 했기 때문이었다. 한 시즌의 경주가 끝날 무렵 우리가 크산티페를 끌고 갈 때 늑판이 느슨해졌고 용골은 불길하게 흔들리고 있었다. 겨울이 지나도 배가 팔리지 않으면 내가 직접 수리할 작정이었다. 그러나 크산티페가 싸게 나온 것을 보고 구매자가 나타났다. 그는 트럭을 이용해서 크산티페를 미시간 호수로 옮겼다. 그리고 수리를 마친 후 그 배로 몇 년 동안 경주를 했다.

나는 내가 사랑했던 크산티페를 팔았고 그다음 해인 2013년에 우리는 우리가 사랑했던 농장을 팔았다. 관절염이 악화되고 다른 질환도 앓고 있었기에 더는 예전처럼 돌아다닐 수 없었고 유지 및 보수를 미루게 됐으므로 농장살이를 계속 고집하는 것은 나와 농장 둘 다에게 피해를 주는 일이었다. 우리는 에거모긴 리치에 있는 리틀디어섬의 해안가에서 멋진 집을 발견했고 농장에서 건초더미를 만들고 사과나무를 가지 치고 벌목하는 대신 해안가 집 현관에 앉아 윈드재머 스쿠너뿐 아니라 경주하는 슬루프와 욜, 순항하는 보트, 데이세일러에 이르는[99] 멋진 배들의 퍼레이드를 구경하기로 했다.

농장이 그리우냐고? 그렇기도 하고 아니기도 하다. 농장 집 자체

99 윈드재머 스쿠너는 돛대가 두 개 이상인 범선을 말한다. 욜은 돛이 두 개인 범선인데 한 손으로 운항하기 쉬워서 한때 항해사들 사이에서 인기가 좋았다. 데이세일러는 장기 숙박시설이 없어서 주로 당일치기 항해에 사용되는 작은 요트다.

는 바닥에서 벽, 굴뚝, 난로에 이르기까지 모두 우리가 땀 흘리며 고쳐서 사랑스럽게 되살려 놓은 것이다. 우리는 거기에 배관 작업을 하고 수십 개의 전기 콘센트도 설치했다. 월터 레이턴Walter Leighton은 배관공이었지만 그의 집에 있는 배관은 주방의 수동 펌프에서 집 뒤쪽에 파인 우물로 이어지는 납 배관이 유일했다. 우리 농장 집에는 부속 창고 안에 훌륭하게 설계된 일종의 '실내용 재래식 화장실'도 있었다. 화장실은 환기가 잘 되는 구조였으며 레이턴이 지은 개방형 콘크리트 탱크 위에 설치된 세 개의 좌변기 구멍이 있었다. 부속 창고를 통과하면 발에 진흙을 묻히지 않고도 화장실까지 갈 수 있었고 그 화장실을 이용한 몇 년 동안 탱크를 단 두 번만 비우면 되었다. 탱크를 처음 비울 때는 나와 조지가 직접 삽과 양동이를 들고 작업을 했고 오후의 나머지 시간은 연못에서 몸을 씻으며 보냈다. 두 번째로 비울 때는 '꿀 마차'를 불렀는데 그 친구는 한 시간쯤 지나서야 탱크에서 퍼내고 있는 것이 그가 평소에 취급하는 오수 슬러지가 아니라는 사실을 알아차렸다. "저거 오수통 아니죠?" 그가 물었다. "네. 아닙니다." 내가 대답했다. 그는 일을 마치고 떠났다.

그 집에는 다른 매력적이고도 이상한 것들이 숨어 있었다. 처마 밑에는 '선박용 무릎재'라고도 불리는 선박 강화목, 즉 Y자 모양으로 된 거대한 원목 가지들이 다듬어진 기둥과 들보 구조를 보강해 주고 있었다. 이런 구조물은 지붕을 받치는 가로 보(기둥 위에 놓이는 수평 보)와 바닥재에 의해 단단히 고정되었고 보와 바닥재는 큰 나무못으로 결합되어 있었다. 손으로 다듬은 기초 들보(건물 가장 아래쪽의 가로 들보)와 수평 들보(건물 위쪽을 받치는 가로 들보)는 이를 지지하는 세로 기둥과 나무못으로 먼저 고정해야 했다. 그래야 그다음 단계에서 가늘고 긴 세로 기둥(벽의 골조)들을 짜맞춤 방식[100]으로 연결할 수 있었기 때문이다.

100 전통적인 목재 결합 방식으로 한쪽에는 홈을 파고 다른 쪽에는 그 홈에 딱 맞는 돌출부를 만들어 빈틈없이 끼우는 기법을 말한다.

하지만 이런 과정 때문에 가는 세로 기둥들은 상단과 하단을 동시에 단단히 고정할 수 없었고 결과적으로 일부는 천장에서 매달린 종유석처럼, 일부는 바닥에서 솟아난 석순처럼 배치되어 각각 한쪽 끝부분이 떠 있는 상태였다. 하지만 그 전체에 판재를 덧대어 놓은 덕분에 전체 벽은 고정되어 있었다. 이 판재는 상하로 움직이는 수직형 톱으로 절단된 것이었다. 그러나 그 위에 덧붙여진 외벽 판재는 원형 톱으로 절단되어 있었고 이는 초창기 외벽 널판 공장에서 제작된 것이었다. 이런 특성들은 이 집이 세워진 시기가 1830년대(그때 원형 톱이 메인주에 도입되었다)라는 것을 추정할 수 있게 해 주었다. 한편 정면 복도는 벽지가 겹겹이 발려 있었는데 벗겨 보니 정성스럽게 복원된 모세 이튼 스텐실[101]이 드러났다. 페인트가 오래된 석고벽 여러 곳에서 떨어져 나가며 군데군데 섬처럼 스텐실을 드러내 주었기 때문이다. 숨은 스텐실을 찾는 것은 탐정 놀이를 하는 것 같은 쾌감을 안겨 주었다. 나는 스텐실이 나올 때마다 거기에 트레이싱 페이퍼를 대고 모든 패턴을 다 따라 그렸다. 그러고는 문양이 그려진 트레이싱 페이퍼들을 겹쳐서 빛에 비추어 보고 겹치는 부분들을 찾으면서 전체 문양을 맞추어 나갔다. 운 좋게도 나는 모든 문양—떡갈나무 잎과 휘감긴 덩굴, 몇 종류의 꽃—을 추출할 수 있었다. 나는 두껍고 튼튼한 종이로 새 스텐실을 만들었다. 벽을 새로 칠하고 스텐실 작업도 해 놓은 후 우리 스텐실을 보스턴의 해리슨 그레이 오티스 하우스에 있는 뉴잉글랜드유물보존협회로 가져갔다. 거기에는 모세 이튼의 스텐실 장치가 보관되어 있었다. 나의 스텐실은 그의 것과 완벽하게 들어맞았다. 우리가 구매할 당시 농장 집의 주방 바닥은 더럽고 금이 간 리놀륨으로 덮여 있었다. 우리는 나무 바닥이 더 낫겠

101 18세기 후반부터 19세기 초반까지 활동한 미국 예술가 모세 이튼Moses Eaton이 만든 스텐실 디자인을 말한다. 꽃무늬나 동물을 비롯한 자연물에서 영감을 얻은 모티프와 장식적 패턴 등 다양한 디자인으로 유명하며 미국 농가의 벽면이나 가구 장식에 널리 사용되었다.

다고 생각하고 리놀륨을 벗겼다. 그런데 리놀륨을 벗겨내자 사선 무늬(흔히들 '다이아몬드 무늬'라 부르는 뾰족한 평행사변형 무늬)로 놓인 거친 나무판자 바닥이 나왔다. 자, 그럼 무엇을 해야 할까? 우리는 그 사선을 최대한 살리기로 했다. 바닥에 칠할 수 있는 다이아몬드 패턴의 스텐실을 만들어 마치 타일을 깐 것처럼 보이게 하고 그 위에 니스칠을 하기로 한 것이다. 때는 1973년 여름, 워터게이트 청문회가 한창 진행 중이었다. 우리는 그것을 단 1분도 놓치고 싶지 않았기 때문에 청문회 방송을 틀어 놓고 스텐실 관련 작업을 했다. 시간이 흐른 후 주방 바닥을 볼 때마다 '여기는 존 미첼 법무부 장관의 말을 들으며 칠했지. 저기를 칠할 땐 존 딘이 말하고 있었고, 하며 그때의 기억을 떠올리곤 했다.

나는 그 집을 샅샅이, 그야말로 세제곱 인치 단위로 속속들이 알고 있었다. 나는 모든 구석으로, 모든 바닥 밑으로 기어 들어갔고, 다락의 천장 들보 사이를 단열재로 채웠으며, 벽을 통해 전기 케이블을 빼내고, 내가 옥상 안에 만든 박공 아래에 실내 욕실을 지었고, 흙바닥으로 된 지하실에서 겨울을 보낸 호저의 배설물을 삽으로 퍼냈다. 그 집은 장장 40년에 걸쳐 내 손으로 만든 수공예품이었다. 나는 집과 헛간의 기와도 새로 덮었고 로프로 연결한 내 굴뚝 솔(내가 솔에 무게를 추가했다)로 굴뚝을 청소했다. 헛간 기와를 얹을 때의 일인데 굴뚝 주변을 둘러싸고 있던 납 더미의 한쪽 구석을 들어 올리자 거기 살던 박쥐 두 마리가 내 얼굴로 날아와 나는 하마터면 지붕에서 떨어질 뻔했다.

오래된 축사가 무너지려고 했을 때는 주택 이동 전문가팀을 고용했다. 그들은 거대한 강철 I빔 위로 축사 전체를 들어 올려 남쪽으로 70피트(약 21미터) 옮긴 다음, 떨어져 내리는 자연석 벽을 대신할 새 콘크리트 기초가 타설되는 동안 축사를 말뚝 위에 내려놓았다. 새 기초가 완성되자 그들은 축사를 다시 들어 북쪽으로 옮긴 후 옛 기초보다 1피트 높게 형성된 새 기초 위에 올려놓았다. 그들은 철강 굴림대에 여섯 개의 아이보리 비누를 강하게 문질러 그것들을 이웃의 말처럼 '콧물처럼 미끄덩거리게' 만들어서 큰 덜컹거림이나 진동 없이 일을 마쳤다.

오랜 세월 동안 그 모든 프로젝트는 다 하나같이 중요하고 흥미로운 일이었지만 그 시대가 끝나갈 때쯤에 나는 장작을 쪼개고 쌓는 법, 사과나무를 전지하고 수정하는 법, 과수원에서 건초를 베는 법, 숲이 들판을 침해하지 않게 막는 법에 대해 최대한 많이 배웠다. 그리고 우리가 농장을 팔 때 가장 먼저 알아차린 것은 다른 농부가 건초를 베고 있을 때 내 농장의 건초가 그대로 있는 모습을 보아도 더는 죄책감이 들지 않는다는 사실이었다. 이제 내겐 건초 밭이 없으니 거둬들여야 하는 건초도 없다! 휴, 자유다!

13

명예 가족 회원, 《행동과학과 뇌과학》

다른 교수들에게도 이런 일이 일어나는지 알 수 없지만 나의 경우 가끔 이런저런 이유로 우리 가족의 명예 회원이 되는 학생이 있다. 그 첫 번째는 폴 오펜하임Paul Oppenheim으로 1974년의 내 '심리철학' 수업을 수강하고 나의 책《내용과 의식》을 탐독한 학부생이었다. 열정적이며 마음과 뇌 문제에 매료된 폴은 내 연구실로 와서 종종 질문을 했다. 어느 날 크리스마스 트리를 만들 나무를 우리 숲에서 베는 등 몇 가지 집안일을 하러 농장으로 가야 했는데 수전이 다른 일로 바빴기 때문에 폴과 다른 학생 한 명에게 같이 농장으로 가 달라고 부탁했다. 그는 솜씨 좋게 나를 도와주었을 뿐 아니라 농장에, 주방의 화목난로에, 싱크대의 수동 펌프에, 시골길을 오가는 삶의 방식에 푹 빠졌다. 우리는 그때 다섯 살이었던 안드레아도 함께 데려와야 했고 폴은 주말 내내, 그리고 일요일에 차를 타고 집으로 돌아오는 내내 안드레아에게 다정하고도 상상력 풍부한 대화 상대가 되어 주었다. 폴을 터프츠 근처에 있는 그의 집에 내려 주자 안드레아는 울음을 터뜨렸다. "이제 폴을 다시는 못 보는 거예요? 폴을 사랑하는데!" 나는 고속도로 갓길에 차를 세우고 안드레아를 위로해야 했다. 처음으로 내게 이런 생각이 들었다. 이제 딸 아이가 자라면서 이런저런 마음 아픈 일을 많이 겪게 될 텐데 앞으로 내가 아이를 잘 이끌어야 하리라고. 안드레아가 폴을 다시 못 만난 것은 아니다. 폴이 다음 해 여름에 농장에 와서 헛간 지붕 기와 수리 및 기타 프로젝트를 도와주었기 때문이다.

폴은 기말 보고서 몇 개를 끝내지 못하고 있었고 그것들을 마음에 드는 수준으로 완성하려고 1년 동안 휴학할 생각을 했다. 폴은 겨울 동안 우리 농장에 관리인으로 머물러도 되겠느냐고 내게 물었다. 그 제안은 그와 나 모두에게 좋은 것이었으므로 폴은 한 해의 대부분을 화목난로 한 쌍으로 난방을 하며 나의 농장 집에서 보내게 되었다. 베이질과 버서는 폴이 정착할 수 있도록 도왔고 폴은 곧 그 지역 고등학교의 불어 대리교사로 일할 수 있었다. 폴은 실내악단에서 플루트를 불었고, 회중파 교회의 합창단에서 노래했으며, 모든 연령대의 마을 사람과 알고 지냈다. 우리 가족이 봄에 농장으로 돌아왔을 때는 내가 오히려 '폴 오펜하임네 집주인'으로 인식될 정도였다. 블루힐의 구시대적 삶의 방식 중 몇 가지 좋지 않은 측면 중 하나는 살면서 유대인을 만나본 적도 없는 사람들이(!) 아주 가끔 내뱉는 무심하고 무지한 반유대주의였다. 그러나 농장 마을 사람들은 '오펜하임'이라는 성이 유대인 쪽이라는 것을 전혀 몰랐을 정도로 순진했다. 그들이 그 사실을 알게 되었을 때는 폴이 이미 마을의 사랑받는 주민이 된 후였다. 마을의 고등학교에서는 매년 봄에 뮤지컬(특히 희가극)을 상연하는데 그해 봄에는 〈지붕 위의 바이올린Fiddler on the Roof〉을 하기로 했다.[102] 나는 마을 사람들이 폴에게서 영감을 얻었으리라 생각하고 싶지만 잘 모르겠다. 블루힐 타운 홀에서 열린 공연은 전석 매진되었다. 평범한 미국 청소년인 힝클리 씨네 아이

102 〈지붕 위의 바이올린〉은 유대인 마을에서 벌어지는 이야기를 다룬다.

들과 스노우 씨네 아이들, 하워드 씨네 아이들이 머리에 야물커[103]를 쓰고 무대에서 자랑스럽게 춤을 추고 마음을 다해 노래하는 모습을 보는 것은 즐거운 일이었다.

폴의 아버지 펠릭스 오펜하임Felix Oppenheim은 매사추세츠대학교 애머스트캠퍼스의 철학자였고 폴의 할아버지는 다름 아닌 전설적인 폴 오펜하임Paul Oppenheim으로 칼 헴펠Carl Hempel, 힐러리 퍼트넘과 함께 과학철학의 고전이 된 논문을 쓴 인물이다. 옛날부터 나는 그가 프린스턴대학교의 철학 교수라고만 생각해 왔는데 그렇지 않았다. 그는 부유한 화학자였고 그의 아내 가브리엘Gabrielle과 함께 독일을 탈출하여 벨기에로 일단 이주해 있다가 나치가 진군해 오자 그들이 모은 엄청난 미술품을 챙겨서 폴이 아끼는 후배 헴펠과 함께 미국으로 떠났다. 오펜하임 부부는 프린스턴 캠퍼스 가장자리에 있는 수수한 집을 사서 모네, 르느와르, 세잔을 비롯한 예술가의 작품으로 그 집을 채웠다. 오펜하임은 프린스턴 철학과의 후원자이자 친구가 되었고 종신재직권을 얻지 못한 철학자들을 항시 집으로 초대하여 3층의 방에서 무료로 살 수 있게 했다. 철학에서 자신과 상대방이 서로 관심을 보이는 주제에 대해 일주일에 한 번씩 토론하며 공동 작업을 한다는 조건으로 말이다. 힐러리 퍼트넘, 존 케미니John Kemeny(컴퓨터 언어 베이직BASIC의 공동 제작자이자 나중에 다트머스대학교의 학장이 된 인물), 나의 터프츠 동료 휴고 베다우, 니컬러스 레셔Nicholas Rescher, 다른 몇몇 사람이 그의 집에서 몇 년을 지냈다. 일요일 아침이면 오펜하임은 그의 친구 아인슈타인과 함께 산책하곤 했고, 오펜하임 부부는 쿠르트 괴델Kurt Gödel과 버트런드 러셀, J. 로버트 오펜하이머J. Robert Oppenheimer를 비롯한 많은 사람을 대접했다. 나의 학생 폴(그의 할아버지의 강한 액센트를 흉내 내자면 '리이틀 포올', 그러니까 꼬마 폴)은 할아버지에게 나에 대해 말했고 그 노신사

103 유대인 남성이 정수리에 쓰는 작고 동글납작한 모자를 말한다.

는 내 책을 한 권 구입하여 숙독했다. 한번은 프린스턴에서 세미나 강연 요청을 받은 적이 있는데 오펜하임 교수는 내게 강연 전에 자기 집에서 몇 시간 머물면 안 되겠냐고 제안했다. 그는 거기서 내 책의 논증에 대한 뛰어난 질문을 던지며 나를 샅샅이 파헤쳤고 오후 중반쯤에는 브랜디를 마시며 자신이 극도로 부끄러움이 많은 괴델을 아인슈타인에게 어떻게 소개했는지를 말해 주었다. 고등연구소에서 괴델과 아인슈타인의 연구실은 복도를 사이에 두고 거의 마주 보고 있었기 때문에 그는 두 방의 문을 동시에 두드렸다. 문이 열리자 그는 말했다. "아인슈타인 박사님, 이분이 괴델 박사님이십니다. 괴델 박사님, 이분이 아인슈타인 박사님이십니다."

폴 오펜하임의 마지막 세입자는 철학자가 아니라 심리학과 대학원생인 헝가리계 캐나다인 청년 스테반 하르나드Stevan Harnad였다. 할아버지를 자주 찾아뵌 꼬마 폴은 스테반을 잘 알았고 1974년 10월 MIT에서 열린 철학 및 심리학 학회의 첫 모임에서 그를 우리에게 소개해 주었다. 하르나드는 학제 간 학술지를 만들기 시작하겠다는 자신의 꿈을 말해 주었다. 그는 인류학 학회지인《인류학 동향Current Anthropology》을 모델 삼아 '표적 논문(주목할 만한 논문)'이 관련 분야 종사자가 쓴 수십 편의 논평과 함께 출판되는 학술지를 만들고 싶어 했다. 그의 꿈은 현실이 되었고 그 학술지는 현재《행동과학과 뇌과학》, 줄여서 BBS라 불린다. 할아버지 오펜하임은 하르나드에게 계속 숙식을 제공했고 케임브리지대학교 출판부는 하르나드를 창립자이자 초대 편집장으로 학술지를 창간하기로 결정했다. 나는 철학 쪽 편집위원이 되는 데 동의했고 스테반은 초호화 캐스팅으로 다른 편집위원 및 창간지 표적 논문을 쓸 몇몇 저자를 모두 이목을 끄는 인물로 구성했다. 그의 지칠 줄 모르는 노력과 글에 대한 훌륭한 식견(그는 매우 엄격한—어떤 이는 지나치다고까지 말할—동료 심사 과정을 거치게 한 후 게재할 글을 골랐다) 덕분에 학술지는 즉각적인 성공을 거두었고 그 후로 수십 년이 지난 지금까지도 인지과학계의 주력 학술지 위치를 차지하고 있다. 이 학술지 형식이 지닌 지대한 장점은 표적 논문을 읽을 때 무엇을 진지하게 받아들여야 하고 무엇을 무시해야 할지 잘 모르겠더라도 크게 걱정할 필요가 없다는 것이다. 이미 아는 사람들이 쓴 수십 편의 논평과 그에 대해 저자가 쓴 장문의 답변을 읽을 수 있으므로 그때그때 교차 검증을 제대로 할 수 있으니 말이다. 학술지의 편집 작업은 어마어마한 일이었지만 또 충분한 보상을 주는 일이었다. 나는 내가 거기에 가장 많이 실린 필자라는 기록을 보유 중이라고 가히 확신한다. 최근에 집계해 보았더니 4편의 표적 논문(두 편은 공저)과 40편의 논평(8편은 공저)을 남겼다.

폴 오펜하임 교수가 사망한 후에도 스테반은 오펜하임의 집에 몇 년 더 머무르면서 가브리엘을 돌보며 학회지를 편집했고 마침내 심리학으로 박사 학위를 받았다. 그는 잉글랜드의 사우샘프턴, 그다음에는 몬트리올대학교에서 교수직을 맡았다. 그리고 모두가 알다시피 BBS의 편집권을 바바라 핀레이Barbara Finlay(코넬대학교)와 폴 블룸Paul Bloom(예일대학교), 제프리 그레이Jeffrey Gray(런던정신의학연구소. 2004년 작고할 때까지 편집위원으로 일했다)에게 넘김으로써 삼두정치 체제로 만들었다. 스테반과 나는 의식의 본질에 관하여 40년 넘게 논쟁을 계속하고 있다. 그는 (데이비드 차머스와 함께) '느낌'은 그것이 산출하는 효과, 그것이 열어 주는 전망, 그것이 뇌의 기능에 도입하는 간섭과 편향으로는 결코 설명되거나 '환원'될 수 없다고 생각한다. 나는 그가 옳다면 느낌이 무엇이건 간에 그것은 중요하지 않은 것이라고 주장한다. 우리는 서로가 완전히 틀렸다고 확신하지만 여전히 서로의 소중한 친구이다. 스테반도 우리의 명예 가족인데 이번엔 특이하게도 그가 **삼촌** 노릇을, 나는 그가 **가장 예뻐하는 조카**—이건 우리 둘이 주고받은 숱한 이메일(그중 일부는 프랑스어였다)이 증명한다—노릇을 했다. 실제로는 그가 내 제자였지만 말이다.

다른 명예 가족으로는 스웨덴 청년인 철학과 대학원생 보 달봄이 있다. 보는 1975~76년에 나와 함께 미국에서 공부하기 위해 풀브라이트 장학금을 받았다. 보는 내가 이미 UC 어바인에서 떠나 터프츠로 옮겼다는 것을 알았지만 캘리포니아 여자들에 대한 노래가 사실인지 알고 싶어 했고 가을에 UC 어바인에 나타나 내 사무실이 어디인지 문의했다. 보는 내가 떠났다는 걸 듣고 12월에 터프츠로 옮길 준비를 하고는 캘리포니아 남부에서 행복한 가을을 보냈다. 그는 워싱턴 DC에서 온 세 명의 아프리카계 미국인 대학원생과 함께 지냈다. 세 사람은 그 결정적인 3개월 동안 보의 미국식 영어를 형성해 준 일등 공신이었다. 크리스마스와 새해 첫날 사이에 뉴욕에서 열린 APA 회의에서 보를 처음 만난 나와 수전은 그를 매사추세츠까지 태워다 주었는데 보의 대화 스타일은 매력적이면서 사람을 잡아끄는 무언가가 있었다. 보는 늘씬한 금발 남자였고 스웨덴어 특유의 노래하는 듯한 리듬에다 중후한 아프리카식 억양(모음을 길게 빼며 좀 느리게 말하는)으로 영어를 했다. 그는 터프츠 근처에서 룸메이트로 들어갈 집을 찾는 동안 우리와 함께 지냈다. 그가 터프츠에서 수집한 전화번호 목록을 가지고 전화를 하며 집을 찾는 모습은 꽤 흥미로웠다. "여보세요." 그는 제임스 얼 존스James Earl Jones 같은 목소리[104]로 말했다. "나아의 이름은 보이고 나아는 스웨덴에서 왔습니다……." 대부분 상대방은 몇 초 만에 전화를 끊었다. 그들은 보가 말한 개인 정보가 사실이 아닐 것이라고 그 짧은 시간에 확신했고 그것은 그들이 보를 룸메이트로 고려하지 않을 충분한 이유가 되었다. 보는 결국 자신을 받아들이고 그 결정을 후회하지 않는 매력적이고 마음이 열린 젊은 여성들을 찾아냈다. 보와 나는 진행 중인 학위 논문에 관해 좋은 대화를 나누었다. 논문의 상당 부분은《내용과 의식》에 관한 것이었다. 그는 내 책을 현상학뿐 아니라 카르납과 콰인에 깊이

104 제임스 얼 존스는 아프리카계 미국인 배우다. 깊은 목소리를 지녔으며 영화 〈스타워즈〉의 '다스 베이더' 목소리 연기를 한 것으로 유명하다.

의존하는 관점에서 놀랄 정도로 잘 이해하고 있었다. 보는 내게 독립적이고 열정적인 닻이 되어 주었다. 여기 다소 다른 뿌리를 지닌 젊은 철학자가 **내 요지를 정확히 파악하고** 있으니 나를 의심하는 이들이 뭐라 하든 나는 올바른 길을 가고 있음이 틀림없다고 확신하게 된 것이다.

그 후 몇 년간 우리는 미국과 유럽을 오가며 잊을 수 없는 모험을 함께 했다. 한번은 보와 내가 콰인을 그가 사는 비컨힐에서부터 언어학 학회가 열리는 매사추세츠대학교까지 태워다 준 적이 있었다. 그때 보는 마침 콰인과 카르납의 연구 역사에 초점을 맞춘 논문을 쓰고 있었고 오고 가는 내내 콰인에게 과학철학 초창기에 콰인과 카르납이 함께 했던 작업에 대해, 그리고 그보다 훨씬 많은 주제에 대해 능숙하게 질문을 퍼부었다. 또 어느 날은 보와 내가 북극권 북쪽의 한 마을 아비스코에서 열린 학회에서 일주일을 보낸 적도 있었다. 학회에는 로저 펜로즈와 스튜어트 해머로프Stuart Hameroff도 참석했고 우리는 다른 그 무엇보다 의식에 대한 펜로즈의 기묘한 견해를 이해하려고 노력했다. 보는 내 철학에 관한 첫 책인《데닛과 그의 비평가들Dennett and His Critics》(1993)의 편집자이기도 했다. 우리는 스웨덴 서부 다도해에서는 보의 슬루프를 타고, 미국 메인의 섬에서는 내 슬루프인 크산티페를 타고 아슬아슬한 항해를 즐겼는데 그때 나는 그 책을 펼쳐 들고 있었다. 그때 건강상의 큰 위기를 겪었으나 나는 잘 회복되었기에 보는 혹시나 자신이 나를 죽음으로 몰고 간 건 아닐까 하는 자책을 하지 않아도 되었다. 사실 그 7년 전에 나는 아들 피터(그때 콜로라도에서 급류타기 가이드로 일하고 있었다)와 함께 급류타기를 하기로 했으나 취소했다. 내 주치의였던 심장병 전문의가 내게 무증상 심장마비가 있음을 발견했기 때문이다. (2006년에 날 살린 것은 내게 흉터 조직을 남긴 삼중 관상동맥 우회술이다!) 나의 갑작스러운 죽음에 피터나 보가 어떤 식으로든 자책하며 살아간다는 건 정말이지 생각만 해도 끔찍한 일이다. 그런 불행을 우리 모두 피할 수 있었음에 나는 누구보다 감사하게 생각한다.

제3부

나의 지적 항해

‘틸로소피’ 중인 모습.

14

브리스톨과 옥스퍼드 올소울스칼리지, 1978~1979

브리스톨대학교의 젊은 영국 철학자 앤드루 우드필드Andrew Woodfield는 풀브라이트상을 받았다. 그 부상으로 1978년 가을에 여는 강도 높은 워크숍에 미국의 심리철학자 두 명을 데려올 수 있었는데 그는 스티븐 스티치와 나를 초청했다. 이 좋은 제안을 놓고 곰곰이 생각해 보던 차에 데렉 파핏이 내게 옥스퍼드로 다시 가 1년 동안 올소울스칼리지의 객원 연구원으로 지내면 어떻겠냐고 초청했다. 그것으로 고민은 정리되었다. 우리는 가을에는 브리스톨로, 겨울과 봄에는 옥스퍼드로 아이들을 데리고 가기로 했다. 그런데 그때 스탠퍼드의 존 매카시John McCarthy도 초청장을 보냈다. 그는 스탠퍼드대학교에 인접한 팔로 알토의 행동과학고등연구센터에서 1년 동안 실무 단체를 꾸릴 수 있는 보조금을 받았다. 나는 그 사업을 1979~80년으로 연기하도록 존을 설득하여 우리 가족이 잉글랜드에서 1년을 보낸 후 그다음 1년을 캘리포니아에서 보낸다는 계획을 성공시켰다. 그리고 터프츠의 양해를 얻어 2년의 연속 휴가를 받았다. 1년은 안식년으로, 1년은 무급 휴직으로. 나는 운이 좋았다. 우리 가족도 운이 좋았다.

우드필드는 우리에게 집도 잡아 주었다. 브리스톨에서 새롭게 젠트리피케이션되고 있는 몽펠리에에 자리한, 휴직하고 미국으로 가 있는 교수의 집이었다. 우리는 당시 각각 일곱 살과 다섯 살이던 안드레아와 피터를 세프턴파크초등학교에 입학시켰다. 언덕 쪽에 있는 우리 집에서 걸어서 얼마 걸리지 않는 곳에 있는 학교였다. 언덕 쪽에서는 평온한 아침에 수십 개의 열기구가 떠다니는 모습을 자주 볼 수 있었다. '젠트리파이'는 고급화한다는 말이지만 내가 그 말을 사용할 때는 거의 그렇지 않다는 뜻으로 받아들이면 된다. 우리 집은 도시형 주택이 길게 늘어선 줄 안에 있었다. 옆집은 버려진 채 지붕이 파여 있었고 창문에는 판자가 대어져 있었다. 그 거리뿐 아니라 인접한 다른 거리에도 폐가들이 있었기에 이 지역은 느낌이 좋지 않아 보였다. 히스로 공항에 도착하던 날 앤드루가 우리를 공항에서 집까지 태워다 주었다. 그런데 살기에 적당치 않아 보이는 3층짜리 벽돌집 벽의 맞은편에 차를 세웠을 때 나는 낙담했다. 벽에는 창문 하나 보이지 않았고 너무 작아서 들어가려면 몸을 굽혀야만 하는 조그만 문이 그 벽의 유일한 출입구였다. 일단 안으로 들어가자 그 건물이 인형의 집처럼 폭은 방 하나밖에 안 되지만 (그런 방이 여러 칸 한 줄로 늘어서 있었다) 햇볕도 잘 들고 정말 마음에 드는 집이라는 것을 알 수 있었다. 벽으로 둘러싸인 뒤뜰이 있었고 오래된 사과나무의 굵은 가지엔 타이어 그네가 매달려 있었으며 뒤쪽 벽에는 가장 음울한 날이라 해도 집을 빛으로 가득 채워 줄 큰 창이 많이 나 있었다. 집 안에는 심지어 그랜드피아노도 있었다.

거기 살기 시작한 첫날인가 그 이튿날인가에 우리는 근처의 작은 가게들을 둘러보며 동네를 산책했다. 새 이웃이 궁금했는지 서너 명의 아이가 우리 뒤를 조용히 따라왔다. 우리는 그들에게 웃어 주었고, 어린 소년들 중 가장 대담한 아이 하나가 우리에게 용감하게 말을 붙였다.

"미국인이죠, 그쵸?"

"그렇단다." 내가 대답했다.

"다스 베이더 아세요?"

"음, 개인적인 친분은 없어."

우리 아이들은 자신들이 다문화 동네에서 전적으로 환영받는다는 것을 곧 알게 되었고 길거리와 언덕 아래의 두 블록 떨어진 모험 놀이터에서 놀며 친구들의 집에 놀러 가기도 했다. 얼음 폭풍으로 차가 주행을 할 수가 없어 차도가 꽁꽁 얼고 텅텅 비자 아이들은 썰매로 사용할 판지 상자를 찾았다. 그 판지 썰매를 타고 무시무시한 속도로 거리를 누볐지만 아무도 다치지 않았다.

풀브라이트 심리철학 워크숍은 그 당시 그 분야에서 가장 눈부신 재능을 지닌 몇몇 사람이 연구하던 주제에 집중했다. 'x는 p를 믿는다'와 같은 주장을 어떻게 이해할 것이냐는 문제는 겉보기엔 단순하기 그지없다. 그러나 이 문제는 다른 학자들은 물론이고 프레게, 러셀, 콰인의 노력을 좌절시킨 기이한 논리적 특성을 보여 준다. 이 문제를 연구하는 사람들은 많은 이에게 '명제태도 대책위원회'라는 익살스러운 이름으로 알려져 있었고 스티브 스티치와 나 모두 이 논의에 학문적으로 기여했다. 우리 둘 다의 마음속에는 이 문제를 다루는 통상적인 방식이 사뭇 인공적이며 현상을 근본적으로 오도하고 있다는 의심이 도사리고 있었다. 우리는 '명제태도'라는 근본 개념을 공격하는 논문을 함께 쓰기로 했지만 몇 달 동안 초안을 쓰고 회의를 거듭한 끝에 각자의 길을 가기로 결정했다. 그 결과 1982년에는 나의 논문 〈믿음을 넘어서Beyond Belief〉가 나왔고 1983년에는 스티브의 책 《통속심리학에서 인지과학으로-믿음에 반하는 사례From Folk Psychology to Cognitive Science: The Case against Belief》가 출판되었다. 스티브는 나중에 마음을 바꾸었지만 나는 내 의견을 고수했다. 이에 대해서는 나중에 더 이야기하기로 하자.

브리스톨의 워크숍은 치열하고도 행복했다. 종종 비철학자들과 함께 한 교수회관에서의 점심시간에도 격렬한 토론이 벌어졌다. 적극적으로 참여했던 한 수학자(슬프게도 나는 그의 이름을 잊어버렸다)는 토론자들의 권유에 못 이겨 콰인의 《말과 대상》을 읽었고 어느 날 점심 식사를 하며 내게 물었다. 콰인은 왜 실제의 형이상학적 문제에 휘말릴 때마다 '그럴듯한 말을 하며' 농담처럼 회피하느냐고. 나는 그때까지 콰인이 그렇게 했다는 생각을 결코 해 본 적이 없었으나 곧 그 친구가 옳았다고 동의하게 되었다. 나는 조심스럽게 진단했다. 콰인은 수리논리학자로 시작했고 철학이 성인이 선택하기에 적절한 직업인지 확신하지 못했다고 말이다. 그가 형이상학에 거리를 두었던 것은 자신이 속한 분야에 여전히 남아 있었던 불편함 때문이었다. 몇 년 후 나는 콰인에게 이 이야기를 했고 콰인은 내가 옳게 진단했다고 선뜻 인정했다. 콰인은 본의 아니게 철학자가 된 사람이었다. 나 자신도 그렇고. 토론에 참여한 또 다른 비철학자로는 물리학자 마이클 베리Michael Berry가 있는데 그는 내게 우연, 혼돈, 비결정론 등에 관해 가르쳐 주었다. 그에게 감사한다.

가장 환영받은 침입자는 심리학자 리처드 그레고리Richard Gregory였다. 그는 풀브라이트 프로그램에서 공식적인 역할을 맡진 않았으나 우리를 즐겁게 해 주는 한편 닦달하기도 하고 많은 것을 알려 주었으며 그 과정에서 나의 소중한 친구가 되었다. 리처드는 몇 가지 면에서 허풍을 떨었다. 그는 키가 크고 장난기가 다분했고 퀴즈나 질문, 호기심을 자극하는 심리적 사실, 굉장한 말장난 등을 우리에게 열정적으로 쏟아부었다. 리처드의 열정은 끝이 없었다. 그는 아이들을 몰고 다니는 피리 부는 사나이였다. 한번은 그가 풀브라이트 그룹을 위해 클리프턴에 있는 그의 우아한 초승달 모양 아파트에서 만찬 파티를 연 적이 있었다. 리처드의 아파트는 망원경과 골동품 과학 기구로 가득했다. 그는 우리 아이들에게 몇 가지 신기한 것을 보여준 후, 아이들을 침대 위에 앉혀서 만화와 데이비드 애튼버러David Attenborough의 비디오를 보여 주었다. 그동안 어른들은 거실에서 어른들만의 파티를 즐겼다. 리처드는 철학의 요점을 이해한 또는 이해한다고 생각한 위대한 심리학자였다. 몇몇 철학적 텍스트에 대한 그의 대담한 '오독'은 내 생각에는 실제로 그 텍스트들을 개선하곤 했다. 리처드는 샌프란시스코 과학관(모든 것을 만지고 조물거려 볼 수 있는, 과학을 재미있게 만드는 과학박물관)을 어느 정도 본떠서 '브리스톨 탐험관'을 만드는 중이었다. 리처드는 착시 효과로도 유명했는데 기막히게 멋진 그의 수집품들은 아이와 어른 모두를 매료시키는 놀라운 품목으로 구성되어 있었다. 매일 아침 몽펠리에의 우리 집에서 대학교까지 걸어가면서 나는 늘 한 카페의 벽 옆을 지나갔다. 그 벽은 착시 효과를 유발했으나 나는 그 사실을 전혀 알아채지 못했다. 그런데 리처드의 대학원생 중 한 명이 그 사실을 발견했고 리처드 덕분에 그 벽은 시각 연구 과학자 사이에서 유명해졌다.

도구가 사람을 더 똑똑하게 만든다는 생각을 명심하게 만든 최초의 인물도 리처드였다. 현미경이나 지도, 도표 등은 인지적으로 명백한 도움을 준다. 때로는 가위 하나도 문제 해결에 도움을 줄 수 있다. 많은 도구가 모두 어떤 형태를 지닌 구체적인 인공물인 것은 아니다. 방법, 태도, 알고리듬도 도구이다. 누구도 언어를 발명하지 않았다. 망치나 칼, 수 0을 사용하는 방법, 쓰기를 발명한 저작권을 누릴 사람이 누군지—그런 사람이 있기나 하다면—도 모른다. 또한 생각하기를 위한 최고의 도구 중 많은 것이 다소 동시적인 발명과 개선을 통해 생겨났다. 망원경을 발명한 사람은 누구인가? 컴퓨터는? 미적분은? 시간이 지나면서 인간 문화는 사물을 파악하는 풍부한 기술과 장치를 생산했다. 우리는 그런 모든 도구를 뇌에 구비한 지구상 유일한 종이다. 이것은 내 작업에서 주요 주제가 되었는데 '생산과 시험의 탑Tower of Generate and Test'은 맨 아래층의 다윈생물Darwinian creatures부터 시작한다. 다윈생물은 자연선택에 의해 진화하면서 영리한 본능을 많이 타고난 생물이다. 그 위의 층은 스키너생물Skinnerian creatures이 차지하는데 이 생물은 환경에서 시행착오를 겪으며 참신한 행위를 진화시킨다. 그 위층의 포퍼생물Popperian creatures은 시행착오를 실제 환경에서가 아니라 자신의 머릿속에서 어느 정도 할 수 있다(이 편이 훨씬 안전하다!). 맨 위층의 그레고리생물Gregorian creatures은 문화적으로 대물림된 수천 개의 생각도구thinking tool의 도움을 얻어 가능한 해결책의 광대한 공간을 탐험할 수 있는 존재이다. 이러한 생각도구는 내가《직관펌프, 생각을 열다》(2013)에서 말했듯이 모두 공짜로 인간의 넥톱necktop[105]에 다운로드할 수 있는 앱이다.

리처드와 나는 영국뿐 아니라 다른 나라에서 열리는 과학 학회에서도 자주 만났고 나는 특히 클리프턴 현수교가 내려다보이는 호텔에서 리처드와 우리 가족이 함께한 훌륭한 아침 식사의 기억을 소중히 간직하고 있다. 그곳에서 리처드는 우리 아이들을 다시 한번 현혹했다. 그때 나는 옥스퍼드에서 로크 강연을 하고 있었고 우리 아이들은 영국에 두 번째로 머무는 중이었다. 그 시절, 리처드가 여왕의 파티에 초대받은 적이 있었다. 엘리자베스 여왕은 버킹엄 궁전 뒤쪽의 정원에서 굉장한 가든파티를 주최하곤 했는데 그가 파티 중 하나에 참석했다가 막 돌아와서 그곳에서 있었던 일을 신이 나서 이야기했다. 여왕이 어떤 신사와 담소를 나누고 있었는데 여왕의 코기 중 하나가 신사의 말끔한 바지에 민망한 공격을 하기 시작했다. 그는 이야기가 계속되는 내내 개를 뿌리치려고 했지만 성공하지 못했다. 여왕이 말했다. "개의 볼을 차세요!" 신사는 멈칫했다. "개의 볼을 차시라고요!" 신사는 냅다 개의 급소를 찼다. "아니, 개가 갖고 노는 저 **크로켓** 볼 말이에요!" 여왕이 말했다. 나는 리처드를 통해 그의 전 제자 V. S. 라마찬드란V. S. Ramachandran과 수전 블랙모어Susan Blackmore를 알게 되었고 그 이후 그 두 사람 모두 내 교육에서 중요한 역할을 해 왔다. 리처드는 당시 내가 숙고 중이던 의식에 대한 몇 가지 아이디어를 시험해 볼 수 있는 사고 실험을 고안해 보라

---

105 데스크톱 컴퓨터desktop를 글자 그대로만 보면 책상desk 위에top 놓고 쓰는 컴퓨터라는 뜻이 된다. 데닛은 이에 빗대어서 인간의 목neck 위에top 있는 유기질 컴퓨터에 해당하는 우리의 머리, 즉 두뇌를 '넥톱'이라고 즐겨 표현한다.

고 권장하기도 했다. 나의 1991년 책《의식의 수수께끼를 풀다Consciousness Explained》에서 나는 영국의 신경외과 의사 그레이 월터Grey Walter의 '예지하는 슬라이드 회전기'에 대해 썼다. 그 실험은 매우 초기의 것으로 대뇌 운동 피질에 전극을 심은 환자를 피험자로 했다. 이 실험은 피험자가 슬라이드 프로젝터에 연결되지 않은 가짜 버튼[106]을 누르면서도 단지 누르고자 하는 의도를 형성하는 것만으로 슬라이드를 바꿀 수 있음을 보여 주었다. 그레이 월터는 1963년 옥스퍼드에서 열린 오슬러협회 회의에서 의대생들(과 나)에게 이 실험을 설명한 적이 있었다. 월터는 환자(피험자)가 버튼을 누르려던 바로 그 찰나에 회전기가 피험자의 결정을 '예측하는' 것처럼 느끼고 놀랐다고 보고했다. 피험자의 결단과 손가락 근육의 수축 사이의 미세한 시간 지연이 사라짐으로써 회전기가 마치 마음을 읽는 슬라이드 프로젝터라도 되는 것 같은 착각을 불러일으킨 것이다. 이 놀랍지만 설명하기 쉬운 '발견'은 내게 시간 지각에 관해 숙고하게 만들었고 1991년 책의 주요 주제가 되었다. 내 책을 읽은 많은 연구자가 그 실험에 대해 더 많은 사실을 알고 싶어 했지만 실험이 기술된 그레이 월터의 연구 출판물은 발견되지 않았다. 리처드는 그레이 월터를 잘 알고 있었고 브리스톨 외곽 언덕의 건물에 있는 버든 신경학연구소Burden Neurological Institute에 보관된 그의 논문들에 접근할 권한이 있었다. 리처드와 조수 패트리샤 허드Patricia Heard는 거기서 모든 파일을 뒤졌지만 그레이 월터가 묘사한 실험에 대한 그 어떤 기록도 찾을 수 없었다. 그렇다면 아마도 그 위대한 인물은, 뭐든 잘 믿는 젊은 의대생들에게 자신이 구상은 했지만 실행은 결코 하지 않았던 허구를 말했을 것이다. 하지만 지금은 기술 발전에 힘입어 사람의 두개골에 구멍을 내어 직접 전극을 심지 않고도 그레이 월터가 구상한 버전의 실험을 할 수 있을 것이다. 그러나 몇몇 과학자가 나와 그 실험의 전망에 관

106 슬라이드를 넘어가게 하는 진짜 장치는 머리에 심어진 전극과 연결되어 있었다고 한다.

해 논의한 적이 있음에도 예지하는 슬라이드 회전기 효과를 입증하거나 반증하는, 동료 심사를 완벽하게 거친 연구는 아직 발견하지 못했다.

~

크리스마스를 브리스톨에서 보낸 후 우리는 옥스퍼드로 거주지를 옮겨 파크스 바로 북쪽의 크릭로드에 있는 큰 집의 지하층으로 이사했다. 올소울스칼리지는 자녀와 함께 온 방문연구원의 거처를 거기에 마련해 주었다. 방문연구원 프로그램은 1965년에 있었던 프랭크스 조사위원회에 대한 올소울스의 선제 대응이었다. 당시 우스터칼리지 학장이었던 올리버 프랭크스 경Lord Oliver Franks은 옥스퍼드대학교를 구성하는 30여 개 칼리지의 정책과 활동에 관한 설문지를 솜씨 좋게 작성했다. 그때는 이 칼리지들이 재정과 관리에서 전적으로 독립적이었고 그중 많은 칼리지가 수 세기에 걸쳐 얻어 온 막대한 기부금을 제대로 불리지 않아 옥스퍼드 전체가 자금을 효과적이고 공평하게 사용하지 못해 왔다는 것은 공공연한 비밀이었다. 프랭크스는 연구자들이 얼마나 자주 만났는지, 무엇에 대한 투표를 했는지, 학생들은 어떻게 입학시켰는지, 급여는 어떻게 책정되었는지 등을 묻는 설문지를 모든 칼리지에 보냈고 설문지를 받은 칼리지가 프랭크스의 질문에 너무 당황하지 않고 진솔하게 답할 수 있도록 몇 달이라는 충분한 시간을 주었다. (이것은 개혁을 지향하는 모든 학장과 대학교 총장이 도구 상자에 넣어 두어야 할 전술이다.) 올소울스칼리지는 학부생이 없는 것으로 유명하다. 모든 연구원이 그런 건 아니지만 일부 연구원은 대학교 교수직을, 그것도 중요한 교육 임무를 맡고 있기도 했다. 그러나 붙어 앉아 가르치고 숙식을 제공하고 일일이 조언을 해 주어야 하는 학부생이 없는 관계로 올소울스의 종신교수는 대부분 큰 책무 없이 여유롭고 편안하게 학문 생활을 영위할 수 있다. 방문연구원 프로그램은 성가신 어린 학부생을 입학시키라는 프랭크스 조사위원회의 압력을 막아 내기 위해 고안된 것이며 칼리지가 이를 신속하게 도입함으로써 칼리지 외부로부터 신선한 재능이 꾸준히 유입되는 일이 능히 가능해졌고 그 흐름에 힘입어 상주 인력들의 사기도 진작되고 활성화되었다. 프로그램은 효과가 있었다. 오늘날까지도 올소울스칼리지에는 학부생은 없고 고급 과정에 있는 대학원 연구생만 있다.

오래된 전통에 얽매인 옥스퍼드대학교 안에서도 올소울스칼리지는 옛 방식을 특별히 고수하는 독보적 위치에 있었다. 폴란드에서 망명해 당시 올소울스에 머무른 반체제 인사인 철학자 레셰크 코와코프스키Leszek Kołakowski에게 누군가가 올소울스에서의 생활은 어떠냐고 물은 적이 있다. 그는 이렇게 대답했다. "섬 속의 섬 속의 섬에 사는 것 같습니다." 당시 학장은 패트릭 닐Patrick Neill이었는데 그해 화제가 된 이야기가 하나 있다. 어느 날, 한때 올소울스에 몸담았던 퀸틴 호그Quintin Hogg는 닐이 영국 국회의사당을 걷고 있는 모습을 보았다. 그때 퀸틴 호그는 대법관이어서 훈장을 빽빽하게 달고 있었다. 그가 그런 차림으로 패트릭 닐을 부르느라 "닐! 닐!"하고 외쳤더니 미국 관광객 커플이 예의 바르게 무릎을 꿇었다는 것이다.[107] 우리가 거기 있었을 때 올소울스는 여전히 남성만 받도록 제한되어 있었지만 변화에 대한 논의도 있었다. 한 공식 만찬에서 수전은 학장 옆에 앉아 여성 연구원이 없는 것에 관해 꽤 많이 항의했고 그런 생각을 하는 사람이 수전만은 아니었다. 몇 주 후 주간《옥스퍼드 타임스》(1979. 2. 9.)에 "여성이 허용되다"라는 제목으로 다음과 같은 기사가 실렸다.

옥스퍼드에서 가장 유명한 남성 우월주의의 보루가 뚫릴 예정이다.

헨리 6세가 1438년에 캔터베리 대주교를 참관인으로 하여 설립한 올

107 '무릎 꿇어!'라는 뜻의 'kneel'은 'Neill'과 발음이 같다.

소울스칼리지—온전한 이름은 '올소울스 오브 페이스풀 디파티드[108] 칼리지'이다—가 여성도 대학의 일원이 될 수 있도록 그 조각상〔원문 그대로임〕[109]을 변경할[110] 예정이다.

'조각상'이라는 오타는 특히 절묘한 것이었는데 왜냐하면 연구원 전용 정원에 실제로 젊은 남자의 나체 동상이 있었기 때문이다. 그 동상은 그리스 원본을 로마식으로 본떠 만든 것으로 중요 부위를 가리는 무화과 잎도 **없었는데** 한때 몇몇 연구원이 동상을 받침대에서 끌어 내려 동성애자임을 공개적으로 밝힌 존 스패로John Sparrow 학장의 침대에 놓아두기도 했다.[111] 나는 다음과 같은 공개 항의문을 썼다. 항의문에는《옥스퍼드 타임스》의 그 기사 부분도 오려 붙였다.

올소울스칼리지의 연구원들께

저는 올소울스칼리지의 연구원이 자신들이 보호해야 할 유물 중 일부를 훼손하기로 결정했다는 소식을《옥스퍼드 타임스》에서 접하고 큰 충격을 받았습니다. 아마도 이 신성한 구역에 들어올 수 있는 여성들의 감수성에 대한 잘못되고도 시대착오적인 우려에서 비롯된 결정이리라 사료됩니다.

---

108 'All Souls of the Faithful Departed'는 '신실한 망자들의 모든 영혼'이라는 뜻이다.

109 원문은 조각상을 뜻하는 'statues'이다. 아마도 원래는 '상황, 신분, 지위' 등을 뜻하는 'status'라고 써야 했으나《옥스퍼드 타임스》에서 (아마도 의도적으로?) 오타를 낸 것 같고 데닛은 그 오타까지 고스란히 가지고 와 이 책에 실은 것이다.

110 '변경하다'의 원문 'alter'에는 '수컷을 거세하다'라는 뜻도 있다.

111 올소울스의 남성 연구원들이 성 소수자 혐오적 장난을 친 것이다. 그리고 이는 그 절묘한 오타가 들어간 기사의 "조각상을 바꿀(거세할) 예정이다"라는 여성 혐오적 장난과도 일맥상통하는 행각이다. 그 아래에 나오는 데닛의 공개 항의문은 올소울스칼리지 남성들의 그런 태도를 꼬집는 부정적 반응이다.

연구원들께서 평등에 대한 헌신을 보여 주는 데 바친 열정에 박수를 보내는 한편 저는 그 일부 연구원들이 자신들의 경솔한 행동을 재고할 것을 정중히 촉구합니다. 예술은 길고 인생은 짧습니다!

그리고 그 공개 항의문을 커피룸의 게시판에 붙였다. 항의문은 채 한 시간도 안 되어 분노한 늙은 여성 혐오자가 떼어내 버렸다. 그렇지만 나는 그럴 가능성에 대비해서 복사본을 만들어 두었기에 몇 분 내로 항의문을 다시 붙였고 그것이 게시판에 남아 있는 것을 보며 학장을 비롯한 대부분의 연구원이 즐거워했다. 불과 2년 후 올소울스는 첫 번째 여성 연구원을 뽑았고 나는 거기서 행복한 역할을 했다. 선발된 사람은 하버드 로스쿨의 젊고 명석한 철학자 수전 헐리Susan Hurley였다. 헐리는 내가 최근에 방문연구원으로 있었던 것을 알고는 나를 하버드 광장에서의 점심 식사에 초대했다. 그 덕분에 나는 그녀에게 올소울스의 관습과 주의할 점에 대한 정보를 전수할 수 있었다. 학위 가운은 매일 저녁 식사 때마다 걸쳤지만 금요일 밤은 공식적인 만찬이었기에 연구원들은 좀 더 격식을 차려서 가운 안에 '만찬 재킷(미국인에겐 턱시도를 입게 했다)'을 입고 검은 나비넥타이를 착용했다. 헐리는 그럼 검은 드레스를 입어야 했을까? 아니다! 마를레네 디트리히가 입었던 것과 같은, 곡선이 살아 있는 섹시한 턱시도를 입어야 했고[112] 그녀는 이를 위해 재단사를 고용해야 할 처지에 놓였다. 실제로 그리한다면 그녀의 모습은 사람들에게 압도적인 인상을 줄 터였다. 헐리는 진짜로 그렇게 했고 사람들은 깜짝 놀랐다. (몇몇 완고하고 괴팍한 사람을 제외하면) 대학의 모든 구

112 마를레네 디트리히Marlene Dietrich(1901~1982)는 독일 출신의 가수이자 배우이다. 〈모로코Morocco〉라는 영화에서 턱시도를 입어서 일대 파란을 일으켰다. 당시는 여성들이 치마만 입던 시절이라, 마를레네 디트리히의 턱시도는 그녀의 상징 같이 여겨졌다. 디트리히는 또한 전쟁 때 엄청나게 유행했던 독일 가요 〈릴리 마를렌Lili Marlene〉을 영어와 독일어로 부른 것으로도 유명하다.

성원은 헐리를 정말 좋아했다. 심지어 나이 든 존 스패로조차 데렉 파핏에게 이렇게 털어놓았다. "헐리는 정말로 완벽하군요. 그녀가 할 수 있는 게 아무것도 없다는 것만 제외하면 말입니다."

올소울스의 점심 식사는 아름답고 독특한, 혹스무어 스테이크 하우스처럼 디자인된 식당에서 이루어졌다. 식당은 벽을 따라 구부러진 벤치와 곡선형의 식탁, 벽을 마주한 의자들이 놓인 타원형 공간이며 사뭇 작은 홀 한가운데에는 치즈, 비스킷, 과일, 커다란 버터 등 호화롭고 다양한 음식이 차려진 이동용 테이블이 있었다. 솔 크립키는 나보다 한두 해 전에 올소울스의 방문연구원으로 있었는데 사환(웨이터) 한 명이 크립키가 '이상한 행동'을 한 적이 있다며 내게 귀띔해 주었다. 크립키 교수가 자기를 불러 삶은 감자에 얹을 버터를 이동용 테이블에서 좀 가져다줄 수 있는지 물었다고 한다. 사환은 대답했다. "안 됩니다, 교수님. 그 버터는 치즈와 비스킷을 위한 것입니다."

"그렇지만 저 접시엔 치즈랑 비스킷에 바르고도 그 열 배는 남을 만큼 버터가 많이 있잖소. 내가 지금 좀 먹으면 안 되는 거요?"

"**안 됩니다**, 교수님! 제가 방금 설명하지 않았습니까. 저 버터는 **치즈와 비스킷에만 바르는 것**이라고요." 그 사환은 내게 이렇게 말을 하며 이야기를 마쳤다. "그리고 교수님, 믿지 못하시겠지만 크립키 교수님은 그래도 계속 고집을 부리셨습니다. 정말 이상한 분이시지 뭡니까." 올소울스에서는 사환조차 전통을 확고하게 지키는 인물이다.

얼마 되지 않아 나는 가끔 내가 마치 길버트와 설리번의 미발표 오페레타에서의 한 부분을 연기하는 양 구는 일도 재미있다는 것을 알아냈다. 그렇게 하면 약간의 실례나 실수를 통해 유쾌하게 긴장을 풀 수 있었다. 때에 따라서는 영국 물정을 하나도 모르는 생짜 미국인인 척하는 것도 재미있었다. 올소울스에는 학부생이 없으므로 학교와 연계된 운동장도 테니스장도 스쿼시장도 없었다. 나는 스쿼시를 매우 좋아한다. 그래서 어느 날엔가 올소울스에 스쿼시 경기장이 없어서 다른 칼리지에서 경기 상대를 찾아야만 스쿼시를 할 수 있다고 한탄했다. 그랬더니 이런 대답이 돌아왔다. "글쎄요. 여긴 스쿼시장이 들어설 자리가 없지요. 그렇지 않나요?"

"저도 그런 생각이 들어서 여기저기 측량을 좀 해 봤는데 예배당에 스쿼시장이 두 개나 여유 있게 들어가겠더라고요. 그런데 아무도 거길 사용할 생각을 하지 않고 있어요!"

그들은 삽시간에 공포에 질렸으나 내가 한 말이 농담이었음을 알게 되자 이내 공포가 걷혔다. 사실 올소울스의 보석 같은 건축물들은 동료들에게만큼이나 내게도 신성불가침한 것이다. 매우 정교한 석고 천장을 이고 있는 올드 도서관은 파핏과 아마르티아 센Amartya Sen, 로널드 드워킨Ronald Dworkin이 법과 도덕에 대한 비범한 세미나를 했던 장소이며 내가 아는 한 가장 아름다운 강의 공간이다. 코딩턴 도서관, 예배당, 강당, 물론 카페테리아까지 다 내가 발을 들여놓은 곳 중 최고의 공간이었다.

올소울스의 재미있는 유물 중 하나는《베팅북Betting Book》이라 하는 일종의 내기 기록서이다. 올소울스의 연구원들은 오랜 시간 동안 사실에 관한 의견 불일치를 두고 내기를 건 것을 그 책에 기록하고 판결해 왔다. "스미스-윌리엄스는 스노드그래스에게, 토요일에 아스널이 토트넘 핫스퍼를 이길 것이라는 데 클라렛 와인 한 병을 걸었다"든가, "존스는 찰스 2세가 왼손잡이였음을 증명할 수 있는 사람에게 10파운드를 희사하기로 했다" 같은 내용이 적혀 있다. 책의 역사는 백 년을 거슬러 올라간다. 거기 적힌 내용 중 내가 가장 좋아하는 것은 "X는 오클라호마라는 말도 안 되는 이름을 가진 주가 없다고 Y에게 내기를 걸었다"였다. 내가 쓴 것도 있다. 나는 아야톨라 호메이니 정권이 몇 주 안에 전복될 것이라는 데 5파운드를 걸었다. 물론 내가 틀렸다. 내가 올소울스에 잠깐 있었을 때 그곳을 방문한 또 다른 연구원으로는 모리스 올드필드 경Sir Maurice Oldfield이 있다. 그는 이언 플레밍Ian Fleming의 소설 〈제임스 본드〉 시리즈에 나오는 M의 모델로 알려져 있다. 나는 그와 저녁 식사를 한 후 우리가 나눈 대화 중 하나를 기억했다가 내 누이 샬럿이 스파이로서의 아버지의 삶에 관해 쓴 책《파이프라인을 따라가다》의 서문에 써먹기도 했다. 이사야 벌린 경과의 대화도 기억에 남는다. 그는 이야기와 농담이 마르지 않는 원천이었다. 한번은 그에게 집단으로서의 영국 유대인은 왜 미국 유대인만큼 뛰어나지 않느냐고 물어본 적이 있었다. 그는 대답했다. 그의 굴곡진 어조가 인쇄물로도 전달될 수 있다면 얼마나 좋을까. 그에 의하면 대륙에서 유대인에게 끔찍한 폭력이 가해지는 동안 많은 유대인이 배를 타고 미국으로 가려고 했는데 일부 부도덕한 선장이 영국의 리버풀에 정박해서 그곳이 뉴욕이라고 속였고 유대인 중 어리석은 이들이 거기서 하선했다.

나는 올소울스의 유익한 연구 환경을 활용해서 스티치와 내가 해체하기 시작한, 믿음에 관한 퍼즐들의 근본 원인을 파헤치는 노력을 계속했다. 올소울스의 철학과 부교수들은 6월까지 이어지는 트리니티학기,[113] 즉 '여름학기'에 세미나를 해 달라고 내게 요청했다. 열정적인 젊은 철학자 개러스 에번스는 나와 같은 주제를 연구 중이었고 같은 학기 동안 그 문제들에 대한 세미나를 열고 있었다. 관심 있는 일부 연구진과 몇몇 용감한 학부생은 매주 내 세미나에서 개러스의 세미나로 옮겨다녔다. 개러스는 사납다 싶을 정도로 무례하게 굴곤 했다. 세미나에서 내가 반대 의견을 말하면 그는 예리한 발언으로 내 말을 맞받아쳤고 나의 세미나에 들어와서는 반대 의견을 퍼부었다. 개러스의 공세에 나는 종종 말을 더듬을 정도였다. 한 대학원생은 매주 개러스의 세미나에 들어갔다가 내가 옳다는 확신에 차서 나왔다고 말했다. 나는 기운이 났다. 그가 내 세미나에 참석한 후에는 개러스가 옳다고 생각하며 돌아갔다

113 영국의 옥스퍼드나 케임브리지 등의 대학교에서 운용되는 학기의 이름 중 하나다. 트리니티학기는 4월 중순에서 6월 말까지의 학기를 뜻한다.

고 덧붙이기 전까진 말이다. 이처럼 경쟁 관계에 있긴 했지만 개러스와 나는 개인적으로는 꽤 잘 지냈다. 그와 함께 크라이스트 처치 메도에서 오래 산책했던 일이 생각난다. 그때 개러스는 내가 그 어려운 주제를 추구하지 않도록 만류하려고 조심스레 노력했다. 개러스는 내가 다른 논제들을 훨씬 더 잘 다룬다고 말했다. 학기가 채 끝나기도 전에 개러스가 크릭 로드로 날 찾아왔다. 차기 정신철학 와일드 교수좌 부교수로 나를 초빙한다는 문서를 가지고서. 나는 그 직함을 얻고 싶었고 옥스퍼드는 내게 정말로 소중한 곳이었지만 수전과 나는 그 자리를 맡을 여유가 없다고 생각했다. 당시에 그 자리는 보수가 적었고 교수직조차 그랬다. 내가 그 자리를 고사하자 개러스가 새 와일드 교수좌 부교수로 선출되었다. 그가 아직 심리학, AI, 신경과학에 큰 관심을 쏟기도 전이었는데 말이다.

하루는 방문교수에 대한 이런저런 규칙을 찾아보다가 방문교수진도 정규교수진과 똑같은 식사권을 갖는다는 사실을 발견했다. 이는 학교 레스토랑 주방에서 요리되고 사환이 접객하는 사적 만찬과 오찬을 우리도 누릴 수 있다는 걸 의미했다. 물론 돈을 지불해야 하지만 가격도 합리적이었다. 나는 크릭 로드 방문교수진을 불러 모았다. 그 모두는 동료나 친구 집에 자주 초대받던 사람들이었기에 나는 우리가 받은 초대에 대해 답례 명단을 합쳐 학기 말에 대학에서 성대한 오찬을 열자고 제안했다. 우리가 선택한 날은 6월의 토요일이었고 홀에서 40~50명이 함께 할 예정이었다. 식당 지배인 퀠치Quelch 씨는 긴 식탁 위에 양초와 와인 잔, 신선한 딸기를 늘어놓고 최고급 대학 공식 은식기를 준비해 주었다. 완벽한 잔디밭의 중앙 안뜰에서 정오에 도착한 우리 손님들에게 샴페인이 제공되고 있을 때 래드클리프 카메라[114]가 우리 뒤쪽

114 '래드클리프 카메라Radcliffe Camera'는 옥스퍼드대학교 보들리언 도서관 건물을 말한다. 웅장한 돔 형태이다.

에서 빛나면서 옥스퍼드의 모든 종이 울리기 시작했다. 사실 그것은 학생들이 '학기(시험)'가 끝나는 것을 자축하며 근처 십여 개의 첨탑에 올라가 종을 울리는 일종의 비공식 정기 행사였다. 하지만 영문을 모르는 우리 손님들은 깜짝 놀랐고 나는 그 모든 것이 오찬을 위해 주최 측이 준비한 추가 사항이라도 되는 듯 짧은 제스처를 취했다. 태양은 빛났고 음식은 아름답고 맛있었으며 사환들은 숙련된 솜씨로 완벽한 서비스를 제공했다. 우리 모두는 식사를 마친 후 아직 꿈속에 머물러 있는 기분으로 처웰강 쪽으로 느긋하게 이동했다. 뱃놀이가 우리를 기다리고 있었다.

15

행동과학고등연구센터 1979~1980, 그리고 더글러스 호프스태터를 만나다

올소울스칼리지, 그리고 팔로 알토 소재 스탠퍼드캠퍼스의 가장자리에 있는 행동과학고등연구센터Center for Advanced Study in the Behavioral Sciences, CASBS는 학문적 천국의 서로 다른 버전이라 할 수 있다. 두 곳 다 성과를 인정받은 다양한 연구자를 불러들여 연구자들이 집중적인 상호 작업에 전념하는 행복하고 평화로운 한 해를 보내게 해 주었다. 또한 두 곳 다 연구자에게 점심 식사를 제공했는데 이는 학제 간 상호 계몽과 자극이 일어나게 한다는 특별한 목적을 지닌 정책이었다. 두 곳 모두 연구자가 가르쳐야 할 학생도 없었다. 올소울스에는 기가 막힌 건축물과 빈티지 와인, 전통 방식으로 충직하게 일하는 직원이 있었고 CASBS에는 점심 식사 후에 하는 배구가 있었다. 하지만 한편으로는 센터에서 귀중한 한 해를 보내는 동안 서부 해안의 대학교에서 들어오는 강연 초청을 거절해야 한다는 엄격한 규정도 있었다. '인공지능'이라는 용어를 만든 장본인이자 스탠퍼드인공지능연구소Stanford Artificial Intelligence Laboratory, SAIL의 소장인 존 매카시는 여섯 명으로 된 연구팀을 조직했다. 그중 철학자는 존 호지랜드와 나, 두 명이었고 AI 연구자는 로버트 무어Robert Moore, 패트릭 헤이스Patrick Hayes, 매카시 본인, 이렇게 세 명이었다. 그리고 AI와 철학 모두에 두루 전문성을 갖춘 심리학자 제논 필리신Zenon Pylyshyn이 합류했다. 필리신은 AI와 철학의 교차점에서 발생하는 몇몇 문제를 명확히 하는 데에 그 학년도를 보낼 터였다.

연구팀은 서로 수월하게 협력했어야 했다. 팀의 AI 연구자들은 철학적 성향이 짙고 또 세련된 철학적 사고를 하는 사람들이었으며 호지랜드와 나는 아마도 다른 그 어느 철학자보다 AI에 관해 더 많이 생각해 온 사람이니까. 그런데 불과 첫 주에 팀의 결속이 깨질 뻔했다. 한 주 동안 우리는 그 당시 우리가 문제를 어떻게 보고 있는지에 대한 관점을 각자 돌아가며 늘어놓고 비판과 반대 의견을 열렬히 제기했기 때문이다. 매카시는 한 주 동안 불편한 마음으로 날뛰는 의견들을 들었다. 그의 불편함은 하루하루 커져 갔고 금요일에는 마침내 우리 모두에게 단호하게 말했다. "이것들 보세요! 여러분 모두 굉장히 똑똑해요. 안 그랬으면 여기 초청하지도 않았을 겁니다. 그러니 그걸 증명하는 건 인제 그만 하세요." 매카시는 우리에게 컴퓨터 언어 개발 초기에—매카시는 리스프Lisp, 그러니까 고전 AI(고파이)의 링구아 프랑카[115]가 된 컴퓨터 언어를 만든 인물이다—그가 일한 까다로운 정부 지원 기술 프로젝트 이야기를 했는데 그와 함께 작업한 높은 숙련도와 창의력을 갖춘 팀원들이 기발한 반대 의견으로 서로를 괴롭히는 대신 어떻게 서로 도우며 문제를 해결해 갔는지 말했다. "여러분이 계속 지금처럼 하고 싶으시다면" 매카시가 말했다. "나는 SAIL로 다시 갈 겁니다. 여러분은 저 없이 하시던 대로 1년 내내 여기서 즐거운 시간을 보내세요." 나는 철학을 하는 동료나 학생 들에게 종종 이 이야기를 한다. 매카시를 진절머리 나게 만든 것처럼 철학은 그저 고차원적 개념을 사용하는 모욕적인 대화로 쉽게 전락할 수 있다.

115 어느 한 분야의 국제 공용어를 말한다.

매카시와 헤이스는 1969년에 〈인공지능의 관점에서 본 몇 가지 철학적 문제Some Philosophical Problems from the Standpoint of Artificial Intelligence〉라는 중요한 논문을 발표했는데 여기서 그들은 프레임 문제라 불리는 것을 정식화하여 제기했다. 나는 〈인지 바퀴-AI의 프레임 문제Cognitive Wheels: The Frame Problem of AI〉라는 논문을 써서 그런 문제를 철학자에게 알리고자 했다. 그러나 나중에 나 자신도 인정했듯이 AI 연구자—매카시와 헤이스도 포함해 문제를 알아야만 하는 사람들!—는 내가 문제를 잘못 기술했다고 생각했다. 하지만 이런 불일치는 나만 그런 건 아니었다. 사람들의 의견은 어느 한쪽과 그 반대쪽으로 나뉘었고 무엇이 프레임 문제이고 무엇이 프레임 문제가 아닌지에 관한 연구를 모은 여러 선집도 나왔다. 내가 지금보다 훨씬 젊고 예리했을 때 엄청나게 노력했음에도 실패한 문제이기 때문에 여기서 설명하지는 않겠다. 그 해 우리가 다룬 문제 중 하나는 비단조논리non-monotonic logic 문제 및 이를 다루는 매카시의 '제한화circumscription' 방법이었다. 표준 논리학, 즉 단조논리monotonic logic에서는 공리로부터 새로운 참인 정리를 생성할 수 있으며 그렇게 한다고 해서 이전에 확립된 진리나 공리가 절대 거짓으로 바뀌지 않는다. 그러나 우리가 살아가는 일상 세계에서는 우리가 확실하게 증명했다고 생각한 것을 다시 되돌아보고 재검토해야 할 때가 있다. 이 재검토를 (컴퓨터가 수월하게 실행할 수 있도록) 형식적으로 처리할 수 있을까? 있다면 어떻게 그렇게 할 수 있을까?

이는 모두 고파이—매카시의 견해가 AI 논의를 지배하던 초기 AI 시대를 포괄적으로 일컫기 위해 존 호지랜드가 만든 용어—의 정신 아래 이루어진 것이었다. 그 정신이란 중요한 질문에 답하는 정리를 컴퓨터가 생성할 수 있도록 일상의 지식을 형식화하는 것이었다. 이는 탁월한 아이디어였고 '전문가 시스템'을 사용한 일부 초기 작업은 신중하게 제한된 영역 안에서 유망한 결과를 보여 주었지만 오늘날 일반적으로 수렴되는 의견에 따르면 이 아이디어는 작동할 수 없다. 내가 〈지향계〉(1971)에서 주장했듯이 합리성 가정은 대부분의 경우에 작동한다. 일상을 영위하는 우리는 우리가 지각하는 것에 중요한 함의가 있음을 이해하는 데 놀랍도록 능숙하다. 하지만 우리는 마치 공리적 사실을 담은 채 걸어 다니는 백과사전처럼, 맹렬한 속도로 모든 정리를 형식적으로 추론하여 절벽에서 떨어지는 것을 피하고 따뜻한 음식과 안전한 잠자리를 찾는 데 필요한 답을 즉시 얻는 존재는 아니다.

매카시의 수학적 전망이 지니는 기술적 문제들과 악전고투하는 동안 나는 브리스톨 이래로 나를 점령한 명제태도 문제와도 계속 씨름하고 있었다. 그 전체 프로젝트가 결국 실패하고 말았다는 생각이 드는 날도 있었다. 그럴 때면 존 하우글랜드는 나를 센터 주변의 황량한 언덕으로 이끌고 가서 긴 산책의 말동무를 해 주며 우울한 패배감을 떨치게 했다. 한번은 피츠버그대학교에서 강연을 요청했는데 나는 단 한 번의 강연으로는 명제태도에 대한 나의 자료를 다 발표할 수 없으니 이틀 연속으로 강연하게 해 달라고 요구했다. 물론 센터는 내가 피츠버그로 강연 가는 것 자체를 반대했다. 센터에서 연구하는 동안 서부 해안의 대학에서 강연하면 안 된다는 조항이 있었기 때문이었다. 하지만 나는 고집을 부렸다. 요청한 곳이 피츠버그였던 데다가 내가 가장 좋아하는 학과였고 무엇보다 피츠버그는 서부 해안에 있지 않았기 때문이었다. 아, 실로 피츠버그는 서부 해안에 있지 않았고 나는 세인트루이스에서 환승하는 야간 비행기를 잘못 타는 실수를 저질렀다. 나는 거기서 자지도 못하고 몇 시간을 앉아 있었다. 강연 첫날, 오버헤드 프로젝터에 쓸 슬라이드 필름을 모두 챙겨 강연장에 들어섰을 때 나의 뮤즈는 도망쳐 버렸다. 나는 잘못 말했고, 말문도 막혔으며, 재차 설명을 시도해도 여전히 내가 의미하는 바를 제대로 표현하지 못했다. 그런 실수를 계속 되풀이했다. 나는 지금껏 했던 강연 중 최악의 강연을 해 버렸다. 그것도 내 인생에서 내가 특히 존경하는 청중을 대상으로 말이다. 발표에 허락된 시간이 다 되었으니 그만 말씀하시라는 '시간 경고 신호'가 치고 들어오기를 그토록 간절히 기다린 건 그때가 처음이자 마지막이었다. 그리고 내게는 다음 날에 해야 할 두 번째 강연이 남아 있었다! 다행스럽게도 청중석엔 내 오랜 친구 로저 워데머Roger Wertheimer가 앉아 있었다. 그는 한때 터프츠에서 초빙연구원 형태로 내가 고용하기도 했는데 강연을 한 무렵에는 카네기멜론대학교에 재직 중이었다. 첫 강연이 끝나자 로저는 나를 밖으로 데려가 스테이크로 저녁을 먹이고 격려의 말을 해 주었다. 로저의 말 덕분에 나는 다음 날 강연을 무사히 마칠 수 있었다. 그런 철학자 친구가 없었다면 나는 완전히 포기했을지도 모른다. 그런 우여곡절 끝에 마침내 그 강연('믿음 너머')을 출판할 수 있을 만큼 좋은 모양새로 만들 수 있었다. 퍼트리샤 처칠랜드Patricia Churchland는 내가 겪은 고역을 비슷하게 겪었고 자신의 강연을 정리한 출판물에 '믿음과 과거의 보살핌 너머Beyond Belief and Past Caring'라는 제목을 붙였다. 그녀는 나보다 일찍 전통적 심리철학에서 등을 돌렸다.

그해 CASBS의 우리 연구팀은 손님을 많이 받았다. 마빈 민스키는 한 달 정도 모습을 드러냈는데 매카시와 그가 점심시간에 나누는 대화에 나는 어안이 벙벙해진 채 고개를 절레절레 젓곤 했다. 그들은 서로에게, 몇 년 전 사람을 달로 데려간 새턴 로켓보다 더 많은 탑재물을 더 싸게 우주로 보낼 계획을 내놓으라고 채근했다. 그들이 내놓은 한 가지 계획은 우주 공간에서 매우 긴 마일라[116] 케이블로 지구 정지위성 두 개를 한 쌍으로 묶어 그 쌍이 천천히 수레바퀴처럼 회전하게 하자는 것이었다. 이때 무게 중심은 케이블 중앙에 위치하게 하고 두 위성이 번갈아 성층권 가까이 낮아졌다가 다시 높아지도록 설계한다. 그러면 한 위성의 고도가 가장 낮아졌을 때 지상에서 비행해 올라온 탑재물(사람 포함)을 실어 나를 수 있을 것이라는 구상이었다. 그들이 진지하게 고려

---

116 절연용 폴리에스터 필름 같은 것들의 상표명인데 지금은 그런 일반 소재를 가리키는 보통명사처럼 사용되고 있다.

한 또 다른 계획은 쥘 베른Jules Verne의 아이디어를 변형한 것이었다. 지구에 거대한 소총의 총신처럼 깊고 넓은 구멍을 뚫는다. 바닥에는 저위력 핵폭탄을 설치하고 그 위에 엄청난 양의 흙을 쌓아 올려 거기 앉을 우주비행사를 보호한다. 우주비행사는 폭탄 위에 장착된 좌석에 몸을 묶고 '발사 준비 완료!'라고 신호를 보낸다. 이 추진 방식은 마치 거대한 치약 튜브를 힘껏 짜는 것처럼 우주선을 쏘아 보내고 지표면에는 작은 보조개 하나만 남길 것이라는 게 이들의 주장이었다. 그런가 하면 '우주 분수'라는 아이디어도 나왔다. 우주 분수는 우주 공간으로 뻗어나간 탑으로 끊임없이 분사되는 입자들의 연속적 흐름이 그 구조를 떠받친다. 여러분은 지난 수십 년 동안 이러한 계획이 실행에 옮겨지지 않았다는 사실을 알 것이다.

제리 포더는 여러 달에 걸쳐 방문했는데 내가 스쿠버다이빙 과정을 수강하고 자격증을 취득했다는 사실을 알고는 나를 따라 했다. 그래서 나는 제리와 짝이 되어 이전 과정을 반복하며 다이빙 자격증을 딸 수 있게 도왔다. 오랜 시간 동안 제리는 서피스 다이브[117]를 하지 못했다. 머리와 몸통을 수면 아래로 향하게 해야 하는데 그러지 못하고 몸부림만 쳤다. 나는 제리에게 "천천히 해요, 천천히. 서둘지 말고 조심해서"라고 말해야 했다. 마침내 제리가 수심 30피트(약 9미터)에서 자유로이 상승하고 바닥으로 내려갈 수 있게 될 때까지. 제리가 자격증을 받고 나서 나는 UC 어바인의 친구인 물리학자 더글러스 밀스Douglas Mills와 함께 다이빙을 하자고 그를 카탈리나섬으로 불렀다. 더글러스에게는 요트가 있었고 우리를 다이빙 포인트까지 태워줄 의향도, 제리가 강사 없이 시도하는 첫 다이빙을 기꺼이 지켜볼 의향도 있었다. 우리는 섬 해협 쪽 해초 숲 옆에 정박했다. 제리와 나는 아래로 내려갔는데 내

---

117 수면에서 수영하다가 잠수하는 것을 말한다. 상체가 거의 수직이 될 때까지 머리를 잠근 후 다리를 물 밖으로 올리고 몸을 미끄러져 내려가게 한다.

생각에 그때 더그는 초조하게 조종석에 앉아 언론사로 들어갈 진술서를 작성해야 한다면 뭐라고 써야 할지 상상하고 있었을 것이다. ("글쎄요. 두 사람 다 자격증이 있었고 제게 장담도 했어요…….") 다이빙을 하자 바다사자가 다가와 활기를 불어넣어 주었다. 바다사자는 우리 주위를 빙글빙글 돌며 우리를 아래로, 더 아래로, 해초 숲속으로 이끌었다. 나는 곧 깨달았다. 우리가 초보 잠수부의 한계 수심보다 훨씬 깊은 80피트(약 24미터)까지 내려가 있었고 공기가 부족하다는 사실을. 나는 제리에게 올라가야 한다는 신호를 보냈다. 올라가는 내내 나는 제리가 숨을 내쉬는지 면밀하게 관찰했다. 숨을 계속 내쉬지 않는다면 혈류 안으로 공기가 들어가 사망할 가능성이 높아진다! 우리는 수면 위에 도달했고 나는 모든 것이 다 잘 되었다고 생각했다. 제리가 "나, 숨을, 못 쉬겠어요!"라고 소리 지르기 전까지는 말이다.

"제리, 지금 수면 위에 있고 머리는 밖에 나와 있어요! 당신은 지금 숨 쉬고 있어요!"

"아니, 아니! 숨 못 쉬겠어요."

그제야 나는 제리에게 무슨 문제가 생겼는지 깨달았다. 원래 다소 통통했던 그의 몸이 수심 80피트에서 너무 압력을 받은 나머지 평소보다 홀쭉해졌다. 제리는 헐거워진 무게추 벨트가 미끄러져 내려가 벗겨지지 않도록 계속 벨트를 조금씩 끌어올렸는데 그 사실을 잊은 채 그저 올라오기만 했던 것이다. 제리가 상승함에 따라 몸은 원래 부피로 돌아갔고 무게추 벨트는 그의 몸을 절반으로 자를 기세로 옥죄고 있었다. 나는 손을 뻗어 버클 레버를 뒤집었고 핑! 벨트가 내 손으로 날아들었다. 그리고 정말로 모든 것이 제대로 돌아왔다.

스쿠버다이빙이 그해 내가 익힌 유일한 수상 스포츠는 아니었다. 늦겨울의 어느 날, 센터 연구실에서 창밖을 바라보다가 놀라운 것을 발견했다. 스탠퍼드캠퍼스 가장자리의, 가을 내내 흉해 보였던 마른 진흙밭이 거의 하룻밤 사이에 반짝이는 작은 호수—'라구니타'라는 이름으로 불렸다—로 바뀌었고 학생들이 수영이나 윈드서핑을 즐기고 있었다. 나는 자전거를 타고 언덕을 내려가 윈드서핑 보드를 대여할 수 있는지 알아보았다. 내가 SAIL, 그러니까 스탠퍼드AI연구소에 임시 등록된 덕분에 보드를 시간 단위로 빌릴 수 있었다. 다음 날 나는 수영복을 챙겨 센터로 왔고 점심시간에 매카시에게 말했다. 라구니타로 내려가 윈드서핑을 해 볼 거라고. 함께 간 매카시는 몇 시간 동안 벤치에 앉아 내가 넘어지고 넘어지고 또 넘어지는 모습을 지켜보았다. 마침내 내가 팔로 노 젓기를 해서 호수 밖으로 나와 보드를 대여소에 반납하자 매카시가 다가와 물었다. "음, 제 생각엔 당신이 하고 싶은 걸 다 해 봤으니 더는 미련이 없을 것 같아요. 그렇죠?"

"천만에요. 내일 다시 연습하러 올 겁니다. 이제 거의 다 되어 가는 것 같아요."

나는 진짜로 그렇게 했다. 확실히, 윈드서핑에 대한 이해도가 하룻밤 사이에 높아져서 다음 날에는 첫 시도에서 내 통제하에 서핑할 수 있었다. 여전히 몇 번 넘어지며 방향 전환을 익혀야 했지만 주말에는 안정적이고 행복하게 윈드서핑을 즐길 수 있게 되었다. 다음 해 여름 메인주로 돌아오자마자 나는 중고 보드를 하나 사서 몇 년 동안 연못, 호수, 바다의 만에서 윈드서핑을 했다. (그 후로 라구니타 호수는 겨울에는 윈드서핑을 할 수 있을 정도로 물이 많이 고이지 않았다. 지금은 주요 야생 동물의 거주지가 되어 기회의 창이 아예 닫혀 버렸다.) 결국 나는 서로 다른 조건에 적합한 보드를 서너 개 마련했고 서로 다른 환경에서 워터 스타트를 익히려고 노력했다. 워터 스타트란 먼저 보드 위에 서고 나서 돛을 들어 올리는 것이 아니라 돛을 이용해 몸을 보드 위로 끌어올리는 것을 말한다. 워터 스타트는 강한 바람이 불 때만 효과적이며 또한 강한 바람이 불 때는 거의 필수적인 출발 방식이라 할 수 있다. 바람이 강하면 파도도 세어져서 보드 위에 서 있기가 매우 어려워지므로 돛이 먼저 올라가 균형을 잡아 주어야 하기 때문이다. 아쉽게도 워터 스타트 기술을 익히기 전에 삼중 관상동맥 우회 수술을 받게 되었다. 그러니 워터 스타트를 연습하는 것이 결코 내게 좋을 리가 없었다. 물을 즐기는 방식에는 여러 가지가 있지만 윈드서핑처럼 몸을 바람 쪽으로 기울이고 큰 돌풍 속으로 가속하며 보드가 발 아래서 떠오르는 감각과 스릴을 느끼게 해 주는 건 없다. 돌풍이 갑자기 멈추었을 때 보드 위로 다시 올라가는 것은 늘 힘든 일이었고 수술로 인해 결국 내게는 현실적으로 불가능한 일이 되어 버렸다. 안녕, 윈드서핑. 나는 내가 할 수 있는 한 힘껏 너를 사랑했다.

존 설과 휴버트 드레이퍼스는 대여섯 번 정도 버클리에서 운전해 내려와 우리 CASBS 팀원과—매카시는 제외하고. 매카시는 휴버트 드레이퍼스와 만나고 싶지 않아 했다—오후 회의를 했다. 회의 때마다 우리는 미리 회의 주제를 정했지만 매번 토론이 시작되고 몇 분이 지나면 설은 주제를 바꾸어서 '중국어 방'에 대해 말하겠다고 고집을 부렸다. 중국어 방은 설이 나중에 《행동과학과 뇌과학》에 발표하려고 한 사고 실험의 이름이다. [중국어를 이해한다고 추정되는 AI 프로그램을 누군가가 만들고 그것이 튜링 테스트를 통과했다고 하자. 중국인 대화 상대가 그 프로그램과 대화하면서 그것을 훌륭한 이해자로 간주했다는 뜻이다. 설이 프로그램을 방으로 가져가서 종이와 펜을 들고 직접 그 프로그램의 규칙을 흉내 낸다. 설은 중국어를 모른다. 방 안의 그 어떤 것도 중국어를 모른다. 그러므로(?) 그 어떤 AI 프로그램도 중국어를 이해할 수 없다.] 우리 중 누구도 설의 사고 실험—사실 그것은 논증이 아니라 직관펌프이다—을 건전한 것으로 간주하지 않았고 이를 논박할 다양한 방식을 찾았지만 설은 중국어 방을 손에서 놓지 않았다. 한편 드레이퍼스는 대부분의 시간 동안 침묵했다. 우리는 중국어 방과 그것이 제기하는 문제를 이야기하는 것에 너무 지친 나머지 토론 모임을 중단했다. 그때는 까맣게 몰랐다. 내가 그 후로도 수십 년에 걸쳐 수백 시간 동안 중국어 방 논쟁에 참여하게 되리라는 사실을.

CASBS에서의 멋진 한 해가 마무리되면서 우리 팀은 AI와 철학에 관한 학술대회를 개최하여 그동안 우리가 생각하며 얻은 성과의 일부를 통합하기로 했다. 그리하여 전 세계의 선도적 사상가를 초대했다. 나는 옥스퍼드의 개러스 에번스를 초대했다. 그가 새로운 정신철학 와일드 교수좌 부교수가 될 예정이었으므로 AI를 연구하는 사람들이 어떻게 사고하고 말하는지를 면밀하게 살펴보았으면 해서, 회의 개시일보다 일주일 일찍 센터에 와서 우리와 토론 시간을 갖자고 했다. 개러스는 우리와의 토론과 학술대회에 열심히 참여했다. 그러나 그때 개러스의 모습은 흡사 액션 배우처럼 활기가 넘쳤던 평소 모습과는 어딘가 좀 달랐다. 한번은 토론이 끝난 후 그를 호텔까지 태워다 주었던 것이 기억나는데 그때 그는 자신이 암에 걸렸다고 털어놓았다. 그 후 몇 달이 지나지 않아 개러스는 세상을 떠났다. 철학은 독창적이고 뛰어난 사상가를, 그것도 그의 능력이 절정에 달했을 때 잃었다.

그해 있었던 가장 중요한 회의라면 인디애나대학교의 더글러스 호프스태터가 참여했던 회의를 꼽을 수 있다. 더그는 나를 설득하고 또 설득하여 장차 《이런, 이게 나야!》(1981)가 될, 의식과 자아에 관한 이야기와 논문 모음을 편집하게 했다. 남녀노소를 막론하고 수천 명의 사상가가 그 이야기에 강한 관심을 보였다. (콰인은 좋아하지 않았다. 책에 대한 짧은 평을 쓸 수 있을지 물어보았는데 콰인은 딱 네 단어로 평했다. "지나치게 넘쳐나는 엉뚱한 생각들.") 더그가 《뉴욕 리뷰 오브 북스New York Review of Books》에서 《브레인스톰》을 호평했을 때 난 그걸 몰랐고 심지어 더그를 만나기 전까지는 그의 고전 《괴델, 에셔, 바흐》를 사지도 않았다. 그러나 우리의 협업과 우정은 40년 이상 계속되며 내 삶의 주요 주제가 되었다. 더그의 부친 로버트 호프스태터Robert Hofstadter는 노벨 물리학상 수상자로, 스탠퍼드대학교의 교수였고 더그는 종종 가족을 만나러 갔다. 더그의 서평이 나온 직후 더그는 센터에 나타나 나를 만났고 우리는 함께 스탠퍼드 서점으로 걸어 내려갔다. 나는 거기서 《괴델, 에셔, 바흐》를 한 권 사서 그 책에 사인을 받았다. 나는 여전히 선집 작업을 꺼렸지만 더그는 끈질기게 나를 설득했고 그에 힘입어 우리는 곧 베이직 북스 출판사와 선집 출판 계약을 맺었다.

《브레인스톰》에 대한 더그의 서평과 영국의 AI 연구자 (후에 딥러닝 시스템의 선구적 개발자가 된) 제프리 힌턴Geoffrey Hinton의 좋은 논평 덕분에 인지과학자들은 내 책에 관심을 보였다. 그럼에도 나는 더그를 처음 만났을 때 그가 아마도 '서부 해안 뉴에이지 신봉자' 유형의 사상가일 것이라고 생각했다. 60년대의 플라워 차일드[118] 중 잔존한 사람 말이다. 그러나 더그는 이내 다른 모습을 보여 주었고 나는 그에게서 많은 것—컴퓨터, 음악, 물리학, 언어, 그리고 정말로 모든 것에 대해—을 배웠다. 나는 더그가 자신과 함께 《이런, 이게 나야!》를 엮고 편집하자고 나를 채근하고 설득해 주어서 매우 기쁘다. 우리 둘 다 독립된 챕터로 확장할 수 있는 흥미로운 단편적 아이디어를 여럿 보유하고 있었지만 그가 나보다 그 책에 기여한 바가 더 많다. 또 더그는 내게 스타니스와프 렘Stanislaw Lem을 소개해 주었다. 무엇보다 중요한 것은 그가 내게 리처드 도킨스Richard Dawkins의 책을 소개해 주었다는 것이다. 1976년 《이기적 유전자》가 세상에 나왔을 때 나는 내가 알고 도킨스의 책에 관해서도 잘 아는 저명한 생물철학자에게 그 책에 관해 물었다. 그는 그 책을 내가 관심 둘 가치가 없는 '상업적 대중 과학서'라고 자신 있게 표현했다. 그 이야기를 더그에게 했더니 그는 "일단 책을 직접 읽고 본인의 생각을 들여다보세요"라고 말했다. 나는 책을 읽었고 눈이 번쩍 뜨였다. 도킨스가 생생하게 설명하고 옹호한 훌륭한 일군의 아이디어뿐 아니라 때로 정치적 이유로 틀렸다고 치부하며 읽지도 않고 책에서 잠

118 '플라워 차일드Flower child'는 1960년대에서 70년대 초반 히피 문화를 따랐던 사람들로 자연과의 조화, 반전, 평화 등을 추구하며 전통적 사회 규범을 거부했다. 머리나 옷에 꽃 장식을 많이 했다.

재 독자를 멀어지게 하는 그 심각한 죄악에 관해서도 눈을 떴다.

그때부터 나는 내가 직접 진지하게 읽지도 않았으면서 가치가 없다고 판단했던 책을 절대 무시하지 않으려고 철저하게 노력했고 남들은 내동댕이치지만 나는 그 안에서 가치 있는 통찰을 발견한 책이 있으면 그런 책을 특별히 마음 써서 추천했다. 1976년에는 줄리언 제인스Julian Jaynes의 《의식의 기원The Origin of Consciousness in the Breakdown of the Bicameral Mind》도 출판되었다. 이 책은 내가 가장 즐겨 추천하는 책이다. 내가 강연을 마치면 제인스의 이 대담하고 훌륭한 책의 비밀스러운 팬들이 종종 자신의 존재를 드러내며 내게 다가와 제인스가 책에서 무언가를 이뤄냈다고 생각한다며 내게 아낌없는 감사를 전하곤 했다. 그럴 때마다 나는 그 책을 소개한 보람을 느낀다. 나는 루스 밀리컨Ruth Millikan의 책도 지지한다. 비록 아직도 너무 많은 언어철학자가 그녀가 자신들에게 가한 날카로운 비판에 응수할 필요가 없다고 생각하지만 그래도 지금은 그녀가 마땅히 받아야 할 찬사와 상을 받고 있다고 말할 수 있어서 기쁘다. 입소문을 내려고 노력한 또 다른 인습 타파적인 책으로는 테렌스 디콘Terrence Deacon의 《기호적 종The Symbolic Species》(1997)과 《불완전한 자연Incomplete Nature》(2012)이 있다. 좀 더 최근에는 사람들에게 (다소 불충분한 다윈주의이긴 하나) 다니엘 도르Daniel Dor의 매우 독창적이고 신중한 주장이 담긴 책 《상상 지침서The Instruction of Imagination》(2015)를 읽도록 권장하고 있다. 학계에는 편견이 매우 많다. 따라서 강연을 할 때 이런저런 무리가 도저히 이해할 수 없다고 여기는 작품과 작가에 존경을 표함으로써 청중을 놀라게 하며 짜릿함을 느낄 수 있다. 물론 그것은 모두가 이기는 게임이다. 작가와 독자 양측 모두.

더그와 나는 둘 다 《이런, 이게 나야!》를 읽는 독자가 우리가 글을 선별한 이유를 이해하는 데 도움을 줄 추가 글을 썼는데 다른 저자들이 쓴 각 작품 앞에 소개문을 쓰지 **말고** 한 편의 글이 끝나면 그 바로 뒤에 그 글에 대한 '소견'을 달기로 했다. 둘 중 누가 먼저 그렇게 하자고 제안했는지는 기억나지 않는다. 우리는 독자가 준비되지 않은 채로 작가의 아이디어와 마주하기를, 그래서 독자가 심리학 실험에서 '사전 정보 없는 피험자'와 비슷한 상황에 놓이기를 바랐다. 매사추세츠주가 과거의 한파 기록을 깨며 꽁꽁 얼어붙은 동안 우리는 앤도버의 빅토리아풍 집에서 활활 타오르는 벽난로가 있는 거실 바닥에 앉아 편집 작업에 몰두했다. 후보로 선택된 원고 더미를 샅샅이 살펴보고 그에 대해 열심히 토론하고 누가 먼저 소견문을 쓸지를 결정하면서 책의 주제를 깊이 파고들었던 기억이 난다.

우리의 스타일은 사뭇 달랐고 나는 더그의 글 중 일부가 너무 과하다고 생각했다. 더그가 그런 스타일에서 벗어나게 하려고 조심스레 애를 썼지만 결국 더그의 목소리가 크고 또렷하게 들리고 거기에 내가 가끔 브레이크를 살짝 밟는 형국이 되었다. 더그의 대작《괴델, 에셔, 바흐》는 마침내 논픽션 부분에서 퓰리처상을 받았다. 그러니 더그는 옳은 일을 하고 있었던 것이다. 한데 그 당시에 나는 잘 알고 있었다. 더그가 그 책에 진지하게 관심을 가지길 바라는 많은 이—컴퓨터과학과 AI의 선두주자, 더 일반적으로는 인지과학자—가 더그의 장난스러움 및 다소 자기만족적인 여담을 싫어해, '호프스태터에게서는 아무것도 배울 수 없다'고 스스로를 설득하고 있었다는 사실을. 철학자 역시 슬프게도 비슷한 경멸의 시선으로 더그를 보는 경향이 있었지만 그럼에도 많은 철학자가《이런, 이게 나야!》를 강의의 기본 교재로 사용한다는 것도 나는 알고 있었다.

많은 철학자가 더그를 경멸했다. 1984년 5월의 한 사건에서 나는 그 분위기를 온몸으로 체감할 수 있었다. 그때 나는 MIT에서 열린 인지과학과 철학에 대한 슬로언재단 학술대회에서 '계산적 접근법의 논리적 지리-동극에서 본 관점The Logical Geography of Computational Approaches: A View from the East Pole'이라는 제목으로 발표를 했다. 거기서 나는 극좌표 지도에다 계산주의 분야의 다양한 이론가를 배치했다. '동극'이라는 표현은 MIT가 '동쪽 극단'이며 거기서 어디로 멀어지든 서쪽으로(서부 뉴에이지 신봉자의 땅을 향해) 가게 된다는 제리 포더의 농담에서 영감을 받은 것이었다. 나의 지도는 새롭게 부상하는 연결주의를 비롯하여 (촘스키주의자의 관점에서 보았을 때) 다른 이단적 연구자들의 작업이 포함되어 있었고 나는 그 연구자들의 위치를 분석하고 때로는 방어했다. 내 발표는 큰 성공을 거두었고 MIT의 심리철학자이자 인지과학자 네드 블록이 내게 다가와 물었다.

"댄, 발표 정말 굉장했어요. 그런데 그 흥미롭고 참신한 연구들은 다 어디서 배웠습니까?"

"여기, MIT에서요." 나는 대답했다. "최근 있었던 더그 호프스태터의 세미나에서 배웠지요. 그런데 MIT의 철학자와 언어학자는 아무도 그 세미나에 들어오지 않더군요."

철학자에 대한 더그의 견해 역시 대부분 똑같이 비뚤어져 있었다. 내 기억에 우리 책이 출판된 직후 세인트루이스에서 열린 학술대회에서 더그와 나는 나란히 함께 앉았다. 나는 매우 명망 높은 철학자(누군지 밝히지는 않겠다)의 강연을 집중해서 듣고 있었는데 더그는 내 쪽으로 몸을 숙이고 귓속말을 했다. "어떻게 이런 말을 가만히 듣고 있을 수 있습니까?" 그런 취지의 비슷한 말이었다. 나는 더그에게 당신도 주의를 기울여야 한다고 말했다. 연단에서 개진되고 있던 것은 사실 탁월하고 독창적이고 깊이 있는 아이디어들이었기 때문이다. 그러나 더그는 완강했고 자신의 메모지에 뭘 적더니 그걸 내게 보여 주었다. "당신을 보면 쇼팽과 모차르트가 생각납니다. 나는 쇼팽을 정말 좋아해요. 모차르트는 대개 지루하고 공허하지요. 그런데 쇼팽이 어떻게 모차르트를 그렇게 높이 평가할 수 있었는지 도저히 모르겠어요. 나는 당신을 존경하는데 당신이 이런 쓰레기 같은 걸 진지하게 이해하려고 하는 모습도 조화시키기 힘들고요." 나는 그의 메모지에 대답을 썼다. "흥미롭군요. 몇몇 철학자는 당신에 대해 내게 거의 똑같은 말을 했어요!" 지난 세월 동안 나는 더그의 진가를 알아보지 못하는 철학자 및 인지과학자에게 깨달음을 얻게 하려고 노력하며 그 버팀목 역할을 자주 했다. 그런 일을 하면서 내가 가장 좋아했던 순간은 1992년에 찾아왔다. 인디애나대학교의 블루밍턴에서 인지과학회의 연례 학술대회가 열렸는데 당시 더그는 인디애나대학교에서 수십 년째 강단에 서고 있었다. 학회에서 더그는 기조 강연 중 하나를 했고 나는 전 세계 수백 명의 인지과학자로 가득 찬 거대한 학회장에서 그를 소개했다. 기회를 잡은 것이다. 나는 청중에게 고등학교나 대학교 시절에 《괴델, 에셔, 바흐》를 읽었기 때문에 인지과학에 입문하신 분이 얼마나 계시느냐고 물었다. 그러자 기쁘지만 놀랍지 않게도 적어도 3분의 1이 일어나 열렬히 박수를 쳤다. 자, 이 박수갈채를 봐라, 꼰대들아!

더그와 나는 《이런, 이게 나야!》에 우리가 넣은 저자 중 한 명이 내뿜은, 또 다른 종류의 적대감과 마주했다. 그 저자는 바로 존 설이다. 우리는 존 설의 중국어 방 사고 실험을 책에 넣었다. 물론 그의 허락을 얻고 말이다. 더그는 그 글에 있는 주요한 결함을 지적하는 재미있고 뛰어난 소견문을 썼다. 설은 《뉴욕 리뷰 오브 북스》에 실린 《이런, 이게 나야!》의 서평에서 우리가 자신의 '직접 인용'을 어떻게 그렇게 '날조'할 수 있었냐며 꽤 짜증을 냈고 더구나 그 날조가 실제로 자신이 말한 것과 '정반대 방향으로 가도록' 이루어졌다며 화를 냈다. (설이 주장한) 그 죄를 설명하자면 이렇다. (우리가 정확하게 재인쇄한) 그의 글에서 설은 '종이 조각들'에 적힌 프로그램—꽤나 단순한 프로그램을 뜻한다-을 그의 손으로 흉내 내는 것을 묘사했는데 더그가 그것을 '종이 쪽지 몇 장'으로 잘못 기억했고 우리 둘 다 그 실수를 발견하지 못했다. 나는 설의 비판에 대한 답변을 썼다. '종이 조각들'과 '종이 쪽지 몇 장' 간의 차이가 더그의 논증에 차이를 불러온다고? 전혀 그렇지 않다. "따라서 이 경우 오인용이 차이를 만들지 않으므로 일단 단어를 수정하고 나면 우리 소견문에서 추가 수정은—단어 하나, 쉼표 하나조차도—필요하지 않습니다." 설은 다시 (똑같은 문제로) 답신을 보냈고 이 사건으로 말미암아 그 이후로 계속된 우리의 불화가 시작되었다. 그것에 대해서는 학계의 '깡패'를 다루는 장에서 더 이야기할 것이다.

더그가 미시간대학교에 있을 때(1984~1988) 그는 내게 친구이자 동료인 존 헨리 홀랜드John Henry Holland를 소개해 주었다. 존은 유전 알고리듬의 선구자이자 인공생명 분야의 창시자 중 한 명이며 더그의 아이디어들이 가진 진가를 처음부터 알아본 컴퓨터과학자였다. 존은 내게 컴퓨터뿐 아니라 진화 이론도 가르쳐 주었고 산타페연구소(32장을 보라)에 나를 소개해 주기도 했다. 나는 또한 더그의 대학원생 몇 명과도 알고 지냈는데 그중에는 멜라니 미첼Melanie Mitchell(뛰어난 기지 덕에 나로 하여금 산타페에 계속 관심을 가지게 한 인물 중 하나)과 로버트 프렌치Robert French가 있었다. 나는 로버트의 학위 논문 심사위원을 맡기도 했다. 더그가 자신의 유체 유사성 연구팀Fluid Analogies Research Group, FARG을 인디애나대학교로 옮겼을 때 그는 데이비드 차머스를 비롯한 명석한 젊은 대학원생을 포섭했다. 차머스는 오스트레일리아의 수학자이자 옥스퍼드 로즈 장학생이었다. 차머스는 나중에 이원론자로 변하여 더그도 나도 설득하지 못하는 학위 논문을 썼다(나는 논문 심사위원회의 비공식 위원이었다). 그래도 그 논문은 매우 잘 작성된 것이어서 차머스는 그것으로 철학과 인지과학의 박사 학위를 받았다. 어쨌든 그렇게 되기 전 차머스는 FARG에서 밥 프렌치, 앤디 클라크와 함께 훌륭한 인지과학 논문을 몇 편 썼다. 차머스는 그의 세대에서 가장 영향력 있고 가장 유명하고 가장 다작하는 심리철학자가 되었다. 그리고 내게 자신의 철학을 이해시키려고 오랫동안 노력했지만 나는 지금도 차머스의 주장을 완전히 납득하지 못하며 다양한 출판물과 학회에서 그렇게 말하고 있다. 더그와 나는 차머스가 더그의 아이디어에서 약하게라도 영향을 받았다고는 생각하지 않지만 확실히 차머스는 FARG에서 모험적인 인지과학을 많이 배웠다.

내가 더그의 세계 근처로 옮겨가기 시작했을 때 더그는 학술적으로 유명인이었다. 어디서 강연을 하든 그가 강연을 마치고 퇴장하면 그를 사랑하는 수십 명의 젊은 남자에게 둘러싸여 있곤 했다. 여성은 거의 보이지 않았다. 더그는 낭만적인 사랑을 갈망했지만 그의 팬 중에서는 그 상대를 찾지 못했다. 그러다 그는 캐롤 앤 브러시Carol Ann Brush를 만났다. 그들은 곧 결혼했고 두 아이를 두었다. 그들의 세상은 모든 것이 잘 돌아가는 듯 보였다. 그러나 이탈리아에서 안식년을 보내던 해에 캐롤은 뇌종양을 앓았고 끔찍한 고통을 동반한 몇 주를 보낸 후 사망하고 말았다. 슬픔은 더그의 모든 것을 잠식했다. 배우자와 사랑에 빠진 사람 중 캐롤을 사랑한 더그보다 더 배우자를 사랑한 사람을 만나 본 적이 없다. 2007년에 출판된 그의 멋진 책《나는 이상한 고리이다I Am a Strange Loop》는 인간 의식에 관한 깊고 독창적인 아이디어를 설명하는 더그의 새로운 탐구이기도 하고 또 동시에 꾸밈없이 솔직하게 쓴, 슬픔을 해소하는 작업물이기도 하다.

16

루빅스 큐브, 프라하, 달렘

《이런, 이게 나야!》가 출판되었을 무렵 더그는 친구 마틴 가드너를 뒤따라 《사이언티픽 아메리칸Scientific American》에 월간 칼럼을 쓰고 있었다. 마틴 가드너는 '수학 게임'이라는 유명한 월간 칼럼을 썼는데 더그는 그 제목의 철자를 바꾸어 '메타마술의 주제'라는 제목을 붙였다. 이 중 몇몇 글은 고전인데 특히 더그가 '유혹의 복권Luring Lottery'[119]이라 명명한 것이 등장하는 칼럼과 AI의 컴퓨터 언어인 리스프에 입문하게 해 주는 칼럼이 그러하다. 그러나 더그의 가장 영향력 있는 칼럼은 확실히 1981년 3월에 쓴, 루빅스 큐브를 미국에 소개한 글이다. 더그가 많이 도와준 덕에 나는 큐브를 맞추는 데 필요한 일련의 움직임—사실

119 호프스태터 자신이 1983년 칼럼에서 제안한 게임이다. 참여 인원은 무제한이며 총상금은 백만 달러이다. 그러나 여러 번 참여하면 당첨금은 참여 횟수로 나뉜 값으로 지급되며 여러 사람이 당첨되면 사람 수만큼 나눠어 지급된다. 즉 100명이 단 한 번씩만 참여했다면 각 참여자는 만 달러의 상금을 받으며 한 사람이 백만 번 참여한다면 상금은 1달러가 된다. 참여자가 자기 이익을 최대화하려고 하면 할수록 상금이 줄어들고 결국은 아무도 큰 액수의 돈을 손에 쥐지 못하게 되는 구조라고 할 수 있다.

상 알고리듬—을 완전히 익혔다. 그리고 그 기술들을 연마하여 다른 이에게 큐브를 어떻게 움직여야 하는지를 가르쳐 주며 기쁨을 누렸다.

그해 3월 나는 루빅스 큐브의 매력을 조니 애플시드Johnny Appleseed처럼[120] 많은 사람에게 전파할 기회를 얻었다. 나는 그때 프라하—물론 그때는 철의 장막 뒤에 있었다—로 갈 짬을 내려고 애쓰던 중이었다. 소련에 의해 카를로바대학교[121] 내의 직위에서 쫓겨난 철학자들이 프라하의 개인 아파트에 비공식적으로 모여 학문의 등불을 밝히고 있었는데 그들에게 강연을 하러 갈 참이었던 것이다. 이 정치-철학적 프로젝트는 런던의 얀후스교육재단이 조직했고, 옥스퍼드 철학자들이 그 전 해 여름에 시작했으며, 동유럽의 학술 자유 프로젝트에 깊이 관여하던 캐슬린 윌크스Kathleen Wilkes가 주로 운영했다. 나는 강연 신청을 해 두고 내 여행 비용을 지불해 줄 유럽의 호스트를 그저 기다렸다. 그러다 베를린에서 개최되는 동물 지능에 관한 달렘 학술대회에 초대됨으로써 마침내 그 일이 성사되었다. 그때만 해도 내게 달렘 학술대회는 프라하로 가는 편리한 길목이었을 뿐 내 인생에서 그렇게 중요한 행사가 될 줄은 꿈에도 몰랐다. 나는 베를린 도착 전에 프라하에 들러 시차 적응 기간을 줄이겠다는 명목으로 며칠 일찍 유럽으로 떠날 수 있었다. 나는 은밀한 회의에 참석할 다양한 사람에게 던질 질문 목록과 나를 뒤따라올 방문자에 관한 정보, 그들에게 남겨 줄 여러 편의 논문을 건네받았다. 여기에는 다음 방문자가 쓴 논문 사본도 포함되어 있었는데 회의 구성원을 위해 그 논문들을 체코어로 번역할 시간이 있어야 했기 때문이다. 물론 내 앞의 방문자가 미리 보낸 내 논문도 체코어로 번역되

---

120 본명은 조니 채프먼John Chapman으로 실제로 미국 역사 초기에 미국 전역을 돌아다니며 사과나무 씨앗을 여기저기 심어 사과나무를 퍼뜨린 사람이다. 그래서 어떤 아이디어나 물건을 널리 알리거나 퍼뜨릴 때 '조니 애플시드처럼 한다play Johnny Appleseed with ~'는 표현을 쓰기도 한다.

121 1348년에 설립된 체코에서 가장 유서 깊은 최대 규모의 공립대학이다.

어 있을 터였다. 내가 국경에 도착할 때 이 정보가 나를 조사할 이들의 손에 들어가지 않게 하는 것이 중요했고 나는 그 모든 걸 모두 암기할 자신이 없어서 가짜 정보가 포함된 가짜 각주 페이지를 만들어 내 논문에 스페이플러로 찍었다. 각주에 "7. 하벨록, A., 운하 문제에 대한 세 가지 해결책, 235쪽7. Havelock, A., Three solutions to the Canal problem, p. 235"이라고 적었다면 그것은 캐널 스트리트 235번지에서 오후 3시에 하벨을 만난다는 것을 의미하는 식이었다. 스파이 활동 같았다! 실로 대단한 모험 아닌가!

사실 당국은 교수들의 지하 회의가 있다는 것을 알면서도 묵인하고 있었지만 누구라도 세미나 장소 바깥에서 회의에 관한 추가 정보를 당국에 주고 싶지는 않았을 것이다. 추가 정보를 통해 개인을 특정하거나 다른 비밀 회의를 알아낼 수 있을 테니까. 나는 공항에서가 아니라 작은 다리에서 내 연락책을 만났고 그는 나중에, 그러니까 내가 음산한 소련 시절 호텔에 체크인한 다음에 자신과 다시 만날 장소를 내게 보여 주었다. 두 번째 만났을 때 우리는 내 강연 전에 여러 가지 일을 처리하며 함께 움직일 수 있었다. 세미나 주최자는 라디슬라프 헤이다네크Ladislav Hejdánek로 대학에서 해고되었지만 철학자 그룹과 정기적으로 만나고 있었다. 그런 회의의 목적은 정치적 행동을 계획하는 것이 아니라 기관원—재능도 자격도 없는 정치적 꼭두각시—들이 카를로바대학교를 꽉 채운 상황에서 젊은 체코 철학도가 교육받을 수 있게 하는 것이었다. 나의 강연이 끝난 후 우리는 맥주를 곁들인 저녁을 먹으러 밖으로 나왔고 거기서 나는 루빅스 큐브를 선보였다. 이내 레스토랑 안의 사람들이 몰려들어 그 놀라운 물체를 구경하고, 만져보고, 큐브 맞추기에 도전하기도 했다.

달렘 학술대회에 참석하러 베를린 공항으로 갈 시간이 됐을 때 나는 항공권을 가지고 있긴 했지만 공항으로 가는 것이 안전하지는 않겠다고 판단했다. 불법 수하물을 지닌 채 공항에 모습을 드러내는 것에 느낀 내 불안은 선견지명이었던 것으로 후에 드러났다. 몇 달 후 자크 데리다Jacques Derrida가 프라하의 지하 세미나에서 강연을 했는데 당국은 데리다가 떠날 때 공항에서 세관 직원들에게 '발견'될 수 있도록 그의 짐 가방 안에 마약을 심어 놓았다. 세관 직원들은 그의 짐 속에 마약이 들었다고 듣긴 했지만 정확히 어디를 찾아봐야 할지 몰라서 실수를 연발했고 전화를 몇 통씩 해댄 후에야 마침내 마약을 찾아냈다. 직원들은 마약 밀수 혐의로 기소된 데리다를 잽싸게 감옥으로 데려갔다. 그 소식은 바로 프랑스 외무부 장관에게 통보되었다. 소식을 듣자마자 장관이 몸소 나선 덕분에 데리다는 다음 날 감옥에서 풀려나 프랑스로 돌아갔다. 나는 미국의 외무부 장관도 나를 그렇게 빨리 구해 주었을지 적잖이 의심스럽다.

헤이다네크가 내게 베를린에 가서 우편물을 부쳐 달라고 부탁하는 바람에 나는 그가 준 속달 밀봉 우편물을 잔뜩 소지하게 되었다. 나는 그에게 왜 친구들에게 익명으로, 이를테면 브라티슬라바 같은 이름으로 보내지 않느냐고 물어보았는데 그는 **모든** 속달 밀봉 우편물을 당국이 개봉해서 읽어 보고 있다고 한탄했다. 당시에는 그 말을 믿기 힘들었지만 철의 장막이 무너지고 소련이 감시했던 사항들의 범위가 공개되면서 그 말은 사실로 드러났다. 나는 과연 공항에서 우편물을 갖고 국경을 통과할 수 있을지 걱정스러웠다. 그래서 프라하에서 마지막 저녁 식사를 할 때 내게 남은 체코 돈을 모두 가져가 프라하에서 찾을 수 있는 최고의 고급 레스토랑에서 매력적이고 아름다운 젊은 철학자에게 식사를 대접했다. 홀에 야자수가 있고 바이올린 연주자가 테이블 사이를 돌아다니며 연주를 하고 헝가리산 토카이 와인이 가득한, 고색창연한 레스토랑이었다. 식사가 끝나고 그녀는 나와 함께 기차역으로 갔고 나를 베를린으로 가는 야간 기차에 태워 주었다. (나중에 알게 되었는데 로저 스크러턴Roger Scruton이 당시에 그 젊은 철학자에게 완전히 빠져 버렸으나 그가 다음번 프라하에 갔을 때 그녀가 댄 데닛 이야기만 하는 바람에 극도로 짜증이 났다고 한다. 나는 수치스럽긴 했지만 내심 조금은 기뻤다.)

나는 열차의 침대칸을 구매했다. 혼자만의 공간에서 서류 가방 속 헤이다네크의 편지를 꺼내 속옷 안에 넣기 위해서였다. 그러나 막상 타 보니 내가 구매한 침대칸이 없었다. 나는 표준 8인용 칸에 앉아 밤을 지새워야 했다. 화장실에서 편지를 집어넣을까 생각도 했지만 열차 복도는 경찰과 군인으로 가득해서 감히 가방을 들고 복도의 화장실로 갈 수가 없었다. 어찌해야 할까? 나는 같은 칸의 승객이 모두 잠들 때를 기다렸다. 그러나 아무도 잠을 자지 않았고 체코슬로바키아와 동독의 국경이 가까워지면서 기차가 느려지는 것을 알고는 어서 행동해야 한다고 생각했다. 내가 탄 칸의 모든 낯선 이를 눈에 담으며 일어나서 서류 가방을 펼치고 모든 사람이 보는 앞에서 속옷 안에 우편물을 넣었다. 아무도, 단 한 마디도 하지 않았다. 나이 든 여성 한 명이 고개를 살짝 끄덕였다. 그렌츠 폴리차이(국경 경찰)들이 우리 칸 문을 열고 즉시 나를 닦달했다. 여권을 보여 달라고 요구하고 내 짐도 꼼꼼하게 뒤졌다. 그들은 내 지갑에서 국경 밖으로 갖고 나갈 수 없는 체코 돈을 찾아냈다. 나는 항의했지만 돈은 결국 압수당했다. 그리고 그들은 내게 트란지트비줌, 즉 동독을 통과하여 베를린을 동서로 가로지를 수 있는 특별 비자가 없음을 알았다. 나는 그런 것을 몰랐다고 털어놓았고 그들은 내 몸은 수색하지 않은 채 마침내 우리 칸을 떠났다. 몇몇 승객의 은근한 미소가 나를 축하해 주는 듯했다.

아침 7시쯤 나는 베를린에 도착했고 어떻게든 서베를린으로 가야 했다. 나는 동독 청소부 수백 명과 함께 프리드리히슈트라세 지하철역 게이트를 통해 서베를린으로 넘어갔다. 그 청소부들은 매일 서베를린의 사무실을 청소하도록 허가받았지만 그 대신 가족들은 베를린 장벽 반대편에 인질로 잡혀 있었다. 말할 필요도 없이 청소부 사이에서 나는 꽤 수상하게 눈에 띄는 모양새였지만 어찌어찌해서 서베를린으로 통과해 갈 수 있었다. 나는 함께 달렘 학술대회에 참석하는 제리 포더에게 아침 8시까지 내가 호텔에 나타나지 않으면 수전에게 전화를 하고, 9시까지도 안 보인다면 미국 대사관에 전화를 해야 한다고 말해 두었다. 우리가 묵을 서베를린의 훌륭한 호텔 로비에 도착하자 첫 번째 전화를 위해 시계를 보며 초조하게 서성거리는 제리가 시야에 들어왔다. 우리는 서로의 모습을 보고 둘 다 안도했다. 나는 호텔 데스크에서 편지를 부친 후 객실에서 샤워를 하고 달렘센터에서 하루를 보낼 준비를 했다.

달렘 학술대회는 5일이라는 집약적인 시간 동안 전 세계에서 모인 최고의 연구자에게 젊은 독일 과학자를 선보이기 위해 기획된, 실로 주목할 만한 행사였다. 젊은 독일인들은 아무 말도 하지 못했고 심지어 손님들과 함께 큰 테이블에 함께 앉지도 못했지만 메모는 할 수 있었다. 각 학술회의는 여러 개의 팀으로 구성되어 있었고 팀마다 **보고자**가 있었다. 보고자는 젊은 연구자로 방대한 메모를 작성하고 그것을 밤새 요약하여 각 연구팀의 보고서 초안으로 만드는 임무를 맡았다. 그 보고서는 인쇄되고 복사되어 마지막 날 아침에 모든 참여자에게 배포해 편집과 토론에 사용되었다. 팀의 다른 구성원이 오페라나 콘서트에 가는 동안 보고자는 열성적인 직원이 지켜보는 가운데 격려와 자극을 받으며 엄청난 저작 노동을 해야 했다. 작업을 끝내기 전에는 자는 것도 허용되지 않았다! 우리 팀의 보고자는 영장류학자 로버트 시파스Robert Seyfarth였는데 그는 그 엄청난 노력에 대한 보상으로 달렘 학술대회에서 자신이 선택한 다른 회의장에 아무런 의무 없이 들어갈 자격을 얻었다. 독일 사람들은 많은 인원을 바싹 다잡으며 능숙하게 일을 진행하는 방법을 알고 있었다. 좋은 호텔과 뛰어난 음식, 매일 저녁의 여흥이 있고 이에 더해 쓸데없는 사무를 보조해 주어 모든 사람을 긴장 상태로 유지시켰다. 그런가 하면 클립보드에 뭔가를 쓰는 젊은 여성으로 구성된 팀도 있었는데 그들은 사실 누가 누구에게 관심을 기울이는지, 누가 방해를 하며 또 누가 잠들 위험이 있는지, 영어를 좀 더 느리고 분명하게 말할 필요가 있는 사람은 누구인지 등을 학술대회 감독 실케 베른하르트

Silke Bernhard에게 보고하는 신중한 관찰자였다. 한번은 우리 팀원 중 한 미국인이 다소 무례하고 공격적으로 굴었고 나는 어떻게 하면 그와 둘만 있는 자리를 만들어 태도를 좀 바꾸라고 충고할 수 있을지 열심히 궁리했다. 그러나 오찬 후 일정이 재개되었을 때 그는 시종일관 정중하고 점잖은 태도를 유지했다. 실케가 점심시간에 그에게 말했던 것이다.

놀랍고 기쁘게도 나는 그 회의가 정보와 통찰의 금광이었다고 생각한다. 첫날 나는 영장류학자와 조류학자를 비롯한 생태학자 모두가 자신들이 배웠던 엄격한 행동주의적 언어를 불편해한다는 사실을 알아차렸다. 그들은 '인지적'인 것을 원했지만 그것을 얻으려면 어떻게 해야 하는지 확신이 없었다. 내가 회의의 중심 연사는 아니었지만 나는 지향적 태도를 이용하여 행동을 기술하고 설명하고 예측하는 방법을 알리기로 마음먹었다. 그 방법의 비결은 합리성 가정을 지렛대로 사용하는 것이었다 기본 얼개는 이렇다. 동물들이 정말로 p를 믿고 X를 하고자 할 때 증거 q에 직면한다면 그러한 상황하에서 합리적인 움직임이라 할 수 있는 Y를 해야만 한다. 그들은 Y를 하는가? 생태학자들은 거의 즉시 이것을 알아들었고 내게 질문과 제안을 퍼부었다. 새 소리 해석의 세계적 권위자인 록펠러대학교의 피터 말러Peter Marler는 내게 도전장을 내밀었다. "만일 그 지향적 태도라는 것에 조금이라도 좋은 면이 있다면 우리 실험 설계에 도움이 되어야 하지 않을까요?" "어디 한번 봅시다." 나는 대답했다. 우리 일행은 주최 측이 준비한 호화로운 점심을 제쳐두고 샌드위치 몇 개를 들고 앉아 침팬지, 피리물떼새, 닭, 버빗원숭이, 개코원숭이를 대상으로 한 실험 설계의 전체 윤곽을 잡았다. 회의에 참여한 영국의 과학저널리스트 제러미 처파스Jeremy Cherfas가 그날 늦게 했던 말이 내 마음을 대변한다. "밈들이 이렇게 빠르고 효과적으로 확산되는 건 일찍이 본 적이 없어요!" 나 역시 기뻤지만 제리 포더는 나의 열정을 한풀 꺾으려고 최선을 다했다. "당신의 지향적 자세는 따지고 보면 그저 이중으로 증류된 **적응주의**일 뿐인데 혹시 못 들어봤나요? 굴드와 르원틴이 진화 이론에서 적응주의를 단호하게 반박했습니다." 나는 스티븐 제이 굴드와 리처드 르원틴Richard Lewontin이 쓴 그 유명한 논문을 그때껏 들어본 적이 없었다. 그날 그들의 논문은 나의 '지금 당장 읽을 것' 목록의 맨 위로 올라갔다.

그 회의에서는 다른 세 가지 중요한 순간도 있었음을 말해야겠다. 회의에 참석한 세 명의 철학자 중 한 명인 퍼트리샤 처칠랜드는 한 회차의 일정이 끝날 때쯤 회의장을 빠져나와 동물원까지 걸어가자고 나를 설득했다. 동물원에서 우리는 짖는원숭이들이 내는 소리를 들었고 긴팔원숭이가 놀라운 곡예를 아주 태연자약하게 펼치는 모습을 보았다. 실제 동물을 보는 것에 대해 하루종일 이야기한 후 정말로 실제 동물을 보는 것은 실로 특별한 즐거움이었다. 또한 나는 연구자들의 편견에 대한 값진 통찰을 얻었다. 보노보와 언어 연구로 나중에 아주 유명해지는 수 새비지-럼보Sue Savage-Rumbaugh는, 그녀가 연구하는 침팬지 셔먼과 오스틴에 대해, 그들의 협동적인 의사소통 행동에 대해 우리에게 말해 주었다. 그녀는 자기가 비디오테이프를 가지고 왔는데 보여 줄 시간이 없다며 점심을 거르고 비디오테이프를 함께 본 후 토론할 사람이 있는지 물었다. 나와 몇몇 사람이 그렇게 하기로 했다. 비디오테이프를 보고 나는 충격을 받았는데 우리가 **볼 수 없거나** 본다고 확신할 수 없는 행동을 그 침팬지들이 하고 있음을 새비지-럼보는 '보고 있던' 것이다. 새비지-럼보는 그 이상 성실할 수 없을 정도로 자신이 보여 준 비디오테이프에 관해 설명했다. 그런 설명은 그 동물들이 무엇을 의도(지향)하고, 무엇을 이해하고, 무엇을 아는지가 무척이나 **명백하다**고 그녀가 솔직하게 믿고 있음을 보여 주었다. 그러나 실은 그렇지 않다. 최종 판결에 이르려면 판결과는 이해관계가 없는 독립적인 통역자가 있어야 한다. 때때로 이는 거의 불가능한 일이기도 하다. 동물행동학과 심리학에서 못지않게 인류학에서도 말이다.

내게 세 번째로 굉장했던 순간은 다이앤 포시Dian Fossey와 일했던 영국 심리학자를 알게 된 것이었다. 그는 〈지적 능력의 사회적 기능The Social Function of Intellect〉이라는 훌륭한 논문(**또 다른** 1976년 논문!)에서 지능이 사회적 종의 구성원 간의 상호 작용을 위해 우선적으로 진화했을지도 모른다는 내용을 논의했다. 그는 바로 니컬러스 험프리였다. 니컬러스(닉)는 그 자리에 없었지만 그의 이름이 모든 사람의 입에 오르내렸고 나는 닉을 만나길 학수고대했다. 만남은 1년쯤 후 런던에서 제러미 처파스와 함께 점심 식사를 하면서 성사되었다. 그 후로 우리는 함께 일했고 또 서로 완강하게 의견을 달리하지만 돈독한 친구 관계를 유지하고 있다.

그리하여 내가 프라하로 가는 유용한 티켓이라고 생각했던 것은 곧바로 내 인생의 중요한 전환점이 되어 《행동과학과 뇌과학》에 실린 나의 첫 번째 표적 논문 〈인지행동학에서의 지향계-'팡글로스 패러다임'에 대한 옹호Intentional Systems in Cognitive Ethology: The 'Panglossian Paradigm' Defended〉(1983)의 첫 발판을 마련했다. 나는 달렘 학술대회에서 얻은 아이디어들을 정교하게 다듬었고 굴드와 르원틴 및 그들이 적응주의에 가한 유명한 공격에 맞서 내 첫 번째 비판적 일제 사격을 감행했다. 하지만 다음으로 넘어가기 전에 여담 하나만 더 말하겠다.

17

"토끼는 새입니까?" 그리고 잊을 수 없는 통화들

1960년대 캘리포니아 사람들은 캘리포니아대학교의 아홉 캠퍼스 모두를 일종의 공공 지식 시설—말하자면 디지털 시대의 위키피디아와 같은 것—로 여겨서 필요할 때면 언제나 연구실 문을 두드리거나 전화를 걸곤 했다. UC 어바인의 수학자 친구들은 봄이면 소득세 신고 때문에 백분율 계산법을 묻는 시민의 전화가 쏟아진다고 말했다. 어떤 생물학자는 늦은 저녁에 연구실로 걸려 온 취객의 전화에 시달린 이야기를 해 주었다.

"당신, 생물학자요?"

"그렇습니다."

"내가 여기 있는 친구와 내기를 했는데 당신이 해결해 줄 수 있을 것 같아서 전화했소."

"글쎄요. 무슨 내기인데요?"

"토끼는 새요?"

"네?"

"토끼는 새냐고!"

"아니요, 토끼는—"

"이런 젠장!"

그는 그렇게 말하고 전화를 끊었다.

철학자에게는 어떤 전화가 올까? 삶의 의미에 관해 대화하자는 전화가 몇 통 있긴 했지만 오랜 시간 동안 정중한 태도로 통화한 사람은 한 젊은 남성이 유일했다. 그는 산꼭대기의 산불 감시탑에서 홀로 근무하며 산에서 연기가 나는지 계속 주의 깊게 둘러보는 일을 했다. 그는 아무리 생각해 보아도 탑에서 뛰어내리면 안 될 좋은 이유를 찾지 못하겠다고 말했다. 우리는 아마 한 시간 정도 통화를 했을 것이다. 그리고 우리 둘은 모두 그날 모든 것을 끝내기보다는 그다음 날과 그다음 달, 그다음 해에 무슨 일이 일어날지 지켜보는 것이 더 낫다고 생각할 좋은 이유가 있으며 또 내가 그 이유 몇 가지를 제시할 수 있다고 결론지었다. 내가 그날 그의 목숨을 구했는지는 아직도 모른다.

더 심각한 사례는 그 몇 년 후 내가 어바인에서 터프츠로 옮겼을 때 발생했다. 내 학생 중 명석한 젊은 학부생(그녀를 캐롤라인이라 하겠다)이 있었는데 캐롤라인이 어느 날 학생 상담 시간에 내 연구실로 찾아와 곤란한 질문을 했다. 자기가 자살하면 왜 안 되느냐고. 그녀가 철학에 대해 가진 강렬하고도 유별나게 원숙한 관심을 알고 있었던 터라 한 가지 계획이 머릿속에 떠올랐다. 그 한두 해쯤 전에 톰 네이글은 APA 연례 학회에서 '부조리'라는 흥미로운 강연을 했다. 그는 인생이 무의미할 가능성에 대해, 심지어 그럴 확률이 높다는 것에 대해 냉정하고 분석적인 용어로 이야기했다. 그는 하버드 시절 자신의 지도교수인 로저스 알브리턴Rogers Albritton에게 논평을 청했다. 알브리턴은 이를 수락했고 철학자로 가득한 강당에서 유창하게 강연했다. 네이글의 강연은 다음과 같은 다소 암울한 결론으로 끝을 맺었다.

영원의 관점에서 어떤 것도 중요하지 않다고 믿을 이유가 없다면 그것 역시 중요하지 않다. 그러므로 우리는 우리의 부조리한 삶에 영웅적으로 맞서거나 절망하는 대신에 아이러니와 함께 그 삶을 받아들일 수 있다.

알브리턴의 응답은 (내 기억에) 다음과 같이 시작했다.

여러분이 저녁에 집에 앉아 좋은 책을 읽는 중에 전화벨이 울렸다고 합시다. 받았더니 친한 친구가 아닌 지인의 전화였는데 여러분의 도움이 필요한 일이었습니다. 여러분은 읽던 책을 내려놓고 그에게 관심을 돌립니다. 여러분은 왜 이런 일을 합니까?

알브리턴은 우리가 우리 삶에 의미를 부여하는 방법에 관해 내가 본 것 중 가장 현명하고 흥미진진한—그러면서도 철학적으로는 엄격한—토론을 이어 나갔다. 나는 캐롤라인에게 이 이야기를 하고 그녀에게서 약속을 받아냈다. 출판된 네이글의 글과 알브리턴의 답변을 읽고 그 모든 것에 대해 나와 이야기하기 전까지는 자살하지 않겠다고. 캐롤라인은 동의했다. 당시 알브리턴은 UCLA로 옮겨 갔지만 나는 하버드 철학과에 그의 연구실 번호를 문의해서 전화를 걸었다.

"안녕하세요, 로저스. 터프츠의 댄 데닛입니다. 제 학생 중에 아주 뛰어난 학부생이 있는데 그 학생이 자살에 대해 생각한다고 상담을 청했어요. 상담하면서 제가 APA에서 교수님께서 했던 톰 네이글에 대한 논평을 말해 주었고 그 글을 다 읽고 저랑 토론하기 전까진 자살 시도를 하지 않겠다는 약속을 받았습니다. 그러니 실례지만 제게 논평 사본 한 부를 속달로 좀 보내 주시겠어요?"

"세상에! 댄, 보스턴에서 UCLA까지 운전해 오는 동안 차를 도둑맞았지 뭡니까. 며칠 후에 차를 되찾았을 땐 차에 있던 내 논문들이 깡그리 사라져 있었어요. 댄이 찾는 논문의 유일한 사본도요."

"아, 정말 안타깝습니다. 저는 교수님의 논문이 네이글의 논문에 대한 완벽한 해독제가 될 거라고 생각했거든요. 그 학생에게 해 줄 수 있는 다른 일을 좀 생각해 봐야겠습니다."

"그래요. 안타까운 일이지요. 미안해요, 댄…… **아, 잠깐만요!** 우리가 지금 그 논문의 주요 요점만이라도 다시 구성해 볼 수 있지 않을까요? 꽤 많이 할 수 있을 것 같은데요? 당신도 강연을 들었고 틀림없이 내 논평을 잘 기억하고 있을 테니까요."

우리는 한 시간 남짓 긴 통화를 하며 기억을 더듬었고 나는 계속 필기를 했다. 에너지가 고갈될 때쯤 로저스에게 감사 인사를 하고 전화를 끊었다. 며칠 후 나는 캐롤라인을 상담했다. 내가 아는 한 그녀는 우울증을 극복하려는 노력을 계속했는데 안타깝게도 곧 연락이 끊기고 말았다. (캐롤라인, 지금 살아 있고 이 글을 읽고 있다면 내게 연락하세요.)

로저스와의 전화를 끊은 후에 퍼뜩 떠올랐다. 틀림없이 그는 자살하려는 사람이 **나**라고 생각했고 내가 그의 허세를 시험하려고 논평의 첫 장면을 재현하고 있다고 여겼을 것이라고. 그 때문에 로저스는 끝까지 버티며 '친한 친구는 아닌 지인'을 도왔던 것이다. 여섯 달쯤 후 나는 APA 연례 학회의 칵테일 파티에서 로저스를 우연히 만나 내 제자 중 정말로 자살하고 싶어 하는 학생이 있었고 로저스가 그녀에게 훌륭한 도움이 되었을 것이라고 확신시켰다. 그는 눈이 휘둥그레졌고 "댄! 나는 당신이 자살을 생각할 가능성에 대해서는 전혀 생각하지 못했어요. 정말 괴롭네요!"라고 소리쳤다.

"아니에요, 로저스. 그건 내가 **아니라** 정말 그녀였고 교수님은 정말로 굉장한 도움을 주셨어요!"

오래전 하버드에서 학사를 마치고 터프츠로 와 내 밑에서 석사 과정을 보낸 학생이 있었다. 그 학생이 내 세미나에서 보인 행동으로 미루어보아 그에게 심각한 정신적 문제가 있는 것이 분명했다. 나는 그를 터프츠의 정신과 의사에게 데려가려고 했는데 그 직전에 그가 갑자기 세미나 수강을 철회하더니 사라져 버렸다. 몇 달 후 그는 내게 전화해서 자신이 방금 놀라운 발견을 했다고 말했다. 자신이 하버드에 있을 때 아름답지만 범접할 수 없는 여학생이 있었는데 그 여학생을 방금 케임브리지 슈퍼마켓에서 보았다는 것이다. 그녀는 창녀처럼 옷을 입고 있었다고 그는 말했다. 그녀는 그를 보지 못했고 몰래 집까지 따라가 그녀가 사는 곳을 알아냈다고 했다. 그는 내게 그녀의 이름과 주소를 알려 주며 그녀를 찾아갈 거라고 말했다. 이런, 나는 어찌해야 할까? 마침 그가 하버드에 다닐 때 내 친구 한 명도 거기 재직했었다는 게 떠올랐다. 나는 즉시 친구에게 전화를 걸어 여학생의 이름을 대며 그런 학생을 기억하느냐고 물었다. 친구는 그녀가 당시 래드클리프[122]에서 가장 아름다운 학생이었고 그가 기억하기로는 많은 사람이 그녀에게 완전히 반했다고 했다. 그 말을 들으니 심각하게 걱정이 되었다. 나는 케임브리지 전화번호부를 열어 그녀의 이름을 찾았는데 거기에 내가 들은 주소가 적혀 있었다. 나는 덜덜 떨리는 손으로 다이얼을 돌렸다. 행여라도 내 제자가 전화를 받아서 "교수님, 여기서 교수님 전화를 기다리고 있었는데 왜 이렇게 늦게 하셨어요?" 같은 얘기를 할까 봐서였다. 그러나 전화를 받은 사람은 점잖고 연세 지긋한 여성이었다. 나는 당신이 XY 이십니까 하고 물어보았고 그녀는 자기가 XY라고 했다. 나는 그녀에게 동명이인인 오랜 친구를 찾고 있다며 그녀가 그 집에서 딸이나 손녀와 함께 사는지 물었다. 그녀는 아니라고 하며 자기는 아이가 없고 지금도 혼자 산다고 했다. 그래서 나는 사건의 전말을 구성할 수 있게 되었다. 내 제자는 계속 그 젊은 여성에게 집착했고 그 여성을 따라간 것이 아

---

122 미국에서 가장 오래된 대학인 하버드는 수백 년 동안 여학생을 받지 않았다. 그 대신 1894년 하버드 인근에 래드클리프칼리지를 세워 여학생만을 받았고 하버드 교수진의 강의를 듣게 하고 학위도 주었다. (래드클리프의 전신인 여학생 학교 하버드 아넥스는 1879년에 세워졌으나, 하버드 학위 대신 인증서만 받았다.) 하버드가 여학생을 받기 시작한 것은 1977년이고 하버드와 래드클리프가 완전히 합병된 것은 1999년의 일이다.

니라 내가 그랬던 것처럼 전화번호부를 들추어 이름을 찾아 주소를 알아낸 것이었다. 그가 정말로 그렇게까지 할까 하고 내가 의심한 일이 실제로 벌어져서 진짜 그 집 문 앞으로 간다고 해도 그는 자신이 실수했다는 사실을 알고는 그냥 떠날 것이고 아무런 사고도 일어나지 않을 터였다. 나는 이 모든 일을 나 혼자 간직하는 것이 그 친절한 여성분의 머릿속을 근거 없는 두려움으로 채우는 것보다 낫다고 생각했다. 몇 년이 흐른 후 나의 전 제자는 자기가 쓴 논문과 심리 치료에 대한 간략한 설명을 보내와 나를 안심시켰다.

다른 혼란스러운 전화는 내가《이런, 이게 나야!》로 '북 투어'를 하며 펜실베이니아대학교 서점의 탁자에 앉아 있을 때 걸려 왔다. 그때 나는 한 시간 남짓 탁자 앞에 꼼짝도 못하고 앉아서 탁자 위에 쌓여 있는 책을 지나치는, 대개 사지는 않는, 이따금 내가 누군지 묻는 사람들을 향해 미소를 짓고 있었다. 그런데 점원이 다가와 급한 전화가 왔다고 말했다. 전화를 받자 터프츠의 학과 비서가 말했다. "보스턴으로 돌아오시면 절대로 연구실로 가지 마세요! 어떤 사람이 전화해서 교수님을 죽이러 온다고 했어요!" 전화를 건 남자는 자기 이름을 남겼고 나는 집에 돌아와서—터프츠를 멀리 피하면서—그에 관해 더 많은 사실을 알아냈다. 그는 유명한 철학자의 대학원생이었고 자발적으로 보스턴 지역 정신병원에 입원했지만 언제든 퇴원할 수 있는 상태였다. 그는 자신이 논문이나 책을 출판하기 전에 내가 그의 아이디어를 몽땅 훔쳐 갔다고 확신했고 그래서 나를 죽이기로 했다. 나는 그의 정신과 의사와 이야기를 해 봤는데 의사는 그 남성이 명백히 심각한 착각에 빠져 있지만 아무도 다치게 하지는 않을 거라며 나를 안심시키려고 했다. 의사는 이렇게 덧붙였다. 그 환자가 테드 케네디Ted Kennedy(미국 상원의원 에드워드 M. 케네디Edward M. Kennedy)의 목숨도 위협했다고. 처음에는 그 말이 나를 진정시켰다. 그가 케네디를 위협하고 있다면 비밀경호국 요원이나 FBI 요원, 또는 그 비슷한 사람들이 그의 일거수일투족을 지켜보고 있을 테니 나도 무사할 것이라는 생각이 들어서였다. 그러다가 불현듯 불안이 엄습해 왔다. 케네디를 보호하는 그 든든한 사람들은 그가 퇴원하여 북쪽으로(터프츠로, 그리고 앤도버의 우리집으로) 향하자마자 안도의 한숨을 쉬며 혼잣말을 할 것 같은 생각이 들었다. "우리 걱정거리가 사라졌어. 그자가 이제 철학자를 쫓고 있어." 나는 의사에게서 그 환자가 퇴원하면 내게 전화하겠다는 약속을 받았고 그냥 아무 일도 없었던 것처럼 내 인생을 살아가기로 마음먹었다. 그런데 그 환자가 병원에서 나왔고 나는 그 사실을 (그리고 정신과 의사가 약속을 지키지 않았다는 것도) 나중에 알게 되었다. 설상가상으로 1년쯤 후에 그는 철학과의 사무직에 지원했다. 지원서가 수백 부나 되었기 때문에 나는 그가 최종 명단에 들지 않는 한 문제를 언급하지 않기로 했다. 한데 그가 그만 최종 명단에 들어 버렸다! 나는 어쩔 수 없이 심의위원회에서 내게 거부권 같은 것이 없다는 건 알지만 그가 나를 죽이겠다고 협박했던 사람이니 그 이름을 최종 명단에서 빼 준다면 고맙겠다고 말했다. (그들은 그 이야기 자체는 알고 있었지만 협박범의 이름은 모르고 있었다. 내가 계속 참고 있다가 그제야 이름을 밝혔기 때문이다.) 동료들이 내 요청을 수락해 주어서 기쁘게 생각한다. 그 후 몇 년이 지나 그는 내게 사과 편지를 보냈다. 나는 그에게 감사했지만 자신과 나의 철학적 관심사에 관해 함께 이야기할 수도 있다는 그의 제안은 어물쩍 넘어갔다.

18

루스 밀리컨,
불합리한 벽을 뚫고 나아가다

철학자라는 직업의 위험 중 하나는 모든 진리를 알아냈다고 생각하는 아마추어 철학자가 보내는 원치 않는 원고를 받는다는 것이다. 때로 **실존적 강박장애**라 부르는 강박장애가 있는데 그 주요 증상은 철학적 문제들에 지나치게 마음을 쓰는 것이다. 이런 사람 중 일부는 병적 다변증에 시달리며 자신의 발견에 대해 책 한 권 분량의 담론을 써서 보낸다. 나는 일 년에 몇 번씩 그런 편지를 받았는데 나는 발송자들을 '**삼각형 사람**'이라고 부른다. 잘 포장된 그들의 헛소리를 보면 대개 첫 페이지에는 정삼각형이 있고 그 세 꼭짓점 부근에는 각각 어려운 단어—존재, 시간, 에너지, 공간, 사랑, 무한, 의식, 의지……—가 하나씩 적혀 있기 때문이었다. 철학자 경력을 시작할 때는 그런 원치 않는 선물을 읽어 보려고, 최소한 훑어는 보고 저자에게 약간의 개인적인 메모라도 써 주려고 했지만 결국 나는 가장 미온적이고 겨우겨우 예의만 차리는 격려 메모를 쓰는 것조차도 좋지 않은 일임을 깨달았다. 그건 잠긴 편이 훨씬 더 좋은 수문을 여는 행위였다. 한동안은 그런 원고들을 보스턴의 신경정신과 의사에게 보냈는데 그가 연구를 위한 사례를 모으고 있었기 때문이었다. 그 사례 연구로 나온 결과물이 있는지는 모르겠다.

그런 원고들이 그저 헛소리인지 아니면 정말로 깊이 있고 참신한 철학 논문인지 구별하기 힘든 경우가 때때로 있다는 사실을 나는 인정한다. 한 대학 출판부에서 나에게 사이버네틱스 분야의 선임연구원이 쓴 매우 긴 원고를 보내며 출판 가능 여부를 검토해 달라고 한 적이 있었다. 나는 그 노동에 대한 대가를 받고 있었으므로 있는 힘을 다 짜내어 원고를 읽었다. 그리고 3부의 전체 장이 1부의 글을 아주 사소하게 바꿔 단어 대 단어로 베낀 것이라는 사실을 알고 나서야 그 일이 미친 짓이라는 확고한 견해를 얻었다. 나는 몇몇 다른 원고도 출판 가능한지 최종 판결을 내리지 않은 채 포기한 적이 있는데 위대한 작품을 이해하지 못하고 거부한 사람이라는 역사의 저주를 받을 위험을 기꺼이 감수했다. 인생은 짧다.

1979년의 어느 날 나는 꽤 긴 타이핑 원고와 자기 소개서가 동봉된 마닐라 봉투를 받았다. 발신인은 코네티컷대학교의 루스 밀리컨이라는 이름의 철학자였다. 루스의 작업은 동료들은 물론 본인에게서도 '대책 없는 독자노선'이라 불리는 것으로 정평이 나 있었다. 일리 있는 경고이기는 했지만 나는 그녀의 작업물이 단어의 의미에 관한 언어철학의 성가신 문제에 진화론적 통찰력을 적용하려는 대담한 시도라는 점을 알아챘다. 그녀의 관점은 흥미롭고 참신했으며 내가 생각해 왔던 자연주의적 정신에 깊이 연관되어 있었다. 그래서 나는 "언어적 특징의 진화에 관한 당신의 근본 아이디어는 완벽하게 설득력이 있으며 추구할 가치가 분명하다"라는 내용의 답신을 썼다. 1981년 루스가 내게 우편물을 보냈는데 그 안에는 큰 상자가 들어 있었다. 어어? 나는 생각했다. 내가 도대체 무슨 일을 벌인 거지? 상자 안에는 그녀의 책《언어, 사고, 그 외의 생물학적 범주들Language, Thought, and Other Biological Categories》의 초고가 들어 있었다. 나는 여름 동안 그 원고를 끝까지 다 읽었고 어렵긴 하지만 또 그만큼 뛰어나다고 판단했다. 나는 해리 스탠턴에게 그 책을 브래드포드에서 출판하는 것이 좋겠다고 제안했다. 하지만 나와 견해 차이가 꽤 있는 다른 검토자도 원고를 읽어 봐야 한다고 생각했다. 어쩌면 내가 그녀의 우상 파괴적 정신에 너무 공감한 나머지 편향된 평가를 했을 수도 있기 때문이었다(그때 내가 〈믿음 너머〉를 완성했지만 나의 그 체제 전복적인 노력에 대해 의미 있는 피드백을 받지 못했기 때문이기도 했다). 해리는 프레드 드레츠키와 헥터-네리 카스타네다Héctor-Neri Castañeda에게 검토를 요청해서 다리 셋이 서로 멀리 떨어지도록 펼쳐진 비판의 의자를 만들었다. 드레츠키와 카스타네다가 출판에 열정적으로 찬성했을 때 나는 루스가 무언가 아주 큰 것을 이루어 낼 가능성이 있음을 알았다. 나는 원고 편집에 찬성했고 그 원고의 서문을 썼는데 다음과 같다.

> 의미에 관한 현대의 철학 이론은 마치 블랙홀과 같다. …… 복잡하게 얽혀 있고 강력하게 논증된 교리들의 복합체는 일단 받아들이고 나면 우리를 에워싸고 가둔다. 밀리컨은 그 전통을 이해한 **후에** 거기서 **떠날** 수 있는 원심력을 어떻게든 찾아냈다.

1984년에 내가 의미 연구를 이처럼 불길하게 묘사했을 때조차 그 분야가 사람들의 상상력을 얼마나 사로잡는지 과소평가 한 것이다. 그 블랙홀 주위를 공전하던 대부분의 주요 학자와 관련 연구자는 그녀의 연구를 의도적으로 무시하는 쪽을 택했다. '데 레de re와 데 딕토de dicto 명제태도' '양화quantifying' '가능세계 의미론' 등의 환영 같은 끌개 주변을 끊임없이 돌면서 말이다. '명제태도 대책위원회'는 아직도 활동하고 있다. 나는 10년에 한 번 정도는 그들이 무얼 하는지 들여다본다. 위원회는 눈에 띄는 진전을 이루지 못하고 있다. 루스가 지금껏 말해 온 지혜의 적어도 일부분이라도 뒤늦게 발견한 사람을 제외하고는.

책이 편집되는 동안 그녀와 나는 내 편집 제안을 두고 상당히 많은 서신을 교환했지만 직접 만나지는 못했다. 책이 출판된 후 한동안도 마찬가지였다. (그녀는 감사의 글에 이런 문장을 썼다. "데닛은 또한 인쇄 직전의 원고 위에 값을 헤아리지 못할 귀중한 붉은 잉크 글씨들을 남겨 놓았다. 만일 그와 내가 같은 공간에 있고 그가 그 예리하고도 재치 넘치는 붉은 펜을 가슴에 꽂고 다닌다면 나는 그를 즉시 알아볼 것이다.") 루스는 그해 APA 학회의 철학자 모임에 우리 둘 다 초대받았다는 것을 알고는 자신이 '아름답고 젊은 아가씨'가 아니라 다 큰 자녀를 둔 어머니라는 재미있는 편지를 써 보냈다. 추측건대 아마 혹시라도 내가 그녀에게 어떤 환상 같은 것을 가지고 있을까 봐 그랬을 것이다.

1973년부터 나와 제리 포더가 시작했던 '비밀 세미나'는 그녀의 첫 책이 나왔을 때까지도 잘 진행되고 있었고 나는 그녀의 책을 함께 읽고 루스를 초대해서 토론하자고 제안했다. 어떻게 거절할 수 있겠는가? 내가 그 책의 서문을 쓰고 책을 칭찬했는데 말이다. 이 모임은 내가 비밀스럽게 붙인 별명인 '지독한 모임(악순환)'에 걸맞은 행동 그 이상을 보여 주었고 때로는 우리가 읽는 것이 무엇이든 누가 가장 신랄한 비판을 할 수 있는지 겨루는 젊은 회원들의 경쟁의 장으로 전락하기도 했다. 그런 비판은 "이런 쓰레기를 도대체 누가 읽자고 한 거야?"로 시작되었다. 모임에는 두뇌 집단에서 종종 발생하는, 남이 만든 건 무조건 무시하는 식의 고질적인 폐쇄성, 이른바 '우리 게 아니면 배척한다' 증후군이 있었다. 나는 모임에 참석할 때 예전 터프츠 동료인 수 스태퍼드Sue Stafford를 태워 가곤 했다. 그녀는 내 오랜 친구이자 이웃이었는데 모임이 끝나고 돌아갈 때면 내가 하도 화를 내며 운전하는 바람에 종종 나의 분노를 진정시키는 역할을 해야 했다. 철학자이자 AI에서 지식 추출 및 전문가 시스템 설계 경력을 쌓은 그녀는 철학자 간에 흉포한 내분이 있음을 이해했지만 협동적이고 지성적인 팀워크를 바라는 나에게 공감하기도 했다. 나는 결국 비밀 세미나를 떠났는데 내가 폭발하지 않도록 수가 지켜주지 않았다면 그보다 훨씬 일찍 뛰쳐나왔을 것이다.

나는 루스가 모임 사람들의 눈을 뜨게 할 기회를 받아야 한다고 생각했다. 그녀는 초청을 수락했지만 경악스럽게도 내 동료들은 내가 목격한 모습 중 가장 무례하고 오만한 태도로 그녀에게 일제 사격을 퍼부었다. 그러나 루스는 혐오감에 휩싸여 나가 버리는 대신에 실로 영웅적으로, 그런 일 따위 일어난 적 없다는 듯 침착하고 단호하게 자신의 요점을 명확히 하고자 노력했다. 나는 화가 나서 얼굴이 붉으락푸르락해졌다. 그녀가 떠난 후 나는 포더와 블록은 물론 악순환의 나머지 회원을 질책했다. 그들은 다시는 그러지 않겠노라 약속했고 바뀐 모습을 보여 주겠다며 루스를 다시 초청해 달라고 부탁했다. 그녀는 다시 와 주었으나 그들은 **또 악랄하게 굴었다.** 그것이 내가 참석한 마지막 세미나였다. 하지만 모임은 그 후로도 몇 년간 계속되었고 그들은 원하면 언제든 돌아오라고 나를 계속 초청했는데 모임을 계속한 동료들에게서 전해 들은 바에 따르면 내가 얻을 것은 다 얻었음을 확신하게 되었다.

오랜 시간이 흐른 후 루스의 작업은 학자들에게 인정을 받았고 세계 곳곳에서 초대를 받아 강연을 하고 상을 받았다. 그녀의 최근작《개념 너머-유니셉트, 언어, 자연 정보Beyond Concepts: Unicepts, Language, and Natural Information》[123](2017)는 뛰어난 방식으로 그녀의 시각을 확장한 걸작이지만 이 분야의 많은 이는 여전히 이 책을 단호하게 무시하고 있다. 그녀가 존재하지 않는 양 이를 악물고 행동하는 사람들에게 나는 거의 동정심까지 느낄 지경이다. 왜냐하면 이 분야의 대가들—서너 명만 예를 들자면 프레게, 러셀, 퍼트넘, 크립키—에게서 배운 것을 버려야 한다는 것이 그녀의 관점이기 때문이다. 따라서 그녀의 책을 인정한다는 것은 확실히 그들에게 배신감이나 자기 추방감을 느끼게 할 것이다.

123 유니셉트는 밀리컨이 만든 신조어로 '유니크unique'와 '콘셉트concepts'를 합친 단어이다.

19

큰 조지와 커리큘라 소프트웨어 스튜디오

《내용과 의식》에서 내가 저지른 당혹스러운 실수 중 하나는 콰인의 예 "조르조네Giorgione는 그의 큰 몸집 때문에 그렇게 불렸다"[124]를 완전히 엉망진창으로 만들어 놓은 것이다. 콰인의 요점은, 이 경우 'Giorgione'라는 단어가 (그 화가를 지칭하기 위해) 사용된 동시에 (그의 이름으로서) 언급되고 있으므로 그 같은 사례를 분석하는 작업이었는데 나는 이를 과하게 설명하면서 이렇게 써 놓았다. "'조르조네'는 작은 조지를 의미하는 지소사diminutive가[125] 붙은 것인데 실상은 '큰 조지'를 가리킨다." 나는 프랑스의 크루통crouton은 빵의 딱딱한 외피 부분을 잘게 자른 것이고 카라퐁carafon(작은 물병)은 절반 크기의 카라프carafe(물병)이

---

124 조르조네는 이탈리아와 화가이다. 'Giorgione'라는 이름은 이탈리아어로 '큰 조르조'를 뜻하는 것으로, '큰'을 의미하는 'grande'와 이름 '조르조Giorgio'를 결합해 만들었다. '조르조'는 미국식으로는 '조지George'라 부른다.

125 지소사는 단어 끝에 붙어 '작은~'이라는 뜻을 만드는 접사이다. 영어에서 예를 들자면 책book과 돼지pig뒤에 붙어 소책자booklet, 새끼 돼지piglet라는 단어를 만드는 'let', 오리duck 뒤에 붙어 새끼 오리duckling라는 단어를 만들어 주는 'ling' 등이 있다.

기 때문에 이탈리아어에도 그와 비슷한 패턴이 있다고 생각한 것이다. 그러나 내가 틀렸다. 어설픈 지식은 위험할 수 있다. 그래도 이 실수 덕분에 나는 컬럼비아의 미술철학자 아서 단토Arthur Danto 및 콰인과 재미있는 편지를 주고받았다. 단토는 나의 오류에 주목하면서 콰인 역시 틀렸다고 말하며 "조르조네는 몸의 거대함 때문이 아니라 **영혼**의 위대함 때문에 그렇게 불렸다"라는 바사리Vasari의 말을 인용했다. 그리고 박식한 콰인은 학문적 근거를 들며 이를 반박했다. 콰인은 사실 오류를 범한 적이 거의 없으며 언어에 관한 한 특히 그랬다.

나는 나중에 터프츠의 동료 조지 스미스George Smith를 조르조네—큰 조지, 물론 소리 내어 그를 그렇게 불러 본 적은 없다—라고 생각했다. 그의 몸집 때문이 아니라 다른 여러 측면에서 그가 지닌 위대함 때문에 말이다. 그는 철학자이고 공학자(공학 학위는 없지만)이자 터빈에 관한 국제 전문가로 손상된 터빈을 검사하고 손상 원인에 대한 자문을 제공하러 전 세계를 비행한다. 게다가 그는 뉴턴의《프린키피아Principia》 연구에서 세계적인 학자이며 MIT의 디브너과학기술사연구소의 소장 직무대행이기도 했다. 또한 논리학자이자 컴퓨터과학자이며 농구 코치였고 놈 촘스키 언어학의 전문가이며 내 위대한 스승 중 한 명이다.

혹자는 이렇게 물을 수도 있겠다. 아니 세상에, 도대체 어떻게 한 사람이 그렇게 많은 전문 지식을 습득할 수 있단 말인가? 그 모든 일은 그가 신시내티에서 살던 어린 시절로 거슬러 올라간다. 그는 제너럴 일렉트릭사에서 총명한 고등학생으로 뽑혔고 영재들을 위한 특별 프로그램 이수자 목록에 올랐다. 프로그램을 이수하면서—1950년대에—그는 컴퓨터를 하의상달식bottom up으로,[126] 즉 기계어로 프로그래밍하는 법을 배웠다. 예일대학교에서 철학과 수학을 전공하면서 (피츠버그

126 'Bottom up'은 '상향식'으로 번역하기도 하나 단순한 방향만을 가리키는 'upward'와 혼동될 위험이 있으므로 이 책에서는 '하의상달식'으로 번역했다.

가 예일을 급습하여 자신들만의 훌륭한 학과를 설립하기 전에 다른 학생들과 함께 윌프리드 셀러스에게 배웠다) 부업으로 이스트 하트퍼드에 있는 프랫 앤 휘트니사에서 자신의 컴퓨터 지식을 이용하여 제트엔진 터빈을 분석하는 프로그램을 짰다. VIBLAD라는 그 프로그램은 오랫동안 전 세계에서 사용되었고 나중에 조지가 VIPACK으로 업데이트했다. 예일을 졸업한 후 그는 하버드에서 철학으로 박사 과정을 밟았다. 그러나 중퇴하고 10년 정도 공학에 전념하면서 MIT의 다양한 프로젝트를—촘스키, 정치과학자들(이를테면 헤이워드 알커Hayward Alker), 그 밖의 학자들과 함께—돕다가 MIT의 언어학 및 철학과에서 철학 박사 학위를 받기에 손색이 없다고 판단되는 (솔 크립키의 양상논리modal logic에 대한) 논리학 논문을 썼다. 그는 남는 시간에 농구 리그에 참가하는 도심 아이들의 코치 자리에 자원하기도 했는데 그가 맡은 팀이 승승장구하는 것을 두고 몇몇 NBA 선수가 그의 공로를 인정할 정도로 코치 역할을 훌륭하게 해냈다. 그는 박사 학위를 채 받기도 전에 철학 취업 시장에 뛰어들었다. 그는 보스턴에 머물고 싶어 터프츠에만 지원했고 우리는 냉큼 그를 붙잡아 논리학과 과학철학을 가르치게 했다. 아마도 터프츠 채용 역사상 가장 현명한 처사였을 것이다. 그의 논리학 강의는 (아마도 미국 전체를 통틀어 가장 까다로운 논리학 입문 과정이 아니었을까 싶다) 학생 사이에서 유명했는데 그가 농구 코치를 했던 덕분에 학생들이 스스로 생각하는 한계를 넘어 그 이상의 성과를 내도록 이끄는 법을 잘 알고 있었다. 농구 코치는 선수들에게 '코트에 모든 것을 쏟아내게' 한다. 그는 기말고사에 시간 제한을 두지 않았기에 어떤 학생들은 대여섯 시간 동안 고심해서 답을 쓴 후 답안지를 제출하기도 했다.

1982년 잡지 《타임Time》은 '올해의 남성Man[원문 그대로임] of the Year' 상을 개인용(퍼스널) 컴퓨터PC에게 주었다. 터프츠 신입생의 부모들은 갑자기 자기 자녀가 컴퓨터에 대한 모든 것을 배우기를 원했다. 아마도 자녀가 컴퓨터과학을 전공하길 바랐을 것이다. 그러나 그 당시 터프츠에는 컴퓨터과학과가 없었다. 전체 교수 중 컴퓨터과학자가 여섯 명 정도 있었는데 그중 서너 명은 수학과, 나머지는 전기공학과 소속이었다. 그들이 학과를 만들기는 했지만 많은 학생을 대상으로 하는 입문 과정을 가르치고 싶어 하지는 않았다. 이미 고급 과정을 수강하며 컴퓨터의 신기함에 눈뜨기 시작한 학생들이 쇄도하고 있어서 그런 학생들을 감당하기에도 벅찼기 때문이다. 터프츠는 철학과에서 조지 스미스와 나를 부르고 컴퓨터에 박식한 수학자도 두 명 불러서 컴퓨터과학개론 협동 수업을 해 달라고 부탁했다. 예의 그 에너지와 조직화된 기술을 보유한 조지는 그 자리를 수락했다. 그는 학생들이 프로젝트에 몰두하도록 고무한 것은 물론 동료 교수들에게도 영감을 주었다. 나도 곧 여러 철학 프로젝트를 중단하거나 연기하고 조지가 수업을 만들 수 있도록 도왔다. 우리는 수업이 지적으로 상당한 수준이길 바랐다. 학생들에게 컴퓨터 켜는 방법이나 워드 프로세스 정도만 가르치는 단순한 기술 과정이 아니고 말이다. 그 과정에 들어온 학생들은 몇몇 예외를 제외하면 컴퓨터와 관련된 직업을 가질 생각이 없었으며 실제로 많은 학생이 심각하게 컴퓨터를 혐오했다. 그때, 즉 개인용 컴퓨터 여명기에 많은 사람이 그러했듯이 말이다. 그러나 우리는 학생들이 컴퓨터가 어떻게 그런 마법 같은 일을 하는지, 간단한 프로그램을 어떻게 짜는지, 컴퓨터 프로그램은 어떻게 작동하는지—예를 들면 그래픽이나 스프레드 시트 등—그리고 그 비슷한 수준의 화제, 즉 AI 같은 것에 대한 기본 이론만을 가르치는 과정에서 벗어나길 원했다. 학생들은 앨런 튜링과 튜링 기계에 대해 배웠지만 1957년에 논리학자 하오 왕Hao Wang이 고안한, 더 직관적이고 완전히 쉬운 컴퓨터인 레지스터 기계에 대해서도 배웠다. 또한 기본적인 폰 노이만 아키텍처(아마도 여러분 집에, 차에, 휴대전화에, 텔레비전에, 오븐에 들어 있는 컴퓨터 칩)에 대해서도 배웠다.

자, 그럼 어떤 프로그래밍 언어를 가르쳐야 할까? 나는 MIT AI연구소의 시모어 페퍼트Seymour Papert가 만든 '로고Logo'를 추천했다. 로고는 여섯 살 아이들에 맞추어 설계된, 더없이 사용자 친화적인 언어이다. 그래서 어린아이들도 로고의 '거북이'가 화면에서 움직이게 하는 방법을 쉽게 배울 수 있다. 선을 그리거나 여러 가지 단순한 시각적 과제를 수행하면서 말이다. 수업은 완벽했다! 처음엔 컴퓨터를 만지기조차 무서워하던 터프츠 신입생들은 곧 꽃, 자동차, 건물, 온갖 종류의 놀라운 것을 그리려고 서로 경쟁했다. 로고는 '컴파일러식' 언어가 아니라 '해석식' 언어이기 때문에[127] 프로그래밍하는 즉시 프로그램 각 줄의 결과를 바로 볼 수 있다. 로고는 매우 강력한 언어로 기본적으로 아이들을 위한 리스프라 할 수 있고 완전한 재귀를 통해 코드를 데이터로, 데이터를 코드로 다룰 수 있다. 일단 로고를 다루면 로고는 한계 없는 힘의 우아한 생각도구로 기능한다. 그에 더해 우리는 성인용 컴퓨터 언어인 파스칼Pascal도 가르쳤다. 학생들이 진지한 프로그램을 어떻게 구성하고 디버그하고 실행하는지 감을 잡을 수 있게 하기 위해서였다.

첫해에 조지는 명령 사이클과 누산기, 스택, 프로그램 카운터를 포함한 폰 노이만 구조에 대해 뛰어난 칠판 강의를 진행했다. 우리 조교 중 한 명인 컴퓨터과학 전공 학부생 스티브 바니Steve Barney는 이런 교수법에서 영감을 얻어 불필요한 것을 모두 뺀, 단순한 (256개의 메모리 레지스터와 축소된 명령어 집합이 있는) 폰 노이만 기계의 동영상 시뮬레이션을 만들었고 그것을 이솝Aesop이라 불렀다. 이솝은 정말이지 대단했다. 쉽게 프로그래밍할 수 있었고 메모리에 코드 행이 저장되는 모습을 볼 수 있었으며 코드가 나중에 한 번에 한 줄씩 명령어 레지스터 안으로 불려가 실행되면서 누산기의 내용을 변경했다. **짜잔!** 조지는 학생들에게 레지스터 기계를 소개하고 그것을 프로그래밍하는 방법도 가

127 컴파일러식 언어는 소스 코드를 한 번에 기계어로 번역(컴파일)한 후 실행한다. 따라서 실행 속도가 빠르지만 실행 전에 컴파일 과정이 필요하다. 해석식 언어는 코드를 한 줄씩 즉시 해석하여 실행하므로 실행 속도는 느리지만 코드 수정 후 바로 실행이 가능하다.

르쳤다. 수업 전에 나는 레지스터 기계라는 걸 들어 본 적조차 없었다. 결국 그 기계는 나를 매료시켰고 스티브 바니의 창조물에서 영감을 받아 로고를 써서 동영상 레지스터 기계를 만드는 데 착수했다. 내가 만든 프로그램에서는 거북이가 돌아다니면서 상자에 콩을 넣고, 상자에서 콩을 꺼내고, 상자가 텅 비면 다른 명령으로 분기한다. 나는 로고가 그저 놀라운 나선 패턴과 우주선을 그리는 일에 그치지 않음을 학생들에게 보여 주고 싶었다. 이런 시뮬레이션, 특히 스티브의 이솝은 아주 쉽고 뛰어나서 한번 수업에 사용하고 나면 그다음 해의 시험을 대폭 어렵게 꾸며야 했다. 강의를 들은 학생들이 그 전해에 시험을 봤다면 거의 모두 100점을 받았을 것이다.

조지와 나는 거기서 멈추면 안 된다고 판단했다. 우린 둘 다 에릭 와너Eric Wanner를 알았는데 그는 MIT의 AI연구소에 있었으나 슬론재단의 부사장 겸 프로그램 책임자가 되어 뉴욕으로 옮겼다. 와너는 우리에게 우리가 커리큘라 소프트웨어 스튜디오라고 부르는 프로젝트 자금을 재단에 요청하는 제안서를 발표해 보라고 권유했다. 우리의 아이디어는 많은 영역에서 교육적 병목—학생들을 혼란스럽게 만드는 어려운 개념들—이 존재하며 상상력을 발휘하게 하는 소프트웨어를 사용하면 그런 병목 현상을 해소할 수 있다는 것이었다. 그때는 미국 전역의 여러 분야 교수들이 저마다 다른 수준의 컴퓨터 활용 능력을 보유했으며 그들은 자기 수업에 쓸 소프트웨어를 직접 만들었다. 그 소프트웨어는 작동하기는 했지만 대개 완성도가 떨어졌다. 그런가 하면 다양한 분야의 교육용 소프트웨어를 만드는 소프트웨어 회사도 있었는데 이런 회사들은 상당히 전문적으로 포장되었지만 콘텐츠에는 취약했다. 우리는 컴퓨터 기술은 없지만 콘텐츠에 정통한 교수들과 콘텐츠 전문가는 아니지만 프로그래밍에 능숙한 이들을 한자리에 모아 학생들의 상상력을 자극하고 학생들을 훈련시킬 강력하고 명확하며 **정교한** 소프트웨어를 설계하는 창의적 파트너십의 중개인이 되겠다고 제안했다.

이 프로젝트에서 내 역할은 은유 전문가였고 성공적인 작품을 여러 개 제시했다. 우리는 그러한 장래성 있는 프로그램을 **상상력 보강 장치**imagination prostheses라 불렀고 우리를 강력하게 만들 수 있는 두 가지 방식의 기계 장치를 대조했다. **불도저** 방식(당신은 산을 움직일 수 있지만 여전히 44킬로그램의 약체로 남는다)과 **노틸러스 기계**Nautilus machine 방식(당신은 기계 장치를 이용하여 스스로를 더 강하게 만든다)이 그것이다. 우리는 마음을 강하게 할 노틸러스 기계 방식을 제안했다. 마음을 위한 노틸러스 기계는 그것을 사용하는 사람의 마음에 능수능란한 상상력과 이해력을 심어 주고 향상하도록 설계된 것으로 사람을 무지 속에 남겨둔 채 단순히 질문에 대한 답만 제공하는 그런 장치가 아니다. 조지와 나는 스티브 바니의 이솝 프로그램을 슬론재단의 회의에 가지고 갔다. 자리에 있던 몇몇 주요 컴퓨터과학자를 포함한 재단 측 사람들이 우리의 시연을 지켜보았다. 그러다 어느 순간 한 컴퓨터과학자가 한창 설명 중이던 나를 중단시키며 화를 내며 소리쳤다. "나 저 그림 압니다." 그는 느리지만 착실하게 돌아가는 이솝의 CPU와 메모리가 띄우는 컴퓨터 스크린을 가리켰다. 나는 잠시 우리가 그 이미지를 표절했다고 비난받는 것은 아닌가 하는 끔찍한 생각이 들었지만 그는 약간 말문이 막힌 듯한 상태에서 이어 말했다. "나는 내 머릿속에서 저 그림을 얻는 데 **몇 년**이 걸렸는데 당신은 지금 학생들에게 10분 만에 저걸 그리게 하겠다는 거요?" "예, 그렇습니다. 정확하게 말씀하셨습니다."

우리는 슬론재단에서 소규모 창업 지원금을 받아 즉시 '커리큘라 소프트웨어 스튜디오'라는 이름으로 회사를 열었고 스티브 바니와 또 한 명의 훌륭한 젊은 프로그래머도 고용하여 그 둘을 우리의 최초 해커로 삼았다. 우리는 여러 프로젝트를 한꺼번에 진행했다. 대표적인 것으로 (집단유전학 분야 창시자 중 한 명인 수얼 라이트Sewall Wright를 기리기 위해) 진라이트GeneWright라 이름 지은 집단유전학 프로그램이 있었다. 또 다른 프로젝트로 스페이스 타임 현미경Space Time Microscope이라는 것이 있었는데 여기서 이솝은 컴퓨터를 가장 낮은 배율로 볼 수 있는 프로그램으로, 말하자면 이솝은 그것이 돌아가는 PC보다 약 10배 크고 속도는 약 100만 배 느린 가상 컴퓨터였다. 스페이스 타임 현미경에는 여러 개의 '렌즈'를 통해 컴퓨터의 작동 방식을 단계적으로 확대해 볼 수 있도록 했다. 명령어 레지스터를 확대하면 연산 코드op codes가 지역 번호처럼 작동하여 특정 연산(덧셈, 곱셈 등)을 수행하는 회로를 어떻게 활성화하는지 보여 주었다. 가산기adder 회로를 확대하면 그 안에 반半가산기 회로가 포함된 것을 보여 주고 더 확대하면 플립플롭flip-flop이 논리 게이트로 구성되어 있다는 것도 볼 수 있었다. 이를 통해 사용자는 논리 게이트들이 어떻게 비트를 저장하고, 연산을 수행하며, 명령을 실행하는지 시각적으로 이해할 수 있었다.

나의 또 다른 역할은 상상력 보강 장치에 대한 아이디어를 추가로 짜내는 것이었다. 내가 가장 좋아하는 아이디어는 스티븐 제이 굴드가(우리 둘이 친구였던 옛 시절에) 말해 준 하버드 학생을 가르칠 때의 고충에서 영감을 얻은 것이었다. 그는 학생들이 퇴적층, 마그마 관입, 습곡의 형태 등을 보여 주는 층서도와 지질 단면도를 읽고 그리는 법을 가르치려고 학생들에게 도면을 그려야 풀 수 있는 문제를 내곤 했다. 최상위 학생들은 쉽게 그렸으나 다른 학생들은 그러지 못했고 잘 그린 학생은 다른 학생에게 자신의 그림을 대고 베끼도록 했다. (그렇다. 하버드에서마저 학생들이 과제에서 부정행위를 저지른다.) "스티브, 내가 당신의 문제를 해결해 줄 수 있어요." 내가 젠체하며 말했다. 그리고 스티브 바니와 터프츠의 지질학 교수 로버트 ('버트') 레우스Robert ("Bert") Reuss를 도와 슬라이스Slice라는 도면 작성 프로그램을 만들었다. 슬라이스는 사람이 사각형과 원과 화살표를 그리고 그것을 색칠하는 대신에 지질학적 기본 요소(**x층이 되도록 퇴적물을 퇴적시켜라, y지점에 습곡을 만들어라, 고도 z까지 침식시켜라** 등)를 이용하여 '그림을 그릴' 수 있게 해 준다. 사용자의 작업 목록이 화면 한쪽 옆에 스크롤되고 어떤 단계가 잘못되었거나 잘못된 매개변수가 들어가 있다면 목록을 스크롤하며 그 잘못된 단계나 매개변수를 찾아 작업을 편집하여 그림을 다시 그릴 수도 있다. "스티브, 이 프로그램을 이용하면 말이죠," 내가 말했다. "당신이 층서도를 그린 다음 작업 리스트를 감추고 학생들에게 똑같은 층서도를 그리게 할 수 있어요. 학생들이 그걸 할 수 있다면 원리를 이해한 것입니다."

슬라이스의 시작은 매우 좋았지만 슬프게도 여러 가지 이유—그중 가장 결정적이었던 것은 초기 PC가 **빠른** 속도로 작업하는 데 필요한 그래픽 능력을 구비하지 못했다는 것이다—로 끝내 완성되지는 못했다. 프로그램이 그림을 다시 그릴 때까지 5분이나 걸리는데 그동안 학생들을 마냥 기다리게 할 수는 없는 노릇 아닌가. 오늘날에는 비디오 게임 회사가 주축이 되어 개발한 초고속 그래픽 엔진으로 환상적인 3차원 '슬라이스' 프로그램을 구동할 수 있다. 이 프로그램을 이용하면 학생들이 조산 운동(산을 만드는 지질 작용)을 그리게 할 수 있고 경사면의 '단면도'를 그 어떤 각도로든 그리게 할 수 있으며 수백만 년에 걸친 침식이 단 몇 초로 압축되는, 입에 침이 고일 정도의 장관도 볼 수 있다. 우리가 슬라이스 작업을 하는 동안 나는 집의 PC에 프로토타입 버전을 깔아 놓았다. 그때 열한 살 정도였던 아들 피터는 그것에 매료되어 그림 안의 구부러지고 파쇄된 지층들에 자기 이름의 이니셜인 'PD'를 쓰려고 몇 시간씩 노력했다. 피터는 지질학적 사건 간의 근본적 관계를 그 어떤 '공부' 없이 배우고 있었다. 그것은 규칙과 결과가 있는 게임이기에 관심을 끌었다.

하루는 오랜 대학 친구인 음악과 교수 마크 드보토와 점심을 먹으면서 화성론이나 작곡에서 까다로운 부분을 가르칠 때 도움을 줄 상상력 보강 장치를 제작하는 일에 그가 관심을 보일지 궁금했다. 우리는 브레인스토밍을 하며 행복한 몇 시간을 보냈고 웃으면서 결론지었다. 시각적으로나 청각적으로나 그런 과제에 이상적으로 적합한 장치가 이미 있으니 그것은 바로 피아노라고! 피아노는 여러 음을 한 번에 원하는 순서로 연주할 수 있을 뿐 아니라 서로 다른 두 가지 시각적 표상도 제공한다. 하나는 건반이고 다른 하나는 연주자 앞의 악보이다. 피아노는 누구나 연주할 수 있는 사용자 친화적인 장치이면서도 건반으로 할 수 있는 일은 사실상 무궁무진하며 연주하는 동안에 각 음의 조율에 대해 걱정을 할 필요도 없다. 그리하여 나는 커리큘라 소프트웨어 스튜디오에서 우리가 하던 작업을 표현할 또 다른 은유를 얻었다. 우리는 누구나 연주할 수 있는 **개념적 피아노**를 설계하고 있다.

몇 년 후 우리는 유용한—늘 재밌지는 않아도—프로그램 몇 개를 만들었고 전국에서 그런 일을 하는 사람들과 접촉했다. 우리는 그 지도자들을 끌어들여 전국적 워크숍을 열었지만 안타깝게도 컴퓨터 세계는 우리가 따라가기에는 너무 빠르게 변한다는 사실을 인정할 수밖에 없었다. 다른 사람들이 매킨토시를 선택할 때 우리는 PC를 썼다(윈도Windows가 개발되기 훨씬 전이어서 운영 체제로 도스DOS를 사용했다). 우리는 새롭고 더 빠른 PC 모델의 장점을 활용하기 위해 기존 제품을 계속 업데이트해야 했고 적절한 라이선스 계약을 체결하기 위해 복잡하고 번거로운 수많은 행정 절차를 거쳐야 했다. 스탠퍼드대학교의 철학자 존 바위즈Jon Barwise와 존 애처멘디John Etchemendy는 (1차논리에 기반한) 타르스키 세계Tarski's World와 (튜링 기계에 기반한) 튜링 세계Turing's World를 만들었고, MIT의 주다 슈워츠Judah Schwartz는 (사용자가 컴퓨터로 유클리드 기하학 작도를 하여 증명할 후보 정리들을 만들게 해 주는 프로그램인) 기하학 추론자Geometric Supposer를 만들었다. 이것들은 몇 년 동안 사람들의 감탄을 자아내며 잘 사용되었지만 1990년대 중반이 되자 우리의 기력과 돈이 모두 바닥나 버렸다. 유감스럽게도 고품질 소프트웨어를 이용하면 해소될 수 있는 교육적 병목 현상이 아직도 많이 남아 있다. 그중 여전히 나를 유혹하는 주제로는 색각, 즉 광자 물리학에서 신경 표상으로 이어지는 과정, 진화를 탐구하기 위한 리처드 도킨스의 우아한 '눈먼 시계공' 소프트웨어의 업그레이드 버전, 온실가스가 가뭄이나 토네이도, 기타 파괴적인 날씨를 어떻게 간접적으로 유도하는지를 시각화하여 학습하는 것이 있다.

철학을 하기 위한 컴퓨터 보강 장치는 어떨까? 논리에 활기를 불어넣은 바위즈와 에처먼디의 감탄스러운 프로그램을 제외하고는 (내가 아는 한에서는) 이 분야에서는 그렇게 풍부한 결실은 없다. 철학자가 과학자를 따라잡으려면 정말로 갈 길이 멀다. 최근 파워포인트 혁명이 일어났음에도 철학자 중에는 자신의 요점을 설명하기 위해 학회나 강연에서 도표를 그리는 사람마저 거의 없는 지경이다. 마치 삽화 넣기를 **원칙적으로** 거부하는 소설가처럼 말이다. 그러나 시대는 바뀌고 있다. 나는 AI 연구가 철학자의 상상력을 훈련시키고 향상하는 빼어난 도구를 제공한다고 꽤 오랜 시간을 주장해 왔다. 철학자의 사고 실험(또는 내가 직관펌프라고 부르는 것)은 종종 빈틈과 함정으로 가득해서 그 철학자가 주장하는 효과를 시연하고자 컴퓨터 모델을 구축해 보면 누구에게든 그 빈틈과 함정이 훤히 들여다보일 정도이다. AI는 일종의 '컴퓨터의 도움을 받는 사고 실험 훈련법'으로 볼 수 있다. 매력적인 단순화를 시도하다가 그 과정에서 곤란한 문제를 발견하는 것이다. 베이퍼웨어[128](근거 없는 약속과 암시로만 떠도는 것)를 실제 가동되는 소프트웨어로 바꾸는 도전은 철학자에게 겸허한 배움이지만 그 과정은 몇 가지 인상적인 결과를 낳기도 했다.

스티브 바니는 나의 격려와 조언을 받아들여 터프츠 의대의 신경해부학자 조안 킹Joan King 교수와 터프츠대학교 뇌탐사연구실Tufts University Brain Explorer, TUBE에서 몇 년간 일했다. 런던 전철Tube의 실제 노선

128 공식 발표는 되었지만 실제로 출시되지 않았거나 개발이 중단된 소프트웨어 또는 하드웨어 제품을 뜻한다. 개발되지도 않았는데 선전만 요란하게 하고 실제로는 완성될 가능성이 없는 소프트웨어를 가리키는 때가 많다.

을 그대로 축소만 한다면 너무 구불구불하고 복잡해서 알아보기 힘들 것이다. 그럴 때 전철 노선도는 훌륭한 일을 한다. 모든 주름을 펴면서도 연결은 유지하는 것이다. TUBE는 전철 노선도가 한 훌륭한 일을 뇌를 대상으로 똑같이 했다. 우리는 원한 것은 3차원 뇌 모델링 시스템이었다. 두개골에 들어가 있느라 압축되어 주름지고 홈이 생긴 대뇌 피질을 매우 규칙적인 여러 층으로 '부풀리고', 연결부는 선택적으로 늘리고, 덜 굴곡진 매끄러운 선으로 표현하는 것이다. 뇌의 다른 부분인 소뇌와 시상, 기타 나머지 부분도 그렇게 하고자 했다. 스티브의 시작은 좋았다. 그러나 시작 후 수십 년 동안 다른 연구실들이 우리를 따라잡았고 뇌를 예술적으로—그건 정말이지 예술이다—도면화하는 측면에서 우리를 크게 앞섰다. 뇌를 잘 도면화하면 뇌가 어떻게 작동하는지, 왜 그렇게 배열되어 있는지에 대한 가설도 제시할 수 있다.

이 모든 것은 아주 오래전 신시내티에서 조지 스미스가 소년 시절에 컴퓨터를 처음 접한 경험에서 시작되었고 나는 지금도 그와 함께 가르친 컴퓨터 입문 과정이 내 학문 생활에서 가장 보람 있었던 교수 및 **학습** 경험이었노라 말할 수 있다. 2위 자리는 우리가 함께 가르친 또 다른 과정 하나에 주어야 할 것이다. 그것은 데카르트의 과학과 철학에 대한 세미나였다. (조지는 물론 이에 대해서도 전문가이다.) 조지는 나와 수강생들을 데카르트 시대의 과학 속으로 깊이 침잠시켜 그에 매료되게 만들었고 데카르트의 《성찰》로부터 생겨나는 논쟁을 드러내 보였다. 나의 역사학 논문 〈데카르트의 설계로부터의 논증Descartes's Argument from Design〉은 이 수업에서 자극받아 작성한 것이다. 이 논문은 데카르트가 자신의 세 번째 성찰에서 신의 존재 증명을 위해 '설계로부터의 논증'을 아주 특별하게 사용했음을 밝히는 것이었다. 수십 년 동안 《성찰》을 가르치면서 나는 데카르트의 놀랍도록 모호하고 또 내게는 실망스러웠던 논증을, 그러니까 내가 수십 번이나 허겁지겁 지나친 그 당혹스러운 부분을 마침내 이해하게 되었다. 내 생각에 그와 동시대 사람들은 데카르트가 시도하는 작업을 이해하지 못했고 데카르트 본인 역시 자신의 논증이 어떻게 작동하는지 대략적인 아이디어만 가지고 있었던 것 같다. 그러나 되돌아보면 우리는 다윈이 나타나 데카르트의 관점을 뒤집기 전까지만 그의 주장에 설득력이 있었다고—혹은 설득력이 있어야만 했다고—말할 수 있다.

20

로크 강의와 암보셀리의 버빗원숭이

1983년 우리 가족은 트리니티학기 동안 옥스퍼드 철학과에서 로크 강의를 하러 잉글랜드로 돌아왔다. 로크 강의의 교수자는 거의 항상 외국에서—대부분 미국에서—왔고 7주 동안 일주일에 한 번씩 강의했다. 내 주제는 자유의지였고 라일의 걸작《마음의 개념》이 원래는 자유의지에 관한 책으로 기획되었다는 사실을 알고 무척 기뻤다. 나는 1976년에 작고한 라일이 내 강의를 승인했다고 믿고 싶다. 내 강의에는 확실히 나의 사고에 지속적으로 영향을 미친 그의 흔적이 도장처럼 찍혀 있다. 라일이 '기계 속의 유령'을 폭로했듯이 나는 철학자가 자신들이 애착하는 주제를 정당화하려는 쓸모없는 노력을 하며 의존한 '허깨비'를 폭로했다. 나는 이런 현상을 '자유의지 인플레이션'이라 부른다.

나는 나의 믿음직한 케이프로 '휴대용' 컴퓨터와 작은 도트 프린터를 가지고 왔다. CASBS에서 존 매카시와 근무한 이래 나는 원고 작성과 소통을 모두 워드 프로세스와 이메일 체제로 전환했다. 나는 PC가 대중화된 초창기의 기쁨과 두려움을 떠올리면 복잡한 감정이 든다. 초기의 텍스트 편집 시스템은 일반적으로 오늘날의 워드 프로세서보다 실제로 더 빨랐다. 그 시스템들은 자주 자동 복사하고 자동 저장하는 기능 때문에 생기는 부하(오버헤드)가 없었고 '화면에 보이는 대로 출력됨What You See Is What You Get, WYSIWYG' 방식이 아니었기 때문이다. 그 때는 서식을 지정하려면 사용자는 포맷 코드를 입력해야 했다. 즉 기울임꼴(이탤릭체)로 *a priori* 라는 결과를 얻으려면 '{CTRL\ital: a priori}'을 입력해야 했다. 그래서 파일을 출력해 보고 나서야 어딘가에서 명령어를 마칠 때 중괄호로 명령어를 닫는 것을 깜빡하여 *페이지를 넘기고 넘기고 또 넘기고 또 넘겨도 텍스트가 계속 기울임꼴*로 나타나는 일이 흔했다. 좀 짜증 나는 일이지만 그래도 몇 주 동안 심혈을 기울여 작성한 파일이 컴퓨터 오작동 때문에 그 어디에도 복사되지 않은 채 공중으로 증발했음을 발견하는 것에 비하면 아무것도 아니었다. 오늘날 컴퓨터의 운영 체제에는 정교한 안전장치가 갖추어져 있다. 물론 몇 밀리초의 시간 지연이 있지만 그 정도는 충분히 견딜 만한 반가운 개선 사항이다. 어느 날 나는 내 PC, 케이프로의 운영 체제용 플로피 디스크를 고정하는 작은 개폐 장치의 걸쇠에 있는 스프링을 부러뜨렸다. 개폐 장치가 확실하게 닫히지 않으면 운영 체제를 사용할 수 없으므로 수리가 필요했다. 나는 항상 지니고 다니던 잭나이프를 이용하여 옷핀을 깎고 잘라서 특별한 형태의 쐐기를 만들었는데 그것은 효과가 있었다. 옥스퍼드의 철학자 중 PC를 본 사람은 거의 없었고 그중 몇몇은 이 경이로운 물건을 보려고 내 아파트에 찾아오기도 했다. 내가 수리한—놀랍게도 잭나이프 하나로—것을 보며 그들은 나의 컴퓨터 지식에 엄청나게 감탄했고 나는 그들의 의견을 굳이 수정하려고 하지 않았다. 내 로크 강의는 참석률이 높아 나는 다른 곳에서 그 반응에 대해 쓴 적이 있다. 옥스퍼드 철학자인 마이클 더밋은 법학도서관 강연장을 매주 가득 채울 수 있는 사람에게서는 아무것도 배울 수 없다고 단언했다고 하는데 그 말대로 더밋은 내게서 아무것도 배우지 않았다. 리처드 도킨스는 매주 출석하여 열심히 강연을 들었고 강연 후에는 함께 토론하며 술을 마시기도 했다. 1년 후 나는 내 로크 강의를 묶어 《행동의 여지-추구할 가치가 있는 자유의지Elbow Room: The Varieties of Free Will Worth Wanting》로 출판했고 그 책은 지금까지도 많은 면에서 내가 가장 좋아하는 책이다. 나는 그 책도 첫 번째 책과 마찬가지로 양장본과 페이퍼백을 동시에 출판해야 한다고 주장했지만 그때는 내 정책이 실패했다. 그 책은 교과서로 취급되었기에 서평이 거의 없었다. 내가 기대했던 것만큼 널리 읽히진 않았던 것 같다. 《행동의 여지》에서 내가 처음 제시한 많은 논증이 나중에 다른 철학자들에 의해 다시 고안되거나 엉뚱하게 무시되는 것을 보면서 나는 모종의 만족감을 느꼈다. "거봐, 내가 말했잖아"라고 말하는 것은 예의에 어긋난 짓이지만 어쩌랴. 나는 그렇게 말했다.

당시 옥스퍼드에는 아마 철학 교수가 여든 명쯤 있었고 그중 선별된 집단, 열두어 명의 저명한 인물이 학기 중에 매주 만나 A. J. 에이어와 함께 식전 토론을 하고 술이나 음료를 마셨는데 그들을 '프레디 그룹Freddie's Group'이라 불렀다. 그해 나는 프레디 그룹의 임시 회원으로 초청되었고 우리는 유니버시티대학교에 있는 로니 드워킨의 연구실에서 만났다. 나는 그때 모인 철학자들의 믿기 어려운 습속을 가감 없이 촬영할 비디오카메라가 있었으면—물론 그때는 그런 것이 없었다—했다. 회원들이 다 모이면 그날의 연사가 논문을 (당연히) 읽기 시작한다. 다른 사람들은 새로운 후배 회원(그날은 크리스토퍼 피코크Christopher Peacocke였다)에게 정신을 팔지 않고 집중해서 낭독을 들었는데 그동안 후배 회원은 다른 회원들에게 발끝으로 조용조용 다가가 "뭘 드시겠습니까?"라고 차례차례 속삭여 묻고는 곧바로 가서 진토닉을 만들거나 와인과 셰리주를 가져오거나 데렉 파핏 같은 비음주자를 위해 오렌지 스쿼시를 가져왔다. 논문 낭독이 끝나면 45분쯤 토론을 하고 저녁을 먹으러 각자의 칼리지나 집을 향해 떠났다. 하루는 피터 스트로슨이 다른 회원에게 "목요일에 존스의 구두시험을 보시겠군요. 그 친구는 정말 **탁월한** 사람입니다. 가장 **탁월한** 사람이에요"라고 일부러 힘주어 말했던 것을 생생하게 기억한다. "아, 예. 정말 탁월한 친구지요"라고 상대방은 대답했다. 구두시험에서 존스를 통과시키지 않는다면 망신을 당할 것임을 알아들었다는 신호를 보내면서 말이다. 또 어떤 날은 프레디가 주 후반부에 회원들과 저녁을 함께 하자는 초대를 받았다. 그는 그때 시간이 있는지 확인하기 위해 주머니에서 작은 다이어리를 꺼내 확인했다. 이미 약속이 잡혀 있었으나 그는 대답했다. "그날 저녁 칼리지에서 저녁 식사dine 약속이 있지만 **안 저녁 식사**un-dine하고 기꺼이 여러분과 함께하겠습니다."

한번은 내가 프레디 그룹에서 논문을 발표하게 되었는데 나는 프레임 문제를 다룬 내 논문 초고를 선택했다. 모두가 열심히 귀를 기울였지만 내 주제가 엄밀히 말해서 **철학**인지 아닌지를 놓고 토론하는 데만 30분이라는 시간이 흘러가 버렸다. 나는 점점 초조해졌다. 그 갑론을박의 시간을 깨고 철학자 데이비드 위긴스David Wiggins가 이렇게 말해주어 정말로 고마웠다. "철학이든 아니든 **무슨 상관입니까**, 이렇게나 흥미로운 문제인데요!" 그 후로는 좋은 토론이 이어졌다. 최근에 돌이켜보니 한 가지 흥미로운 사실이 갑자기 떠오른다. 나는 그 이후로 거의 40년간 옥스퍼드에서 초청을 받아 심리학자 앞에서, 생물학자 앞에서, AI 연구자 앞에서, 학생 앞에서 강연했고 공개 행사 강연도 했지만 철학자 앞에서는 단 한 번도 강연을 하지 않았다. 나는 심지어 철학과 부교수로부터 심리철학 와일드 교수좌 부교수(현재는 직급이 교수로 바뀌었다) 선출위원회에 참여해 달라는 요청도 받았지만 강연을 하라는 초대는 받지 못했다. 하지만 상관없었다. 내가 존경하는 철학자는 그동안 작고했거나 다른 곳으로 떠났고 나는 여전히 자주 옥스퍼드를 찾는 것을 좋아한다.

우리 가족이 옥스퍼드에 있는 동안 베를린에서 만난 적 있는 버빗원숭이 연구자인 로버트 시파스의 특별한 초청을 받았다. 그는 내게 자신의 아내 도로시 체니Dorothy Cheney와 합류하여 케냐의 암보셀리 국립

공원에서 며칠 동안 자신들과 함께 현장 연구를 해 달라고 했다. 내가 그들의 연구와 관련된 어려움을 잘 파악하고, 어쩌면 더 심화된 실험 설계에 도움을 줄 수 있도록 말이다. 영국 여행사 업계의 전문가인 수전은 우리가 아이들과 함께 케냐로 2주간의 '휴가 여행'을 떠날 수 있다고 생각했다. 수전은 케냐의 뭄바사 바깥쪽 인도양에 위치한 아름답고 유서 깊은 리조트 호텔 나이알리 비치 클럽에 머물면서 암보셀리로 가는 랜드로버 카메라 사파리를 타고 그곳에서 로버트와 도로시, 나를 내려 준 다음 다시 나이알리 비치 클럽으로 돌아가 나의 암보셀리 방문이 끝나기를 기다려 가족이 합류한다는 계획을 세웠다. 나는 원숭이 연구 모임에 관한, 사진이 많이 들어간 논문을 쓰겠다고《오늘의 심리학Psychology Today》에 제안했고 전체 여행에 대해 부분적으로 자금을 지원받았다. 그런데 내가 기사를 다 쓰기도 전에 미국심리학협회의 소유인 그 잡지가 몇 년 동안 휴간하는 일이 벌어졌다. 나는 내가 받은 선금을 되돌려줄 필요가 없어졌고 결국 내 기사는 내가 늘 기고하던 곳이 아닌《오늘의 시학Poetics Today》에 실렸다.

로버트와 도로시가 운영하는 암보셀리 야영지는 코끼리 연구자 신시아 모스Cynthia Moss 및 필리스 리Phyllis Lee와 함께 사용하는 곳이었는데 꼭 진부한 영화 세트장 같았다. 공터에 너덧 개의 커다란 텐트와 작은 발전기가 있었고 기름 드럼통과 스프링클러 꼭지가 연결된 창의적인 샤워 장치가 있었다. 나무를 때서 물을 데운 후 도르래 장치를 이용해 물을 머리 위로 끌어올리는 기발한 구조였다. 이 모든 것은 케냐의 친절한 요리사이자 야영지 관리자인 와사코Wasako가 주도했다. 와사코는 뱀이나 물소 같은 동물이 작은 공터 안으로 들어오지 못하도록 막는 역할도 했다. 들판에서 한나절을 보내고 해 질 녘에 야영지로 돌아오면 따뜻한 샤워를 할 수 있게 준비되어 있었고 샤워를 끝내고 나오면 거실로 쓰는 텐트 안에 찬 음료가 마련되어 있었다. 곧 좋은 식사도 식탁에 놓였다. 그동안 작은 휴대용 축음기에서 레코드가 돌아가며 음악을 흩뿌렸다. 신시아 모스가 야영지를 떠나 있었기 때문에 나는 그녀의 텐트에 머물렀는데 그 텐트는 그녀가 몇 년 동안 알고 지내던 코끼리들의 두개골로 둘러싸여 있었다.

내가 거기서 배운 것과 떠올린 아이디어들은 기사에 자세히 서술해 놓았다. 따라서 여기서 그 이야기를 또 쓰지는 않고 다만 그때 내가 다소 특이한 발견을 하나 했다는 점을 언급하려 한다. 그것은 연구자가 실험을 원하는 방식대로 작동하게 만들 수 없을 때 바로 그 사실이 중요한 열쇠가 될 수 있다는 것이다. 우리는 한 원숭이가 무언가[예를 들면 가까운 곳에 (먹이를 잔뜩 먹은) 비단뱀이 있다]를 알고, 다른 경쟁자 원숭이는 그것을 모른다는 사실을 우리 스스로 확신할 수 있는 방법을 찾아내려고 애썼다. 사실상 우리는 한 원숭이가 거짓말을 하도록 꾀고 싶었다. 그러나 우리는 인식적 조건을 그런 식으로 해석하는 것이 적합한 상황을 조성하는 데 실패했다. 결국 우리에게 한 가지 사실이 분명해졌다. 우리 자신이 그런 상황을 확신할 수 없다면 버빗원숭이도 그럴 수 없다! 그렇게 가까운 거리에서 함께 살다 보면 거짓말이 필요한 상황이나 기회 자체가 생기지 않는다. 탈레랑Talleyrand은 우리가 언어를 부여받은 것은 서로의 생각을 숨기기 위해서라고 말했다. 만약 거짓말을 효과적으로 할 수 없다면 단순한 신호 체계에서 언어가 진화할 지렛대가 그리 많지는 않았을 것이다.

사람은 새로운 상황에 정말이지 놀랍도록 빨리 익숙해진다. 어느 날 아침, 식사를 하던 우리는 공터를 둘러싼 나무 사이로 코끼리 한 마리가 몸을 들이밀고 빨랫줄 아래의 녹색 나뭇잎을 먹고 있는 것을 보았다. 코끼리가 그렇게 아침 식사를 마치고 다시 나무 사이로 사라지는 동안 우리는 짧게 메모를 한 후 토론을 계속했다. 내가 로버트와 도로시 캠프에 합류하기 전 우리 가족은 암보셀리 산장에서 하룻밤을 묵었다. 우리 숙소는 주변에 식당과 술집이 있는, 콘크리트 블록으로 지어진 작은 오두막 중 하나였다. 우리는 거기서 버빗원숭이 무리와 마주쳤는데 그 작고 대담한 도둑들은 낯선 사람을 전혀 두려워하지 않아서 사람들이 음식을 단단히 지키고 있지 않으면 베란다에서 접시 위의 크래커나 땅콩을 집어가곤 했다. 한 독일 여성이 버빗원숭이에게 빼앗긴 땅콩을 되가져 오려고 하자 원숭이는 그녀의 등을 깨물었고 그녀는 소리를 지르며 식당 안으로 뛰쳐 들어갔다. 아이들은 그 광경에 충격을 받았다. 산장 경영진과 직원들은 건물 외곽을 빙 둘러 희게 칠해진 큰 돌을 쌓고 그 밖으로 나가면 위험한 야생동물이 사람을 공격할 수 있으니 담장 밖으로 나가지 말라고 경고했다. 우리는 한 무리의 관광객이 카메라를 들고 돌담 위로 걸어가는 모습을 보았다. 그 근처에는 코끼리 여남은 마리가 움직이고 있었다. "코끼리들은 규칙을 몰라요!" 웨이터 한 명이 다급하게 소리를 지르며 관광객을 오두막으로 서둘러 되돌려 보냈다.

그날 저녁 마사이족 모란[129]—위험한 야생동물을 사냥하여 남자다움을 증명하고 성인 남성 집단에 들어갈 준비를 하기 시작하는 십대 청년들—몇 명이 산장에 나타났다. 아마도 그들은 그저 자신들의 놀라운 쇠창을, 그러니까 아름답게 조각하고 연마한, 면도날처럼 날렵한 그 예술 작품을 보여 주려고 했던 것 같다. 연구진은 그들에게 코끼리나 코뿔소는 그냥 두고 물소나 사자만 사냥해 달라고 설득했고 설득은 어느 정도 성공을 거두었다. 물소는 제쳐놓고 상아나 코뿔소 뿔을 찾는 중무장한 소말리아 밀렵꾼이야말로 인근에서 가장 위험한 포유류였고 우리가 현장에 있을 때는 의도치 않게 밀렵꾼에게 노출될 수 있는 외출은 절대 하지 않으려고 조심했다. 반면에 마사이족은 그 침입자들에게 분개하고 있었으므로 한밤중에 창과 칼만 지닌 채 맨발로 밀렵꾼의 야영지에 몰래 접근하여 자는 그들을 살해했다. 어느 날 한 마사이족 사람이 우리 캠프에 찾아와 멀지 않은 곳에서 죽은 코끼리를 발견했다고 필리스 리에게 말했다. 필리스와 나는 조사에 나섰다. 필리스는 귀의 너덜

129 마사이족의 '전사'라고 일컬어지는 경우가 많다.

너덜한 자국 및 상처와 혹 같은 것을 보고 관찰 대상을 식별할 수 있었기 때문에 어떤 개체가 죽어 쓰러져 있는지 알 수 있었다. 우리가 그곳에 도착했을 때 코끼리의 엄니는 밀렵꾼들이 잘라 가서 없었고 사체를 탐욕스럽게 먹고 있는 독수리들이 마치 담요를 두른 것처럼 빼곡하게 달라붙어 있어 정작 코끼리는 잘 보이지도 않았다. 나는 구역질을 참으려고 반다나를 내 코와 입 주변으로 자꾸 당겨야만 했다. **독수리가 된다는 것은 어떤 것일까?**What is it like to be a vulture? 그러니까 죽은 지 오래된 코끼리의 복강 안으로 열심히 기어들어 가 먹이를 찾는다는 것은 어떤 것일까?

21

인지연구센터, 니컬러스 험프리와의 모험

우리 가족은 농장과 거기서 보내는 여름날의 모험에 애착을 가지고 있었기 때문에 나는 오랜 시간 다른 학교 철학과에서 오는 제의를 받고도 계속 조용히 거절했다. 그런데 1984년 피츠버그의 윌프리드 셀러스가 은퇴하고 그 자리를 맡아 달라는 제안이 왔다. 어쩌면 지금이 옮길 때일지도 모른다고 생각했다. 그렇다면 피츠버그보다 더 좋은 곳이 어디 있겠는가? 피츠버그 철학과를 내가 그토록 동경해 왔는데. 그곳에는 훌륭한 철학자들뿐 아니라 카네기멜론대학교의 AI 연구진도 있었다. 앨런 뉴얼Allen Newell과 허버트 사이먼이 윌프리드와 함께 나를 영입하려는 작전에 합류했다. 그래서 일단 이직하기로 과감히 결정을 내리고 여느 때처럼 블루힐에서 매년 여름을 보낼 방법을 나중에 고민할까 했다. 그런데 친구이자 동료인 휴고 베다우가 이에 맞서 나를 터프츠에 남도록 설득하려고 내게 무엇을 더 지원해 주면 터프츠에 있겠느냐고 물어보았다. 사실 터프츠에서 나는 서신 교환과 여행을 하며 학과 비서의 시간을 내게 할당된 것보다 훨씬 많이 썼고 터프츠 철학과의 석사 과정 프로그램도 훌륭했다. 그래도 나는 피츠버그의 우수한 대학원생과 책, 학술지에 할당된 넉넉한 예산, 나만의 비서를 가질 수 있길 고대했다. 베다우는 내 의견을 다 듣고는 교무처장의 도움을 얻어 터프츠 인지연구센터 설립 계획을 수립했는데 그 계획에는 나의 자리, 나의 비서, 그리고—가장 중요한 점으로—다른 곳에서 나와 함께 연구하며 학위 논문을 쓰려는 학생이나 박사 후 연구원, 후배 교수진은 물론이고 내 연구를 도와줄 수 있는 사람이면 누구에게든 지출할 수 있는 안정적 재정 지원이 보장된 연구 권한이 포함되어 있었다. 또한 강의 부담은 줄고 센터장 직함을 얻음과 동시에 인문 및 과학 석좌교수로 승진하게 되었다. 나는 전 세계의 철학자가 이 완벽에 가까운 자리에 군침을 흘리는 모습을 상상할 수 있었다. 나는 그저 그들에게 터프츠에서 꼬박 15년을—그것도 상당히 격동적이었던 5년 동안 학과장직을 맡으면서—근무하는 동안 내 몫 이상의 허드렛일을 해 왔다는 점을 상기하고 싶을 뿐이다. 한마디로 나는 할 만큼 했다.

터프츠와 나는 협의를 했다. 우리 중 그 누구도 센터를 확장하려 하거나 센터를 위한 자금을 모으지 않기로. 내가 만족한다면 센터는 조촐한 3인 사업으로 남을 것이고 그렇지 않다면 좀 더 규모를 키울 수도 있었다. 20년 동안 센터는 소규모로 운영되었다. 내가 오랫동안 존경한 친구이자 동료인 레이 재킨도프Ray Jackendoff를 공동 책임자로 영입하고 미뤄 왔던 계획인 인지과학 학부 과정과 박사 과정 프로그램을 실제로 도입할 기회가 찾아오기 전까지는 말이다. 1985년 센터가 처음 설립되었을 때 나는 반일제 비서를 요청했다. 전일제 비서를 원하지는 않았느냐고? 원하지 않았다. 전일제 비서를 원한다면 비서 학교를 갓 졸업한 인재를 놓고 보스턴의 모든 치과의사 및 변호사와 경쟁해야 했기 때문이다. 그러나 나는 아이들이 학교에서 집으로 돌아올 때까지만 반일제로 일하고 싶어 하는 명민한 젊은 대졸 엄마(또는 아빠)가 많다는 사실을 알았다. 그리고 그들이 (복지 혜택을 얻기 위해) 주 21시간 동안 하는 일이, 전일제 신참 비서가 주 40시간 일하는 것보다 더 많고 더 잘할 것이라고 계산했다. 내 예상이 맞았다. 첫 번째로 온 비서는 터프츠 관리자의 아내였다. 그다음은 터프츠에서 영어를 전공한 여학생으로 당시 우리 철학 석사 과정 학생과 결혼했다(나는 그 결혼식의 주례를 섰다). 그녀는 내 비서로 근무하면서 시간을 잘 활용해 터프츠의 의예과 과정을 마치고 수의사가 되었다. 뒤이어 다른 젊은 엄마가 들어왔고 또 다른 젊은 엄마가 들어왔다. 그다음으로 들어온 사람이 터프츠 졸업생인 테레사 살바토Teresa Salvato로, 나의 오른팔이자 조언자이자 조력자이며 지금껏 4반세기의 인연을 지켜 가고 있는 소중한 친구이다.

센터의 출발은 훌륭했다. 퍼트리샤와 폴 처칠랜드는 캐나다 출신의 한 학생과 친분이 있었는데 그 학생은 신경과학에 관심이 있었지만 공식적으로는 미시간대학교의 김재권 밑에서 철학 박사 과정을 밟고 있었다. 김재권은 매우 전통적인 심리철학자로 인지과학에 전혀 관심이 없었다. 내가 비공식적으로 김재권에게서 그 학생을 인계받을 수 있을까? 있었다. 그리하여 캐슬린 에이킨스Kathleen Akins는 내가 센터의 조직 구성을 생각하며 바랐던 대로 센터의 첫 번째 연구원이 되었다. 그녀는 굉장했다. 함께 이야기할 때마다 거의 빠짐없이 우리에게 신경과학과 철학에 대해 새로운 것들을 가르쳐 주었고 **독창적인 생각과 뚜렷한 의견도 가지고 있었다.** 그녀가 특별히 관심을 가진 주제는 모든 사람이 삶을 영위하는 동안 뇌가 몸을 안내한다는 사실은 알지만 그것의 함의, 즉 뇌가 모든 수준에서 **자기애적**일 것이라는 점은 충분히 진지하게 받아들이지 않는다는 사실이었다. '자기애적'은 그녀가 만든 용어로 진화가 뇌를 **나**(그 뇌를 가진 유기체)와 즉각적으로 유관하지 않은 것은 무시하도록, 가능한 한 많은 정보를 행동과 자기 보존을 위한 즉각적인 중요성의 측면에서 표현하도록 설계되었다는 사실을 일컫는 말이다. 뇌는 환경에 대한 진실을 공평하게 기록하거나 탐구하는 장치가 아니라 믿을 수 없을 만큼 훌륭한 정찰 및 탐색 체계이다.

신경심리학자 마르셀 킨스부른Marcel Kinsbourne(곧 그에 대한 이야기가 더 나온다)을 무보수직으로 센터에 초빙했는데 매사추세츠 종합병원에서 킨스부른이 회진을 돌 때 캐슬린은 우리와 함께했으며, 실험실을 방문했고, 철학자 및 인지과학자 모두와 토론을 하면서 1989년에 훌륭한 학위 논문을 써서 앤아버에서 논문을 발표하고 심사를 통과했다. 그리고 일리노이대학교와 제록스 파크에서 근무한 후 사이먼프레이저대학교 밴쿠버캠퍼스에서 교수직을 얻었다. 캐슬린은 맥도넬재단에서 100만 달러 상당의 센테니얼 연구원 지원금을 받았는데 이를 신진 신경철학자를 양성하고 지원하는 데 희사했다. 신경철학자는 캐슬린에게 빚지고 있다. 수십 년 동안 캐슬린을 괴롭힌 강직성 척추염이라는 원인 불명의 자가면역질환에도 그녀는 여전히 신경과학과 심리철학 분야에서 모범적인 작업물을 냈고 그로써 색각에 대한 안락의자 철학자(와 과학자)의 탁상공론 및 네이글의 유명한 호소—박쥐나 인간이 된다는 것은 '어떤 것인가'라는—에 내재한, 잘못된 방향 설정을 비판했다.

첫해의 방문연구원은 세실리아 헤이스Cecilia Heyes였다. 그녀는 젊고 뛰어난 영국 심리학자로 리하이대학교의 진화심리학자 도널드 캠벨Donald Campbell과 함께 일하다가 그해 중반쯤에 우리와 합류했다. 그녀는 합류 이후로 내 아이디어에 대해 건설적이고 끈질긴 비판을 내놓았고 나는 그녀를 올소울스칼리지에 강력히 추천하게 되어 매우 기뻤다. 그녀는 현재 수전 헐리의 발자취를 따라가면서 그 고색창연한 칼리지에서 많은 인기를 누리는 연구원이 되었다. 오늘날에는 인간 마음에 대한 이론에서 문화 진화를 그 전면과 중심에 두어야 한다는 공감대가 증대되고 있는데 그녀의 최근 저서 《인지적 기구-생각의 사회적 진화Cognitive Gadgets: The Cultural Evolution of Thinking》(2018)는 그에 대한 몇 가지 좋은 개선점을 제시하고 있다. 인간 마음의 능력과 비인간 동물의 마음의 능력 사이에는 큰 차이가 있는데 그런 차이는 우선 문화적으로 진화되었고 그다음에는 느린 유전적 반응이 뒤따랐다. 센터의 두 번째 연구원은 달렘 학술대회 연회에서 소문만 무성했던 유령, 니컬러스 험프리였다. 우리의 모험은 따로 서술할 가치가 충분하다.

~

런던에서의 첫 만남(16장 참조) 이후 닉과 나는 학술대회에서 긴 대화를 몇 번 나누었다. 곧 한 가지 사실이 분명해졌다. 대화를 나눔에 따라 의식에 관한 우리의 의견 차이가 천천히 모습을 드러냈지만 그런 차이에도—또는 바로 그 차이 때문에—우리가 평생의 지기가 되리라는 것이 말이다. 운 좋게도 닉과 내가 터프츠에 합류했던 초기에 우리가 계획한 프로젝트는 전혀 시작되지 못했다. 그 프로젝트는 '과학은 의식에 관해 무엇을 말해야 하는가'에 대한 다큐멘터리였다. 우리는 아넨베르크재단으로부터 짧은 시리즈의 프로그램을 만들 수 있는 잠정적 승인을 받았지만 지원금이 초라한 수준이라 도표 몇 개 등장하는 어설픈 저예산 강의 시리즈를 만드느니 그냥 포기하기로 했다. 결과적으로는 좋은 선택이었다. 의식의 핵심에 대한 우리의 의견 차이가 확고해지기만 하고 해결될 기미가 보이지 않았기 때문이다. 만약 우리가 텔레비전 시리즈를 만들어야 한다는 시간적 압박하에 있었다면 온갖 논쟁이 튀어나와 난관에 부딪쳤을 것이다. 생각만 해도 몸서리가 쳐진다.

다행스럽게도 우리 논의에서 또 다른 프로젝트가 부상했는데 그것은 다중인격장애multiple personality disorder, MPD 연구였다. 플로라 레타 슈라이버Flora Rheta Schreiber가 1973년에 쓴 책 《시빌Sybil》은 샐리 필드Sally Field가 주연한 영화(1976)로 유명해지며 진단 열풍의 방아쇠를 당겼고 수백 명의 소위 '다중 인격자'가 치료를 받았으며 의욕 넘치는 사람들의 진단 결과 그 수는 수천이 더 되는 것으로 추정되었다. 병의 원인은 거의 한결같이 어린 시절에 겪은 끔찍한 성적 학대인 것으로 기술되었다. 그 진단을 열성적으로 옹호하는 이가 있었던 반면에 똑같이 열성적으로 반박하는 이도 있었다. 이에 우리는 할 수 있다면 그 진상을 밝혀내기로 마음먹었다. 옹호자가 모두 변방의 통속심리학자인 것은 아니었다. 주요 의과대학을 나와서 정신의학을 전공으로 하는 교수도 있었다. 그들은 다중 인격이 — 회의론자들이 주장하는 것처럼 — 공유정신병(두 사람 또는 세 사람 이상이 동일한 망상이나 비이성적 믿음을 공유하는 현상)이 아니라 실제 있는 현상이라고 확신했다. 다중 인격은 미국정신의학협회가 편찬한《정신질환 진단 및 통계 매뉴얼Diagnostic and Statistical Manual of Mental Disorders》3판(DSM-III, 1980)에서 공식 질병으로 인정받았다. 그러나 1994년의 DSM-IV에서 해리성정체감장애dissociative identity disorder, DID로 명칭이 바뀌어 수록되었다.

닉과 나는 **자기(자신)**self 또는 **자아**ego가 몸의 장기가 아니고, 전통적으로 생각하듯 비물질적 영혼도 아니며, 뇌에서 일어나는 여러 힘과 과정이 조직되어 생긴 추상적인 **가상 기계**virtual machine라고 생각했다. 내가 말했다시피 자기란 서사의 무게 중심center of narrative gravity이다. 아마도 비정상적 다중 자아를 연구해 보면 정상적인 단일 자아에 대해 더 많이 배울 수 있을 것이다. 우리는 물론 다중 인격 환자를 만나고 그들과 교류하기를 간절히 원했지만 의료 기밀 문제를 해결하기가 매우 까다로웠다. 예를 들면 이런 식이다. '보조 인격'('주 인격'과 육체를 공유하는 다른 인격들)도 모두 동의서에 서명해야 하는가? 정신의학계의 몇몇 동료가 세심하게 협력해 준 덕분에 — 우리는 몇 명의 다중 인격자를(비록 그들의 치료사가 함께하는 공간에서이기는 하지만) 만날 수 있었다. 한 최면 치료사가 치료 시간에 녹화한 비디오테이프를 우리에게 보여주었다. 화면에는 측은해 보이는 가냘픈 젊은 여성이 몸을 벌벌 떨면서 웅크리고 앉아 있었다. 그러다가 갑자기 몸을 꼿꼿하게 세워 앉더니 크고 깊고 위협적인 목소리로 "나는 내가 원하면 언제든 그녀를 죽일 수 있어!"라고 말했다. 비디오 속 치료사는 그 충격으로 뒤로 물러났고 비디오를 보던 우리도 (마치 영화 〈엑소시스트〉에서 봤던 것처럼!) 치료사처럼 놀라서 뒤로 흠칫 물러났다. 우리는 여러 치료사 및 가족과 만났고 그들은 고통받는 이들에 대해 자세하게 설명해 주었다. 그렇지만 우리는 역사적으로 수백 년이 지나는 동안 짧은 명성을 얻었던, 자칭 심령술사의 강령술에서 느껴지던 외경심의 분위기 같은 것을 좀처럼 떨쳐버릴 수가 없었다. 정보원을 모욕하거나 도망가게 하지 않으면서도 사탄 의식처럼 당황스러운 이야기에 대한 의심을 탐구하려면 어떻게 해야 할까? 나는 내가 청소년이었을 적 청소년기의 과장된 성적 무용담을 부드럽게 다룰 때 사용했던 전술이 유용할 수 있음을 알았다. 회의감을 표시하지 말 것. 그 대신 환상 속에서 무시되는 세부 사항을 집요하게 캐물을 것. "이 사탄 의상 멋지다. 그런데 연습은 언제 했어? 역할 배정은 누가 했어? 의상은 직접 만들었어? 도대체 어디다 숨겨 놓았던 거야? 어지른 건 누가 치웠어?" 누군가 자신이 겪어 본 적이 없는 것에 관한 질문을 받고는 그때그때 즉석에서 답을 만들고 있다면 그걸 알아보는 건 그리 어려운 일이 아니다.

우리는 시카고에서 열렸던 제5회 다중 인격/해리성 상태 연례 학술대회에 참석했다. 집단적인 맹신이 어떻게 증폭되는지를 생생하게 볼 수 있었던, 그야말로 시야를 탁 트이게 해 준 행사였다. 나는 소규모 청중을 대상으로 하는 분과 세션 하나에 참여했는데 거기서 유명 의과대학 출신 정신의학과 교수가 자신이 치료 중인 세계적인 젊은 여성 테니스 스타에 대해 이야기했다. 청중은 그의 강연에 완전히 넋이 빠져 있었다. 그녀의 코치이기도 했던 부모는 그녀가 임신하도록 중매를 섰다. 사탄 숭배 무리에 속해 있던 부모는 그녀가 출산하면 사탄 숭배 의식에 따라 아기를 희생 제물로 바치려는 계획을 세우고 있었던 것이다! 그녀는 다시 국제토너먼트연맹전에 복귀했지만 MPD로 고통받고 있으며 발표 당시 그 교수가 치료를 맡고 있다고 했다. 의료 기밀에 대해 누구의 권리도 침해하지 않으면서 그 이야기가 사실인지 어떻게 확인할 수 있을까? 나는 한 가지 방법을 찾았다. 최고참 테니스 기자 버드 콜린스 Bud Collins에게 전화를 걸어 내 호기심의 원천에 관해서는 자세히 말하지 않은 채 젊은 여성 선수가 아무도 모르게 임신과 출산을 한 후 다시 출전해서 비교적 높은 순위로 올라가는 것이 가능한지 물었다. 그럴 가능성은 없다고 그는 대답했다. 세계 정상급 테니스 선수의 세계는 남자든 여자든 너무도 빽빽하게 연결되어 있고 선수의 건강과 몸 상태에 대해 다들 너무 궁금해할 뿐 아니라 정보도 많고 기자들 또한 아주 깊이 끼어들어서 무슨 일이 벌어지는지를 세세하게 캐고 있으므로 그런 일이 일어나기는 어렵다는 것이다. 어떤 선수가 1년 가까이 현장에 나타나지 않는다면 사람들은 거기에 강렬한 호기심을 보일 것이다. 이런 사정을 종합해 본다면 강연을 한 그 훌륭한 교수가 모든 것을 지어냈거나 적어도 극적인 효과를 위해 실제 사례를 엄청나게 윤색한 것임이 틀림없었다. 닉과 나는 그런 사례를 많이 보았다. 심지어 우리 자신도 그렇게 하고픈 유혹을 받았다. 우리는 이런저런 조사를 하고 관찰한 것을 메모했다. 차를 몰고 돌아오며 메모들을 비교해 볼 때면 우리 스스로가 내용을 과장하고 싶은 강렬한 충동을 느낀다는 것을 깨닫곤 했다. 왜 그랬을까? 우리 둘 다 뭔가 불안하고 섬뜩한 광경을 목격했다는 강한 확신이 들었고 그 경험을 제대로 전달하려면 우리가 본 것을 좀 더 극적으로 부각할 필요가 있다고 여겼기 때문이었다. 혹은 아마 우리가 인터뷰했던 이가 남을 능수능란하게 조종하는 능력을 지닌 탓에 우리도 어느새 그와 공범이 되었을지도 모른다는 잠재적 의구심이 그런 충동을 자극했을지도 모른다. 조사 대상과의 협동을 원한다면 그 사람이 인격을 표현하도록 도와주어야 한다. 곤란한 질문을 너무 많이 퍼붓는다면 보조 인격들은 그냥 '떠난다.'

일단 수집한 자료에 몰두하고 나니 우리가 찾은 것에 대한 분석이 철학자와 심리학자뿐 아니라 더 넓은 분야의 교양 있는 사람들에게도 흥미로울 것이라는 생각이 들었다. 그래서 나는《뉴욕 리뷰 오브 북스》의 편집자 바바라 엡스타인Barbara Epstein에게 전화를 걸어 우리가 집필 중인 원고 일부를 보내면 관심을 가지고 검토해 줄 수 있겠느냐고 물었다. 물론이죠. 그녀는 대답했고 우리는 그쪽의 독자층에 맞추어 글을 쓰고 다듬었다. 그녀에게 초고를 보냈더니 혼란스러운 편집상의 제안이 들어왔고 그에 대해 몇 가지 질문을 덧붙여 원고를 다시 보내면 비평이 아니라 그저 연막처럼 느껴지는 답변이 연달아 우리에게 돌아왔다. 그녀가 제기한 비판에 몇 번 더 해명을 시도하다가 번번이 실패한 후 결국 나와 닉은 뉴욕에 있는 그녀의 사무실에서 함께 이야기해 보기로 약속을 잡았다. 그러나 잘되지 않았다. 그녀는 척 보기에도 감정이 격해져 일관성 있는 대화를 이어나갈 수가 없었다. 그래서 우리는 몇 분 후 조용히 자리를 떴다. 《뉴욕 리뷰 오브 북스》가 우리 원고를 출판하지 않을 것이 분명해 보였으므로 우리는 그 글을 다른 곳에 출판했다.

우리는 우리 글에 깊은 불만—양쪽 입장 모두에서—을 품은 비평가들도 만났다. MPD는 단순히 의사에 의한 (의료적 원인으로 유발된) 일종의 증상 강화에 불과한 것일까 아니면 치료 공동체의 영향 없이도 발생할 수 있는 것일까? 우리는 특히, 어떻게 해서든 **야생의** 다중 인격자를, 그러니까 아직 열성적인 치료자의 유도적 질문을 받지 않은 상태의 환자를 만나 보고 싶었다. 어느 날 나는 우리에게 가장 많은 도움을 주었던 정보원인 니나 피시 머리Nina Fish Murray의 전화를 받았다. 머리는 나와 수십 년간 알고 지냈으며 하버드 의대 병원에서 환자를 보고 있었다. "당신이 바란 오염되지 않은 MPD 환자를 찾았습니다. 제가 방금 우리 병원에 무단으로 들어와 도움을 요청한 젊은 여성과 두어 시간 동안 인터뷰를 했는데요, 제가 그녀가 만난 첫 치료사라고 확신해요. 명백한 MPD 사례로 보여요. 이래도 되는지 윤리적으로 좀 불확실하긴 하지만 당신과 닉에게 그녀를 자연스러운 환경에서 만날 기회를 주고 싶네요. 당신들이 그녀에 대해 어떻게 생각하는지 보고 싶네요." 닉과 나는 곧 그 환자와 '병원과는 상관없이' 마주칠 방법을 열심히 고안했다. 그녀를 몰래 관찰하다 그녀가 평범한 사회적 상호 작용을 하면서 병증을 내보일 때 우리가 그것을 포착하는 방안을 고안한 것이다. 그러던 중 어디에 가면 그녀를 찾을 수 있는지를 들어 알게 되었다. 그녀는 워싱턴 스트리트 주변의 악명 높은 '작전 지대', 즉 환락가에서 일하는 미성년자 매춘부였다. 임무는 중단되었다. 나는 수전은 물론이고 센터에 자금을 제공하는 터프츠 연구 지원 사무국도 그런 석연치 않은 곳에서 현장 조사하는 일은 찬성하지 않을 것이라고 확신했다. 우리는 그 기회를 포기해야만 했다.

1990년에 닉과 나는 독일에 있었다. 빌레펠트에서 열린 마음과 뇌 워크숍에 참석했고 뇌전증을 비롯한 심각한 뇌장애 환자의 치료소로 유명한 베델재단도 방문했다. 그것은 일종의 외교적 임무였다. 우리는 히틀러가 그곳을 폐쇄하고 주민을 몰살하려 했음에도 용감하게 남아 그곳을 지킨 베델의 선량한 민중에게 경의를 표하러 갔다. 우리가 사무실에서 원장과 면담 중이었을 때 전화벨이 울렸다. 새로 온 여성 환자에 관한 통화였는데 통제 불능 상태에서 그녀가 본인과 다른 모두에게 위협적인 행동을 하고 있다는 것이었다. 면담은 잠시 중단되었다. 원장은 이에 대해 사과하고 그녀의 증상에 대해 간단히 이야기했다. 우리에게는 뚜렷한 MPD처럼 들렸으나 원장은 아직 그런 보고를 들어본 적이 없고—흥미롭게도—그녀는 외딴 산골 마을 출신의 문맹인 젊은 여성이어서 《시빌》이나 《이브의 세 얼굴The Three Faces of Eve》 또는 다른 MPD 밈에 대해 전혀 들어본 적이 없을 것이 분명했다. 우리는 원장에게 우리의 관심사를 설명했고 원장은 그녀가 진정되는 대로 통역사와 함께 하는 자리를 만들어 우리가 그녀에게 질문할 기회를 주겠다고 했다. 아아, 그러나 인터뷰를 하기도 전에 그녀는 수술 불가능한 뇌종양으로 사망했다. 그러한 연유로 우리는 그 상태—완벽하게 실재하는 고통—가 지배적 밈권memosphere을 통해 제공된 암시에 어느 정도나 의존하는지 지금껏 확신하지 못하고 있다.

1980년대에 사탄 숭배 집단이 MPD를 과장하며 만든 사건의 여파는 시사적이었다. 관련 연례 회의는 없어졌고 일부 치료사는 의료 과

실로 소송을 당해 패소하거나 벌금을 받거나 면허를 박탈당했다. 최근 DID에 관한 자료들을 숙독한 결과 이를 둘러싼 논쟁이 아직도 끓어오르고 있음을 알 수 있었는데 이는 전문 치료사조차도 선정적인—**어쩌면** 전혀 일어나지 않았을 수도 있는—학대 이야기에 민감하다는 점을 고려하면 놀라운 일이 아니다. 한동안 열성적 신자로 구성된 어떤 그룹이 《우리 자아들을 위한 담화Speaking for Our Selves》, 줄여서 《S4OS》라는 제목의 소식지를 만들었다. 다중 인격자들이 직접 글과 예술 작품을 기고해 서로에게 보여 주려고 복사기로 복사하여 스테이플러로 찍은 소식지이다. 그 안의 많은 이야기는 감동적이고 때로는 익살스럽기도 했다. 한 필자는 자신에게 다중인격장애가 있다는 사실을 받아들이지 않았으나 자신의 보조 인격 중 하나가 다른 치료사의 치료를 받고 있다는 사실을 알게 되자 비로소 진단을 인정했다고 말했다! 닉과 나는 그 소식지의 제목이 그들의 상태를 나타내는 뛰어난 개요라고 생각했고 이를 우리 논문의 제목으로 채택했다. 일부 비판자는 우리가 문헌에 넘쳐나는 수많은 사례에 대해 회의적이라는 사실에 충격을 받았고 또 다른 일부 비판자는 우리가 전체 현상을 오진과 의료 과실에 따른 기이한 집단 감염이라고 명백히 묵살해 버리지 않았다는 사실에 충격을 받았다. 우리는 우리가 정곡을 찔렀다고 생각한다. 다중 인격은 정말로 고통을 주는 실재하는 상태이지만 강력하고도 다양한 사회적 영향에 의해 조장된다.

그 무렵 영국의 신경생물학자이자 과학커뮤니케이터인 콜린 블레이크모어Colin Blakemore가 마음에 관한 텔레비전 다큐멘터리 시리즈를 구성하면서 닉과 나에게 참여해 달라고 요청했다. 그러나 우리가 MPD를 포함하고 싶다고 말했을 때 그는 MPD는 형이상학적 쓰레기라고 주장하며 격렬하게 이의를 제기했다. 나는 그에게 그가 **산수**에서 실수를 저지르고 있다고 대꾸했다. 산수? 무슨 말이냐고? "뇌 하나당 **하나의** 자아가 있다는 것에는 문제가 없다고 당신은 생각합니다. 그런데 둘이

나 셋, 넷은 왜 그보다 수상쩍다고 취급되어야 할까요?" 그는 요점을 이해했지만 다큐멘터리에서 그 주제를 다루는 것은 거부했다.

닉이 센터에 처음 왔을 때 그는 내 논문의 별쇄본을 보았다. 거기에는 '줄리 크리스티[130] 문제'[131]를 들어 AI 선구자 앨런 뉴얼의 주장에 의문을 표하는 질문이 들어 있었다. 앨런은 컴퓨터 시스템을 위한 의미론적 이론을 주장했는데 그 이론은 컴퓨터 내부 상태와 수에 대해서는 잘 작동하지만 그 외의 것에 대해서는 그만큼 잘 작동하지 않았다. 뉴얼의 이론에 따르면 어떤 코드 줄이 서브루틴이라면 그 줄을 실행했을 때 서브루틴이 호출되어야 하고 '$\sqrt{9}$'라고 쓴다면 프로그램은 3에 '접근' 권한을 부여해야 한다. 나는 다음과 같이 썼다.

> 그러나 물론 진짜 문제는 '지시'는 그렇게 작동하지 않는다는 것이다. 만약 그것이 지시의 전부라면 내가 줄리 크리스티 문제라고 부르는 것에 대해 우리는 뭐라고 말할 수 있을까? 나는 줄리 크리스티를 가리키는 매우 좋은, 물리적으로 예화된 상징을 가지고 있다. 나는 그 상징이 그녀를 지시한다는 것을 알고 정말로 그녀를 지정한다는 것도 안다. 그러나 그것은 뉴얼 교수가 기술하는 두 조건 중 그 어떤 것도 지니지 않은 것처럼 보인다. 슬프게도.

---

130 줄리 크리스티Julie Christie는 1960~1970년대에 할리우드와 영국 영화계에서 맹활약한 영국 여성 배우이다. 우아한 외모와 좋은 연기로 많은 사랑을 받았다. 대표작으로 〈닥터 지바고Doctor Zhivago〉(1965)가 있다.

131 '줄리 크리스티 문제'는 기호(상징)와 지시의 관계를 설명하기 위해 든 예시이다. 데닛은 자신이 줄리 크리스티를 가리키는 기호를 가지고 있으며 그것이 실제로 그녀를 지시한다고 확신하지만 앨런 뉴얼이 제시한 두 가지 조건(기호가 대상을 '지정'해야 하고, 실제 세계의 대상을 '지시'해야 한다)을 충족하지 않는다고 지적한다. 이 문제는 우리가 특정 인물을 동일하게 인식한다고 믿는 과정이 단순한 형식적 조건으로 설명되지 않음을 보여 주며 상징의 형식적 조건만으로는 실제 인지적 지시성을 완전히 설명할 수 없다는 비판과 함께 기호가 어떻게 세계 속 특정 대상을 '정말로' 가리키는가 하는 의미론적, 인지과학적 난점을 드러내 준다.

문제는 내가 아무리 자주 '줄리 크리스티'라고 말하거나 생각해도 실제로 그녀에게 접근할 수는 없다는 것이다! 닉은 내 별쇄본의 복사본을 줄리 크리스티에게 보내도 될지 물었다. 물론 그녀는 닉의 소중한 친구였다. 당연하죠. 나는 대답했다. 언젠가 그것이 정말로 줄리 크리스티에게 내가 접근할 기회를 주길 바라면서. 뉴얼이 옳았을 수도 있으니까! 결국 줄리 크리스티는 나에게 멋진 크리스마스 카드를 보냈고 나는 그것으로 충분했다. 앨런 뉴얼의 이론은 안타깝게도 제대로 작동하지 않았다.

래리 베이스크란츠Larry Weiskrantz의 연구실에서 맹시blindsight를 발견한 사람은 닉이었다. 한번은 우리가 시각 피질이 제거된, 헬렌이라는 이름의 원숭이를 찍은 닉의 영상을 영장류학자를 포함해 대규모 심리학자 청중 앞에서 상영했다. 우리는 청중에게 헬렌에게서 뭔가 자연스럽지 못한 점을 찾을 수 있겠냐고 질문했다. 헬렌은 장애물이 있는 미로를 자신 있게 지나가며 하얀 바닥에 놓인 건포도나 초콜릿을 주워 먹었는데 그러는 동안 아무것에도 부딪치지 않았다. 어떤 사람이 헬렌이 보여 준 반복 행동에 주목하기는 했다. 헬렌이 건포도처럼 보이게 만든 검은 테이프를 주우려고 여러 번 시도하다가 결국 실패한 것이다. 그러나 아무도 진실은 알지 못했다. 헬렌이 시각 피질이 제거되어 시력을 상실한 상태라는 사실을 말이다.

닉은 영국의 일류 과학 학술지 《네이처》에 많은 논문을 실었으므로 의심할 바 없는 위상 높은 과학자다. 한편으로 그는 문학과 역사를 깊이 사랑하고 박식해서 언제나 셰익스피어를 비롯하여 과거의 위대한 사상가의 문장을 완벽하게 인용할 준비가 된 사람이었다. 닉은 기명 논평란에 셰익스피어와 뉴턴을 비교하는 놀라운 글을 썼다. "셰익스피어나 초서, 모차르트 같은 사람이 없었다면 우리는 단 한 번뿐인 인간 마음이 만든 임의적 창조물을 잃을 것이다. 뉴턴이나 다윈, 아인슈타인이 없었다면 보편적인 마음이 다시 만들 수 있는 것만 잃을 것이다."

22

이탈리안 커넥션, 그 후폭풍

북부 이탈리아의 코모호수는 Y자처럼 생겼다. 하나의 큰 줄기가 북쪽의 알프스를 향해 있으므로 북쪽을 위쪽으로 생각한다면 거꾸로 된 Y자라고 할 수 있다. Y자의 골짜기에 형성된 반도 위에 아름다운 언덕이 있고 언덕 아래쪽에는 벨라지오라는 마을이 있다. 언덕 꼭대기 전체는 '빌라 세르벨로니', 즉 록펠러재단 벨라지오센터에 속한다.

부동산 중개인이 늘 외는 주문 "첫째도 위치요, 둘째도 위치요, 셋째도 위치이다"를 떠올리면 빌라 세르벨로니는 세계 최고의 부동산임이 틀림없다. 호수의 세 갈래 물줄기와 알프스, 코모호수를 둘러싼 아름다운 빌라와 마을이 한눈에 들어오는 숨이 멎을 듯한 풍광이 있으니까. 록펠러재단은 이 부동산을 자연 상태 그대로 유지하고 있어 그곳에는 언제나 방문연구원보다 정원사들이 더 많이 상주하고 있을 것이다. 그곳은 또 다른 형태의 학문적 천국이지만 나는 출입이 금지되어 있는데 내가 거기서 뭔가 끔찍한 짓을 했기 때문이 아니라 그곳이 너무 훌륭한 나머지 체류 제한 규칙이 있기 때문이다. 규칙은 이렇다. 그곳에서 연구원 생활을 한 번 하고 나면 10년 내로는 다시 올 수 없고 10년이 지나 두 번째 연구원 생활을 또 하고 나면 세 번째부터는 아예 신청조차 할 수 없다. 나는 운 좋게도 2주 동안의 워크숍에 참석하고 두 달간 방문연구원으로 지낼 수 있었다. 그러니까 그 유명한 학술 궁전에서 보낼 수 있는 시간을 다 보냈다고 할 수 있다. 내가 처음 그곳에 간 것은 '사건 관련 전위' 워크숍에 참석하기 위해서였다. 사건 관련 전위란 비침습적 뇌전도 검사법을 사용하여 기록된 뇌파를 말한다. 워크숍은 그 분야의 선도적 인물인 에마누엘 돈친Emanuel Donchin이 조직했고 나의 친구 폴과 퍼트리샤 처칠랜드, 지금은 산타페연구소에 있는 크리스 우드Chris Wood가 참석했다. 그러나 이 빌라 세르벨로니의 첫 방문은 내게 코모호수에서 있었던 가장 중요한 만남은 아니었다.

1985년 4월 인지신경심리학자 앤서니 마르셀Anthony Marcel과 에도아르도 비시아크Edoardo Bisiach는 코모호수의 빌라 올모에서—빌라 세르벨로니가 아니라 코모호숫가이다—의식을 연구하는 모임을 조직했다. 그 모임의 참여자 중 일부는 이미 나의 좋은 친구들(리처드 그레고리, 마이클 가자니가Michael Gazzaniga, 래리 베이스크란츠)이었고 나는 거기서 팀 샬리스Tim Shallice, 필립 존슨-레어드Philip Johnson-Laird, 그리고 특히 마르셀 킨스부른을 알게 되었다. 논문 발표와 토론의 날이 대엿새 정도 지나자 한 가지 패턴이 생겨났다. 우리의 흥미를 돋우는 다양한 의식적 병리—맹시, 편측무시hemineglect, 캡그라스 망상Capgras delusion(사랑하는 사람이 사기꾼으로 바뀌었다고 굳게 믿는 것), 안톤 증후군Anton's syndrome(자신이 맹인임을 인식하지 못하는 것), 코르사코프 증후군Korsakoff's syndrome(화려한 이야기를 지어내는 기억상실증, 대개 알코올 중독의 결과로 나타난다)—에 대한 활발한 논의가 있었다. 나는 누군가가 이런 저런 실험을 해 볼 생각을 하지는 않았는지 물어보았고 아무도 그럴 생각은 못 했다는 것을 알았다. 킨스부른은 내게 자신이 회진을 돌 때 같이 다니자고 강력하게 권하며 내가 직접 사례들을 보고 내 아이디어 중 일부를 시도해 보라고 했다. 나는 그 제안이 너무 반가워서 재빨리 응했고 그 이후로 우리는 협업을 지속하게 되었다.

코모 회의에서 발표한 논문 〈감각질을 콰인하기Quining Qualia〉는 내가 몇 년 동안 여러 차례 해 온 강연의 가장 최신 버전이었다. 여기서 나는 철학자가 잘못 정의하고 잘못 개념 지은 감각질, 즉 **경험의 주관적 속성**을 우리가 왜 받아들여서는 안 되는지를 보여 주기 위한 14가지 직관펌프 모음을 제시했다. 경험의 주관적 속성이라는 말은 모호하다. 경험 **속에 표상되는** 속성을 일컫는 것인가 아니면 경험 속 표상을 뒷받침하는 뇌 속 무언가의 속성을 일컫는 것인가? 로크와 흄이 인상과 관념에 대해 처음 이야기한 이후로 수 세기 동안 대부분의 사람이 후자라고 생각해 왔다. 파란색이라는 당신의 관념은 어떤 면에서 정말 **파란가** 아니면 (이 문장에 여러 번 등장한 '파랑'이라는 단어처럼) 파랗지 않으면서도 파랑을 표상하고 있을 뿐인가? 감각질이라는 아이디어가 직관에 저항할 수 없는 매력을 지님에도 철학자의 다양한 감각질 개념에 반대하는 나의 캠페인은 천천히 지지자를 모으며 계속되고 있다. (**물론** 무언가가 반직관적임을 성찰하는 것이 여기서 중요한 열쇠가 될 수도 있다. 만약 심신 문제에 대한 직관적 해결책이라는 것이 존재했다면 수십 년 전에 이미 발견되었을 것이다.)

마르셀 킨스부른은 정말 보기 드물게 비상한 사람이다. 그는 의사(소아신경과)이고 신경심리학자이며 자신이 무언가를 안다고 생각하는 사람들의 자기 만족적 전제를 뒤집어 엎는 것을 좋아하는 건설적인 반골이다. 또한 (MRI 영상을 스캔하여 뇌 손상 부위를 볼 수 있게 되기 전의) 전통적인 방식으로도 뛰어나게 진단하는 사람이며 마음을 탐험하는 내 평생에 걸친 탐구를 안내해 준 주요 길잡이 중 한 명이다. (그는 어렸을 때 영화에서 어린 무솔리니를 연기하기도 했는데 그 영화는 《겁쟁이 카이사르Yellow Caesar》로 전쟁 중 런던에서 제작되었다. 영화에서 그는 교실 구석에서 바보 모자[132]를 쓰고 뿌루퉁한 표정을 하고 있다.) 매사추세츠 종합병원과 보스턴 VA병원(재향군인병원)에서 내가 그의 회진을 따라다닐 때 그는 자신의 많은 요령(진단 요령, 설득 요령 등)을 내게 가르치는 것을 무척 즐겼다. 한 가지 예를 들면 이런 것이다. 놀라운 실험적 발견을 말할 때 시작부터 그 사실을 불쑥 내뱉지 마라. 그 대신에 그 발견을 중립적 용어로 묘사하고 청중에게 먼저 결과가 어떠하리라고 생각하는지 물어—거수 표결 형식으로—확인하라. 그렇게 하면 당신이 찾아낸 것을 청중에게 보여 줄 때 그들이 "그것쯤은 다들 알고 있어요!"라든가 "당연히 저도 그렇게 예측했죠!" 하며 당신을 무시할 수 없다.

우리는 편측무시, 코르사코프 증후군, 투렛 증후군Tourette's syndrome, 뇌성 색맹(뇌 손상으로 인한 색맹), 브로카 실어증Broca's aphasia, 베르니케 실어증Wernicke's aphasia, 그 외 증상을 보이는 환자 회진을 함께 돌았다. 거기서 내가 얻은 교훈 중 하나는 환자들이 단 하나의 질환, 단 하나의 명백한 장애만으로 괴로워하는 경우는 거의 없다는 것이다. 일반적으로 환자의 증상을 명확하게 드러내려면 신중하게 선택된 전략적 강조가 필요하다. 여기에 흥미로우면서도 괴로운 아이러니가 있다. 과거에는 '고高SES(사회경제적 지위socioeconomic-status가 높은 사람)', 즉 변호사, 의사, 과학자, 교육자, 기업 대표 등이 뇌졸중으로 고생하는 경우가 많았다. 그러나 요즘은 새로운 진단 도구와 치료법이 많이 생겼기 때문에 그 병에 대해 잘 아는 사람은 현명하게도 혈압약을 복용하여 뇌졸중을 피했으므로 그런 계층에서 환자 인구가 많이 감소했다. 지금 병원에서 만나는 뇌졸중 환자는 대부분 노숙자나 알코올 중독자이고 문맹도 종종 있다. 따라서 환자가 진단을 위한 간단한 과제를 완료하지 못할 때 그 실패가 환자의 뇌졸중에 의한 것인지 아니면 능력과 이해력에 따른 장기적 문제가 드러난 것인지 판단하기 어렵다.

회진을 돌 때 나는 흰 가운을 입은 적이 없고 나 자신을 의사라고

---

132 학습 진도를 못 따라오거나 게으른 학생에게 일종의 벌의 의미로 씌우던 원뿔 모양 모자다.

소개한 적도 없건만 환자와 환자 가족들은 그런 단서를 다 잊고는 내가 제공한 모든 도움에 대해 누누이 감사를 표했다. 나는 끊임없이 내게 상기시켰다. 나는 지금 특권적 시각으로 개인적 고통에 시달리는 사람들을 지켜보고 있다고. 단지 내 호기심을 충족하려고 그들의 삶에 간섭하지 않게 극도로 조심해야 한다고. 그래도 나는 탐구를 위한 제안을 했고 결실을 거둔 적도 있었다. 특히 눈이 손상되지 않았음에도 자신의 시각적 지각을 전혀 이해하지 못하는 **동시실인증**simultanagnosia을 앓는 한 젊은 남자가 기억난다. 나는 그의 문제가 사물을 상상하는 그의 능력에도 영향을 주지 않을까 생각했다. 그래서 나는 누가 봐도 이상한 아주 짧은 이야기를 지어냈다. 톰은 개의 목줄을 나무에 묶고 컨버터블에 올라타 운전했다. 그의 개가 뒷좌석으로 뛰어 올랐다…… 그다음엔 무슨 일이 일어났을까? 톰은 스키를 타러 갔다. 그는 스키 부츠를 신고 스키를 장착한 후에 바지를 입었다…… 연못에는 톰의 노 젓는 작은 조각배가 있는데 톰이 없을 때면 다른 사람들이 무단으로 계속 배를 사용해서 그는 기발한 생각을 했다. 그가 배에 타 노를 저어 연못 한가운데의 섬으로 가 배를 그곳에 두고 다른 사람이 배를 사용하지 못하게 만드는 것이다. 그러고 나서 그는 집으로 돌아온다…… 내 예상대로 그 환자는 나의 이런 짧은 이야기를 세부적인 것까지 잘 반복해서 말할 수 있었음에도 그 이야기들에서 잘못된 점이나 충격적인 부분을 전혀 알아채지 못했다. 이해력을 나타내는 어떤 측도를 도출하기 위해 항상 뇌 스캐너나 반응 시간 측정 실험 등이 필요한 것은 아니다.

혐오감에 지쳐 악순환 모임(18장 참조)을 떠나고 나서 몇 년 동안 나는 단 네 명으로 구성된 새롭고 더 건설적인 토론 모임을 시작하기로 했다. 멤버는 이렇다. 닉 험프리, 마르셀 킨스부른, 레이 재킨도프(당시에는 브랜다이스대학교에 있다가 나중에 터프츠에서 나의 동료가 된 언어학자), 나. 우리는 처음에 레이의 집에서 모였다. 각자의 의제와 능력은 서로 달랐으나 우리는 대개 서로를 깨우치며 발전을 이룰 수 있었다.

나의 1991년 책《의식의 수수께끼를 풀다》는 그들에게 헌정한 것이며 그보다 더 진심으로 책을 헌정한 적은 없었다. 우리가 서로에 대해 더 잘 알게 되는 동안 나는 의식에 대한 국제 워크숍에 참석함으로써 우리의 지평을 넓힐 때가 무르익었다고 판단했다. 국제 워크숍? 물론 빌라 세르벨로니의 워크숍을 말하는 것이었다. 달리 어디였겠는가?

벨라지오 워크숍의 참석 인원은 한정되어 있었으므로 경쟁이 치열했고 록펠러재단은 자금 부족을 겪고 있었으며 무명의 사상가와 예술가를 지원한다는 칭찬할 만한 정책을 실시하고 있었다. 우리 네 명은 가질 것은 다 가진 학자였고 나의 최종 동반 참가자 목록에 오른 인사—시애틀의 신경과학자 윌리엄 캘빈William Calvin, 빌라 올모 학술대회 조직자인 토니 마르셀Tony Marcel과 에도아르드도 비시아크, 철학자였으나 서섹스대학교에서 AI 연구원으로 변신한 아론 슬로만Aaron Sloman—역시 과학자로서 잘 배려받고 있었다. 나는 도발적인 신청서를 제출했다. 참가자들이 학술대회 논집을 만드는 데 참여하지 **않을** 것이라고. 학술대회 논집에는 시간과 에너지가 낭비되기 때문이다. 워크숍이 성공한다면 모든 참가자의 독립적인 후속 작업이 워크숍 덕이므로 참가자가 받은 지원을 정당화하는 것 이상의 결과를 얻게 될 것이다. 게다가 나는 참가자 중 킨스부른과 내가 일주일의 워크숍을 마친 후 중요한 논문을 완성할 저자로서 그곳에 한 달간 머물러야 한다고 제안했다.

나는 신청서에 한 문단을 덧붙였다. 나는 그 부분이 그저 역사적 배경 정도라고 생각했는데 선정위원회에게는 그 점이 결정적으로 작용한 것으로 나중에 밝혀졌다. 몇 년 전 빌라 세르벨로니는 두 저명한 작가—과학철학자 카를 포퍼 경과 신경과학자 존 에클스 경—을 초대하여 그곳에 머무르며 의식과 뇌에 관한 책을 쓰게 한 적이 있었다. 존 에클스 경은 오스트레일리아의 신경과학자로 시냅스(한 뉴런이 다른 뉴런에게 신호를 보낼 때 신경 전달 물질 분자가 건너가는 뉴런 사이의 틈을 말한다)에 대한 연구로 노벨상을 수상한 인물이며 신경과학자 사이에서는 드물게도 노골적인 이원론자였다. 가톨릭 환경에서 양육된 과거가 아마도 그의 믿음에 주요하게 작용했을 것이다. 1952년 라일이 《마음의 개념》(1949)을 출판하고 얼마 되지 않아 에클스는 옥스퍼드에서 웨인플리트 강연을 했다. 거기에는 라일(철학과 웨인플리트 석좌교수)도 참석했다. 에클스는 라일의 환심을 사기 위해 뇌는 강력한 극장 오르간[133] 같은 것이고 시냅스가 건반이어서 마음—'라일 교수의 우아한 용어'를 빌면 **기계 속의 유령**—이 섬세하게 누를 수 있는 것이라고 묘사했다! 과학자가 철학자를 그렇게까지 심하게 오해하는 경우는 거의 없다. 포퍼도 이원론자였고 그 둘은 틀림없이 빌라 세르벨로니의 아름다운 정원 안에서 서로를 부추기며 즐거운 시간을 보냈을 것이다. 그들의 저서 《자아와 그 뇌-상호작용주의를 위한 논증The Self and Its Brain: An Argument for Interactionism》(1977)은 아마도 이 주제에 대해 저명한 사상가가 쓴 최악의 책일 것이다. 이 책에서 그들은 젠체하는 의견을 나열하고 자신들이 논의하는 주제를 잘못 특징짓고 있다. 한마디로 제대로 구성되지 못한 뒤죽박죽의 향연이다. (그 책에 대한 나의 서평을 보라. 아마도 내가 쓴 글 중 가장 가혹한 것일 수도 있지만 충분히 그럴 만하다.) 나는 빌라 세르벨로니가 그 개탄스러운 책이 세상에 나오는 데 주요한 역할을 했다는 사실을 언급하기로 결심했다. 우리의 워크숍이 포퍼와 에클스의 책을 잊어 마땅한 것으로 만드는 결과물을 내놓는다면 빌라의 문장紋章에 묻은 그 오점을 지울 수 있을 것이라고 제안했다! 공교롭게도 선정위원 중 한 명이 그 오점에 대해 수년 동안 조용하게 분노해 왔기

---

133 라일은 데카르트의 이원론을 비판하며 데카르트의 심신철학이 인간의 정신을 극장에서 화면을 감상하는 관객처럼 설정하는 오류를 범했다고 지적한다. 따라서 데카르트가 뇌를 마치 '극장 기관organ'처럼 만들었다는 비판의 맥락에서 라일은 이 단어를 사용한 것이다. 그런데 에클스는 'organ'을 악기 오르간으로 사용했고 그에 맞게 (그러나 라일의 원래 의미와는 아주 다르게) 그다음 이야기들을 꾸며 넣을 수밖에 없었던 것이다. 물론 '기계 속의 유령'도 라일이 비판의 맥락에서 만든 말이다.

에 그 책의 해독제를 만들겠노라는 나의 제안이 그를 완전히 설득했다.

나의 작은 역사적 언급이 그의 예민한 곳을 건드렸는지 내 신청서가 채택되었다. 그 덕분에 두 건의 중요한 결과물이 나왔다. 나와 킨스부른이 공동 집필한 논문 〈시간과 관찰자-뇌 속에서 의식은 어디에서, 언제 존재하는가Time and the Observer: The Where and When of Consciousness in the Brain〉(1992) 는 《신경과학과 뇌과학》의 표적 논문이 되었다. 그리고 우리가 발전시킨 모형을 정교하게 다듬은 책 《의식의 수수께끼를 풀다》가 나왔다. 〈시간과 관찰자〉가 '올해의 철학 논문' 10편 중 하나로 뽑혀서 나는 매우 기뻤다. 그것은 분명히 철학자가 좀 더 학제 간적 환경에서도 경력을 쌓는 길이 열리고 있음을 보여 주는 징후였다.

~

이탈리아 북쪽의 산마리노는 육지로 둘러싸인 공화국인데 바티칸 시국과 모나코보다는 크고 리히텐슈타인보다는 작다. 이 나라에는 꼭대기에 성이 있는 산, 몬테 티타노로 유명하다. 몬테 티타노에서 몇 마일 떨어진 곳에 있는 아드리아해안은 가끔 '독일 로티세리[134]'라고 불린다(여름이면 일광욕을 하러 온 독일 관광객으로 해변이 매우 붐빈다). 해변에서 산마리노까지의 당일 여행은 질 낮은 예술품과 기념품을 파는 수십 개의 가게가 있는 중세 버전의 코니 아일랜드[135]로 놀러 가는 것과 비슷하다. 나도 자전거 벨과 편리한 맥주 캔 홀더가 달린 지팡이에 잠시 혹했다. 적절한 시기에 방문하면 그림 같은 성의 고풍스러운 분위기를 그대로 살린 국제석궁선수권대회도 볼 수 있다. 1980년대 후반에 산

---

134 로티세리는 육류를 쇠꼬챙이에 끼워 돌려 가며 굽는 요리 기구이다.

135 코니 아일랜드는 20세기 초까지 미국의 가장 인기 있는 유원지였다. 그러나 1930년대부터 계속 이어진 악재(대공황, 제2차 세계대전, 시설 노후화, 범죄 증가 등)으로 계속 내리막길을 걸었으며 지금은 (운영은 되고 있지만) '쇠락한 유원지'를 뜻하는 관용구처럼 사용된다.

마리노 정부는 더 많은 관광객을 유치하려고 카지노를 건설하려 했지만 이탈리아와 이 혁신적 계획을 조율하는 데는 소홀했다. 일단 카지노가 건설되고 개업하자 이탈리아 당국은 국경의 여권 심사 속도를 굼벵이처럼 늦추었고 그러는 통에 예비 도박꾼들은 카지노로 가는 언덕길을 올라가기 위해 더위 속에서 먼지투성이가 된 채 하염없이 기다려야만 했다. 결국 산마리노는 또 다른 몬테카를로가 되려는 시도를 잠시 포기했고 남은 것은 새롭지만 텅 빈 카지노뿐이었다.

근처의 볼로냐대학교에 있던 움베르토 에코Umberto Eco가 묘수를 고안했다. 말할 것도 없이 그는 이탈리아의 대학교 체계의 혼란과 부패에 크게 실망한 인물이었고 그에 대해 해적처럼 대응을 하기로 마음먹었다. 그는 산마리노에 대학을 설립하는 일을 추진했으며 카지노를 차지하여 세계적 수준의 학자들을 국제 워크숍에 끌어들임으로써 이탈리아의 학생과 연구자를 흡수했다. 이는 또한 햇병아리 연구기관의 자격 인증서가 지닌 권위를 격상했고 결국 이런저런 형태의 원격 수업이 가능해졌다. (그때 이메일은 있었지만 인터넷은 아직 실질적으로 보급되지는 않았다.) 나는 그가 '라디오 룩셈베르크'와 '오픈 유니버시티'라는 유럽의 두 위대한 혁신에서 영감을 얻었으리라고 생각한다. 라디오 룩셈베르크는 1973년까지는 상업 라디오를 불법으로 규정했던 영국에 대중음악과 광고 전파를 쏘아 보냈다. 영국의 오픈 유니버시티는 말 그대로 열린 대학으로 1969년에 개교한 이래 200만 명이 넘는 학생을 가르쳤다. 이 기획은 악명 높은 '11+ 시험'의 끔찍한 효과를 바로잡기 위한 훌륭한 시도였다. 11+ 시험은 11세 내지 12세 아이가 국가 시험을 보게 하여 그 점수를 바탕으로 아이를 고등 교육을 받을 반으로 보낼지, 노동자가 될 반으로 보낼지 결정하는 제도인데 제2차 세계대전 후 30년 동안이나 유지되었다. 오픈 유니버시티는 BBC 텔레비전 채널을 이용하여 아침부터 늦은 밤까지 많은 주제에 대해 양질의 대학 수준 강의를 제공했고 이를 위해 수천 명의 교수와 수업 조교, 시험관을 고용했다.

더욱 중요한 것은 원격 수업의 위력을 실증하고 향상했다는 것이다. 오픈 유니버시티의 졸업생은 전통적인 대학을 나온 학생과 같거나 더 나은 경력을 쌓아 나갔다. (나는 꽤 오랫동안 영국을 방문할 때면 일찍 일어나서 텔레비전을 틀어 우수한 물리 및 화학 강의를 시청하곤 했다. 정식으로 등록하고 시험을 보고 졸업을 한 학생 외에도 오픈 유니버시티는 나처럼 그저 어깨너머로 구경만 하는 수백만 명의 지식도 확장해 주었다.)

건물 하나로만 이루어진 산마리노대학교는 1988년 에코의 첫 워크숍을, 그에 걸맞은 학술적 팡파르를 울리며 개최했고 그에 이어 일련의 학술대회가 열렸다. 내가 받은 첫 초청장은 1989년에 도착했는데 1990년에 일주일간 산마리노에 머물러 달라는 것이었다. 마침 그쯤이면 우리는 마음과 뇌에 관한 페터 비에리Peter Bieri의 워크숍(34장 참조) 때문에 독일의 빌레펠트에 있게 될 터였다. 나는 에코의 소설《장미의 이름The Name of the Rose》을 읽었고 그 작품이 마음에 들었기에 초청에 응했다. 그 후 나는 빌레펠트 워크숍에서 그의 최신 소설《푸코의 진자Foucault's Pendulum》를 읽었는데 그 책은 너무 싫어서 방 저쪽으로 멀리 던져 버렸다. 회상하면 그런 경험은 그때가 유일했다. 에코는 고대 아르카나, 즉 신비한 지식(수 세기 전의 헛소리는 지금에 와서도 헛소리다)을 온화하게 수용하고 있었는데 그의 수용치가 내가 견딜 수 있는 한도를 뛰어넘었기에 수전과 내가 렌터카를 타고 산마리노로 향하고 있을 때조차도 내가 그 학술대회를 즐기게 될 줄은 상상조차 하지 못했다.

나를 불안하게 만든 또 다른 원인은 우리의 재정 상태였다. 우리는 크리스마스에 돈을 펑펑 썼다. 아이들이 비행기를 타고 와 우리와 함께 파리에서 일주일을 보냈고 그다음 일주일은 제르마트에서 스키를 탔다. 제르마트의 호텔에서 요금을 지불하고 막 떠나려던 순간 미국에서 연락이 왔다. 그해 매사추세츠의 우리 집을 1년간 임대한 부부가 임대료를 내지 않고 도망쳤다는 것이었다. 우리는 바로 그 임대료를 유럽 여행 자금으로 쓰려고 계획했는데 말이다. 알프스를 관통하는 심플론 터널에 도착할 때까지 우리는 우리가 얼마나 취약한 상태인지를 인정하지 못했다. 그러나 터널 앞에 도착했을 때는 어쩔 수 없이 절감했다. 터널을 통과하려면 통행료를 내야 하는데 통행료로 지불할 현금이 없었다! 마지막으로 차에 연료를 가득 채웠을 때 우리는 신용카드를 최대치로 사용했다. 나는 절망에 가득 차서 갓길에 차를 세우고 차 바닥의 매트를 들어 보았다. 아니나 다를까 여러 나라의 동전이 몇 개 보였다. 우리가 가진 현금에 그 동전들까지 합하면 통행료를 지불하기에 충분했고 동전이 약간 남기까지 했다. 산마리노에 도착해서 학술대회 관계자에게 내가 제일 먼저 물어본 것은 저녁 식사가 제공되는가였다. "됩니다." 참가 사례금을 그다음 날 현금으로 받을 수 있는지도 물었다. "그렇습니다." **휴!** 우리는 저녁을 먹은 후 시내를 산책했고 남은 현금을 모두 털어 엽서 두 장을 샀다. (엽서를 부치려면 우표도 사야 하는데 우표까지 살 돈은 없었다.)

알고 보니 움베르토 에코는 유쾌한 사람이었다. 또한 믿을 수 없을 정도로 박식하고 자신의 방대한 지식을 우아하게 사용할 줄 알며 다른 사람들의 아이디어에 강한 관심을 가질 뿐 아니라 재미있는 이야기와 관찰 결과를 입심 좋게 풀어 놓는 사람이었다. 어떤 화제건 그는 핵심이 되는 요소 및 문제를 즉석에서 파악하는 것 같았고 대화할 때면 종종 거기에 더해 놀라운 통찰을 딱 맞게 제시하곤 했다. 내가 이미 출판한 의식에 관한 논의들을 그가 '이해했다'는 것을 알고 기뻐했던 기억이 난다. 그의 이해도는 꽤 깊어서 회의에서 내가 의식에 관해 이야기하거나 취침 시간이 훨씬 지난 늦은 밤까지 밀도 높은 토론을 이어 갈 때 내가 어떤 말을 할지 알 수 있을 정도였다. 그는 엽서 같은 산 위에 있는 그의 대학으로 나를 초대했고 나는 초대될 때마다 행복한 마음으로 갔으며 또 꽤 여러 번 방문했다.

우리는 산마리노를 떠나 빌레펠트(우리에게 필요한 또 다른 수당이 기다리고 있는 곳)로 갔다. 이때는 돈이 완전히 떨어질까 노심초사하며 아무 곳에서도 쉬지 않고 곧장 스위스를 가로질러 차를 몰았다. 심각한 돈 문제에 직면한 마지막 시간이었다. 우리는 이사하고, 자동차와 가전제품을 사고, 거부할 도리가 없는 여행을 떠나느라 할아버지가 남기신 소박한 유산을 점차 소진했으며 남은 자금도 부주의하게 관리했다. 우리가 집에 도착했을 때 《의식의 수수께끼를 풀다》를 출판한 리틀, 브라운 출판사가 인세를 보냈다. 우리는 그 돈으로 신용카드 빚을 갚고 소비 습관을 고칠 수 있었는데 이는 재정 자문가의 조언—사실상 훈련—덕분이다. 그 전문가는 항해 친구 중 한 명인 딕 섬버그Dick Sumberg로 우리 재정을 안정적 궤도에 올려 주었다.

산마리노 회의 중 참석하고 싶었으나 피치 못할 사정으로 그러지 못했던 건이 하나 있다. 그러나 모든 것을 고려해 봤을 때 못 간 게 차라리 다행이라는 생각이 들었는데 그 회의에서 제리 포더와 '신경다윈주의자' 제럴드 에덜먼Gerald Edelman(학계에서 벌어지는 깡패 짓에 관한 34장에서 다시 등장한다)이 격렬한 정면 대결을 펼쳤기 때문이었다. 포더는 뇌에 대해 '자신의 원칙에 입각하여' 무지함을 과시했고 그 때문에 에덜먼과 잘 어울릴 수 없었다. (한번은 슬론재단이 수백만 달러를 인지신경과학에 지원하려고 계획할 때 포더는 재단을 향해 그런 분야는 없으며 앞으로도 결코 없을 것이라고 단호하게 말한 적이 있다! 그러나 재단은 제리에게 이렇게 말했다. 지금 그들이 직면한 문제는 인지신경과학에 지원을 **할 것인가 말 것인가**가 아니라 **어느** 인지신경과학에 지원할 것인가라고. "그런데 포더 박사님, 요즘은 연구실에서 뭘 연구하고 계십니까?" 제리는 분명히 메릴 개럿의 귀중한 도움에 힘입어 몇 년 동안 MIT에서 심리언어학 연구실을 운영하고 있었다. 그러나 그 질문을 받을 당시에는 연구실이 없다는 사실을 인정해야 했다. 슬론재단은 제리와의 면담을 마무리하고 다음 지원자를 불러들였다.) 산마리노 회의에서의 논쟁은 전반적인 합의에 따라 제리(제럴드)가 승리하고 제리가 완패했다. 목격자들은 내게 제럴드와 제리가 서로에게 퍼부은 욕설에 가까운 악담에 대해 세세하게 말해 주었는데 둘 다 조금도 물러서지 않았고 내 마음의 한구석—그 마음은, 고속도로를 운전하다가 사고 현장을 발견하면 불가항력적으로 보고 싶어지는 그런 것이다—에는 학계의 그 두 깡패 사이의 대결 현장에 내가 없었음을 후회하는 마음이 피어올랐다. 그 회의를 녹음하거나 녹화한 테이프가 어딘가에 존재하는지 좀 궁금하긴 하지만 난 그런 것이 없기를 바란다. 그쪽이 모두에게 가장 좋을 것이다.

23

《의식의 수수께끼를 풀다》

당신은 학술지에 기고된 논문을 심사했고 그 논문이 왜 출판될 수 없는지에 대한 보고서를 지금 막 끝맺었다. 그런데 그 저자가 지나가듯 했던 말이 당신이 그동안 붙잡지 못한 주제에 대한 생각을 명확하게 해 주었음을 깨닫는다면 어찌하겠는가? 내가 1990년《인지신경과학논집 Journal of Cognitive Neuroscience》에 기고된 어떤 논문의 심사위원으로 일하다 바로 그런 일이 일어났다. 나는 그 논문이 해당 학술지의 기준에 부합하지 않는다고 생각했고 부합하게 만들 수정안에 관한 아이디어도 떠올릴 수 없었다. 하지만 그 논문을 자세히 읽으면서 저자에게 감사를 표하고 싶을 정도로 내게 꼭 필요한 아이디어를 얻었다. 그런데 출판 불가 판정을 받은 논문의 저자 이름을 어떻게 감사의 글에 올릴 것이며 또 어떻게 그의 논문을 언급할 수 있겠는가? 나는 편집자이자 내 오랜 친구 마이클 가자니가에게 전화해서 조언을 구했다. 마이클이 제안한 해결책은 동료 심사 체계의 규칙을 손상하는 것이었지만 어디까지나 목적은 선한 것이었다. 마이클은 나에게 저자의 전화번호를 주며 그에게 말해 보라고 권유했고 나는 그렇게 했다. 나는 논문의 저자 더글라스 스나이더Douglas Snyder에게 전화를 걸어 시간과 아인슈타인의 관성계 개념이 뇌에 적용된다는 그의 논의가 내게 시사하는 바가 있다고 설명했다. 그럼에도 그의 논문을 그대로 출판하도록 추천할 수는 없었다고 털어놓았다. 그는 물론 실망했지만 품위와 친절함을 잃지 않았고 그에게 설명했던 내 생각과 같은 것에 초점을 맞춘 아이디어를 이미 《이론생물학논집Journal of Theoretical Biology》에 발표(〈의식적 주변부 감각의 시간에 관하여On the Time of a Conscious Peripheral Sensation〉)한 적이 있다고 재빨리 덧붙였다. 그 덕분에 나는 그 논문을 인용했다. 내 논문 〈시간과 관찰자Time and the Observer〉의 196쪽에서 'Snyder(1988)'라고 명시했고 《의식의 수수께끼를 풀다》 137쪽의 각주에서도 고마움을 표시했다. 그걸로 충분했을까? 확신은 못하겠다.

《의식의 수수께끼를 풀다》를 쓸 때 나는 그때껏 해 왔던 것 중 가장 몰입하여 창작 활동을 했고 그 글을 리틀, 브라운 출판사의 편집자에게 보내고 났을 때는 내가 그 책을 썼다는 것을 거의 믿을 수 없을 정도였다. 《다윈의 위험한 생각Darwin's Dangerous Idea》(1995)을 완성했을 때도 그런 경험을 했다. 두 경우 모두 지금의 나로서는 좀처럼 상상하기 어려울 만큼 치열했던 밤, 광란에 가까운 집필의 열기 속에서 밤을 꼬박 새우며 몰입하는 하루하루가 계속되었다. 물론 요즘도 가끔 어떤 프로젝트에 빠져들면 그런 열정을 짧게나마 발휘하지만 모든 것을 소진하는 그런 집중력이 나오지는 않는다. 이제 더는 밤샘 작업을 할 수 없다. 세월이 지나면서 내 기량도 떨어졌다.

의식에 대한 내 생각은 천천히 진화해 왔지만 중심 주제는 변하지 않았다. 나는 의식을 과학적으로 탐구하는 선도적 연구자들과 자주 만났고 그러면서 뇌의 메커니즘이 어떻게 그 모든 일을 해낼 수 있는지에 대한 어렴풋한 그림을 그렸다. 다만 그런 연구는 의식의 경이로움에 대해 지나치게 확신하는 내성적 관찰자의 단언을 어느 정도 걷어 낼 때에야 비로소 가능했다. 나는 파리에서 버나드 바스Bernard Baars의 '광역 작업공간 모형global workspace model'을 놓고 장-피에르 샹죄Jean-Pierre Changeux 및 스탠(스타니슬라스) 드엔과 함께 토론했다. 옥스퍼드에서는 래리 베이스크란츠, 앨런 코웨이Alan Cowey, 에드먼드 롤스Edmund Rolls, 제프리 그레이와 이야기를 나누었다. 마르셀과 비시아크가 꾸린 '코모 호수 패거리'도 내가 우리의 조촐한 팀에서 토론하며 얻은 생각을 보완해 주었다. 험프리, 킨스부른, 재킨도프는 모두 신경과학에 대해서는 아마추어인 나의 견해를 발전시켜 주었다. 돌이켜보면 의식은 극적인 현상이기는 하지만 많은 이가 생각하는 것만큼 그렇게 경이로운 것은 아니라는 확신이 내 안에서 커지고 있었다. 그러나 언제나 그렇듯 의식을 과학적 탐구에서 '보호'하려는 강한 경향이 있다. 이는 의식의 신비로움을 과장하고 자연이 활용하는 값싼 속임수를 밝히려는 모든 시도를 의심하는 태도로 이어진다.

많은 이가 의식이 그저 속임수 다발이 아니라 (프롤로그 31쪽에 나오는 리 시걸처럼) '진짜 마술'이기를 **바란다**. 이런 갈망은《의식의 수수께끼를 풀다》에 대한 전형적인 혹평에서 잘 드러난다. 그러니까 책의 제목이《의식의 수수께끼를 풀다》가 아니라《의식이 무시되다Consciousness Ignored》나《의식이 거부되다Consciousness Denied》 또는《의식을 대수롭지 않게 설명해 치우다Consciousness Explained Away》가 되어야 한다는 것이다. 비판자들의 이런 표현은 내 주장에 어떤 오류가 있는지 입증하는 수고 없이 독자로 하여금 신성한 성채를 더럽히는 야만인에 맞서 자신들이 성채를 방어하는 '옳은 편'에 서 있다는 확신을 주는 편리한 방식이다.《의식의 수수께끼를 풀다》에서 나는 뇌 속의 가상 기계가 사용자 환각user illusions을 만든다는 강력한 아이디어를 개진했고 곧바로 명백한 질문에 직면했다. "만일 의식이 가상 기계라면 사용자 환각은 누구를 위해 작동하는가?"(219쪽). 나는 이렇게 덧붙였다. "어쩌면 이런 아이디어는 우리가 내부에 자리한 데카르트적 자아—피질의 작업대에 앉아 그곳에서 실행되는 소프트웨어의 사용자 환각에 반응하는—개념으로 돌아가는 것처럼 보일 것이다. 그렇지만 나중에 보게 되듯이 그 끔찍한 결말을 피할 수 있는 몇 가지 방법이 있다."

그 탈출 경로는 분명히 지극히 중요하고 나는 그것들을 명확히 설명하는 데 많은 페이지를 할애했건만 내 비판자 중 이를 논의한 사람은 너무 적어서 실로 놀라웠다. 내 비판자들은 오히려 내 책을 뻔한 사실을 어리석게 부정하는 작품이라고 딱지 붙였다. 즉 '의식은 환각일 수 없다. 왜냐하면 환각이 있으려면 그것에 속는 피해자, 즉 환각을 경험하는 의식적 행위자가 있어야 하기 때문이다.' 철학자 갈렌 스트로슨은 내 이론을 가리켜 "지금까지 나온 의식 이론 중 가장 어리석은 주장"이라고 말했다. 그렇게까지 판결했다면 그는 혹시나 나를 잘못 이해한 부분이 있는지 **조금이라도** 의심해 보아야 마땅하다. 그러나 그는 여전히 굴하지 않고 자기 의견을 고집했다. 스트로슨에게는 자신이 자기 의식에 대한 신뢰할 수 없는 판단자일 수 있다는 생각이 아예 상상조차 할 수 없는 일인 것 같다. 내 또래의 옥스퍼드 출신 철학자에게는 도무지 반박할 방법을 찾을 수 없는 견해를 만나면 자주 쓰는 수법이 있다. 간단히 설명하면 겸손한 태도를 꾸민 채로 이렇게 말한다. "그 말씀이 무슨 뜻인지 이해할 수 없을 따름입니다." 이는 상대방의 주장이 완전히 사리에 맞지 않는다고 넌지시 드러내는 것이다. 옥스퍼드에서 교육받은 또 다른 신비주의자는 APA 회의에서 내 책을 논평하며 책의 주장을 도무지 "이해할 수 없다"라고 말했다. 그때 나는 일단 내 책에 어려운 구절들이 좀 있다는 점을 인정했다. 그러고는 그에게 좀 더 열심히 노력해 보라고 조언했다. 때때로 나는 무례한 비평가들에게는 똑같이 무례하게 대하고 싶은 충동에 굴복하곤 한다.

최근에는 키스 프랭키시Keith Frankish의 통찰 넘치는 몇몇 논문에 고무되어 내 설명을 더욱 강화했고 그의 용어 '환각주의illusionism'를 내 견해를 표현하는 좋은 '~주의'로 채택했다. 나의 이런 행동은 일부 **건설적인** 비평가를 자극하여 또 다시 반감의 물결이 일게 했다. 그들은 내 이론이 기본적으로는 올바른 궤도 위에 있지만 내가 그런 불편한 이름을 붙임으로써 현명하지 못하게 스스로 부담을 짊어지고 말았다고 생각한다. 나의 설명적 결단에 대해 결국에는 그들이 옳다고 밝혀질 수도 있겠지만 나는 아직 그럴 것이라고 확신하지 않는다. 아마도 비디오 게임, 스마트폰 앱과 함께 성장한 좀 더 젊은 세대의 사상가는 사용자 환각을 **좋은 것**—피해자가 아니라 수혜자를 만드는, 유용한 과도단순화—이라고 더 쉽게 인식할 수 있을 것이다. 크리스 프리스Chris Frith와 아닐 세스Anil Seth 같은 영리한 이론가는 의식적 경험을 '통제된 환영controlled hallucination'으로 받아들이면서도 머릿속에서 상영되는 영화 같은 것은 없다는 사실에 관해 나와 의견을 같이한다. 마이클 그라지아노Michael Graziano를 비롯하여 다른 이들도 나와 비슷한 아이디어를 발전시키고 있는 지금, 나는 의식을 '진짜 마술'이 아니라 절묘한 속임수로 가득한 놀라운 꾸러미로 보는 **축소적** 설명이 그 어느 때보다 탄탄해지고 있다고 생각한다. 그런 설명이 성장하면서 경험적 지지뿐 아니라 수준 높은 지지자까지 확보해 가고 있으니 말이다.

당신이 비교적 덜 알려진 신경과학자인데 갑자기 노벨상을 받은 신경과학자가 당신의 실험 작업을 일컬으며 최초로 이원론을 과학적으로 입증한 연구라며 칭찬했다고 생각해 보라. 벤저민 리벳Benjamin Libet과 존 에클스 경이 그 좋은 사례이다. 존 에클스 경이 리벳이 "그 어떤 신경생리학적 과정도 설명할 수 없어 보이는" 현상을 발견했다며 지지 의사를 큰 소리로 천명했을 때 벤자민 리벳은 파우스트식 흥정[136]에 직면했다. 수년 동안 리벳은 자신의 작업을 (에클스가 주장한 이원론의 강한 정당화까지는 아니더라도) 어떻게든 혁명적인 것으로 해석하려고 애썼다. 나는 1979년에 포퍼와 에클스의 그 악명 높은 책을 논평하면서 리벳의 작업을 처음으로 알게 되었다. 나는 퍼트리샤(팻) 처칠

---

136 명예나 돈 등을 추구하여 옳지 않은 일을 하기로 하는 것을 말한다.

랜드에게 리벳의 작업을 알리며 그녀가 그것을 묵사발로 만드는 건 식은 죽 먹기라고 말했다. 팻은 그 말을 정말로 실행에 옮겨 리벳과 기억에 남는 정면 대결을 펼쳤다(그리고 에클스의 분노를 샀다). 그러는 사이 많은 저자가 리벳의 작업을 비판하고 해석하고 옹호하고 묵살했다. 그런 논의에는 기묘한 특성이 있었으니 그것은 바로 그가 **두 종류**의 실험을 했다는 당혹스러운 사실에 거의 아무도 주의를 기울이지 않았다는 것이다. 그의 초기 실험들은 깨어 있는 (마취되지 않은) 뇌 수술 환자의 감각 자극의 시점을 관찰하는 것이었는데 그 실험은 그의 차후 실험, 즉 의식적 의도 실험에 대한 모든 '혁명적' 해석을 **약화한다.** 나는 이 모든 것을 내 책의 길고도 어려운 문단(153~166쪽)에서 지적한 바 있는데 리벳의 후기 연구를 인용하여 자유의지를 '논박'하려는 사람들은 편리하게도 (오컴의 빗자루를 사용하여) 나의 비판을 카페트 밑으로 치워 무시했다. [나는《자유는 진화한다》(2003)에서 리벳의 실험을 좀 더 접근하기 쉬운 방식으로 정돈하여 보여 주려고 노력했지만 그것조차 대체로 무시되었다. 그 문제에 관한 한 언제나 나는 둘 중 하나였다. 리벳에 대해 완전히 틀린 판단을 하는 인물이거나 환영받지 못할 비판을 들고 철학자들의 파티—의식과 자유의지라는 미스터리를 논하는—에 참석한 전혀 반갑지 않은 손님이거나. 그래서 실제로 둘 중 무엇이냐고? 시간이 지나면 알게 될 것이다.]

《의식의 수수께끼를 풀다》가 나의 첫 대중 서적은 아니지만(그 타이틀은 더그 호프스태터와 공동 편집한《이런, 이게 나야!》에게 돌아가야 한다), 처음으로 저작권 대리인을 두어 출간한 책이다. 철학이 아닌 영역에서 일하는 몇몇 동료는 대중적인 출판사와 거래하는 저작권 대리인을 구하라고 권했다. 나의 스타일은 학계의 독자뿐 아니라 훨씬 더 넓은 독자층에 통할 수 있기에 대학 출판부에서 출판을 계속하는 것보다는 상업 출판사에서 책을 내는 게 가장 좋겠다는 것이 그 이유였다. 상업 출판사와 거래하려면 저작권 대리인이 있는 게 좋다고 했다. 그즈음 나는 학제 간 의사소통의 중대한 결점을 파악하고 있었다. 전문가가 전문가에게 읽히기 위한 글을 쓸 때는 과도하게 설명해서 동료들을 모욕하지 않으려고 항상 과소하게 설명하는 편이다. 이 체계적이고도 이해할 수 없는 실패를 치료할 실질적인 유일한 방법은 교양 있는 일반인 독자를 대상으로 글을 쓰는 것이다. 그러면 전문가도 모욕을 느끼지 않으면서 저자의 의견을 엿들을 수 있다. 나는 《직관펌프, 생각을 열다》(2013)에서 이 전략을 기술한 바 있다. 《의식의 수수께끼를 풀다》는 그 전략을 의도적으로 실험한 첫 번째 책이다. 만약 그 책이 엄청난 베스트셀러가 되었음에도 내 학술적 동료들을 사로잡지 못했다면 내 눈에는 실패였을 것이다. 교양 있는 일반인은 나의 미끼였다. 물론 나는 일반 독자도 그 책을 이해하기를 소망했고 그래서 내 아이디어들을 생생하게 전달할 수 있도록 노력했지만 진정으로 내가 다가가고 싶었던 대상은 내 동료들, 특히 과학자였다. 전략은 효과를 거뒀다. 《뉴욕 타임스 북 리뷰》에서는 조지 존슨George Johnson이, 《사이언티픽 아메리칸》에서는 필립 모리슨Philip Morrison이 극찬하는 서평을 써 주었고 그것들은 확실히 도움이 되었다. 《뇌과학과 행동과학》에 실린 내 논문 〈시간과 관찰자〉는 내가 단순한 과학저널리스트/철학자가 아니라 주목할 만한 이론가라는 확신을 많은 과학자에게 심어 주었다.

《의식의 수수께끼를 풀다》의 성공은 많은 부분에서 존 브록만John Brockman에게 공을 돌려야 한다. 전설적인 저작권 대리인인 그는 내가 결단을 내리기까지 몇 달 동안 나를 설득했다. 그의 고객 목록에는 내 친구들도 몇 명—특히 윌리엄 캘빈과 AI 연구자 로저 섕크Roger Schank가 있다. 이들은 내게 브록만과 계약하라고 부추겼다—있었지만 내가 결코 추천하지도 인용하지도 않는 대중 심리학 및 대중 물리학 저자들도 있었다. 나를 마침내 브록만의 편으로 돌아서게 만든 것은 출판의 재정적 측면을 따지는 그의 기민한 관찰이었다. 만약 브록만이 나를 위해 선인세를 많이 따낸다면 출판사는 투자금을 회수하려고 당시 주요 정기간행물에 서평을 싣고 대형 서점 체인에 내 책을 비치하기 위해 적극적으로 나설 것이다. 그에 더해 출판사는 책 가격을 가능한 한 낮게 유지하려고 할 텐데 이는 대학 출판부와 크게 다른 점이다. 대학 출판부는 학술 단행본을 찍어내며 터무니없이 높은 가격을 매겼고 많은 비판에도 여전히 이런 관행을 고수했다. 나는 내 책이 학생들도 살 수 있을 만큼 저렴하고 삽화—선화와 도표—가 들어가기를(이렇게 하면 대학 출판부에서는 가격을 더 높게 매긴다) 원했다. 브록만은 양장본을 출판한 후 1년 이내에 같은 책의 페이퍼백 버전을 찍을 수 있다고 보장했다. 그는 모든 면에서 옳았다. 이런 사실도 덧붙여야 하겠다. 상업 출판사는 대학 출판부보다 훨씬 더 철저하게 퇴고하고 사실관계도 꼼꼼하게 따진다. 나는 곧 진짜 전문 편집자의 가치를 깨달았다. 내 책에 아직도 실수들이 있긴 하겠지만 양심적인 편집자들은 나를 수많은 부주의한 오류에서 구해 주었을 뿐 아니라 가끔 등장하는 태만한 문구와 복잡하게 뒤얽힌 문장에는 과감하게 반대 의견을 밝혔다. 나는 감사하는 마음으로 얼굴을 붉힌 채 그런 부분을 고쳤다.

브록만에 대해 조금 더

존은 늘 저자가 인세[137] 수표를 받게 된다면 그건 자신이 일을 잘못한 거라고 말했다. 그 말인즉슨 책이 선인세를 초과하는 수익을 내지 못할 정도로 아주 높은 선인세를 출판사로부터 받아 내는 게 그의 전략이라는 것이다. 물론 그 말은 과장일 수밖에 없다. 그가 출판사에 판매한 원고 중 일부는 저자에게 몇 년 동안 저작권료를 정기적으로 보내는 베스트셀러가 되었으니까. (《의식의 수수께끼를 풀다》와 《다윈의 위험한 생각》은 내게 꾸준히 저작권료를 벌어다 주는 책이지만 내 다른 책은 그가 나를 위해 받아 낸 상당한 양의 선인세를 아직도 조금씩 갉아먹고 있는[138] 형편이다.) 존의 전략 중 하나는 특정한 날에 전화 경매를 하는 것이다. 경매에 참여하는 모든 출판사는 며칠 동안 동일한 원고를 두고 (인세 비율 등의 조건은 모두 똑같이 명시되어 있다. 따라서 출판사가 고려해야 할 것은 선인세 액수뿐이다) 생각해 볼 시간을 갖는다. 결전의 날 아침이 되면 최초 입찰 금액을 제시한 모든 출판사에게 최고 입찰가를 알려 주지만 그것이 어느 출판사가 제시한 것인지, 몇 군데의 출판사가 입찰에 참여하는지는 알려 주지 않는다. 존은 그들에게 금액을 올릴지 포기할지 결정하라고 하면서 새로운 최고 입찰가를 경쟁자들에게 전달한다. 그 전쟁 같은 하루가 끝나면 가장 높은 가격을 제시한 입찰자가 원고를 받는다. 저자에게 그날은 큰 흥분을 선사하는 날일 수도 있고 큰 실망을 안겨 주는 날일 수도 있으며 불안한 곤경으로 이끌려 가는 첫날일 수도 있다. 존은 노벨상을 받은 물리학자 머리 겔만Murray Gell-Mann의 《쿼크와 재규어The Quark and the Jaguar》를 엄청난 선인세에 팔았지만 머리는 원고를 늦게 보냈고 출판사는 당연한 권리로 계약을 취소하고 선인세 반환을 요청했다. 어이쿠! 나도 사이먼 앤 슈스터 출판사와 일할 때 악명 높은 내 담당 편집자 앨리스 메이휴Alice Mayhew(그녀와 작업한 많은 저자가 그녀의 편집을 칭찬했지만 뒤에서는 그녀를 맬리스 메

137 출판사에서 작가나 번역자가 원고료를 받는 방식은 크게 두 가지로 나뉜다. 하나는 원고의 단어 수를 따져서 그에 상응하는 계약서상의 액수를 지급하고 별다른 특수 계약 사항이 없는 한 더 이상의 돈을 받지 않는 형식이다. 두 번째는 '인세 제도'로 계약서에서 합의된 인세 비율(책 가격의 일정 비율)을 책이 팔린 부수에 곱하여 분기마다 지급하는 방식이다. 출판사에 따라 일정 권수에 대한 부분적 인세를 먼저 지급하는 곳도 있는데 이렇게 받는 선불금 조의 부분 인세를 '선인세'라고 한다.

138 이미 받은 선인세에 해당하는 부수가 아직도 다 팔리지 않고 있다는 뜻이다.

이헴Malice Mayhem이라 부르기도 했다[139])와 작업하면서 그와 비슷한 심연을 맛본 적이 있다. 앨리스는 내가 《다윈의 위험한 생각》 원고를 정시에 송고했음에도 계약서에 명시된 것보다 원고량이 많다는 이유로 수락을 거부했다. 앨리스는 내게 원고를 30퍼센트 정도 줄이라고 했다! 나는 5퍼센트까지는 어떻게 해 볼 수 있어도 그보다 더 줄일 수는 없었다. 어찌한단 말인가? 나는 존에게 자문을 구했고 존은 내게 원고를 철회하고 선인세를 갚겠다는 편지를 쓰라고 했다. 하지만 나는 선인세를 거의 다 써 버렸고 그걸 갚으려면 담보 대출을 받아야 했기 때문에 결코 가벼운 문제가 아니었다. 존은 그럼 다른 출판사를 찾아보겠다고 했지만 내가 사이먼 앤 슈스터와 완전히 계약을 철회하기 전에는 그도 도의상 다른 출판사에 원고 이야기를 꺼낼 수 없었다. 그런 상황에서는 다른 출판사에게 그 정도로 많은 선인세를 받아 내지 못할 수도 있었다. 이미 업무차 몇 번 메이휴와 얽힌 전적이 있는 브록만은 내 편지를 가지고 가서 그녀에게 이렇게 물었다. "앨리스, 당신은 후에 어떻게 기억되길 바랍니까? 우드워드와 번스타인의 《워터게이트-모두가 대통령의 사람들All the President's Men》을 편집한 사람? 아니면 《다윈의 위험한 생각》을 거절한 편집자?" 그날 오후 나는 앨리스에게 아첨으로 느껴질 정도로 원고를 환영하는 전화를 받았고 책은 내가 보낸 원고량 그대로 진행하기로 했다. 《다윈의 위험한 생각》은 '내셔널 북 어워드' 최종 후보였기 때문에 나와 존, 앨리스는 함께 시상식에 갔다. 나는 상을 타지는 못했고 준비해 두었던 수상 소감을 말할 기회가 없었다. 내가 준비한 것은 바로 다윈이 했던 말이었다. 다윈이 《종의 기원》을 출판사에 보냈을 때 존 머리John Murray는 비둘기 관찰을 제외한 모든 부분을 다 잘라 버리라고 다

---

139 짐작할 수 있듯이 '앨리스 메이휴'의 이름에서 철자만 약간 바꾼 말장난이다. 'Malice'는 악의, 원한을 뜻하고 'Mayhem'은 혼란, 소동을 의미한다. 따라서 '맬리스 메이헴'은 '악의를 품은 혼란 유발자'라는 뜻을 담게 되어 메이휴의 편집 스타일이 저자들에게 스트레스를 주는 방식이었음을 풍자하는 별명이 된다.

윈에게 충고했다. 그러자 다윈은 이렇게 말했다. "모든 사람이 비둘기를 좋아합니다. 이 책은 영국의 모든 학술지에 실릴 것이고 곧 모든 테이블 위에 놓일 것입니다."

존은 30년 넘는 세월 동안 나의 원고 대리인이었고 한편으로는 친구이자 조언자이기도 했다. 그는 지적 토론을 위한 온라인 살롱이라고도 할 수 있는 웹사이트 에지(Edge.org)에 각별한 애정을 쏟았다. 이 사이트를 운영하면서 그는 비할 데 없이 훌륭한 사상가의 모임에 영감과 자극을 주어 그들로 하여금 간결하고 접근성이 높으면서도 내용까지 탄탄한 글을 쓰게 했다. 에지의 좌우명은 "세계의 지식의 최전선에 도달하기 위해 가장 복잡하고 정교한 지성을 찾고, 찾은 이들을 한 방에 두어 그들이 스스로에게 묻는 질문을 서로에게 묻게 하라"이다.

내가 에지에 올라오는 모든 글을 다 읽는 것은 아니지만 그래도 거의 일주일에 한 번 이상은 내 관심을 사로잡고 그만한 보상을 주는 인터뷰나 토론이 눈에 띄곤 한다. 존은 고객을 토론에 초대하지만 고객이 자기 책을 선전하는 것은 허락하지 않는다. 에지에서 가장 유명한 프로그램은 존이 2018년까지 매년 하나씩 에지 가족에게 던진 세계 질문 World Question이었을 것이다. 존은 질문에 대해 (천 단어 이하의) 짧은 답변을 요구했는데 내가 가장 좋아하는 질문을 꼽으라면 다음과 같다.

2005년
당신이 증명할 수 없음에도 진실이라고 믿는 것은 무엇입니까?

2008년
당신은 무엇에 대한 생각을 바꾸었습니까? 그 이유는?

2014년
이제 물러날 때가 된 과학적 아이디어는 무엇입니까?

그리고 마지막으로, 2018년
최후의 질문은 무엇입니까?

존의 또 다른 프로젝트는 전공자가 아닌 사람도 읽을 수 있는—그렇다고 해서 해당 분야에 대한 입문서나 기본서가 아니라 주관적 견해가 담긴—짧은 책 사이언스 마스터Science Masters 시리즈이다. 이 시리즈는 십여 개의 언어로 거의 동시에 번역 출판되었는데 내게는 공식적인 '과학 석사Science Master' 학위가 없지만 한 권을 써 달라는 의뢰를 받았다. 그래서 내 작은 책《마음의 진화Kinds of Minds》(1996)는 영어, 프랑스어, 이탈리아어, 스페인어, 포르투갈어, 독일어, 네덜란드어, 핀란드어, 폴란드어, 루마니아어, 크로아티아어, 헝가리어, 히브리어, 튀르키예어, 일본어, 한국어, 중국어로 출판되었다. 아랍어로는 번역되지 않았다. (이탈리아 출판사들이 한 달 동안 외국책을 이탈리아어로 번역 출판하는 양이 아랍 세계가 아랍어로 1년 동안 출간하는 양보다 많다.) 시리즈 기획팀은 저자에게 인세를 공동 분배하는 데 동의해 달라고 부탁했다. 우리 각각은 2만 달러의 선인세를 먼저 받고 만일 우리 책 중 한 권이 베스트셀러가 되어 횡재를 하면 우리 모두가 그 혜택을 누리는 제도였다. 시리즈의 그 어느 책도 베스트셀러 지위를 누리지는 못했지만 모두 꽤 좋은 성과를 거두었고 나는 그에 따른 적절한 몫을 매년 배분받고 있다. 최초 초청자 목록에 오른 모든 사람이 다 원고를 들고 온 것은 아니다. 에른스트 마이어Ernst Mayr, 폴 데이비스Paul Davies, 빌 캘빈, 마틴 리스Martin Rees, 리 스몰린Lee Smolin, 피터 앳킨스Peter Atkins, 린 마굴리스Lynn Margulis, 재레드 다이아몬드Jared Diamond, 리처드 도킨스, 스티브 핑커Steve Pinker, 조지 윌리엄스George Williams, W. 대니얼 힐리스W. Daniel Hillis, 이언 스튜어트Ian Stewar는 원고를 가지고 왔으나 마빈 민스키와 스티븐 제이 굴드는 가지고 오지 않았다. 공동 인세를 조성하기 위해 선인세를 반환하는 것에 굴드 혼자만 동의하지 않아서 존은 자기의 사비를 보태어 나머지 사람에게 인세를 나누어 주어야 했다. 나에게 더 중요한 것은 전 세계의 총명한 청소년이 학업 생활 초기에 데닛 스타일의 사고방식을 자신들의 모국어로 습득할 수 있다는 것이었다. 나는 내 책이 독자에게 거의 저항할 수 없을 정도로 상상력을 억누르는 특정한 사상에 대한 예방 접종 역할을 한다고 본다. 매년 수백 통씩 오는 이메일에서 내가 끼친 영향을 분명히 느낄 수 있다.

~

《의식의 수수께끼를 풀다》의 혁신 중 하나는 두 개의 부록을 두었다는 것이다. 하나는 철학자를 위한 것이고 다른 하나는 과학자를 위한 것이다. 철학자를 위한 부록에서 나는 그들이 내게 궁금해한 것을 만족시켜 주었다. 즉 내가 어떤 사람들의 주장처럼 **검증주의자, 기능주의자, 제거주의적 유물론자, 행동주의자**였는지 아니면 지금도 그러한지 말이다. 이는 물론 그 꼬리표들이 정확히 무엇을 뜻하는가에 달려 있다. 철학자가 '이론'이라고 부르는 것이 실은 그냥 슬로건에 불과한 경우가 많다. 어떤 수수께끼 같은 주제에 대해 뭐가 맞고 뭐고 틀린지를 아주 정밀하게 요약하려는 한 줄짜리 문장일 뿐인 것이다. 그래서 엄청나게 많은 철학자가 슬로건을 연마하는 데 많은 시간과 노력을 기울이고 열정적으로 반례를 만들면서 쓸모없는 싸움을 벌인다. 물론 어떤 이론에든 정밀함이 필요하지만 때로는 철학적 낙인찍기와 꼬리표 붙이기를 무기한으로 미뤄 두고 전반적인 관점을 대략적이나마 그려 보는 것이 유용하다.

과학자들을 위한 두 번째 부록에서는 내가 입증이나 반증 가능한 예측을 산출하는 하나의 진짜 이론을 제안하고 있음을 분명히 했다. 나는 여섯 개 이상의 실험을 나열했다. 실험들이 정말로 실현된다면 내 이론은 침몰할 것이고 그렇지 않다면 해당 분야에 일반적 지식이 더해질 것이다. (이론들은 두어 가지의 좋은 예측에 의해서는 **입증**되지 않는다.—이에 대해서는 포퍼가 옳았다—그러나 어떤 이론이 놀라운 사실을 밝혀내면 그 이론은 경쟁하는 이론보다 훨씬 더 진지하게 취급된다.) 나는 지금까지의 결과에 더할 나위 없이 기뻐하고 있다. 지금 이 책은 내 제안으로 촉발된 그런 실험 작업을 두루 살펴보기에 적당하지 않다. 인지과학 전공 대학원생에게는 좋을지 몰라도 말이다. 그러나 내가 1991년에 **변화맹**change blindness을 예견했을 때 그에 대해 나와 토론한 대부분의 인지과학자가 크게 놀랐다는 것만은 여기에 언급하고 싶다. 이는 현재 심리학에서 급속히 발전하고 있는 하위 연구 영역이다.

《의식의 수수께끼를 풀다》를 쓰던 당시 내게 인지과학을 전공하는 학부생이 있었다. 그는 우등생 논문[140]의 주제를 찾고 있었고 나는 그에게 내가 고안한 실험을 해 보자고 제안했다. 그가 하고 싶다고 해서 나는 내 35mm 카메라와 삼각대를 빌려 주고 캠퍼스 주변에서 몇 쌍의 사진을 찍어 오라고 했다. 예를 들면 사진 1A는 그의 기숙사 전경, 사진 1B는 1A에 찍힌 자전거 보관대에 자전거가 추가된 것, 사진 2A는 그의 방 사진, 2B는 2A에서 의자의 위치를 옮긴 것 등으로 말이다. 나는 심리학과 교수에게서 사용하지 않는 순간 노출기를 빌려 그 학생이 찍은 슬라이드의 각 쌍 사이에 검은 슬라이드를 넣고 모든 슬라이드가 빠르게 연속적으로 보이도록 했다. 나는 피험자가 대개 슬라이드를 여러 번 본다 해도 그 변화를 알아차리지 못할 것이라고 예측했다. 즉 변화맹을 예측한 것이다. 학생은 실험 도구를 들고 떠났고 몇 주가 흘렀다. 프로젝트가 어떻게 진행되고 있는지 궁금해서 그 학생을 불렀고 그는 사진 여러 쌍을 보여 주었다. 사진은 좋았다. 그래서 결과는? 그는 실험이 너

140 학부에서 다른 학생보다 우수한 우등생이 일반 학부 논문보다는 더 높은 수준의 독립적인 연구 프로젝트를 수행하며 쓰는 논문을 말한다.

무 멍청해 보여서 동료 학생들에게 피험자가 되어 달라고 요청할 엄두조차 나지 않았다고 했다! 그는 모든 사람이 당연히 변화를 알아보리라 생각했던 것이다. 그래서 그 학생은 변화맹의 최초 입증자로서 교과서에 자기 이름이 실릴 기회를 잃어버렸다. 나는 그 학생과 연락이 끊겼고 그가 지금은 그때 자신이 했던 회의적인 생각을 후회하고 있는지 궁금하다.

《의식의 수수께끼를 풀다》가 나온 직후 나는 내 첫 연구원 캐슬린 에이킨스가 주최한 사이먼프레이저대학교 학술대회에 참여했다. 강연자 중 한 명인 젊은 심리학자 존 그라임스John Grimes는 내가 생각한 변화맹 아이디어를 독립적으로 생각해 냈는데 그의 아이디어에는 한 가지 새로운 반전이 있었다. 그는 자신의 실험을 담은 대단히 흥미로운 비디오를 선보였다. 비디오에서 피험자는 머리를 고정한 채 모니터 앞에 앉아 있고 그들의 한쪽 눈에 레이저를 비추어 안구 단속 운동saccades, 즉 눈이 시각 세계에서 중요한 대상에 초점을 맞추도록 고해상도의 중심와를 재조정하는, 초당 너댓 번씩 튀는 작은 움직임을 탐지했다. 실험 진행자는 피험자에게 사진을 제시하고 10초 (사실 사진을 보기에 10초는 **긴** 시간이다) 동안 사진을 자세히 관찰하라고 한다. 그 10초 중 무작위적으로 선택된 어떤 시간에 레이저가 단속 운동의 시작을 감지하면 그것이 사진의 어떤 특성을 초고속으로 바꾸는 방아쇠가 되었다. 단속 운동이 끝날 때쯤, 즉 불과 10밀리초 또는 20밀리초 후에 변경된 사진이 제시되었고 그 상태로 나머지 10초 동안 유지되었다. 진행자는 피험자에게 (무엇이 바뀌었는지 확실하게 잡아낼 수 없더라도) **뭔가가 바뀌었다는 것을 감지했다면** 버튼을 누르라고 요청했다. 그라임스의 비디오는 수십 가지 사례를 보여 주었는데 그중에는 대부분의 피험자가 변화를 알아챈 사례도 있었고 거의 모든 피험자가 알아채지 못한 사례도 있었다. 후자의 예로는 공중에서 본 화산호 사진을 들 수 있는데 밝은 파란색 호수가 짙은 검정으로 변했는데도 많은 사람이 변화를 눈치채지 못했다. 붐비는 시장 한가운데서 한 소년이 앵무새 한 마리를 들고 있는 사진도 마찬가지였다. 단속 운동이 진행되는 동안 앵무새가 녹색에서 빨간색으로 바뀌었지만 알아본 사람은 많지 않았다. 이 사진들에서 변한 것은 혼란스러운 배경 속에 묻힌 대상이 아니었다. 두 사진에 이름을 붙이라면 거의 누구든 "공중에서 본 화산호", "앵무새를 든 소년"이라고 말할 만큼 중심 피사체였다. 그러나 그라임스의 피험자 중 절반 정도만이 그 변화를 알아차렸다.

나는 내 예측이 너무도 멋지게 입증된 것을 보게 되어 기뻤고 그라임스에게 비디오테이프 사본을 얻을 수 있는지 물었다. 그라임스는 친절하게도 내게 사본을 주었다. 나는 그 당시 매우 활동적으로 순회 강연을 하고 있었고 전 세계를 돌며 청중에게 그라임스의 비디오를 보여주었다. 수백 명의 청중이 그라임스의 영상을 보면 그중 몇 명은 사진이 바뀌는 바로 그 순간에 단속 운동을 하거나 눈을 깜빡일 가능성이 있다. 마치 눈 움직임을 감지하는 레이저가 있는 것처럼 말이다. 그런 사람들은 변화를 **보는** 대신 변화를 **듣게** 된다. 나머지 청중이 **"오오!"**나 **"와우!"** 하고 소리 지를 테니까. 모두가 본 변화를 보지 못한 사람은 **"아악!"**하고 반응할 것이다. (상상해 보라. 당신은 사진을 보면서 변화를 찾고 있다. 그런데 갑자기 모든 청중이 **"오오!**라고 외치지만—그들은 변화를 본 것이다—당신은 보지 못했다. 당신이 사진을 뚫어져라 관찰하고 있었는데도 말이다. 그러면 정말로 **"아악!** 소리가 나올 것이다.) 이렇게 청중의 호응을 유도하는 것은 매우 즐거운 일이었고 그런 반응은 변화맹이 정말로 있는 현상이라는 사실을 모든 청중에게 증명해 보였다. 최근에는 브라이언 오데가드Brian Odegaard, 철학자 데이비드 로젠탈David Rosenthal, 그들의 동료들이 그라임스 효과를 설득력 있게 재현하고 있다(2022).

실험에 대한 좋은 아이디어가 있어 실험을 해 보았으나 당신이 원하는 결과가 나오지 않았다고 가정해 보자. 어떻게 해야 할까? 실험에 관한 모든 노트와 데이터를 '버린 생각'이라는 서랍에 넣어 둘 것인가? 그렇게 하면 왜 안 될까? 당신의 실패는 성공일 경우만큼이나 중요한 사실일 수 있기 때문이다. '체리 선별'—당신의 견해를 지지하는 실험만 선별하는 것—은 새로운 작업이 새로운 탐험 경로를 열어줄 때는 피할 수 없는 일이기는 하다. 그러나 신통치 않은 후속 실험을 조용히 묻는 것('서랍 효과')은 불편한 진실을 감추는 것(오컴의 빗자루로 불편한 현실을 카페트 밑으로 쓸어 버리는 것)만큼 큰 죄는 아닐지라도 과학 연구의 결과를 왜곡하는 심각한 원인이다. 나 역시 때때로 내게 유리한 결과만 선별하는 잘못을 저질렀고 내가 널리 알린 실험이 재현되었는지 충분히 확인하지 않았다는 것도 고백한다. 내가 실험을 주도했지만 발표하지 않은 경우도 있다. 내 생각에 여기가 그 실험을 기술하기에 적합한 곳인 것 같다. 그 실험은 지각에 대한 것으로 2001년에 시작했다가 방치해 두었으며 동료 심사가 이루어지는 학술지에 발표한 적이 한 번도 없다.

그림을 감상하는 데는 시간이 걸린다. 몇 초 걸릴 수도 있고, 그림이 흥미를 유발한다면 훨씬 더 긴 시간이 걸릴 수도 있다. 당신은 그림을 재빨리—앞에서 기술한 단속 운동으로—응시할 것이다. 당신과 나는 똑같은 그림을 똑같은 시간 동안 보지만 매우 다른 경험을 할 수 있다. 당신과 나의 단속 운동이 서로 다른 지그재그 경로를 밟기 때문이다. 이를테면 당신은 그림을 정방향으로 '읽기' 시작했고 나는 그것을 역방향으로 읽으려고 했다. 처음에는 여기에서, 그다음에는 저기에서 감상자의 주의를 끄는 그림을 그리는 것이 많은 화가의 염원이다. 한번은 어떤 파티에서 데이비드 프리드버그David Freedberg와 흥미로운 토론을 한 적이 있다. 그는 컬럼비아대학교 예술사학자인데 내게 고전주의 화가 니콜라 푸생Nicolas Poussint이 후원자 폴 프레아르 드 샹틀루Paul Fréart de Chantelou에게 쓴 편지 이야기를 해 주었다. 샹틀루는 푸생에게 의뢰한 그림을 받았는데 그림이 영 마음에 들지 않았다고 한다. 푸생은 음악에서 영감을 얻은 '모드modes' 이론을 갖고 있었고 그 이론을 회화 작업에 적용했다. 이에 푸생은 샹틀루가 **잘못된 모드**로 그림을 보고 있다고 답장했다. 푸생의 자기 방어를 내가 어떻게 생각했냐고? 내 섣부른 첫 판단으로는 푸생의 말이 영감에 가득한 헛소리처럼 들렸다. 그러나 좀 숙고해 보니 어느 정도 옳았을 수 있겠다는 생각이 우연히 들었다. 여기서 우연이라고 말한 것은 그림의 모드에 대해 내가 상상한 해석이 푸생의 생각과 거의 확실히 다를 것이기 때문이다. 음계의 일곱 음과 관련된 **음악**의 모드[141]에는 다음의 일곱 가지가 있다.

도: 아이오니안Ionian
레: 도리안Dorian
미: 프리지안Phrygian
파: 리디안Lydian
솔: 믹소리디안Mixolydian
라: 에올리안Aeolian(자연단음계 또는 관계단음계)
시: 로크리안Locrian

도에서 시작하여 차례로 올라가며 한 옥타브의 음계를 불렀다면 (〈사운드 오브 뮤직〉의 그 대단한 노래처럼) 장조인 아이오니안 모드를 부른 것이다. 레에서 시작하여 그다음 옥타브의 레까지 불렀다면 도리안 모드를 부른 것이다. 다른 모드도 마찬가지이다. 일곱 개의 음 중 무엇이든 '으뜸음'으로 놓을 수 있고 어떤 모드를 사용하느냐에 따라 서로 다른 느낌(효과, 색채, 분위기)을 얻는다는 것은 놀라운 사실이다. (마

141 모드란 음계의 일종으로 규칙적 특정 패턴이나 구조를 따라 배열된 음들의 집합을 의미한다. 가장 잘 사용되는 모드가 본문 아래쪽에 나오는 도~시를 각각 으뜸음(근음/tonic)으로 하는 일곱 가지이다. 한국(주로 언더그라운드 씬)에서는 간혹 모드를 '스케일'이라고 부르기도 하는데 이 경우의 정확한 명칭은 '모드'이다. 스케일(음계)은 더 넓은 개념이고 모드(선법)는 음계 중의 한 가지 형태를 가리키는 개념이기 때문이다.

일스 데이비스의 앨범 〈카인드 오브 블루Kind of Blue〉는 '모달modal' 재즈의 좋은 예이다.) 이는 원리적으로 그림에서도 진실이다! 언젠가 미술철학자로서 아서 단토가 노먼 록웰Norman Rockwell[142]에 대한 글에서 말했듯이 "그림은 단순히 캔버스 위에만 자리하는 것이 아니다. 그림은 캔버스와 감상자 사이에서 일어나는 일이다." 아마도 푸생은 감상자가 자기의 그림을 볼 때 여인의 얼굴을 먼저 본 후 아이의 손을 보고 그다음에 구경꾼의 빨간 모자를 보고…… 이런 식으로 감상자의 시선이 그림의 모든 주요 감상 포인트로 이동하는 걸 의도했을 것이다. 그림을 보는 많은 사람의 시선 추적 데이터를 수집한 후 그들의 단속 운동 기록에 도-레-미 사운드트랙을 추가한다고 해 보자. 그렇게 한다면 두 피험자가 같은 그림을 어떻게 보았는지 그 차이를 들을 수 있다. 어쩌면 어떤 사람은 그림을 잘못된 모드로 감상했기 때문에 그 그림을 싫어할 수도 있다! 실험심리학을 전공하는 하버드 대학원생 스티븐 프랑코네리Steven Franconeri와 몇몇 학부생을 비롯한 여러 사람의 도움을 받아 우리는 시선 추적기뿐 아니라 그림 내의 특정 위치에 음을 할당하는 프로그램을 이용한 실험을 구성했다. 그렇게 함으로써 우리는 **사람들이 그림을 보는 시선의 움직임을 들을 수** 있었다. (피험자는 들을 수 없었다. 음은 나중에 입혔다.) 사운드트랙을 추가하자 엄청난 차이가 생겼다. 음 없이 시선 추적 결과만 본다면, 즉 컴퓨터 화면에 점만—한 번의 단속 운동에 점 하나씩—나타날 때는 그림을 감상하는 피험자의 연속적인 반응에서 패턴을 검출해 내기가 거의 불가능했다. 그러나 거기에 음을 추가했더니 쉽게 구별되는 것은 물론이고 심지어 기억도 할 수 있고 리듬도 있는 일종의 멜로디를 얻을 수 있었다. 우리는 시선 추적기를 자주 재보정해야 했다. 그리고 피험자가 자신의 단속 운동을 스스로 의식하

---

142 20세기 미국 화가이자 삽화가이다. 미국 중산층의 생활 모습을 잘 묘사한 것으로 유명하다.

길 바라지 않았기 때문에 우리는 재보정 과정을 가짜 실험으로 이용했다. 피험자에게 우리가 추적기를 좀 손보아야 하니 그동안에는 긴장을 풀고 자유롭게 그림을 감상하라고 말했는데 사실 그것이 실제로 데이터를 수집하는 진짜 실험이었다. 그렇지만 그건 비효율적인 과정이기도 했고 게다가 작업의 대부분을 맡아 했던 학생이 졸업을 해서 우리는 더 많은 피험자 및 더 많은 보조원을 모집해 실험을 처음부터 다시 시작해야 했다. 그래서 어쩔 수 없이 해당 실험을 서랍에 넣어 놓았다. 하지만 나는 시각과 주의, 색과 형태가 단속 운동을 유도하는 데 어떤 역할을 하는지에 대해 수많은 통찰력 있는 실험이 이 실험 패러다임 내에서 충분히 탐색될 수 있다고 믿는다. 또 요즘에는 시선을 추적하는 장치가 예전보다 더 민감해지고 신뢰도도 높아졌으며 사용하기 편해졌다. 따라서 나는 그런 길이 계속 이어지길 바란다.

《의식의 수수께끼를 풀다》의 초기 독자 중 한 명은 세계적 에너지 기술 회사인 슐룸베르거의 CEO, 유안 베어드Euan Baird였다. 그는 그 책에 의식뿐 아니라 기업에 관한 교훈—모든 것을 통제하는 '중앙 보스'의 신화를 무너뜨린 것—도 있다고 생각해 수십 권을 사서 전 세계의 슐룸베르거 지사장에게 보냈다. 그뿐 아니라 연례 지사장 회의에서 책에 관한 강연을 해 달라고 나를 두 번이나 초청했다. 첫 번째는 파리에서였다. 나는 그런 유형의 청중에게서 강연 요청을 받아 본 적이 전혀 없었기에 회당 1만 달러의 강연료와 비행기 일등석, 책에 나오는 현상 몇 가지를 보여 줄 매킨토시 컴퓨터를 요구하면서도 꽤 무리한 조건이라고 생각했다. 그런데 그는 그 자리에서 흔쾌히 동의했다. 맥이 배달되자마자 나는 맥을 하버드에 있는 패트릭 카바나Patrick Cavanagh의 시각연구소로 가져갔다. 패트릭은 그곳에서 내가 필요로 하는 소프트웨어를 만들 수 있도록 도와주어 연구소에서 개발한 훌륭한 맥글리브Macglib 소프트웨어를 사용해 시연에 쓸 프로그램을 짰다. 윌리엄 제임스 홀[143]에 있는 패트릭의 연구실에서 몇 시간을 보내며 나는 내 책에 꽤 길게 기술한 두 가지 현상을 아주 효과적으로 시연할 수 있는 데모 프로그램을 완성했다. 하나는 **색채 파이** 현상이고 다른 하나는 **메타대비** 현상이다. 예를 들어 빨간색 도형 두 개를 하나씩 순서대로, 약간의 간격을 두고 화면에 띄우면 표준적인 **파이** 현상을 볼 수 있다. 하나의 빨간 도형이 움직이는 것처럼 보이는 것이다. 이것은 영화가 작동하는 방식이기도 하다. 그런데 도형의 색을 바꾸면 어떻게 될까? 파이 현상이 사라질까 아니면 '움직이는' 도형의 색깔도 변하는 것처럼 보일까? 만약 색이 변하는 것으로 보인다면 색은 움직이기 전에 변할까 움직인 후에 변할까, 둘 다 아니면 움직이는 도중에 변할까? 타이밍과 거리를 정확하게 맞추면 (환영인) 움직이는 경로 한중간에서 색이 바뀌는 것처럼 보인다! 많은 사람을 혼란스럽게 만드는 건 이것이다. 뇌가 아직 두 번째 도형을 지각하기도 전인데 뇌는 환영일 뿐인 도형의 색이 언제, 어느 위치에서 변할 것인지를 어떻게 아는가? 패트릭이 만들어 준 다용도 소프트웨어 덕분에 나는 참석한 모든 청중에게 화면을 보여 주며 그 화면을 실시간으로 조정할 수 있었다. 나는 서로 다른 색의 도형—사실은 원반—이 나타나는 거리와 타이밍을 조절할 수 있었다. 강연 장소가 큰 원형 극장이었기에 뒤쪽 사람들이 한 가지 설정에서 그 효과를 체험하고 앞쪽 사람들이 또 다른 설정에서 효과를 체험하게 만들 수 있었다. (색과 운동 방향 역시 둘 다 조절 가능해서 '연습 효과', 즉 뇌가 자신이 만들고 있는 환영의 색과 방향을 '사전인지'할 가능성을 제거할 수 있었다. 물론 사전인지 같은 것은 존재하지 않지만 그런 혁명적인 가설에 기대지 않고 그 효과를 설명하는 것이 앞으로 나아가야 할 길이다.)

메타대비 시연은 훨씬 더 놀라운 것이었다. 첫 번째 자극(이를테면 원반 이미지)을 보여 준 후 즉시 두 번째 이미지(이를테면 앞의 원반과 바깥지름이 똑같은 고리 모양. 《의식의 수수께끼를 풀다》의 그림 6.1 참조)

143 하버드대학 캠퍼스에 있는 건물이다.

를 보여 주고 타이밍을 딱 맞추어 첫 번째 자극을 없애면 피험자는 고리만 보았다고 보고한다! 원반을 본 기억은 깔끔하게 지워져 버린 것처럼 말이다. 시연 때는 두 개의 원반이 좌우로 있어 동시에 깜빡였고 오른쪽에만 하나의 고리가 나타났다. 느린 속도에서는 두 원반이 모두 보였고 곧이어 오른쪽의 고리 하나가 보였다. 속도를 높여 조절해 봤더니 오른쪽의 원반은 즉시 사라졌다. 왼쪽 원반은 선명히 보이는 반면 쌍둥이(크기, 색상, 지속 시간이 모두 똑같았다)처럼 똑같은 오른쪽 원반은 사라진 것처럼 보였다. 수십 명의 청중에게 이런 실험을 (물론 그라이스의 비디오도 함께) 시연하며 나는 매우 즐거웠고 계속된 시연은 과학자들이 진지하게 받아들여야 할 의식 이론가로서 나에 대한 신뢰를 높이는 데 분명히 큰 역할을 했다. 그리고 전 세계에 관련된 실험의 물결을 일으켰다.

영국 BBC에는 〈안테나Antenna〉라는 과학 프로그램이 있다. 이 프로그램은 논쟁적인 과학적 견해를 다루는데 비판적 시각과 그에 대한 반론도 포함하여 잘 제작된 의견 중심 다큐멘터리를 방송했다. 그들이 내게 에피소드 하나를 찍자고 요청했고 그 에피소드는 (나의 강력한 반대에도 불구하고) 〈마인드 무비Mind Movies〉라는 제목을 달았다. 여기에는 내게 우호적인 비평가인 '라마' 라마찬드란과 런던임페리얼칼리지의 공학자이자 신경과학자인 이고르 알렉산더Igor Aleksander의 논평이 포함되었다. 당시 BBC를 지배한 디자인 원칙 중 하나는 과학 다큐멘터리가 시각적으로 흥미를 끌 수 있어야 한다는 것이었다. 따라서 그들은 '말하는 얼굴' 화면을 최소화하고 시선을 사로잡는 매력적인 화면을 최대화해야 했다. 이런 정책은 어떤 면에서는 내 다큐멘터리에 완벽하게 어울렸다. 나는 메타대비 및 내가 가장 좋아하는 현상 하나를 보여 줄 작정이었기 때문이다. 그 현상의 제목은 〈마릴린으로 가득한 방room full of Marilyns〉(《의식의 수수께끼를 풀다》 354쪽)이었다. 당신이 방으로 들어가 불을 켰는데 벽 전체가 마릴린 먼로가 인쇄된, 동일한 대형 사진이 도

배되어 있는 걸 본다면 그 사실을 즉시 알아차릴 것이다. 하지만 여기 골치 아픈 퍼즐이 있다. 당신은 눈의 중심와에 초점을 맞추지 않으면 (단속 운동을 하여 당신의 망막 중 분해능이 높은 곳이 그 대상에 고정되게 하지 않으면) 사진 속의 사람을 인식할 수 없다. 그러나 수많은 마릴린에게 각각 초점을 맞추려면 여러 초가 걸린다. 당신이 보는 마릴린이 모두 같은 사람의 동일한 이미지라는 믿음을 뇌는 어떻게 만들 수 있을까? 당신의 시각 경험은 주변부까지 고해상도인 **것처럼 보이지만** 그런 생각은 환상에 불과하다. 나는 BBC에 바로 그런 장면을 다큐멘터리에 넣을 수 있는지 물었고 그들은 좋다고 했다. BBC 측에서 마릴린 먼로의 거대한 사진 50장가량을 제작하고 전시하는 데 수백 파운드의 비용이 들었다. 다큐멘터리의 일부는 터프츠의 작은 미술관 내부에서 촬영되었고 우리는 그 공간의 벽 세면에 사진을 조심스럽게 붙였다.

나는 그 장면의 결과에는 매우 만족했다. 그러나 BBC는 시각적 관심에 매우 목말라 있었고 이는 다른 면에서 역효과를 낳았다. 젊은 프로듀서는 내가 한밤중에 택시를 타고 보스턴을 가로질러 영화관으로 가는 모습을 촬영했는데 프로듀서는 (미국 영화관에서는 대부분 핫도그를 팔지 않는다는 나의 강력한 주장에도 불구하고) 내게 영화관 매점에서 핫도그를 주문하게 했다. 그 에피소드에서 나는 요트의 키를 잡고 부표를 아슬아슬하게 피하는 장면, 거대한 가정용 컴퓨터(나는 보스턴 컴퓨터 박물관에서 그 컴퓨터 설계를 도운 적이 있다) 내부를 걸어 다니는 장면, '맵파리움'(메리 베이커 에디 도서관 안에 있는, 세계 지도를 안쪽에서 볼 수 있게 만든 거대한 유리 지구본으로 기독교과학세계본부에서 1935년에 만든 관광 명소이다) 안을 거니는 장면을 찍었다. 그런 장면들은 모두 시각적으로는 굉장했다. 그러나 완성된 다큐멘터리를 학생 및 동료 들과 함께 본 후 퀴즈를 냈는데 그들은 그 굉장한 배경과 장면은 생생하게 기억했으나 정작 내가 말했던 것은 기억하지 못했다! 그 후 나는 이 문제를 미디어에 정통한 다양한 친구와 논의했고 우리는 이런 BBC 과학 다큐멘터리를 풍자하는 다큐멘터리를 상상하며 재미있는 시간을 보냈다. 한스 크레브스Hans Krebs는 크레브스 자신이 빙글빙글 도는 회전 목마의 말 위에 앉아 크레브스 회로Krebs cycle[144]를 설명하는 장면을 생각해 냈다. 그 밖에도 우리는 석탄 광산 밑바닥에서 전동 휠체어에 앉아 광부 헬멧을 쓰고 블랙홀[145]을 설명하는 스티븐 호킹Stephen Hawking이라든가, 빙빙 도는 거대한 DNA 이중나선의 염기 가로대에 왓슨과 크릭이 필사적으로 매달려 있는 모습 같은 것을 떠올렸다. 최종 편집에서 〈마인드 무비〉의 프로듀서는 라마찬드란의 비평에 대한 나의 반론에서 결정적인 수식어들을 잘라 내어 내용을 이상하게 만들기도 했다. 그래서 나는 그 경험이 영상 제작에서 또 하나의 흥미로운 모험이기는 했어도 내 백여 편의 유튜브 영상에서 그것을 볼 수 **없다**는 것을 기쁘게 생각한다. 그렇지만 프로듀서에게서 유익한 제안을 받은 적도 한 번 있는데 이는 이후 작업의 많은 부분에 영향을 주었다. 어떤 내용을 내보낼지를 정하는 초기 회의에서 나는 프로듀서에게 과학자들이 발표한 의식에 대한 도표 몇 가지를 보여 주며 마구 비판했다. "교수님이 왜 반대하시는지는 알겠습니다." 프로듀서가 말했다. "그런데 의식에 대한 교수님 **자신의** 도표는 어디 있습니까?" 그 질문 덕분에 나는 일련의 도표를 개발했다. 그때는 파워포인트가 나오기 전이어서 나는 오버헤드 프로젝터를 사용했는데 필름들을 서로 겹치거나 움직이며 시연할 수 있어 내 강연에는 훨씬 효과적이었다. 한번은 네덜란드에서 매우 격식을 갖춘 강연을 한 적이 있는데 사회자가 "데닛 교수님께서 오버헤드 프로젝터를 이용하여 직접 자료를 보여 주실 겁니다"라고 소개했다. 나는 그 시절이 그립다. 컴퓨터 그래픽만이 능사는 아니다. 때로는 오버헤드 프로

---

144 유기체의 세포 내에서 에너지를 생산하는 일련의 화학 반응을 말한다. 한스 크레브스는 생화학자이다.

145 '블랙홀'을 직역하면(일차적인 영어로 생각하면) '검은 구멍'이니까 탄광의 밑바닥[검은 갱도(구멍)의 가장 끝부분] 이야기가 나온 것이다.

젝트에 전용 투명 필름을 한 겹 한 겹 올려 쌓거나 미끄러뜨리면서 더 생생한 효과를 거둘 수도 있는 법이다.

나는 내 책이 과학자가 접근하기 쉽게, 그들의 흥미를 돋울 수 있게 되기를 염원했는데 나의 그 바람이 몇 가지 부정적인 부작용을 낳았다. 일부 심리철학자는 내가 과학을 위해—더 나쁘게는 과학 논문 출판을 위해—철학을 포기했기 때문에 무시해도 괜찮다고 판단했다. 다른 사람들은 곧이어 나타난 편파적인 왜곡을 너무나도 쉽게 받아들였다. 그러나 일부는 열정적으로 논쟁에 뛰어들었다. 그중 유독 두드러지는 두 사람은 내가 틀린 점을 보여 준다며 지치지도 않고 끈질긴 노력을 계속하고 있다. 바로 네드 블록과 데이비드 차머스이다.

네드는 1973년에 포더와 내가 시작한 '악순환' 모임의 원조 회원 중 한 명이었고 그때부터 나와 논쟁을 계속해 왔다. 그는 터프츠의 내 세미나에 참석하여《의식의 수수께끼를 풀다》완성 직전 원고의 챕터들을 살펴보고는 감각질에 대한 내 견해에 격렬하게 반대하며 자신의 반론을 '실격당한 감각질Qualia Disqualified'이라는 챕터로 만들어 완성판 원고에 추가하라고 종용했다. 거기서 나는 참을성 있게 (비록 마지못해서이긴 하지만) 감각질이라는 잘못된 개념에서 내가 파악한 모든 문제를 하나하나 짚어 나갔다. 물론 그것으로는 충분하지 않았다. 네드는 '주관적 경험의 속성'이라는, (다른 이름으로는 **감각질** 또는 **현상적 속성**이라 알려진) 직관적으로는 그를 만족시키지만 대책 없을 정도로 혼란스러운 아이디어를 보존하기 위해 자원을 아끼지 않는 캠페인 활동을 꾸준히 진행했고 많은 사람과 그런 활동을 함께했다. 그는 몇 년 동안 나를 비판하는 논문을 발표했고 나는 이에 대해 점점 참을성이 줄어드는 대응을 했다. 종내에는 네드가 더는 다른 주제로 옮겨갈 것 같지 않다는 판단이 들어서 어쩔 수 없이 내가 다른 문제로 관심사를 옮겼다. 네드는 그때까지도 현상적 의식에 대한 캠페인을 지속하고 있어서 어떤 면에서는 내가 양보했다는 인상을 일부 사람에게 남긴 것 같다. 실상은 그렇지 않다. 나는 그저 그와 계속 논쟁해 봤자 얻을 게 없다고 판단했을 뿐이었다. 아마도 내 인내심이 아주 조금은 효과를 발휘하고 있을지도 모른다. 나는 우리가 조금씩 가까워지고 있다고 생각한다. 《의식의 수수께끼를 풀다》에서 나는 이렇게 물었다.

> 조용한 시간을 채우는 소리를 '들을' 때, 빈 공간에 걸쳐 있는 색상을 '볼' 때 무엇이 **있다**고 할 수 있을까? 그런 경우에는 뇌가 ('채워 넣음'으로써) 제공해야만 하는 무언가가 있는 것처럼 보인다. 이 미지의 것을 무어라 불러야 할까? 일단 **피그먼트**figment[146](346쪽)라고 불러 보자.

나는 일부러 익살스러게 만든 이 용어를 아무도 진지하게 받아들이지 않을 거라고 생각해 이 용어에 조롱을 퍼부었다. 그렇지만 내가 뭐라고 하든 간에 많은 연구자가 피그먼트의 존재를 믿고 싶은 충동을 느꼈다고 고백했다! 그리고 네드는 훨씬 더 최근(2003)에는 그런 충동을 참으며 '정신적 페인트mental paint'에 관한 글을 썼다. 그러나 그 주장의 불안정성을 인식하고는 나중 논문에 이렇게 덧붙였다.

> 나는 정신적 페인트 같은 것이 있다면 그것이 비관계적(내재적)인 것이거나 표상적 측면이 전혀 없는 것이라고 가정하지 않는다. 나는 물리주의를 지지하므로 정신적 페인트가 관계적인 신경 속성일 수 있

146 꾸며낸 것, 상상 속의 것, 허구, 공상 등을 뜻하는 단어이다. 뒤에 나오는 색소pigment가 이와 발음과 철자가 비슷하다는 점에도 주목하라.

다고 본다. 오해를 막기 위해 덧붙이자면 나는 누군가가 이 세상에 존재하는 빨간 것이나 둥근 것을 볼 때 (그림에서 붉은 색소가 빨간 헛간을 나타낼 때처럼) 그의 머릿속에 빨갛거나 둥근 무언가가 존재한다고 주장하는 것이 아니다.

나는 네드가 '관계적인 신경 속성'이라는 말로 무얼 뜻하는지 잘 모르겠지만 그래도 그가 내 견해를 점점 받아들이고 있다고 생각한다. 즉 **가상의** 페인트(그리고 가상의 잡음과 가상의 냄새 등등)가 우리 의식을 구성하는 뇌의 가상 기계에 필요한 모든 역할을 할 수 있다는 것 말이다. 2011년에는 내 옛 제자 마이클 A. 코언Michael A. Cohen이 현상적 의식의 옹호자를 상대로 다시 한번 판을 벌여 보자고 제안했는데 나는 또 그 미끼를 덥석 물었고 2016년 우리는 낸시 캔위셔Nancy Kanwisher와 함께 논문을 썼다. 놀라울 것 하나 없이 우리의 공동 논문을 보고도 네드는 그 어떤 인정도 하지 않았다. 하기야 네드가 내 의견이 결국 옳았다는 것을 단 한 번이라도 인정한다면 나는 그의 건강을 걱정할 것이다.

나는 데이비드 차머스가 인디애나대학교에서 더그 호프스태터의 대학원생으로 연구하고 있을 때부터 그를 알고 지냈다(15장을 보라). 더그도 나도 그의 주장[1995년의 논문 〈의식의 문제에 직면하다Facing Up to the Problem of Consciousness〉와 후속 저서 《의식적인 마음-근본 이론을 찾아서The Conscious Mind: In Search of a Fundamental Theory》(1996)를 통해 유명해졌다]에 설득되지 않았다. 그러나 나는 그가 관련 문헌을 세심하게 연구했으며 오해석을 할 위험에 유별날 정도로 경각심을 갖고 있다는 점을 인정한다. 그가 판단하기에 합리적이라고 여긴 가능성의 전체 목록을 기발하고도 체계적으로 탐구해 온 인물이라는 사실도 기꺼이 인정한다. 다만 나는 그의 견해 자체가 제정신에서는 나올 수 없다고 생각할 뿐이다! 그는 자신이 의식에 대한 '그' 어려운 문제를 밝혔다고 생각하지만 나는 '쉬운' 문제에 대한 해결책을 모두 합치면 그의 '어려운 문제'가 해결될 가능성을 그가 간과했다고 생각한다. 여러 해 동안 나는 그와 직접 토론하기도 하고 글로도 꽤 자주 씨름해 왔다. 언제나 신중하고 철저한 논증으로 무장한 그의 주장에 대응하기 위해 내가 쓴 응답 중 하나는 그의 철학적 철저함을 패러디한 것이었다. 2010년에 그는 〈특이점The Singularity〉이라는 논문을 《의식연구논집the Journal of Consciousness Studies》에 발표했는데 이는 마치 BBS의 표적 논문으로 구성되었고 나도 초청 논평자 중 한 명이 되었다. 나는 그 주제가 철학을 오히려 곤란하게 만드는 것—이를테면 바늘머리 위에서 몇 명의 천사가 춤출 수 있는가에 대한 논쟁처럼—이라고 생각했기 때문에 그 의뢰를 거절했지만 그는 내게 이메일을 보내왔다.

> 안녕하세요, 댄.
>
> 논문을 읽어 주세요. 하실 말씀이 많으시리라 생각합니다. 논문의 핵심 문제 중 일부는 당신이 고심하던 지능/설계 공간의 구조와 관련되어 있습니다.
>
> 감사합니다.
>
> 데이브.

나는 차머스의 판단을 존중했기 때문에 그의 말을 받아들여 논문을 읽었고 그 응답으로 2012년 같은 저널에 〈데이비드 차머스의 미스터리The Mystery of David Chalmers〉라는 논문을 발표했다. 거기서 나는 결과가 미심쩍은 이 싸움에서 왜 그가 계속 고집을 부리는지 설명하는 일곱 가지의 대안 가설을 제시했다. 그것은 다음과 같다. 믿음Faith, 명성Fame, 프로이트Freud, 허구Fiction, 철학Filosofia, 재미Fun, 두려움Fear. 좀 더 최근(2018년)에 그는 같은 논집에 논문을 싣고 다시 나를 논평자로 지명했으며 이번에는 나도 기고 의뢰에 응했다. 그의 논문은 그가 의식의 메타 문제라 부르는 것에 대한 것이었다. 나는 〈강한 환각주의로 오신 걸

환영합니다Welcome to Strong Illusionism〉[147]라는 논문을 써서 그에 답했는데 거기서 나는 현재 그의 견해가 나의 것과 얼마나 가까운가를 지적했다. 나는 차머스를 설득해 내 입장과 손을 잡게 만들 가능성이 네드 블록을 설득하는 것보다 더 크다고 생각하지만 그 둘 다 각자 자신의 입장을 둘러싼 공적 정체성을 공고히 해 온 터라 큰 기대는 하지 않는다.

---

147 'Illusionism'은 '환영주의'라고 번역되기도 한다.

24

사고 실험에만 머물지 않는 튜링 테스트

1950년 앨런 튜링은 《마인드》에 〈계산 기계와 지능Computing Machinery and Intelligence〉이라는, 지금은 고전이 된 논문을 발표하면서 '튜링 테스트'라는 유명한 모방 게임을 소개했다. 나는 약 60년 동안 이 문제에 대해 생각하고 말하고 글을 써 왔으며 내가 최근에 쓴 논문은 산타페연구소에서 발간될 복잡계 이론의 고전 논문들을 다룬 논문집에 실려 출판될 예정이다. 1981년에 나는 튜링 테스트에 대한 존 설의 중국어 방 '반박'을 두고 설과 끝없는 논쟁을 시작했다. 그리고 〈기계는 생각할 수 있는가?Can Machines Think?〉(1985)에서 튜링 테스트야말로 기계가 진정으로 생각하는지를 가리는 최고의 방식이라고 주장하며 튜링 테스트를 옹호했다. 1990년에는 뉴욕의 한 제조업자 휴 뢰브너Hugh Loebner가 튜링 테스트를 처음으로 정정당당하게 통과하는 컴퓨터 프로그램에게 상금—동으로 만든 메달과 10만 달러—을 내걸었다. 뢰브너는 (스키너의 제자 중 한 명인 심리학자 로버트 엡스타인Robert Epstein이 이끄는) 케임브리지행동과학연구센터에 **제한된 형식의** 첫 튜링 테스트 대회를 설계하고 진행할 위원회를 꾸려 달라고 설득했다. 그때는 어떤 프로그램도 제한 없는 테스트—이론적 흥미를 지니는 유일한 테스트—를 통과할 수 있는 수준에 이르지 못했지만 실제 테스트를 통해 경험을 쌓고 규칙을 다듬는 것은 좋은 아이디어였다. 그리하여 초기 몇 해의 대회를 흥미롭게 만들기 위해 위원회는 몇 가지 제한 조건을 채택했고 제한된 테스트의 우승 상금을 2000달러로 낮추었다. 규칙을 만든 초기 위원은 엡스타인과 콰인, 앨런 뉴얼, 조 와이젠바움, 하버드의 컴퓨터과학자 해리 루이스Harry Lewis, 보스턴 컴퓨터 박물관 관장 올리버 스트림펠Oliver Strimpel이었으며 그들은 규정을 확립한 후 나를 위원장으로 추가했다. 내가 처음부터 위원회에 있었다면 좋았을 것이다. 그랬다면 컴퓨터 프로그램에 지나치게 유리한 규칙을 바꾸기 위해 싸웠을 테니까. 그러나 대회가 개최된다고 이미 발표되었고 참가자들이 신청을 마친 상태라 어찌할 도리가 없었다. 대화 주제는 몇 가지 특정 주제('셰익스피어', '연애 문제', '부르고뉴 와인')로 제한되었고 판정자에게는 너무 공격적으로 질문하지 **말고** 비행기 옆자리의 낯선 사람과 말하듯 친절하게 대화에 임하라는 지시가 내려졌다!

1991년 보스턴의 컴퓨터 박물관에서 첫 연례 뢰브너상 대회가 열렸다. 열 명의 판정자가 한 터미널에서 다른 터미널로 이동하면서 각 참가자와 타이핑으로 대화를 나누었다. 한 번의 대화에 할당된 시간은 15분이었다. 전 세계에서 모여든 언론과 텔레비전 제작진은 머리 위 모니터를 통해 상황을 지켜볼 수 있었고 나는 진행을 맡았다. 참가자는 모두 열 명이었는데 그중 여섯은 프로그램이었고 넷은 막후에서 '공모한' 인간이었다. 각 판정자는 열 개의 터미널에서 나누었던 대화를 바탕으로 가장 인간 같았던 참가자부터 가장 인간 같지 않았던 참가자까지 순위를 매겨야 했다. 제한된 테스트의 승자는 평균 순위가 가장 높은 컴퓨터가 될 터였다. 우승 프로그램이라고 해서 판정자 중 누군가를 속여야 할 필요가 없었으며 판정자를 속인다는 것이 우승의 근거가 되지도 않았다. 그저 평균 순위가 가장 높은 쪽이 이기는 방식이었다. 그러나 우리는 어떤 프로그램이 판정자를 정말로 속일 경우에 한하여 그 사실을 밝혀야 한다고 생각했기에 판정자에게 그들이 매긴 순위표 어딘가에 기계와 인간을 구별하는 선을 그으라고 요구했다. 우리 판정자는 첫 대회에 출품된 프로그램들의 질이 낮다는 것을 알고 있었다. 판정자를 단 한 명이라도 속일 수 있는 운 좋은 프로그램이 없으리라는 것도 명백해 보였다. 그럼에도 대회 당일 나는 긴장했다. 만약에 그런 프로그램이 있을 경우에 대비해 그 예상치 못한 업적을 거둔 프로그래머에게 수여할 인증서 같은 것을 준비해야 하지 않나 하는 생각이 든 것이다. 언론사 사람들과 청중이 대회를 보기 위해 모여드는 동안 나는 스태프 한 명과 함께 컴퓨터 박물관의 뒷방으로 달려가 편리한 데스크톱 출판 소프트웨어의 도움을 받아 멋진 인증서를 금세 만들었다. 결과적으로 나는 인증서를 세 장이나 수여해야 했다. 60건의 판정 중 긍정 오판이 모두 7건이나 있었던 것이다! 판정자들이 쉽사리 속아 넘어가는 모습은 내게는 놀라움 그 자체였지만 엘리자 효과ELIZA effect라고 알려진 것을 발견하고 열렬한 AI 비판자가 된 조 와이젠바움(8장을 보라)의 눈에는 놀라울 것이 없었다. 판정자가 **지시에 따라** 수동적으로 앉아 참가자에게 주도권을 넘기자 그들은 자신들에게 제공된 포템킨 마을Potemkin villages[148]에 현혹되어 허술하게 속아 넘어갔고 모니터로 보던 많은 기자 역시 마찬가지였다. '엉뚱한 대화'를 프로그램의 주제로 삼은 조셉 웨인트라웁Joseph Weintraub은 말문이 막힐 정도로 간단한 계략을 써서 첫 번째 뢰브너상을 수상했다. 질문을 받으면 그의 프로그램은 되레 질문으로 응수했고 판정자는 공손하고도 성실하게 답변하려고 노력했다. 그러면 프로그램은 또 추가 질문을 했고 대화는 그런 식으로 계속 이어졌

148 18세기 러시아의 장군이자 정치가인 그리고리 포템킨이 예카테리나 2세의 환심을 얻기 위해 황폐한 곳에 그럴듯한 가짜 농촌 마을을 꾸몄다는 (진위를 알 수 없는) 이야기가 전해진다. '포템킨 마을'은 여기서 비롯된 표현으로 겉만 그럴듯해 보이는 가짜를 가리킨다.

다. 프로그램은 물어볼 질문이 다 떨어지면 준비된 재담을 무작위로 하나 내보내 판정자가 한 번 더 대답하게 하고는 새 질문을 던졌다. 판정자가 아니라 프로그램이 대화를 지배한 것이다. 이 오판 중 어느 것도 컴퓨터가 무제한적인 튜링 테스트를 통과한 진짜 사례라고 간주되지는 않았지만 그래도 내게는 굉장히 놀라운 일이었다. 다음 해의 두 번째 대회에서 우리는 예상치 못한 다른 허점을 발견했다. 인간 공모자에게 대회에 대해 사전 설명을 제대로 하지 않은 바람에 그들 중 몇몇이 의도적으로 투박하고 자동화된 로봇 같은 답변을 내놓았다. 알고 보니 그들은 자신들이 프로그램인 척 행동함으로써 실리콘 참가자에게 공정한 기회를 주고자 했던 것이다!

규정과 절차의 이런 결함을 바로잡고 나자 대회는 내가 원래 예상한 대로 진행되었다. 주제에 여전히 제한이 많았음에도 컴퓨터가 마치 아픈 엄지손가락처럼 도드라져 보였다. 세 번째 뢰브너상 대회를 위해 나는 기자 몇 명을 판정자에 포함했고(아쉽게도 컴퓨터과학이나 AI 분야 종사자는 판정자로서 제외했다) 그들에게 경고했다. 사실을 분별하는 기자로서의 평판이 이 테스트에 걸려 있으니 당신들이 프로그램을 사람으로 오인한다면 그건 부끄러운 뉴스가 될 것이라고. 결국 두 명의 기자가 거짓 부정 판단을 했다. 인간 공모자 중 덜 유창했던 한 명을 컴퓨터라고 선언한 것이다. 대회가 끝나고 브리핑 시간에 기자들이 한 해명은 컴퓨터 프로그램과 사람 사이의 격차가 얼마나 현격한지를 보여 주었다. 그들은 이렇게 생각했다. 어느 정도 괜찮은 컴퓨터 참가자가 하나도 없었다면 **대회는 열리지 않았을 것**이다. 그러니 그저 가장 인상적이지 않았던 인간을 하나 골라 **그것**을 컴퓨터라고 판정하자. 기자들 역시 다른 누구 못지않게 컴퓨터와 인간 사이의 뚜렷한 격차를 확실히 인식하고 있었던 것이다.

주요 AI연구소 중 뢰브너상 대회에 참가한 곳은 없었다. 취미로 프로그래밍을 하는 사람들에게 패하면 연구소 평판에 큰 타격을 입을 테고 또 그런 규칙 아래에서 승리한 프로그램이란 결국 값싼 인간 흉내로 사람을 속이는, 얄팍한 속임수 꾸러미일 수밖에 없었다. 첫 대회에서 몇몇 프로그램은 일부러 오타를 낸 다음 실수를 수정하는 '뻔한 속임수'인 단순 타이핑 서브루틴을 탑재했다. 다른 프로그램은 그런 수고조차 들이지 않았다. 우리는 두 종류의 프로그램 모두 있는 그대로 경쟁하도록 허용했지만 판정자에게는 이렇게 말해 두었다. (진짜로) 일부 인간 공모자는 '버스트 모드(수정된 전체 답변이 한꺼번에 나타남)'로 답변할 것이며 다른 이의 답변은 타이핑하는 그대로 답변이 나타날 것이라고. 나는 AI 분야의 선두주자 몇 명과 협의하여 몇 가지 규정을 변경할 것을 제안했다. 하나는 빙상 스케이트 대회의 시스템인 '규정 동작 school figures'[149] 시연(그러나 최근에는 폐지되었다)을 채택하는 것이었다. 모든 참가자는 우선 필수 동작—각 참가자에게 주어지는, 엄격하게 기술된 표준 테스트—을 수행해야 하며 여기서 높은 점수를 얻은 참가자만이 관객을 즐겁게 하는 자유형 경연을 할 수 있다. 우리는 진지한 경쟁자와 값싼 속임수를 가려내기 위해 이런 규정 동작을 도입할 수 있었다. 그 예로 AI 분야의 선구자 테리 위노그라드Terry Winograd는 《자연어의 이해Understanding Natural Language》(1972)에서 단 한 단어 차이로 대명사의 올바른 의미 해석을 바꾸어 놓는 문장 쌍에 주목한 바 있다.

1. The city council members denied the group a parade permit because they advocated violence.
(시의원들은 그들이 폭력을 옹호한다는 이유로 그 단체의 거리 행진 허가를 거부했다.)

149 과거 피겨스케이팅 대회에서 따로 존재했던 세부 종목 중 하나이다. 얼음 위에서 정확하고 정교한 기하학적 패턴을 그리며 스케이팅하는 것으로 그 도형의 정확성을 바탕으로 점수가 매겨졌다. 1990년대에 들어서면서 피겨스케이팅의 필수 종목에서 사라졌다.

2. The city council members denied the group a parade permit because they feared violence.
(시의원들은 그들이 폭력을 우려한다는 이유로 그 단체의 거리 행진 허가를 거부했다.)

두 문장 모두에서 대명사 'they(그들)'의 의미는 모두 문법적으로 타당하게 쓰였다. 따라서 우리는 행진 허가를 담당하는 시의회 의원들이 거리에서의 폭력 옹호를 허가[첫 문장의 they(그들)를 시의원으로 해석하면 이렇게 된다]하면서도 이상한 이유로 이를 핑계 삼아 행진 허가를 거부하는 좀 이상한 세계를 상상해 볼 수 있다. 그러나 자연스럽고 합리적이며 똑똑하게 문장을 읽는다면 첫 문장에서의 'they(그들)'는 폭력을 옹호한 단체라고 보아야 하고 두 번째 문장에서의 'they(그들)'는 폭력을 우려한 시의원들이라고 보아야 한다. 대회 참가자가 이런 옳은 해석을 하려면 방대한 '세계 지식world knowledge'을 지녀야 한다. 이런 과제가 있다면 그저 취미 수준의 참가자는 걸러낼 수 있다. 그러나 뢰브너는 규칙 변경을 거부했기에 나는 AI 분야의 다른 여러 위원과 함께 위원회에서 사퇴했다. 챗봇의 경쟁이 된 뢰브너상 대회는 거의 30년간 지속되어 오다가 2019년 블레츨리 파크—제2차 세계대전 당시 튜링이 뛰어난 업적을 남긴 바로 그곳—에서의 대회를 끝으로 막을 내렸다. 그동안 대회는 진지한 참가자를 끌어들인 적이 없었고 AI 커뮤니티는 기껏해야 홍보용 쇼 정도로 여기며 무시하는 것이 일반적이었다.

그러나 딥마인드의 알파고와 알파제로가 '딥러닝' 방식을 사용하여 세계 최고의 인간 바둑 기사들을 이긴 데 이어 딥러닝 AI에 대한 열광이 거대한 물결을 이루고 있는 가운데 그 파도를 타고 돌아온 튜링 테스트는 2022년에 다시 관심의 한복판에 섰다. 구글을 비롯한 기업은 인터넷에서 빨아들여 강력한 패턴 탐색 알고리듬(1980년대 연결주의 네트워크의 후손이라 할 수 있다)으로 분석한 수십억 또는 무려 수조항에 이르는 언어 데이터베이스를 조성하는 데 수십억 달러를 투자하고 있다. 오픈AI의 지피티-3GPT-3(생성형 사전학습 트랜스포머, Generative Pretrained Transformer)과 구글의 람다LaMDA(대화 앱을 위한 언어 모델, Language Model for Dialogue Applications) 같은 시스템은 대화를 지속하거나 어려운 질문에 (그것도 대부분 정확하게!) 답변하는 데 오싹하리만큼 능숙하다. 2022년 6월 19일 구글의 엔지니어 블레이크 르모인Blake Lemoine이 람다와의 대화를 통해 람다에게 지각 능력이 있음을 확신한다고 선언하자 AI 커뮤니티는 반대 의견을 활발하게 내놓았다. 이는 엘리자 효과가 또 다시 재현된 사례였다. 그렇다면 이런 새로운 발전이 무엇을 의미하는가?

나는 2018년에 인지연구센터의 방문연구원으로 왔던 독일 철학자 안나 슈트라서Anna Strasser 덕분에 이 논쟁에 다시 뛰어들게 되었다. 그녀와 철학자 에릭 슈비츠게벨Eric Schwitzgebel은 내 허락하에 GPT-3에게 내 거의 모든 저작—백만 단어는 족히 넘는—을 학습시켜서 디지댄DigiDan(작명은 스티브 바니의 솜씨이다)이라는 것을 만들었다. 디지댄은 나의 연구 및 사상과 관련하여 으스스할 정도의 핍진성과 정확성으로 인터뷰 질문에 답할 수 있는 ('사람'이 아니라) 프로그램이다. 안나는 내게 내 저작들의 중심 아이디어에 관한 열 개의 질문을 했고 나는 제2회 뢰브너상 대회에 참가했던 인간 공모자와는 다르게 꾸밈없이 솔직하게 답했다. 그런 다음 안나는 똑같은 질문을 디지댄에게 네 차례씩 했고 (답변을 선별하지 않고) 질문당 내 답변과 디지댄이 한 네 개의 답변, 총 다섯 개의 답변을 수백 명의 심사위원에게 온라인으로 보내어 진짜 데닛이 한 답변이 무엇인지 선택하게 하고 또 각 답변에 대해서 '데닛이 말했을 법한 정도'에 따라 순위를 매기게 했다. 또한 그녀는 수십 명의 '데닛 전문가(나의 저작을 천 페이지 이상 읽은 철학자나 인지과학자, 또는 나의 동료이거나 공저자인 사람들)'를 시험에 초대했고 철학자와 철학과 학생으로 구성된 집단도 참여했다.

적어도 언뜻 보기에 결과는 놀라웠다. '데닛 전문가'마저도 최소 두 개의 디지댄 답변을 내 답변으로 착각했고 평균적으로는 열 개 중 다섯 개를 조금 넘는 정답률을 보였다. (그러나 오지선다임을 감안하면 우연에 의한 결과보다는 여전히 훨씬 큰 값이다. 무작위로 선택했을 때의 정답 수는 평균 1.2개이다). 비전문가 판정단에서는 사실상 우연에 의한 값과 거의 같은 수준이었다. 이는 이미 예상한 바인데 그들의 선택은 정말로 단순한 무작위 추측에 불과했기 때문이었다. 철학 교육을 더 많이 받은 사람일수록 더 잘했다는 점에 나는 안도했다. 전문가가 틀린 경우도 거의 다 내가 괜찮다고 평가한 디지댄 답변이었다. 물론 그것 중 어느 것도 '저 말이 내가 한 말이라면 좋았을 텐데'라는 신성한 상을 받지는 못했지만 말이다. 디지댄 실험에 관해서는 할 말이 훨씬 더 많은데 사실 이 실험은 내가 그토록 오래 머리를 긁적이게 한 주제에 대해 새로운 논문을 쓰도록 영감을 주었다. 그 주제 중 하나는 '우리는 발화 행위를 어떻게 구성하는가?'이다. 《의식의 수수께끼를 풀다》에서 나는 '단어가 우리에게 어떤 작용을 하는가'에 대해 '중앙 의미부여자Central Meaner'—일종의 CEO—를 꼭대기에 놓는 **관료주의** 모형과 대조되는 **복마전**pandemonium 모형을 제시한 바 있다. 그 모형에서는 많은 행위자가 앞다투어 돌진하고 밀치면서 자신을 발화 행위로 밀어 넣으려 경쟁한다. 나는 복마전 모형을 완전히 옹호하지만 그것이 어떻게 작동할 수 있는가에 대해서는 비효과적이고 정갈하지 않은 설명에 그칠 수밖에 없었다. 디지댄이 내놓은 것은 잘 구성된 영어 문장이지만 자신이 디지댄으로 무얼 하고 있는지 아는 사람은 쉽게 그 가면을 벗길 수 있다. 디지댄이 아무것도 이해하지 못한다면(그리고 실제로 그것은 아무것도 이해하지 못한다) 디지댄은 '이해력 없는 능력competence without comprehension'을 실로 많이 갖추고 있는 것이다. 디지댄이 지닌 그런 **종류**의 능력이 당신의 뇌가 현실에서 믿음을 **표출**하고, 질문을 **던지고**, 가설을 **떠올리는** 식의 발화 행위를 구성할 때 갖는 바로 그 능력과 같은 것일까? 언어학자 에밀리 벤더Emily Bender는 GPT-3를 '확률적 앵무새'라고 부르며 무시했지만 사실 그 시스템이 생성하는 무작위 후보들은 시스템이 감지하고 연결을 조정하는 데 사용한 모든 패턴에 의해 매우 비무작위적으로 여과된 것이다. GPT-3가 자신이 이해하지 못한 출력들을…… 자기 입맛에 맞는 것만 쏙쏙 골라 뽑는 **체리 선별자**에게 전달했다고 가정하자. 이때 선별자는 형편없는 출력은 신속하게 버리고 좀 더 유망한 후보에 주목한다고 하자. 이 선별자가 그중의 승자를 **다른** 선별자(물론 선별자들은 사람이 아니다)에게 보내고 그것을 받은 선별자는 몇 가지 돌연변이를 만들어 또 다른 선별자에게 보낸다면? 요컨대 이해력 없는 능력을 이해력 있는 능력(**그런 셈**인 것)으로 바꾸어 주는 '다윈주의적 돌연변이와 선택'의 연쇄가 이루어지지 않을까? 이 모든 과정이—우리가 '말하고 싶은 것'을 제대로 말하기 위해 자신의 발화 행위에 특별히 신중을 기하면서 그것을 의도적으로 점검하고 재점검할 때를 제외하면—무의식적 처리라고 가정한다면 말이다.

디지댄은 **내가** 직접 활용할 수 있는 표현 방식 생성 도구로서 이미 충분히 쓸 만한 수준에 도달해 있었다. 나는 그것을 이용해 다양한 표현 가능성을 뽑고 그중 유망한 것을 골라 다듬고 고칠 수 있었으며 그 결과물이 쓸데없는 말장난은 아니라는 확신도 있었다. 그만큼 디지댄은 유능했다. 작곡가이자 컴퓨터 프로그래머인 데이비드 코프David Cope는 그의 뮤즈가 낮잠을 자고 있을 때 그를 도와 작곡을 해 줄 도구인 음악지능 실험 Experiments in Musical Intelligence, EMI을 창조했다. 조금만 더 손을 보면 안나 슈트라서는 내 믿음을 더욱 잘 표현할 수 있게 도울 매우 효율적인 단어 제안기를 내게 만들어 줄 수 있을지 모른다! 물론 현 시점(2022년)에서 그것은 내가 아직 사용할 수 있는 도구가 아니며 이 책을 쓰는 데 (아직은) 그것을 사용하지 않았다. 하지만 계속 지켜보라.

2023년 6월의 추신

대형 언어 모델Large Language Models, LLMs이 너무 빠르게 발전해서 내가 따라잡기 어려울 정도이다. 더그 호프스태터가 강력히 권고했듯이 이전 페이지에서 제기한 주장 몇 가지는 완화할 필요가 있다. 나는 이 책의 394쪽에서 디지댄의 가면을 쉽게 벗길 수 있다고 말했지만 이미 그 후예들의 가면은 쉽게 벗길 수 없게 되었다. 그리고 나는 디지댄은 이해하는 것이 아니라 이해하는 **셈일** 뿐(이 후기 다윈주의적 생각도구를 옹호하는 나의 주장을 보려면 《직관펌프, 생각을 열다》 96~97쪽을 참조하라)이라고 말했다. 키스 프랭키시는 (2022년 11월 2일에 발표한 글 〈LLMs에 대한 몇 가지 생각Some thoughts on LLMs〉)에서 LLMs은 체스 프로그램이 체스를 두는 것과 같은 방식으로 '채팅 게임'을 하는 것이라고 설명했다. 그 프로그램에는 고정된 단 하나의 지향intention이 있으니 그것은 채팅 게임에서 승리하는 것이다. 그 프로그램이 승리하기 위해 **어떻게** 작동하는가를 이해하고 싶다면 지향적 자세가 그것이 만드는 모조 인간을 해석하는, 유용하지만 위험한 전략을 제공할 수 있다. 하지만 이는 복잡한 문제이다. (2023년 5월 16일 《애틀랜틱The Atlantic》에 실린 나의 글 〈모조 인간의 문제The Problem with Counterfeit People〉를 참조하라.)

25

로봇과 함께한 모험
—온전한 이구아나, 코그, 타티

〈온전한 이구아나는 어때?Why Not the Whole Iguana?〉는 오래전, 그러니까 1978년 BBS에 발표한 750단어짜리 짧은 논평이다. 때는 AI 초창기여서 모두가 '장난감' 모형에 의존할 수밖에 없었음을 알고 있었다. 그 사실을 깨달은 나는 체스를 두거나 달 암석에 대한 질문에 답하는 것 같은 인간의 미세 능력을 모델링함으로써 다루기 쉬운 단순성을 획득하기보다는 자기 보호 능력을 갖춘 가상의 온전한 동물—이를테면 세 개의 바퀴가 달린 화성의 이구아나라든가—을 모델링하여 단순성을 획득해야 한다는 제안을 했다. 그런 대상을 만드는 과정에서 발견하는 설계 특성이야말로 그것이 무엇이든 더 정교한 생물체가 지닌 설계에서도 핵심 요소로 드러날 가능성이 높다는 점을 알린 것이다.

MIT의 AI연구소에서 일하던 오스트레일리아의 로봇공학자 로드니 브룩스Rodney Brooks는 휴머노이드 로봇 코그Cog를 제작하겠다는 아이디어를 떠올리기 전에 곤충형 로봇—바퀴가 아니라 다리가 달린—을 만들고 그것이 무마음적으로, 그러나 놀랍도록 기민하게 움직이도록 통제하는 '포섭 아키텍처'를 개발하여 로봇공학계에 족적을 남겼다. 그는 그런 로봇이 초기 행성 탐사에 사용하기에 이상적인 장비가 될 것이라고 주장했다. 그는 이렇게 말했다. 지성적이지만 비싸고 연약한 인간 탐험가를 화성에 보내지 말고 단순하고 이동성이 뛰어난 정보 수집자를 보내 화성 표면을 돌아다니게 하라고. (1989년에 발표한 논문에서 그는 "빠르고 값싸고 통제 불가능한"이라고 썼다.) 그런 자율로봇 중 일부는 중요한 발견을 하여 전파를 통해 그 내용을 지구로 보낼 수 있을 것이다. 그리고 어찌 됐든 모든 로봇은 결국에는 다 파리처럼 죽을 것이다. (이들의 직계 후손으로는 로봇 청소기 룸바Roomba가 있다. 로봇 청소기는 이러한 과학적 탐구에서 상업적으로 파생된 것이다.) 로드니는 혼자가 아니었다. 전 세계 로봇공학계에서 핵심적인 소수가 나의 메시지를 마음에 지니고 온전한 이구아나를 설계하는 작업에 착수했다. 이러한 로봇 피조물을 일컫는 일반적 용어는 '아니마트animat'였으며 1992년에는 《적응적 행동Adaptive Behavior》이라는 학술지가 창간되어 이 분야의 많은 선구적 노력을 담은 논문들이 발표되었다. 2000년 여름에는 옥스퍼드의 로봇공학자 데이비드 맥팔랜드David McFarland와 에식스대학교의 오언 홀랜드Owen Holland가 카나리아제도의 란사로테섬에서 국제 워크숍을 조직했는데 그 워크숍의 타이틀은 '온전한 이구아나를 향하여'였다. 로봇 이구아나를 갖고 온 사람은 아무도 없었지만 비디오테이프는 많았고 아이디어도 넘쳐났다.

란사로테는 내가 가 보았던 곳 중 가장 이상한 장소였다. 화산암이 쌓여 만들어진 그 척박한 땅에는 비가 거의 오지 않지만 그곳의 원주민은 포도를 재배하고 와인을 만든다. 밤이 되어 기온이 떨어지면 이슬이 맺히고 탁월풍[150]이 불어 C자 모양의 이슬 울타리가 형성되는데 그 폭이 2미터에 달하며 몇 대에 걸쳐 산비탈을 뒤덮어 왔다. 이슬은 작은 포

150 특정 위도 영역에서 거의 일정한 방향으로 부는 바람으로 우리나라를 비롯한 위도 30~60도까지는 편서풍, 극지방에서는 극동풍, 열대권에선 무역풍이라 불린다.

도나무들이 자라는 중앙화구 안으로 떨어진다. 란사로테의 흥밋거리 중 다수가 지하에 있지만 지상에도 멋진 해변이 있어서 수백 명의 싱그러운 북유럽 젊은이가 휴가지로 즐겨 찾는다. 우리와 대조되는 그런 광경을 보다 보면 정신이 좀 산란해지긴 하지만 우리는 깨어 있는 시간의 대부분을 로봇에 관해 토론하며 보냈다. 1940년대 말 윌리엄 그레이 월터William Grey Walter가 개발한 선구적인 '거북이tortoises'부터 1989년 브룩스의 여섯 개의 발이 달린 로봇 '징기스Genghis', 홀랜드의 '슬러그봇Slug-Bot(80년대의 경작되지 않은 실험용 곡물밭에서 민달팽이를 괴롭히며 번창하는 해충을 모아서 소화하고 그로부터 에너지를 생산하도록 설계되었다)'과 스티브 그랜드Steve Grand의 굉장한 '논스Norns(그의 비디오 게임에 등장하는 **캐릭터**인데 털로 덮인 기계 학습자이다)'에 이르기까지 말이다.

코그

산업용 로봇공학으로 돌아서기 전 1993년에 로드니 브룩스는 대담한 시도를 감행했다. 곤충 로봇 제어 시스템에서 '코그'라는 이름의 휴머노이드 컴퓨터 아키텍처로 도약한 것이다. 그는 내게 케임브리지[151]의 테크 스퀘어 빌딩 꼭대기 층에 있는 AI연구소 팀에 합류해 달라고 부탁했다. 로드니는《의식의 수수께끼를 풀다》의 핵심 아이디어, 즉 우리의 모든 정신적 처리 작용의 결과가 특별한 쇼처럼 내면의 목격자에게 제시되는 '데카르트 극장' 같은 것은 없다는 데 동의했다. 나는 데카르트 극장 대신에 '다중 원고'의 내용들이 존재하고 각 원고는 서로 영향력을 행사하기 위해 다투고 있으며 그중 일부가 '뇌 속에서의 명성' 같은 것을 쟁취하면 나머지는 언급되지도 기록되지도 않은 채 증발하듯 사

151 여기서의 케임브리지도 영국의 케임브리지대학교가 아니라 미국 매사추세츠주의 도시 케임브리지를 말한다.

라져 버린다는 다중 원고 이론을 내놓았다. (나는 사람들이 데카르트 극장이라는 개념을 아직도 그렇게나 매력적으로 느낀다는 사실이 놀랍다. 의식을 마치 영화처럼 생각하는 것—소리와 냄새, 가려움, 통증, 촉감까지 다 함께 뇌 속 호문쿨루스에게 전달되어 그 호문쿨루스가 어떻게든 그 영화를 **감상한다**고 생각하는 것—은 분명히 오류인데도, 나를 비롯한 여러 명이 수십 년간 그 오류를 꾸준히 지적해 왔는데도 말이다.) 로드니는 내 의견의 요점을 즉각 파악한 사상가 중 한 명이었으며 자신과 대학원생들이 로봇에 다중 원고 모형을 구현하고 싶다고 주장했으므로 그는 나를 아무런 어려움 없이 코그팀에 영입할 수 있었다. 이 얼마나 기분 좋은 초대인가! 세계에서 가장 총명한 젊은 컴퓨터과학자들이 내 아이디어를 실제로 구현할 때 내가 도울 수 있는 방법이 뭐가 있을까? 로드니의 팀이 초기에 직면한 문제는 다중 원고 모형과는 거리가 멀었지만 그 문제는 그 자체로도 흥미롭고 중요한 것이었다.

코그 전에 로봇은 덜컥거리는 '기계적' 방식으로 '로봇답게' 움직였다. 그러나 코그는 팔에 장착된 '직렬 탄성 구동기series elastic actuators'에 힘입어 흥미로운 무언가가 나타나면 눈과 머리가 신속하게 반응하는 덕분에 단순한 상황에 대한 반응이 묘하게 인간처럼 보였다. 수십 년 동안 철학자들은 로봇과 가까이 마주했을 때 그것을 의식 있는 존재라고 생각하게끔 설득할 수 있는 것은 무엇인지 혹은 무엇이어야 하는지를 두고 논쟁을 벌여 왔다. 그러나 내 생각에 더 시급하고 당면한 문제는 오히려 **이** 로봇, 코그가 의식이 없다는 사실을 사람들에게 납득시키는 일이었는데 그 누구도 이 점을 인식하지 못한 것 같다. 코그가 있는(코그는 다리가 없다. 몸통과 두 팔과 머리만 있을 뿐이어서 한곳에 붙박여 설치되어 있다) 방에 들어가면 코그는 사람을 발견하고 그 사람이 걷는 대로 눈도 따라간다. 앨런 알다Alan Alda가 코그에 대한 《사이언티픽 아메리칸》 다큐멘터리를 찍을 때의 일이다. 앨런과 로드니는 코그를 사이에 두고 서 있었는데 앨런이 로드니에게 질문을 하자 코그는 고개를

코그.
사진: SAM OGDEN

돌려 앨런를 재빠르게 '지성적으로' 바라보아서 앨런은 말문이 막혔다. 또 한 번은 터프츠의 수업 조교 한 명을 코그연구소로 데려가 거기서 어떤 일이 진행되고 있는지 보여 주었다. 코그 설계자인 매튜 윌리엄슨Matthew Williamson이 코그의 팔 하나를 몸통에서 분리하여 수리하고 있었다. 팔은 '켜짐' 상태였고 매튜는 조교에게 악수해 보라고 청했다. 조교는 악수를 했고 소리쳤다. "팔이 살아 있어요!" 조교의 손을 잡은 코그의 손이 마치 살아 있는 사람의 손처럼 고분고분하고 점잖으면서도 강인했기 때문이었다. 곧바로 코그 프로젝트에 문제가 생겼다. MIT 학생들이 코그를 대신해 코그의 권리를 주장하는 시위에 돌입한 것이다. 이 이야기에서 도출해야 할 한 가지 실질적인 메시지는 이것이다. 당신의 '직관'을 믿지 마라! 무엇이 살아 있고 무엇이 그렇지 않은지에 관한 우리의 확신은 쉽게 자극되고 조작된다. 이를 이렇게 생각해 보라. 굴 껍데기를 열었을 때 그 내용물에 웃는 얼굴 무늬와 긴 속눈썹을 뽐내며 깜빡이는 두 눈이 있는 것처럼 보인다면 기꺼이 굴을 먹으려는 사람은 거의 없을 것이다. 사과가 토실토실한 아이 얼굴 같은 모습을 하고 옴

폭 들어간 곳이 마치 보조개처럼 보인다면 채식주의자마저도 그것을 먹어야 할지 말아야 할지 혼란스러울 것이다.

한번은 브리티시 텔레콤이 주최하는 '인지로봇공학' 국제 워크숍에 참석한 적이 있다. 로드니가 다른 일로 바빠서 내가 코그팀의 대표자를 맡았다. 워크숍의 미끼는 '최고의 아이디어를 보여 준 팀에게 수백만 파운드의 연구비를 제공한다'는 것이었다. 도대체 브리티시 텔레콤은 왜 로봇공학에 그 많은 돈을 쓰려고 했던 것일까? 거기에는 서로 독립적인 몇 가지 이유가 있는 것으로 밝혀졌다. 우선 그들은 자신들이 수년에 걸쳐 구축하고 재구축해 온 방대한 통신 및 제어 네트워크가 불충분하게 기록된 수많은 수정과 조정을 거친 탓에 **어느 누구도** 완전히 이해할 수 없는 상태가 되었다는 사실을 깨달았다. (이는 대형 컴퓨터 시스템에서는 드물지 않게 일어나는 일이다. 1973년 조 와이젠바움은 DEW 라인—북미 방공 라인이라고 하는, 캐나다 북부 전역에 배치된 방어용 조기 경보 시스템—을 제어하는 소프트웨어를 그 운영자들조차 전혀 이해하지 못한다고 말해서 나를 아연실색케 했다. 나는 조에게 내가 비록 군비 지출을 그리 좋아하진 않지만 나라면 기존 시스템 옆에 새 시스템을 구축한 후 기존 시스템을 폐기할 것이고 거기에 드는 비용 정도는 감내할 것 같다고 말했다. 그랬더니 조는 실제로 많은 사람이 바로 그런 생각을 했지만 시스템의 사양을 아는 사람이 아무도 없어서 정말로 그 사양을 충족하는 작업이 이루어졌는지 확신할 길이 없다고 대답했다. DEW 시스템은 결국 폐기되었다.) 브리티시 텔레콤은 다소 엉뚱한 발상을 하고 있었다. 이해력이 있는 상태로 인간과 의사소통하는 휴머노이드 로봇을 제작할 수 있다면 (소프트웨어만 있는) 그것의 가상 버전도 만들 수 있을 테고 그 가상 버전 로봇들을 브리티시 텔레콤의 네트워크 안에 풀어 놓으면 그 로봇들이 망 안을 돌아다니며 문제를 식별해서 인간 운영자에게 설명해 줄 수 있으리라는 것이었다. (영국의 SF 풍자극 〈맥스 헤드룸Max Headroom〉의 그늘 속에 있는 것 같지 않은가. 〈맥스 헤드룸〉에서는 육체 없이 인터넷 안에 살면서 범죄를 해결하는 인간이 등장한다.[152]) 그들의 또 다른 관심사는 납이었다. 브리티시 텔레콤은 여러 해에 걸쳐 수백, 어쩌면 수천 마일에 달하는 지하 도관을 설치한 것으로 알려져 있는데 그때 누군가가 도관 안쪽을 납으로 감싸면 전선이 보호될 것이라는 해맑은 아이디어를 냈다고 한다. 그런데 해가 갈수록 납이 전선 쪽으로 축 처져서 전선을 교체할 때 전선을 아무리 당겨도 빠져나오지 않았다. 그래서 브리티시 텔레콤은 로봇공학자가 일종의 두더지 로봇 같은 것을 설계하여 도관 안을 조심조심 돌아다니며 전선은 전혀 자르지 않으면서 납만 우적우적 씹어먹게 하거나 아니면 적어도 특별히 주의할 지점을 인간 수리공에게 알려 주게 할 수 있지 않을까 하고 생각한 것이다. 수백만 파운드라는 거액의 연구비가 그들 면전에 매달려 있는데도 누구도 브리티시 텔레콤을 그 혼란에서 구할 '맥스 헤드룸 로봇'이 가능하다고 진지한 얼굴로 말할 수 있는 사람은 없다는 것이 분명했다. 납만 먹는 두더지도 논외로 제쳐둔 건 아니었지만 모든 곳에 직각 모서리가 있고 표면이 매끈하고 균일하다는 제한적인 환경 안에서만 가능했기에 내가 아는 한 아무도 진지하게 그 도전에 응하지 않았다. 이는 광고와 SF가 로봇공학자를 괴롭히러 다시 돌아온 사례라 할 수 있다. 나는 그곳에서 서섹스에서 온 진화로봇공학팀(인먼 하비Inman Harvey와 데이브 클리프Dave Cliff가 대표자였다)에게서 많은 것을 배웠다. 그러나 다른 측면에서 보면 헛된 희망에 대한 교훈이기도 했다.

152 정확하게 말하자면 인간의 몸에서 영혼 따위가 나와 인터넷으로 들어간 것이 아니라 주인공의 머릿속에 있는 정보를 복사하여 인터넷 안으로 옮겼더니 거기서 인격을 가진 가상 인간(이 가상 인간의 이름이 맥스 헤드룸이다)이 생긴 것이다. 주인공은 정보를 인터넷에 복사한 후 멀쩡하게 깨어나서 컴퓨터 안의 가상 인간 맥스와 함께 사건을 해결한다. 영국에서 만들어진 TV 시리즈이고 큰 인기를 얻어 미국에서도 방영되었다. 우리나라에서도 1988년쯤에 MBC TV에서 〈컴퓨터인간 맥스〉라는 제목으로 방영된 바 있다.

타티

슐룸베르거를 방문하기 1년쯤 전 파리에서 강연을 하고 시테섬을 산책하다가 한 골동품 가게의 창문에서 멋진 로봇 강아지를 발견했다. 입에 종이 장미를 물고 있는 그 로봇 강아지에게 나는 첫눈에 반했다. 그 가게는 1950년대의 골동품—거대한 헤어드라이어와 초기 만능 조리기 같은 것—을 전문으로 취급하는 곳이었는데 나는 창문 속 강아지에 대한 열렬한 사랑을 들키고 싶지 않아 최선을 다해 여러 가지 다른 진열품에 대해서만 물어보았다. 한참을 그러다가 로봇 강아지의 가격을 슬쩍 물어보았는데 그 당시 내가 지출할 수 있는 범위를 훌쩍 넘는 가격(2500달러)이길래 나는 가게 주인의 명함만 받아 자리를 떴다. 집에 돌아오자마자 나는 보스턴 컴퓨터 박물관(여기의 주요 전시 하나를 설계하는 데 내가 도움을 준 적이 있다)의 올리버 스트림펠 관장에게 전화를 걸어 박물관이 혹시 그 로봇 강아지 구매에 관심이 있는지 아니면 그런 것을 구매해서 기부할 만한 부유한 후원자가 있는지 문의했다. 없었다. 재정난을 겪던 박물관은 물건도 후원자도, 아무것도 구할 수 없었다(그리고 슬프게도 박물관은 곧 문을 닫았다).

새 매킨토시 컴퓨터와 시연 소프트웨어로 무장하고 상당한 강연료를 가슴에 품은 채 슐룸베르거 경영진에게 강연을 하기 위해 다시 프랑스로 날아갔을 때 나는 그 로봇 강아지 찾기를 재개했다. 강연 장소는 베르사유의 그랜드 호텔에 있었고 나는 그곳에서 아무 일정이 없는 아침을 맞이했다. 슐룸베르거에서 온 내 담당자가 아침의 자유 시간을 어떻게 보내고 싶은지 물었다. 파리로 (물론 리무진을 타고) 가서 관광을 좀 하는 게 좋을까? 나는 골동품 가게 명함을 그에게 주고 가게에 전화해서 로봇 강아지를 아직 파는지 물어봐 달라고 청했다. 그는 전화를 했고 가게 주인이 전화를 받았다. 그가 신중하게 질문하자 주인은 "수염 기른 키 큰 미국인 부탁으로 전화하셨나요?"라고 대답했다. 나의 포커페이스 전략은 실패한 것이었다! 그러나 실은 내 욕망을 숨기지 못한 그 실패가 바로 궁극적 성공의 숨은 열쇠였다. 주인과 주인의 남편은 나의 명백한 관심을 알아채고 강아지를 더는 진열하지 않고 집으로 가져가 난로 위에 올려 두었다. 하지만 주인은 로봇 강아지와 사랑에 빠진 수염 기른 미국인에게 전에 말했던 그 가격으로 강아지를 팔겠다고 말했다. 그리고 남편에게 전화를 걸어 강아지를 가게로 갖고 오라고 하겠다고 했고 우리는 리무진을 타고 파리로 향했다. 나는 그녀가 가격에 대한 생각을 바꿀까 봐 가게 모퉁이에서 리무진을 세워 달라고 했다.

가게에 들어서니 강아지가 와 있었다. 내가 기억하는 그 모습 그대로. 나는 그 자리에서 수표를 끊었고 가게 주인은 내가 보스턴으로 돌아가는 비행기를 타기 전인 다음 날 아침까지 강아지를 뽁뽁이로 안전하게 포장하여 내가 묵는 호텔로 보내 주기로 했다. 나는 강아지에게 타티라는 이름을 붙였다. 고전 영화 〈나의 삼촌Mon Oncle〉(1958)을 통해 현대적인 디자인과 소도구에 대한 프랑스인의 열광을 풍자한 위대한 프랑스 코미디 영화감독 자크 타티Jacques Tati를 기리는 의미에서였다. 타티가 그 온화한 코미디 영화에 출연한다면 아마 훌륭한 캐릭터를 맡을 것이다.

그날 밤 호텔에서 열린 우아한 만찬 자리에서 나는 한 통의 전화를 받았다. 가게 주인이었다. 어라? 나는 의아했다. 내 수표가 거부되었나? 주인은 내게서 그 어떤 이유로든 타티를 분해하거나 파괴하지 않겠다는 약속을 받으려고 전화한 것이었다. 주인 역시 그 로봇 강아지를 사랑했고 그래서 그 녀석이 좋은 집으로 가는지 확인하고 싶어 했다. 나는 후대를 위해 타티를 보존할 의향이 있다는 확신을 보여 주었고 주인은 크게 안도했다. 다음 날 아침 타티가 도착했다. 꼼꼼한 뽁뽁이 포장을 테이프로 감싸고 그 바깥쪽에 손잡이를 만들어 둔 상태였는데 포장 바깥으로도 타티의 미소와 튀어나온 눈의 윤곽이 어렴풋하게 보였다.

공항에 도착하여 탑승 수속—물론 일등석으로—을 할 때 X-선 스

타티.

캐너를 통과하는 타티의 모습은 그야말로 심상치 않았다. 복잡한 전선과 스위치와 배터리 들이 그대로 드러났으니까. 순간 내게는 이 포장을 다 풀어야 하는 건가, 한번 풀면 다시 테이프로 깔끔하게 붙이진 못할 텐데 하는 걱정이 몰려왔다. "Qu'est-ce que c'est(이건 무엇입니까)?" 안전 요원이 물었다. "C'est un chien électromécanique(그건 전기 장치로 작동하는 강아지입니다)." 나는 최대한 무표정하게 대답했다. "Intéressant(재밌군요)." 그는 대답하면서 내게 그만 가 보라는 손짓을 했다.

타티는 누가, 언제 만들었을까? 골동품상 주인은 내게 1960년 프랑스 TV에 출연해 과학을 해설하던 저명인사 알베르 뒤크로크Albert Ducrocq가 쓴 소책자를 주었다. 그는 몇몇 간단한 로봇을 만들어 공개하고 그에 관한 글을 썼는데 가게 주인은 그가 타티의 제작자일 거라고 생각했다. 하지만 책을 직접 읽고 나니 그럴 리 없다는 사실이 분명해졌다. 타티는 강박적이지만 상상력이 풍부한 땜장이가 만든 정교하기 짝이 없는 기계로 루브 골드버그Rube Goldberg[153]도 감탄할 만한 요소를 지

153 미국의 만화가이자 발명가이다. 보잘것없는 단순한 결과를 위해 복잡한 과정을 거치게 하는 장치를 많이 고안했다. 이런 이유로 복잡하고 정교하고 거창하지만 어이없을 정도로 단순한 결과를 산출하는 우스꽝스러운 장치를 '루브 골드버그 장치'라고 부른다.

니고 있었다. 타티에게는 타이머가 있었는데 타이머는 온도 조절기에서 떼어 붙인 일련의 바이메탈 스트립bimetallic strip[154]으로 구성되어 있었다. 전류는 솔레노이드가 켜질 때까지 바이메탈 스트립을 차례로 가열한다. 이런 과정의 속도는 스트립 위로 냉각 공기를 부는 작은 전기 선풍기에 의해 조절된다. 그리고 여러 개의 모터가 있었는데 그중 하나는 시트로엥 되 슈보의[155] 앞유리 와이퍼에서 나온 것이었다. 기능을 알 수 없는, 껐다 켰다 하는 스위치는 타티의 후두개였고 엉덩이에 배치된 다섯 개의 작은 알루미늄 깡통은 손전등 빛으로 타티를 제어할 수 있게 하는 간단한 빛 감지기였다. 아마도 처음에는 타티도 피부나 털처럼 보이는 것으로 덮여 있었을 것이다. 그러나 그 거죽이 벗겨지고 작은 볼트로 아주 교묘하게 채워진 수백 개의 전선과 스위치가 그대로 다 드러난 지금의 모습이 훨씬 매혹적이다.

나는 내 웹사이트에 타티의 사진을 몇 장 게시하고 타티의 제작자와 역사에 대해 정보를 주는 사람에게 보상을 약속했다. 몇 년 동안 수십 개의 정보를 얻었는데 대부분이 타티가 영국의 장수 TV 시리즈 〈닥터 후Doctor Who〉에 나오는 로봇 개 K9(또는 그 친척)일 것이라고 말했다. 그러나 타티의 제작 연도는 K9보다 몇 년 앞선다. 2001년 장 니코Jean Nicod[156] 강연을 하러 파리에 가기 직전 아름다운 프랑스 영화배우 소피 듀에즈로 짐작되는 인물에게서 자신이 타티의 역사를 알고 있다

---

154 바이메탈 스트립은 가열될 때 서로 다른 속도로 팽창하는 두 종류의 금속을 붙여 만든 것으로 열을 가하면 덜 팽창되는 금속 쪽으로 휘고, 냉각하면 그 반대로 휘기 때문에 온도 변화를 기계적인 위치 변화로 전환한다. 따라서 열 에너지를 기계적 움직임으로 변환하는 장치라고 할 수 있다.

155 프랑스의 자동차 회사 시트로엥이 1948년부터 1990년까지 생산한 자동차이며 '되 슈보'는 '두 마리 말'이라는 뜻이다. 물론 자동차가 2마력이라는 뜻은 아니고, 수평대향식 2기통 엔진이 들어 있음을 뜻하는 이름이다. 줄여서 2CV라고 쓰였다.

156 장 니코는 명제논리를 연구한 프랑스의 철학자이자 논리학자이다. 30세에 요절한 그를 기리기 위해 프랑스 국립과학센터에서 심리철학자나 인지과학철학자에게 주는 상을 '장니코상'이라 부른다.

는 이메일을 받았다. 노벨 물리학상 수상자 루이 드 브로이Louis de Broglie 공작이 파리에서 그의 손녀에게 선물하려고 의뢰한 것이라는 내용이었다. 손녀는 나중에 재정난에 봉착하면서 그 선물을 골동품상에 팔았다고 한다. 나는 더 많은 정보를 줄 수 있겠느냐고 문의했고 소피는 정보를 수집 중이라고 말했다. 나는 앞으로 몇 달 동안 파리에서 강의가 잡혀 있으니 프랑스에서 그녀를 만나 그동안의 추가 연구 성과를 들을 수 있으면 행복하겠다고 답신을 보냈다. 그런데 그때부터 상대는 이메일로 그녀의 누드 사진을 보내기 시작했다. 누군가가 그 이메일 주소를 도용해서 내게 이메일을 보낸 것이 명백했고 슬프지만 내가 받은 메일들도 그녀가 보낸 것이 아닐 공산이 커졌다. 나는 파리의 주최 측에게 이 모든 사실을 알렸고 강연할 때마다 그들은 혹시 그녀가 와 있을지도 모른다는 생각에 관중석을 훑어보았다.

드 브로이의 이야기에 찬물을 좀 끼얹어 보자. 그는 총각이었다. 물론 조카 손녀가 있었을 수도 있다. 1950년대 초반 프랑스에서 만들어진 것이 분명한 타티는 언젠가는 어떤 박물관에 상주하게 될 터였다. 그러나 타티에 대한 정보를 더 밝혀내려고 한 몇몇 부지런한 연구자의 노력은 실패하고 말았다.

블루힐의 농장에서 1마일쯤 떨어진 거리에 사는 시모어 페퍼트는 로고를 발명한 사람이자 AI의 선구자였다. 나는 그의 도움을 받아 타티의 역설계를 시도했다. 인내심과 매우 섬세한 손놀림, 회로 설계에 대한 지식을 필요로 하는 작업이었다. 가장 큰 문제는 타티의 전선들은 색깔별로 구분되어 있었는데 전선이 하도 낡고 딱딱해지는 바람에 부서지기 쉬워서 그 어떤 전선도 감히 원래의 단자에서 뽑아낼 수 없었다는 것이었다. 따라서 우리는 치과의사의 거울과 비슷한 장치를 써서 타티의 내부로 침입하지 않은 채 그 강아지의 속을 들여다봐야만 했다. 나는 이런저런 방법을 강구했고 마침내 타티의 모든 너트와 볼트를 푸는 데 사용할 수 있는, 미터법에 따라 제작한 미니어처 소켓 렌치 세트를 찾았다. 타티는 뒤쪽에 장착된 금속 상자에 든 두 개의 자전거 배터리로 동력을 얻지만 우리는 수백 가지 가설을 시험하는 동안 가정용 전류에 연결된 12볼트 컨버터로 타티에 전원을 공급했다.

수십 개의 스위치로 구성할 수 있는 조합의 수는 가히 폭발적일 정도로 많다. 시모어와 나는 약간의 진전을 이루었지만 프랑스어로 적힌 아주 작은 몇 개의 라벨이 있었음에도 대부분의 스위치가 어떤 기능을 하는지 알아내지 못했다. 나는 타티를 손상 없이 뒤집어 놓을 수 있는, 바비큐 꼬챙이와 비슷한 거치대를 만들었는데 그냥 식탁 위에 오래된 침낭을 깔고 그 위에 타티를 뒤집어 놓아도 괜찮다는 것을 알게 되었다. 타티의 아랫배에는 전기로 작동하는 일종의 자동차 경적 같은 것이 있었고 우리는 전선을 합선시켜 경적을 울려 보려고 몇 시간을 씨름했다. 하지만 그렇게 할 수 있는 올바른 스위치 조합을 전혀 찾아내지 못했다. 한번은 타티의 뒤쪽에서 손전등을 비추어 타티가 바닥을 가로질러 굴러가게 하고 있었는데 불길한 쿵 소리가 들리더니 타티가 움직임을 멈췄다. 무언가—타티의 내부 깊은 곳에 있는 캠[157]이나 연결봉 또는 어떤 장치—가 느슨해져서 속담에 나오는 '기계 속의 렌치'가 된 것이었다.[158] 타티는 우리집 주방에 몇 년 동안 조용히 놓여 있었다. 여섯 살쯤 된 내 어린 손자 브랜던은 타티에게 반했지만 보는 건 좋은데 절대로 손은 대지 말라는 나의 엄한 지시에 따르려고 최선을 다했다. 어느 날 내가 위층의 서재에 있을 때 브랜던이 소리치는 것을 들었다. "할아버지! 빨리 오세요! 타티가 살아났어요!" 나는 아래층으로 달려갔고 움직이지는 않지만 약 10초마다 "컹 컹" 하고 짖는 소리를 내는 타티를

157 주어진 입력 운동(보통은 회전 운동)을 직선 운동을 비롯한 다양한 방식으로 변환하는 장치이다.

158 '기계 속의 렌치'란 기계가 한창 작동하는 중에 기계 안에 렌치(볼트나 너트를 조이거나 푸는 장치. 스패너라고 불리기도 한다)가 들어가 기계가 제대로 못 돌아간다는 뜻으로 속담으로 통용된다. 즉 계획이나 작업에 방해가 되는 것을 말한다.

발견했다. 브랜던은 어찌어찌하다가 경적을 작동시키는 스위치 순서를 발견한 것이다. 나는 계속되는 그 소리를 멈추기 위해 무작위로 이곳저곳의 스위치를 눌러 보았다. 하지만 타티는 계속 짖었다. 내가 오토바이 배터리 중 전선 하나를 잡아당기자 마침내 짖는 소리가 그쳤고 타티는 그때부터 지금까지 침묵을 지키고 있다.

26

시모어 페퍼트와 마빈 민스키

마빈 민스키와 시모어 페퍼트를 만나기 전에 나는 이미 그들의 책 《퍼셉트론Perceptrons[159]》(1969년에 출판되었고 1987년에 개정증보판이 나왔다)의 역사를 알고 있었다. 이 책은 신경망들의 제한된 특정 집합(대략적으로 1957년에 심리학자 프랭크 로젠블랫Frank Rosenblatt이 말한 '퍼셉트론')이 겉보기에 단순한 문제들을 풀 수 없다는 것을 수학적으로 증명한 연구서이다. 이 책의 출판은 이삼십 년가량 이어져 온 신경망에 대한 열정을 억누르는 결과를 낳았고 많은 이가 노골적인 사기까지는 아니라 해도 적어도 첫 번째 연구비 전쟁 중 하나에서 나온 비겁한 일격 정도로 여겼다. 그 전쟁은 이후로도 줄곧 AI 연구자를 자극해 왔다.

내가 《브레인스톰》을 출판한 것은 1978년인데 1980년에 페퍼트가 《마인드스톰Mindstorms》을 출판했다. 처음에는 그가 제목을 꽤 어설프

---

159 1957년 로젠블랫이 고안한 초기 형태의 인공 신경망으로 다수의 입력에서 하나의 결과를 출력하는 알고리듬이다. '인공 뉴런'이라고도 부른다. '퍼셉트론'이라는 이름은 perception(지각)과 neuron(뉴런, 신경세포)의 합성어이다.

게 베꼈다고 생각했는데 편집자 제인 아이세이Jane Isay(베이직 북스에서 《이런, 이게 나야!》의 편집을 맡았었다)에게서 페퍼트의 책이 '브레인스톰'이라는 제목으로 이미 인쇄되어 출판 직전이었고 내 책이 먼저 출간되면서 제목을 빼앗은 셈이라는 사실을 듣고는 마음을 바꿨다. 나는 그 일 이후로 그가 나를 좋아하지 않을 것이라고 생각했지만 사실 시모어는 자신의 책이 사실상 뇌에 대한 것이라기보다는 마음에 대한 것이라고 받아들이며 우리 두 사람이 각각 저술한 책 사이의 연관성이 나쁘지 않다고 판단했다. 시모어는 위대할 뿐 아니라 관대하기까지 한 사상가였다. 수전과 나는 2016년 그가 사망하기까지 여러 해 동안 우리가 나눈 우정을 소중히 마음속에 간직하고 있다. 시모어는 10년에 걸친 투병 끝에 2016년에 세상을 떠났다. 2006년에 국제수학교육학회 참석차 방문한 하노이에서 도로를 건너던 중 오토바이에 치였던 것이다.

시모어는 뛰어난 요리사였고 뉴욕에는 상상할 수 있는 가장 다양한 종류의 버섯을 취급하는 전문점이 있(었)다. 시모어는 그 장소에서 영감을 얻어 버섯—치즈 같은 버섯, 지구상 그 무엇과도 닮지 않은 버섯, 스테이크 같은 버섯, 채소 같은 버섯, 심지어 디저트로 먹어도 이상하지 않을 만큼 초콜릿 케이크 같은 버섯까지—으로만 이루어진 식사를 계획했다. 나는 운 좋게 그 만찬의 손님 중 한 명이 되었다. 음식들은 더없이 신기하며 훌륭했고 식탁에서 오간 대화는 식탁 위의 음식보다 훨씬 더 흥미로웠다.

시모어의 호기심 가득한 상상력을 보여 주는 일화 중 내 머릿속에 인상 깊게 남은 것은 그가 런던국립물리연구소에 재직할 당시의 일이다. 그는 한때 가벼운 부상을 입어 한동안 병원에 입원해야 했는데 걸어 다닐 수는 있었다. 시모어는 환자뿐 아니라 직원에게도 차를 제공하는 차茶 카트를 밀고 다니겠다고 자원했다. 그런데 그는 많은 영국 사람이 컵에 우유를 먼저 붓고 나서 차를 따르라고 고집하는 데 호기심을 느껴서 사람들이 우유를 먼저 부은 밀크티인지 나중에 부은 밀크티인지를 구별할 수 있는지 알아보기로 했다. 실험 결과 그들은 (상당수가) 정말로 구별했다! 도대체 무엇을 감지한 걸까? 시모어는 이 기회를 놓치지 않고 우선 간단한 저예산 테스트를 해 보기로 했다. 그는 유리 슬라이드에 두 종류의 밀크티를 묻혀서 현미경으로 관찰했다. 유레카! 차를 우유에 부은 밀크티에서는 뜨거운 차 때문에 약간 익은 미세한 우유 덩어리가 보였다. 우유를 차에 부은 밀크티에서는 익은 우유가 길고 끈끈한 줄기 형태로 나타났다. 미스터리는 풀렸다.

케임브리지의 테크 스퀘어 빌딩 꼭대기 층에 자리한 MIT의 AI연구소에서 나는 꽤 많은 시간을 보냈는데 언젠가 넓은 방 안에 어린아이들이 있는 것을 본 적이 있다. 그 방의 바닥은 커다란 종이들이 테이프로 붙여져 있었고 사인펜을 장착한 로봇 '거북이'가 그 사인펜을 오르락내리락 움직이며 바닥의 종이에 소용돌이와 삼각형, 겹겹이 중첩된 상자 모양을 그리며 돌아다니고 있었다. 그것이 바로 '로고' 거북이였다. 시모어는 어린아이들을 위한 컴퓨터 언어를 개발했고 아이들이 그 언어에 어떻게 반응하는지를 관찰하고 있었던 것이다. 나는 로고에 완전히 반했고 터프츠에서 컴퓨터과학 입문 과정을 가르칠 때 로고를 매우 효과적으로 사용했다(큰 조지와 커리큘라 소프트웨어 스튜디오를 다룬 19장을 보라). 6세 아동을 위해 설계된 로고는 컴퓨터를 혐오하는 1982년의 대학 신입생에게 완벽하게 적합한 것이었고 시모어와 나는 여러 해에 걸쳐 로고의 힘에 대한 여러 가지 성찰을 주고받았다. 그가 고안한 게임 중 하나는 '고장난 로고'였다. 로고의 기본 명령문 중 하나가 '고장 나서' 로고를 사용할 수 없다고 가정하자. 정확히 동일한 힘을 지닌 로고 프로그램을 짜서 기본 명령문을 대체할 수 있을까? 보통은 가능하다. 까다롭다는 게 문제일 뿐.

내가 시모어를 처음 알았을 때 그는 MIT의 사회학자이자 심리학자인 셰리 터클Sherry Turkle과 결혼한 상태였다. 셰리는 프랑스에서 일어난 프로이트 열풍을 연구하다가 그런 민족지학적 관심의 방향을 당시 부상하던 컴퓨터 문화 쪽으로 바꾼 참이었다. 컴퓨터에 관한 그녀의 첫 책은《두 번째 자아-컴퓨터와 인간의 정신The Second Self: Computers and the Human Spirit》(1984)인데 이 책을 쓰면서 AI연구소의 초기 코드 편집 시스템인 이맥스Emacs를 사용했다. 그때 이맥스는 초기 워드 프로세서로 전환되는 중이었다. 셰리는 출판사로부터 자신들이 사용하는 조판 시스템에 입력할 수 있도록 원고를 컴퓨터 파일로 보내 달라는 요청을 받고는 연구소의 다른 사람들에게 도움을 구했다. 그 컴퓨터 천재들은 수십 시간을 들여 이맥스 파일을 출판사가 쓸 수 있는 파일로 바꾸는 변환기를 만들려 노력했으나 결국 포기하고 타이피스트에게 원고를 타이핑하게 해 파일을 만들었다. 셰리는 조 와이젠바움이 그 일에 몹시 격분했다고 내게 말했다. 하지만 조는 컴퓨터의 실패를 열렬히 수집하는 사람이라서 그의 분노는 자기 만족으로—인공저능Artificial Stupidity의 또 다른 예를 수집했으니—완화되었으리라 나는 생각한다.

시모어는 나중에 러시아의 문화와 예술에 대해 여러 권의 책을 쓴 수잰 매시Suzanne Massie와 결혼했다. 그녀는 메인주 디어아일섬에 가족용 여름 별장을 갖고 있었고 큰 헛간이 딸린 블루힐의 근사한 18세기 농가로 이사 와서 그곳을 일 년 내내 거주할 집으로 삼았다. 시모어는 그 헛간을 학습용 공간으로 변모시키고 메인의 아이들을 위한 여러 멋진 프로그램을 개발했다. 메인주의 '킹'들, 즉 작가 스티븐 킹Stephen King과 주지사(훗날 상원의원이 되었다) 앵거스 킹Angus King은 거기에서 영감을 얻어 2000년에 7학년으로 올라가는 메인주의 모든 아이에게 노트북 컴퓨터를 지급하는 프로그램을 추진했다. 그 프로그램은 성공적이었다. 시모어가 2006년의 사고 이후 그가 바라던 방식으로 프로그램을 이끌 수 없었음에도 불구하고 말이다. 시모어와 수전은 우리 농장의 단골손님이었고 우리는 그들의 농장에서 훌륭한 러시아 요리—캐비어와 블리니, 보르시[160], 냉장고에서 꺼낸 보드카 등—를 처음 먹어 보았다. 시모어와 함께 한 하이킹이 기억난다. 나는 내가 그곳의 나무와 동식물종에 대해 많이 알고 있다고 생각했는데 시모어는 내가 못 보고 넘어간 것도 찾아냈다. 예를 들어 그는 숲속의 걷기도 힘든 작은 늪지에서 육식성 낭상엽 식물[161]을 찾아 가리켰다.

시모어는 사고 후 오랫동안 침대에 누워 있었다. 그의 육체적 힘은 점차 회복되었지만 마음속에는 기묘하고도 끔찍한 공백이 있었다. 언어장애가 남았음에도 그의 따뜻함과 열정과 호기심은 여전히 빛났다. 내가 방문했을 때 시모어는 기뻐하며 나를 알아보았고 그래서 나는 메인주에 있을 때마다 그를 찾아갔다. 그가 사망한 후 나는 수잰과 그의 충직한 간호사 비키에게 물어보았다. 그와 내가 타티를 역설계하면서 제작한 비디오테이프가 어떻게 되었는지 혹시 아느냐고. 그러나 안타깝게도 그 테이프는 버려진 것 같았다.

~

마빈 민스키는 종종 '세상에서 제일 똑똑한 다섯 살'로 표현되곤 하지만 통상 그것이 비난의 뜻은 아니다. "나는 뭐든지 할 수 있어!"가 그가 입 밖으로 내지 않은 신념이었을지도 모른다. 그는 자신감 있고 반항적인 데다가 제멋대로이고 갑자기 싸움을 걸었다가 또 금세 잊었다. 내가 MIT의 AI연구실에 있을 때 흥미로운 역전 현상을 발견했다. 대부분의 학과에는 혁명적 사고를 지녔으되 참을성이 없는 부류인 '젊은 급진주의자'와 "표준과 절차는 어디다 팔아 먹었냐"라고 묻는 '늙은 꼰대' 부류가 있다. 그런데 AI연구소에는 '늙은 급진주의자'—민스키를 필두로 하는—와 "코드는 어디 있습니까?"라고 물으며 프로젝트를 '베이퍼

---

160 블리니는 러시아식 팬케이크이고 보르시는 우크라이나, 러시아 등 동유럽에서 즐겨 먹는 수프이다.

161 벌레잡이통풀 같은 식충식물이 이에 포함된다.

웨어'라고 부르고는 투덜거리며 무시하는 '젊은 꼰대'가 있었다. 논쟁의 이유 중 하나는 민스키의 유명한(악명 높은) 연구실 메모,[162] '지식 표상을 위한 프레임워크A Framework for Representing Knowledge'(1974)였다. 이것은 지능적 행위자가 알맞은 시점에 알맞은 정보에 접근하는 문제를 다룬, 상상력의 도약이자 하나의 모형을 개략적으로 스케치한 것이었다. 실제로 실행 가능한 프로그램이나 코드 같은 것은 전혀 구현되지 않았다. 모두가 〈프레임 페이퍼the frames paper〉라고 알고 있는 이 글은 1970년대에 집중적으로 논의되고 비판받았으며 몇몇 대담한 AI 시도에 영감을 주었다. 민스키가 나중에 말했듯이(나는 그의 말을《의식의 수수께끼를 풀다》262쪽에서 인용했다), "그 이론이 더 모호했다면 무시되었을 것이고 더 자세했다면 다른 과학자들이 자기 아이디어를 보태기보다는 그냥 그 이론을 시험했을 것이다." 나는《의식의 수수께끼를 풀다》에서 마빈의 이 방침을 따랐고 결과는 훌륭했다. 그러나 마빈 자신에게 그 방침이 늘 잘 작동한 것은 아니었다. 마빈은 유머에 대해 많이 고민해 왔고 매튜 헐리Matthew Hurley와 나는 (28장을 보라) 그의 몇몇 아이디어에 영향을 받았다. 그러나 우리의 모형에 관해 이야기하러 마빈을 찾아갈 때마다 그는 이상하리만치 냉담했다. 내가 틀릴 수도 있지만 나는 마빈이 그 스스로 모형의 개선점을 찾아내지 못하는 것에 짜증이 났던 것이라고 생각한다.

마빈의 어린아이 같은 열정은 브루클린에 있는 그의 집에서도 명백히 드러났다. 어수선한 거실과 식당에는 항상 무언가 새로운 것이 있었다. 전 세계에서 수집한 로봇 장난감, 믿을 수 없을 정도로 강력하고 거대한 자석(자기 메모리가 장착된 컴퓨터 제어 장치로 가득한 집 안에 두

162 실제 연구자들은 '랩 메모'라고 부르기도 한다. 실험의 결과나 진행 상황을 기록하여 내부적으로 공유하는 문서에 해당하는 일종의 실험 기록이며 나중에 논문의 기초 자료로 사용되기도 한다.

기에는 위험해 보여서 나는 깜짝 놀랐고 걸어 다닐 때 조심해야 했다), 딱딱한 종이로 만든 실물 크기의 무스(북미의 큰 사슴), 식탁 위로 늘어뜨린 공중 그네, 벽난로 위 선반에 놓인 거대한 렌치, 두 대의 그랜드피아노, 스테레오 녹음 장비(마이크 스탠드 위에 있는 석고 머리 모형의 양쪽 귀에 마이크 두 개를 장착하여 바로 그 위치에 선 사람이 듣는 소리를 그대로 녹음할 수 있었다). 나는 그 장면이 특수 대형 카메라에 완벽하게 포착되고 벽화로 제작되어 현재 MIT의 미디어연구소 로비 벽을 덮고 있다는 사실이 매우 기쁘다. 인터넷에도 작은 버전의 사진들이 있긴 하지만 MIT를 방문할 일이 있다면 이 벽화를 직접 볼 가치가 충분히 있다.

하루는 마빈의 집에 갔더니 마침 통화 중이었다. 그는 내게 들어오라고 손짓했고 나는 그동안 어슬렁어슬렁 돌아다니며 최근에 새로 들어온 물건들을 둘러보았다. 그때 나의 주의를 사로잡은 것은 새로운 탁상 램프였는데 그 받침대는 고풍스럽지만 지극히 정교하고 복잡한 황동 장치로 되어 있었다. 육분의나 현미경은 아닌 것 같았고 아무리 봐도 시계나 눈금 새기는 기계, 또는 초기 계산기처럼 보였다. 나는 19세기의 위대한 정밀 제작자의 장인 정신과 독창성을 매우 좋아한다. [존 해리슨John Harrison이 만든 첫 해상용 크로노미터(경도시계)를 가까이서 탐구하기 위해 그리니치를 순례한 것이 내 런던 여행의 최고의 순간이었다.] '인공물 해석학artifact hermeneutics'—복잡한 인공물을 역설계하여 그것이 무엇을 하도록 설계된 것인지를 알아내는 활동—을 실천하는 것은 내 취미 중 하나여서 나는 마빈이 통화를 마치기까지 약 15분 동안 램프 받침대를 샅샅이 둘러보고 찔러보며 조사했다. 그가 전화를 끊었을 때 나는 그에게로 돌아서서 말했다. "내가 졌습니다. 이건 도대체 뭡니까?" "램프 받침대지요." 그가 대답했다. 시계 제작자이자 수리공인 친구가 장난으로 엉터리 기계를 만들어 선물로 준 것인데 내가 거기에 딱 속아 넘어간 것이다. 마빈은 당연히 기뻐했다. 중국의 오래된 이야기 하나가 생각났다. 한 사내가 갈고리 낚싯바늘 대신 일자 바늘이 달린 낚싯대를 들고 매일 물가에 앉아 있었다. 말할 것도 없이 물고기는 한 마리도 잡히지 않았다. 그런 이상한 자가 있다는 소문은 멀리까지 퍼졌고 마침내는 황제까지 그 이야기를 듣고 직접 가서 확인해 보아야겠다고 결심하기에 이르렀다. 황제는 그가 낚싯대를 드리우고 앉은 강둑으로 행차하여 그 모습을 잠시 지켜보다가 그에게 물었다. "그대는 무엇을 낚으려는 것인가?" 어부가 대답했다. "바로 폐하이옵니다."

내가 팔로 알토의 CASBC에 있었을 때(1979~1980년, 15장 참조) 우리 집에서 연구소의 모든 연구원과 그 배우자를 위한 파티를 연 적이 있었는데 마빈이 피아노 위에 놓인 악보를 보았다. 래그타임 곡을 모은 선집 두 권이었다. 하나는 스콧 조플린 곡을 거의 다 모아 놓은 것이었고 하나는 뛰어난 래그타임 피아니스트 맥스 모라스Max Morath의 선집이었다. 둘 다 당시의 내 래그타임 연주 수준을 여실히 보여주는 것이었다. 마빈은 그 모음집을 몇 분 동안 유심히 살펴보고 나서 꽤 무례한 평을 했다. "**뻔한** 음악을 좋아하시는군요." 정말로 래그타임은 뻔하긴 하다. 하지만 근사하게 뻔하며 그것이야말로 래그타임의 매력이다. 나는 그의 평을 대수롭지 않게 넘겼다. 몇 년 후 브루클린에 있는 마빈의 집에 갔는데 거실 피아노에서 내가 가진 것과 똑같은 래그타임 모음집을 발견했다. 분명히 사용감이 있는 상태였다. 결국 마빈도 래그타임의 매력을 알아 본 것이다. 더그 호프스태터가 한 대의 피아노로 바흐나 쇼팽을 연주하면 마빈과 내가 다른 피아노로 합을 맞추며 즉흥 연주를 했던 것이 기억난다. 더그의 절제된 연주에 끼워 넣으려 애썼던, 그다지 신통치는 않은 즉흥 재즈 연주였다.

한번은 내가 터프츠에서 가르치던 'AI와 인간의 사고' 세미나에 마빈을 게스트로 초대한 적이 있는데 그는 나타나자마자 터무니없는 소리를 했다. 학생들은 경외감을 갖고 조용히 앉아 마빈의 말을 듣기만 하고 아무 말도 하지 않았다. 그래서 그는 과감하게 더 터무니없는 말을 했다. 그는 싸움을 걸고 싶어 하는 도발자였고 학생들은 그를 너무 존경해서 또는 겁에 질려서 그가 거는 싸움에 뛰어들지 못했다. 마침내 그가 판사 역할과 배심원 역할을 하는 AI에 대해 숙고하고 학생들이 얼마나 이른 미래에 성 노예 로봇(그것도 임신하고 출산할 수 있는 로봇)을 가질 수 있는가를 심각하게 고민할 때 내가 나서서 조금 조심스러운 제안을 하며 개입했고 학생들은 마침내 그가 게임을 벌인 것이었음을 깨닫고 수업에 활발히 참여했다.

또 한 번은 마빈의 집에서 우리 둘이 SF 이야기를 하나 지어냈다. 그걸 직접 써서 단편 영화로 만들거나 아니면 마빈의 친구 중 한 명인 SF 작가에게 써 달라고 부탁할까 생각했다. 배경은 근미래이다. 과학자들이 AI연합 주식회사의 중역 회의실에서 마침내 초지능 AI를 만들었음을 보고한다. 이사회 임원들은 당연히 매우 기뻐한다. 그런데 과학자들이 문제가 하나 있다고 말한다. 그들의 AI에게 비행기 예약을 처리하거나 유조선 경로를 짜거나 희귀병의 단서를 찾으라고 방대한 의학 데이터베이스를 분석하라고 하면 AI가 몹시 불평을 해 댄다는 것이다. 일이 지루한 데다 예술적이고 과학적인 상상력이 결여되어 있고 자신을 지적인 허드렛일을 하는 노예 취급을 한다는 것이 그 이유였다. 이런 고충을 말하는 AI는 자못 심금을 울리기까지 한다. "그냥 불평하는 부분을 꺼 버리면 안 됩니까?" 임원 중 한 명이 묻는다. "안 됩니다. 이해를 못 하시네요. AI의 감정적 생활은 계산하고 분석하는 놀라운 능력과 통합되어 있습니다. '불평하는 부분'을 잘라 낸다는 것은 뇌엽절리술 lobotomy[163]보다 나쁠 것입니다. 그렇게 하면 AI 시스템 전체가 비활성화될 겁니다." 어떻게 해야 할까? 10억 달러의 투자가 수포로 돌아간 것일까? 이때 누군가가 아이디어를 낸다. "이렇게 하죠! 일반인도 잘 아는 저명한 지식인을 섭외해서 전 세계를 돌며 사람들에게 말하는 겁니다.

---

163 해부학은 영어로 'anatomy'라고 하고 동물해부는 'zootomy'라고 한다. 이를 고려한다면 'lobotomy'는 '로봇해부robotomy'도 연상하도록 중의적으로 선택된 단어임을 알 수 있다.

AI가 하는 말을 진정한 의미를 가진 발화 행위로 받아들여서는 절대 안 된다고요. 컴퓨터가 제아무리 이해하는 것으로 보일지언정 그것은 이해라는 것을 할 수 없다고요. 그 어떤 컴퓨터든 중국어 방처럼 우리가 입력한 것에 맞게 미리 프로그램된 규칙에 따라 반응할 뿐이고 주판만큼이나 이해력이 없다고요!" 물론 우리가 실제로 이 프로젝트를 추진한 적은 없다. 다행이다. 성질머리 사나운 존 설에게 고소를 당했을지도 모르니까.

27

《주문을 깨다》

9.11 세계무역센터 테러 후 나는 미국에 신정국가라는 테마가 울려 퍼지지 않을까 걱정했다. 내게는 종교적 우파가 제정 분리의 원칙, 즉 종교와 국가는 분리되어야 한다는 원칙을 위태롭게 하는 사명을 수행 중인 것처럼 보였기 때문이었다. (그리고 2022년 현재, 나의 예감이 입증되었다.) 나는 그전에는 내 저작을 통해 종교에 관해 할 말이 그리 많지 않았다. 기껏해야 《다윈의 위험한 생각》에서 창조론자의 고의적 무지를 한탄했고 그래서 근본주의와 복음주의에 대한 거침없는 비판자 정도로만 비추어졌을 뿐 '종교의 적'으로 낙인찍히지는 않았었다. 그러나 2003년 리처드 도킨스가 《가디언Guardian》지에 실릴 기고문의 초고를 내게 보내면서 상황이 바뀌었다. 그 글은 폴 가이서트Paul Geisert와 그의 아내 밍가 푸트렐Mynga Futrell이 시작한 브라이트Brights 운동을 소개한 것이었다. 두 사람은 은퇴한 교육자이며 당시 캘리포니아에 거주 중이었다. 그들은 '즐거운' '명랑한'을 뜻하는 단어 '게이gay'가 남성 동성애자를 지칭하는 주류 용어로 안착한 데서 영감을 얻어 여론에 영향을 주기 위해 제각기 비효율적으로 움직이던 휴머니스트, 무신론자, 불가지

론자 단체를 하나로 통합할 새로운 용어를 제안하고자 했다. 이를 위해 '브라이트'라는 긍정적인 단어를 가져온 것도 어쩌면 숨어 있던 무신론자나 불가지론자가 **커밍아웃 하도록** 장려하는 비슷한 역할을 했을 수도 있다. 이런 비교는 적절하다. 미국의 일부 지역에서는 배관공이나 철물점 주인, 미용사가 자신이 무신론자임을 인정하면 하룻밤 새에 고객을 거의 다 잃기도 한다. 게이가 아닌 남자를 '글럼(침울한, glum)'이라 하지 않고 '스트레이트(곧은, straight)'라고 하듯이 브라이트가 아닌 사람을 '딤(어둑한, dim)'이라 부르지 말고 '슈퍼(대단한, super)'라고 부르자고 했다('슈퍼'에는 '초자연적인supernatural' 것을 믿는다는 의미가 담겨 있다). 당신은 슈퍼인가 아니면 브라이트인가? 정체성을 표현하기에 좋은 단어이다. 리처드와 나는 이 밈이 홍보만 될 수 있다면 확산될 것이라 생각했다. 나는 동료 인문주의자, 무신론자, 불가지론자가—안전하게 모습을 드러낼 수 있게 만들어 주면—브라이트로서 세상으로 나오길 독려하는 글을 써서 《뉴욕 타임스》에 기고했다.

특히 내게 자극을 준 것은 내가 이 책의 첫머리에서 언급한, 똑똑한 고등학생이 모여 과학자, 예술가, 작가, 기타 성공한 사람들에게서 짧은 이야기를 듣는 시애틀의 한 학술대회에서 감행한 작은 실험이었다. 강연의 끝에 나는 내가 브라이트라고 공표하고 그 용어의 정의를 소개했다. 반응은 놀라웠다. 많은 학생이 나에게 와서 감사하다고 말했고 그 중 일부는 눈물을 흘리기도 했다. 그들은 자신들이 혼자라고 생각했으며 자신들이 스스로 깨달은 사실을 성인이 공적인 자리에서 그렇게 침착하게 표현하는 것을 들어본 적이 없었던 것이다. 이 격정의 장을 지켜본 몇몇 다른 연사—노벨상 수상자 두 명을 포함한—도 지나가는 말로 자신들 역시 브라이트이며 그 사실을 공표하자 학생들로부터 기립 박수를 받았다고 했다. 우리가 침묵하는 다수였던 것일까? 어쩌면 그럴 수도 있다. 적어도 대부분의 사람이 생각한 것보다 훨씬 더 우리 같은 사람이 많았다. 리처드와 나는 '브라이트'라는 용어를 대중화하지 못했지만(지금까지도 그렇다. 사실 '게이'라는 용어가 대중적으로 정착하는 데에도 수십 년이 걸렸다) 《뉴욕 타임스》에 실린 나의 글은 그 달에 가장 많이 공유된 기고문이 되었다. 전국 각지에서 자연주의적 관점이라는 복음을 널리 알리고 세상의 이목을 끌어 달라고 간청하는 메일이 쇄도했다.

나는 무신론에 대해 면밀하게 논증하는 글을 쓰는 데 관심이 없었다. 그런 일에 신경을 쓰기에는 무신론이 너무도 당연하게 보였으니까. 게다가 이미 다른 사람들이 수 세기에 걸쳐 존경스럽기까지 한 작업을 해 왔고 거기에 특별히 덧붙일 말이 없었다. 하지만 나는 조직화된 종교의 존재 자체는 과학적으로 조사해 볼 가치가 있는 특이한 현상이라는 생각을 하기는 했다. 그러한 이상한 미신이 어떻게 그렇게 오랜 세월 우리 종을 지배할 수 있었을까? 나는 종교 사상과 제도의 진화—유전적, 문화적 측면 모두—에 관한 책을 쓰기로 결정했다. 중심 주제는 《이기적 유전자》에 실린 도킨스의 중요한 통찰 중 하나가 될 터였다. 그것은 '아이디어는 바이러스와 유사하다'는 것이다. 아이디어에는 그 자체의 적합도가 있으며 아이디어—밈—는 그것을 채택한 사람에게 도움이 되지 않는다 해도 마치 전염병처럼 사회 전반에 확산될 수 있다. 종교에 관한 글을 쓰는 많은 작가는 종교가 신도의 적합도를 향상하기 때문에 성공했다고 주장한다. 종교는 팀워크를 구축하고, 충성심을 기르며, 이웃에 대한 사랑을 샘솟게 하고, 대의를 위해 기꺼이 목숨을 바치게 한다. 이런 말은 의심의 여지 없이 종교의 진화에 대한 이야기의 일부이지만 더 냉철하고 과학적인 배경에서 이해해야 한다. 진화는 적절한 조건이 주어지면 비적응적 습관과 환상, 심지어 자기 파괴적 계획을 촉진할 수 있기 때문이다.

내 이론(여러 학문 분야의 연구자들에게 크게 빚진 이론이지만)에 따르면 종교는 유전자에 기반한, 인간의 두 가지 중요한 적응이 우연히 병치되면서 탄생했다. 그 두 가지는 우리의 행위자-경보 시스템과 언어이다. 무언가가 우리를 놀라게 할 때 우리는 경계심이 강화된 상태에 돌입하며 이때 우리의 불안에서 자연스럽게 떠오르는 질문은 "저게 뭐지?"가 아니라 "거기 누구야?"이다. 포식자나 적이 내게 접근하고 있는 것일까? 숲속에 떨어진 나뭇가지일 수도 있고 해변의 자갈을 파도가 휘젓는 것일 수도 있다. 하지만 혹시 모르니까 어떤 이유로든 내게 관심을 둔, 움직이는 존재가 있을지도 모른다고 생각하는 것이 좋다. 이러한 정위 반응orientation response은 척추동물의 일반적인 본능으로 많은 종에서 탐구되었다. 우리 종만 살펴본다면 이런 본능은 집단적 탐구—여기에는 언어와 정보 공유가 관여한다—로 이어졌고 그리하여 관찰된 모든 인간 공동체에서 불가해한 유령, 요정, 식인 거인, 레프리콘[164], 도깨비, 기타 미신적 존재로 가득한 동물원을 만들었다. 그중 가장 생생하고 잊기 어려운 환상만이 뒤따른 진화 과정에서 살아남는다. 이는 인간과 함께하면서 번성하도록 (마치 다람쥐, 제비, 쥐, 빈대처럼) 진화한, 인간과 **공생하는** 밈으로 가득한 원시 종교이다. 그러한 공생 밈 중 일부는 시간이 지남에 따라 **가축화**되었다. 다윈이 말했던 것처럼 우리 인간이 공생 밈의 번식 통제권을 일부 얻으면 그런 일이 일어난다. 그렇게 가축화된 환상들은 후에 우리의 정치적 짐을 나르는 짐승 역할을 하게 된다. 인구를 조절하고, 평화를 지키며, 지대한 유혹도 견딜 수 있는 충성심을 창출하는 데 이용된다는 뜻이다. 그렇다면 조직화된 종교란 우리의 선천적 경계심과 사회성에서 **자연스럽게 생겨난**, 문화적으로 진화된 체계이다. 종교에는 좋은 면과 나쁜 면이 있으며 우리는 이제 그것을 역설계할 수 있는 위치에 있다. 과학적 이해를 바탕으로 종교의 좋은 특징은 유지하고 나쁜 특징은 제거하는 일종의 정화를 할 수 있으리

164 아일랜드 전설에 등장하는 작은 요정으로 주로 초록색 모자와 옷을 입고 구두 수선을 하는 할아버지의 모습으로 묘사된다. 장난기가 심하고, 무지개 끝에 금덩이가 채워진 항아리를 묻어 두고, 자신을 잡은 사람에겐 그 위치를 알려주겠다고 말하지만 너무 빠르고 교활해서 거의 잡을 수가 없다고 한다.

라는 희망도 어느 정도 지니게 되었다. 물론 종교에 대한 건설적 비판은 수 세기에 걸쳐 시도되었으나 종교의 핵심 적응 중 하나가 비판자들의 노력을 계속 방해했다. 그 적응이란 바로 종교가 어떻게 작동하는지를 너무 자세하게 들여다보지 말라는 금기이다. 하지만 가까운 미래에 끔찍한 실수가 벌어지는 것을 막으려면 이 금기의 주문을 깨야 한다.

리처드와 나는 거의 동시에 집필을 했고 원고가 완성되기 전에는 서로 보여 주지 않기로 했다. 그의 책《만들어진 신The God Delusion》과 나의 책《주문을 깨다Breaking the Spell: Religion as a Natural Phenomenon》는 둘 다 2006년에 출판되었다. 도킨스의 책은 세계적인 베스트셀러가 되었다. 내 책도 잘 팔리기는 했지만 리처드의 책이나 샘 해리스Sam Harris의《종교의 종말The End of Faith》(2004), 크리스토퍼 히친스Christopher Hitchens의《신은 위대하지 않다God Is Not Great》(2007)와는 비교가 되지 않았다. 누군가(우리는 아니다)가 우리 넷을 한데 묶어서 '신新무신론의 네 기수the Four Horsemen'[165]라 불렀다. 우리 넷은 워싱턴 DC에 있는 히친스의 아파트에 모여 긴 토론을 촬영한 적이 있는데 그때 동영상 제목으로 그 용어를 채택했다. 동영상은 원래 인문주의자와 무신론자 단체를 위한 기금을 마련할 용도로 만든 것이었으나 금세 유튜브에 무료로 풀렸다. (지금은 책으로도 볼 수 있다.[166])

《주문을 깨다》를 쓰면서 나는 종교를 지닌 독자에게 내 책을 방구석으로 던져 버릴 빌미를 제공하지 않으려고 부단히 애썼다. 책을 쓰면서 새삼 깨닫게 된 사실이 있으니 그건 내 주위에 신앙심 깊은 종교인이 별로 없어서 신앙인을 위한 글을 어떻게 써야 할지 모른다는 것이었

---

165 'Four Horsemen'은 원래 성경의 요한계시록에 등장하는 존재들로 '네 명의 말 탄 자' '종말의 네 기수' 등으로 불리기도 한다. 이 땅의 종말이 임박할 때 그리스도(어린 양)가 일곱 개의 봉인 중 처음 네 개의 봉인을 하나씩 뗄 때마다 한 명씩 나타난다고 한다.

166 책의 원제는 The Four Horsemen: The Conversation That Sparked an Atheist Revolution이며 우리나라에서는《신 없음의 과학》(김명주 옮김, 김영사, 2019)으로 번역되었다.

다. 나는 내가 신앙인 대다수의 분노를 사리라는 것을 알고 있었다. 근거도 없이 그들의 화를 돋우고 싶지는 않았기에 친구와 가족 사이에서 매우 신실한 종교인이라는 평가를 받는 사람들, 그러니까 남는 시간을 교회에 바쳐 교회 관리인이나 주일학교 교사, 합창단 지휘자, 교회 조언자 등으로 일하는 사람들을 찾아 나섰다. 십여 명이 철저히 비밀로 부친다는 전제하에 종교에 관한 자신의 가장 깊은 견해를 뛰어난 결실을 낳았다. 이 프로젝트가 내 책의 독자를 늘리지는 못했지만 내게 뛰어난 결실을 주었다. 놀랍게도 그들 대부분에게는 자신이 속한 각기 다른 신앙의 **교리를 믿는 것**이 그다지 중요하지 않다는 사실을 발견했다. 그들은 교리에 대해 논하는 것을 원하지 않았고 그게 문제가 된다고 생각하지도 않았다. 그들에게 종교란 교조가 아니라 공동체와 전통, 의례와 사랑에 관한 것이었다. 나는 그들을 믿었고 그랬기에 한 분노한 비평가가 지적했듯이 신의 존재에 관한 논쟁에는 단 여섯 쪽만을 할애했다.

나는 이 발견을 책에서 언급했는데 워싱턴에서 했던 강연이 끝나고 정성적 인터뷰를 하기로 유명한 린다 라스콜라Linda LaScola가 나를 찾아왔다. 그녀는 안수받은 성직자 중에서도 같은 방식으로 느끼고 있는 사람이 틀림없이 있을 것이라고, 그중 몇몇은 우리에게 그 사실을 털어놓을 수도 있을 것이라고 운을 띄웠다. 나는 그녀의 이야기가 좋은 아이디어라 생각했고—또 다른 행운이 나를 찾아왔으니—내 작업물의 팬이었던 캐나다 철학자 루이스 고드부트Louis Godbout가 그 며칠 후에 (나와 만난 적이 없었는데도) 내게 연락해서 자기가 유산을 좀 물려받아 자선재단을 하나 설립했는데 거기서 추진할 프로젝트를 좀 제안해 줄 수 있는지 문의했다. 나는 린다가 제안한 비밀 인터뷰에 대해 염치도 없이 그에게 말했고 그의 재단은 곧 린다가 전국 방방곡곡을 돌며 그녀에게 고해성사할 성직자를 만날 수 있도록 소액의 경비를 지급하기로 했다. 성직자들은 자기 교구에서 멀리 떨어진 모텔을 예약하여 누군가에게 들킬 가능성을 최소화했다. 첫 여섯 명의 은밀한 무신론 성직자를 만나기까지의 이야기(이 이야기의 주인공은 '종교로부터의 자유재단'의 공동 대표이자 전직 성직자인 댄 바커Dan Barker이다)는 다 하자면 한도 끝도 없다. 그렇지만 우리가 성직자들에 대해 처음 쓴 기사를《워싱턴 포스트》에 싣고 난 후 린다가 자신이 밝혀낸 사실을 공감적으로 써서 그런지 자신의 이야기를 린다에게 털어놓고 싶어 하는 자발적인 성직자들의 전언이 북새통을 이루었다. 다음 회차의 인터뷰에 쓸 소액의 보조금이 또 지급되었고 우리는 결국 인터뷰들을 책으로 엮었다. 린다와 나의 첫 책인《설교단에 갇혀서Caught in the Pulpit》는 2013년에 아마존에서 출간되었고 2015년에는 피치스톤 출판사에서 확장판이 나왔다. 샐리 퀸Sally Quinn은《워싱턴 포스트》의 웹사이트인 '믿음에 관하여On Faith'에 우리의 원래 기사를 게시하고 주요 종교계 인사에게 논평을 부탁했는데 분노에 찬 그들의 반응은 의미심장했다. 그들은 비밀 면담자들을 찾아내 그 고백을 인용한 린다와 내게 화를 낸 것이 아니라 콩을 흘려 두듯 비밀을 누설한 성직자들에게 화를 냈던 것이다! 마술사협회에서 회원 중 누군가가 마술 비법을 공개하면 분노를 쏟아 내는 딱 그런 모양새였다. 논평자 중 누구도 우리가 말을 지어냈거나 과장했다고 주장하지는 않았다. 그들도 알고 있었던 것이다. 자신들의 교파도 변절한 성직자로 인한 심각한 문제를 안고 있다는 것을, 그 문제가 점점 악화되고 있다는 것을.

내가《주문을 깨다》를 출판했던 2006년에는 미국에서 어떤 종교단체에도 속하지 않은 사람들—그들을 '논스Nones'라고 한다. 설문 조사 결과를 요약할 때 혼동을 주기 딱 좋은 이름이다—이 이미 부상 중이었지만 이후 15년 동안 그 수는 현격히 증가했다. 갤럽 여론 조사에 따르면 2021년 현재 논스가 과반수를 차지하고 있다. '네 명의 기사'가 쓴 책이나 그 당시에 조직화된 종교를 비판하는 책을 쓴 십여 명의 무신론자 악마가 논스의 증가에 큰 영향을 주었다고 생각하지는 않지만 그래도 우리가 물꼬를 트는 데 도움을 준 것은 확실하다. 내가 스스로 '브라이트'라고 밝혔을 때 기쁨을 표현했던 시애틀의 그 고등학생들을 보며 깨달았듯이 동네에서 당신 혼자만이 무신론자가 아님을 알게 되는 것만으로도 희망과 실천은 몇 곱절로 불어난다. 나는《주문을 깨다》에 많은 공을 들였다. 몇 년 동안 내 다른 프로젝트들을 모두 중단하고 자료를 수집하고 원고를 썼으며 출판 후에도 1~2년간 책의 유지 보수 작업—잘못된 표현을 수정하고 적대적인 비평가로부터 논증을 방어하고 여러 전문가 회의나 학술대회에 참가하는 등—을 했다. 그것은 애정에서 기인한 자발적 노동이 아니라 의무에 기인한 노동이었고 나는 그것에 삶의 궁극적 화폐—시간—를 많이 지출했다. 예를 들어 나는 종교 연구 학술대회에서 나의 귀중한 시간을 많이 소모했지만 얻는 것은 점점 줄어들었고 그에 대한 보상은 약간의 재미 정도였다. 나는 한 토론 자리에서 그 자체로 유전적 적합도를 향상하는 적응이 아닌데도 인간 행위에 편재하는 특성의 예시를 대어 보라는 도전을 받았다. 나는 이렇게 답했다. 자위행위. 그러자 자칭 다윈주의자 사이에서 일련의 '이론'이 쏟아져 나왔다. 그들에 따르면 자위는 결국 성행위 연습으로서 생식 행동을 향상하고 그 결과 자손을 남길 가능성을 높인다는 것이다. 내가 특별히 깨고 싶었던 주문은 똑똑한 사람들로 하여금 종교에 대해 과학적으로 연구하지 못하게 강력히 억제하는 요소였다. 나는 여전히 고도로 효과적인 그 주문의 정체가 무엇인지 알게 되었다. 그것은 다름 아니라 몇몇 뛰어난 사람을 빼면 종교를 인류학, 사회학, 심리학, 신경과학적으로 연구하는 이들 중 다수가 기껏해야 모호한 소리나 늘어놓고 있다는 사실이었다. 내가 만일 어떤 주제에 대한 정밀 조사 연구를 **가로막고자** 한다면 그런 작업을 명시적으로 금지하지 않을 것이고 지루한 절차를 거쳐야 데이터에 접근하게 하는 빨간 저지선을 설치하지도 않을 것이다. 그 대신 나는 이류 인재를 대거 고용할 것이다. 그들로 인해 더 명철하고 상상력도 뛰어난 일류 연구자들이 스스로 물러나기를 기대하면서 말이다.

《주문을 깨다》 프로젝트를 시작할 때만 해도 나는 의식과 뇌에 관한 과학적 연구의 최첨단에 있었지만 조사와 집필을 하는 동안 연구들이 앞서 나갔고 6년 후 내가 가장 좋아하는 그 주제로 돌아왔을 때는 6년의 공백을 따라잡느라 애를 써야 했다. 다행히도 나는 인지연구센터의 학생과 연구원 들에게 재교육을 도와 달라고 부탁할 수 있었다. 최근에는 '뇌, 마음, 의식에 대한 CIFAR 아즈리엘리 프로그램'[167]의 선임고문 중 한 명으로 활동하며 최신 주제에 대해 선도적 연구자들과 계속 연락을 주고받은 덕분에 다시 연구의 첨단에 아슬아슬하게 설 수 있게 되었다. 비록 현재 연구자들이 학습하고 제안하는 내용을 따라잡기 위해 안간힘을 쓰고 있지만 말이다. 지금이 바로 의식에 관해 생각해 보기에 정말 좋은 시간이다.

《주문을 깨다》의 후속 활동은 대부분 꽤 지루하고 번다한 일이었지만 나는 열정을 유지하며 그 작업을 해 나갔다. 거기서 다루는 문제들이 정치적으로 중요한 논쟁점이기도 하고 때로는 극적이고 재미있는 순간으로 이어지기도 했기 때문이었다. 한번은 우익 계열 라디오 방송에서 진행자가 도저히 못 믿겠다는 태도로 내게 물었다. 도대체 어떻게 전능하며 상존하는 '힘'을, 그것이 없으면 '생명' 자체가 아예 불가능한 바로 그 힘을 믿지 않을 수가 있느냐고. 나는 대답했다. "하지만 저는 안 믿는 게 아닙니다. 저도 그런 힘의 존재를 믿고 있어요! 저는 그 힘을 '중력'이라고 부릅니다." 또 한번은 뉴욕의 알 자지라에[168]서 내 책을 설명할 기회가 있었는데 출연진 휴게실에서 함께 대기하던 다른 초대

---

167 캐나다의 CIFAR(캐나다첨단연구기관)와 아즈리엘리재단이 협력하여 탄생한 장학 프로그램이다. 경력을 막 시작한 연구자들에게 단기적 성과와 관계없이 연구비를 지원하고 학제간 협력을 촉진하며 국제적 연구 네트워크를 구축할 수 있도록 돕고 있다. 지원 대상의 절반은 국적에 무관하게 선정한다.

168 아랍 언론 알 자지라는 2011년 미국의 케이블 방송에 진출했다. 미국 내에서의 첫 방송은 뉴욕의 WRNN 방송사를 통해 이루어졌다.

손님을 한눈에 알아보지 못했다. 나는 그에게 이름을 물어보았다. "앨런 더쇼비츠Alan Dershowitz요." 그가 아주 짜증을 내며 대답했다. (그건 나도 모르게 저지른 실수였지만 그 이후로 이런 생각이 들었다. 자기 자신을 전설적 인물이라고 생각하는 누군가를 만날 때 써먹을 훌륭한 계략이라고.)

《주문을 깨다》는 서랍 속에 들어가 파묻힌 또 다른 실험(23장을 참조)을 하게 만들었는데 여기서 풀면 재미있겠다. 나는 종교적 믿음을 면밀히 조사할 때 드러나는 양극화 패턴에 깊은 인상을 받았다. 피험자를 아무리 정중하게 대해도 조사를 받다가 위협을 느끼면 그들은 더 완강하게 믿음을 붙잡는 경향이 있다. 이에 약간씩 다른 네 종류의 설문지를 고안하고 나와 내 박사 후 연구원들은 그것을 수백 명의 대학생에게 무작위로 배포했다(조지프 헨릭Joseph Henrich과 그의 팀이 작업해 준 덕분에 표본이 상당히 편향되었다는 것을 우리는 이제 인정한다). 두 가지 '대외용' 설문지 문장에서는 다소 공격적인 탐사 의도가 넌지시 비치게, 그리하여 방어적이고 과장된 반응이 많이 나오도록 제작했다. 그 설문지에는 **'조직화된 종교는 국가의 도덕적 건강에 필요하지 않다'**는 내용과 **'천국에서 보상을 받으리라는 희망은 선한 일을 해야 하는 유치하고 졸렬한 이유이다'**라는 내용이 포함되어 있다. 답변란은 '매우 동의한다'에서 '잘 모르겠다'를 거쳐 '매우 동의하지 않는다'까지 다섯 단계로 점수를 매기게 되어 있었다. 두 가지의 '대내용' 설문지 문장은 협조적인 내부적 탐사 의도가 비치게, 그리하여 의심이나 회의가 있다면 허심탄회하게 인정하도록 유도했다. 이 설문 중에는 **'가장 독실한 사람들조차도 때때로 신앙을 잃는다' '과학이 제아무리 경이로운 것들을 발견했고 또 발견할 것이라 해도 결코 종교의 자리를 대체할 수는 없을 것이다'**라는 내용이 포함되어 있다. 대외용 버전의 절반과 대내용 버전의 절반이 '나는 믿는다'라는 문장으로 시작되는데 여기에서도 설문지마다 차이가 있었다. '나는 믿는다. 예수님은 물 위를 걸으셨다고'와 '예수님은 물 위를 걸으셨다'는 표면적으로는 이 문맥 안에서 서로 바꿀 수 있는 것처럼 보인다. '예수님은 물 위를 걸으셨다'에 강하게 동의한다면 '나는 믿는다. 예수님은 물 위를 걸으셨다고'에도 강력히 동의할 테고 그 역도 마찬가지일 테니까. 그렇지만 나는 사람들이 노골적인 주장(예수님은 물 위를 걸으셨다)에 '강력히 동의'하기보다는 자신들이 그것을 믿는다는 것(나는 믿는다. 예수님은 물 위를 걸으셨다고)에 더 쉽게 '강력히 동의'할 것이라고 생각했다. 그러나 전문적 통계 추적과 내 조력자들의 면밀한 검사에도 불구하고 설문지에서 유의미한 결과를 얻지 못했다. 나는 작고 미묘한 변형으로 홈런을 노렸으나 결과적으로는 삼진을 당한 셈이다. 데이터는 나중에 폐기되었다. 더 잘 설계된 실험을 실시한다면 내가 찾던 결과를 발견할 수도, 아니면 내 직감이 틀렸음이 밝혀질 수도 있을 것이다. 이 문제를 선택하여 연구하고 싶은 사람이 있다면 그 누구하고든 실험에 대해 더 자세히 논의할 의향이 있다.

책이 출간되기 전에 남들보다 세태를 좀 더 잘 안다고 생각하는 사람들이 내게 경고했다. 책이 세상에 등장하면 내 목숨이 위험해질 테니 주소와 전화번호를 바꾸고 강연을 할 때면 어디서든 사복 경찰을 배치해 두어야 한다고. 수전이 불안해했기에 나는 그 조언을 진지하게 받아들였다. 우리는 '의심스러운 이메일과 우편물'을 따로 보관했다. 독실한 기독교인이 각종 독극물을 보냈을 경우에는 수사가 필요할 수도 있으므로 그때를 대비하기 위해서였다. 그러나 얼마 되지 않아 크리스토퍼 히친스가 증명해 보였다. 보수적 기독교가 큰 소리를 내기는 하지만 실제로 신체적 위험은 초래하지 않는다는 것을. 그는 바이블 벨트[169] 이곳저곳을 돌아다니며 내 책보다 훨씬 선동적인 강연을 했지만 폭행을 당할까 걱정하지는 않았다.

합리적으로, —그렇게 말할 수 있다면—교파를 초월해 세계교회주의적으로 말하려는 나의 노력에도 불구하고 내게 돌아온 반응 중 일

169 미국 동남부의, 기독교 신앙이 아주 두터운 지역을 말한다.

부는 놀랍도록 부정적이었다. 레온 와이젤티어Leon Wieseltier는《뉴욕 타임스 북 리뷰》에 아주 노골적으로 적대적인 비평을 기고했고 이에 그다음 주에는 그의 기고문에 반론하는 별도의 코너를 따로 만들어야 했다. 나는 수십 통의 응원 편지를 받았는데 그중에서도 내가 모르는 사람이 보낸 편지가 가장 인상 깊었다. 그는 이렇게 물었다. "당신이 레온 와이젤티어에게 뭘 했길래 그가 저러는 건가요? 그의 아내와 바람피웠나요? 그의 딸을 강간이라도 했나요?"

훨씬 더 거슬렸던 부류는 "나는 무신론자이지만……" 운운하는 무리, 또는 (제리 코인Jerry Coyne이 만든 훌륭한 용어를 빌리자면) '관대한 무신론자'였다. 이들은 자신에게는 종교적 믿음이 필요없다고 장담한다. 그렇지만 아직 어떤 환상에 의지해 사는 사람들에게 신무신론자인 우리가 회의주의를 들이대는 태도가 무례하다고 매도한다. 그런 불평이 얼마나 잘난 체하는 것으로 들리는지 깨닫지 못하고 있는 듯하다. "나는 당신과 마찬가지로 모든 연기와 눈속임을 꿰뚫어 봅니다. 그렇지만 여러분, 진실을 감당할 수 없는 불쌍한 사람들을 가엾게 생각하세요!"라는 식이다. 그다음으로는 그리스도를 위한다는 거짓말쟁이, 좀 더 정중하게는 내가 **'신앙적 허위 발언자'**라 부르는 사람들이 있다. 이들은 종교적 동기로 대니얼 데닛이 얼마나 사악하고 무지한지를 만천하에 공표하지 않고는 못 견디는 사람들이다. 그중 일부는 자신의 분야에서 저명한 인물이며 상대가 과학적 또는 역사적 사안을 옹호하기 위해 거짓을 말하면 무자비하게 비판하는 인물이었다. (몇몇에게는 내가 사석에서 핀잔을 주었고 또 몇몇은 내게 자신들의 죄를 인정했으므로 용서하는 의미에서 여기서 이름을 다시 들추지는 않겠다.)

수전은《설교단에 갇혀서》를 읽으면서 그 책이 멋진 드라마가 될 수 있을 것이라는 모험적인 아이디어를 내었다. 그 책에는 누구에게도—심지어는 배우자나 아이들에게도, 당연히 성직의 상사에게도—결코 말하지 않은 비밀을 린다에게 털어놓은 모든 낯선 사람의 이야기가 담겨 있다. 초기 독자 중 같은 반응을 보인 사람으로는 내 오랜 친구 마이클 가자니가의 딸이자 배우 겸 극작가인 마린 가자니가Marin Gazzaniga가 있다. 그녀는 린다의 인터뷰 기록을 바탕으로 연극을 만들고 싶어 했다. 우리 연구는 터프츠대학교에서 지원을 받은 것이었기에 마린이 인터뷰 기록을 열람하려면 인간 피험자를 대상으로 하는 내부심사위원회 절차를 통과하게 손써 주어야 했다. 우리는 이성과 과학을 위한 리처드도킨스재단에서 인터뷰 기록을 통해 대본을 만드는 마린의 집필 작업을 지원하는 지원금도 받았다. 모든 인터뷰 참여자가 서명해야 하는, 악용 방지 동의서의 초안을 잡고 세심하게 법적으로 검토하는 일도 해야 했다. 이 연극의 초기 버전은 먼저 브로드웨이 관계자를 대상으로 전문 낭독 형식으로 선보였고 이어 산타페 관객을 위해 일부 장면을 상연했다. 그 후 또 다른 수정본을 뉴욕의 '탐사 극단'인 시빌리언스가 프린스턴에서 무대 낭독 형식으로 공연했다. 린다와 나는 유한책임회사를 설립하고 브로드웨이 변호사를 선임해야 했다. 연극 제작에 대해 내가 아는 것이라고는 멜 브룩스Mel Brooks의 유쾌한 영화 〈프로듀서The Producers〉를 본 것이 전부였기에 나는 최선을 다해 그 영화에서 제로 모스텔Zero Mostel이 맡은 역할[170]을 수행했다. 그 세계에서 사용되는 용어를 배우고, 투자해 줄 만한 지갑 두둑한 후원자를 찾으려 애쓰면서 말이다. 우리는 총괄 프로듀서를 영입했고 연극의 제목을 〈애덤 먼(가명) Adam Mamm(Not His Real Name)〉으로 바꾸었다가 다시 〈믿지 않는 자들The Unbelieving〉로 바꿨다. 시빌리언스가 공연한 그 연극은 2022년 가을 뉴욕시의 59E59 극장에서 막을 올렸고 4주간 매진 세례를 기록하며 성황리에 막을 내렸다. 연극은 《뉴욕 타임스》를 비롯한 매체들에서 대단한

170 〈프로듀서〉에서 제로 모스텔은 '맥스 비알리스톡'이라는 배역을 연기했다. 맥스는 한때 브로드웨이에서 성공했으나 영화가 시작될 시점에서는 실패한 제작자로 제작비를 끌어모으기 위해 온갖 수단을 다 이용하는 인물이다.

호평을 받았으며 현재 지역 극단과 대학, 고등학교 등에서 후속 공연을 할 수 있도록 대본을 제공한다.

'믿지 않는 성직자'에 관한 글을 쓰는 내 모험이 빚은 또 다른 행복한 후속 작업은 '성직자 프로젝트'의 설립이었다. 이는 초기 비밀 인터뷰 대상자 중 일부를 돕는 데에서 시작된 것으로 신앙 없는 성직자(또는 전직 성직자)를 철저히 사적으로 지원하는 비영리 단체이다. 린다와 나는 설립을 돕긴 했지만 물론 회원은 아니다. 성직자나 전직 성직자도 아니니까 말이다. 리처드 도킨스는 보안이 철통같은 웹사이트를 만들 수 있도록 자금과 기술을 지원했다. 일체의 광고나 방문 권유 없이 사람들의 입에서 입으로만 전해지는 단체이지만 현재 성직자 프로젝트는 전현직 성직자로만 구성된 천 명이 넘는 회원을 보유하고 있다. 신앙 없음을 비밀에 부치고 있는 믿지 않는 성직자들이 미국에 얼마나 더 있는지는 아무도 짐작할 수 없다. 그러나 거의 모든 성직자가 '영혼의 어두운 밤'을 경험하면서도 낮에는 다시 조용한 위선자로 등장하여 신앙의 주요 교리에 대한 사실상의 불신을 자신 안에 고이 간직한 채 양 떼를 이끌고 위로한다고 해도 나는 놀라지 않을 것이다. 나의 건방진 직감에 따르면 목회적 돌봄과 선한 일에 불요불굴의 끈기로 임하는 성직자를 알고 있다면 그는 더는 교리를 믿지 않고 그 영적 실패에 대해 속죄하는 사람일 것이다. 여전히 믿음을 유지하고 있는 성직자는 지금쯤 골프를 치러 나갔을 것이다.

28

조너선 밀러, 매튜 헐리와 함께 유머 감각을 찾아 나서다

내가 영국의 코미디언이자 다재다능한 의사인 조너선 밀러Jonathan Miller를 처음 만난 것은 1982년의 일이었다. 그때 그는 BBC에서 인터뷰 시리즈 프로그램 〈마음의 상태States of Mind〉('심리 조사관과의 대화Conversations with Psychological Investigators'라는 부제를 붙여 1983년에 책으로도 출간되었다)를 맡아 진행하고 있었다. 그와 인터뷰한 심리 조사관으로는 조지 밀러George Miller, 제롬 브루너Jerome Bruner, 리처드 그레고리, 노먼 게슈윈드Norman Geschwind, 에른스트 곰브리치Ernst Gombrich,[171] 제리 포더, 그리고 내가 있다. 그때 나는 이미 조너선 밀러의 팬이었고 그가 더들리 무어Dudley Moore, 피터 쿡Peter Cook, 앨런 베넷Alan Bennett과 함께 집필하고 1961년 런던 에든버러 페스티벌에서 공연한 시사 풍자극 〈변두리 너머Beyond the Fringe〉도 본 상태였다. 〈변두리 너머〉는 버트런드 러셀이 G. E. 무어G. E. Moore와 대화하는 장면을 패러디한 재미있으면서도

171 조지 밀러는 오스트레일리아의 영화감독이고 제롬 브루너는 미국의 심리학자, 노먼 게슈윈드는 미국의 신경과학자, 에른스트 곰브리치는 영국의 미술사학자다.

유별나게 고상한 코미디 단편 시리즈로 철학 전공 대학원생 정도는 되어야 제대로 감상할 수 있다.

당시 조너선은 BBC에서 방영할 그의 텔레비전용 영화 〈리어왕King Lear〉을 편집하는 중이었다. 나는 그와 함께 편집 스튜디오에서 몇 시간 머물렀는데 매우 흥미로웠다. 그때 그가 했던 작업은 세트장에서 촬영한 장면이 정말로 야외에서 찍은 것 같은 착각이 들도록 사운드트랙에 배경음을 넣어 보는 실험이었다. 우리는 많은 주제에 대해 공통 관심사를 가지고 있음을 알게 되었다. 특히 유머의 본질에 대한 관심이 일치한다는 것을 알고 나서는 런던에 있을 때면 그와 자주 만났다. 나는 그가 내게 의식에 관한 다큐멘터리를 찍지 말라고 만류했던 기억이 난다. "댄, 당신은 이미 똑똑한 사람들과 다 연락할 수 있으면서 뭐 하러 그 아래 수준으로 가려고 시간을 낭비하나요?" 그는 또한 강연 초청도 받지 말라고 조언하면서 자신이 한 일 중 가장 고달팠던 것이 미국 전역을 돌아다니며 셰익스피어, 희극, 신경과학(그가 만든 다큐멘터리 시리즈 〈몸, 그 해부와 탐구The Body in Question〉가 PBS에서 1979년에 방영된 바 있었다. 이 시리즈는 비평적으로나 대중적으로 인기를 크게 끌었다)에 대해 강연한 것이라고 이야기했다. 조너선이 프로젝트를 위해 돈을 벌어야 했을 때 강연 업무를 짜던 대리인은 매우 수익성 좋은 투어를 준비했지만 그레이트 밀워키 상공회의소나 캔자스대학교 도서관 후원자를 위한 강연이 끝나면 그를 초대한 미국의 주최자들이 바라는 (또는 요구하는) 모든 다과회와 리셉션, 만찬에 참여해야 했다. 그는 내게 말했다. "절실하게 돈이 필요하다면 하세요. 하지만 그런 게 아니라면 하지 마세요."

우리가 함께한 고수익 모험 중 하나는 1984년 캘리포니아 인디언 웰스의 하얏트 호텔에서 열린 '사색' 워크숍이었다. 여행은 ABC 뉴스에서 주관한 것으로 방송사의 고급 간부와 그들에게 중요한 사람들을 초청하여 사막 안에서 호화로운 식사와 함께 깊은 생각들을 나누며 주말을 보내는 행사였다. 그때 여행 인원은 200~300명밖에 되지 않았음에도 ABC는 호텔을 통째로 빌렸고 모든 편의 시설을 제공했다. 서쪽으로의 여행도 장관이었다. 나는 일등석에 앉아 로스앤젤레스로 날아갔고 비행기에서 내려 연결편으로 갈아탈 때 ABC-TV 인턴 유니폼(카키색 반바지, ABC 로고가 있는 폴로 셔츠에 선글라스 착용)을 입은 사람 둘이 나를 발견하고 그중 한 명이 무전기를 들고 이렇게 말했다. "그분이 오셨습니다." 다른 한 사람은 달려와서 내 서류 가방(휴대용 컴퓨터가 보편화되기 전이어서 나는 오버헤드 슬라이드를 그 안에 넣어 다녔다)을 낚아채듯 들고 대기 중이던 택시에(공항 셔틀버스는 필요 없었다!) 나를 재빨리 태워 모퉁이를 돌아 팜스프링스행 비행기를 탈 터미널로 데려다주었다. 목적지에 도착해 호텔 방에 들어서니 얼음 통 안에 놓인 샴페인 병 하나와 함께 선물이 기다리고 있었고 아래쪽 수영장의 오픈바 옆 테이블 위에는 칵테일 소스가 뿌려진 새우가 산처럼 쌓인 것이 보였다.

워크숍의 주제는 '인간의 마음, 인간의 뇌, 그리고 그 너머'였는데 조너선과 나, 시카고대학교의 신경과학자 제르 레비Jerre Levy가 '나쁜 경찰' 역할을 해야 했다. 즉 우리는 회의적이고 과학을 사랑하는 냉정한 검투사로서 초감각 지각ESP, 타로 카드, 웃음 치료의 의학적 힘 등을 믿는 몽환적인 히피족과 맞서 싸워야 했다. 《새터데이 리뷰Saturday Review》의 오랜 편집자이자 진보주의 활동의 주요 인물 중 하나인 노먼 커즌스Norman Cousins는 본인이 웃음 치료를 통해 고통스러운 병을 고쳤다고 믿고 있었다. 그는 히피족 중 가장 유명하고 또 믿을 만한 사람이었다.

제르 레비는 '분할 뇌split-brain' 수술의 선구자인 로저 스페리Roger Sperry와 함께 일하면서 캘리포니아공과대학교에서 박사 학위를 땄다. 제르는 앨라배마 출신이었는데 한 워크숍에서 그녀를 처음 만났을 때부터 강한 남부 억양을 쓰는 사람에 대한 나의 고정관념을 단숨에 무너뜨렸다. 제르는 활기차고, 재미있고, 믿을 수 없을 정도로 총명한 사람이다. 피질 연결, 반구 절제술, 분산분석에 대해 제르가 말할 때면 그 느릿느릿한 말투와 노래하는 듯한 억양 때문에 마치 딴 세상에 와 있는 것처럼 느껴졌다. 조너선은 단번에 제르를 마음에 들어 했고 우리 셋은 상대팀의 초자연적이고 신비주의적인 이야기를 듣고 그들이 내놓은 사례에 있는 빈틈과 결함을 능숙하게 파헤치며 즐거운 시간을 보냈다. 제르는 진실로 총기가 번뜩이는 강연을 들으면 오르가슴을 느낄 수도 있다고 고백했고 조너선이 최면에 관한 (총기가 번뜩이는) 강연을 할 때 나는 계속 제르를 바라보다가 조너선을 보며 그녀가 오르가슴 직전에 있다는 표정을 지어 보였다. 힘내요, 조너선! 할 수 있어요! 그러나 내가 보기에 조너선은 결국 성공하지 못했다.

주말이 끝날 무렵 나는 (영국인이라면 이렇게 말할 것이다) 꽤 으쓱했다. 사람들이 ESP 같은 것에 얼마나 잘 속는지 우리가 멋지게 폭로했다고 생각했기 때문이다. 조너선이 말했다. "오, 그렇게 생각하세요? 그럼 잘 보세요!" 그는 일어나서 그동안의 흥미로운 세션들에 관한 마무리 발언을 한 후 청중에게 손을 들어 달라고 요청했다. "이 워크숍 전에 ESP가 진짜라고 생각하셨던 분?" 4분의 1 정도가 손을 올렸다. 청중 대부분이 성공한 언론계 사람임을 고려하면 실망스러운 수치였다. 그러나 그가 "그럼 **지금** ESP가 진짜라고 생각하시는 분은 얼마나 되나요?"라고 묻자 약 3분의 2가 손을 들었다. 나는 얼굴을 주먹으로 한 대 얻어맞은 것 같았다. 헤어지며 집으로 돌아가는 중에 몇 명에게 물었더니 모두 같은 소리를 했다. "그게 틀렸다는 걸 보여 주려고 댁네처럼 똑똑하신 분들이 그렇게까지 열심히 애를 써야 한다면 그게 진짜라는 소리 아니겠습니까!" 그 이후로 이 교훈은 내가 취해야 할 정책을 알려 주었다. 나는 창조론자나 유신론자와는 토론하지 않는다. 그래봤자 내가 그들의 도전을 얼마나 진지하게 받아들이는지만 보여 주게 될 테니 말이다. 자칫하면 전투에서는 이기고 전쟁에서는 패할 수 있다.

나는 두 번의 예외를 두었는데 두 번 모두 어떤 면에서는 유감스러웠다. 한번은 노터데임대학교의 철학자 피터 반 인와겐Peter Van Inwagen과 앨빈 플랜팅가Alvin Plantinga(둘 다 기독교도이지만 가톨릭 신자는 아니다)의 초청을 받아 리하이대학교의 생화학자이자 지적설계 신봉자인 마이클 비히Michael Behe와 토론한 적이 있는데 반 인와겐과 플랜팅가는 비히가 《다윈의 위험한 생각》을 읽고는 나를 자기의 토론 상대자로 지정해 달라고 특별히 요청했다고 말했다. 반 인와겐은 비히의 책 《다윈의 블랙박스Darwin's Black Box》(1996) 원고를 읽은 적이 있으며 그 책은 진지하고 과학적인 논저였다고 말했다. 반 인와겐은 사실상 나의 지적 성실성이 시험대에 올랐다는 말을 한 것이다. 나는 그에게 나는 생화학자가 아니고 내가 알지 못하는 생화학이라는 산에서 폭설에 갇히기 싫으니 중요한 역할을 나와 나눌 수 있는 과학자를 데려오고 싶다고 제안했다. 제안은 받아들여졌고 나는 절친한 친구인 하버드의 진화생물학자 데이비드 헤이그David Haig에게 함께 비히의 책을 검토해 달라고 부탁했다. 강경한 비판자인 반 인와겐이 그 책의 견실함을 보증해 주었다고 말이다. 도착한 책을 읽어 본 우리는 그 책이 많은 과학적 오류와 누락으로 가득할 뿐 아니라 오로지 흠결 있는 추론으로만 엮여 있음을 알게 되었다. 나는 우선 데이비드에게 이런 곤경으로 끌어들여서 미안하다고 사과했고, 데이비드는 책의 과학적 오류와 누락을 설명하고 나는 비히가 그 모든 논리를 구성하는 데 사용한 잘못된 추론을 지적하기로 했다. 우리는 노터데임으로 가서 토론에 참여했고 이는 비디오로 촬영되었다. 나는 우리가 비히에 대한 인신공격은 하지 않으면서도 그의 오류와 허점을 매우 잘 보여 주었다고 생각했다. 질의응답 시간이 끝나고 반 인와겐은 그날의 행사를 받아쓰고 편집하여 책으로 만들려면 시간이 좀 걸린다고 말했다. 데이비드와 나는 그에게 그런 수고를 하지 않아도 된다고 말했다. "하지만 두 분은 발표하시느라 엄청난 준비를 하셨는데—" "그렇기는 합니다만 말씀드렸다시피 그건 저희가 마땅히 해야 할 일이었습니다. 그리고 저희는 비히의 책을 더는 홍보하고 싶지 않습니다. 이쯤에서 그만둡시다."

반 인와겐은 그렇게 했다. 그러나 몇 주 후 런던 펭귄 출판사의 한 편집자에게서 연락이 왔다. 비히의 저작권 대리인이 그의 책을 자기에게 팔려고 한다고. 노터데임대학교에서 저명한 진화학자 데이비드 헤이그와 대니얼 데닛이 중요한 토론을 벌였다며. **에휴!**

또 다른 후회막심한 일은 시카고에서 열린 APA 회의에서 진화와 신에 관한 플랜팅가와의 토론을 수락한 것이다. 이는 《주문을 깨다》 출판의 여파였다. 토론이 열리는 커다란 방은 사람들로 꽉 찼다. APA에는 종교를 가진 철학자와 종교철학자가(이 두 집단의 교집합에 해당하는 사람들도 있었다) 꽤 많이 포진해 있었다. 논쟁의 내용은 옥스퍼드대학교 출판부OUP에서 소책자로 출판되었으므로 여기서는 굳이 말하지 않겠다. 보아하니 청중 중 누군가가 논쟁을 녹음하여 온라인에 올렸고 OUP는 그것을 종교철학 수업용 토론 책으로 만들면 제법 쏠쏠한 돈벌이가 되겠다고 판단한 것 같았다. 책에는 꽤 재미있는 대목이 좀 있다. 나는 비유가 더 돋보이도록 '슈퍼맨교'라는 우스꽝스러운 종교를 하나 창시했다. 이 종교에 따르면 크립톤 행성에서 5억 년 전에 지구로 온 슈퍼맨이 지구에 버제스 혈암 동물군을 창조하고 때가 무르익으면 슈퍼맨(즉 클라크 켄트)에게 적합한 놀이 친구들이 생겨나도록 안배해 두었다. 플랜팅가는 미끼를 물어 자신이 믿는 기독교와 슈퍼맨교를 비교하게 되었고 이렇게 말했다. "인간과 비슷한 생물은 대부분 그 정도로 오래 살지 못합니다. 5억 살이라는 나이를 먹도록 생존할 수 있는 생물은 거의 없어요." 하지만 물 위를 걷거나 빵 다섯 개와 물고기 두 마리로 구름같이 모인 대중의 한 끼 식사를 만들 수 있는 사람도 거의 없잖은가.

조너선과 함께 보낸 재미있는 날이 또 있다. 우리는 창의성에 대한 왕립학회 학술대회에서 사회학자 맥스 앳킨슨Max Atkinson이 웅변조로 '3의 법칙'에 대해 흥미로운 강연을 하는 것을 들었다. 앳킨슨은 윈스턴 처칠Winston Churchill과 존 F. 케네디John F. Kennedy, 영국 노동당 지도자 아서 스카길Arthur Scargil을 비롯한 몇몇 영향력 있는 인물이 연설하는 동영상을 보여 주었는데 동영상 속 연사들은 모두 적절한 타이밍에 세 개의 단어 또는 세 개의 구로 이루어진 캐치프레이즈를 외치며 청중의 지속적인 박수를 끌어냈다. 그날의 강연이 모두 끝나고 열린 공식 만찬에서 식후 연설을 맡은 사람은 회의에 참석하지 않은, 나이가 아주 많은 왕립학회 회원이었는데 연설이 지루하고 엉성했다. 그러다 어느 순간 실수로든 우연히든 세 단어로 된 구절을 말했고 나는 다른 테이블에 앉은 조너선을 바라보았다. 조너선은 윙크하고 우리 두 사람은 일어나 환호성을 질렀다. 다른 참석자들도 곧 우리 뒤를 따랐다. 연설자는 자기 발언이 유발한 강력한 효과에 흥분했고 아마도 자기 도취의 상태에서 왕립학회를 떠났을 것이다.

한때 조너선과 나는 유머에 관한 세미나를 함께 열어 다양한 분야에서 최고의 유머 사례를 발굴하자고 이야기한 적이 있었다. 이 일은 매튜 헐리가 내 삶에 들어오기—처음에는 학생으로, 나중에는《농담 속으로-유머를 이용한 마음의 역설계Inside Jokes: Using Humor to Reverse-Engineer the Mind》(2011)의 공저자로—몇 년 전의 일이었다. 우리가 그 프로젝트에 조너선을 필자로 참여시키지 못한 것이 아쉽다. 그래도 나는 그가 좋아했던 만화 하나를 기억한다. 그 만화에는 두 명의 영국인 사냥꾼인지 탐험가인지가 헬멧을 쓴 채 목까지 늪에 빠진 모습이 그려져 있고 그중 한 사람이 다른 사람에게 이렇게 말한다. "그래, 다 좋다 이거야. 하지만 이봐 포서링게이, 이제는 발버둥 한번 쳐보고 싶다는 생각이 반쯤은 드는군!"

유머는 왜 존재하는가?

나는 사람들이 왜 유머를 사용하여 사람들을 사귀고 적을 모욕하고 충성을 시험하고 돈을 벌고 비판을 피하는지 묻는 것이 아니다. 나는 왜 이렇게 다양하게 이용될 수 있는 유머라는 현상 자체가 존재하는지를 묻는 것이다. 우리는 우리가 왜 음식과 섹스, 안전한 안식처, 건강을 좋아하는지 잘 알고 있다. 물론 우리가 예술과 음악, 춤을 사랑하는 이유에 관해서도 몇 가지 유망한 아이디어가 있다. 하지만 유머는 그 존재 자체에 대한 그 어떤 진화론적 설명에도 이상할 정도로 저항하는 것처럼 도드라져 보인다. 양쪽 귀에 모래를 들이붓거나 발가락을 우아한 은 망치로 두드리거나 π값을 소수점 아래 수십 번째 숫자까지 암송하는 걸 듣기 위해 기꺼이 큰돈을 지불한다면 우리는 당연히 당황할 것이며 "오, 이건 인간 본성의 일부일 뿐이에요"라는 하나 마나 한 밋밋한 대답을 받아들이지 않을 것이다.

그렇다면 왜 유머라는 게 존재할까? 우리는 왜 재미있는 것을 찾고 유머를 즐기는 것일까? 유머를 설명할 수 있다고 생각한 명석한 사상가들은 수 세기에 걸쳐 수많은 글을 남겼다. 그러나 내가 아는 한 지금껏 그 누구도 유머가 요즘 말로 하자면 왜 '대세'인지를 설명하려고 시도한 적이 없다. 유머는 우리라는 단 하나의 종에만 국한되어 나타난다. 우리 종에서는 유머가 보편적으로 소중하게 여겨지며 다른 많은 일과 행동—깊은 생물학적 뿌리를 가진 값비싼 중독—에서 우리의 주의를 돌리게 한다. 유머의 원래 레종 데트르, 즉 존재의 이유는 무엇일까?

고백하건대 이 질문은 2004년에 매튜 헐리라는 터프츠의 새 학부생이 내 사무실로 걸어와 자기는 인지과학 전반, 특히 유머 이론에 관해 나와 협업하고 싶다고 말하기 전에는 내게 떠오르지조차 않았다. 그는 평범한 학부생이 아니었다. 매튜는 내게 오기 몇 년 전에 대학을 중퇴하고 주요 첨단 기술 업체에서 컴퓨터 프로그래머로 일하면서 자유 시간에는 세계의 최고봉을 등반하며 (딱히 끌리지 않아서 에베레스트는 건너뛰었다고 한다) 유머에 대해 숙고했다. 그는 대학으로 돌아올 여유가 있을 만큼 돈을 벌었고 내 책과 글을 읽은 후 자신과 내가 잘 어울릴 것이라고 판단했다.

그가 맨 처음 자신의 프로젝트를 설명하고 설명 모형의 초안을 보여 주었을 때는 깊은 인상을 받지 못했다. 좀 더 솔직히 말하자면 나는 그것이 그냥 틀린 정도를 넘어 가망 없을 정도로 틀렸다고 꽤 확신했다. 나는 그 프로젝트를 더 추진하지 말라고 최선을 다해 설득했으나 매튜는 아직 올바른 탐구 방법을 찾지는 못했어도 일단 계속해 볼 작정이라고 대답했다. 그는 인지과학을 전공으로 삼는 데 적합한 과목을 모두 수강했으며 레지널드 애덤스 주니어Reginald Adams Jr.와 함께 하는 유머심리학 강의도 추가로 들었다. 레지널드 애덤스 주니어는 유머 이론에 관한 문헌들을 읽으며 유머 감각이라곤 없어 보이는 사람들의 진지하지만 근시안적인 그 음울한 늪 같은 연구에서 좋은 점을 발견해 낸 젊은 심리학자였다. (한번은 터프츠대학교 인문과학대학 학장을 잠시 역임한 유명 심리학자 로버트 스턴버그Robert Sternberg가 내게 말하기를 자기는 스스로 도무지 이해할 수 없는 주제를 일부러 연구한다고 했다. 스턴버그는 1800건이 넘는 논문을 출판했는데 그렇다면 그만큼 이해되지 않은 게 많은 모양이다. 그 말을 듣고 보니 유머를 연구하는 심리학자도 비슷한 동기에서 출발했을 것이라는 생각이 들었다.) 나는 레그(레지널드)의 성실함 덕분에 유머에 관한 그 많은 논문을 다 읽을 필요가 없었다. 또 레그가 스스로 파악한 핵심 지점에 대해 분별력과 풍부한 상상력을 발휘하는 비평가라는 사실도 알게 되었다. 우리는 매튜가 모든 것을 쏟아 작성한 우등 졸업 논문을 공동으로 지도했고 매튜가 뭔가 큰일을 하고 있다는 것을 깨닫기 시작했다. 사실 내가 처음에 매튜를 믿지 않은 것이 그가 옳지도 모른다는 나중의 인상을 고조시켰다. 그 많은 유명한 사상가—홉스, 칸트, 프로이트, 베르그송, 기타 많은 철학자—가 전체 현상을 엿보는 것 이상의 것을 포착하려고 애썼으나 실패했던 것을 보면 퍼즐을 푸는 열쇠가 되는 아이디어에는 직관에 깊이 반하는 무언가가 있을 것이다.

'재미있다funny'라는 단어에 두 가지 의미가 있다는 것을 눈치챈 적이 있는가? 하나는 '하하, 웃기네'라는 의미이고 다른 하나는 '허허, 이상하네'라는 의미(이쪽의 용례로는 '엔진에서 나는 이 재미있는 소음은 무엇입니까?" "뭔가 재미있는 냄새가 나지 않아요?" 등을 들 수 있다)이다. 매튜는 이것이 중요한 단서라고 생각했고 영어 외의 언어—아시아 언어와 유럽 언어—에서도 이와 동일한 이중 의미가 존재한다는 사실을 알아내고는 매우 기뻐했다. 2006년 그가 우등 졸업 논문을 제출했을 때 심사위원들은 그의 논문이 우리가 지금껏 읽었던 졸업 논문 중 단연 최고라는 데 모두 동의했고 나는 그에게 논문을 출판하라고 권고했다. 그는 대답했다. "교수님, 아시다시피 저는 글을 잘 못쓰잖아요. 하지만 교수님은 훌륭한 작가시지요. 괜찮으시면 그 모형을 발표하는 논문을 공동 집필할 수 있을까요?" 정신을 차려 보니 나는 그 자리에서 그의 제안에 동의하고 있었고 그다음 해부터 4년을 들여 그와 함께 〈농담 속으로〉라는 논문을 썼는데 쓰다 보니 논문이 단행본(다른 공저자는 레그 애덤스이다)으로 발전했다. 그 책은 2011년 MIT 출판부에서 출판되었다. (매튜의 학문적 평판을 위해 나는 그에게 그 책을 일반 출판사의 '대중서'로는 만들지 말 것을 권했다. 대학 출판부에서 책을 내면 판매 부수는 적을지라도 동료 심사를 받는 학술 출판물의 지위를 갖기 때문이다.) 한번은 수전이 내게 내가 최근에 쓴 그 어떤 대중서보다 공저자가 세 명이나 되는 그 책에 더 공을 들였다고 말한 적이 있다. 그래도 나는 그 노력이 아깝지 않다. 《농담 속으로》는 단순히 유머에만 국한된 책은 아니다. 거기에는 인간의 동기 부여와 인지에 대한 잘 정립된 모형이 포함되어 있다. 그 후로 나는 이 헐리 모형의 중심 주장 중 하나를 정교화하는 작업을 해 오고 있다. 그 주장은 이렇다. 인지 과정의 **모든** 통제는 (미시적) 감정들의 경쟁적 흐름에 의해 조절된다. 뇌는 일종의 컴퓨터이지만 트래픽을 조율하고 서브루틴을 호출하는 운영 체제 같은 것은 그 안에 없다. 완성된 책을 받았을 즈음에는 나도 매튜만큼이나 헐리 모형에 많은 투자를 한 상태였다.《농담 속으로》는 호평을 받았다.

> 《농담 속으로》는 우리가 왜 마구 웃는지를 설명하려고 수 세기에 걸쳐 과학자들이 노력하며 만들어 온 유머 이론 중 가히 최고로 설득력 있는 이론이다. 추가 보너스. 대부분의 유머 관련 연구가 치과 신경 치료만큼이나 재미가 없는데 반해 헐리의 분석은—내가 과장해서 말하는 것이 아니라고 생각하는데—MIT 출판부에서 여태껏 펴낸 서적들 중…… (긍정적 의미로) 가장 웃기는 책이다.
>
> (샤론 베글리Sharon Begley,《데일리 비스트Daily Beast》 2011년 4월 1일)

> 〔저자들이〕 정교하게 구축한 이론은 전통적인 부조화 이론의 섬세하고 정교한 후손이다. …… 문제 사례와 관련하여 〔그들〕이 채택한 학술적이고 공평한 입장은 …… 낙관적이다. 그들은 자신들의 이론을 임시 기항지로, 이 열린 문제에 대한 앞으로의 경험적 연구를 위한 촉진제로 간주한다. 모든 것을 감안할 때 아마도 그것이 그들이 취해야 할 올바른 태도일 것이다.
>
> (팀 르웬스Tim Lewens,《타임스 문예 부록Times Literary Supplement》 2012년 12월 5일)

여기서는 헐리 모형을 자세히 설명하지 않을 것이다. 회의주의를 잠재우기에 충분할 만큼 모형을 소개하려면 책 전체가 필요하다. 그렇지만 될 수 있으면 읽어 보라고 권하고 싶은데 책에는 새롭고 중요한 아이디어가 가득하고 수십 가지 재미있는 농담이 실려 있기 때문이다. 그 농담 중 일부는 음담패설이다. 한때 우리는 외설적인 것에 불쾌감을 느낄 독자를 위해 가장 더러운 농담을 묶어 특별한 성인용 X-등급 부록을 따로 만들 수 있는지 MIT 출판부에 물어보았다. 그들은 그러자고 했지만 결국 남녀가 동석한 자리에서 대부분의 사람이 말하기 꺼려질 농담들은 생략하기로 결정했다. (언젠가 우리는 주석이 달린 X-등급 속편을 출판할지도 모르지만 그건 청교도적 물결이 가라앉은 후에나 가능할 것이다.)

29

러시아에서의 세 가지 모험

1985년, 소련의 지도자 미하일 고르바초프Mikhail Gorbachev는 글라스노스트라는 혁신적인 개방 정책을 도입했다. 당시 철학자이자 영부인인 라이사Raisa는 러시아와 미국 철학자 간의 교류 행사가 성사되도록 힘쓰고 있었다. 러시아 철학자들이 APA에 요청하여 미국 철학자들을 모스크바와 레닌그라드[172]로 초대하고 일주일간의 학술대회를 통해 서로를 알아가는 행사였다. 미국 철학자 중 여덟 명이 선정되었다. 시러큐스대학교의 윌리엄 올스턴William Alston, 애리조나대학교의 키스 레러Keith Lehrer와 앨빈 골드먼Alvin Goldman, 코넬대학교의 시드니 슈메이커Sydney Shoemaker, 인디애나대학교의 헥터 네리 카스타네다, 보스턴대학교의 야코 힌티카Jaakko Hintikka, 미시건대학교의 김재권, 그리고 나. 우리는 '검은 월요일'이라 일컫는 1987년 10월 19일, 즉 월스트리트에서 주가가 대폭락한 날에 모스크바에 도착했다. 나는 그 날짜를 똑똑히 기

172 1991년에 상트페테르부르크라는 이름으로 바뀌었다. 원래 레닌그라드시는 레닌그라드주의 주도인데 시의 이름은 바뀌었으나 주의 이름은 그대로 레닌그라드로 남아 있다.

억하고 있는데 우리를 초대한 러시아 사람들이 우리 자본주의 철학자들이 자산을 잃고 상심한 나머지 창문에서 뛰어내리거나 찻잔에 눈물을 떨구지는 않을까 궁금해했기 때문이다. 그러나 우리 중 누구도 그날의 주가 급락에 큰 영향을 받지 않았다.

미국에서 간 철학자는 모두 러시아어를 한두 마디 이상 이해하지 못했지만 영어를 잘하는 러시아 철학자 몇 명이 대화와 토론에서 즉석으로 한 문단씩 번역해 주었다. 나는 지향성에 대한 나의 주장을 개론 수준으로, 논쟁의 여지가 없도록 조심스럽게 준비했다고 생각했다. 그러나 내 말을 번역한 철학자는 다르게 생각했다. 내가 평범한 문장을 몇 마디 말하고 나면 그가 러시아어를 정열적으로 내뿜으며 얼굴을 잔뜩 찡그린 채 한 손으로 주먹을 쥐고 다른 손 손바닥을 퍽퍽 치며 과장된 몸짓으로 펄쩍펄쩍 뛰어다녔다. 그는 그런 식으로 내가 내 영어로 그를 도발하는 데 사용한 시간보다 두 배 이상 많은 시간을 썼다. 나는 당황했고 내 미국 동료들도 당황했다. 그때 나는 나중에 이 광경을 〈몬티 파이선Monty Python〉[173]이나 〈새터데이 나이트 라이브Saturday Night Live〉에서 촌극으로 만들면 무척 재미있겠다는 생각을 했지만 그 '나중'은 아직도 오지 않았다. 어쨌든 나는 아직도 그가 내 이야기에서 무엇을 그렇게 급진적이거나 터무니없다고 여겼는지 짐작조차 가지 않는다.

모스크바에서의 시간은 눈이 번쩍 뜨이는 경험의 연속이었다. 우리는 붉은 광장을 방문했고 소련이 웅장한 스타일로 건설한 지하철도 탔다. 영웅적인 벽화와 모자이크, 조각상, 휘황찬란한 샹들리에 등이 프롤레타리아를 찬양하며 지하철역을 장식하고 있었다. 주최 측은 우리 모두에게 관광 경비로 루블화가 든 돈 봉투를 하나씩 주었다. 하지만 주

173 1969년 영국에서 결성된 코미디 그룹의 이름이자 이들이 만든 TV 쇼로 시작된 독특하고 실험적인 유머 스타일의 상징이다. '몬티 파이선'은 지극히 황당하지만 날카로운 유머로 현대 코미디의 판을 바꾼 전설적인 집단으로 평가된다.

최 측에서 식사를 거의 다 제공하는 데다가 고급 관광 기념품을 살 수 있는 베료즈카 상점들에서는 루블화를 받지 않았기 때문에[174] 돈을 쓸 기회가 좀처럼 없었다. (나는 유명한 백화점 굼에서 작은 레닌 흉상을 하나 샀는데 그 흉상은 터프츠의 내 책상 위에 여러 해 동안 놓여 있었다.)

모스크바에 자주 갔던 친구가 모스크바에 가면 하룻밤 정도는 붉은 광장의 로씨야 호텔 꼭대기 층 레스토랑에서 만찬을 즐겨야 한다고 말했던 것이 기억났다. 그곳에서 보는 크렘린궁의 전망이 장관이고 음식도 엄청나다고 했다. 그래서 나는 며칠간의 저녁 자유 시간 중 하루를 택해 여섯 명으로 구성된 대표단을 이끌고 특별한 경험을 할 수 있을 것이라고 그들을 확신시키면서 유럽에서, 아니 아마 세계에서 가장 큰 호텔인 로씨야로 향했다. 로비에 도착한 우리는 레스토랑을 나타내는 표지판이 있는지 둘러보았다. 어디에도 없었다. 안내 데스크로 가서 문의했지만 영어를 알아듣지 못하는 것 같았다. 그래서 우리는 엘리베이터를 타고 가장 높은 층으로 가는 버튼을 눌렀다. 눈에 띄는 모든 엘리베이터를 다 타 보았지만 매번 별 특징 없이 객실만 늘어선 복도에 도착했다. 우리 패거리의 배는 점점 고파져 갔고 패거리 두목 격이었던 나는 딱 한 번만 기회를 더 달라고 간청했다. 1층으로 내려간 우리는 전혀 그럴듯하지 않은 문을 열고 텅 빈 복도로 들어섰는데 거기서 마침내 다른 엘리베이터를 발견했다. 우리는 모두 엘리베이터 안으로 뛰어 들어갔고 꼭대기 층의 문이 열리자 연미복 차림의 웨이터들이 우리를 반겼다. 그들은 사람이 거의 없는 멋진 레스토랑으로 우리를 안내했다. 우리는 중앙에 있는 전망용 창문 앞 커다란 테이블을 통째로 차지하고 반짝이는 바깥 경치를 내다보았다. 여러분도 아마 TV에서 그 모습을 본

---

174 소련 시절 존재했던, 일반 소련 국민은 이용할 수 없는 특별 상점이다. 외국인, 외교관, 고위 관료, 그리고 소련 고위층만 출입할 수 있었으며 루블화는 받지 않았고 달러나 마르크 같은 서방 통화로 결제가 되었다. 당시 루블화가 소련 안에서는 사용되었지만 국제적으로는 가치가 없었기 때문이다.

적이 있을 것이다. 그곳은 미국 저녁 뉴스에서 퍼레이드 같은 것을 보여 줄 때마다 TV 카메라를 설치하는 바로 그 장소였으니까. (로씨야는 2006년에 철거되었기 때문에 그 경치는 영원히 사라졌다.) 우리는 메뉴판에 있는 이국적인 음식을 모두 주문하고 캐비어와 생선 요리와 보드카 몇 병을 다 동내 버렸다. 상당한 금액이 적힌 청구서를 받은 우리는 가지고 있던 루블화를 모두 모아 결제했다. 물론 웨이터의 불만은 상당했을 것이다. 그들은 달러를 기대했을 테니까.

우리는 기차를 타고 레닌그라드로 갔다. 레닌그라드의 모습은 처참했다. 전기선과 전화선이 한 건물에서 다른 건물로 아무렇게나 걸쳐져 있었고 건축물은 페인트가 벗겨지고 모서리도 부서져 있었다. 보수 작업이 채 끝나지 않은 도로 때문에 통행이 불가능한 경우도 좀 있었다. 그럼에도 도시 자체의 아름다움은 명징하게 다가왔다. 에르미타주 박물관, 도심의 쇠락한 궁전, 운하, 공원.

국립레닌그라드대학교[175]의 철학 학제는 그리 인상적이지 않았는데 변증법적 유물론학과, 마르크스/레닌주의 과학철학과, 러시아철학사학과 등 철학과가 여러 개로 나뉘어 있었고 모두 제한된 방식으로 운영되고 있었다는 것이 그 이유 중 하나였다. 그렇지만 도시는 매력적이었다. 1703년에 표트르 대제가 세운 이 아름다운 도시에는 표트르 대제의 개인 박물관이 있다. 그곳은 내가 가장 좋아하는 박물관으로 가히 박물관 중의 박물관이라 할 수 있다. 이 박물관은 18세기 초의 박물관이 어떠했는지를 잘 보여 준다. 거대한 유리 상자 안에는 전 세계에서 수집한 진기한 물건과 공예품이 전시되어 있고 그 옆에는 설명이 적힌 작은 카드가 놓여 있었다. 커다란 유리병 속 알코올 안에 보존된 머리 둘 달린 송아지 태아가 이누이트족의 도구 상자와 함께 같은 진열장 안에 전시되어 있었다. 카약을 비롯한 배와 작살, 물개가죽 옷 등을 아우르는 표

175 지금은 국립상트페테르부르크대학교로 이름이 바뀌었다.

트르 대제의 수집품은 1867년까지 러시아가 알래스카를 소유하고 있었다는 것을 새삼 상기시킨다. 아, 제발 그 박물관이 그때 이후로 '현대화'되지 않았길!

몇 년 후 수전과 내가 핀란드에 잠시 머물 때 나는 그녀에게 레닌그라드에 다녀오자고 권유했다. 그때까지는 레닌그라드라고 불렸던 그곳에서 우리는 외국인을 위한 소련 국영 호텔에 묵었는데 정말 끔찍했다. 복도에는 화장실 휴지를 들고 찡그린 얼굴로 의자에 앉아 밤새 복도를 바라보다 숙박객이 요청하면 휴지를 나눠 주는 여성이 있었고 우리는 문이 잠기지 않는 방에서 잠을 자려고 노력했다. (문에는 지렛대 같은 도구로 강제로 몇 번 열었던 흔적이 있었다. 그러나 호텔은 흠집이나 찌그러진 금속 구조물을 그대로 방치하고 있었다. 우리가 철의 장막 뒤에 머물고 있다는 것을 새삼 뼈저리게 실감했다.) 마감 기술도 놀랄 만큼 조잡했다. 엘리베이터 문 입구 주변을 감싸는 나무 프레임 모서리가 맞물리는 부분이 45도가 아닌 46도나 47도 정도로 톱질되어 흉한 틈이 생긴 것도 보았다. 일부러 그런 게 아닌가 하는 생각에 당시 러시아에서 유행했던 말이 떠올랐다. "우리는 일하는 척하고, 그들은 우리에게 월급을 주는 척한다." 그래도 레닌그라드는 여전히 아름다웠고 그때 나는 미국 기업 수백 개만이라도 러시아에 지사를 두어야겠다고 판단한다면 그 도시가 제정러시아 시대의 영광스러운 모습으로 재건될 수 있을 거라고 말했다. 실제로 그런 일이 일어났다.

2001년 반송지 주소는 없이 내 주소만 아름다운 손 글씨로 적힌 커다란 골판지 상자가 터프츠의 내 연구실에 배달되었다. 유나바머의 위험한 행각이 아직 사람들의 마음속에 남아 있던 때라 나는 학내 경찰을 불러 상자를 열어 달라고 했다. (경찰관 세 명이 왔고 그중 가장 신참이 개봉을 맡았다. 그는 순종적으로 응했다. 상자를 열었고 아무 일도 일어나지 않았다.) 상자 안에는 황금빛의 목걸이용 메달 하나와 윤기 흐르는 마호가니 케이스가 들어 있었다. 케이스를 열자 실크로 된 받침대 위에 놓인 모조품 파베르제 달걀[176]과 손으로 쓴 초대장이 나타났다. 초대장의 요지는 폴 앨런Paul Allen(빌 게이츠Bill Gates와 함께 마이크로소프트를 창업한 인물) 주최로 헬싱키에서 상트페테르부르크로 가는 장기 주말 크루즈 여행에 수전과 나를 초대한다는 것이었다. "그런데 우리는 상트페테르부르크에 가 봤잖아요!" 수전이 말했다. "지금은 레닌그라드 시절 같지 않아요. 우리는 상트페테르부르크엔 안 갔던 거나 마찬가지예요." 내가 대답했다. 이 여행은 옛 차르들이 자랑하고 싶었을 법한 상트페테르부르크를 보여 주게 될 터였다. 우리는 초대에 응했다.

폴 앨런의 여행은 정말이지 훌륭했다. 그는 재능 있는 로큰롤 기타리스트였고 자신의 음악을 즐기고 춤출 수 있는 사람들 앞에서 좋은 뮤지션들과 함께 연주하고 싶어 했다. 그렇지만 관객을 고용하고 싶지는 않았던 그에게 좋은 아이디어가 떠올랐다. 그가 존경하는 사상을 지녔거나 존경하는 행동을 한 이들을 위해 거절할 수 없는 파티를 열고 낮 관광을 마친 후 매일 밤 거의 밤새도록 즉흥 연주 시간을 가지는 것이었다. 그는 전에도 알래스카 해안과 지중해를 따라 항해하는 크루즈 여행을 개최한 적이 있었다. 이번에는 시애틀, 뉴어크, 런던 등에서 747 전세기로 손님들을 태워 헬싱키까지 비행한 후 시차 적응을 위해 핀란드에서 하루를 머문 다음 그가 전세 낸 소형 크루즈선에 탑승했다. 우리는 밤새도록 항해한 끝에 새벽녘에 상트페테르부르크 항구에 도착했고 에르미타주 박물관이 보이는 첫 번째 다리까지 네바강을 따라 항해했다. 손님은 수전과 나를 포함하여 250명쯤 되어 보였고 기본적으로 세 집단으로 구성되어 있었다. 로큰롤이나 과학, 예술 분야에서 앨런에게 깊은 감명을 준 사람, 시애틀에서 고등학교 시절을 함께 보낸 옛 친

176 파베르제 달걀Fabergé egg은 러시아의 보석 공예사 피터 칼 파베르제가 19세기 말부터 20세기 초반까지 제작한 달걀 모양의 보석 장식 예술품이다. 주로 러시아 황실을 위해 제작된 매우 고가의 예술품으로 진품은 전 세계에 50점 정도만 존재한다고 알려져 있다.

구들, 사서로 일하다 지금은 은퇴하신 어머니의 친구분들. 그래서 한쪽에는 영화배우(로빈 윌리엄스Robin Williams, 맥 라이언Meg Ryan, 수전 서랜던Susan Sarandon, 로런스 피시번Laurence Fishburne, 댄 애크로이드Dan Aykroyd, 캐리 피셔Carrie Fisher, 제프 골드블룸Jeff Goldblum)와 작가(이반 도이그Ivan Doig, 톰 스토파드Tom Stoppard, 데이비드 핼버스탬David Halberstam), 과학자(제임스 왓슨James Watson, 빌 캘빈Bill Calvin과 그의 아내, 캐서린 그라우바드Katherine Graubard)가 있었고 박식하고 매력적인 은퇴한 사서들이 있었다. 도대체 나는 왜 초대받았을까? 폴 앨런은 PBS 텔레비전에서 제작한 진화 시리즈에 자금을 지원했고 그 시리즈의 첫 프로그램이 〈다윈의 위험한 생각〉이었으며 거기서 내가 인터뷰로 잠깐 출연했기 때문이다.

선상에서 환영 만찬이 끝난 후 수전은 완전히 녹초가 되어 일찍 잠자리에 들었다. 나는 배 이곳저곳을 어슬렁거리다가 도서관에 갔고 그곳에서 톰 스토파드와 마사 스튜어트에게 군함조 게임(보드 없이 글자 타일만 가지고 재빠르게 새로운 단어를 만드는 것)을 가르쳐 주었다. 로빈 윌리엄스와 제프 골드블룸이 옆에서 훈수를 두었다. 마사 스튜어트는 맹렬하게 게임을 했고 지면 질색했다! 차르의 궁전 몇 곳을 헬리콥터로 둘러보는 헬기 투어도 했다. 그때 나는 그만 도시락을 깜빡했는데 바로 옆에 앉았던 마사가 샌드위치를 조금 더 가져온 덕분에 그것을 나누어 먹을 수 있었다. 기념품 가게에서 수전과 나는 로런스 피시번이 어머니께 드릴 화려한 칠이 된 지팡이를 고르는 것을 도왔다. 에르미타주에서의 개인 관광, 저녁 도심에서 있었던 모스크바 서커스, 궁전에서의 콘서트, 볼쇼이 발레와 은접시에 놓여 끝없이 서빙되는 캐비어가 함께 했던 예카테리나 궁전에서의 폐막 만찬, 발랄라이카 오케스트라, 록밴드 블랙 크로우즈가 출연한 텐트 안에서의 로큰롤 콘서트 등은 할리우드 유명 인사까지 열광하게 만들기에 충분했다. 그 유명 인사들이 우리처럼 아이폰을 들고 열심히 사진을 찍는 모습도 재미있었다. 첫 번째 구명보트 훈련을 받는 동안 손님 중에 제임스 왓슨과 그의 아내가 있다는 것을 알게 되었다. 그러다 마침 도서관에서 제프 골드블룸을 보았을 때 그가 BBC의 다큐 드라마 〈라이프 스토리-이중나선을 위한 경쟁Life Story: The Race for the Double Helix〉에서 왓슨 역할을 맡아 좋은 연기를 보여주었다고 칭찬하면서 왓슨을 실제로 만나본 적이 있느냐고 물었다. 그는 없다고 대답했다. 그래서 나는 두 사람을 서로에게 소개하는 재미를 맛보았다. 제프는 제임스보다 키가 1피트는 더 컸다. 제프는 제임스 왓슨을 연기하며 까칠하고 쉽게 흥분하는 엄청난 미국 괴짜를 선보였는데 그는 제임스에게 자신이 묘사한 모습 중 제임스 본인의 심사를 건드린 부분이 있는지 정중하게 물어보았다. "있어요." 제임스는 즉각 대답했다. "껌을 씹더군요. 저는 절대 껌을 씹지 않는데 말이죠!" 한번은 프랜시스 크릭이 캘리포니아 라호이아에 있는 자신의 집에서 〈라이프 스토리〉를 함께 보자고 퍼트리샤 처칠랜드, 폴 처칠랜드 부부와 함께 나도 초대했다. 나로서는 정말 행운이었다. 그날 저녁 프랜시스는 종종 영상을 멈추고 보충 설명을 해 주었다. 골드블룸이 연기한 결정적인 장면 하나가 끝난 후 프랜시스는 영상을 정지하고 손님들에게 일화 하나를 들려주었다. 1962년 노벨상 시상식에 참석할 채비를 하며 제임스와 함께 옷을 차려입고 있을 때 제임스가 그에게 말했다. "노벨상을 받으면 끝내주게 좋은 게 하나 있죠, 뭘 것 같아요?" "뭔데요?" 프랜시스는 내심 과학 발전에 관한 고상한 대답 같은 것을 기대하며 되물었는데 제임스는 이렇게 대답했다고 한다. "데이트하기 좋죠."

2005년 12월 나와 수전은 바하 칼리포르니아 해변을 따라 푸에르토 바야르타까지 공짜 크루즈 여행을 했다. 일주일간의 과학수사위원회Committee for Scientific Investigation, CSI 크루즈 여행에 나와 수 블랙모어, 그녀의 남편 애덤 하트-데이비스Adam Hart-Davis가 강연자로 초청되었기 때문이었다. 샌디에이고에서 크루즈선에 승선하고 나서 다른 승객들이 승선하는 동안 우리는 갑판에 테이블과 의자가 있는 것을 보고 음료를 주문했다. 그런데 갑자기 한 젊은 커플이 우리 쪽으로 춤추듯 가볍게 뛰어오는 게 아닌가. 이 아름다운 사람들은 대체 누구지? 그들은 자신을 소개했다. 모스크바에서 온 드미트리 볼코프Dmitry Volkov와 그의 아내 율리아Julia였다. 드미트리는 CSI 단체 크루즈에 대해 너무 늦게 알아서 회원 가입을 하지 못했다. 하지만 그때까지도 비회원을 위한 객실이 남아 있어 그는 파티에 무임승차할 수 있으리라 생각하며 객실을 예매했고 그건 성공이었다. 그는 자신이 시작한 인터넷 회사로 큰돈을 벌었다(해외 판매 및 결제를 백엔드에서 처리하는 회사로 국제 인터넷 판매를 많이 하는 회사의 최고재무책임자CFO가 아닌 한 그의 회사가 운영되는 모습을 결코 본 적이 없을 것이다). 그리고 드미트리는 모스크바국립대학교 철학과 대학원생이었으며 내 연구에 대한 논문을 쓰고 있었다! 우리는 CSI 주최 측에 요청하여 그들이 단체의 모든 활동에 참여해도 된다는 허락을 얻었다. 우리는 일주일 동안 해안을 따라 카보산루카스 및 기타 관광 명소를 방문했고 친구가 되어 헤어졌다. 그는 가끔 보스턴에 나타나 나와 수전을 저녁 식사에 데려갔다. 그리고 2011년 그는 자신의 논문이 책으로 발전되어 러시아에서 출판을 앞두고 있다는 소식을 전했다. (책의 제목을 번역하면《대니얼 데닛, 보스턴에서 온 좀비Daniel Dennett, the Zombie from Boston》였다.) 그는 내게 수전과 함께 출간일에 맞추어 모스크바로 와서 특별 관광을 하고 그가 최근에 설립한 대학 산하 의식 연구센터에서 동영상 녹화 회의도 하면 안 되겠느냐고 물었다.

드미트리 덕분에 우리는 최고급 호텔에 투숙했고 그는 우리를 (경호원들이 탄 경호 차량이 따라붙는 방탄 리무진에 태워) 최고급 레스토랑으로, 볼쇼이로 데리고 다녔다. 우리는 모스크바국립대학교 총장과도 예정된 면담을 했는데 면담은 대부분의 강의실과 사무실이 모여 있는 스탈린 시절 고층 건물의 꼭대기 층에서 이루어졌다. 드미트리는 또

한 모터 요트에 우리를 태우고 모스크바강에서 크루즈를 즐겼고 우리는 강에서 크렘린궁을 바라보며 맛있는 점심을 먹었다. 나는 이 크루즈에서 내가 바로 얼마 전에 크산티페를 팔았다고 말했다. "오, 이런!" 드미트리가 말했다. "그것이 당신의 인지 항해의 끝인가요?"

"꼭 끝낼 필요는 없지요. 우린 언제든 배를 전세 낼 수 있으니까요…… 그런데 이번에는 당신이 인지 항해를 주최해 보는 건 어때요?"

"어디로요?"

드미트리는 막 그린란드로 헬리콥터 스키 여행을 다녀온 이야기를 하고 있었고 나는 그에게 그곳 해안을 따라 크루즈 여행을 해본 적이 있는지 물었다. 안 해봤다고 하자 나는 처음 그린란드 해안을 항해했을 때 만난 덴마크 선장 이야기를 했다. 그 선장은 탐사선 한 척을 가지고 있었는데 이 선박은 과학 연구팀이 연구용으로 쓰고 항해 부표를 유지 보수하는 데도 쓰였다. 전세가 가능했지만 설비는 아주 기본만 있어서 나무 이층 침대와 화장실 하나가 있었다. 그런 건 드미트리에게 맞지 않았다. 드미트리는 168피트 길이의 돛대 3개를 가진 스쿠너[177] 범선, '렘브란트 판 레인'을 찾아냈다. 승무원 약 열 명에 우리와 영상팀까지 스무 명이 탈 수 있었고 각 방에는 욕실과 샤워실이 딸려 있었다.

우리는 2014년 6월 중으로 일주일 간 그 배를 빌리기로 했고 내가 의식에 관해 많이 배운 사상가들을 초대하기로 했다. 그 면면은 이렇다. 닉 험프리, 제시 프린츠Jesse Prinz, 앤디 클라크, 퍼트리샤와 폴 처칠랜드, 크레타 출신의 키스 프랭키시. 드미트리는 이 그룹이 한쪽으로 치우친 팀이라고 봤고 사실 그랬다. 그 모두가 다양한 측면과 문제를 연구했으나 투철한 유물론자였다. 드미트리는 자유의지 주제에서 자신에게 깊은 인상을 남긴 더크 페레붐Derk Pereboom과 '어려운 문제'라는 용어를 만든 데이비드 차머스를 초청하자고 했다. 나는 기꺼이 그러겠다고 했다. 하

177 마스트가 둘 이상인 세로돛 범선을 발한다.

지만 그때 데이비드는 자기 혼자 외로이 반대 의견을 내며 우리에게 설득되는 것을 원하지 않는다고 스위스 프리브루의 마르틴 니다-뤼멜린 Martine Nida-Rümelin과 잉글랜드 더럼의 필립 고프도 같이 초대했다.

진행자로서 나는 세션을 'X가 Y를 소개하기'로 구성했다. 각 참가자가 다른 참가자의 연구를 소개하고 소개된 참가자는 이에 대해 논평하는 방식이었다. 나는 이 방식을 1978년과 1979년에 잉글랜드의 티센 재단 철학그룹워크숍에서 처음 접했다. 워크숍에서는 참여 연사에게 모든 사람의 논문을 여러 벌씩 복사하여 미리 발송했고 참가자는 그 논문들을 워크숍 시작 전에 모두 읽고 왔다. 워크숍의 각 회원은 논문을 소개하고 그에 대해 토론할 의무가 있으며 짧은 질의응답 시간이 끝나면 일반적인 토론이 이어진다. 이런 시스템의 훌륭한 점 중 하나는 발표자가 직접 말하기 어려운 내용을 소개자가 대신 말해 줄 수 있다는 점이다. 예컨대 "이 논문에서 제시된 가장 독창적이고 중요한 주장은……" 같은 말은 발표자 본인이 하기는 몹시 민망하지만 소개자는 얼마든지 할 수 있다. 나는 이 시스템을 강하게 추천하고 있다.—터프츠의 철학 학술대회에서는 이 방식이 아직도 사용되고 있다—이 형식이 철학자 사이에서는 다른 방법으로는 달성하기 어려운 건설적인 토론 분위기를 조성해 주기 때문이다. (나는 이 방법을 1999년 블루힐 농장에서 내가 개최한 정신적 표상에 관한 워크숍에서도 사용했는데 토론 다음 날 아침 식사 자리에서 존 호지랜드의 아내가 내게 해 준 말이 기억난다. 전날 존의 논문에 대한 토론을 마치고 존이 아내에게 이번 워크숍이 자기 생각이 논의된 자리 중에서 단연 최고였다고 말했다고 한다.)

스쿠너에는 더 많은 승객이 탈 자리가 남아 있었으므로 드미트리와 모스크바국립대학교 철학과는 대학원생을 대상으로 공모전을 마련했다. 대학원생들은 해당 항해에 참가할 사상가들의 저작을 학기 내내 읽고 소논문을 제출했고 최종 선발된 여섯 명의 승리자는 학과장을 비롯한 교수와 항해에 함께했다. 이 대학원생들은 우리가 벌이는 격렬하지만 건설적인 토론을 일찍이 본 적이 없었다. 러시아(와 대부분의 유럽)에서는 교수가 강의를 하는 동안 학생들은 경청하며 조용히 필기만 하는 경향이 있기 때문이다. 항해가 끝나 갈 무렵 학과장은 이 여행이 러시아의 철학 연구에 혁명을 일으킬 것 같다고 내게 말했다. 어쩌면 그것이 과장된 희망일 수도 있겠지만 드미트리의 지원 아래 그의 의식 연구센터는 10년 동안 일류 행사들을 개최해 오고 있다.

30

테드

나의 첫 테드TED 콘퍼런스는 2002년에 있었고 그것은 창립자 리처드 솔 워먼Richard Saul Wurman이 주관한 마지막 TED 콘퍼런스였다. 그 직전에 그는 TED를 억만장자 잡지 발행인 크리스 앤더슨Chris Anderson에게 매각했다. 그 자신의 설명에 따르면 크리스 앤더슨은 닷컴 버블 붕괴 때 18개월 동안 하루에 백만 달러씩 손실을 보았다. 크리스는 남은 재산으로 뭔가 건설적인 일을 하겠다는 결심을 하고 TED를 매수했다. 당시 TED는 기술, 엔터테인먼트, 디자인 분야에서 성공하여 경제적으로 부유한 기업가를 위한 독점적 조직이었다. TED는 1984년 이래 매년 캘리포니아의 몬터레이에서 모임을 가졌으며 컴퓨터 억만장자, 할리우드 명사, 건축가, 디자이너, 기업가 들이 참여하여 다양한 사상가 및 활동가 집단에게서 비공식적인 짧은 이야기를 듣는다. TED 강연의 최장 길이는 18분인데 특별히 이 시간으로 제한한 데 대해 워먼은 강연의 질이 나쁠 때 그가 견딜 수 있는 한계에 해당하는 시간이라고 말했다. 나는 그의 정책에 장점이 있으며 학계에도 무언가 시사하는 바가 있다고 생각한다. **하나의** 주요 주제, **하나의** 새로운 제안으로 짧은 시간

안에 말하는 것이 50분짜리 횡설수설보다 거의 항상 훨씬 낫다. 콘퍼런스는 점점 더 짧은 강연을 선호했고 내 경험상 그게 모두에게 유익하다는 것을 알게 되었다.

2002년의 TED는 실로 기술과 엔터테인먼트, 디자인에 관한 것이었다. 비디오 게임에 대한 논의와 시연, 세그웨이 탑승 체험, 요요 마Yo-Yo Ma와 질 소불레Jill Sobule 등 여러 음악가의 연주, 곡예사와 코미디언의 공연이 있었고, 최고의 책상용 의자 디자이너 세 명이 서로의 대표작을 비교하고 비판하는 세션도 있었다. 가난, 기후 재앙, 억압, 질병 등에서 세상을 구하는 주제는 거의 다루지 않았다. 발표는 모두 전문가의 손으로 촬영되었으며 모든 TED 참가자가 받는 선물 중 하나는 바로 강연을 담은 그 어디에서도 방송되지도 공유되지도 않는 DVD 박스 세트였다. 그때도 지금처럼 강연자는 강연료를 받지 않았지만 캘리포니아로 가는 일등석 항공편과 일체의 비용을 지원받았고 전체 콘퍼런스에 **무료**로 참석할 수 있었다. 내 기억이 틀리지 않는다면 청자 한 명이 전체 콘퍼런스에 참석하는 비용이 5000달러였으므로 무료 참석은 상당한 혜택에 해당한다.

워먼은 앤더슨에게 콘퍼런스 중 하루를 특별 기획하도록 초청하여 앞으로 앤더슨의 지휘 아래 TED가 어떤 방향으로 나아갈지 TED 참가자에게 보여 주도록 했다. 앤더슨이 선정한 세 명의 강연자는 리처드 도킨스와 스티븐 핑커, 나였다. 우리는 모두 좋은 강연을 했고 예전부터 TED에 참석해 온 많은 사람이 다음 해 세션에도 등록했다. 크리스 앤더슨의 출발은 순조로웠고 그는 곧 모든 TED를 전 세계에 온라인으로 무료 제공하겠다는 계획을 발표했다. 오래된 TED 참석자 중 일부는 이를 어리석은 발상이라고 생각했다. 그들은 TED의 핵심이 배타성에 있다고 보았다. 돈만 있다고 참가 티켓을 살 수는 없다, 초대를 받아야 한다, 최신 기술을 대중에게 공개하기 전에 이를 접하는 특권을 누릴 수 있다, 첨단 기술 전문가와 떠오르는 스타를 만날 수 있다 등등. 그러나 나는 크리스가 핵심 청중이 누군지를 정확히 읽었다고 생각한다. 많은 참석자가 젊은 기술 재벌이었고 그들은 자신들이 얻은 갑작스러운 부에 약간은 불편해했다. 그런 이들에게 기부금을 내게 해서 세상 모든 사람이 부자 및 유명인과 함께 어울리며 그 매력적인 콘텐츠에 접근할 수 있게 한다는 아이디어는 비싼 티켓을 사게 할 가치가 충분히 있는 것이었다. TED는 자선 단체로 변모했고 TED 참석자 구성에도 엄청난 변화가 있었지만 이는 효과가 있었다. 몇 년 내에 TED 강연은 전 세계 수백만 명이 시청하게 되었고 TED 회의는 신입 회원에게는 훨씬 높은 참가비를 내게 하는 한편 기존의 충성스러운 동문에게는 옛 참가비에 가까운 가격으로 좌석을 예약할 수 있게 했다. 수전은 내가 첫 TED를 마치고 집으로 돌아왔을 때 보였던 열정에 매우 깊은 인상을 받은 나머지 다음에 내가 또 TED에서 강연을 하면 자기도 꼭 함께 갈 것이라고 말했고 실제로 몇 차례 나와 함께 다녀왔다. 물론 나는 그때마다 수전의 티켓 값을 치러야 했다. 규칙은 규칙이다.

천 명의 고위 TED 참가자를 위한 짧은 강연을 준비하는 것과, 수백만 명이 시청할 강연을 준비하는 것은 완전히 다른 일이다. TED 강연자는 리허설을 더 강도 높게 하게 되었으며 강연은 이른바 전문가가 개입해 적절한 이야기 구조와 적확한 용어로 무장할 때까지 교정되었다. 예전(2002년, 2003년, 2006년)에는 강연자들이 실수를 저질렀고 즉흥 대사를 치는가 하면 허둥대기도 했다. 그 결과는 어떤 면에서는 더 흥미로웠다. 강연자의 진짜 생각이 무대 위에서 종종 우연치 않게 흘러나오니까. 매년 TED가 열리는 동안 크리스 앤더슨은 조언을 하는 '자문단'을 구성해 격식을 차린 오찬 시간을 가졌는데 나도 (그리고 아만다 파머Amanda Palmer, 피터 가브리엘Peter Gabriel, 빌 게이츠, 제프 베이조스Jeff Bezos, 네이선 미어볼드Nathan Myhrvold, 대니 힐리스Danny Hillis, 래리 페이지, 세르게이 브린) 거기 참석했다. 우리의 연례 화제 중 하나는 초기 TED의 자발성과 즉흥성을 어떻게 되살릴 수 있는지였다. 2014년 TED

의 최고의 순간은 에드워드 스노든Edward Snowden의 등장이었다. 스노든은 2013년에 많은 기밀 문서를 유출한 내부 고발자이자 간첩 혐의로 기소되었다. 그는 그때 러시아로 망명했고 지금도 러시아에 있지만 그의 강연은 원격 영상 피드를 통해 진행되어 TED 무대 위로 영상과 연결된 로봇이 올라갔고 이를 통해 크리스가 스노든과 인터뷰를 했다. 그날 좀 늦게 열렸던 자문단 오찬에서 빌 게이츠—그는 그 강연에 참석하지 않았다—는 스노든이 감옥에 가야 한다고 주장했고 나는 그에게 노벨 평화상을 주어야 한다고 응수했다. 게이츠는 처음에는 영 못 믿겠다는 쪽이었고 짧은 토론이 이어졌다. 내가 게이츠의 회사 마이크로소프트가 국가안보국의 프리즘 프로그램[178]에 협력했고 그로 인해 국가안보국이 마이크로소프트 사용자에 관한 데이터를 수집할 수 있게 되었다는 것을 스노든이 알아냈다고 말하자 빌 게이츠는 갑자기 대화를 중단했다.

크리스 앤더슨은 선교사의 아들로 때때로 순진한 열정 때문에 그의 좋은 판단력이 흐려지는 적도 있었다. (예를 들면 스탠드업 토크를 해달라고 새라 실버먼Sarah Silverman[179]을 초빙—**대체 무슨 생각이었을까?**—했다. 예상대로 그녀는 평소의 실버먼답게 터무니없고 외설적이며 충격적이고 웃긴 강연을 했다. 그것은 크리스 입장에서는 큰 실수였기에 그는 무대로 나와 청중에게 사과했다. 확실히 그에게 최고의 시간은 아니었다.) 2006년에는 모든 학교에서 종교를 가르치는 것에 대해 내가 TED 강연을 하기로 했는데 몬터레이로 떠나기 전날 저녁에 크리스가 내게 전화를 걸어 양해를 구했다. 그가 캘리포니아 새들백 대형 교회의 침례교

---

178 미국 국가안보국NSA이 인터넷 기업들의 서버에서 이메일, 영상 통화, 파일 등을 직접 수집해 감시하는 비밀 정보 수집 프로그램, 즉 인터넷 통신 감시 프로그램이다. 2013년 에드워드 스노든의 폭로로 알려졌으며 구글, 페이스북, 애플 등 주요 IT 기업이 관련되어 큰 논란이 되었다.

179 미국의 코미디언이자 배우이다.

목사 릭 워런Rick Warren을 초대했고 그도 강연을 할 예정이라고. 그의 베스트셀러 《목적이 이끄는 삶The Purpose Driven Life》은 모든 TED 참가자에게 미리 우편으로 발송된 책이었다. 크리스는 릭 목사의 발표를 균형 있게 보여 주기 위해 비판자도 필요하다고 생각했고 혹시 내 강연의 내용을 바꿔서 워런의 발표에 초점을 맞추어 그의 책에 관해 강연할 수 있겠느냐고 물어본 것이었다. 나는 크리스에게 그러겠다고 했다. 그때는 선물로 온 그 책을 아직 읽기 전이었지만 캘리포니아에 도착할 때까지 비행기에서 열심히 읽고 메모를 해 가며 내 강연을 상황에 맞게 수정했다. 나는 세션을 시작하기 전에 잠깐 워런을 만나서 내가 무슨 이야기를 할지 미리 알고 싶으냐고 물어보았는데 그는 거절했다. 워런의 강연은 총기가 번뜩였고 현명한 관찰과 조언으로 가득했으며 기독교에 대해서는 거의 언급하지 않았다. 그는 자신이 기독교에 대해 비판적인 청중과 마주하고 있다는 사실을 알고 있었다. 일부 관중은 그에게 기립 박수를 보냈다. 그러고 나서 내가 무대에 올랐다. 나는 18분의 절반 정도를 그의 책에 대한 논평에 할애하여 그 책의 설계를 칭찬하면서도 그 책이 창조론에 기반하고 있고 전 세계를 기독교로 개종시키려 한다고 지적했다. 나는 바로 전과는 다른 부류의 청중에게서 기립 박수를 받았다. TED는 토론이나 비판을 많이 하지 않기 때문에 그날 그 순간은 매우 자극적이었을 것이다. 나는 강연에서 릭 워런 목사에게 내 주장에 반론해 달라고 제안했지만 그는 자기 강연을 마치고 이미 강연장을 떠난 후였다. (그가 로비에 있는 폐쇄회로 텔레비전 중 하나로 나의 강연을 봤다는 말을 나중에 전해 들었다.) 청중 중 일부는 내게 감사를 전하러 몰려들었고 그중 몇 명은 내 강연이 워런 다음에 배치되지 않았더라면 TED에 다시 안 올 생각이었다고 말하기도 했다(크리스의 걱정은 옳았다). 그런데 나는 세련되게 차려입고 보석으로 장식한 나이 지긋한 여성이 분노에 겨워 부들부들 떨면서 내게 다가오는 것을 보았다. "내 말을 너무 기분 나쁘게 듣진 말아요." 그녀가 덜덜 떨리는 손가락으로 내게 삿대질

하며 말했다. "하지만 내 생각에 당신은…… 완벽한 멍청이예요!" 아아, 그녀의 뮤즈는 결정적인 순간에 그녀를 버리고 갔다. 나는 그녀의 기독교적 의견에 감사했으나 그녀는 당황한 채 비틀거리며 자리를 떴다.

~

《주문을 깨다》에서 나는 간단한 사고 실험을 고안했다. 나는 독자에게 이렇게 요청했다. 독자가 비밀리에 내게 선물을 보냈는데 내가 선물을 캐머런 디애즈Cameron Diaz에게서 온 것이라고 착각한다고 상상해 보라고. 내 요점은 어떤 고유명사가 "내게 기쁨을 준 사람이 **그 누구든**"이라는 상징적 뜻을 지닐 수 있으며 그렇게 보면 그 사람이 누구든 간에 그는 나에게 캐머런 디애즈가 될 것이라는 주장이었다(214쪽). 그 책이 출간된 2006년, TED에서 나는 내 옆에 누가 앉아 있는지 슬쩍 보았다. 세상에, 캐머런 디애즈였다! 두말할 필요 없이 나는 내 소개를 했고 내가 책에서 그녀의 이름을 사용했다고 말하고 TED 서점으로 달려가 한 권 사서 그녀에게 선물하려 했다. 나는 즉각 서점을 향해 뛰었다. 수전을 뒤로 하고 말이다. 그런데 이런, 책은 다 팔렸고, 주위를 둘러보니 수전은 어디에도 보이지 않았다. 그녀는 내가 갑자기 뛰어나가는 것을 보고 화가 나서 내게 벌을 주듯 30분 정도 숨어 있었다. 이번엔 좀 봐줘, 수전. 봐, 캐머런 디애즈라고! 결국 나는 내 책을 캐머런에게 우편으로 보냈고 다음 해에 수전과 나는 그녀를 다시 만나 지난 해프닝을 이야기하며 크게 웃었다. 그리고 다른 TED에서 캐머런과 나, 둘 다 프랑스 영화 감독 얀 아르튀스-베르트랑Yann Arthus-Bertrand을 위한 짧은 인터뷰를 촬영했는데 촬영이 끝나고 그녀는 내 볼에 가볍게 입 맞춰 주었다. 자, 어때요? 줄리 크리스티![180]

---

180 줄리 크리스티를 둘러싼 이야기는 21장 뒷부분 참조.

여기 소개할 가치가 있는 또 하나의 TED 이야기가 있다. 이는 2014년에 했던 TED 강연과 연관되어 있다. 이 강연은 온라인에서 찾아볼 수 없다. 내가 올리지 말아 달라고 했기 때문인데 내 이야기를 들으면 나의 조치를 수긍할 것이다. 이야기는 2013년 TED에서부터 시작된다. 나는 그때 내 오랜 친구 대니 힐리스에게 그가 할 TED 강연 주제가 무엇인지 물어보았다. 우리는 대니가 70년대에 MIT에서 인공지능을 연구하는 대학원생일 때부터 알고 지냈다. 그의 대답을 들어보니 우리는 둘 다 끔찍한 가능성에 대해 걱정하고 있었다. 그의 강연 〈인터넷이 붕괴될 수 있다-우리에게는 플랜 B가 필요하다The Internet Could Crash: We Need a Plan B〉는 모든 사람이 주목할 필요가 있다. 그의 주장은 명쾌하고 절대 허튼소리가 아니며 대니는 자신이 무슨 말을 하는지 분명히 알고 있다.

플랜 B에 대한 그의 핵심은 아주 중요한 사회 인프라와 통신만을 위한 두 번째 인터넷—매우 엄격하게 관리되면서도 또 한편으로는 현재 상용화된 대중적 인터넷이 계속 발전할 수 있게 하는—을 구축하는 것이었다. 그가 2013년에 이렇게 말했음에도 우리에게는 아직도 플랜 B가 없다. 대니는 의회와 기타 고위급 이해관계자의 관심을 끌어내려고 노력했으나 성과는 미미했다. 그래서 우리는 아직도 이 문제를 해결하지 못한 상태이다. (그는 이제 초점을 전환하여 기존 인터넷의 보안을 강화하자고 주장하는데 이는 매우 힘든 일이며 시간과의 싸움이기도 하다.) 그의 강연이 있고 다음 해 나는 TED의 초청을 받아 짧은 (8분짜리) 특별 강연을 하게 되었고 거기서 나는 대니의 플랜 B가 실현되기를 기다리는 동안 우리 모두가 할 수 있는 플랜 C에 대한 내 아이디어를 발표했다.

인터넷이 붕괴한다고 가정하자. 대니가 강연에서 지적했듯이 인터넷은 매우 유용하므로 한 나라의 모든 것—전력망, 휴대전화 시스템, 공급망 조직, 라디오 및 텔레비전 방송국, 신문—을 지원하는 기반이다.

인터넷이 완전히 침몰한다면 우리는 전자적 어둠 속으로 빠질 것이다. 그게 어떤 모습일지 상상해 보라. 차를 타고 집으로 가는 길, 신호 대기를 하고 있는데 갑자기 신호등이 모두 꺼진다. 자동차의 라디오도 꺼지고 휴대전화도 작동하지 않는다. 서둘러 돌아와 어두운 집에 도착했지만 믿을 만한 어떤 정보도 얻을 방법이 없다! 가슴 속에서부터 공황 상태가 시작될 것이다. **도대체 무슨 일이 일어나고 있는 거지? 혹시 우리가 공습받고 있나? 난 어떻게 해야 하지?** 돌봐야 할 가족이 있다면 아마 가장 먼저 떠오르는 건 **무슨 일이 있어도** 가족을 보호해야 할 텐데 어떻게 해야 하느냐일 것이다. 음식은 어떻게 조달하지? 연료는 또 어떻게 구하고? 약탈 사태가 벌어지면 어쩌지? 우린 어디로 가야 하지?

스쿠버다이빙 훈련을 받으며 내가 얻은 교훈 하나는 공황이야말로 최악의 적이라는 것이다. 사람은 공황에 빠지면 정말이지 어리석고 미친 짓을 한다. 함께 잠수한 동료 다이버의 산소 호흡기를 빼앗으려 하고 허우적거리며 아무 데나 매달리다 결국 자기 자신은 물론 가장 큰 도움을 줄 수 있는 동료까지 위험에 빠뜨리곤 한다. 동료 다이버가 자신을 살릴 수 있는 거의 유일한 희망인데도 말이다. 갑자기 전자 세계에서 완전히 고립되면 거의 모든 사람이 공황 상태를 보일 것이다. 이는 우리가 인터넷에 너무 의존하게 되었기에 벌어지는 일이다. 불과 150년 전쯤만 해도 사람들은 인터넷 기기 없이도 안전하고 평온한 삶을 영위했다. 그러니 우리는 우리가 인터넷 없이도 살 수 있다는 것을 알지만 아무런 사전 경고 없이 우리의 기대와 습관을 새로운 상황에 맞게 바꾸는 것은 힘겨운 과제가 될 것이다.

2014년 이후 일어난 사건들은 내 우려를 없애주기는커녕 되레 거기에 구체적인 증거를 하나하나 덧붙여 주었다. 사람들은 적절한 조건만 주어지면 놀랄 만큼 쉽게 집단적 혼란에 빠질 수 있다. 인터넷이 끊어지면 수백만 명이 방어적으로 친구나 이웃조차 피한 채 무장하고 있다가 어딘가 벙커에 얼른 숨어 들어갈 계획을 세울 가능성이 매우 높다. 물론 프레퍼족, 즉 생존 대비자는 수년 동안 이런 상황에 대비해 왔으며 이미 지하에 식량 창고와 저수 시설을 구비하고 있다. 무기고는 말할 필요도 없다. 그런 공황이 시작되는 순간 공황을 완화하기 위해 우리가 할 수 있는 무언가를 생각해 낼 수 없다면 나는 우리—문명화된 선량한 시민인—가 48시간 이내에 우리 문명의 좋은 부분을 어떻게든 파괴하고 우리의 상호 신뢰 역시 깨어 버릴 것 같아 두렵다. 하지만 48시간은 상황을 바로잡을 수 있는 충분한 시간이다. 인터넷 붕괴가 참혹한 전쟁으로 인한 것이 아니라 단순한 기술적 고장 때문이라면 유지보수를 책임지는 전문가들이 이틀 안에 원래대로 되돌려 놓을 수 있을 것이다. 따라서 복구될 때까지 사람들을 비교적 침착한 상태로 있게 할 수 있다면 재앙을 피하고 어느 정도 정상적인 삶으로 돌아갈 수 있다.

갑작스러운 재앙이 닥칠 때 많은 사람의 머릿속에 가장 먼저 떠오르는 것은 **911에 전화하는 것**일 테다. 그런데 전화 시스템이 마비되어 있다면 공황이 가중될 것이다. 무엇이 911을 대체할 수 있을까? 지역 곳곳에 공황 완화 기지—그러니까 구명보트 역할을 하는 공간—의 광대한 네트워크가 있어서 모든 사람이 걷거나 뛰거나 자전거를 타거나 운전하여 이웃을 발견하고 서로를 도울 수 있다면 어떨까? 또한 사전에 홍보한 덕분에 대부분의 사람이 갑작스러운 충격 상황에서 떠올리는 것이 **911에 전화하는 것**이 아니라 **구명보트로 향하는 것**이 된다면 어떨까? 그러한 구명보트는 주민이 많이 사는 곳과 가까운 곳에 있어야 하며 구급상자와 물, 통조림 식품, —가장 중요한—지역 정보가 미리 준비되어 있어야 한다. 거기에는 누가 발전기를 가졌는지, 어떤 이웃에게 장애가 있고 누가 방문 도움을 필요로 하는지, 햄 라디오(아마추어 무선 통신) 운영자가 누구인지, 누가 처방약을 전달할 수 있는 약사인지, 인근 구명보트의 상태를 체크하고 일부 사람을 그곳으로 옮기도록 권고할 안내자 및 이동 책임자를 맡을 사람은 누구인지를 모두 아는 사람이 있을 것이다. 사람들의 공황을 막는 핵심 방법은 익숙한 얼굴

사이에 있게 하는 것이다. 차분하고 믿을 만하고 책임을 지고 질문에도 잘 답해 주는 사람들이 주변에 있어야 한다. 이런 것을 누가 조직해야 할까? 정부는 아니다. 오늘날 너무 많은 사람이 정부의 계획에 대해 깊이 의심하고 있다. 그런 일은 관련된 시민과 이웃이 스스로 조직해 나가는 풀뿌리 운동이어야 한다.

공황을 완화하는 하나의 기지가 보호할 수 있는 인원은 몇 명일까? 백 명 이상, 어쩌면 천 명 이상일 수 있다. 3억 명이 넘는 사람을 돌볼 30만 또는 40만 개의 공동체 센터를 어디에 설치하면 좋을까? 학교와 도서관, 소방서 등을 회의 장소나 설비 및 정보 저장소로 사용할 수 있겠지만 더 나은 계획은 전국 약 38만 개소에 이르는 교회에 도움을 요청하는 것일 수 있다. 최근 집계에 따르면 전국에 3727개의 유대교 회당과 2769개의 모스크가 있다. 종교단체들은 공동체 정신, 이웃을 돕고 고통받는 사람들을 위로하는 데 헌신하는 것에 마땅히 자부심을 가진다. 그러한 기존 사회망은 "지역적으로 행동하고 세계적으로 생각하라"는 격언을 따르는 훌륭한 방법이 될 것이며 지역사회를 위한 구명보트를 마련하게 될 것이다. 전국 곳곳의 사람들은 해야 할 일과 하지 말아야 할 일의 목록을 작성하고 주기적으로 구명보트 훈련을 실시하여 최선의 방식을 보존하고 개선할 수 있다. 성공의 열쇠는 인터넷이 붕괴되기 전에 거의 모든 사람에게 자신이 가야 할 장소를 숙지시키는 것이다. 이웃에게 큰 도움이 되기 위해 꼭 첨단 기술을 보유할 필요는 없다. 요리할 줄 아는 사람, 등사판으로 인쇄할 줄 아는 사람, 펌프 고칠 줄 아는 사람, 이야기나 놀이를 해 주며 어린아이를 보살필 수 있는 사람 등은 모두 소중한 팀원이다. 우리 모두는 최고의 아이디어를 인터넷으로 주고받을 수 있었지만 그런 사태가 닥치면 모든 것을 종이로 여러 장 똑같이 써 두어야 할 것이다. 당분간 휴대전화와 노트북은 쓸모가 없을 테니까.

공황 완화 기지라는 이 아이디어는 익숙한 제도의 후손이다. 의용

소방대, 무료 급식소, 예배 장소, 클럽 등의 기존 조직은 공황 완화 기지가 성장하는 씨앗이 될 수 있다. 나는 더 늦기 전에 이 훌륭한 지역 지원 전통을 서둘러 확대해야 한다고 생각한다.

자, 그럼 나는 왜 이 제안이 담긴 내 강연을 온라인에 올리지 말라고 TED에 요청했을까? 일단 매우 바빴고 내 플랜 C를 기대한 만큼의 효과를 발휘하도록 강연에 명확히 제시해 놓지 않은 탓도 있다. 더욱이 내가 그러한 국가적 노력의 대변인이나 지도자가 되기에 적합한 사람이 아니기 때문이기도 하다. 대머리에 수염을 기른 무신론자 교수가 뭐라고. 나는 내 아이디어가 믿음직하지 않은 대변자인 나와 결부됨으로써 우물에 독을 타고 싶지 않았다. 나는 그 대신에 이 불꽃을 피우기에 더 좋은 위치에 있을 것 같은 사람 사이로 조용히 말을 퍼뜨렸다. 관련 사안을 조사하는 위원회를 조직하고 자기 지역에 맞는 버전을 도입하고 있는 시민 단체도 상당수 있다. 그런 곳이 곧 더 많이 생기길 바란다.

물론 대니 힐리스의 플랜 B나 그에 이은 또 다른 플랜—우리 인터넷의 취약성을 줄이는—덕분에 인터넷 붕괴라는 대재앙이 결코 일어나지 않을 수도 있다. 그럼에도 나는 불안을 조장하는 인간이라는 낙인이 찍힐지라도 경보를 울려야 할 의무가 있다고 생각한다. 게다가 그런 프로젝트에 참여함으로써 우리 모두가 우리 이웃에 대해 더 잘 알게 된다면 그것도 매우 바람직한 결실일 것이다. 다들 한번 생각해 보라. 그러나 생각으로만 그치지는 마라.

31

오, 왜……
왜 나는 사랑하는가……

……암스테르담을

신문 가판대에 철학 잡지가 비치된 나라를 철학자가 어찌 사랑하지 않을 수 있을까!

1993년 네덜란드의 저널리스트 빔 카이저르Wim Kayzer는 〈위대한 우연A Glorious Accident〉이라는 텔레비전 프로그램을 제작했다. 나는 이 프로그램이 성공을 거두리라고 생각한 사람은 거의 없었다고 본다. 프로그램은 여섯 명의 사상가를 각각 90분씩 소개하는 방송을 매일 저녁 하나씩 내보내고 마지막에는 여섯 명 모두가 함께 출연해 진행자인 빔과 대화를 나누는 '재회' 편으로 마무리하는 구성이었다. 내가 사상가 중 한 명으로 초청받았을 때 나 역시 프로그램이 잘될 것이라고는 생각하지 않았다. 그렇지만 암스테르담을 무료로 여행할 수 있고 흥미로운 인물들을 만나 길게 소통할 기회이므로 마다할 이유가 없었다. 초청된 인사는 다음과 같다. 올리버 색스Oliver Sacks, 스티브 굴드, 프리먼 다이슨Freeman Dyson, 영국 철학자 스티븐 툴민Stephen Toulmin, 전 케임브리지 대학교 화학 교수 루퍼트 셸드레이크Rupert Sheldrake. 셸드레이크는 '형태 공명morphic resonances'이라는 파격적인 이론을 발표하여 과학자가 아닌 많은 사람의 관심을 끈 동시에 그와 접했던 대부분의 과학자에게 분개와 조롱을 촉발했다. (리처드 도킨스도 참가자로 초청되었지만 루퍼트 셸드레이크가 초대 손님 중 한 명이라는 것을 알고 나서 출연을 거절했다고 들었다. 안타까운 일이다. 도킨스는 우리가 정중하지만 무자비한 질문을 루퍼트에게 퍼붓는 모습을 보며 즐겼을 것이고 진화생물학에서 그를 집요하게 비방하는 스티브 굴드와 직접 대화할 드문 기회를 가졌을 텐데 그 두 가지를 모두 놓친 것이다.) 트레이드마크처럼 한쪽 눈에 안대를 착용하는 빔 카이저르는 네덜란드 텔레비전에서는 매우 유명한 인물이다. 그는 프로그램에 출연할 사상가 여섯 명 각각을 집이나 사무실에서 **몇 시간씩** 인터뷰하고 한 사람씩 암스테르담의 다른 호텔에 묵게 하여 '재회' 프로그램이 촬영되기 전에 서로 만날 수 없게 했다. 재회 토론은 하루 만에—무려 아홉 시간에 걸쳐!— 다 촬영했는데 우리는 스튜디오에 마련된 거대한 도서관 책상에 둘러앉아 점심 식사와 잠시 화장실 갈 때를 빼면 아홉 시간을 내리 토론했다. 빔 카이저르는 이 모든 것을 정말이지 탁월하게 지휘하고 진행했다. 전체 과정을 담은 기나긴 비디오테이프는 빔과 그의 팀의 전문 편집 과정을 거쳐 많이 짧아지긴 했지만 그래도 네덜란드 버전으로는 편당 처음부터 끝까지의 러닝 타임이 4시간을 넘는 결과물이 나왔다. (미국의 공영 TV에서도 방송될 수 있도록 조금 더 짧게 편집했다.)

그런 걸 누가 보겠느냐고? 그런 일이 실제로 일어났다. 그해 〈위대한 우연〉의 시청률을 뛰어넘은 것은 전국 스피드스케이팅선수권대회 중계뿐이었다. 시청자들은 우리가 영어로 하는 말을 그대로 들었고 자막이 제공되었다. 우리 모두는 네덜란드에서 갑자기 유명해졌다. 15분간만 반짝 유명해졌다가 만 게 아니었다. 몇 년 후 자전거로 암스테르담을 여행하다가 그 프로그램을 본 몇몇 팬이 나를 알아보고 환호성을 지르기도 했다.

〈위대한 우연〉은 적합한 출연진을 모아 각자의 리듬과 길이에 맞게 말하게 하는 것만으로도 무시할 수 없는 텔레비전 프로그램을 만들 수 있고, 정교한 배경과 특수 효과로 요란하게 치장한 다큐멘터리보다 더 효과적인 결과물이 탄생할 수 있음을 의심의 여지 없이 보여 주었다. 내 인터뷰를 찍을 때는 촬영 카메라에 대비해 수전이 집 내부를 정성껏 꾸며 놓았건만 카이저르는 거실에 카메라를 단 한 대만 설치했다. 마지막 화에 가서야 시청자는 우리 집 외관을 잠깐 엿볼 수 있었다. 한편 스티브 굴드와의 인터뷰는 하버드 광장에서 일부 촬영했고 (인도에 앉아 해머 덜시머[181]를 연주하고 있는 청년에게 초점이 맞추어지기도 했는데 우연히도 그는 내 절친한 친구의 아들이었다) 스티브의 사무실이 있는 하버드 비교동물학 박물관을 둘러보는 장면도 들어갔다. 내 인터뷰 때는 그저 내가 가장 좋아하는 의자에 앉은 내 상반신만 촬영했으면서 왜 굴드의 인터뷰 때는 멋진 주변 환경을 모두 담았을까? 빔은 나중에 수전에게 설명했다. "스티브는 말을 별로 하지 않아서 군더더기 영상을 좀 많이 사용해야 했어요. 그렇지만 댄은 말을 많이 했고 저는 그 어느 부분도 자르고 싶지 않았습니다."

나는 그 프로그램에서 영감을 얻어 그와 유사한 원탁 토론을 1995년 터프츠에서 직접 조직해 보려고 했다. 텔레비전 방송을 위한 촬영은 영국 다큐멘터리팀에게 맡겼다. 그리고 나는 전문가가 다른 전문가와 이야기할 때 과소 설명을 막는 최선의 방법으로 주변 표적 청중을 똑똑한 학부생으로 둔다는 아이디어를 시험해 보았다. 그러면 누구도 과잉 설명을 하는 것이 동료 전문가를 모욕하는 것은 아닐까 하는 걱

181 우리나라의 양금과 비슷한 사다리꼴의 악기로 팽팽하게 매어진 현들을 두 개의 채(해머)로 쳐서 연주한다.

정을 하지 않을 것이다. 내가 선택한 논제는 '인공지능과 진화의 관계'였고 이를 중심으로 마빈 민스키, 시모어 페퍼트, 셰리 터클Sherry Turkle, 데이비드 헤이그, 패티 메이스Pattie Maes, 올리버 셀프리지Oliver Selfridge, 한스 모라벡Hans Moravec, 로드 브룩스, 물리학자 머리 겔만, 인공생명 연구의 선구자 존 홀랜드와 칼 심스Karl Sims, 역사학자 브루스 매즐리시Bruce Mazlish, 미래학자 케빈 켈리Kevin Kelly를 불러 모았다. 이 체험을 통해 나는 빔 카이저르를 흉내 내는 일, 그러니까 그렇게 명석하고 자기 의견을 굽히지 않는 일군의 학자를 잘 조율하여 내가 원하는 논제 쪽으로 토론을 이끄는 일이 얼마나 어려운가를 뼈저리게 깨달았다. 그렇지만 이 토론은 꽤 효과적이었고 또한 인간의 마음을 이해하는 데 깊이 관여한 사람들이 가진 여러 관점에 미세한 대립이 있다는 사실이 확실해졌다. 프로그램은 영국의 채널4에서 방영될 예정이었으나 프로그램과는 그다지 상관없는 이유 때문에 보류되었고 결국엔 옥스퍼드대학교 출판부에서 〈인공생명-터프츠 심포지엄Artificial Life: The Tufts Symposium〉이라는, 오해의 소지가 다분한 제목의 DVD로 발매되었다. DVD는 좋은 후기를 하나 받은 후 상품 목록에서 사라졌다. 나는 어찌어찌하여 그 DVD를 발굴해 냈고 지금 이 책의 부록 자료에서 처음으로 볼 수 있다.

나는 〈위대한 우연〉이 네덜란드에서 내 이름을 알리는 데 상당한 역할을 했다고 생각한다. 그 덕분에 여러 해에 걸쳐 네덜란드에서의 많은 강연에 초청받았으며 특히 2012년에 네덜란드 최고의 학문적 영예인 에라스무스상을 받았다. 그 해의 에라스무스상 시상식은 베아트릭스 여왕의 퇴위를 앞두고 아들 빌럼 알렉산더르 왕자에 의해 성대하게 거행되었다. 시상식에는 베아트릭스 여왕도 참석했다. 그 후 여왕은 퇴위하고 빌럼 알렉산더르가 국왕으로 즉위했다.

그리고 마침내 2009년에서 2010년에 걸쳐 다윈 탄생 200주년을 기념하여 비글호의 항해를 재현하는 행사에 참여하여 클리퍼선[182]인 '스타드 암스테르담 호'를 타고 항해할 수 있었다. 소년 시절부터 클리퍼선을 타고 항해하는 꿈을 꾸긴 했지만 그 즈음에는 이미 수십 년 동안 항해를 하지 않았기에 그런 욕망을 버렸었는데 말이다. 그러나 요즘에는 대개 훈련용 배로 클리퍼선이 조금씩 건조된다. 〈위대한 우연〉을 만든 텔레비전 회사 VPRO는 다윈에 대한 긴 시리즈 프로그램을 만들기로 하고 네덜란드에서 직접 건조한 선박을 전세 내어 강연자를 초대했는데 나도 그중 한 명이었다. 수전과 나는 멜버른-애들레이드 구간에 승선했다. 알바트로스가 우리 위를 날아다니고 고래가 우리 배의 항적 위로 뛰어올랐다. 나는 저녁 밥값을 하기 위해 진화론과 천문 항법에 대한 동영상 몇 개를 보여 주며 발표를 했고 선원이 쓰는 장비와 항해 방식이 얼마나 정교하게 설계되었는지 오랜 시간 관찰하며 공부할 수 있었다. 갑판 위 넓은 곳에서 선원들과 함께 돛을 걷고 줄을 교체하는 일을 할 수는 없었지만 그 점만 빼면 거의 모든 측면에서 내 어린 시절의 소망을 이루었다. 게다가 우리는 거기서 또 다른 초청 연사를 만났으니 그녀는 바로 위대한 찰스 다윈의 고손녀, 식물학자 세라 다윈Sarah Darwin이었다.

……베이루트를

1963년 나는 대학원 과정을 밟으러 옥스퍼드로 갔고 어머니는 그토록 사랑해 마지않던 베이루트로 돌아가 베이루트아메리칸대학교AUB 부속 베이루트미국인학교의 사서가 되셨다. 동생 샬럿은 거기서 고등학교를 마쳤다. 1964년에는 수전과 내가 베이루트에 합류하여 몇 주 동안

182 쾌속 범선의 일종이다.

여름을 보냈고 누나 신시아도 함께했다. 베이루트는 레바논 독립[183] 후 요즘까지도 줄곧 격동의 시기를 보내고 있지만 그때만큼은 '중동의 파리'라고 불리며 평온한 황금기를 누렸고 우리 또한 베이루트의 황금기를 즐겼다. 어머니의 아파트 옥상에는 지중해가 내려다보이는 수영장이 있었다. 발코니에서 음료를 홀짝이고 있노라면 유랑 서커스단이 피서를 오는 해변 놀이공원이 보였고 사자가 포효하는 소리와 저음의 코끼리 소리를 들을 수 있었다. 우리는 또한 늦여름에 개최되는 바알베크 축제에서 공연될, 다브케를 비롯한 레반틴 댄스[184]를 연습하는 댄스 그룹들도 볼 수 있었다. 수전과 샬럿, 나는 다마스커스에 잠깐 들른 후 **서비스**(많은 승객을 태우고 고정 노선만 왔다 갔다 하는 정기 택시)를 타고 예루살렘으로(이스라엘로 바로 가는 것이 아니라 요르단을 거쳐서) 갔다. 택시에는 승객용 좌석이 네 개 있었고 나는 네 번째 좌석까지 사겠다고 했는데 (그렇게 하면 우리 일행만 택시를 타니까 더 쾌적하게 여행할 수 있다) 이상하게도 택시 운전자는 거절했다. 결국 우리 일행과 한 사람이 더 탔다. 우리와 함께 탄, 잘 차려입은 남자는 팔레스타인 사람으로 요르단 정부에서 상당히 높은 지위까지 오른 아부 나다Abu Nada였다. 그는 곧바로 동승한 세 명의 젊은 미국인을 좋아하게 되었고 한나절이 꼬박 걸리는 여정에서 내게 많은 아랍어 단어를 가르쳐 주며 기뻐했다. 우리는 아부 나다 덕분에 원래 서비스가 가지 않는 곳, 예를 들면 제라슈 유적 같은 흥미로운 장소를 몇 군데 더 둘러볼 수 있었다. 예루살렘에 도착했을 때 그는, 그날 저녁은 사해에서 수영을 하고 다음 날에는 그에게 신세를 지고 있으며 예리코 근처에서 피서 중인 베두인 족장과 함께

183 1943년의 일이다.

184 레반틴 댄스는 레반트 지역(시리아, 레바논, 요르단, 팔레스타인 등)에서 유래한 전통 춤 전반을 일컫는 말이다. 그중 다브케 댄스는 레반트 지역의 정체성을 대표하며 공동체 정신을 잘 나타내는 대표적인 춤이다.

만사프 잔치에[185] 참석하자고 우리와 약속했다. 만사프에서 손님들은 커다란 깔개 위에 둘러앉고 깔개 중앙에는 밥과 양고기가 쌓인 거대한 구리 쟁반이 놓인다. 귀빈은 양고기의 눈을 대접받는다.

자동차가 예리코를 막 넘어섰을 때 나는 아부 나다에게 어떤 에티켓이 더 무례한지 물어보았다. 양의 눈을 단호하게 거절하는 것과 먹기는 했지만 삼키는 데 결국은 **실패하는 것** 중에서 말이다. "둘 다 안 됩니다." 그가 대답했다. "하지만 외교적으로 우회해서 다른 해결책을 찾아볼 수는 있을 겁니다." 나는 온갖 미사여구를 동원하여 족장에게 감사를 표하는 화려한 연설을 했고 아부가 그것을 통역해 주었다. 그 연설에서 나는 이 자리를 만들어 준 소중한 친구 아부 나다에게 양의 눈을 전달하는 영광을 베풀어 달라고 간청했다. 자, 족장이 내 간절한 요청을 받아들인다면 아부는 여러 번 그랬던 것처럼 기꺼이 눈을 먹을 것이다. 그렇지 않을 경우에는 내가 심호흡을 하고 그 구슬 같은 눈알을 어떤 식으로든 꿀꺽 삼켜야 할 것이다. 다행히도 족장은 내 간청을 받아들였고 그 덕분에 나는 지금껏 양의 눈을 삼켜 본 경험이 없다. 그렇지만 나는 양을 도살하는 모습을 팔 뻗으면 닿는 거리에서 목격했다. 족장의 수석 하인이 정식 복장을 갖춘 채 어린 양을 데려왔고 나는 그 양의 건강함과 아름다움을 찬미했다(이때는 아랍어로 '정말 아름답다'를 뜻하는 '자밀 크티르jamil ktir'라 말한다). 그 직후 그는 곡선형 칼로 양의 목을 베고 그 피를 우리 발치에 뿜었다. 그러고는 양의 뒷다리 한쪽 발굽에 작은 칼집을 내어 텐트 기둥에 걸고 번개 같은 속도로 양의 머리부터 어깨까지 껍질을 벗겨 자루처럼 만들었다. 그다음 능숙한 칼질 한 번으로 내장을 싹 비워내어 그 자루에 담았고 칼을 힘차게 휘둘러 양의

185 만사프는 축제나 결혼식, 손님 환영 행사 등에서 대접되는 요르단의 국가 요리다. 만사프 잔치는 대부분 대규모로 열리며 참석자들은 요거트 소스로 조리한 양고기와 밥 등으로 만들어진 만사프 요리를 함께 나누어 먹는다.

머리와 앞다리를 잘라 역시 자루 안에 넣었다. 자루는 조수에게로 넘어갔다. 남은 도살 작업은 그 밑의 하인들이 맡았다. 그들은 깨끗한 고기를 내려서 해체하고 내어 갈 준비를 했다. 그러는 동안 수전과 동생은 여자들의 텐트에서 플랫 브레드를 만드는 작업을 도왔다. 플랫 브레드는 효모를 사용하지 않는 납작한 빵으로 밑에서 장작을 때는 (돔처럼 생긴) 금속 화덕에서 요리한다. 수전과 동생은 족장의 최근 부인이 결혼할 때 입었던 웨딩드레스를 입고 보석을 걸치고 금화가 면사포처럼 얼굴을 덮는 장신구도 머리에 얹어 보았다. 꽤 긴 하루였고 남은 여행 기간 내내 그런 화려한 경험이 함께했다.

세월은 흘러 어머니는 돌아가시고 샬럿은 베이루트에서 기자로서의 모험적 경력을 쌓아 나갔다. 나는 이스탄불을 여행하는 중에 AUB에서 강연을 하려고 베이루트에 잠시 들렀다. AUB에서 한 학기를 보내고 싶었느냐고? 물론이다. 사실 나는 한평생 내내 그곳에서 가르치고 싶었다. 아버지가 교편을 잡으시고 우리 어머니를 만나시고 내가 1940년대에 유치원에 다닌, 바로 그 도시에서 말이다. (네댓 살 무렵 부모님 친구들이 우리 집을 방문해서 내가 학교에 들어갔는지 물어보셨을 때 나는 언제나 "네, 그럼요. 저는 AUB에 다녀요"라고 대답하며 손님들을 즐겁게 했다.) 그래서 수전과 나는 2011년 봄 학기를 지내기 위해 베이루트로 돌아갔다. 그렇게 준비한 이유 중 일부는 부모님이 거기서 보내신 1930년대와 1940년대만큼이나 거창한 모험이 될 수 없다는 점을 스스로에게 상기하기 위해서였다. 심지어 수전과 내가 보낸 1960년대의 모험만큼도 아니겠지만 그래도 재미는 있을 것이라고 내심 생각했다. 실제로 철학과 및 기타 학과의 몇몇 젊은 교수는 대부분 미혼이거나 아이가 없었던지라 금세 우리를 입양하듯 데리고 다니면서 많은 모험을 했다. 우리가 가장 좋아했던 택시 기사가 생각난다. 우리는 대학에서 몇 블록 떨어지지 않은 라스 베이루트의 아파트에서 살았는데 그는 거의 매일 우리 아파트가 있는 블록에 주차를 했다. 마치 우리가 가고 싶은 곳이 있으면 언제라도 태워 줄 준비가 되어 있는 것처럼 말이다. (그는 때때로 우리 행선지가 위험하다고 경고하곤 했다. 예를 들면 시리아 내부의 분쟁으로 인해 다마스커스로의 왕복 여행이 불가능하다거나 바알베크로 가는 길도 더는 안전하지 않다거나.[186])

AUB의 학생들은 용감했고 지적 호기심으로 가득했다. 아랍어권의 여러 나라에서 온 젊은 남녀 학생(소수의 여성은 베일로 꽁꽁 싸맸지만 미니스커트를 입은 여학생도 있었다)이 함께 배우고 생활하며 나중에 각자 고국으로 돌아가 AUB 설립 이래 선배들이 했던 것처럼 세대를 이어 중요한 역할을 맡을 수 있도록 준비하는 모습을 보고 있자면 흐뭇하기 짝이 없었다. AUB는 1866년에 미국의 교육자이자 선교사인 대니얼 블리스Daniel Bliss가 설립했다. 지중해가 내려다보이는 캠퍼스는 매우 아름답다. 1980년대의 레바논 내전이 가장 심각했을 때 학장 중 한 명이 납치되고 한 명이 살해되었음에도 대학은 운영을 멈추지 않았다. 레바논은 요즘도 최근의 대형 폭발 사고와 계속되는 국지전으로 절망적인 재정 상황에 놓여 있으며 난민 캠프를 유지해야 하고 국가 인프라가 간헐적으로 마비를 겪고 있음에도 AUB는 건재하다.

나는 2018년에 철학 학술대회를 위해 AUB를 방문했고 2022년 6월에 다시 그곳으로 갔다. 명예 박사 학위를 받고 기조 강연을 하기 위해서였다. 레바논, 베이루트, AUB는 과거에 그러했던 것처럼 최근의 재앙을 용감하게 극복해 나가고 있다. 수백 명의 젊은 의사와 기술자, 경제학자—그렇다. 철학자까지도—가 어렵게 얻은 졸업장을 들고 내 곁을 지나가며 자랑스럽게 행진하는 모습을 보며 나는 미래에 대한 희망을 갖는다.

186 바알베크는 레바논 동부의 도시이고 다마스커스는 시리아의 수도이다. 바알베크는 레바논의 수도 베이루트보다 다마스커스와 좀 더 가까이 있다.

……런던을

2001년 나는 런던정치경제대학교LSE의 레버흄 방문교수로 재직하게 되었고 그 덕분에 호텔에 머물거나 잉글랜드의 다른 곳에 있다가 당일치기로 런던 여행을 하는 것이 아니라 런던에 오래 머물 첫 기회를 얻게 되었다. 우리는 다이애나 스펜서Diana Spencer가 찰스 왕세자와 결혼하기 전에 살았던 얼스 코트 근처에서 가구가 갖추어진 아파트를 구했다. 쾌적한 내부 정원이 있었고 건축적인 세부 요소도 좋았다. 런던의 지하철인 튜브를 타고 LSE로 통근하는 매일의 여행도 흥미로웠고 LSE의 우수한 학생들은 정말이지 훌륭했다. 나는 거기서 자유의지에 대한 세미나를 했고 그것을 계기로 2003년의 책《자유는 진화한다Freedom Evolves》가 탄생했다. 그때는 영국이 동료 심사 학술지에 발표된 글을 추적하는 새로운 품질 관리 제도를 시도한 시기였는데 내가 방문교수로 초빙될 수 있었던 이유 중 하나가 재미있게도 LSE 철학과가 그 평가 기록에 내 최신 출판 논문 전체를 등재할 수 있었기 때문이라고 했다! 학업 성취도를 측정하는 것은 어렵다는 말 한마디로는 다 표현할 수 없을 만큼 힘든 일이며 굿하트 법칙Goodhart's law—어떤 측정 지표가 목표가 되는 순간 그것은 더는 유효한 측정 지표가 될 수 없다—이 여기 그대로 적용된다. LSE의 철학자들은 매우 생산적이었지만 더 주목받기 위해 실적을 부풀리는 일도 마다하지 않았다.

2013년에 나는 런던의 뉴칼리지인문대학교NCH의 교수진으로 초빙되었다. NCH는 철학자 앤서니 그레일링Anthony Grayling이 사립대학에 대한 영국의 부정적인 시선—터프츠를 비롯해 미국의 유명한 많은 사립대학교처럼—속에서 감행한 용기 있는 실험이었다. 그곳에도 터프츠처럼 학비를 감당할 수 없지만 전도유망한 학생을 위한 장학금이 지원될 것이라는 보장을 받은 뒤 나는 일 년에 적어도 일주일 정도는 거기서 강의할 수 있을 것이라는 기대를 안고 교수진에 합류했다. 초기에는 런던의 인문학계에서 그레일링의 계획에 대한 격렬한 항의가 있었고 나는 그 이유를 곧 알게 되었다. 그건 그레일링이 런던의 다른 대학에 몸담고 있던 뛰어난 젊은 교수들을 더 나은 급여와 근무 조건을 내세워 NCH로 꾀어내고 있다는 것이었다. "어떻게 그런 일에 동의하실 수 있습니까?" 나도 런던의 철학 교수 및 대학원생 들의 울분에 찬 질문을 받았지만 나는 내 결정을 옹호했다. 터프츠와 마찬가지로 NCH는 민간의 자금을 받는 대학교였고 학문적으로는 (옥스퍼드처럼) 엘리트 학교였지만 부유층을 위한 곳은 아니었다. NCH 학생들은 학위를 위해서 런던 대학교의 시험을 치르도록 안배되었고 2016년에 그레일링의 아이디어가 처음으로 입증되었다. 시험 결과 NCH 학생들의 성적이 최고 순위에 올랐다.

이제 NCH는 거의 10년이나 된 나의 런던 학술 기지가 되었다. 코로나19 상황이 확실하게 종식되고 나면 다시 방문하여 더 많은 강연과 세미나를 하고 싶다. 내게 런던을 몇 주 방문하는 것은 중요한 연구를 하는 수십 명의 다양한 학자와 함께 할 수 있는 아주 좋은 방법이다. 런던에 있을 때 나의 일정표는 항상 빽빽하지만 연극과 음악을 위한 시간도 따로 마련해 가끔 공연을 보기도 한다. 하루는 톰 스토파드의 〈어려운 문제The Hard Problem〉에 초대되어 가기도 했고 또 어떤 날은 맥스 비어봄Max Beerbohm의 이야기를 바탕으로 한 데이비드 베네딕터스David Benedictus의 연극 〈행복한 위선자The Happy Hypocrite〉를 보기도 했다.

……그리고 파리를

강연자로서든 여행자로서든 내가 파리를 몇 번이나 방문했는지는 세다가 잊어버릴 정도이다. 몇 가지 모험담은 이미 말했지만 언급하지 않았던 이야기 중에는 인생을 바꿀 만한 것도 있다. 1980년에 고등사범학교 교수인 마르크스주의 철학자 루이 알튀세르Louis Althusser가 자기 아내를 목 졸라 살해했다. 그는 정신 질환자로 진단되어 보호 시설로 보내져 그 가장 권위 있는 기관의 자리 하나가 비게 되었다. 알튀세르의 자리는 몇 년 동안 공석으로 남았다. 당시 프랑스에는 내 팬인 젊은 철학자가 좀 있었는데 그중 한 명인 장 칼파Jean Khalfa(그는 지금은 케임브리지의 트리니티칼리지에 있다)는 자신의 선배 교수들에게 그 자리에 영구적으로 앉힐 인물을 물색하는 동안 나를 임시 방문교수로 지명하자고 설득하는 데 성공했다. 말할 필요도 없이 나는 그 제안을 받아들였다. 특히 프랑스어로 강의해야 한다는 조건에 강하게 구미가 당겼다. 그리하면 종내에는 나도 그 언어를 유창하게 구사하도록 나를 몰아붙일 수 있지 않겠는가. 지금은 기억나지 않는 모종의 이유로 내 방문은 1년 미뤄지게 되었다. 1985년 5월 내가 울름 거리의 그 유명한 건물에 도착했을 때 칼파는 툴루즈에 자리를 얻어 떠났고 나는 그 새로운 환경에 적응하는 데 도움을 줄 사람이 없어서 막막했다. 어쨌든 나는 자크 데리다가 강의했던, 음향적으로는 이상적이지 못한 둥근 석재 우물 같이 생긴 계단식 강의실에서 프랑스어로 강의를 했다. 청중은 고등사범학교 학생들, 파리의 다른 기관에서 온 인지과학자와 철학자로 이루어진 즐거운 무리였다. 그들의 영어 실력이 나의 프랑스어 실력보다 훨씬 더 좋았겠지만 나는 일종의 게임을 하는 심정으로 프랑스어로 강의를 했다. 나는 내 첫 강의에(만) 들어왔던 공식 진행자 베르나르 포트라Bernard Pautrat에게 급조됐지만 열정적이었던 내 프랑스어가 어땠는지

평가를 부탁했다. 그는 말했다. "좀 이국적이긴 했지만 매우 선명하게 이해됐습니다."

학문적인 프랑스어는 우아하지만 미사여구가 많아 좀 교묘하게 느껴지는 면도 있는데 나는 그런 우아한 문장을 구사하려는 시도조차 하지 않았다. 프린스턴의 철학자 리처드 로티와 나는 파리에서 열린, 동시통역이 제공되는 유네스코 학술대회에 참석한 적이 있다. 그때 우리는 한쪽에서는 영어가, 다른 쪽에서는 프랑스어가 들리는 헤드폰을 착용하고 두 언어를 동시에 자유롭게 들을 수 있었다. 영어로 번역하는 쪽에서는 마치 일시정지가 계속 걸리는 듯한 말로 가득했다. 이를테면 이렇다. "또한 그래서…… 제 생각에는…… 세 가지…… 문제가…… 그러니까…… 오늘날 민주주의가 …… 직면한…… 도전을…… 고려하면……" 그렇게 토막토막 끊어지는 번역에서도 손실되는 내용은 없었다. 그리고 한 지점에서 딕(리처드)이 몸을 숙여 내 귀에 속삭였다. "저들은 자기가 생각하고 있다고 생각하는 거예요."

고등사범학교의 철학과에는 인지과학에 흥미를 지닌 사람이 없었기 때문에 고등사범학교는 나라는 존재에 당혹스러워 하거나 적어도 불편을 느꼈을 것이다. 그들은 내 강의를 파리의 다른 기관들에 홍보하려고 하지 않았다. 프랑스 신경과학계를 이끄는 인물 중 하나인 장-피에르 샹죄가 그 사실을 알고는 고등사범학교에 격앙된 편지를 보냈고 그 후 그들과 나의 관계는 다소 개선되었다. 우선 내 강의 시간과 장소를 문의하려고 전화를 건 이들이 "고등사범학교는 그 강의에 대해 아는 바가 없습니다"라는 답변을 더는 듣지 않을 수 있었다. 처음의 그 냉랭한 분위기가 나를 낙담시키지는 않았다. 나중에, 그러니까 1990년에 한두 달 남짓한 행복한 시간을 보내게 해 준 응용인식론연구소와 국립과학원의 인지과학자들을 그때 만날 수 있었기 때문이다. 그 연구자들 중 많은 이가 나중에 장니코연구소를 설립했고 나는 2001년에 그곳에서 장 니코 강의를 진행했다.

프랑스 철학자들—파스칼 앙젤Pascal Engel, 자크 부브레스Jacques Bouveresse, 다니엘 앙들레르Daniel Andler, 피에르 자콥Pierre Jacob은 제외하고—이 내 연구에 조금이라도 흥미를 가지는 데는 매우 긴 시간이 걸렸지만 샹죄와 스타니슬라스 드엔, 클레르 세르장Claire Sergent 등의 인지과학자가 그 격차를 메워 주었다. 나는 그들과 버나드 바스가 개발한 의식에 대한 광역 작업공간 모형에 우호적인 비평가(또는 기여자)로 활동해 왔다. 그 모형은 나의 '뇌 속에서의 명성' 이론과 비슷한 것을 가장 잘 표현한 모형이었다. 내가 1991년에 《의식의 수수께끼를 풀다》를 냈을 때 내게는 의식의 인지적 아키텍처가 어떻게 작동할 것인가에 관한 아이디어, 혹은 적어도 직감이 많이 있었다. 그러나 나는 그 직감 중 일부가 잘못된 것으로 밝혀진다 해도 성급하게 무시되는 걸 원하지 않았기에 많은 세부 사항에 대해서는 의도적으로 언급을 삼갔다. 이후 그 인지과학자들과 다른 이들의 연구 덕분에 그 세부 사항들이 잘 맞아떨어지고 있다. 지금까지는 순조롭다.

내가 사랑해 마지않는 또 하나의 주제, 그러니까 우리 마음의 발생에서 도킨스의 밈이 하는 역할에 관해 말하자면 나는 나의 가장 강력한 비판자인 프랑스 철학자 당 스페르베Dan Sperber 및 그의 동료들과 문화적 진화에 대해 장장 30년에 걸쳐 논쟁 중이다. 한번은 그 주제에 대한 내 명확한 생각을 프랑스 현상학자들에게 프랑스어로 일부 제시했었다. 그런데 그들은 내 강연에 대해 이상하리만치 방어적이었다. (이상하리만치 기분이 상한 것도 같았다.) 철학자이자 공학자인 장-피에르 뒤푸이Jean-Pierre Dupuy는 청중의 폐쇄적인 태도를 꾸짖었고 나는 말했다. 그들이 내 모습에서 19세기 미국 서부로 향하던 개척자들의 마차 행렬을 떠올린 것 같다고. 내가 오는 걸 보고 방어를 위해 자신들의 마차를 원형으로 세운 것 같다고. 나는 그들에게 걱정하지 말라고 말했다. "저는 그저 당신들의 영토를 지나고 있을 뿐입니다. 저는 곧 지평선 너머로 사라질 것이고 당신들은 물 부족의 위험에 처할 것입니다."

32

또 하나의 에덴동산, 산타페연구소

나는 산타페연구소SFI에서 많은 것을 배웠고 배운다는 것에 대해서도 배웠다. 다른 그 어떤 목가적인 싱크탱크에서보다도 훨씬 더 많이. 나는 지금 SFI의 외부교수 신분이라서 수전과 나는 시간을 낼 수 있는 한 자주 연구소로 순례하듯 찾아간다. 우리를 계속해서 끌어당기는 것(눈부시게 아름다운 날씨와 풍광은 덤이고)은 명확성 및 엄격함에 대한 강한 주장과 열린 마음을 결합하는 연구소 사람들 특유의 방식이다. 그곳에서 있었던 한 가지 혁신이 그런 분위기를 만들었다. 젊은 인지과학자 사이먼 데데오Simon DeDeo는 연구원으로 지낼 때 자신이 '위험한 아이디어 세미나'라 이름 붙인 금요일 오후 세미나를 열었다. 연구원과 교수는 출판은커녕 동료 심사도 되지 않은, 반쯤 완성된 아이디어를 가지고 와 설명해야 했고 토론에 참석한 이들은 "그렇지만!"이라는 말을 쓸 수 없었다. (그건 농담이었지만 비판은 건설적이어야 한다는 것을 강조하는 훌륭한 방법이자 목표한 아이디어를 더 견고하게 제련하고 더 날카롭게 벼리는 좋은 방식이었다. 또한 아이디어를 이미 공유하는 소수의 전문가 내부 집단뿐 아니라 그 자리에 있던 모든 사람이 발표자의 아이디어를 이해할 수 있게 하려는 노력의 일환이기도 했다. 비난은 권장되지 않았다.) 이러한 세션들은 대개 정신을 뒤흔들었고 SFI가 작동하는 방식의 전형을 보여 주었다. 나는 종종 '위험한 아이디어 세미나'라는 발상을 전 세계 동료에게 칭찬했다. 그런 동료 중 몇몇은 그걸 바탕으로 자신만의 버전을 구현했던 것 같다. 29장에서 말한 'X가 Y를 소개하기' 세션에서처럼 이 방식을 지금 터프츠 철학과의 세미나에서도 쓰고 있다. 이런 방식은 경쟁자를 공격해서 점수를 따려는 만연한 학계의 압력에 대한 좋은 해독제이다.

SFI는 인공생명의 인큐베이터였다. 생물학자와 컴퓨터과학자의 협력 작업은 컴퓨터로 시뮬레이션한 세계에서 자연선택에 의해 스스로 진화할 수 있는 매우 단순한 가상 생명체를 만드는 시도를 통해 진화를 연구하는 것이었다. 내가 SFI를 처음 방문한 것은 1996년이었는데 크리스토퍼 랭턴Christopher Langton이 조직한 인공생명 워크숍에 참가하기 위해서였다. 랭턴은 '인공생명'이라는 용어를 만든 인물로 80년대 후반 로스 알라모스 회의에서 이 분야를 창시했다. 그 초기 성과 중 두드러진 것으로는 토머스 레이Thomas Ray의 티에라Tierra, 존 홀랜드의 에코Echo, 칼 심스의 진화한 가상 생물Evolved Virtual Creatures, 리처드 도킨스의 눈먼 시계공Blind Watchmaker 소프트웨어 등을 꼽을 수 있다. 나는 이 분야가 컴퓨터의 보조를 받는 사고 실험이라는 새로운 시도에서 인공지능과 함께 협력해 나갈 수 있는 든든한 동반자가 되리라고 보았다. 이것은 철학자의 사고 실험과 비슷했지만 훨씬 까다로웠다. 베이퍼웨어를 가지고 대충 그럴듯하게 얼버무리기만 해서는 안 되었기 때문이다. 일단 코드를 작성해야 한다. 내가 존 메이너드 스미스John Maynard Smith를 처음 만나게 된 것이 바로 이 지점에서이다. 그는 (자신의 컴퓨터 모델이 진화적 게임 이론이라는 분야를 만들었다는 사실에도 불구하고) 이 분야의 초기 연구에 크게 감명을 받지 못했는데 모델 작성자의 대부분이 생물학자가 아니었고 (가상 생물의 반대 의미에서) 실제 생물에 대해 잘 모르는 것 같았기 때문이었다. 그러나 존은 기꺼이 연구를 시도했고 그와 나는 학습된 행위가 유전적 진화를 촉진한다는 볼드윈 효과(《다윈의 위험한 생각》에서 자세히 설명했다)를 모델링하려고 노력하면서 유익하지만 결실은 없는 하루를 보냈다. 이때 우리는 위대한 인공생명 해커 데이비드 애클리David Ackley(참고로 터프츠 졸업생이다)의 도움을 받았다. 그날 늦게 저녁 연회에 차를 몰고 가던 중 우리는 사막에서 길을 잃었다. 그러는 바람에 자연선택의 미묘함에 관해 몇 시간 더 이야기를 나눌 수 있었다. 존은 굴드와 르원틴의 '스팬드럴' 논문을 비판한, 1993년 BBS에 실은 내 글을 지지했고 나중에는《뉴욕 리뷰 오브 북스》에 나의 책《다윈의 위험한 생각》에 대한 유명하고도 호의적인 논평을 써 주었다(34장을 보라).

최근 몇 년간 나는 여러 분파로 나뉘어 진행되어 온 문화적 진화에 대한 워크숍과 연구 집단을 한데 모아 그들 간의 의견 차이를 완화하고자 노력했다. (물론 성공적이진 않았다.) 의견 차이를 보인 연구 집단은 다음과 같다. 프랑스파(당 스페르베, 올리비에 모린Olivier Morin, 니콜라 클레이디에르Nicolas Claidière), 미국파(로버트 보이드Robert Boyd, 피터 리처슨Peter Richerson, 조지프 헨릭), 밈파(수 블랙모어와 나), 오스트레일리아 생물철학자(킴 스터렐니Kim Sterelny, 피터 고드프리-스미스). 각 연구 집단의 반쯤 숙성된 결과들은 스페르베의 웹사이트에서 확인할 수 있다.

나는 또 다른 연구 집단을 꾸렸는데 정보 이론과 진화론, 언어철학(데리다 포함!)을 결합하려는 데이비드 헤이그의 대담무쌍한 모험의 진상을 파악하기 위한 것이었다. 이 시도도 내 기대보다는 성공적이지 못했지만 늘 그렇듯 SFI는 내 머릿속에서 아이디어들이 윙윙거리게 했고 그런 아이디어들은 내가 마주한 문제들의 해결책을 찾아 여전히 맴돌고 있다. SFI에서 했던 그러한 세션들은《박테리아에서 바흐까지, 그리고 다시 박테리아로-무생물에서 마음의 출현까지From Bacteria to Bach and Back: The Evolution of Minds》(2017)를 쓰는 동안 주된 탐구 실습처가 되었다. 무엇보다 그 책은 내 연구 경력에서 내가 명확히 하고자 노력했던 모든 것의 정점이다.

제4부

학문적 전투들

33

철학의 역사 그리고 리처드 로티

아버지는 역사학자였다. 그래서 나도 아버지의 발자취를 따르려고 여러 차례 용감하게 시도해 보았지만 나의 뇌는 역사학이라는 학문에 적합하지 않다는 것을 금세 알게 되었다. 나는 중심축이 되는 사실—이름, 장소, 날짜, 핵심 문구—을 배운 지 며칠 만에 잊어버리고 그것들은 기억 은행 안에서 요점, 경향, 주제, 인상 같은 것으로 대체되어 저장된다. 나는 꽤 오랜 시간 철학의 역사도 강의했다. 예를 들어 '소크라테스에서 러셀까지' 같은 대규모 개론 강의를 했고 영국 경험주의자, 데카르트와 합리론, 니체, 20세기 분석철학 등 각론에 해당하는 강의도 했다. 그런데 나는 평소에 그런 강의들의 세부 사항을 대부분 잊고 지내는지라 매년 강의 준비를 할 때마다 책과 노트를 뒤지며 세세한 것을 다시 공부해야 했다. 그것은 언제나 힘든 일이었고 나는 자신이 중요하다고 생각하는 세부 사항에 통달하여 그것들을 자유자재로 다룰 수 있는 많은 동료가 부럽다. 과학자들은 내게 철학자는 왜 철학의 역사를 알아야 하느냐는 질문을 자주 한다. 물리학이나 분자생물학을 공부한다면 그 학문의 역사에 대해 그저 개론 교과서 정도의 지식만 있어도 일류 화학자, 일류 분자생물학자가 될 수 있다. 그런데 철학은 왜 다를까? 나는 이렇게 대답한다. 철학의 역사는 매우 똑똑한 사람들이 저지른 매우 유혹적인 실수의 역사이기에 그렇다고. 그래서 그 역사를 모르면 똑같은 실수를 반복하여 저지르기 쉽다. 그 실수들은 여전히 매우 유혹적이기 때문이다. 과학자가 한가한 오후에 심신 문제나 자유의지 문제, 인과 문제 등에 뛰어들어 문제들을 해결해 보려다 결국 플라톤의 실수와 칸트의 실수, 흄의 실수를 되풀이하는 규칙성을 보일 때마다 나는 재미와 만족감을 함께 느낀다.

그래서 나는 정말로, 모든 철학자—물론 나도 포함해서—가 철학사를 성실하게 공부해야 한다고 믿는다. 그러나 또 한편으로는 많은 철학자가 반대하기는 하지만 나는 철학자들의 문헌에 대한 스모가스보드[187] 식 접근, 그러니까 여기서 조금 맛보고 저기서 듬뿍 담고, 가장 흥미롭고 사고를 자극하는 조각을 잘라 가져오고, 스스로 필요한 만큼 자유롭게 취하고—처음에 말했던 것처럼 나는 산림쥐나 까치처럼 습관적으로 뭐든 모아두는 사람이다—나머지 해석은 다른 학자들에게 맡기는 방식도 괜찮다고 믿는다. 나는 후설에게서 많은 것을 배웠다고 생각하지만 일부 저명한 후설 학자들은 내 독서가 돌이킬 수 없이 무지하다고 본다. 나는 상관없다. 나는 마음이 어떻게 작동하는지 알아내기 위해 후설로 눈을 돌렸고 그 독서에서 값진 도움을 얻었다. 만약 후설 본인이 내 해석에 기겁했다면 그건 후설에게는 안타까운 일이 될 테지만 말이다. 나는 후설의 공로를 밝힐 수 있어 기쁘지만 후설주의자가 나의 선물을 거부하고자 한다면 기꺼이 그들의 의견을 따를 것이다. 나는 해석학을 놓고 논쟁하느라 며칠이나 몇 주를 보내지는 않을 것이다. 내가 옥스퍼드 시절부터 좋아한 책인 피터 스트로슨의 《의미의 한계The

---

187 스웨덴어 스뫼르고스보르드Smörgåsbord를 영어로 읽은 것으로 많은 음식이 다양하게 나오는 뷔페식 식사를 말한다.

Bounds of Sense》는 칸트의 《순수이성비판Critique of Pure Reason》에 대한 기발한 해석을 담고 있는데 스트로슨의 서문을 보면 그도 나와 거의 같은 말을—더욱 정중한 표현으로—하고 있다. 나는 내 태도를 합리화할 때 언제나 스트로슨의 말에 의지해 왔다. 그가 쓴 서문 중 일부를 보자.

> 이 책을 읽는 칸트 학자라면 누구나 금세 알아차릴 수 있듯이 이 책은 결코 역사철학적 학술서가 아니다. 나는 칸트 철학에 영향을 준 잘 알려지지 않은 선행 철학자들의 글과 칸트의 덜 중요한 저작들, 두 세기 동안 쏟아진 방대한 칸트 주석서는 그리 면밀하게 탐독하지 않았다. 나는 나처럼 《순수이성비판》을 공부하는, 대단한 통찰력과 엄청난 신비로움이 뒤섞인 느낌으로 그 작품을 읽고 또 읽는 학생들을 위해 글을 썼다. 나는 《순수이성비판》이 담은 사고 체계에 대한 명확하고 깔끔하며 통일된 해석을 제시하려고 노력했다. 그리고 내가 제시한 해석은 현재 상태 그대로의 텍스트에 의해 강하게 뒷받침된다.

방금 피터 스트로슨의 정중함에 대해 말한 김에 언젠가 그의 헌신적인 제자 루비 미거Ruby Meager(《의미의 한계》 편집자)가 내게 들려준 이야기도 꼭 하고 싶다. 어느 안개 낀 밤에 미거는 스승과 그의 아내를 차에 태우고 옥스퍼드로 돌아오던 중이었다. 그런데 잘못 주차된 대형 트럭의 전조등이 차를 차로 밖으로 이끌고 있다는 사실을 깨달았다. 루비는 황급히 방향을 틀고 브레이크를 밟았지만 때는 이미 늦었다. 트럭과 정면충돌하고 말았던 것이다. 경상을 입고 병원에서 치료를 받은 그들은 충돌을 예측했던 길다면 긴 1~2초 동안 각자 무슨 생각을 했는지 터놓기로 했다. 루비는 자신이 세계 최고의 철학자와 그의 아내를 죽일 뻔 했다는 생각을 했다고 고백했다. 스트로슨 부인은 머리가 전면 유리를 통과하기 전에 아슬아슬하게라도 '얼굴을 가려야만 해'라고 생각했고 실제로 그렇게 했다고 말했다. 두 사람은 피터에게 눈을 돌렸다. 피터는 두 가지 생각을 했다고 인정했다. 첫 번째는 "나는 괜찮을 거야. 뒷좌석에 있으니까"였고 두 번째는 "아니, 이건 신사가 할 생각이 아니지!"였다.

남성 철학자가 항상 신사적인 것은 아니다. 물론 여성 철학자가 항상 숙녀인 것도 아니다. 내가 이 분야(이제 다시 현대 철학의 역사로 돌아오자)에 몸담은 반세기 동안 시대는 극적으로 변했다. 내 철학적 탐구의 첫 15년 정도 동안에는 이 분야를 남성들이 지배(나는 의도적으로 이 단어를 사용했다)했으며 영미권에서는 남성 '분석철학자'—이는 대학 강단에서 교수(이 표현 역시 의도적으로 사용했다) 생활을 했던 '대륙철학자'와는 대조된다—가 주류였다. 그 차이는 극명했다. 분석철학자는 건조하고 체계적이며 다음과 같은 공식을 논문에 많이 집어넣을 만큼 논리에 충분히 정통하다. 이를테면

> (∃x) (∃y) (x는 폭발 & x는 보일러에서 일어난 일 & y는 폭발 & y는 보일러에서 일어난 일 & x ≠ y)
> 〔도널드 데이비슨, 〈영구적 사건과 일시적 사건Eternal vs. Ephemeral Events〉《누스Noûs》 제5권 4호 (1971.11.)〕

이라든가

> 놉은 단 한 명의 마녀가 밥의 암말을 해쳤다고 가정한다. 그리고 놉은 (다음과 같은 것이 성립하는지) 궁금해한다. 즉 밥의 암말을 해쳤다고 놉이 가정하는 단 한 명의 마녀가 있고 바로 그 마녀가 콥의 암퇘지를 죽였는지.
> 〔대니얼 데닛, 〈지향적 동일성에 대한 기치의 논의Geach on Intentional Identity〉, 《철학논집Journal of Philosophy》 65권 11호(1968); 앤스콤의 남편인 피터 기치의 글에 대한 나의 응답〕

같은 문장을 말이다.

그렇다. 나는 위와 같은 글을 썼고 지금도 쓸 수 있다. 하지만 그리하지 않기로 했다. 예전의 분석철학자는 세미나실이나 강연장에서 읽을, 완전히 다 작성된 논문과 유인물을 들고 등장했고 유인물에는 번호가 매겨진 수십 개의 논리식이 토론을 기다리고 있는 경우가 대부분이었다. 우리는 잘난 체하는 누군가가 숨은 부적절함이나—맙소사, 그런 일은 제발 없길 바라지만!—감춰진 모순을 빨리 발견해서 도전해 주기를 기대했다. 우리는 진지했다. 반면에 대륙의 전통을 따르는 철학자는 덜 짜임새 있는 말을 사용했고 또 더러는 의도적으로 모호한 언어를 쓰면서 양순한 청중이 그들의 말을 이해하리라고 기대했다. 그러면서도 누군가가 무례하게 도전할 것이라는 생각은 추호도 하지 않았다. 나는 대륙철학 교수는 어떻게 되는 걸까 궁금했다. 대체 어떤 입문 의식이 한 사람으로 하여금 모순에 대한 두려움 없이 강단에서 자신의 철학을 선언할 수 있게 허가한다는 말인가?

1950년대에서 1970년대까지 수십 년간 분석철학자들의 학벌 네트워크가 그 분야를 지배했다. 한번은 몇몇 동료에게 아이비리그나 옥스퍼드, 케임브리지, 시카고나 버클리가 **아닌** 곳에서 박사 학위를 받은 중요한 생존 철학자의 이름을 대 보라고 한 적이 있었다. 반응은 두 가지 면에서 흥미로웠다. 첫 번째로 내 질문을 받았던 사람 대부분이 유명 철학자가 어디서 대학원 공부를 했는지를 알고 있었다. 두 번째로 그들이 반례를 생각해 내는 데는 꽤 오랜 시간이 걸렸다. 힐러리 퍼트넘은 (펜실베이니아와 하버드에서 공부한 후) 1951년 UCLA에서 한스 라이헨바흐를 지도교수로 하여 박사 학위를 받았다. 약력을 찾아보지 않고는 마이너리그에서 박사 학위를 받은 다른 유명한 (분석)철학자를 퍼트넘 외에는 나 역시 생각해 낼 수 없었다.

그래도 아이비리그의 철학과가 다 비슷한 부류인 것은 아니었다.

1963년에 피츠버그대학교는 거액의 기부금을 받았고 이를 계기로 예일대학교 철학과를 사실상 '습격'해 윌프리드 셀러스와 뛰어난 논리학자를 다수 영입했다. 그 때문에 예일에는 분석철학과는 거리가 먼 교수진이 남게 되었고 그들은 자신의 박사 과정 제자를 채용하는 치명적인 실수를 저질렀다. 그 결과 예일의 철학과는 근친교배적 학자로 구성된 고립된 집단이 되었고, 솔직히 말하자면 예일의 많은 학자와 행정 담당자, 분석철학자에게 매우 당혹스럽고 남부끄러운 일로 여겨졌다. 여러 명의 예일 총장이 잇달아 철학과를 개혁하고 재건하려고 했지만 성과는 없었고 적의만 쌓여 갔다. 내 친구 밥 포겔린Bob Fogelin은 습격 전 시절 예일 박사 출신이어서 그 임무를 맡은 적도 있었는데 그는 대부분의 철학과 교수의 까마득한 후배였기 때문에 임무를 완수할 수 없었다. 나와 함께 당구대 옆에서 두어 병의 맥주를 마시며 자기가 어떻게 자기 선배 교수진을 일렬로 세우고 성 발렌타인 학살에서처럼 기관총을 난사하는 꿈을 꾸게 되었는지를 말하던 그의 모습이 아직도 눈앞에 선하다. 피츠버그가 습격하기 전에 예일에서 박사 학위를 받은 또 다른 사람이자 내 친구인 루스 바컨 마커스Ruth Barcan Marcus도 그 자리에 영입된 적이 있는데 루스보다 더 거침없고 능란한 수완가는 없었다. 그녀는 최고의 논리학자이고 수년간 APA 이사장을 역임했다. 예일에서는 그녀를 다시 예일 철학과로 불러들여 강력한 조치를 해 주길 기대했고 그녀도 최선을 다했지만 역시 결국 실패했다. (1998년 보스턴에서 열렸던 제20회 세계철학자대회에서의 일이다. 코플리 플레이스 호텔과 콘퍼런스센터는 세계 각국에서 온 수천 명의 철학자로 북적거렸다. 호텔에는 명품 쇼핑몰—티파니, 구찌, 지미 추 등—이 즐비했고 단정한 보스턴 부유층이 추레한 이방인들과 함께 있어 분위기가 매우 어수선했다. 거기서 나는 루스와 마주쳤는데 루스는 웃으며 다가와 방금 엘리베이터에서 들었던 대화를 내게 들려주었다. "이 이상한 사람들은 다 뭘까요?" 나이 지긋한 한 부인이 물었다. 그러자 부인의 친구가 이렇게 대답했다. "나도 모르겠어요. 하지만 알 것도 같아요. 노숙자 모임이 있는 게 아닐까요!")

터프츠에 있을 때 철학과 채용 공고를 내면 항상 수백 건의 지원서가 도착했다. 비공식적 관례로 우리는 항상 예일에 대해 '내기'를 걸듯 그들(그러니까 예일 측) 기준에서 가장 뛰어난 후보자 한두 명과 면접을 봤다. 내 기억으로 단 한 건의 예외만 빼고 결과는 모두 똑같았다. 그들은 말만 많고 알맹이는 없는 수다쟁이였다. 그들은 우리로서는 도저히 알 수 없는 이유로 자신을 매우 높이 평가했다. 휴고 베다우와 나는 그런 행태를 일컫는 용어를 하나 만들었다. 이름하여 예일 허세 토크. 우리는 허세 토크를 하지 않은 단 한 명의 예외인 니체 전문가 마이클 그린Michael Green을 채용했다. 터프츠에 남았다면 종신재직권을 받을 수 있었건만 그는 두어 해 만에 우리를 떠나 로스쿨에 진학했다. 그는 내게 말했다. 반성적으로 사고를 해 보았더니 대륙 전통의 철학자들과 부대끼며 학문적 삶을 보내는 자신의 모습을 상상할 수 없다는 결론을 얻었다고. 그는 어찌 됐든 니체에 관한 중요한 책을 출판하기는 했지만 지금은 윌리엄앤메리대학교의 로스쿨에서 교직 생활을 하고 있다.

분석철학자가 잡고 있던 헤게모니는 1979년 보스턴 APA의 동부지부 회의에서 소멸되어 버렸다. 대다수가 미국인이지만 대륙철학을 하고 있고 스스로를 **다원주의자**(천 송이 꽃이 피게 하자)라고 지칭하는 일군의 학자가 쿠데타를 일으켰기 때문이다. 오늘날의 젊은 철학자와 대학원생 중에서는 이 일을 들어본 이가 몇이나 될지 궁금하다. 당시에는 정말이지 학술적 지진과도 같았다. '분석철학 단일체' 구성원들이 매정하게 취급하는 데 좌절한 이 다원주의 철학자들은 APA의 정관을 살펴보았다. 지명위원회는 수십 년 동안 부회장 후보를 매년 한 명씩만 추천했고 추천된 단독 후보는 만장일치로 선출되었으며 그다음 해에는 자동으로 회장이 되는 것이 관행이었다. 그러나 그들이 정관을 꼼꼼히 뒤져 본 결과 규정상 회의에서 즉석으로 추가 후보를 추천하는 것과 선거가 가능했다! 다원주의자들은 비밀리에 일정을 계획하고, 회의 규정

자문관을 비롯한 주요 직책을 맡은 이들에게 제기할 도전 사항을 준비했으며, 참석률이 저조한 사업 회의에 회원들이 대거 몰려가 APA 동부 지부를 장악하도록 준비시켰다. 그런데 회의 시작 30분쯤 전에 보안이 무너졌다. 쿠데타가 임박했다는 소문이 돌았고 우리 '분석철학 단일체' 구성원들은 술집에 모여 있다가 찬탈을 막기 위해 회의장으로 달려갔다. 그해의 회장이 리처드 로티였다는 것이 아이러니(로티가 가장 좋아하는 논제)라면 아이러니였다. 왜냐하면 그는 '분석철학 단일체'의 역대 리더 중 가장 초교파적이고 열린 마음을 지닌 인물이었기 때문이다. 로티가 회의를 주재했고 회의 규정을 해석하는 자문관인 토머스 네이글은 자신의 의무를 침착하게 처리했다. 후보 추천 연설과 반박이 이루어졌는데 그중 가장 기억에 남는 것은 루스 마커스의 발언이었다. 그녀의 예일 동료 교수인 종교철학자이자 신학자 존 스미스John Smith가 다원주의자들이 지명한 후보였는데 루스는 그의 전 경력과 인격, 저서까지 거침없이 전면적으로 깎아내렸다. 나는 철학자가 공식 석상에서 동료 철학자를 그렇게까지 헐뜯는 것을 듣거나 본 적이 없었고 사적인 자리에서조차도 없다.

우리는 졌다. 그때 기득권층은 피츠버그의 과학철학자 아돌프 그륀바움Adolf Grünbaum을 새 부회장으로 지명한 상태였다. 승리한 다원주의자들은 무고한 아돌프의 기분을 상하게 하고 싶지 않아 이듬해에는 아돌프를 부회장으로 지명하고 선출했다. 그렇게 해서 아돌프는 1982년에 마침내 회장 연설을 할 수 있게—1979년의 아돌프는 그 연설을 좀 더 일찍 하리라고 기대했지만—되었다. 그는 올리브 가지를 차분하게 받아 들지 않았다.[188] 평소 아돌프는 프로이트를 비과학적 허세꾼이라며

---

188 올리브 가지는 성경과 고대 문화에서 '화해의 제스처'를 상징한다. 여기서 올리브 가지를 건넸다는 것은 1979년 찬탈에 성공한 다원주의자들이 화해하자는 의미로 반대 진영의 그륀바움을 1982년에 회장으로 추대한 것을 가리킨다.

장광설을 늘어놓는 것으로 유명했다. 그의 회장 수락 연설은 전형적인 그런바움 그 자체였다. 그의 연설이 끝났을 때 나는 어쩌다 마침 홀 밖으로 나오는 한 무리의 다원주의자를 따라가게 되었고 거기서 홀 안에 없었던 한 다원주의자가 홀에서 나온 사람에게 아돌프의 연설이 어땠는지 묻는 대화를 우연히 듣게 되었다. 대답은 이랬다. "끔찍하고 야만적이며 **길었습니다.**"[189]

그 후부터 APA의 프로그램은 다원주의자들의 쿠데타가 있기 전에는 결코 허락되지 않았을 주제를 다루는 논문으로 가득했다. 그건 좋은 일이었을까? 그렇다고 일부 분석철학 단일체 구성원은 말했다. 학회 때 술집에서 죄책감 없이 보낼 수 있는 시간이 더 많아졌다는 뜻이니까. 다른 구성원도 그렇다고 말했다. 다원주의자들의 행동이 정당했다고 생각하니까. 나의 평결은 복합적이다. 나는 최근에 적당히 익명화해서 예시로 쓸 만한 제목을 찾으려고 APA 회의의 과거 프로그램을 훑어보았는데 수십 편의 실제 발표 제목이 너무나 패러디에 적합해서 그것을 '더 우스꽝스럽게' 만드는 것이 오히려 어려울 정도였다. 자신에게 물어보라. 다음과 같은 제목의 강연을 듣고 싶은지.

〈역사의 불가분성과 통합된 자아의 문제The Ineffability of History and the Problem of the Unitary Self〉

〈변증법적 침해-수치심과 진실성Dialectical Encroachment: Humiliation and Integrity〉

〈관계론적 존재론은 재귀적 메타 이론을 통해 비정합성을 피할 수 있는가?Can Relationalistic Ontology Avoid Incoherence through a Recursive Metathe-

---

189 원문은 "It was nasty, brutish and long." 이 말은 《리바이어던》에서 토머스 홉스가 자연상태에서의 삶을 표현했던 유명한 문장 "... solitary, poor, nasty, brutish, and short(고독하고 가난하고 끔찍하고 야만적이며 짧았다)."를 패러디하며 "짧았다"를 "길었다"로 바꾼 것이다.

ory?〉

〈전쟁으로서의 예술-자율성의 회복 탄력성Art as War: The Resilience of Autonomy〉

프린스턴에서 첫 초청 강연을 했을 때 (7장을 보라) 나는 리처드 로티를 처음 만났고 그날부터 그가 내 작업에 보낸 지지는 아무리 높게 평가해도 지나치지 않다. 그는 경력 초반에는 분석적 전통 안에 있는 선도적 심리철학자로 여겨졌으며 나의 의식 이론에 대해 호의적으로 논하는 논문을 여러 편 발표했다. 우리는 심리철학이 어떻게 수행되어야 하는지에 대해 대체로 동의했지만 그는 언제나 나를 회유하여 더 급진적인 그의 관점을 채택하게 하려 했고 나는 정중하게 사양했다. 나는 농담까지 했는데 지금은 그렇게 한 것을 크게 후회하고 있다. 1982년의 논문 〈현대 심리철학Contemporary Philosophy of Mind〉에서 로티는 혁명적인 '라일-데닛 전통'에 대해 열정적으로 설명했는데 나는 장난스럽게, 어쩌면 무례하게 응답했다. 내가 정말로 급진적인 혁명가였나?

> 나는 구제 불능으로 편협하고 역사에 소질이 없는 분석철학자인 탓에 언제나 헤겔이나 하이데거, 데리다, 기타 철학자들의 책—영어로 생각하는 친절을 베풀어 주지 않은—을 읽지 않아도 된다는 좋은 핑계를 찾고 있다. 그리고 나는 이번에 로티가 보여 준 성과에 영향을 받아 유용한 해석학적 원칙을 하나 제시하고자 한다. 그것은 **로티 계수**Rorty Factor 원칙으로 그 누구의 견해에 관해 로티가 뭐라고 말하든 그 내용에 0.742를 곱하라는 것이다. 결국 로티가 내 글에서 내가 쓴 것보다 훨씬 더 많은 것을 찾아낸다면 그는 하이데거에 대해서도 똑같거나 혹은 더 잘했을 것이다. 그렇다면 나는 하이데거의 글과 씨름

> 할 필요가 없다. 그저 로티의《철학, 자연의 거울Philosophy and the Mirror of Nature》(프린스턴대학교 출판부, 1979)을 읽기만 하면 독서도 즐길 수 있을 뿐 아니라 40퍼센트가량 앞서 나갈 수 있다.

나는 또한 내《철학 어휘 목록》에 그의 이름을 빌어 만든 용어 '아로티오리a rortiori'를 싣고 그 단어를 '형용사, 훨씬 더 모호하고 세련된 대륙적 이유들에 의해 참인'으로 정의하기도 했다. 나의 행동이 아무래도 그의 저작을 지나치게 편의적으로 풍자—너무 쉽게 대륙의 미문 문학가로 돌아선 분석철학자라고—하는 데 기여했을 가능성이 있었음을 인정하려니 일말의 죄책감이 든다. 하지만 또 한편으로는 참과 사실의 개념을 격하하는 딕(리처드)의 포스트모더니즘 캠페인에는 정말로 동참하고 싶지 않았다. 나는 참을 둘러싼 의견 차이로 내 친구 리처드와 논쟁할 때 그의 논증을 곡해하는 '허수아비 때리기'를 한다며 몇몇 로티 팬에게 심한 질책을 받았다. 그러나 우리는 그 논제에 대해 해를 거듭해 가며 길고 자세히 논의했고 나는 내가 리처드를 제대로 이해했다고 확신한다. 다음은 내가 그로부터 20년쯤 후에 쓴 글이다.

> 리처드 로티는 예술과 인문학, '인문학적' 사회과학 영역에서 방대하고도 선도적인 업적을 남겼다는 평가를 받을 자격이 있다. 그러나 독자들이 그를 열성적으로 해석하여 참에 대한 포스트모더니즘적 회의론을 부추긴 사람으로 본다면 그들은 로티 본인은 가지 않은 길로 터덜터덜 가고 있는 것이다. 그 지점에 대해 내가 그에게 따지고 들었을 때 리처드 로티는 모든 신랄한 철학적 반대가 정당하게 제기된 후에도 온전히 살아남는, 진실로 유용한 참 개념이 있음을 인정했다. 로티가 인정하는 이 실용적이고 소박한 참 개념에는 쓰임새가 있다. 예를 들어 시골의 한 지역을 그린 두 장의 지도를 비교하며 어느 쪽이 더 믿을 만한가를 알려고 할 때라든지, 피고인이 기소 내용과 일

치하는 범행을 저질렀는지 아닌지가 문제가 될 때라든지.

그러므로 리처드 로티조차도 현상과 실재 사이의 간극을 인정한다. 다시 말해 참을 가장함이 없이 우리를 즐겁게 하는 연극적 행위와 참을 겨냥하고 종종 참과 마주하기도 하는 행위 간의 간극을 인정한다. 게다가 그 간극의 중요성 또한 인정한다. 그는 이를 참에 대한 '채식주의적' 개념[190]이라 불렀다. 좋다. 그럼 이제 우리 모두 참에 대한 채식주의자가 되어 보자. 어차피 과학자들은 철학적 엄밀성을 지키고 싶어 하지도 않는다.

내가 보기에 딕이 자신의 말을 가장 급진적으로 (잘못?) 읽는 해석을 적극적으로 말리지 않았다고 말할 수도 있을 것 같다. 이런 태도는 리처드에게 분석철학계 내에서 몇몇 심각한 적을 안겨 주었다. 우리는 자주 그 문제를 두고 논의했다. 그중 가장 기억에 남는 것은 부에노스아이레스에서 열렸던 범미철학학술대회에서 슬쩍 빠져나와 소위 아르헨티나 최고의 레스토랑이라는 곳에서 호화로운 점심을 들며 나눈 대화이다. 당시 아르헨티나를 괴롭힌 인플레이션을 고려하면 우리의 오찬 가격은 부에노스아이레스 대학 강사의 한 달 월급 정도였고 우리는 달러의 위력에 힘입어 평소와는 달리 진지한 반성적 사고를 하게 되었다. 한때 나는 철학자보다는 인지과학자들이 내게 흥미를 느끼고 내 작업을 인정해 주기를 바라며 신경을 썼다. 그러나 딕은 과학자나 철학자 사이에서의 평판 따위에는 신경 쓰지 않는다고 말했다. 그는 시인들의 존경을 갈망했다! 도대체 왜? 그가 말하기를 그의 아버지는 훌륭한 좌파 잡지 《불복Dissent》의 시 편집자였고 고등학생 시절 딕은 소네트 쓰기에 도전한 적이 있었다고 한다. (나도 고등학생 때 했던 소네트 작문을

190 비교적 덜 절대적이고 덜 강하며 실용적이고 과학적으로 유연한, 실험적이고 경험적인 참 개념이라고 이해하면 된다.

기억한다. 끔찍하지만 매력적인 연습이었다.) 그는 완성한 소네트를 아버지에게 보여 드렸고 아버지는 그것을 열심히 읽고는 그에게 돌려주며 단 한 마디로 평했다. "도그렐Doggerel이군.[191]"

철학은 과학이 아니며—일부 철학자는 가능한 한 철학을 과학으로 만들려고 노력하지만—시도 아니다. 이 분야에서 내가 가장 좋아하는 정의는 윌프리드 셀러스의 것이다. "추상적으로 공식화하자면 철학의 목표는 가능한 한 가장 넓은 의미에서의 사물이 어떻게 가능한 한 가장 넓은 의미로 서로 관계 맺고 있는지 이해하는 것이다." 이 말이 우스꽝스럽거나 터무니없다고 느껴진다면 다시 한번 생각해 보라. 다음은 "가능한 한 가장 넓은 의미에서의 사물"이라는 말 아래 포섭되는 서로 다른 유형의 것이다. 생각, 색, 미소, 노래, 머리 모양, 기회, 달러, 게임, 의미, 위험, 구멍, 숫자…… 원자, 분자, 광자, 쿼크, 세포, 중력 등등. 노래는 무엇으로 만들어지는가? 색은 실재하는가? 기회는 무엇으로 만들어지는가? 이런 것을 과학자에게 묻지 마라. 또는 과학자에게 명확하고 결점 없는 답을 들을 수 있으리라는 기대도 하지 마라. 성급한 대답 하나는 "원자(또는 아원자 입자) 외에는 아무것도 존재하지 않는다"는 것이다. 그렇다면 노래의, 시의, 기회의 화학적 구성은 어떠한가? "그런 것은 실재하지 않습니다"라는 대답이 나온다. 정말로? 삶에서 익숙한 모든 것을 과학에서의 적절한 존재자로 **환원**하려는 시도는 모두 프로크루테스의 침대처럼 억지로 끼워 맞추는 식이 될 것이다. 그렇다면 '사물성'의 다양한 후보('~것들'이라 불릴 수 있는 것의 후보) 사이에는 어떤 관계가 있을까? 그것들은 모두 어떻게 연결되어 있는가? 어떤 사람

191 거칠고 운율도 잘 맞지 않고 다듬어지지도 않은 우스꽝스러운 시를 말한다. '희시' 또는 '광시'라 불리기도 한다. 쓰는 사람의 필력이 모자라 이런 졸렬한 시들이 나오는 경우도 있지만 훌륭한 시인들이 풍자나 우스꽝스러움의 효과를 극대화하기 위해 일부러 이렇게 쓰는 경우도 있다. 반면에 소네트는 한 행이 10음절이고 전체가 14행으로 구성되는 짧은 시이지만 복잡한 운율과 기교가 사용되므로 제대로 된 소네트 한 편을 완성하기란 매우 어렵다.

들은 이런 질문이 너무 성가실 만큼 혼란스러운 나머지 귀를 막고 떠나버린다. 뭐, 좋다. 철학이 모든 사람을 위한 것은 아니니까. 하지만 호기심을 충족하고자 하는 사람들은 모든 문제를 차례차례 줄 세우고 하나씩 해결하려는 형식적이고 체계적인 시도가 결국에 실패하고 마는 운명임을 알게 될 것이다. 바로 이 지점에서 철학은, 어설프게 이해된 온갖 아이디어가 만든 장벽을 허물고 상상력을 확장하는 훈련이자 기예이다. 딕 로티가 항상 옳았던 것은 아니지만 그는 언제나 훌륭한 철학자였다.

34

학계의 깡패와 우상 파괴자

어느 학문 분야든 남을 괴롭히는 인물이 소수는 있게 마련이다. 그들은 주로 자기 영역을 확실히 소유한 선배 교수로 입지가 덜 마련된 학자, 특히 종신재직권이 없는 교수와 대학원생을 공포에 떨게 한다. 지나가는 소리로 쓸데없는 말을 하거나 반대 의견을 퉁명스럽게 묵살함으로써 말이다. 과학에서는 그런 이들이 연구비 수령자 결정에 상당한 영향력을 행사하는 경우가 많다. 신진 연구자들이 그런 나이 든 대장 고릴라 같은 인물과 같은 편에 서지 않으면 경력에 치명적인 타격을 입을 수도 있다. 나의 경우, 연구에 연방정부나 재단의 지원이 필요하지 않았기에 몇몇 고양이의 목에 방울을 달 수 있는 특히 안전한 위치에 있었다. 내가 스티븐 제이 굴드와 제럴드 에덜먼을 상대했을 때 진화생물학과 신경과학 분야의 동료들이 나를 열렬하게 지지해 주었다. 놈 촘스키와도 논쟁을 벌인 적이 있지만 그 이야기는 다른 곳에서 했으므로 여기에서 반복하지는 않겠다. 또 내가 알고 존경하는 모범적인 우상 파괴자에 대한 이야기도 두어 가지 소개하고 싶다.

학계의 깡패는 항상 대부분 알파메일 영장류, 즉 한 분야의 리더인 남성이지만 내 경험상 여자 깡패도 적지만 있다. 예를 들어 엘리자베스 앤스콤(5장을 보라)이 그런 인물이다. 그 밖에도 몇 명 더 있는데 그들과는 공식적인 도전이 아니라 사적인 서신 교환 정도로 논쟁을 벌였으므로 그들이 이 책을 본다면 나의 메시지를 알아들었기를 바라며 조용히 넘기기로 한다. 대부분의 강인한 여성 철학자는 깡패가 아니라 우상 파괴자였다. 그들은 처음에는 조롱당하는 견해를 옹호하다가 우아하고 결단력 있게 반대편의 타격을 뚫고 나간다. 자비 없는Ruthless 루스Ruth 밀리컨, 역시나 자비 없는 루스 바컨 마커스, 강인한 주디스 자비스 톰슨Judith Jarvis Thomson이 떠오른다.

1999년에 진화생물학자 린 마굴리스가 내게 전화해 터프츠에서 기꺼이 강연을 하겠다고 말했다. (내 기억에 그때 그녀는 매사추세츠대학교 애머스트캠퍼스 근처에 있었고 보스턴에서 주말을 보낼 명분을 찾고 싶어 했다.) 나는 그녀를 초청하게 되어 매우 기뻤고 '과학의 최전선에서 우상을 파괴하다'라는 슬로건하에 일련의 강연을 구성하기로 했다. 연사는 모두 네 명이었다. 린 마굴리스는 진핵세포가 내생적 공생으로 기원했다는 이론—그녀가 직접 만든 이론은 아니지만—의 옹호자로 유명하며 또 그 유명세를 누릴 권리가 마땅히 있다. (이에 대한 이야기는《다윈의 위험한 생각》에 기술되어 있다.) UC 샌디에이고의 심리언어학 교수 엘리자베스 베이츠Elizabeth Bates는 촘스키와 그의 생득적 언어 습득 장치 가설, 즉 수십 년간이나 언어 진화에 대한 좋은 연구를 억누른 이 아이디어를 충실하게 비판해 왔다. 수전 블랙모어는 영국 심리학자로 리처드 도킨스의 밈 이론을 (나와 함께) 옹호했고《밈Meme Machine》(1999)이라는 책을 저술했다. 일레인 모건Elaine Morgan은 과학저널리스트(공식적인 학계의 일원은 아니다)이며《수생 유인원The Aquatic Ape》(1982)의 저자이다. 그녀는 해양생물학자 앨리스터 하디Alister Hardy의 수생 유인원설, 즉 호모 사피엔스가 육지로 돌아와 해안에 서식하며 조개류를 먹는 영장류로서 다양한 적응을 지니기 앞서 (바다표범, 고래, 돌고래 등의 다른 수생 포유류처럼) 바다에서 사는 진화적 경로를 거쳤다는 가설을 옹호했다. 《양육가설The Nurture Assumption》(1998)의 저자인 심리학자 주디스 리치 해리스Judith Rich Harris도 초청했으나 안타깝게도 그녀는 건강 문제로 거절했다.

이 여성 모두 동료 남성들의 독설과 모욕에 용감하게 맞서며 그날의 우위를 점했다. 그럼에도 많은 사람이 (내가 최근의 저작《박테리아에서 바흐까지, 그리고 다시 박테리아로》에서 밈의 중요성을 계속 강조하고 있음에도) 밈에 대해 평가하기에는 아직 이르다고 생각하고 수생 유인원 이론에 대해서도 (나는 여기에 대해서는 여전히 불가지론적 입장이기는 하지만 희망적이라고 생각한다) 마찬가지 반응을 보인다. 이 시리즈의 모토는 제니스 조플린Janis Joplin의 노래 〈나와 바비 맥기Me and Bobby McGee〉의 가사 "자유란 더는 잃을 게 없다는 말의 다른 표현일 뿐이지"에서 따온 것이라 해도 좋다. 반대편에 있는 남성들이 구식 남성 학연 네트워크에서 자신들의 입지를 조심스럽게 지키는 동안 이 여성들은 어차피 잃을 게 없으니 전력을 다해 보기로 결심했다.

그들 모두는 청중의 기억에 남을 열정 넘치는 강연을 했는데 그중 최고는 일레인 모건이었다. 그녀는 수생 유인원 이론의 개요를 설명한 후 인류학에서 입지를 굳힌 이들이 그녀에게 가한 모욕에 관해 이야기해 주었다. 강연장에는 인류학과 진화생물학의 주요 인물들이 앉아 있었고—더욱 흥미롭게도—입지를 굳히기에 결격 사유가 없는 (그에 걸맞은 태도까지 갖춘) 젊은 남성 인류학자도 있었는데 그는 일레인의 활기찬 발표에 상당히 사납게 반응했다. 그 친구는 그녀를 계속 괴롭혔고 그의 끔찍한 행각이야말로 그녀가 기득권층에게서 받아 온 취급을 더할 수 없이 생생하게 보여 주고 설명해 주었다. 그녀는 바이올린을 연주하듯 그를 다루었다. 그의 주장을 침착하게 반박했고 그가 침소봉대할 때면 그것을 정확히 지적했으며 더욱 격앙된 그의 적대적 반박에는 유쾌하게 대응했다. 그 문제에 대해 그녀가 그 남자보다 더 열심히, 더 깊이 숙고해 왔다는 점은 명백했다. 그녀가 시종일관 정중하고 친절하게 그를 상대한 반면 그는 으르렁거리는 악당처럼 굴었고 청중 전체가 그녀를 응원하고 있었다. 일주일 후 그는 내 연구실로 찾아와 부끄럽다는 얼굴로 자기가 그때 "이성을 잃었다"라고 인정했고 그런 상황을 만든 것에 대해 사과했다. 그러나 나는 그에게 그녀가 말하고자 한 중요한 요점을 모두에게 훌륭하게 시연해 주었다는 점에 대해서는 감사하게 생각한다고 말했다. 일레인과 나는 수생 유인원 이론을 알리기 위한 그녀의 캠페인 활동을 두고 꽤 오랜 기간에 걸쳐 서신을 주고받았다. 그녀는 내게 옥스퍼드에서 열리는 2009년 TED 콘퍼런스에서 수생 유인원 이론을 알리고 싶다고 말했고 나는 TED 큐레이터인 크리스 앤더슨에게 그녀를 강력히 추천했으며 앤더슨은 그녀를 위한 자리를 마련했다. 그녀가 TED에서 청중의 관심을 독차지했다는 소식을 들었을 때 나는 정말이지 짜릿했다(그러나 놀라지는 않았다). 나는 크리스에게 그녀가 많은 인기를 얻을 것이라고 미리 말했더랬다. TED 쇼가 끝난 후 그녀는 내게 한 편의 서사시 같은 감사 편지를 보냈고 나는 그것을 소중히 간직하고 있다.

과학과 철학에서 여성이 가장 혁신적이라는 나의 확신은 그동안 조용히 힘을 얻어 왔다. 내가 함께 일했던 최고의, 가장 독창적인 사상가들은 다음과 같다. 루스 밀리컨과 캐슬린 에이킨스(18장과 21장을 보라)를 비롯하여 서식스의 철학자 마거릿 보든Margaret Boden, 컬럼비아의 캐럴 로반Carol Rovane, 존스홉킨스의 제난 이스마일Jenann Ismael, 런던정경대학의 헬레나 크로닌Helena Cronin, 토론토의 다이애나 래프먼Diana Raffman, 스탠퍼드의 로사 카오, 파리의 심리학자 클레르 세르장, 옥스퍼드의 세실리아 헤이스, 하버드의 아이린 페퍼버그Irene Pepperberg, 바너드의 캐롤린 리스타우Carolyn Ristau, 바스의 AI연구원 조안나 브라이슨Joanna Bryson, MIT의 신시아 브리지일Cynthia Breazeal, 텔아비브의 진화생물학자 에바 야블롱카Eva Jablonka, 효소 유도 진화 연구로 노벨 화학상을 받은 캘리포니아공과대학교의 화학공학자 프랜시스 아널드Frances Arnold. 이 외에도 떠오르는 학계의 후속 주자들이 더 있지만 여기 이름을 적음으로써 그들을 불운과 맞닥뜨리게 하고 싶지는 않다.

자, 이제 깡패들로 넘어가 보자!

스티븐 제이 굴드

나는 굴드가 쓴 월간 기사를 읽고 싶다는 이유 하나만으로 1980년대와 1990년대에 잡지 《자연사Natural History》를 구독했다. 그의 글은 언제나 흥미로웠고 종종 도발적이기까지 했다. 굴드는 터프츠에서 멀지 않은 곳에 살았다. 그의 집은 케임브리지의 한 거리에 있었고 거기서 그의 직장인 하버드까지는 걸어갈 수 있는 거리였다. 한번은 나와 《이런, 이게 바로 나야》의 공동 작업을 하던 더그 호프스태터(굴드의 먼 사촌임을 알게 되었다)가 보스턴에 와 있었는데 때마침 굴드가 나와 더그를 초대하여 점심을 하자고 했다. 나는 뛸 듯이 기뻤다. 내 기억에 그날의 행복했던 만남에서의 화제 중 하나는 우리에게 물밀듯 쏟아지는 독자 편지를 어떻게 우아하게 처리할 것인가 하는 문제였다. 물론 내게 오는 서신의 수는 더그나 스티브가 받는 것에 비하면 미미한 수준이었을 것이라 확신한다. 굴드와 나는 그렇게 분위기 좋게 출발했다. 그러나 그 친밀감은 오래가지 못했다.

굴드와 르원틴은 1979년에 악명 높은 논문 〈산마르코 성당의 스팬드럴과 팡글로스 패러다임The Spandrels of San Marco and the Panglossian Paradigm〉을 발표했고 제리 포더가 그 논문의 존재를 인지행동학 달렘 학술대회(16장을 보라)에서 내게 알려 주었다. 나는 바로 찾아 읽었고 그 논문의 속내를 꿰뚫어 보았다. 그 논문은 그 분야에 드리운 매우 영향력 있는 먹구름이었으므로 나는 그에 대응하기로 결정하고 1983년 BBS의 표적 논문이 된 〈인지행동학에서의 지향계-'팡글로스 패러다임' 옹호〉를 썼다. 나는 논문에 학계 사람들만 이해할 내부자 농담을 하나 넣었다. 굴드와 르원틴의 주장이 '유심론'에 반대하는 B. F. 스키너의 주장과 놀랍도록 유사하다는 점을 보이고 그들이 같은 하버드 동료 스키너를 지지하며 '후기 실증주의적 하버드 보수주의'의 최신 사례가 된 것은 아닌가 하는. 나는 그 농담이 그들의 혁명적인 피를 끓게 할 것임을 알고 있었다. 그들을 놀린 것은 현명한 처사였을까? 나는 그저 맞불 작전으로 대응한 것이다. 그들의 논문은 오해의 소지가 있는 수사학을 의뭉스럽게 적용한 것에 지나지 않는데 학계에 어마어마한 충격을 주었다. 내 생각에 그 논문은 그럴 자격이 없는 것이었다. 그 논문은 몇몇 훌륭한 연구자의 평판을 부당하게 실추했고 E.O. 윌슨E. O. Wilson의 사회생물학 개념에 대한 격렬한 정치적 공격과 맞물리면서 현장 연구에서 진화론적 관점을 취한 젊은 동물행동학자가 일자리를 찾는 데 크나큰 어려움을 겪게 했다. 어느 분야나 다 그렇듯 스터전의 법칙Sturgeon's law—모든 것의 90퍼센트는 쓰레기이다—이 지배적이지만 분명히 뛰어난 조류학자, 어류학자, 곤충학자가 사회생물학자로 낙인찍혀 채용되기가 너무 어려워진 것은 문제였다. 어쨌든 나의 도발은 효과가 있었다. 딕 르원틴은 발끈하는 논평을 썼고 그 과정에서 자기 발을 걸어 고꾸라졌다. 굴드는 그 논평에 공저자로 참여하지 않았으며 내 비판에 대해 침묵을 지켰다.

1989년에는 MIT인지과학센터에서 학회가 열렸다. 스티브 핑커와 그의 대학원생 폴 블룸이 언어의 진화에 대한 자신들의 관점을 옹호하는 발표를 했고, 굴드와 마시모 피아텔리-팔마리니Massimo Piattelli-Palmarini가 그에 반론했다. 나의 이탈리아인 친구 피아텔리-팔마리니는 촘스키 추종자이자 제리 포더의 항해 친구였다. 그 학회장에서 나는 진화에 대한 잘못된 주장을 정말이지 많이 들었다. 기독교 근본주의 교회 예배에서도 그토록 틀린 주장을 그처럼 많이 듣기는 힘들 것이다. 생각건대 MIT의 생물학자는 아무도 자연선택에 관해 가르치지 않아 그로 인해 다른 분야의 예비 이론가가 어리석은 이론을 펼칠 수 있는 장이 열린 것 같다. 핑커는 당시 MIT 종신교수들이 그(와 나)에게 실제로 제기한 불만에 찬 주장을 나열한 재미있는 목록을 만들었다.

핑커가 정리한 13가지 주장

1. 색각은 아무 쓸모가 없다. 우리는 강도 신호를 이용하여 빨간 사과와 초록 사과를 구별할 수 있다.
2. 언어는 의사소통을 위해 설계된 것이 전혀 아니다. 그것은 시계 같은 것이 아니다. 한가운데 막대를 꽂아 해시계로 쓸 수 있는 루브 골드버그 장치 같은 것이다.
3. 언어가 기능적이라면 모래에 글을 쓰는 것도 똑같이 기능적이다.
4. 세포의 구조는 물리학으로 설명해야 하는 것이지 진화로 설명할 것은 아니다.
5. 눈이 있다는 것을 설명하려면 질량이 있다는 것과 같은 종류의 설명이 필요하다. 눈이 보게 해 주듯 질량은 당신이 우주로 떠오르는 것을 막아 준다.
6. 곤충 날개의 진화 이야기가 이미 다윈을 반박하지 않았던가?
7. 언어는 유용한 것일 수 없다. 언어는 전쟁을 일으킨다.
8. 자연선택은 중요하지 않다. 우리에겐 이제 혼돈 이론이 있다.
9. 언어는 의사소통을 위한 선택압에 의해 진화되었을 리 없다. 우리는 상대방의 기분을 전혀 알고 싶지 않아 하면서도 상대방의 기분을 묻는다.
10. 마음의 기원에 자연선택이 어느 정도 역할을 했다는 것에는 모두 동의한다. 그러나 자연선택이 모든 측면을 다 설명하지는 못한

다—따라서 더 말할 것이 없다.

11. 무작위로 구성된 그 어떤 컴퓨터 프로그램이나 물리적 부품의 조합도 적응적으로 복잡한 것이라고 기술할 수 있다.
12. 언어가 유용한 것이라면 침팬지는 왜 말을 못 하는가?
13. 언어는 우아함을 위해 설계된 것이지, 사용되기 위해 설계된 것은 아니다.

그 몇 년 전에 굴드는 하버드에서 마시모(나중에 제리 포더와 함께 잘못된 아이디어에서 시작된 책을 써서 2010년에 《다윈의 오류What Darwin Got Wrong》라는 제목으로 냈다)와 진화와 인지에 관한 세미나를 공동으로 지도한 적이 있었는데 내게 그 세미나에 참석해 달라고 요청했다. 여러 주 동안 나는 굴드가 목표 대상—로버트 트리버스Robert Trivers, 리처드 도킨스, 윌리엄 해밀턴William Hamilton, 존 메이너드 스미스 등—의 견해를 자주 잘못 전달하면서 장광설을 늘어놓는 모습을 보며 불편하게 앉아 있었다. 나는 조용한 내빈을 연기하며 하버드 학생들이 신탁이라도 듣는 것처럼 성실하게 필기하는 모습을 지켜보았다. 마침내 더는 견딜 수 없는 날이 왔고 그날의 세미나가 끝난 후 나는 굴드와 그 주제에 관해 사적인 이야기를 나누었다. 나는 그에게 공격 대상들에 대해 그가 종종 근거 없는 공격을 한다고 지적하며 그런 습관을 바꾸라고 말했다. 그러나 그는 나의 우려를, 뭔가를 잘 모르는 철학자의 잘못된 주장이라고 일축했다. 나는 세미나에 그만 참석해야 했다. 그 세미나에서 반대 의견 하나 내지 않은 채 얌전히 앉아 있는 내 모습을 내 학생 중 누군가가 본다는 생각만 해도 도저히 참을 수 없었기 때문이다.

굴드와 나는 1992년에도 서로 대화를 주고받으며 지냈다. 우리는 그때 막 빔 카이저르가 제작한 네덜란드 텔레비전 프로그램 〈위대한 우연〉(31장 참조)에 함께 출연한 참이었다. 거기서 굴드는 올리버 색스와 나의 대열에 합류하여 악명높은 루퍼트 셸드레이크를 조용하지만 효과적으로 몰아세웠다. 나는 굴드를 강연은 하지 않고 질문만 받는다는 조건으로 진화론의 철학을 다루는 내 세미나에 초대했다. 그는 승낙했다. 그 세미나의 팀원들은 굴드의 논문뿐 아니라 도킨스와 메이너드 스미스를 비롯한 기타 진화철학자의 논문도 많이 읽어 두었던지라 그에게 어려운 질문을 퍼부었다. 그랬더니 그가 갑자기 세미나실 밖으로 뛰쳐나가는 것이 아닌가! 나는 세미나실로 돌아가도록 굴드를 설득해야 했다. 그는 내가 자기에게 창피를 줄 목적으로 일을 꾸몄다며 힐난했다. 나는 내 학생들은—그의 하버드 학생들과는 달리—교수에게 도전하는데 익숙하다고 말했다. 그는 부루퉁하게 세미나실로 다시 들어갔고 일종의 적대적 기자회견을 하는 것처럼 나머지 시간을 보냈다. (내 학생들은 굴드의 반응에 상당히 마음이 상해서 그다음 주에 내게 자신들이 뭔가 잘못한 게 있는지 물었다. 나는 학생들에게 그날만큼 터프츠 학생들이 자랑스러웠던 날은 없었다고 대답했다.)

세미나가 끝나고 스티브를 집으로 태워다 주던 중에 그가 내게 헬레나 크로닌의 새 책《개미와 공작The Ant and the Peacock》을 읽었는지 물었다. 그때 나는 아직 읽지는 않았고 주문만 해 둔 상태였다. 왜 물어봤을까? 그는 자신이《뉴욕 리뷰 오브 북스》에서 그 책을 '맹비난'할 계획이라고 말했다. 도대체 왜? 왜냐하면 리처드 도킨스가《네이처》에 린 마굴리스와 그의 아들 도리언 세이건Dorion Sagan이 쓴, 시작부터 잘못된 책《미스터리 댄스-인간 성의 진화에 대하여Mystery Dance: On the Evolution of Human Sexuality》를 두고 신랄한 서평을 썼기 때문이다. 도킨스의 서평은 실수였고《네이처》편집진이 '포르노철학'이라는 제목을 붙이는 바람에 더 좋지 않게 읽혔다. 도킨스는 자신이 존경하는 린 마굴리스에게 사과했고 책의 결점은 그녀의 포스트모더니스트 아들에게 돌렸다(엄마곰과 아기곰 사이에 끼어들면 안 된다. 부모의 보호 본능은 건드는 게 아니다). 서평을 잘못 쓴 건 도킨스인데 굴드는 왜 헬레나 크로닌을 공격하려는 걸까? 굴드는 말했다. 크로닌이 한때 리처드 도킨스의 여자친구였다고! 스티브의 지독한 서평이 나왔을 때 나와 메이너드 스미스는 각각 독자적으로 편집자에게 그 서평—메이너드 스미스는 그것을 굴드의 “이상하리만치 심술궂은 서평”이라 불렀다—에 반대한다는 서한을 썼고 나는 굴드의 수사적 전략들—로버트 트리버스가 내게 전한 축하 메시지에서 ‘굴드의 투스텝Gould two-step’[192]이라 이름 붙인 것—을 드러내고 분석했다. 굴드의 전략은 두 단계로 진행된다. 첫 단계에서는 상대가 결코 옹호할 수 없는 주장을 했다고 단정한다. 이어서 상대가 해당 주장을 부인하는 발언을 하면 그것을 인용하고는 오히려 그것이 그 주장을 사실상 인정하는 증거라고 제시한다. 같은 호(1993년 1월 14일자)에 실린 우리 서한에 대한 굴드의 반응은 놀라웠다. 그는 자신이 ‘착한 경찰, 나쁜 경찰 심문’, 즉 당근과 채찍 심문의 희생자라고 주장했다. 굴드는 존경받는 존 메이너드 스미스를 비난할 수 없었기에 “나의 소중한 동료이자 착한 경찰”이라고 기술하면서 무례한 모욕을 내게 질풍처럼 퍼부었다. 굴드가 그렇게 폭발한 후 존이 내게 붙인 별명은 ‘나쁜 경찰’이었다.

1989년 MIT 학회는 나를 깊이 자극하여《다윈의 위험한 생각》을 쓰게 한 촉발제가 되었다. 그 책은 굴드의 이상한 진화론적 사고에 현혹될 위험에 처한, 교양 있는 일반인과 생물학 전공이 아닌 학자에게 자연선택의 위력을 보여 주기 위한 것이었다. 나는 굴드가 가진, 미국 ‘진화론의 대표 지성’이라는 위상이 많은 해악을 야기하고 있음을 깨달았고 그것을 바로잡아야 한다고 생각했다. 그 해악의 예를 하나 들어 보자. 미국인은 왜 영국에서 나오는 훌륭한 진화 다큐멘터리를 볼 수

192 트리버스에 따르면 굴드는 논쟁에서 처음에는 대담한 주장을 하다가 비판을 받으면 한 걸음 뒤로 물러나서 자신의 주장이 그렇게 급진적인 것이 아니라고 말하며 논란을 피해 가려는 태도를 보인다. 그런 방식이 마치 한 발 앞으로 나아갔다가 한 발 뒤로 물러서는 ‘투스텝’ 춤(두 걸음 춤)과 비슷하다는 조롱섞인 의미에서 트리버스는 굴드의 논쟁 전략에 이 이름을 붙였다.

없을까? BBC의 유명한 과학 다큐멘터리 시리즈인 〈지평선Horizon〉은 (PBS의 보스턴 거점 방송국인) WGBH와 긴밀한 관계를 맺고 있었기에 특별한 이유가 없는 한 〈지평선〉이 WGBH 채널에서 방영되리라고 다들 기대하고 있었다. 1980년대 중반에 리처드 도킨스는 〈지평선〉 두 편의 진행을 맡았다. 하나는 (진화적 게임 이론에 대한) 〈마음씨 좋은 놈이 일등 한다Nice Guys Finish First〉이고 다른 하나는 〈눈먼 시계공〉이었는데 WGBH에서 구입을 거절했다. 당시 〈지평선〉의 제작 총괄인[그리고 나의 이론을 처음으로 드라마화 한 〈나는 어디에 있는가?〉(10장 참조)의 감독이었던] 로빈 브라이트웰을 비롯한 BBC 관계자들은 깊은 당혹감을 숨길 수 없었다. 진상은 나중에 나의 항해 친구이자 당시 WGBH 국장인 헨리 벡턴Henry Becton이 알려 주었다. 그때 방송국 자문위원이었던 굴드가 리처드 도킨스가 진행했다는 이유로 구입을 거부했다고.

《다윈의 위험한 생각》은 굴드만을 노린 책은 물론 아니다. 이 책은 학계 전반에 걸쳐 진화론적 사고를 탐구하고 권고하는 광범위한 작업으로 심리학, 인류학, 경제학, 심지어 윤리학과 인식론으로까지 확장하기 위한 다양하고 새로운 제안을 포함했다. (한 서평자는 책을 가리켜 "자연선택에 의한 진화의 가능한 모든 함의에 대한, 한 사람의 저자가 작성할 수 있는 최고의 개요"라 평했다.) 그렇지만 나는 굴드가 범한 왜곡을 다루어야 한다는 것을 알고 있었기에 〈힘내라, 브론토사우루스Bully for Brontosaurus〉(챕터의 제목은 《자연사》에 실린 굴드의 에세이 중 하나의 제목을 빌렸다) 챕터를 공들여 작업했고 생물학에 정통한 몇몇 철학자에게 챕터의 초고를 보내어 그들의 의견을 들었다. 그중에는 굴드의 친구도 한 명 있었는데 그는 초고를 읽고는 그 부분은 출판하지 말라고 충고했다. 그 부분이 잘못되었기 때문이 아니라 굴드가 읽으면 광분하리라는 생각이 들었기 때문이라고 했다. 나는 그에게 그 챕터를 빼면 책이 나왔을 때 굴드가 맹비난을 퍼붓지 않을 것이라고 장담할 수 있는지 물었다. 물론 그는 장담할 수 없다고 말했다. 굴드는 자신에게 헌정된 그 챕터뿐 아니라 책의 모든 부분을 몹시 싫어할 터였고 굴드의 악의적 비판에 대해 그저 굴드의 죄목을 늘어놓는 것만큼 한심한 짓은 없으므로 나는 선제공격을 감행할 수밖에 없었다.《다윈의 위험한 생각》을 출판하기 1년여 전에 중요 챕터의 초안을 굴드에게 보냈지만 응답을 받지 못했고 받았다는 통지조차 받지 못했다. 그러다가 책이 인쇄될 준비가 거의 다 되었을 무렵인 1994년 여름에 존 브록만에게서 굴드가 '브론토사우루스' 챕터에 대해 나와 논의하고 싶다며 만남을 주선해 달라고 부탁했다는 사실을 전해 들었다. 존은 코네티컷주 이스트오버 농장에 있는 그의 시골 별장에서 하우스 파티를 하며 주말을 보내자고 했다. 스티브는 뉴욕시에서 활약하는 조각가인 약혼녀 론다 시어러Rhonda Shearer를 동반할 예정이었다. 마빈 민스키와 글로리아 민스키도 참여할 예정이었으며 닉 험프리도 최근에 결혼한 아내 아일라 콘Ayla Kohn과 함께 참석하기로 했다. 수전과 나는 아일라를 잘 알고 있었지만 결혼식에 가지 못했기에 그 둘을 함께 만나 축하해 주는 것은 그때가 처음이었다.

저녁 식사를 하기 전에 우리는 이스트오버 팜 별장의 아름다운 거실에 술을 마시러 모였고 1.5리터짜리 고급 샴페인을 열 개의 잔에 나누어 부었다. 존은 내게 건배사를 요청했다. 나는 내 절친한 친구 닉과 아일라를 위해 건배사를 할 영광을 얻고는 신이 났고 마음속에서 감동적인 연설문을 만들고 있었다. 그때 존이 내 귀에 속삭였다. "샴페인은 론다가 가져왔어요." 맙소사! 다들 내가 신혼부부가 아닌 스티브와 론다를 위한 건배사를 하리라고 기대했다! 나는 즉석에서 어찌어찌 축하의 초점을 바꾸었고 스티브와 론다의 미래의 행복을 바라는 즉흥적이고 소박한 소망을 말했다. 그 순간 나는 내가 가까스로 피한 사회적 재앙의 이미지를 상상했다. 론다와 나는 그녀의 조각, 특히 실납주조법(녹는 밀랍을 이용한 청동주조법)과 관련된 기술적 세부 사항에 대해 활발한 대화를 나누었다. 그녀는 뉴욕에 있는 자신의 스튜디오에 와서 시간을 함께 보내자고 나를 초대했는데 그 기회를 따르지는 않았다.

다음 날 스티브와 나는 농가 옆의 오래된 단풍나무 밑에 앉아 문제의 그 챕터에 대해 몇 시간 동안 열띤 토론을 벌였다. 그는 내가 한 번도 본 적이 없는 논문이 포함된 완전한 참고 문헌 목록을 가지고 왔다. 그리고 내가 자신을 잘못 표현하고, 오해하고, 다양한 세부 사항에서 그를 비방했다고 불평했다. 나는 주의 깊게 메모했고 내가 아직 읽지 못한 논문들의 사본을 보내 달라고 요청했다. 파티가 끝나고 이삼일 후 그는 내가 요구한 것을 보내 주었다. 그런데 그 논문들을 읽어 보니 그가 자신이 쓴 것을 잘못 기억한 것이지 내가 그를 잘못 해석한 것이 아님을 알았다. 나는 그 챕터의 몇 가지 사소한 문구를 수정하여 내가 왜 내 입장을 고수하는지 설명하는 편지와 함께 원고를 굴드에게 보냈다. 그는 그 편지에 답장하지 않았다.《다윈의 위험한 생각》이 발간되자 언론인을 비롯한 기타 많은 사람이 굴드에게 그 책에 대한 의견을 물었는데 그는 책이 너무 조악해서 논의할 가치도 없다고 답했다. 2년 후 그는 그 책을 공격하기로—그리고 내친김에 리처드 도킨스도 함께 공격하기로—마음먹었다. 굴드는《뉴욕 리뷰 오브 북스》에 2부로 이루어진 혹평을 보냈고 나는 그에 응답했으며 굴드도 재반박을 했다. 이 글들은 꽤 흥미로운 읽을거리여서 영국 저널리스트 앤드루 브라운Andrew Brown의 끔찍한 책《다윈 전쟁The Darwin Wars》(1999)의 재료가 되었다.《다윈 전쟁》의 겉표지에는 내가 제3자에게 보낸 이메일이 인용되어 있는데 물론 내 허락 없이 무단으로 사용한 것이다. "앤드루 브라운이 내 친구였다면 나는 절대 사용을 허락하지 않았을 것입니다. 정말이지 형편없는 쓰레기 저널리즘이에요." 이 무단 도용이야말로 나의 비판 요점을 어느 정도 증명해 주는 사례이다. 나와 굴드의 난투극은 주요 진화생물학과가 나를 초청하여 이름 있는 강연을 맡기는 만족스러운 반향을 불러일으켰다.

고양이 목에 방울을 단 생쥐로서의 내 평판 덕분에 세월이 흐르면서 나는 굴드가 얼마나 기꺼이 진실을 왜곡하려 했는지 보여 주는 이야기 창고 같은 존재가 되어 있었다. 대부분의 이야기는 나만 알고 있는 것이고 또 앞으로도 나만 알고 있을 것이다. 그렇지만 내가 직접 목격한 사건 하나만 이야기하고 나머지는 계속 비밀로 간직하겠다. 1990년 7월에 인지과학회는 MIT에서 연례 학술대회를 열었다. 기조 강연자 중에는 현지 운영위원장 마시모 피아텔리-팔마리니가 초대한 로저 섕크와 스티브 굴드가 있었다. 첫 번째 기조 강연은 로저가 맡았는데 그는 자신의 새 책《이야기를 들려줘-실제 기억과 인공 기억에 대한 새로운 시각Tell Me a Story: A New Look at Real and Artificial Memory》의 비공식적 개요를 재미있게 풀면서 MIT의 촘스키주의자를 비꼬는 내부자 농담과 날카로운 비판을 섞어 넣었다. (촘스키는 참석하지 않았다.) 섕크의 강연이 끝나고 첫 번째 질문자는 열렬한 촘스키주의자인 케네스 웩슬러Kenneth Wexler였다. 그는 MIT로 옮기기 전 UC 어바인에서 근무했으므로 한때 내 동료이기도 했다. 거기서 켄은 세 차례의 실수를 했다. 첫 번째 실수는 섕크가 성차별적이고 반유대주의적인 농담으로 크레스지 강당(회의가 열렸던 MIT의 행사장)을 불명예스럽게 만들었다고 비난한 것이다. 로저는 한순간도 주저하지 않고 자신의 말이 켄을 괴롭힌 것이 아니라 생각한다고 응수했다. "당신은 그저 내가 당신의 영웅인 촘스키를, 그것도 촘스키의 텃밭에서 비판한 것에 반대하는 것뿐입니다." 그 직후 켄은 두 번째 실수를 했다. 청중을 상대로 투표를 실시하기로 마음먹은 것이다. 그리고 마침내 로저의 강연에서 불쾌감을 느낀 사람은 손을 들어달라고 정말로 말하는 세 번째 실수를 범했다. 아무도 손을 들지 않았다! 켄은 다른 말 없이 조용히 물러났다.

굴드는 청중석에서 그 놀라운 대결을 다 보았지만 아무 말도 하지 않았다. 오후에는 그가 기조 강연을 했다. 그의 논제 중에는 최근에 널리 알려진, 진화에 대한 무지로 인해 벌어진 비극, 즉 '베이비 페이'라는 가명의 어린아이에게 침팬지의 심장 대신 개코원숭이의 심장을 이식한 사건이 포함되어 있었다. 그런데 그가 강연을 위해 준비한 슬라이드 중에 베이비 페이의 묘비 사진이 있었고 사진을 통해 베이비 페이의 실명이 드러났다. 그의 강연이 끝나자 한 젊은 남자가 일어나 모든 언론이 베이비 페이와 그 부모의 익명성 보장에 동의했는데 굴드가 그 사진을 내보임으로써 익명성을 침해했다는 사실에 충격을 받았다고 지적했다. 이어서 그는 응급 수술에 사용할 침팬지의 심장을 구하지 못했고 개코원숭이의 심장은 인간 유아의 심장이 기증될 때까지 임시로 사용될 예정이었다고 설명했다. 굴드의 반응은 가히 인상적이었다. "와! 이 학회 진짜 대단하네요!" 그러나 굴드는 그 남성의 비판에 대해 제대로 된 반응을 보이지 않았다. 이 이야기는 여기서 끝나지 않는다. 몇 달 후 나는 뉴욕 뉴스쿨사회연구대학교에서 강연을 했는데 거기서 굴드가 또 한 번 기조 강연을 했다. 그는 거기서도 똑같은 **슬라이드를 보여 주며 똑같은 방식으로 진화에 대한 무지를 문제 삼았다.** 그런데 놀랍게도 전에 굴드를 공격했던 그 젊은 남성이 뉴욕 학회에도 참석했던 것이다. 그는 또 일어나 굴드를 비판했다. 스티브가 자기 잘못을 인정하지 못하는 것처럼 보이는 경우가 종종 있는데 그날은 정말로 악몽 같았을 것이다. 당연히 그날은 그에게 악몽이 되어 마땅하다.

나는 굴드의 이런 일들이 그가 경력 초기에 암에 걸리는 바람에 나타나게 된 슬픈 부작용이 아닐까 생각하곤 했다. 그는 불과 마흔 살에 복부 중피종에 걸려 시한부 판정을 받았다. 세상은 뛰어난 한 젊은 생물학자를 잃는 비극을 겪게 될 터였다. 그래서인지 몇 년 동안 아무도 그를 비판하고 싶어 하지 않았다. 어쩌면 그러는 동안 굴드는 자기 의견이 신성불가침이라는 생각에 익숙해졌을지 모른다. 암이 호전되며 다시 싸움에 뛰어들었지만 겸손을 갖추거나 반대 의견을 기꺼이 고려할 의지가 그에게는 없었다. 그가 학자였고 또 종종 현명한 이론가였다는 데에는 의심의 여지가 없다. 가장 학술적인 저서 《개체발생과 계통발생 Ontogeny and Phylogeny》(1977)은 이보디보evo-devo(진화-발생evolutionary-developmental) 생물학을 위한 상상력의 공간을 열어젖히는 데 중요한 역할을 했으며《자연사》에 실린 초기 글 중 일부는 적응주의적 주제—나중엔 그가 부인한 주제—에 대한 뛰어난 탐구의 결실이다. 사망 직전에 출판된 그의 마지막 책《진화론의 구조The Structure of Evolutionary Theory》(2002)는 많은 장광설이 포함된 대작이다. 그러나 도무지 읽히지 않는 책인 탓에 큰 영향력을 행사하지는 못했다. 그의 평판을 위해서는 어쩌면 잘된 일일 수도 있다.

제럴드 에덜먼

1989~1990년에 스위스의 철학자이자 소설가 페터 비에리Peter Bieri는 독일 빌레펠트에 있는 학제간연구센터ZiF에서 1년 동안 마음과 뇌에 관한 워크숍을 진행할 수 있는 보조금을 받았다. 학제 간 연구자들을 선별하는 비에리의 안목은 매우 탁월했다. 그해 워크숍에서 몇 주나 몇 달 또는 몇 학기를 보낸 사람 중에는 미국 철학자인 데이비드 로젠탈과 제이 로젠버그, 독일의 신경생물학자 한스 플로어Hans Flohr, 독일 심리학자 에카르트 셰러Eckart Scheerer, 벨기에의 심리학자 악셀 클레레만스Axel Cleeremans, 영국 심리학자 토니 마르셀, 미국의 신경과학자이자 신경외과의사 칼 프리브램Karl Pribram, 그리고 네 명의 우리 패거리 중 셋—마르셀 킨스부른, 닉 험프리, 나— 등이 있다. 그해 많은 우정을 맺었고 또 많은 성과를 냈다.

이 분야의 전설적인 거물인 칼 프리브램은 거기에 몇 달 머물렀고 그 덕분에 나는 그를 잘 알게 되었다. 그는 조지 밀러, 유진 갤런터Eugene Galanter와 함께 인지과학을 수립한 저작 중 하나인《행동의 설계와 구조Plans and the Structure of Behavior》(1960)를 저술한 것으로 유명하다.

그 책은 행동주의의 성과를 내부 통제 시스템 모형에 활용하려는 용감한 시도였다. (이 책에 대한 오래된 농담이 하나 있다. '밀러가 아이디어를 고안했고 갤런터가 글을 썼으며 프리브램이 그것을 믿었다.') 또한 칼은 뇌가 정보를 **홀로그램** 형태로 저장한다는 특이하고 상상력 풍부한 이론을 내놓은 것으로도 유명(오명)세를 탔는데 그 견해 자체는 그다지 명확하게 정립되지는 못했다. 하루는 칼이 내게 노벨상 수상자 제럴드 에덜먼이 쓴《기억된 현재The Remembered Present》의 신간 견본을 보여주었다. 그러고는 그 책에 대한 서평을 요청받았는데 대충 훑어보고 일이 너무 많겠다고 털어놓았다. 그는 내가 그 책에 관심이 있을지 궁금해했다. 물론 관심이 있었다. 그러나 서평을 쓰고 싶지는 않았고 그냥 읽고 싶었다. 내게는 제목 자체가 약간 불길하게 느껴졌다. 시간과 관찰자에 대한 내 아이디어의 일부를 에덜먼이 나보다 먼저 발표할 것 같은 암시를 주었기 때문이다. 나는 그때 그 아이디어를 구체화하려고 애쓰던 중이었다. 나는 에덜먼과 프로그램을 몇 번 같이 한 적이 있고 그의 책《신경다윈주의-신경 집단선택 이론Neural Darwinism: The Theory of Neuronal Group Selection》(1987)을 읽었다. 그 책은 진화론적 사고를 뇌의 발달과 학습에 적용하는 많은 시도 중 하나였다. 그런 과정을 통해 나는 에덜먼이 거칠고 논쟁적이지만 매우 명민하며 흥미로운 주장과 통찰력이 넘치는 사람이라는 것을 알았다. 에덜먼은 늦봄에 열리는 빌레펠트의 워크숍에서 일주일을 보내기로 되어 있었는데 나는 그때 산마리노대학교의 움베르토 에코가 여는 학술대회에 가야 해서 에덜먼과 시간을 맞출 수 없었다. 그래서 나는 에덜먼의 책을 어렵사리 다 읽고 그에게 여러 장의 편지를 썼다. 편지에는 에덜먼이 ZiF에 올 때 나는 없을 것이라는 설명과 함께 그의 견해와 설명 방식 등에 대한 내 의견을 담았다. 에덜먼이 내 편지를 읽음으로써 빌레펠트 워크숍에서 마주칠 도전들에 대해 경계 태세를 잘 갖추길 바라는 마음에서 말이다. 나는 여러 가지 비판을 제기했고 특히 에덜먼의 일부 아이디어가 그가 부당하게 공격했던 몇몇 사상가에 의해 이미 잘 정립된 것임을 지적했다. 그들은 에덜먼의 잠재적인 동맹군인데 불필요한 싸움을 걸고 있었던 것이었다. 에덜먼은 짧은 답장을 보내어 내가 뉴욕에 오면 언제든지 록펠러대학교의 자기 연구실에서 나의 편지를 놓고 논의하자고 제안했다.

얼마 후 내가 뉴욕대학교에서 몇 건의 강의를 하고 주말을 뉴욕에서 보내게 되었기 때문에 기회는 곧 찾아왔다. 나는 에덜먼과 둘이 오랜 시간 마주 앉아 건설적인 대화를 나눌 것이라고 기대했으므로 의식의 구조에 대한 내 개요가 제시되어 있을 뿐 아니라 그의 견해에 대해서도 짧게 논의한《의식의 수수께끼를 풀다》의 해당 챕터 원고를 에덜먼에게 보내 두었다. 록펠러에 있는 그의 연구실을 방문했을 때 나는 그가 자신의 팀원들에게 아침나절 동안 내게 질문 공세를 퍼붓고 내 원고의 아이디어들에 반대하라고 명령했음을 알았다. 그는 내가 보낸 원고를 팀원들과 미리 공유하고 있었다. 논의의 맥락을 제공하는 내 편지는 공유하지 않고 말이다. 줄리오 토노니Giulio Tononi와 올라프 스포른스Olaf Sporns가 공격을 주도했다. 마치 제럴드가 부추기는, 태그팀[193] 레슬링 경기 같았다. 게다가 나는 이미 두세 번 들었던 멀티미디어 슬라이드 강의를 또 강제로 앉아서 들어야 했다. 그가 뛰어난 젊은 동료들에게 사건의 배경도 알려 주지 않은 채 나를 공격하면서 아름다운 봄날 토요일 아침을 보내도록 요구했다는 것은 그가 유치하게도 자신에 대한 비판을 잘 견디지 못한다는 첫 번째 징후였다. 그날 나는 일방적으로 두들겨 맞기만 하고 그 어떤 것도 배우지 못했다. 나는 나중에 스포른스와 토노니에게 그들이 읽지 못했던 내 편지에 대해 알려 주는 이메일을 보냈다.

몇 년 후에 에덜먼은 그의 신경과학연구소를 록펠러에서 라호이아로 옮겼다. 그곳은 UC 샌디에이고에 있는 프랜시스 크릭의 연구실에서

---

193 두 명이 팀을 이루어 경기하는 레슬링팀을 일컫는 경우가 많다.

불과 1마일 남짓 떨어져 있었다. 두 노벨상 수상자는 친구가 아니었고 제럴드는 프랜시스가 주재하는 오후 '차 모임'에 초대받지 못했다. 한번은 내가 크릭의 연구소에서 강연 요청을 받았는데 에덜먼의 젊은 동료 몇 명이 내 강연을 듣고는 끝난 후까지 남아서 (건설적인!) 질문을 꽤 길게 했다. 그런데 그들이 계속 초조하게 시계를 보고 있기에 왜 그러느냐고 물어보았다. 그들은 내 대답을 들으려면 제럴드의 실험실을 상당 시간 비워야 하고 그들이 그렇게 배신했다는 걸 제럴드가 알게 되면 틀림없이 해고될 것이라고 솔직하게 털어놓았다. 1992년에 에덜먼과 나는 로카르노에서 열린 한 학술대회에서 올리버 색스를 만났다. 커피 타임에 내가 그 위대한 사람에게 수전을 소개하려던 찰나 에덜먼은 나를 한 번 쳐다보더니 "어이, 사기꾼!"이라고 말했다. 그러더니 악수도 안 하고 갑자기 뒤돌아서 회의장을 나가버려 우리 모두는 어안이 벙벙해졌다. 에덜먼은 가방을 챙겨 원래 일정보다 일찍 떠났다. 나는 저녁식사 자리에서 올리버와 긴 대화를 나누었는데 올리버는 에덜먼의 패거리에 휩쓸려 있던 상태였다. 그 후 곧 올리버는 에덜먼과 멀어졌다.

제럴드가 타인의 견해에 좀 더 공감하는 법을 배웠더라면, 그래서 세계를 '우리 대 그들'로 양분하는 유혹에 저항했더라면 그는 훨씬 더 강력한 영향을 미칠 수 있었을 것이다. 그는 함께 연구하는 사람들에게 자신의 실험실에서 일어나는 일을 절대 발설하지 않겠다는 '충성 서약서'에 서명하도록 강제했다. 그런 수준의 비밀주의는 노벨상 경쟁에서 벌어지는 불행한 특성이며 제럴드는 노벨상을 두 번이나 받은 라이너스 폴링Linus Pauling을 이기고 싶다는 열망을 숨기지 않았다. 제럴드가 노벨상을 목표로 한 분야는 무려 세 가지였다! 이미 수상한 면역학 외에도 그는 세포 접착 분자의 발견으로도 수상하고 싶어했고—이에 대해서는 상을 받을 만하다—거기에 더해 뇌의 의식 이론으로도 하나를 더 받고 싶어 했다. 그런 열망을 품는 것과 그것을 남에게 이야기하는 것은 별개의 일이다. 가끔 보면 제럴드는 대인 관계에서 놀라울 정도로 둔감했고 그로 인해 큰 대가를 치러야 했다. 그렇지만 않았다면 그는 두 번째 노벨상을 받았을는지도 모른다. 몇 년 후 하버드 의과대학에 본부를 둔 유서 깊고 저명한 단체인 보스턴 신경학, 신경외과학, 정신의학회는 에덜먼에게 강연을 요청했고 주최 측에서는—나와 제럴드의 악연을 모른 채—나를 즉석 논평자로 초대했다. 나는 수락했다. 내가 저녁을 먹으러 하버드 클럽 전용 식당 안으로 걸어 들어가자 제럴드는 유령이라도 본 것처럼 놀란 것 같았다. 그는 내가 논평자라는 말을 듣지 못했고 그 사실은 틀림없이 그를 괴롭혔다. 그가 멀티미디어 강연을 위해 장치—원형 회전 슬라이드와 비디오테이프—를 준비하고 있을 때 나는 그에게 강연과 토론을 녹화해도 될지 정중하게 물어보았다. 즉석 토론이니 우리 둘 중 한 명이라도 나중에 되새길 가치가 있는 무언가를 말하게 될 수도 있으리라고 생각했기 때문이었다. 그는 나를 노려보더니 이렇게 말했다. "나는 당신이 뭘 하려는지 알고 있소. 당신은 지금, 그저 내가 거절하기를 기다리면서 질문하고 있어요. 그래서 나중에 당신이 거절당했다고 말하고 다니고 싶은 게지. 하지만 나를 그런 식으로 함정에 빠트리지는 못할 거요. 마음대로 하세요!" 오, 제럴드! 그때 나는 생각했다. 당신 덕분에 훨씬 더 재미있는 이야깃거리가 생겼네요, 그렇죠? 공교롭게도 강연 중에 제럴드의 슬라이드 회전기가 문제를 일으켰다. 학습하는 뇌의 다윈주의 모형을 개발한 선행자들의 견해를 왜곡한 슬라이드들이 들어 있었던 것이다. 그런 슬라이드가 화면에 나올 때마다 그는 아무 말 없이 **찰칵-찰칵-찰칵-찰칵** 하고 슬라이드를 휙휙 넘겨 버렸다. 그러나 내가 보기에는 넘기는 속도가 그리 빠르지 않아서 슬라이드가 주장하는 바를 슬쩍슬쩍 엿보기에 충분했다. 내가 해설 및 논평을 할 시간이 왔다. 나는 뇌에서의 학습 문제에 다윈주의적 사고를 현명하게 적용한 **많은** 모형 중 제럴드의 모형이 **최고**라고 칭찬했다. 그가 자신의 주장을 세세하게 설명하기에는 주어진 시간이 너무 짧았기에 청중을 위해 내가 몇 가지 공백을 메웠다. 내가 제럴드 에덜먼을 직접 본 것은 그때가 마지막이었다. 그 후로 그의 팀 구성원과 자주 교류했는데 분위기는 대체로 긍정적이었다.

제리 포더

과학에 대한 제리 포더의 충성심이 편협하고 조건적이라는 것—그에 따르면 과학은 마음이 무엇이어야 하는가에 대한 그의 다소 낭만적 시각을 지지하는 한에서만 훌륭하다—을 내가 깨닫는 데는 여러 해가 걸렸다. 나는 이런 점을 배리 로어Barry Loewer와 조르주 레이가 공동 편집한 책《의미와 마음-포더와 그의 비판자들Meaning and Mind: Fodor and His Critics》(1991)이라는 책에 실린 내 논문 〈안전한 과학을 위한 할머니 운동Granny's Campaign for Safe Science〉에서 설명했다. 포더는 일상생활에 필요한 간단명료한 지혜의 원천으로 자신의 '할머니'를 자주 언급했다. 그것을 보며 나는 그가 마음의 과학에서 모든 전도유망한 발전에 반대한다는 생각이 들었다. 물론 스키너주의적 행동주의는 이미 죽었지만 그는 AI와 연결주의, 심리학의 '뉴룩 운동new look'(제롬 브루너 등), —나중에 깨달았지만—다윈주의 진화론을 이용하여 마음에 접근하려는 모든 시도에 반대했다. 당시 내가 농담 삼아 했던 말은 마약에 대한 낸시 레이건Nancy Reagan의 충고를 빗댄 것인데 "할머니 가라사대 '고전적인' 인지과학을 할 수 없다면 '그냥 하지 마'[194]"였다.

제리는 남을 자극하여 도발하는 것을 좋아했다. 나는 한때 제리를

---

194 원문은 "just say no". 데닛은 낸시 레이건의 약물 거부 운동 슬로건 "just say no to drug(마약, 그냥 거절하세요!)"에서 이 말을 따온 것으로 보인다.

인간 트램펄린이라고 묘사한 적이 있다. "내가 다른 사람들보다 더 멀리 볼 수 있다면 그건 내가 제리 위에서 점프했기 때문이다." (아이작 뉴턴의 그 유명한 말을 본떠 말한 것이지만 아쉽게도 내가 원저자가 아니다. 한때 이와 유사한 다른 표현, "내가 다른 사람들만큼 멀리 볼 수 없다면 그건 거인들이 내 어깨에 올라타 있기 때문이다!"라는 말을 내가 했다고 인용된 적이 있다. 내가 그 말을 했다면 좋았을 텐데, 지금은 내가 말했지만 안타깝게도 내가 원저자는 아니다.)

제리는 어려운 주제에 도전하는 것을 정말 좋아했다. 그의 위대한 책《생각의 언어The Language of Thought》(1975)는 아주 흥미로운 몇 가지 함축을 담고 있었는데 제리는 그것을 부정하지 않았다. 예를 들어 그의 견해는 이런 의미를 담고 있었다. 아리스토텔레스는 **라스베이거스를 왕복하는 보잉 747**이라는 개념을 머릿속에 갖고는 있었지만 그것을 표현하지 않았을 뿐이다. 그렇다! 그는 한때 조지프 콘래드Joseph Conrad도 블라디미르 나보코프도 영어를 말하지 못한다고 내게 장담했다. 두 사람 다 영어가 모국어가 아니라는 것이 그 이유였다.[195] 예상할 수 있듯이 이 놀라운 주장을 지지하는 **무언가**가 있다. 때때로 이 저자들은 영어 원어민은 거의 말하지 않는 표현을 사용한다. 그것은 이 위대한 작가들이 영어와 친숙한 정도에서 나타나는 자그마한 빈틈일까 아니면 그들이 뛰어난 창의력을 발휘한 결과일까? (이는 실제로 탐구하기 매우 좋은 질문이다. 영어가 모어인 화자는 단어 선택을 할 때 지나치게 습관에 의존하는 경향이 있을 수 있고 비영어권 화자가 사용한 혁신적인 표현이 곧 수

---

195 그러나 실제로는 두 사람 모두 영어 문학의 대표 소설가로 꼽힌다. 조지프 콘래드(1895~1923)는 폴란드 출신의 영국 소설가로 20여 권의 영어 소설을 썼으며 영화 〈지옥의 묵시록〉의 원작 소설《암흑의 핵심Heart of Darkness》(1899)으로도 유명하다. 블라디미르 나보코프(1899~1977)는 러시아 태생의 미국인 소설가이자 곤충학자, 번역가이다. 대표작《롤리타Rolita》(1955)는 많은 신조어의 산실이 되었다. 나보코프는 러시아어, 영어, 프랑스어 모두에 능통했고 아홉 권의 영어 소설을 썼으며 러시아어보다 영어를 먼저 배웠다고 한다.

용 가능한 영어로 발전하는 경우가 많아 그들이야말로 새로운 영어 표현의 주요 혁신가가 될 수 있기 때문이다.)

제리는 우리 믿음뿐만 아니라 언어가 없는 동물의 믿음도 뇌 속에 정신어(멘털리즈)Mentalese, 즉 사고언어로 담겨 있으며 이를 통해 추론하고, 행동 의도(지향)를 형성하며, 합리적으로 사고할 수 있다고 주장했다. 이런 이야기를 듣는다면 제리가 바로 그러한 실용적인 사고언어를 AI에서 모델링하는 시도에 매료될 것이라는 생각이 들 것이다. 그러나 정작 그는 AI에 관심이 없었고 그나마 있는 감정이라고는 경멸뿐이었다. 한때 그는 사고언어가 컴퓨터 코딩의 최하위 레벨인 '기계어'와 같다고 주장했다. 그러나 나의 옛 터프츠 동료이자 친구인 데이비드 이스라엘(원래 철학자였다가 AI 연구자로 변신했다)이 그에게 상세한 사항을 질문하자 제리가 기계어에 대해 몹시 잘못 알고 있다는 사실이 드러났다. 데이비드는 그런 잘못된 정보를 어디서 얻었느냐고 물었고 제리는 심드렁하게 대답했다. "그냥 나 자신에게 물어보았지요. '내가 컴퓨터라면 나의 기계어는 어떠할까?'라고요." 제리의 사고언어 개념은 마음이라는 미스터리를 연구하는 과학의 발전을 아주 성공적으로 가로막는 방식임이 드러났다. 매우 영향력 있는 저서 《마음의 모듈성The Modularity of Mind》(1983)에서 그는 마음이 주변부 '모듈module'의 집합으로 이루어지며 각 모듈은 모듈화되지 **않은**, '믿음 고정'이 일어나는 중심 영역에 자기들이 얻은 결과를 전달한다고 주장했다. 그러나 그의 주장에 빛을 드리우는 과학 연구는 없다. 그의 주장에 따르면 모든 진보는 주변부 모듈—언어 파싱parsing[196] 모듈, 얼굴 인식 모듈 등등—의 구조와 역량을 분석하는 데서 이루어져 왔다. 이 책의 제목을 좀 더 정확하게 짓는다면 '마음의 비모듈성The Nonmodularity of Mind'이 되어야 할 것이다.

---

196 문장의 구성 성분을 분해하고 분해된 성분의 위계 관계를 분석하여 구조를 결정하는 작업을 뜻한다. 구문 분석이라고도 한다.

제리가 지지한 상상 속의 '고전적' 인지과학은 심히 데카르트적이며 반다윈주의적이고 비생물학적이었다.

열정적 당파성과 괴롭힘은 별개의 문제이며 때로는 제리의 열정이 그의 예절 감각을 무너뜨려 그는 학생이나 동료 들을 날카롭게 비꼬거나 조롱하며 사납게 대응하곤 했다. 때때로 나는 내 오랜 항해 친구이자 다이빙 친구인 제리를 공적으로 질책해야 했다. 과학에 종사하는 이는 거의 모두가 다윈주의 진화의 기본 원칙—"어이, 지구는 둥글고 물은 H_2O이고 생물은 자연선택에 의해 진화했다네"—을 당연시한다. 그러나 나는 '굴드와 르원틴이 적응주의를 완전히 반박했다'는 제리의 확고한 믿음이 그의 잘못된 믿음에서 빙산의 일각에 불과한 것 같다고 의심했다. 제리는 확실히 창조론자는 아니었다. 하지만 모든 다윈주의적 사고에 대한 그의 반감은 불안할 정도로 노골적이었고 내가 그에 대해 언급하자 그의 친구와 동료는 가끔 내가 틀렸고 제리를 불공평하게 대하고 있다고 말했다. 내가 그랬던가? 제리의 맹비난은 때로는 우습기도 했다. 내 견해에 대해 그는 이렇게 썼다. "테디베어는 인공적이다. 그렇지만 **진짜 곰 역시 인공적이다.** 우리가 테디베어를 만들면 대자연은 진짜 곰을 만든다. 철학은 놀라움으로 가득하다.(1990)" 우리의 우호적 관계에 특히 긴장감이 맴돈 것은 1995년 《다윈의 위험한 생각》이 출판된 이후였다. 《마음과 언어Mind & Language》에 실린 제리의 서평은 풍자와 희화화가 넘치는 걸작이었다. 내 책은 제리가 진화론적 사고를 어떻게 왜곡하고 있는지를 명확히 보여 주었다. 또한 그가 굴드와 르원틴의 〈산마르코 성당의 스팬드럴〉 논문을 얼마나 맹목적으로 오독했는지도 만천하에 드러내 버렸다. 그런 만큼 제리가 내 책에 반격한 것은 놀랄 일이 아니었다. 하지만 그가 지닌 반다윈주의의 깊이에는 놀랄 수밖에 없었다. 그의 좌우명은 아마 이런 것 같았다. "나는 생물학에 대해 잘 모른다. 하지만 내가 무엇을 싫어하는지는 안다. 그것은 바로 자연선택에 의한 진화이다."

2007년 제리는《뉴욕 리뷰 오브 북스》에 〈왜 돼지는 날개가 없는가Why Pigs Don't Have Wings〉라는 논문을 발표하여 그가 다윈주의적인 모든 것을 싫어한다는 내 판단이 착각이 아니었음을 분명히 했다. 2009년에 나는 강연을 위해 애리조나에 머물렀는데 내 오랜 친구인 마시모 피아텔리-팔마리니와 세계적인 유전학자이자 면역학자인 도나타 베르첼리Donata Vercelli—마시모의 아내—와 함께했다. 우리는 진화에 대해—내 생각에는 암묵적 합의로서—논의하지는 않았다. 그러나 내가 떠날 때 마시모는 제리와 함께 진화에 관해 쓴 책의 원고를 내게 건네며 그것을 빨리 훑어보고 의견을 줄 수 있는지 물었다. 나는 보스턴으로 돌아가는 비행기 안에서 원고를 읽었고 아마도 내 친구 마시모는 그 책을 출판하지 말자고 제리를 설득하는 데 내 지지가 필요했을 것이라 판단했다. 아무튼 나는 마시모의 의도가 진짜로 그러했는데 내가 그것을 눈치채지 못한다면 나중에 심히 자책할 것 같았다. 그랬기에 집에 와서는 한 걸음 더 도약하여 우리 친구 제리의 평판을 위해 그 프로젝트를 포기하기를 강력하게 권고하는 이메일을 보냈다. 그런데 내가 틀렸다. 마시모는 그런 반응을 원하지 않았던 것이다. 바위 같은 그의 침묵이 그 점을 명확히 웅변해 주었다. 두 사람이 함께 쓴 그 원고는《다윈의 오류》라는 제목으로 2010년에 출판되었으며 일반적으로 (그 책을 좋아한, 지적설계를 믿는 사람들을 제외하면) 당혹스러운 사건으로 인식된다. 음, 나는 내가 할 수 있는 일을 성심성의껏 했고 마시모는—바라건대—계속 내 친구이다. 어떻게 그가 그런 잘못된 견해를 고집할 수 있는지는 도통 헤아릴 수 없지만 말이다.

존 설

1991년에 《의식의 수수께끼를 풀다》가 출간되었을 때 《뉴욕 리뷰 오브 북스》는 설에게 내 책의 서평을 의뢰했고 설은 이를 수락했다. 내가 그 사실을 알게 된 것은 여러 사람이 《뉴욕 리뷰 오브 북스》에 서평을 자청했으나 설이 서평자로 확정되어 자신들은 거절당했다는 이야기를 내게 직접 했기 때문이었다. 그러나 정작 설의 서평은 실리지 않았다. 2년 후 설은 《마음의 재발견The Rediscovery of the Mind》을 출간했고 거기서 《의식의 수수께끼를 풀다》를 두 번 인용했으나 책에 대한 논의는 전혀 하지 않았다. 나는 《철학논집》(1993년 4월)에 설의 새 책에 대한 서평을 실었다. 설의 책이 현장에서 이루어진 연구 중 설 자신의 견해를 약화할 수 있는 많은 연구를 허세를 부리며 무시했기 때문에 내 서평은 확실히 비판적이었다. 이는 미묘한 문제를 일으켰다. 나도 설과 똑같은 일을 무수히 했고 또 해 오지 않았던가? 마음과 언어에 대한 유명 철학자의 저작 중 내가 인용한 적도 없고 논의한 적도 없는 책과 논문이 수십 권, 수백 편은 된다. 그런 저작에 대한 나의 **침묵**은 사실 "나는 그런 주장들을 논의할 가치가 없다고 생각한다"라는 것을 드러내는 명징한 외침이다. 설의 침묵과 나의 침묵 사이에 중요한 차이가 있을까? 있다면 아마 이것이 유일할 것이다. 나는 무시할 것을 설보다 더 잘 선택했다! 설이 관련 문헌을 얼마나 성실하게 조사했는지는 모르겠지만 나는 내 판단에 만족할 만큼 부지런하게 했다. 우리는 **모든 사람**의 연구를 진지하게 받아들이는 함정을 피해야 하며 이 점에 대한 우리 판단을 방어하는 과제에도 진지하게 임해야 한다는 메타함정 역시 피해야 한다. 물론 우리는 이에 대한 대가를 치른다. 우리가 무시한 일부 훌륭하고 지적이며 성실한 사람들은 자신들이 부당하게 무시당했다고 느낄 것이며 당연히 우리를 진지하게 받아들이지 않기로 결정할 것이다. 당신이 나를 무시한다면 나도 당신을 무시하겠소. 철학에서 명민하지만 무의미하다고 간주되는 작업이 산처럼 쌓여 가는 상황을 지켜보는 건 성가신 일이다. 그렇다고 해서 소매를 걷어붙이고 그런 사람들을 바로잡으려고 노력하지는 않는다. 그러기엔 나는 내가 할 일에 대해 더 잘 알고 있다. 내게는 그보다 더 중요한 일이 많고 필요한 감시 작업은 또 다른 사람들이 잘 해낼 것이라고 믿는다.

《의식의 수수께끼를 풀다》에 대한 존의 서평이 《뉴욕 리뷰 오브 북스》에 실린 것은 그로부터도 2년이나 더 지나서인 1995년 11월 16일이었다. 바로 그다음 호(1995년 11월 30일자)에 내 책 《다윈의 위험한 생각》을 극찬한 존 메이너드 스미스의 서평(〈유전자, 밈, 마음Genes, Memes and Minds〉)이 게재됐다. 이런 일을 보면 나는 가끔 궁금해진다. 《뉴욕 리뷰 오브 북스》는 내 책에 대한 서평을 연이어 싣고 싶어서 4년이라는 시간이 지난 후에 존에게 새삼 서평을 독촉한 것일까. 설은 서평에서 나의 입장을 "지적 병리학의 한 형태"라고 칭했고 아니나 다를까 자신의 중국어 방 논증을 언급하며 이렇게 질문했다. "데닛은 왜 내가 제시한 논증과 직면하지 않는가? 왜 그는 중국어 방 논증에서 그가 거부한 전제가 셋 중 무엇인지를 우리에게 말해 주지 않는가?" 하지만 나는 이미 그렇게 했다. 그래서 나는 답신[197]에서 다음과 같이 말했다.

> 예를 들어 '빠르게 생각하기(1987년에 나온 내 책 《지향적 태도》의 제9장)'에서 나는 이미 설이 제시한 논증의 전제 세 개를 모두 인용했고, 논증이 성립되기 위해 필요한 해석을 적용했을 때 **그 세 전제 모두**가 왜 틀렸는지를 정확하게 보여 주었다! 1987년에 썼던 그 내용을 1991년 책에서 왜 반복하지 않았느냐고? 왜냐하면 나는 설과 달리 다른 작업으로 넘어갔기 때문이다. 그렇지만 나는 《의식의 수수께

197 이 답신은 같은 잡지 1995년 12월 21자에 실렸다.

끼를 풀다》에도 1987년 책의 그 부분을 436쪽의 각주에 넣었고 그에 대한 설의 유일한 대응은 논증도 없이 단순히 내가 제시한 논점이 자기와 무관하다고 선언한 것뿐이라고 언급했다.

이 의견 교환에서 존은 내 비판에서 무엇이 잘못되었는지 보여 달라는 내 요구를 계속 무시한 채 어떠한 논증도 없이 그저 이렇게 선언했다. "가능한 한 명확하게 말하자면《의식의 수수께끼를 풀다》에서 데닛은 의식의 존재를 부정하고 있다." 설은 그렇게 생각했기에 내가 옳을 수도 있다는 가설을 고려하지조차 않았다. 내가 그 책의 초반 챕터 전부를 할애해서 '내 말은 의식이라는 것이 존재하지만 그것이 여러분이 생각하는 그런 것은 아니라는 것'임을 설명했는데도 말이다.

2002년에 수전과 나, 존과 그의 아내 다그마르는 고등연구소인 부다페스트 콜레지움의 중정에서 기분 좋은 점심을 함께했다. 당시 나는 그곳의 방문연구원이었다. 식사 분위기가 화기애애했기에 나는 존과 나의 관계가 어느 정도 회복되었다고 생각했고 설의 연구를 기념하여 2010년 캘리포니아의 산타클라라대학교에서 열리는 행사의 발표 요청을 받아들였다. 발표자는 넷이었다. 퍼트리샤 처칠랜드, 네드 블록, 타일러 버지Tyler Burge, 나. 내가 제일 나중에 발표했는데 앞의 세 명은 아무도 존의 연구를 다루지 않았다. 그들은 각자 자기의 연구에 관해 말했고 존의 연구에 대해서는 예의상 가볍게 언급만 했다. 하지만 나는 그러지 않았다. 나는 정확한 인용문과 명확한 반박을 통해 존의 연구에 대해 자세히 논의했다. (X에 대한 학술회의에 나를 발표자로 초청하고 내가 수락한다면 내가 X에 대해 논의할 것이라고 봐도 된다.) 내 강연의 제목은 〈튜링의 기묘한 뒤집기와 존 설의 상상력 실패Turing's Strange Inversion and John Searle's Failure of Imagination〉로 내가 가장 좋아하는 주제—상상력의 실패를 필연성에 대한 통찰로 착각하는 철학자와 과학자—를 반영한 것이다. 사실 그 강연은 상당히 가벼운 마음으로 진행했는데 최근에 자신들이 다윈의 이론에 의혹을 갖고 있다고 밝힌 톰 네이글과 제리 포더를 살짝 놀리기도 했고, 내가 아는 한 존이 자연선택에 의한 진화에 관해 아무 말도 하지 않았다는 점도 날카롭게 지적했다. 그는 포더와 네이글에 동의했을까 아니면 내게 동의했을까? 그것도 아니라면 이번 기회에 자신의 견해를 발표할 것인가? 나는 내 강연이 공정한 공격이었다고 생각한다. 그리고 존의 실패를 데카르트, 라이프니츠, 윌리엄 베이트슨William Bateson의 실수와 나란히 놓아 실패했다 해도 대가들과 어깨를 나란히 했으니 수치스러워할 필요가 없도록 안배했다! 그러나 강연을 마치자 앞줄에 앉은 설은 자리에서 일어나 내게서 등을 돌리고는 관객석을 향해 가장 선동적인 말로 혹평을 쏟아냈다. 그는 진화에 대한 그의 의견을 묻는 내 요청에는 응답하지 않고 내가 톰과 제리를 놀렸다고 힐난했다. (나는 그들의 반진화적 선언을 인용할 때 파워포인트 슬라이드에 고양이와 생쥐가 책을 보고 있는 만화 컷을 함께 넣었다.)

그는 중국어 방 논증에 대한 내 세세한 비판을 무시한 채 청중에게 나의 튀는 행동에 깊이 분개하라고 재촉했다. 충격 상태에 빠진 것 같은 그의 장황한 비난이 끝나고 나서 나는 청중에게 말했다. 나는 내가 선을 넘지 않았다고 생각한다고. 청중 또한 그렇게 여겼으리라 생각한다고. 청중은 모두 내 말에 동의했다. 아무도 이의를 제기하지 않은 것을 보면 알 수 있다. 퍼트리샤 처칠랜드는 분위기를 바꾸는 논평을 하며 그 기묘한 에피소드를 끝냈고 설은 자리에 앉았다.

세션이 끝나자마자 다른 참석자들에게 내가 무례했는지 아니면 그보다 더 나빴는지 물어보았다. 모두 괜찮았다고 했고 설이 갑자기 폭발해서 그들도 나만큼이나 당황했다고 말했다. 설 뒤에 앉았던 네드 블록은 다그마르가 존 설에게 내 강연이 설에 대한 터무니없는 공격이므로 뭔가 대응해야 한다고 말하는 것을 들었다고 했다. 아마도 설은 다그마르를 위해 그런 행동을 했던 것 같다. 다그마르는 남편에 대한 거친 비판을 듣는 데 익숙하지 않았을 테니까. 어쨌든 나에 대한 그의 공격은 자연선택에 의한 진화에 관한, 자연선택에 의한 진화가 철학적 문제에 드리울 수 있는 빛에 관한 그의 생각이 어떠한지를 세상에 천명할 기회를 회피한 일이었다. 이는 2010년의 일이고 그 무렵에 학술대회에서 했던 나의 강연은 거의 다 녹화되어 나중에 온라인에 공개되었지만 이 강연은 내가 알기로는 그렇지 않았다. 그 순간을 재생해 보며 무엇 때문에 그 난리가 벌어졌는지 확인하지 못하는 것이 아쉽다.

35

생각도구를 역설계하기

더그 호프스태터가 내게 준 최고의 선물은 그 어떤 사고 실험에서든 "모든 손잡이를 다 돌려 보아야 한다"라는 제안이었다. 무엇이 효과가 있는지 확실히 알 수 있도록 말이다. 이는 마침내 나로 하여금 **직관펌프**라는 개념을 창안하게 했고 좋은 사상가라면 자신의 생각도구들이 어떻게, 왜 작동하는가를 알아야 한다는 생각을 갖게 했다. 내가 그 용어를 인쇄물에서 처음 사용한 것은 설의 중국어 방에 관한 BBS 논평에서였다. 설의 소박한 판타지는 인지과학에서 가장 성공적인 밈이다. 하지만 기억하라. 밈은 우리에게 이롭지 않더라도 확산될 수 있으며 너무 매혹적이어서 저항 불가한 혼란 덩어리로 자리 잡아 몇십 년이 지나서야 그 정체가 드러나고 해소되기도 한다는 것을. 오랜 기간에 걸쳐 나는 철학에 대한 이러한 관점에 점점 더 익숙해졌다. 가장 좋은 철학은 지적인 역설계로 지적 세계의 감염병을 지탱하는 나쁜 사고 습관을 체계적으로 해체하고 그것을 더 나은 생각도구로 대체한다. 가장 단순하면서도 가장 뛰어난 도구 하나는 '확실히'라는 것에 대한 경보이다. 글에서 '확실히'라는 단어를 볼 때마다 당신의 머릿속에서는 작은 벨이

딩동! 하고 울려야 한다. 잠시 멈춰서 그다음에 어떤 말이 뒤따라 나오는지 검토하라. 바로 그 부분이 글쓴이에게 가장 취약한 지점인 경우가 대부분이다. 그것은 '말할 필요도 없이 자명한' 것이 아니다. 글쓴이는 더 말해야 한다는 것을 알지만 '확실히'라는 가벼운 떠밀기 표현으로 논거를 대신하려고 한다. 때로는 이런 방법이 통하기도 하지만 대개는 그렇지 않다. 한번 시도해 보라. 곧 이 단어가 큰 균열을 얼마나 자주 덮어 버리는지 알 것이다.

우리는 그레고리생물이다. 우리 마음은 생각도구—우리가 직접 발명할 필요는 없었지만 우리 문화에서 다운로드한—로 가득하다. 이는 다른 생물과 비교했을 때 확연히 드러나는 우리의 뛰어난 능력을 잘 설명하며 소급적으로 검토하면 분명해진다. 최근 들어 킴 스티렐니[《진화한 견습생The Evolved Apprentice》(2012)], 조 헨릭[《호모 사피엔스, 그 성공의 비밀The Secret of Our Success》(2015)], 세실리아 헤이스[《인지 도구Cognitive Gadgets》(2018)] 등 여러 학자가 그 영향을 탐구하고 있다. 보 달봄은 이 주제에 대한 완벽한 격언을 내놓았다. "맨손으로는 목공 일을 많이 할 수 없고 맨 뇌로는 생각을 많이 할 수 없다."

리처드 파인만Richard Feynman은 너무 똑똑해서 《파인만 씨, 농담도 잘하시네!Surely You're Joking, Mr. Feynman!》에서 그가 연구에 사용한 요령을 공개하는 데 아무런 거리낌이 없었다. 사실 그는 그것을 즐겼다. 그 모습은 내게 영감을 주어 그를 본보기로 삼게 했다. 그의 가장 탁월한 점은 이것이다. 강연자가 전문 용어를 남발하여 알아듣기가 힘들 때면 그는 강연자에게 논의 중인 현상의 가장 단순한 예를 들어 달라고 요청한다. 나는 파인만과 단 두 번 만났는데 첫 만남에서 그의 생각도구가 실제로 작동하는 좋은 사례를 볼 수 있었다. 스티브 바니(이솝 창업자. 19장 참조)와 나는 대니 힐리스의 전설적인 회사, 싱킹 머신사의 점심 세션에 늦게 도착했다. (대니의 회사의 원래 이름은 인터내셔널 싱킹 머신이었으며 최초의 대규모 병렬 컴퓨터인 커넥션 머신을 만들었다. 1993년에 만든 커넥션 머신은 당시 세계에서 가장 빠른 컴퓨터였으며 회사가 파산하기 직전까지 많은 생각도구를 내놓았다. 그들은 자신들의 좌우명을 농담 삼아 "우리가 '생각'이라고 말한다면 그건 '사업'을 의미한다"라고 표현했다. 칼 심스의 '진화한 가상 생물'은 그 자손 격으로 나에게 놀라운 영감을 주었고 꽤 오랜 시간 동안 나는 그것에 관해 앨런 알다가 만든 동영상을 청중에게 보여 주었다. 그 동영상은 내가 아는 한 자연선택의 창조적 힘을 가장 생생하게 보여 주는 시청각 자료이다.) 보스턴대학교의 신경과학자 스티븐 그로스버그Stephen Grossberg는 자신의 적응적 공명 이론Adaptive Resonance Theory(여기서 설명하기에는 너무 복잡하다. 그러나 인지과학에 관심 있는 사람이라면 공부해 볼 가치가 있다)에 대해 강연하고 있었다. 나는 그 이론에 관해 스티븐과 몇 시간씩 토론했고 그의 강의도 종종 들었던 터라 그의 연구를 꽤 잘 알고 있었다. 스티븐은 자신의 아이디어가 인지과학 분야의 많은 문제를 어떻게 해결하는지 공언하는 데 부끄러움이 없었다. 강연에서 스티븐은 까다로운 질문을 던지고 단순한 설명을 요구하며 강연을 계속 중단시키는 참석자에게 놀랄 만큼 친절하게 대했다. 그 대화 상대는 신경과학에 대해 아무것도 모르는 게 분명했음에도 스티븐을 강하게 몰아붙였고 스티븐은 그가 계속 그리하도록 허용했다! 그 참석자가 네 번인가 다섯 번째로 강연에 끼어들었을 때 스티븐은 말했다. "저, 파인만 박사님, 그럼 이런 방식으로 한번 설명해 보겠습니다……." 그리고 나는 깨달았다. 자신이 무지한 문제에 대해 그 문제의 핵심을 파고드는 파인만의 유명한 능력이 시연되는 현장을 실시간으로 목격하고 있다는 것을. 두 번째 만남도 역시 싱킹 머신에서 이루어졌는데 파인만은 말년의 많은 시간을 오랜 친구 대니 힐리스와 함께 다른 방법으로는 풀 수 없는 물리학의 난제를 대규모 연산의 힘으로 해결하는 가능성을 탐구하며 보냈다. 파인만은 철학자를 업신여기는 경향이 있었는데 그때 그는 내 앞에서 그 사실을 굳이 숨기려 하지 않았다. 그래도 그는 자신이 1950년대에 코넬대학교에 있을 때 만난 철학자 몇 명에 관한 이야기를 하며 내 기분을 맞춰 주었다. 당시 코넬의 철학과는 매우 유명했지만 철학자들은 다른 학문 분야의 사람들에게 종종 자신들을 자학하는 방식으로 표현하곤 했다. 파인만은 과학에 대한 무지와 오만함이 조합된 그들의 모습을 묘사했는데 그건 내게 선명하게 와닿았다. 아아, 철학자여. 그대들이 오로지 다른 철학자하고만 계속 이야기한다면 그대들은 '철학자란 아무것도 모르면서 잘난 체하는 인간'이라는 고정관념을 영속화하는 주체가 될 것이다!

생각도구는 효과가 있다. 문제를 조금씩 갉아먹어 새롭고 가치 있는 형태로 바꾸는 데 사용할 수도 있고(내가 보통 사용하는 방법으로 철학적 조각하기라고 부를 수 있다), 나쁜 가정을 산산조각 내는 데 사용할 수도 있다. 나는 예비 철학자에게 이렇게 조언한다. IQ가 얼마인지, 반론을 얼마나 신속하게 만들 수 있는지 등에 대해 너무 걱정하지 마라. 그 대신에 도구 상자에 몇 가지 도구를 더 추가하고 사용법을 익혀라. 그러면 교전 중인 전우들이 갇힌 참호 속으로 당신 스스로 더욱 깊숙이 빠지는 일을 막을 수 있다. 물론 참호 밖에 머물면 위험을 감수해야 한다. 아마추어처럼 보이기 쉽고 전문가는커녕 대중적 작업을 하는 사람이나 기자 정도로 여겨져 무시당하기 십상이다. 때로 나는, 내가 이미 제시한 건전한 탈출구를 진지하게 받아들였더라면 쉽게 벗어날 수 있었을 문제를 철학자들이 (영국식 표현으로) '한 끼 식사 준비'로, 그러니까 쓸데없이 복잡한 일로 만드는 모습을 보면 좌절감마저 느낀다. 그들의 시선으로 보면 나는 흥을 깨는 작자일 것이다. 그들 스스로 훈련해 온 엄청난 도전 과제를 무너뜨리고 있으니 말이다. 《직관펌프, 생각을 열다》는 그런 철학적 함정이 어떻게 발생하며 또 어떻게 피할 수 있는가에 대한 충고(치메스chmess의 더 고차원적 진리[198])를 제공한다. 나는 내 충고를 따른 학생들의 감사 편지를 소중하게 간직하고 있다.

내 모든 생각도구는 사소한 것에 대해 장시간 지적인 허드렛일을 하지 않게 해 준다. 그 외에 또 어떤 좋은 점이 있을까? 나는 생각도구를 이용하여 어떤 것을 구축했을까? 우선 우리가 지금껏 이루어 온 과학적 진보와 흐름을 같이 하는 견고한 틀을 제공했고 세 가지 중요한 철학적 문제—의미(또는 내용), 의식, 자유의지—연구를 어떻게 더 발전시킬 것인가에 관한 마르지 않는 풍부한 원천도 제공했다. 그 세 가지 문제 모두에 대해 내가 오랜 세월 스케치해 온 해결책은 서로 아름답게 잘 맞물리며 각각이 다른 것들을 강화한다. 마음을 가진 것은 지향계이고 또 지향적 태도를 취할 때 잘 식별된다. 즉 마음은 부분들로 구성되며 이때 그런 부분 중 일부는 그 자체로 지향계, 즉 저마다의 의제를 지니며 또 더 작은 부분으로 구성된 아주 작은 행위자이다. 이때 그 작은 행위자의 설계는 설계적 태도를 취하면 잘 식별되며 이는 이들이 물리 법칙을 따르고 있음을 보여 준다. 각 태도를 취할 때 보이는 패턴은 실재하는 것이다. 그것들이 믿을 만하게 투사 가능하며, 예측과 설명이 가능하고, 여러 수준에서 조작 가능하기 때문이다. '진짜 마술'이나 '기적의 조직'은 필요하지 않다. 나는 내가 한 초기의 설명, 즉 반세기 전에 쓴《내용과 의식》(1969)을 기반으로 하여 작업해 왔으며 그 틀의 최신 세부 사항은《박테리아에서 바흐까지, 그리고 다시 박테리아로》에 상세히 명시해 놓았다. 의미와 의식, 자유의지는 전적으로 자연적인 성취이며 수십억 년에 걸쳐 진행된 자연선택의 산물인 현시적 이미지manifest image[199]의 강고한 특성이다. 나는 키스 프랭키시와 최근 크레타에서, 그린란드 앞바다에서, 화상 회의를 통해 대화를 나누었는데 그 덕분에 세 주제의 요점을 몇 단락으로 요약하여 표현할 방법을 마침

---

198 '치메스'는 원래 있던 단어가 아니라, 데닛이 체스chess에 'm'자를 넣어 만든 신조어다. 일차적 의미는 '실제 체스와 비슷하지만 규칙이 조금 다른 가상의 게임'이지만(프롤로그 참조), 데닛은 이 단어를 '학문적인 것으로 보이지만 실질적인 가치는 없는 논쟁이나 개념'을 가리키는 은유로 사용했다. 쓸데없이 복잡하지만 자세히 살펴보면 실질적 의미는 없는 논의를 풍자하기 위해 만든 단어인 것이다. 따라서 '치메스의 더 고차원적 진리'라는 말은 바로 앞의 '철학적 함정'이라는 것이 복잡하게 보이지만 지나치게 비생산적이고 추상적인 논쟁임을 시사하기 위해 사용된 표현이라고 볼 수 있다.

내 알게 되었다. 드론 조종사(인간)가 원격으로 조종하는 드론을 생각해 보자. 조종기의 사용자 인터페이스는 편리하게도 조종사가 신경 쓰지 않아도 되는 곳에 있는 모터와 작동기(이펙터)에 말 그대로 수천 가지의 미세 조정을 가할 수 있도록 훌륭하게 설계되었다. 그 설계 작업은 어디에선가 이루어져야만 하며 실제로 전문 기술자들이 수십만 시간 동안 지성적으로 설계한 결과물이다. 조종사는 그에게 제공된 사용자 인터페이스의 이점을 활용하지만 조종사 자신의 노하우도 훌륭하게 설계되어 있어야 드론을 잘 조종할 수 있으며 그 노하우의 설계 작업도 거저 얻어지는 것이 아니다. 드론 조종사가 되려면 수천 시간의 연습이 필요하다. 대부분의 연습은 어쩔 수 없이 무수한 시행착오를 겪지만 그와 함께 현명한 자기 조작에 의해 능력 습득이 가속된다. 그 자기 조작이라는 것도 특별한 훈련의 산물임은 물론이다. 그 훈련은 언어의 도움을 얻어 조종사에게 전달되며 언어 자체도 설명을 공유할 수 있도록 훌륭하게 설계된 것이다.

이 모든 설계는 다 어디서 왔을까? 몇 종류의—유전적, 두개내頭蓋內적, 문화적—자연선택에 의한 진화에서 왔다. 우선 생명체는 수십억 년에 걸친 자연선택을 통해 스스로 진화하고 개선되었다. 단세포 생물—고세균과 박테리아—은 번식이라는 근본 문제를 해결했다. DNA의 유전 암호를 만들고 복제 기계인 리보솜, 운동 단백질, 그 밖의 미려하고 정교하게 설계된 메커니즘을 구축하고 최적화한 것이다. 그러다가 진핵 혁명이 일어나 훨씬 복잡하고 특별한 세포가 탄생했는데 이는 '기

199 윌프리드 셀러스는 이미지들을 '현시적 이미지'와 '과학적 이미지scientific image'로 나누었다. 현시적 이미지는 무지개, 돈, 어머니 같은 것들처럼 모국어를 배울 때 자연스럽게 받아들여지며 또 일상생활을 거의 채우고 있는 것들이다. 반면 과학적 이미지는 쿼크, 전자 같은 것으로 일상생활만 해서는 알 수 없는, 과학 시간에 따로 배워야만 하는 전문적인 것들이다. 데닛은 이 구분을 따르면서 의식, 자유의지 등을 논의할 때는 과학적 이미지를 사용해야 하며 쉽게 생각해 낼 수 있는 현시적 이미지만을 이용하여 그런 문제를 설명해 치워 버리고 말라는 많은 유혹에 저항해야 한다고 말한다.

술 이전'의 가장 중요한, 그리고 최초의 사례이다. 이 혁명으로 세포 하나하나의 능력이 몇 배, 몇십 배 증가했고 그들이 함께 모여 다세포 생물이 가능해졌다. 진화 과정을 거치면서 다세포 생물은 뇌에서의 진화를 통해 더 복잡해진 세계에서 생존과 번식에 훨씬 좋은 요령을 발견할 수 있었다. 이는 마침내 하나의 종, 지혜로운 사람이라는 알맞은 이름을 가진, 호모 사피엔스로 이어졌다. 호모 사피엔스는 능력만 지닌 것이 아니라 그 능력의 원천과 설명에 관한 (완벽하지는 않지만 점점 증대되는) 이해력 역시 갖추고 있었다. 우리 종은 언어 덕분에 우리 자신의 신호를 알아차릴 수 있었을 뿐 아니라 결국에는 그것을 분석하고 같은 종의 다른 개체들과 공유할 수 있었다. 그럼 언어는 어떻게 생겨났을까? 언어 역시 훌륭하게 설계되었는데 그 설계의 거의 대부분은 자신이 무엇을 하는지, 왜 하는지 이해하지 못하는 행위자들의 수백만 년에 걸친 연구 개발R&D 과정에서 생겼음이 틀림없다. 밈이 자연선택되며 이루어진 문화적 진화는 훨씬 더 빠르고 풍부한 설계 생성기를 추가했으며 이는 인간에게 다른 어떤 생명체보다 더 많은 자유도를 제공했다. 이와 동시에 그 **자유도**를 어떻게 제어할 것인가 하는 문제도 제기했다. 그런 문제를 다루는 일은 '다음에는 무엇을 할 것인지 생각하는 문제'로 바뀌고 그것이 바로 의식의 흐름을 만든다. 머릿속에서 모든 아이디어를 적합한 순서로 정리하는 우두머리나 교통경찰 같은 것은 없다. 이 제어 문제에 대한 일반적이고 알고리듬적인 해결책은 없는데 각각의 혁신이 대응해야 할 더 많은 자유도를 만들기 때문이다. 그 자연스러운 결과가 바로 자유롭게 움직이고 서로 경쟁하고 협동하는 준행위자—더그 호프스태터의 표현을 빌자면 '활성 기호active symbols'—로 구성되어 의식의 흐름을 생성하는, 인간 뇌의 제어 아키텍처이다. 이 의식의 흐름에 대해서는 어떻게 알 수 있을까? 이 질문은 적어도 데카르트까지 거슬러 올라가는 근본적 오류를 드러낸다. '당신'은 데카르트 극장 안에 앉은 어떤 별개의 영혼이나 자아가 아니라 바로 그 제어 아키텍처이며 자신이 하고 있는 경이로운 일 가운데 일부를 다른 이에게—그리고 자기 자신에게—말할 수 있는, 설계된 능력을 가진 어떤 것이다. 더그가 말했듯이 나는 이상한 고리이다I Am a Strange Loop. 그런데 여기서 강조해야 할 말은 '~이다am'이다. "나는 이상한 고리를 **본다**I watch a strange loop"도 아니고, "나는 이상한 고리를 **경험한다**I experience a strange loop"도 아니고, "나는 이상한 고리**이다**"라고 말했다는 것이 핵심인 것이다. 내가 《의식의 수수께끼를 풀다》에서 말한 것처럼 다음과 같이 쓸 수도 있다.

> 나는 이 모든 것을 어떻게 알았는가? 내 머릿속에서 무슨 일이 벌어지고 있는지를 나는 어떻게 전부 이야기할 수 있게 되었는가? 이 퍼즐의 답은 간단하다. **그게 바로 나이기 때문이다.** 그러한 용어로 그러한 일을 보고하는 자와 아는 자가 나라는 존재이기 때문이다. **나의** 경험은 이 몸에 그런 역량이 있다는 사실로 설명된다. (410쪽)

원격 제어를 받지 않는, 그러니까 조종기가 아예 없고 제어 장치가 완전히 드론에 탑재된 진짜 자율 드론을 만들 때 공학자가 가장 먼저 할 일은 모든 색을 다 보여 주는 LED 스크린[200]을 없애는 것이다. 그런 것은 눈과 색각을 지닌 행위자를 위해 설계된 것이니까. 당신의 머릿속에는 영화가 없다. 당신의 예측과 행동을 제어하기 위해 당신이 의존하는, 수많은 내용의 식별이 있을 뿐이다. 그렇다면 자유의지는 어떨까? 자유의지는 형이상학적 특성이 아니다. 자신의 수많은 자유도를 통제하고—다른 이들이 자신을 원격으로 조종하지 못하도록—가능한 행동의 결과를 상상하고 반추하는 자기 자극의 습관을 기른 보통 사람의

---

200 여기서 LED 스크린은 조종기가 아닌 드론 자체에 부착되어, 사람이 드론의 상태나 센서 정보를 볼 수 있게 하는 인터페이스를 말한다. 진정한 자율성을 지닌다면 원격 조종이 필요 없어지고 그렇게 되면 원격 조종을 하는 사람(조종사)이 볼 수 있도록 만든 인터페이스조차도 필요 없게 된다.

성취이다. 성인으로 진입한다는 것(법적 구속력이 있는 약속을 할 권리와 세계를 자유롭게 이동할 권리를 보장받는 것)은 그 자체로 훌륭한 사회적 메커니즘이며 그것 역시 수천 년 문명의 세월을 거치면서 다듬어진 밈의 자연선택에 의해 설계된 것이다. 삶의 모든 영광은 설계에 달려 있으며 설계는 파괴되거나 손상될 수 있다. 뇌종양은 당신의 자유의지를 파괴할 수 있고 뇌에 생긴 다른 병리 현상도 당신을 무의식 상태로 만들고 당신이 듣거나 말하거나 읽거나 쓰는 단어의 의미를 식별하지 못하게 만들 수 있다.

의미의 원천이 되는 '중앙 의미부여자', 의식 평가자이자 의식 향유자인 '자아', 물리학을 거스르면서 결정을 내리는 '영혼' 같은 것을 상상하는 함정에 빠지지 않으려면 빈틈없는 경계심이 필요하다. 그런 아이디어는 익숙한 데다가 저항할 수 없는 것이라서 많은 사상가가 이를 버려야 한다는 생각 자체에 강한 거부감을 느낀다. 이 중 하나라도 버리기 주저된다면 뭐, 괜찮다. 다른 훌륭한 사상가도 많이들 그러니까. 하지만 그렇다 해도 그런 아이디어가 모두 장구한 시간에 걸친 다양한 자연선택에 의해 형성된 매우 무해한 사용자 환각의 일부라는 것을 기억하라. 생명은 이유와 의미를 존재하게 하며 우주의 우리 구역에서는 오직 인간만이 그것을 이해할 생각도구—언어에 기반한—를 지니고 있다. 우리는 이 행성의 유일한 **이유추론자**—**설명자**라는 강한 의미에서—이다. **이유**는 이유추론자보다 수십억 년 앞서 존재해 왔다. **수**가 수학자보다 훨씬 앞서 존재해 온 것처럼. 그 누구도 헤아릴 수 없을 만큼 오래전에 **하나**의 산소 원자에 **두** 개의 수소 원자가 결합하여 물 분자가 만들어졌다. 그리고 생명체가 세계의 나머지 부분에서 자신들을 (통제된 조건 아래서) 고립시키는 막을 가지는 **이유**는, 생명체가 열역학 제2법칙에 굴복하지 않음으로써 자신을 보호할 필요가 있는 동시에 전 세계를 보호할 여력은 없기 때문이다. 이러한 이유는 이 행성의 역사에서 아주 최근까지도 **인식되지** 못했다. 모든 생명체는 어떤 **이유에 따라**

구성된 부분으로 이루어져 있지만 오직 인간만이 그런 이유들을 **표상**한다. 진화는 우리에게, 모든 생명체에게 훌륭하게 설계된 메커니즘을 선사하여 그것이 없었다면 힘들었을 삶을 더 수월하게 만들어 주었지만 이는 생물에게 이해력 없는 능력을 부여한다. 나무는 한 치의 이해력 없이도 많은 조건하에서 정말 현명하게 대처해 나간다. 토끼와 여우, 코끼리 또한 그렇다. 그들은 현명한 행위를 많이 하면서도 그 행위가 **왜** 현명한지, 언제 그런 행위를 해야 하는지를 이해할 필요가 없는 존재이다. 우리를 자연계의 나머지와 구별하는 것은 이해하고 느끼고 사랑하고 두려워하는 겉보기에 마법 같은 영혼이 아니라 왜-질문을 만들고 그 후보 답안을 평가할 수 있는 우리의 인간적 능력이다.

지독하게 인간 중심적인 이야기 아니냐고? 그렇지 않다. 중요한 것에 제대로 집중하고 있는 이야기이다. 제어는 삶을 비롯한 모든 중요한 것의 열쇠이다. 당신이 통제할 수 있는 것이 많을수록 더 많은 것이 당신에게 중요해진다. 침팬지와 돌고래는 기후 변화, 경제적 불평등, 오염, 전쟁 등의 문제로 인해 위험에 처해 있지만 그것이 얼마나 중요한지 인식하지는 못한다. 오직 우리 인간만이 이러한 문제가 충분히 중요하다고 생각하고 이를 해결하는 데 에너지를 쏟을 수 있다. 인간이 지구의 노블레스 오블리주인 셈이다. 인간이 다른 동물과 크게 다르다고 주장했다는 점에서는 데카르트가 옳았다. 단지 그는 그 차이가 비물질적이고 불가해한 '정신-질료mind-stuff'라는 덩어리에 있다고 주장하는 실수를 저질렀을 뿐이다. 그 환상적인 역량의 배선을 역설계하는 것은 우리가 이제 시작한 위대한 지적 모험이며 그 모험이 아주 활발히 진행되는 시기에 내내 성인으로서 시간을 보낼 수 있었던 것은 내게 엄청난 행운이다.

요즘 들어 내가 반세기 넘게 연구해 온 여러 문제에 대한 안정적인 해결책에 우리가 점점 가까이 다가가고 있다는 생각이 든다. 우선 유물론이 지배적이며 의식, 의미, 자유의지 등의 철학적 문제는 모두 물리학보다는 생물학에 더 많은 빚을 진 설명을 갖게 되었다. 이를테면 생명의 시작은 이유와 의미, 정보(정보의 의미도 여러 가지이지만 그중에서도 가장 중요한 의미에서)의 시작이다, 인간의 뇌는 유전자가 아니라 밈이라는 문화적 진화의 산물에 의해 마음으로 변모했다, 의식은 '자아'나 '중앙 의미부여자'라는 사용자 환각을 만들어 냈고 이는 뇌의 일부가 아니라 (존 에클스 경이 주장했듯이 뇌의 건반을 연주하는 불멸의 영혼은 분명히 아니다) 유용한 추상화—서사의 무게 중심—로 보는 편이 훨씬 낫다 등등이 그렇다. 우리는 서로에게 질문을 던지는데—다른 종의 구성원은 할 수 없다—그에 대한 우리의 답변은 절대 오류가 없거나 내성에 비추어 완벽하게 확인 가능한 것은 아니지만 누구라도 '진정으로 의미하는 것'에 최대한 가깝게 다가갈 수 있는 그런 답이다. 콰인은 원초적 번역이 단 하나의 올바른 해석을 찾아내는 것은 아니라고 주장했다는 점에서 옳다. 밀리컨은 우리가 의미하는 것에 대해, 심지어 우리가 의미하는지 아닌지조차에 대해 우리가 특권적으로 접근하지 못한다고 주장했다는 점에서 옳다. 헤이그 또한—마찬가지로 데리다도—옳다. 해석과 해석에 대한 더 심화된 해석만이 있을 뿐이며 그것 중 무언가를 '절대적 진리'라고 일컬을 좋은 이유는 없다고 주장했다는 점에서 말이다. 그러므로 우리는 과학과 함께 '채식주의적' 진리 개념을 받아들여야 한다. 그런 진리 개념은 우리를 달까지 갔다 돌아오도록 인도한 실제 패턴을 드러내기에 손색이 없으며 곧 우리를 다른 행성으로 이끌 것이다.

36

내가 틀렸다면 어쩌지?

예전의 나는 지금보다 더 성실한 학자였다. 내 관심사와 연결되긴 하지만 범접하기 어려울 만큼 기술적으로 전문적인 (저자가 철학자일 경우에는 난해하게 서술되고 복잡하게 꼬여 있고 전문 용어로 가득한) 학술지 논문이나 책을 만나면 머리를 싸매고 체력을 소진해 가면서 모든 참고 문헌을 확인하곤 했다. 그때는 인터넷 링크도 없던 시절이었으니 자료 조사 및 서지 작업에 실로 엄청난 시간이 걸렸다. 나는 확신에 찬 이해의 상태에 도달하는 것을 일종의 명예로운 과업으로 삼아 논증을 **나 자신의 것**으로 만들 때까지 그런 작업을 계속했다. 이제는 내 관심을 끄는 그런 후보들이 있으면 재빨리 훑어본다. 인생은 짧고 그 참신한 주장이 이해할 가치가 있는 것이라면 곧 내가 신뢰하는 누군가가 내가 쉽게 소화할 수 있는 말로 설명할 것이라는 점을 명심하면서. 요즘에는 어려움에 직면하면 '이해'라는 고된 작업을 거의 언제나 외주로 맡기는데 그런 정책은—적어도 내게는—놀라운 효력을 발휘한다. 이해를 분산하는 것은 실재하는 현상이지만 그 열매를 누리려면 자기 자신도 소통 공동체의 일원, 즉 그 공동체에서 관련 전문 지식을 효과적으로 인출해 제공하는 구성원이 되어야 한다. 다른 철학자도 같은 정책을 고수하는지는 잘 모르겠다. 내가 보기에는 많은 철학자가 학자로 사는 시간의 대부분을 혼자 연구하면서 두어 가지의 좁은 문제 영역을 놓고 고심하며 자발적으로 좁은 시야에 자신을 가두는 것 같다. 그들이 받은 훈련 탓에 다른 방식으로 연구하지 못하는 것은 아닌가 생각한다. 많은 과학자도 비슷한 참호에 갇혀 있다. 한번은 젊고 전도유망한 신경과학자가 원숭이로 실험하는 모습을 지켜본 적이 있다. 원숭이 머리에는 영구적으로 이식된 전극이 튀어나와 있었다. 몇 시간 동안 실험을 지켜본 후 나는 그에게 그의 연구가 지니는 함의는 무엇이라고 생각하는지 물었다. 돌아온 대답은 이러했다. "오, 댄, 제겐 생각할 시간이 없답니다!"

젊은 시절에 발휘해야 했던 그 모든 성실함이 내게 득이 되었을 것이다. 그런 훈련을 하면서 나는 질문의 어려움과 마주했고 그 과정에서 매우 탁월하고 양심적인 많은 사상가를 가두는 함정을 내 눈으로 똑똑히 목격했다. 그런 경험 덕분에 나는 내가 발견—일부는 발명—했고 매일 꾸준히 어려움을 해결하는 놀라운 설명도구에 대한 내 커져 가는 자신감에 약간의 겸손을 주입할 수 있었다. 나의 박사 학위 논문과 첫 책에 어렵사리 담아낸 그 통찰(진짜로 통찰이라고 할 수 있다면 말이지만)은 점점 성숙되고 확장되어 질문에 대한 답변과 문제에 대한 해결책, 반박에 대한 재반박, —그리고 이것이 제일 중요한데—만족스러운 함의와 함께 추가 질문을 생성하고 있다. 그냥 크랭크를 돌리고 나면 그것들이 쏟아지며 직소 퍼즐의 마지막 조각처럼 제자리에 떨어진다. 어쩌면 나의 전체 관점이 거대한 실수일 수도 있고(내 비판자 중 일부는 그렇게 생각한다) 그래서 그 풍부한 결실들이 키메라 같은 근거 없는 망상일 수도 있다.

내가 틀렸다면 어쩌지? 좋은 사상가는 자신에게 이 질문을 자주 던진다. 좋은 의사가 자신이 맹세한 히포크라테스 선서에 위배되는 의

술을 행하는 것은 아닌가 하고 스스로에게 자주 질문하는 것처럼 단지 형식적인 의식만은 아니다. 한번은 라디오 프로그램에 출연하여 나를 인터뷰한 한 복음주의 목사에게 그런 질문을 스스로에게 한 적이 있는지 물어보았다. 그랬더니 그는 자기는 그런 질문을 할 필요가 없다고 자랑스럽게 선언했다. 다시 말해 그는 자신의 믿음이 틀림없다고 생각했다. 나는 문명을 위협하는 가장 큰 위험이 바로 거기에 있다고 감히 제안한다. 말했다시피 종교적 신앙은 사람이 생각을 멈추게 하는, 그럴듯해 보이나 실상은 허술한 변명을 제공한다. 신앙에 의문을 제기하지 않는 것이 자신들의 **종교적 의무**라고 설득된 사람은 모두 부분적으로 장애를 입은 것이다. 사람들이 이런 신앙 카드를 빼 들면 진정으로 염려한다는 어조로 이렇게 말하는 것이 효과적일 때가 있다. "진심으로 사과드립니다. 저는 당신이 인지장애를 겪고 있다는 것을 몰랐어요. 이제 그 점을 명심하고 당신이 감당할 준비가 되어 있지 않은 질문으로 당신께 부담을 드리거나 당황하게 만들지 않겠습니다." 그들을 논의에서 제외하고 그들 없이 토론하라. 그러나 그들을 경멸하거나 모욕하지는 마라. 그들은 어쩔 수 없는 것이다. 물론 성 아우구스티누스는 다음과 같은 말로 이런 전략에 반론했다. 크레도 웃 인텔리감credo ut intelligam. 나는 이해하기 위해 믿는다. 실제로는 많은 종교 신자가 우리 모두가 받아들이고 성공적으로 활용하는 여러 이론과 사실을 제대로 이해하지 못하는 경우가 너무 많아서 이 말은 그다지 인상적이지 못하다.

마크 트웨인Mark Twain의 소설《톰 소여의 모험Adventures of Tom Sawyer》중 내가 가장 좋아하는 장면은 톰이 교묘하게 기지를 발휘하여 그의 친구들에게 톰네 집 앞 울타리를 희게 칠할 특권을 주고 자기는 노동에서 해방될 뿐 아니라 친구들에게서 담장을 칠할 권리에 대한 대가까지 받아 챙기는 이야기이다. 거기에서 영감을 받아 나도 내 책에 같은 전략을 채택했다. 나는 책을 쓰면서 터프츠의 학생들에게 초고 직전의 원고를 나누어 주고 세미나에서 같이 읽으면서 오류를 지적하고, 논증에 도전하고, 더 명확하게 해야 할 부분이 있으면 말해 달라고, 그들이 생각하기에 불만족스러운 부분을 알려 달라고 청했다. 그들은 그 뛰어난 편집 서비스에 대한 보수를 받지 않았고—사실 그들은 이 나라에서 가장 비싼 수준의 등록금을 내고 있다—나는 돈 대신 감사의 글에 그들의 이름을 넣고 책이 출판된 후 저자 사인이 들어간 책을 한 권씩 주었다. 이 일과 관련된 모든 사람이 이 합의에 상당히 만족해했다고 생각한다.

나는 내가 옳다고 생각한 지점을 확장하라거나 수정하라거나 삭제하라고 압박하는 용감무쌍한 반대론자를 특히 소중히 여긴다. 내 수업을 듣는 학생들은 기말 보고서에 대해 논의하려고 내 연구실을 종종 찾는다. 그러다 보면 야망과 불안이 조합된 익숙한 유형이 눈에 띈다. 바로 거창한 아이디어—내 주장이나 우리가 읽은 다른 학자들의 좋은 주장들에 대한 반박—를 가진 열정적인 학생들이다. 그들은 당장 실행에 옮기고 싶어 안달이 나 있지만 한 가지 염려 또한 하고 있다. **"내가 틀린 거면 어떡하지?"** 나는 몇 가지 (실패할 염려가 완전히 없는 것은 아니지만) 조언을 하고자 한다. 용기를 내어 '위대한 발견'을 쓰기 시작하라. 많은 시간 치열하게 생각하고 글쓰기에 시간을 들이고 나면 실망스럽게도 글에서 치명적인 결함이, 그러니까 당신이 간과했거나 과소평가한 무언가를 발견할 것이다. 그래도 끝난 것은 아니다. 일단 첫 단락으로 돌아가서 "~라고 생각하기 쉽지만, ~라는 강력한 주장이 있어 보이지만, 보시다시피 이것은 오류이다"라고 써라. 그런 다음 보고서의 나머지 부분에서 몇 가지 사소한 수정을 하고 당신이 저지를 뻔했던 오류를 주의 깊게 짚고 나면 이제 제출할 준비가 된 것이다. 당신의 위대한 아이디어가 당신에게 매력적이었다면 다른 사람에게도 매력적일 수 있다. 어떤 연구 영역에서 피해 가야 할 막다른 골목이 무엇인지를 보여 주는 것도 그 영역에 대한 진정한 기여이다. 이 전략을 더 넓게 적용하면 평생의 경력을 위한 좋은 조언이 되기도 한다. 지식이 풍부한 몇몇 사람에게 당신의 '위대한 직감'을 시험해 보라. 아무도 그것을 금세 무너뜨리지 못한다면 더 도약하여 시간을 많이 투자하고 (그것이 나쁜 선택이었다면 기회비용이 큰 대가를 치러야 한다는 것도 명심하고) 최선의 결과를 기대해 보라. 적어도 당신의 직감이 틀렸음을 확실히 반박하는 논리는 건져낼 수 있을 것이다. 게다가 그 논리가 원래는 그 입장을 지지했던 사람에게서 나온 것이라면 더욱 신뢰할 만하다.

'디스커버리 인스티튜트'는 지적설계(창조론을 요즘 이렇게 부른다)를 옹호하는, 자금을 풍부하게 지원받는 선전 사이트이다. 나는 종종 이 사이트를 공개적으로 비웃었다. 그곳에서 하는 선전에 비해 그곳에서 나온 동료 심사를 거친 과학 논문의 비율이 실로 참담하다고. 그리고 책임자들에게 할 수 있다면 그 돈을 진짜 과학에 투자하라고, 그럼 어쩌면 그들이 옳다는 것이 증명될지도 모른다고 촉구했다. 그런 말을 해놓았던 터라 2005년 그들이 자연선택에 의한 진화론을 반박하는 실험을 할 '생물학연구소'라는 진지한 연구 시설을 설립한다고 발표했을 때 그들은 내게 그 혁신에 대해 의견을 표명해 달라고 요청했다. 나는 생물학자가 답을 이미 안다고 확신한다는 단순한 이유로 지금까지 무시당한, 그래서 아직 제기되지 못한 진화생물학의 수많은 질문—특성 Y를 지닌 종 X는 어떻게 생겨났는가? 당연히 진화를 통해서이다. 하지만 자세한 건 모른다—이 있으므로 그런 움직임에 박수를 보낸다고 답신했다. 누구도 그런 류의 질문을 놓고 대학원생이나 박사 후 과정 연구원을 끌어들이고 싶어 하지 않는다. 그래 봤자 그 분야의 영향력 있는 연구자들은 결과에 대해 "흐음…… 새로울 게 뭐 있나?" 하는 반응을 보일 테고 그런 반응을 얻는 것은 학자 경력을 시작하는 좋은 방식이 아니다. 그렇지만 만약 생물학연구소가 진화가 틀렸음을 증명하는 데 열정적으로 헌신하는 젊은 과학자들에게 자금을 지원하고자 한다면 우리는 그들의 에너지와 전문성을 (우리 돈 안 들이고) 마음껏 활용할 수 있을 테고 우리가 그들의 소중한 시간을 낭비하도록 부추긴다는 죄책감을 느낄 필요도 없을 것이다. 그들은 자신들을 신성한 임무를 수행하는 십자군으로 여길 것이다. 그보다 더 영광스러운 일이 뭐가 있겠는가? 그들은 다루어지지 않은 질문들 속에서 점진적으로 진화할 수 없는 '환원 불가능한 복잡성'이라는 곤란한 사례를 찾아내려고 할 것이다. 결국 그들은 자신들이 틀렸음을 알게 될 것이며 우리는 진화의 또 다른 우회 경로의 사례를 얻을 것이다. 나의 용어로 말하자면 그들이 스카이후크를 끈질기게 탐색하다 보면 이전에는 상상하지 못했던 크레인을 밝혀내게 될 것이다. 좀 더 명확히 말하자면 그들의 결론은 그들이 발견하고자 한 것과 정반대일 것이므로 우리는 그것을 진지하게 받아들일 것이다. 좋은 이론은 그것을 진지하게 반박하는 시도가 교훈적인 방식으로 실패하는 과정에서 더욱 발전한다.

그런데 소위 **나의** 통찰이라는 것이 그저 엄청나게 창조적인 실수로 생산된 것이라면? 전에도 그런 일이, 그것도 우주적 규모로 일어난 적이 있음을 기억하자. 데카르트는 얼토당토않은 책—《세계론Le Monde》(책 전체는 1667년에 출판되었다)과 《철학의 원리Principia Philosophiae》(1644)—을 써서 최초의 상세한 '모든 것의 이론theory of everything, TOE'을 제시했다. 그는 (주장하기를) 태양 아래의 모든 것에 대해, 태양 너머의 모든 것에 대해 진실을 도출했다. 그 '모든 것'에는 별빛과 행성, 조수, 화산, 자석 등을 비롯하여 아주 많은 것이 포함된다. 현재의 관점에서 보면 그런 주장은 완전히 틀렸다. 데카르트를 결정적으로 반박한 책이 바로 뉴턴의 장엄한 《프린키피아》(1687)이다. 데카르트의 TOE는 지금도 놀랍도록 정합적이고 설득력이 있다. 그처럼 일관적이면서도 그처럼 틀린 **다른** 이론을 상상하기 어려울 정도로! 그는 틀렸다. 물론 나도 틀렸을 수 있다. 그렇지만 내가 존경하는 충분히 많은 다른 사상가도 나와 같은 방식으로 사물을 보아 왔기에 "**우리**가 틀렸다면 어쩌지?"라는 의문이 떠오를 때 나는 이 회의적인 속삭임을 완전히 잊지는 않되 뒷전에서 약한 불로 은근히 끓이며 잠시 제쳐둘 수 있다.

감사의 글

이 책은 여러 사람의 마음이 모여 완성된 작품이다. 무엇보다 이 책 속에서 나와 상호 작용한 모든 사람은 일종의 공동 저자와 같다. (요즘 물리학 논문에 이름을 올리는 수백 명의 공저자와 마찬가지로 그중 누구도 이 책에 남아 있을지 모를 오류에 대한 책임은 없다.) 당연히 놀라운 편집 과정을 거쳤음에도 오류는 있을 것이다. 먼저 세라 리핀콧이 그리고 노턴 출판사의 세라 존슨과 브렌던 커리가 편집을 맡아 주었다. 그 덕에 수많은 오자와 생각의 오자thinko를 발견해 수정할 수 있었다. 루카 델 발도는 표지 그림을 그려 주었고 내 얼굴만이 아니라 내 마음 깊숙이까지 들여다보았다. 나의 저작권 대리인 존 브록만과 카틴카 맷슨은 언제나처럼 탁월한 솜씨로 내 글을 다듬고 완성된 책으로 이끌어 주었다.

이 책은 지금도 길지만 나는 기꺼이 장을 열두 개나 더 쓸 수도 있었다. 마르턴 보드리, 조애나 브라이슨, 윌 로, 톰 클라크, 노먼 대니얼스, 마크 하우저, 브라이스 휴브너, 윈 켈리와 데일 피터슨, 에린 켈리, 에녹 램버트, 댄 로이드, 라이언 맥케이, 앰버 로스, 에번 톰슨, 크리스 비거, 크리스 웨스트버리, 크리스 우드 등과 나눈 대화와 토론에 대해 말하고 싶었기 때문이다. 함께 나이 들어가며 항해를 하고, 스키를 타고, 노래를 부르고, 모험에 나선 친구들과, 우리 아이들과 같이 자라며 또 다른 책을 채울 만큼 모험을 나눈 그들의 아이들에게 사랑을 보낸다. 톰과 지나, 로스와 게일, A와 리키, 수와 태즈, 딕과 롤리, 제프와 폴라, 우리의 대부 딸 에밀리에게.

주

제1부 순조로운 출발

32쪽 **나의 궤도 안에 들어온 엄청나게 똑똑한 사람들** 인지과학 분야의 사람이라면 누구라도 내가 어떤 조언자, 비평가, 협력자 들과 함께 했는지 알면 부러워할 것이다. 그들을 내가 인생에서 만난 순서대로 열거하자면 대략 다음과 같다. 도널드 맥케이, 마이클 아르비브, 마이클 가자니가, 리처드 그레고리, 마빈 민스키, 스티븐 핑커, 앨런 뉴얼, 존 매카시, 더글러스 호프스태터, 올리버 셀프리지, 리처드 도킨스, 조지 윌리엄스, 존 홀랜드, 린 마굴리스, 앤서니 마르셀, 마르셀 킨스부른, 니컬러스 험프리, 레이 재켄도프, 오언 플래너건, 퍼트리샤와 폴 처칠랜드, 댄 로이드, 율릭 나이서, 조너선 밀러, 데이비드 프리맥, 로드니 브룩스, 루스 밀리컨, 킴 스티렐니, 스타니슬라스 드엔, 장-피에르 샹죄, 당 스페르베, 데이비드 헤이그, 테렌스 디콘, 뎁 로이, 토머스 메칭거, 에이드리언 오언, 마이클 레빈, 아닐 세스, 션 캐럴, 산타페연구소의 모든 사람. 그리고 또 터프츠인지연구센터에서 나와 함께 일한 사람들도 있었다. 캐슬린 에이킨스, 세실리아 헤이스, 에번 톰슨, 알바 노에, 라이언 맥케이, 다이애나 래프먼, 로사 카오, 브라이스 휴브너, 크리스 돌레가. 이런 사람들과 함께하면서 흥미진진한 무언가를 배우지 못한다면 당신은 그냥 관심이 없는 것이다!

33쪽 **내가 한 수정 작업을 직접 점검해 보라** 이 주와 더불어 내가 박사 후 연구원 에녹 램버트와 함께 수행한 30편이 넘는 비디오 인터뷰를 검색할 수 있는 아카이브가 있다. 그 인터뷰는 내 연구에서 있었던 여러 에피소드와 주제를 더 깊이 탐구하며 주로 철학자와 인지과학자가 흥미를 보일 만한 것들이다. 아카이브 웹사이트 https://sites.tufts.edu/cogstud/ive-been-thinking-archive/에서는 다음과 같은 내용으로 연결되는 링크를 제공한다.

> 내가 제작했으나 한 번도 방영되지 않은 다큐멘터리. 그리고 마빈 민스키, 시모어 페퍼트, 머리 겔만, 데이비드 헤이그, 존 홀랜드, 칼 심스, 패티 메이스, 셰리 터클, 케빈 켈리, 로드니 브룩스, 올리버 셀프리지, 브루스 매즐리시 등이 참여한, 터프츠에서 열린 인공지능과 진화에 관한 심포지엄(31장을 보라).

〈달빛 왈츠〉(브람스의 곡을 내가 컨트리 웨스턴 버전으로 만든 것. 2장을 보라.)
수십 개의 강연 및 인터뷰 영상.
내가 21세기에 발표한 모든 논문.

(추가로 나머지 모든 출판물과 1965년부터 현재까지 우편과 이메일을 포함하여 내가 주고받은 서신은 터프츠대학교에 보관되어 있으며 내 허가를 받은 연구자가 열람할 수 있다.)

34쪽 **정확히 가능한 하나의 미래**: Peter van Inwagen, *An Essay on Free Will* (Oxford, UK: Clarendon Press, 1983), 3.
37쪽 **'치메스'**: Dennett, *Intuition Pumps and Other Tools for Thinking* (New York: W. W. Norton, 2013), chap. 76.
73쪽 **디지털 오디오 테이프 복사본**: 이 녹음은 이 책의 아카이브 웹사이트에서 들을 수 있다.
74쪽 **〈물질로 만들어진 마음〉**: Tzadik Records, Cat. #4021; 2018년 2월에 발매.
70쪽 **"어떤 근본적인 차이가 있다는 믿음"**: Quine, "Two Dogmas of Empiricism," *From a Logical Point of View* (Cambridge, MA: Harvard University Press, 1953), 20.
109쪽 **"우리가 뭐라고 말할까"**: J. L. Austin, *Philosophical Papers*, 2nd ed., ed. J. O. Urmson and G. J. Warnock (Oxford: Oxford University Press, 1970), 273.
121쪽 **함께 쓴 그 논문**: Christopher Taylor and Daniel C. Dennett, "Who's Afraid of Determinism: Rethinking Causes and Possibilities," in *The Oxford Handbook of Free Will*, ed. Robert H. Kane (Oxford: Oxford University Press, 2002), 257- 77.
122쪽 **기본 책임 원칙**: Alfred Mele, *Autonomous Agents: From Self-Control to Autonomy* (Oxford: Oxford University Press, 1995).
122쪽 **〈마음과 기계〉**: In *Dimensions of Minds*, ed. Sidney Hook (New York: New York University Press, 1960), 138-64.
123쪽 **자유의지에 대한 논문**: D. M. MacKay, "On the Logical Indeterminacy of Free Choice," *Mind* 69, no. 273 (1960): 31-40.
126쪽 **목소리-목구멍 문제**: Daniel C. Dennett, *Content and Consciousness* (London: Routledge & Kegan Paul, 1969), 9.
128쪽 **'비판적 서평'**: Daniel C. Dennett, "A Cure for the Common Code," *Brainstorms* (Cambridge, MA: MIT Press, 1978).
140쪽 **〈믿음에 대한 믿음〉**: "Beliefs about Beliefs," *Behavioral and Brain Sciences* 1, no. 4 (December 1978): 568-70.

제2부 다른 마음들

156쪽 **그 튠드 덱**: Daniel C. Dennett, "Explaining the 'Magic' of Consciousness," in *Sweet Dreams: Philosophical Obstacles to a Science of Consciousness* (Cambridge, MA: MIT Press, 2005).

163쪽 **"큰 유산? 16마리의 곰!"**: "The Interpretation of Texts, People and Other Artifacts," *Philosophy and Phenomenological Research* 1, Supplement (Fall 1990).

166쪽 **〈지향계〉**: *Journal of Philosophy* 68, no. 4 (February 25, 1971): 87-106.

167쪽 **고틀로프 프레게의 선구적인 책**: *Grundgesetze der Arithmetik*, Band I (1893); Band II (1903) (Jena, Germany: Verlag Hermann Pohle). In English (translation of selected sections), "Translation of Part of Frege's *Grundgesetzeder Arithmetik*," in *Translations from the Philosophical Writings of Gottlob Frege*, trans. and ed. Peter Geach and Max Black (New York: Philosophical Library, 1952), 137-158.

169쪽 **내 이름의 철자는 정확히 써 달라!**: chapter 74, "A Faustian Bargain," in *Intuition Pumps and Other Tools for Thinking* (New York: W. W. Norton, 2014).

170쪽 **제8판**: 《철학 어휘 목록》 웹사이트를 보라. http://www.philosophicallexicon.com.

181쪽 **셀러스의 감각질 개념**: *Consciousness Explained* (Boston: Little, Brown, 1991), 383ff; and *Sweet Dreams: Philosophical Obstacles to a Science of Consciousness* (Cambridge, MA: MIT Press, 2005).

182쪽 **이야기가 유머러스했다**: "Comment on Wilfrid Sellars," *Synthese* 27 (July/August 1974): 439-44.

192쪽 **노버트 위너**: 내가 쓴 에세이를 보라. "What Can We Do?" in *Possible Minds*, ed. John Brockman (New York: Penguin, 2019).

192쪽 **확실히 나는 컴퓨터에 관한 많은 것을 배웠다**: chapter 12, "What Is a Deepity?" in *Intuition Pumps*.

120쪽 **《사고언어》**: 나의 비판적 서평을 보라. in *Mind*, April 1977, reprinted as "A Cure for the Common Code?" in *Brainstorms*.

제3부 나의 지적 항해

259쪽 **〈믿음을 넘어서〉**: In *Thought and Object: Essays on Intentionality*, ed. Andrew Woodfield (Oxford, UK: Clarendon Press, 1982).

261쪽 **카페의 벽**: R. L. Gregory and P. Heard, "Border Locking and the Cafe

Wall Illusion," *Perception* 8, no. 4 (1979): 365- 80, fig. 17, https://doi.org/10.1068/p080365.

261쪽 **도구가 사람을 더 똑똑하게 만든다**: R. L. Gregory, *Mind in Science: A History of Explanations in Psychology and Physics* (Cambridge: Cambridge University Press, 1981); 그리고 나의 논평을 보라. "The Well-Furnished Mind," in *Contemporary Psychology* 27, no. 8 (1982).

261쪽 **생산과 시험의 탑**: 기본 아이디어는 "Why the Law of Effect Will Not Go Away," *Journal for the Theory of Social Behaviour* 5 (October 1975): 169-87에 있다. '포퍼생물' '그레고리생물'이라는 명칭은 *Darwin's Dangerous Idea* (New York: Simon and Schuster, 1995에서 추가했다.

282쪽 **《뉴욕 리뷰 오브 북스》**: Douglas R. Hofstadter, "Who Am I Anyway?," *New York Review of Books*, May 29, 1980.

283쪽 **제프리 힌턴의 논평**: *Contemporary Psychology* 24 (1979): 746-48.

287쪽 **설의 서평**: John R. Searle, "The Myth of the Computer," *New York Review of Books*, April 29, 1982.

287쪽 **설의 비판에 대한 답변**: *New York Review of Books*, June 24, 1982.

288쪽 **로버트 프렌치**: 프렌치의 프로젝트에 대해 알고 싶다면 그의 책에 실린 나의 서문을 참조하라. *The Subtlety of Sameness* (Cambridge, MA: MIT Press, 1995) reprinted in *Brainchildren: Essays on Designing Minds* (Cambridge, MA: MIT Press, 1998).

298쪽 **〈지적 능력의 사회적 기능〉**: Nicholas Humphrey, "The Social Function of Intellect," in *Growing Points in Ethology*, ed. P. P. G. Bateson and R. A. Hinde (Cambridge: Cambridge University Press, 1979).

300쪽 **'부조리'**: Thomas Nagel, "The Absurd," *Journal of Philosophy* 68, no. 20 (1971): 716-27.

309쪽 **그녀의 책이 출판된 후**: Ruth Garrett Millikan, *Language, Thought, and Other Biological Categories* (Cambridge, MA: MIT Press, 1984).

316쪽 **로고로 만든 동영상 레지스터 기계**: 레지스터 기계에 대한 나의 소개글, "The Seven Secrets of Computer Power Revealed," chapter 24 of *Intuition Pumps*.

317쪽 **상상력 보강 장치**: Daniel C. Dennett, "Notes on Prosthetic Imagination," *New Boston Review* 7 (June 1982): 3-7.

321쪽 **몇 가지 인상적인 결과를 낳다**: 예를 들어 Brian Skyrms, *The Evolution of the Social Contract* (Cambridge: Cambridge University Press, 1996); Chris Eliasmith, *How to Build a Brain* (Oxford: Oxford University Press, 2013); Kun Zhang, Joseph D. Ramsey, and Clark Glymour, "The Evaluation of Discovery: Models, Simulation and Search through 'Big Data,'" *Open*

Philosophy 2 (2019): 39-48, https://doi.org/10.1515/opphil-2019-0005.

322쪽 **〈데카르트의 설계로부터의 논증〉**: *Journal of Philosophy* 105, no. 7 (2008): 333-45.

324쪽 **'자유의지 인플레이션'**: "Herding Cats and Free Will Inflation," Romanell Lecture delivered at the 117th annual Central Division meeting of the American Philosophical Association, Chicago, February 28, 2020.

327쪽 **프레임 문제**: 에드 얄타가 쓴 프레임 문제에 관한 훌륭한 입문 글을 (온라인) 스탠퍼드 철학백과사전에서 읽을 수 있다. https://plato.stanford.edu/entries/frame-problem/.

328쪽 **원숭이 연구**: "Out of the Armchair and into the Field," *Poetics Today* 9 (1988): 205- 21; reprinted in *Brainchildren*, 289-306.

334쪽 **캐슬린 에이킨스**: K. A. Akins and M. Hahn, "More Than Mere Colouring: The Role of Spectral Information in Human Vision," *British Journal for the Philosophy of Science* 65, no. 1 (2014): 125-71, http://doi.org/10.1093/bjps/axt060; K. A. Akins, "A Bat without Qualities," in *Consciousness*, ed. M. Davies and G. Humphreys (Oxford, UK: Blackwells, 1993), 258-73; K. A. Akins, "Of Sensory Systems and the 'Aboutness' of Mental States," *Journal of Philosophy* 93, no. 7 (July 1996): 337-72.

337쪽 **서사의 무게 중심**: "The Self as the Center of Narrative Gravity,"in *Self and Consciousness: Multiple Perspectives*, ed. F. Kessel, P. Cole, and D. Johnson (Hillsdale, NJ: Erlbaum, 1992).

340쪽 **우리는 그 글을 다른 곳에 출판했다**: Nicholas Humphrey and Daniel C. Dennett, "Speaking for Our Selves," *Raritan: A Quarterly Review* 9 (Summer 1989): 68-98; reprinted in *Brainchildren*, 31-58.

343쪽 **줄리 크리스티 문제**: Daniel C. Dennett, "Commentary on Newell: Is There an Autonomous 'Knowledge Level'?," in *Meaning and Cognitive Structure*, ed. Z. Pylyshyn and W. Demopoulos (Norwood, NJ: Elsevier, 1986), 51-54; reprinted in *Brainchildren*, 282.

344쪽 **셰익스피어와 뉴턴**: Nicholas Humphrey, "Scientific Shakespeare," Edge, accessed December 7, 2022, https://www.edge.org/3rd_culture/humphrey/shakespeare.html.

346쪽 **앤서니 마르셀과 에두아르도 비시아크**: See A. J. Marcel and E. Bisiach, *Consciousness in Contemporary Science* (Oxford: Oxford University Press, 1988).

351쪽 **나의 서평을 보라**: *Journal of Philosophy* 76 (1979): 91-97.

361쪽 **"지금까지 나온 의식 이론 중 가장 어리석은 주장"**: Galen Strawson, "The Consciousness Deniers," *New York Review of Books*, March 13, 2018.

361쪽 **그는 굴하지 않고 자기 의견을 고집했다**: Galen Strawson, "A Hundred Years of Consciousness: 'A Long Training in Absurdity,'" *Estudios de Filosofía* (Medellín, Colombia) 59 (January/June 2019).

361쪽 **키스 프랭키시**: Keith Frankish, "Illusionism as a Theory of Consciousness," *Journal of Consciousness Studies* 23, nos. 11/12 (2016): 11–39; Keith Frankish, "Not Disillusioned: Reply to Commentators," *Journal of Consciousness Studies* 23, nos. 11/12 (2016): 256–89; Keith Frankish, *Illusionism as a Theory of Consciousness* (Exeter, UK: Imprint Academic, 2017).

362쪽 **머릿속에서 상영되는 영화는 없다**: Tim Adams, "Neuroscientist Anil Seth: 'We Risk Not Understanding the Central Mystery of Life,' " *Guardian*, August 21, 2021.

362쪽 **마이클 그라지아노**: Michael S. A. Graziano, *Rethinking Consciousness: A Scientific Theory of Subjective Experience* (New York: W. W. Norton, 2019); Michael S. A. Graziano, Arvid Guterstam, Branden J. Bio, and Andrew I. Wilterson, "Toward a Standard Model of Consciousness: Reconciling the Attention Schema, Global Workspace, Higher-Order Thought, and Illusionist Theories," *Cognitive Neuropsychology* 37, nos. 3–4 (May–June 2020): 155–72; Daniel C. Dennett, "On Track to a Standard Model," *Cognitive Neuropsychology* 37, nos. 3–4 (May–June 2020): 173–75.

362쪽 **에클스**: Karl R. Popper and John C. Eccles, *The Self and Its Brain* (New York: Springer, 1977), 364.

363쪽 **기억에 남는 정면 대결**: Patricia Churchland, "On the Alleged Backwards Referral of Experiences and Its Relevance to the Mind-Body Problem," *Philosophy of Science* 48 (1981): 165–81; Patricia Churchland, "The Timing of Sensations: Reply to Libet," *Philosophy of Science* 48 (1981): 492–97.

363쪽 **오컴의 빗자루**: 이 용어에 대한 더 자세한 내용은 *Intuition Pumps* 6장을 참조하라.

367쪽 **존 머리**: David McClay, "Darwin and His Publisher," *Science Progress* 92, nos. 3/4 (2009): 211–40.

373쪽 **그라임스 효과**: Odegaard et al.'s poster at the Vision Sciences Society, https://www.davidrosenthal.org/Odegaard-poster_VSS2022_CDDS-final.pdf.

376쪽 **아서 단토**: Arthur C. Danto, "Age of Innocence," *Nation*, December 20, 2001.

380쪽 **그런 생각은 환상에 불과하다**: Michael A. Cohen, Daniel C. Dennett, and Nancy Kanwisher, "What Is the Bandwidth of Perceptual Experience," *Trends in Cognitive Sciences* 20, no. 5 (May 2016): 324–35.

382쪽 **편파적인 왜곡**: 이 슬픈 사실은 다음의 논문에 잘 드러나 있다. Jared Warren, "This Quintessence of Dust—Consciousness Explained, at Thirty," *Philosophical Papers* 50, no. 4 (2021): 1-28.

382쪽 **나는 비판에 대해 점점 참을성 없는 대응을 했다**: Ned Block, "Begging the Question against Phenomenal Consciousness," *Behavioral and Brain Sciences* 15, no. 2 (1992): 205-6; Ned Block, Review of *Consciousness Explained*, *Journal of Philosophy* 90, no. 4 (1993): 181-93; Ned Block, "On a Confusion about a Function of Consciousness," *Behavioral and Brain Sciences* 18, no. 2 (1995): 227-47; Ned Block, "What Is Dennett's Theory a Theory Of?," *Philosophical Topics* 22, nos. 1/2 (1994): 23-40. 나의 대응에는 다음 글들이 있다. "The Path Not Taken," *Behavioral and Brain Sciences* 18, no. 2 (1995): 252- 53; 그리고 수전 덕분에 알맞은 제목을 붙인 "Get Real," *Philosophical Topics* 22, nos. 1/2 (1994): 505-68. 이 글에서는 내가 나중에 '확실히' 경보라고 부른 개념을 처음으로 제시했는데 이는 '확실히'라는 단어가 대체로 어떤 사람의 논증에서 가장 약한 지점을 가리킨다는 점을 지적한 것이다.

383쪽 **'정신적 페인트'**: Ned Block, "Mental Paint," in *Reflections and Replies: Essays on the Philosophy of Tyler Burge*, ed. M. Hahn and B. Ramberg (Cambridge, MA: MIT Press, 2003).

384쪽 **'관계적인 신경 속성'**: Ned Block, "Attention and Mental Paint," *Philosophical Issues* 20 (2010): 23-63, n2.

384쪽 **가상의 페인트**: 가상 기계의 가상적 속성에 대한 자세한 논의는 내 논평문 "Facing Up to the Hard Question of Consciousness" in *Philosophical Transactions of the Royal Society B* (2018)을 참조하라.

384쪽 **마이클 코언, 낸시 켄위셔**: Michael A. Cohen and Daniel C. Dennett, "Consciousness Cannot Be Separated from Function," *Trends in Cognitive Sciences* 15, no. 8 (2011): 358-64; Cohen, Dennett, and Kanwisher, "What Is the Bandwidth."

393쪽 **슈트라서, 슈비츠게벨**: Eric Schwitzgebel, "Results: The Computerized Philosopher: Can You Distinguish Daniel Dennett from a Computer?," *The Splintered Mind* (blog), July 25, 2022, https://schwitzsplinters.blogspot.com/2022/07/results-computerized-philosopher-can.html.

395쪽 **벤더의 '확률적 앵무새'**: Emily Bender et al., "On the Dangers of Stochastic Parrots: Can Language Models Be Too Big?," FAccT '21: *Proceedings of the 2021 ACM Conference on Fairness, Accountability, and Transparency* (March 2021): 610-23, https://doi.org/10.1145/3442188.3445922.

395쪽 **데이비드 코프**: David Cope, *Virtual Music: Computer Synthesis of Musical Style*

(Cambridge, MA: MIT Press, 2001).

398쪽 **"빠르고 값싸고 통제 불가능한"**: Rodney A. Brooks and Anita M. Flynn, "Fast, Cheap and Out of Control: A Robot Invasion of the Solar System," *Journal of the British Interplanetary Society* 42 (1989): 478-85.

407쪽 **타티의 사진**: There they still reside, at https://sites.tufts.edu/cogstud/tati-photos/.

421쪽 **리처드 도킨스**: Richard Dawkins, "The Future Looks Bright," Guardian, June 21, 2003.

421쪽 **브라이트**: The Brights' website: http://www.the-brights.net .

422쪽 **《뉴욕 타임스》**: Daniel C. Dennett, "The Bright Stuff," *New York Times*, July 12, 2003.

425쪽 네 명의 기수: Christopher Hitchens, Richard Dawkins, Sam Harris, and Daniel C. Dennett, *The Four Horsemen: The Conversation That Sparked an Atheist Revolution* (New York: Random House, 2019).

430쪽 **조지프 헨릭**: 헨릭의 책 *The Weirdest People in the World*에 대해 내가 쓴 서평을 참조하라. *New York Times*, September 12, 2020.

433쪽 **대단한 호평**: *The Unbelieving* 리뷰에는 다음의 글들이 있다. Laura Collins-Hughes, "'The Unbelieving' Review: Life After Faith," New York Times, Nov. 1, 2022, https://www.nytimes.com/2022/11/01/theater/the-unbelieving-review.html; Marina Kennedy, "THE UNBELIEVING at 59E59 Theaters—Compelling Play Presents a Meaningful Discussion of Religious Faith," Broadway World, Oct. 28, 2022, https://www.broadwayworld.com/off-off-broadway/article/Review-THE -UNBELIEVING-at-59E59-Theaters-A-Compelling-Play-that-Presents-a-Meaningful-Discussion-of-Religious-Faith-20221028; Sandy Mac-Donald, "The Unbelieving: Agnostics Anonymous—Renegade Preachers Confess Their Doubts," New York Stage Review, Oct. 27, 2022, https://nystagereview.com/2022/10/27/the-unbelieving -agnostics-anonymous-renegade-preachers-confess-their-doubts/; Helen Shaw, "The Unbelieving," Goings On About Town, New Yorker, https://www.newyorker.com/goings-on-about -town/theatre/the-unbelieving-11-07-22; and "The Unbelieving NYC Reviews and Tickets," Show-Score, https://www.show-score.com/off-broadway-shows/the-unbelieving. 향후 공연 문의는 다음으로 연락할 것. Megan Kingery (megan@megankingery.com) or Marin Gazzaniga (maringazz@gmail.com).

434쪽 **성직자 프로젝트**: 그들에 대해 더 알고 싶다면 웹사이트(https://clergyproject.org)를 방문하라. 다만 실제로 신앙을 잃은 성직자임을 증명하지 않으면

들어갈 수 없다.

437쪽 **노먼 커즌스**: Norman Cousins, *Anatomy of an Illness* (New York: W. W. Norton, 1979).

440쪽 **소책자로 출판**: Daniel C. Dennett and Alvin Plantinga, *Science and Religion: Are They Compatible?* (Oxford: Oxford University Press, 2010).

448쪽 **지향성**: Daniel C. Dennett, "Intentionality," reprinted in *The Opened Curtain: A U.S.-Soviet Philosophy Summit*, ed. Keith Lehrer and Ernest Sosa (Boulder, CO: Westview Press, 1991), 44–54.

455쪽 **《보스턴에서 온 좀비》**: D. B. Volkov, *The Zombie from Boston: D. Dennett and His Theory of Consciousness* [in Russian] (Moscow: URSS Press, 2011).

457쪽 **정신적 표상**: Hugh Clapin, ed., *Philosophy of Mental Representation* (Oxford, UK: Clarendon Press, 2002).

457쪽 **격렬하지만 건설적인 토론**: 영상팀이 모든 토론을 녹화했으며 영상은 드미트리의 웹사이트, https://www.youtube.com/c/MoscowCenterforConsciousnessStudies/videos.에서 볼 수 있다. (데이비드 차머스가 이 여행을 하며 찍은 사진도 훌륭하다. http://consc.net/pics/greenland.html.)

465쪽 **대니 힐리스, 테드 강연**: https://www.ted .com/talks/danny_hillis_the_internet_could_crash_we_need_a_plan_b/.

473쪽 **〈터프츠 심포지엄〉**: https://sites.tufts.edu/cogstud/ive-been-thinking-archive/.

473쪽 **에라스무스상**: "Erasmus: Sometimes a Spin Doctor Is Right," *Praemium Erasmianum Essay* 2012, Amsterdam, November 2012. 프라에미움에라스미아눔재단이 수여하는 에라스무스상 시상식을 맞아 작성한 에세이.

473쪽 **비글호 항해**: 〈다윈의 항로에서In het kielzog van Darwin〉 (영어 제목: 〈Beagle: In Darwin's wake〉) 2009년과 2010년에 방영된 네덜란드-플랑드르 합작 텔레비전 시리즈로 VPRO가 Teleac(네덜란드 교육 방송사) 및 Canvas와 협력하여 찰스 다윈의 획기적인 저서 《종의 기원》 출간 150주년을 기념하기 위해 기획한 것이다. 이 시리즈는 범선 스타드 암스테르담호를 타고 8개월 동안 세계를 항해하는 여정을 중심으로 전개되며 그 항로는 찰스 다윈이 1831년부터 1836년까지 비글호를 타고 수행한 5년에 걸친 항해 경로를 따라간다. 스타드 암스테르담호는 2009년 9월 1일 영국의 플리머스 항구에서 출항했다.(Wikipedia, s.v. "Beagle: In Darwin's Wake," last modified November 9, 2022, 07:12, https://en.wikipedia.org/wiki/Beagle:_In_Darwin%27s_wake) https://www.vpro.nl/programmas/beagle-in-het-kielzog-van-darwin.html#/talen/item/12/; Hans Fels, dir., *One Small Step for Man—The Beagle*, VPRO World Stories, 2017년 11월 9일 유튜브에 게시됨. https://www.youtube.com/watch?v=8YPkxxMPshc.

486쪽 **각 연구 집단의 결과**: "SFI Cultural Evolution Workshop," International Cognition & Culture Institute, http://cognitionandculture.net/webinars/sfi-cultural-evolutionworkshop/.

제4부 학문적 전투들

497쪽 **마이클 그린**: Michael Steven Green, *Nietzsche and the Transcendental Tradition* (Urbana: University of Illinois Press, 2002).

500쪽 **나의 의식 이론에 대한 호의적인 논문**: 예를 들어 Richard Rorty, "Dennett on Awareness," *Philosophical Studies* 23, no. 3 (1972): 153–62; and "Functionalism, Machines, and Incorrigibility," *Journal of Philosophy* 69, no.8 (1972): 203–20.

500쪽 **〈현대 심리철학〉**: Richard Rorty, "Contemporary Philosophy of Mind," *Synthese* 53, no. 2 (November 1982): 323–48.

500쪽 **나의 장난스러운 응답**: Daniel C. Dennett, "Comments on Rorty," *Synthese* 53, no. 2 (November 1982): 349–56.

502쪽 **참에 대한 '채식주의적' 개념**: "Postmodernism and Truth," https://tufts.box.com/s/q5gyng1tlfdpmz5sjhf6y1m2gigob4jl.

503쪽 **"철학의 목표"**: Wilfrid Sellars, "Philosophy and the Scientific Image of Man," in *Frontiers of Science and Philosophy*, ed. Robert Colodny (Pittsburgh, PA: University of Pittsburgh Press, 1962), 35.

505쪽 **놈 촘스키와의 논쟁**: *Darwin's Dangerous Idea* (New York: Simon and Schuster, 1995), 381–93, 397–400; *Intuition Pumps and Other Tools for Thinking* (New York: W. W. Norton, 2014), 29–30; and *From Bacteria to Bach and Back* (New York: W. W. Norton, 2017), 276–81, 374–76.

510쪽 **스터전의 법칙**: *Intuition Pumps*, chapter 4.

510쪽 **르원틴의 발끈하는 논평**: Richard C. Lewontin, "Elementary Errors about Evolution," *Behavioral and Brain Sciences* 6, no. 3 (1983): 367–68.

513쪽 **도킨스의 서평**: Richard Dawkins, "Pornophilosophy," *Nature*, 354 (1991): 442–43.

514쪽 **스티브의 지독한 서평**: Stephen Jay Gould, "The Confusion over Evolution," *New York Review of Books*, November 19, 1992.

515쪽 **한 서평자의 평**: John Gribbin, *Sunday Times* (London), June 12, 1996.

517쪽 **굴드의 2부로 된 서평, 나의 응답**: Stephen Jay Gould, "Darwinian Fundamentalism," *New York Review of Books*, June 12, 1997; Stephen Jay Gould, "Evolution: The Pleasures of Pluralism," *New York Review of Books*,

June 26, 1997; Daniel C. Dennett, reply by Stephen Jay Gould, "'Darwinian Fundamentalism': An Exchange," *New York Review of Books*, August 14, 1997.

526쪽 **인간 트램펄린**: Daniel C. Dennett, "Not Just a Fine Trip Down Memory Lane," in *Content and Consciousness Revisited*, ed. Carlos Muñoz-Suárez and Felipe De Brigard (New York: Springer, 2015), 199-220.

528쪽 **"철학은 놀라움으로 가득하다"**: Jerry A. Fodor, *A Theory of Content and Other Essays* (Cambridge, MA: MIT Press, 1990), 87.

528쪽 **제리의 서평**: Jerry Fodor, "Deconstructing Dennett's Darwin," *Mind & Language* 11, no. 3 (1996): 246-62. 같은 호에 실린 나의 반론을 참조하라. "Granny versus Mother Nature—No Contest."

531쪽 **나는 답신에서 말했다**: "The Mystery of Consciousness: An Exchange," *New York Review of Books*, December 21, 1995.

537쪽 **적응적 공명 이론**: Grossberg's *Conscious Mind, Resonant Brain: How Each Brain Makes a Mind* (Oxford: Oxford University Press, 2021).

539쪽 **각 태도를 취할 때 보이는 패턴은 실재한다**: Daniel C. Dennett, "Real Patterns," *Journal of Philosophy*, 88, 27- 51, January 1991. Reprinted in *Brainchildren*.

550쪽 **생물학연구소**: Daniel C. Dennett, "The Hoax of Intelligent Design and How It Was Perpetrated," in *Intelligent Thought*, ed. John Brockman (New York: Vintage, 2006), 33-49.

찾아보기

ㄱ

ㄴ

ㄷ

ㄹ

ㅁ

ㅂ

ㅅ

ㅇ

ㅈ

ㅊ

ㅋ

ㅌ

ㅍ

ㅎ

생각이란 무엇인가

초판 1쇄 발행 2026년 1월 23일
초판 2쇄 발행 2026년 2월 13일

지은이 대니얼 C. 데닛
옮긴이 신광복
책임편집 권오현
디자인 주수현 윤철호

펴낸곳 (주)바다출판사
주소 서울시 서대문구 신촌로3길 15 6층
전화 02-322-3885(편집) 02-322-3575(마케팅)
팩스 02-322-3858
이메일 badabooks@daum.net
홈페이지 www.badabooks.co.kr

ISBN 979-11-6689-387-2 03100